科学出版社“十四五”普通高等教育本科规划教材
普通高等教育智能制造系列教材

数字化制造与智能制造基础

主　编　齐乐华　耿俊浩
副主编　张振明　田锡天　刘书暖
贾晓亮　许建新　黄利江

科学出版社
北京

内 容 简 介

本书入选教育部战略性新兴领域"十四五"高等教育教材体系建设项目（高端装备制造）。为全面贯彻党的二十大精神，加快数字化、智能化技术与制造业深度融合，赋能新型工业化，发展新质生产力，本书以数字化智能化递进、产品生命周期贯通、理论方法与应用系统并重为特色，针对数字化制造与智能制造技术学科交叉性强、涉及范围广、理论与应用结合紧密等特点，聚焦面向产品生命周期的数字化与智能化制造技术知识体系构建，择要、系统地阐述数字化制造与智能制造技术的产生背景、基本概念、发展历程、理论方法、关键技术及其应用系统，介绍大量典型应用案例，主要内容涵盖数字化制造基础技术、产品数字化设计、工艺数字化设计、生产和运维数字化管理，以及智能制造主要支撑技术及其在产品设计、工艺设计和生产运维环节的研究与应用。

本书内容丰富，系统性强，理论与实践结合紧密，适合高等教育机械类、智能制造类、机电类专业，以及航空航天、工业工程等相关专业教学使用，也可供从事数字化制造与智能制造相关设计、开发、应用、管理、信息化建设等工作的工程技术和管理人员，以及工业和信息化主管部门的相关人员参考。

图书在版编目(CIP)数据

数字化制造与智能制造基础 / 齐乐华, 耿俊浩主编. -- 北京 : 科学出版社, 2024. 12. --（科学出版社"十四五"普通高等教育本科规划教材）（普通高等教育智能制造系列教材）. -- ISBN 978-7-03-081023-6

Ⅰ. TH166

中国国家版本馆 CIP 数据核字第 20255R8L76 号

责任编辑：朱晓颖　邓　静 / 责任校对：王　瑞
责任印制：师艳茹 / 封面设计：马晓敏

科学出版社 出版
北京东黄城根北街 16 号
邮政编码：100717
http://www.sciencep.com

三河市骏杰印刷有限公司印刷

科学出版社发行　各地新华书店经销

*

2024 年 12 月第　一　版　开本：787×1092　1/16
2024 年 12 月第一次印刷　印张：25 1/4
字数：646 000

定价：98.00 元

（如有印装质量问题，我社负责调换）

前　言

为全面贯彻党的二十大精神，通过数字化、智能化技术深度赋能制造业，发展新质生产力，“推进新型工业化，加快建设制造强国、质量强国、网络强国和数字中国”，培养符合我国制造业发展特点和要求的数字化制造与智能制造人才，作者以数字化智能化递进、产品生命周期贯通、理论方法与应用系统并重为特色编写了本书。

我国制造业目前处于总体上从自动化向数字化过渡、局部上从数字化向智能化进化的阶段，而且当前数字化制造和智能制造技术的应用拓展到了产品设计、运行维护等整个产品生命周期。因此，本书面向广义制造背景，贯通融合数字化和智能化技术，以数字化制造向智能化制造进化为主线，着眼于知识体系构建，系统阐述数字化制造与智能制造技术的产生背景、基本概念、发展历程、学科体系、理论方法、关键技术、应用系统和实际案例。本书内容丰富，系统性强，理论与实践结合紧密，力求为相关领域的人才培养提供科学、系统的知识支撑。

全书分为 7 章。第 1 章介绍制造、数字化制造、智能制造的基本概念、发展历程和未来发展。第 2 章介绍数据和数字化、数据数字化处理方式、计算机控制技术等数字化制造技术基础知识。第 3 章针对产品设计环节的数字化，介绍产品数字化建模、数字化分析、数字化定义和数据管理等关键技术及相应的数字化系统。第 4 章针对工艺设计环节的数字化，介绍计算机辅助工艺设计、计算机辅助制造、计算机辅助快速成形等关键技术及其相应的数字化系统。第 5 章针对生产和运维环节的数字化，介绍数字化生产设备、数字化生产系统、数字化车间、数字化运维技术及系统等内容。第 6 章从数字化过渡到智能化，较为全面地介绍智能传感器、工业物联网、工业大数据、云计算和边缘计算、人工智能、虚拟现实/增强现实、数字孪生等 7 项智能制造共性支撑技术。第 7 章对智能制造技术在产品设计、工艺设计、生产和运维等环节的研究与应用，以及在航空、航天等行业的典型案例进行介绍。

本书的撰写和出版得到国家自然科学基金项目(52175484)、工业和信息化部民机专项(MJ-2015-G-083)、工业和信息化部智能制造专项(2016ZXFB07001)、工业和信息化部稳定支持专项(WD-2024-7-3)、陕西省秦创原“科学家+工程师”队伍项目(高端 ADB 智能制造)、航空国创科学基金重点项目(010601012507)等的资助，以及西北工业大学机电学院工业增强智能研究所、智能工厂工业软件陕西省高校工程研究中心等单位的支持。

感谢南京航空航天大学单忠德院士牵头的教育部战略性新兴领域“十四五”高等教育教材体系建设团队对本书出版工作的精心组织和大力支持。

数字化制造和智能制造相关理论、技术及应用涉及范围非常广泛，且处于迅速发展和不断变化中。本书作者在编写过程中参考了大量文献和资料，在此对相关作者表示深深的敬意和衷心的感谢。如果由于疏忽而未列出相应参考资料，敬请有关作者谅解或致电联系。

本书涉及内容较广，作者水平和能力有限，书中内容难免存在不足和疏漏之处，请广大读者批评指正。

作　者

2024年10月

目　录

第 1 章　数字化制造与智能制造概述

制造技术对人类社会生产和经济的发展起着极其重要的作用，是推动人类社会进步的重要因素。在工业革命之前，制造业以手工生产为主，效率低且规模有限。工业革命的兴起推动了机械化的普及，蒸汽机和电力的应用使生产效率大幅提升，工厂逐渐取代作坊成为主要生产方式。20 世纪初，亨利·福特提出的流水线生产模式将制造业带入了规模化生产的阶段。标准化零件的使用和分工协作显著提高了生产效率，同时也为现代工业体系奠定了基础。20 世纪中后期，随着计算机技术的发展，自动化设备逐渐取代传统机械，数控机床、机器人等技术的应用使生产更加精确、高效。进入 21 世纪，数字化技术和智能化技术成为制造业的核心驱动力，各种新兴技术的融合极大地促进了制造业的发展。

1.1　制造技术发展过程

制造技术是人类发展的基本驱动力。恩格斯在《自然辩证法》中指出："直立和劳动创造了人类，而劳动是从制造工具开始的。"制造技术对人类社会生产和经济的发展起着极其重要的作用，是推动人类社会进步的重要因素。

1.1.1　世界制造技术发展过程

世界制造技术的发展可以分为三个阶段：古代制造技术(公元前 5000 年左右至欧洲文艺复兴)、近代制造技术(欧洲文艺复兴至第二次工业革命结束)、当代制造技术(19 世纪末的新物理学革命以来)。

1. 古代制造技术

根据制造工具的材料，古代人类使用工具的历史可以分为石器时代、铜器时代和铁器时代。人类使用石器的时间长达上百万年。公元前 5000 年左右，埃及人开始冶炼铜，并用铜制造工具和武器，最早进入铜器时代。公元前 1400 年左右，冶铁技术出现在小亚细亚半岛。

2. 近代制造技术

文艺复兴以后，科学和艺术获得了解放。以经典力学的建立为背景，欧洲在 18～19 世纪发生了两次工业革命。第一次工业革命使世界进入了蒸汽时代，第二次工业革命使世界进入了电气时代。机械制造业诞生并蓬勃发展起来。机械工程从分散性的、主要依赖个人才智的一种技艺，逐渐发展成为有理论指导的、系统的和独立的近代学科。

3. 当代制造技术

20 世纪上半叶，计算机的发明和广泛应用激发起第三次工业(科技)革命。随着人们生活水平的提高，对产品性能的需求更高、更全面，人类探索未知世界的活动以更大的规模开展起来。计算机的发明和相关科技领域的进步对这一发展给予了强有力的支撑，当代的机械工程学科不断进化，数字化制造和智能制造逐步形成。

1.1.2　中国制造技术发展过程

微课

中国的制造技术源远流长，成就辉煌，对世界技术文明的进步做出了重大贡献，其发展经历了古代的辉煌、近代的落伍和现代的超越三个主要阶段。

1. 古代的辉煌阶段

中国是世界上最早制造与利用机械的国家之一，制造技术长期领先于世界其他国家。中国古代在机械原理、结构设计、材料利用、动力应用和工艺技术等方面都取得了较高成就。中国在新石器中期已经出现金属工艺的萌芽，在仰韶文化后期已经基本掌握铸铜技术，在春秋战国时期就出现了“机械”一词。公元前 3 世纪的韩非子在《韩非子》中指出：“舟车：机械之利，用力少，致功大，则入多。”失蜡铸造、球墨铸铁等现代还在使用的铸造工艺、材料早在 2000 年前已在中国出现。在原动力方面，中国逐步从人力、畜力向利用水力、风力的方向发展；原始的机械自动化在汉代即已出现。

中国古代高超的制造技术有力推动了古代机械的发明创造，不但在国内产生了深远的影响，更是远播国外，有力推动了生产力发展和人类社会进步，推动了世界文明的进程。李约瑟在其巨著《中国科学技术史》中列举了 26 种传到欧洲、影响巨大的中国古代杰出发明，其中机械产品就占 19 种，如表 1-1 所示。

表 1-1　李约瑟提出的 26 种影响巨大的中国古代杰出发明

发明	发明	发明
1. ✪龙骨水车	10. ✪磨车	19. 铁索吊桥
2. ✪石碾和水力在石碾上的应用	11. ✪高效马具	20. 河渠闸门
3. ✪水排	12. ✪弓弩	21. ✪造船和航运
4. ✪风扇车和簸扬机	13. ✪风筝	22. ✪船尾方向舵
5. ✪活塞风箱	14. ✪竹蜻蜓和走马灯	23. 火药
6. ✪平纺机和提花机	15. 深钻技术	24. ✪罗盘
7. ✪缫丝、纺织和调丝机	16. ✪铸铁	25. 纸和印刷术
8. ✪独轮车	17. ✪游动常平稳吊器	26. 瓷器
9. ✪加帆手推车	18. 拱桥	

注：带“✪”者为机械产品。

2. 近代的落伍阶段

1840 年的鸦片战争给中华民族带来了深重灾难，清政府在万般无奈中开展了洋务运动，开始建设近代机械工业(主要是兵器制造)，这是中国机械史上的一个转折点。自此，中国制造业由传统的手工作坊式生产逐步向使用动力机器的生产方式发展。清政府引进机器设备，开办了金陵机器局、福州船政局、天津机器局、汉阳枪炮厂等二十几个局厂，开创了中国的近代军事工业，在机械制造技术方面取得一些成绩。在此期间，也有大量仁人志士在机械制造领域前赴后继，以期通过工业化努力，实现对中国的“救亡图存”。

此后，五四运动提倡国货，当时的民国政府颁布奖励工业技术和工业品相关条例，对民营机械工业的发展有一定促进作用，制造企业初步具备了一般机械设备的仿制能力。但是随着抗日战争爆发，大量机械工厂遭到严重破坏，机械生产能力再也无法满足国家发展和民生需求。

3. 现代的超越阶段

中华人民共和国成立初期，通过实行计划经济，以 156 项工业建设工程为核心，经过广大机械工业工作者的艰苦创业，建设了一批大型现代化机械工业骨干企业，从无到有地建立了飞机、坦克、汽车、拖拉机、发电设备、石油化工设备、冶金矿山设备、机床、精密仪表等机械制造行业，船舶、兵器等行业也得到了加强，开发了大量重大基础装备，实现了两弹一星、核潜艇等大国重器的研制，初步奠定了机械工业的基础。

改革开放之后，在党的正确路线方针的指引下，中国制造业整体面貌发生了历史性巨变。中国已经建成门类齐全、规模巨大、技术水平和成套水平较高的、全世界最完整的工业体系，截至 2024 年制造业总体规模已经连续 15 年保持全球第一。

1.2　工业革命与制造技术发展

工业革命与制造技术的发展密切相关，工业革命推动了制造技术的创新和应用，制造技术的进步又进一步促进了工业革命的发展。同时，工业革命不仅是一场技术革新，更是通过制造技术的进步改变了整个社会的经济结构和生活方式。

微课

1. 人类发展与制造技术发展的关系

材料、能源与信息被称为人类文明的三大支柱。如果说人类发展的历史是一架飞机，材料就是其骨架基础，能源就是其动力基础，信息则是其控制基础。三大支柱都要经由人类的制造活动而发挥作用，可以说，没有“制造”，就没有人类。

制造是人类从事生产和生活的基本活动。人类历史中科技的进步就是一部制造业的进步史。人类第一次文明浪潮是以青铜器、铁器为标志的农业，第二次文明浪潮是以蒸汽机、电器、原子能为标志的工业，第三次、第四次文明浪潮则是以电子与信息技术为标志的信息化及智能化。

制造技术是人类应用客观规律改造客观世界的知识和能力的结晶。人在利用制造技术改造客观世界的同时，也改变人的生产方式乃至生活方式。在从手工制造到机器制造，再到现代化制造的发展过程中，制造技术的每一次重大进步都有力地促进了人的发展，人的发展又进一步推进了技术的进步和发展，两者统一于人类社会的发展进程之中。

2. 第一次工业革命和制造技术发展

第一次工业革命始于 1784 年，以英国瓦特对蒸汽机进行重大改良为标志，以纺织机械的革新为起点，实现了从手工工具生产到机械化大生产的转变，引领了人类社会的工业文明。自此，人类进入“机器时代”，产生了现代意义的“制造”概念。

动力、机器、工厂是第一次工业革命中最主要的三项变革，蒸汽动力取代人力、水力和畜力，用生产能力大和产品质量高的机器取代了手工工具和简陋机械，用大型、集中的工厂生产系统取代了分散的手工作坊。图 1-1 和图 1-2 为 19 世纪末的一个机械生产车间和广告中的雕刻机。

图 1-1　19 世纪德国的一个机械生产车间

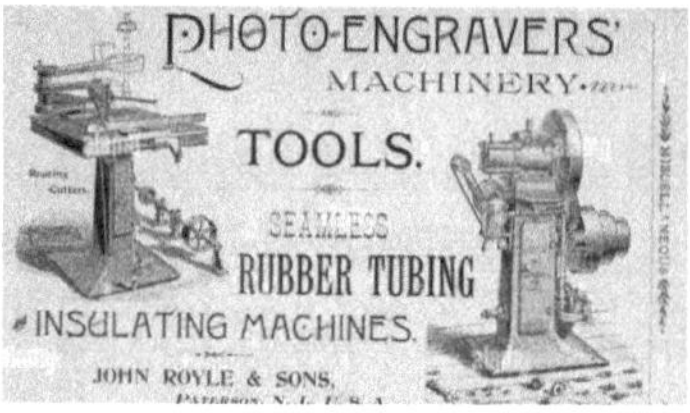

图 1-2　1891 年纽约杂志封面广告中的雕刻机

3. 第二次工业革命和制造技术发展

1870 年，以美国辛辛那提电力的投入使用为标志，人类进入了“电气时代”，标志着第二次工业革命的开始。电力技术主导的工业革命以基于电力驱动的自动化为特征，全面推动了化工、钢铁和冶金、内燃机等技术发展，使汽车、机车、舰船、飞机等行业的制造技术迅速兴起，极大地提高了生产力并改变了人类的生活方式，大批量生产模式出现，标准化、系列化逐步走向完善，机械制造业逐步走向现代化。

在这一时期，机械制造业的心脏——机床工业初具规模。在 19 世纪上半叶，机械工程学科诞生。到 20 世纪上半叶，逐渐形成了它的两个二级学科——机械设计及理论、机械制造。图 1-3 和图 1-4 为早期的飞机制造厂和第一架民航客机。

图 1-3　1918 年肯德里克飞机制造厂

图 1-4　1952 年第一架民航喷气客机“彗星”

4. 第三次工业革命和制造技术发展

第三次工业革命始于 1969 年，以美国硅谷第一台可编程计算机的诞生为标志，以核能、空间、计算机等技术应用为代表，给信息技术、新能源、新材料、生物、空间和海洋等领域带来了全新发展。第三次工业革命极大地影响和改变了机械工业。机械进一步向高速化、轻量化、精密化、自动化和大功率化方向发展，且必须满足人们对成本、造型、舒适性、环保等多方面的日益苛刻的要求。航天器、机器人等现代机械陆续出现。在计算机技术和控制理论的带动下，新时期的机械设计与机械制造呈现了全新的面貌，现代设计方法形成，先进制造技术出现，机械走向全面自动化，机械工程学科得到全面发展。控制理论、计算机技术与机械技术相结合，出现了一批机电一体化产品。

第三次工业革命的核心是以数字化为基础的信息技术(information technology，IT)，其典型应用如柔性制造系统、计算机集成制造系统。信息技术的应用不仅带来了生产和经济领域的变革，也引起了人类生活方式和思维方式的重大变化。目前，第三次工业革命所带来的影响在制造领域仍未结束，且仍然处在高速发展阶段。图 1-5 和图 1-6 为两个现代化的飞机装配车间。

图 1-5　C919 客机中机身数字化装配车间

图 1-6　波音公司的一个数字化总装车间

5. 第四次工业革命和制造技术发展

第四次工业革命始于 21 世纪初，以基于信息物理系统（cyber physical system，CPS）的智能制造诞生为标志。第四次工业革命是以新一代信息技术、人工智能技术融合应用于制造业而引发的新的工业革命。生产中“人-机-物”互联互通，机器、存储系统和生产设施将能够感知、处理、共享和交换信息，进行自主决策，对设备、生产过程实现最优化控制。人工智能和新一代信息通信技术与制造技术高度融合，形成智能化特征、虚实结合的全新生产方式。图 1-7 和图 1-8 为应用智能制造技术的产线和工厂。自此，人类进入“智能时代”。

图 1-7　上海建设的一条智能制造生产线

图 1-8　西门子公司建设的一个智能工厂

目前第三次工业革命和第四次工业革命同步进行，第四次工业革命处于初期阶段，尚没有真正意义上的智能制造技术、工厂和模式被全面、广泛应用。

1.3　现代制造和制造业

人类生存发展的前提是物质资料生产。在一个经济体中，有效运用资金与劳力从事生产经济物品或服务的各种行业称为产业。按照经济活动的性质和特点，可将产业划分为第一产业、第二产业、第三产业。第一产业指提供生产资料的产业。它主要包括农业、林业、畜牧业和渔业等与自然资源和生物生长相关的行业。第三产业即服务业，是指除第一产业、第二产业以外的其他行业。第二产业指利用基本的生产资料进行加工并出售的产业。它主要包括制造业、建筑业和其他生产资料生产部门。制造业是国民经济的支柱产业。工业化国家中，60%～80%的社会财富和 45%的国民收入由制造业创造，近 1/4 的人口从事各种形式的制造活动。制造业中的机械制造业为整个国民经济提供技术装备，其发展水平是国家工业化程度的主要标志之一。现代制造与制造业的关系密切，现代制造技术帮助制造业提高生产效率、降低成本并提升产品质量，使制造业更具竞争力。同时，制造业的需求驱动了现代制造技术的发展和应用，促进了技术的不断进步和创新。

1.3.1 制造的基本概念

制造业是指通过制造过程将物料、设备、工具、资金、技术、人力、信息等制造资源转化为可供人们消费或使用的产品的行业，它是与制造相关的企业群体的总称。制造业有 31 个大类，覆盖了除采掘业、建筑业之外所有的第二产业。

根据制造产品的供给用途，可将制造业划分为生产最终消费品的加工制造业和生产机械设备的装备制造业；根据运作系统特性，可将制造业划分为技术密集型制造业、资本密集型制造业及劳动密集型制造业；根据制造业各行业的技术需求，可将制造业分为低技术制造业、中技术制造业及高技术制造业；根据制造过程中使用的物质形态，可将制造业划分为离散制造业和流程制造业。

流程制造是指加工对象不间断地通过生产设备和一系列的加工装置使原材料进行化学或物理变化，最终得到产品，又称连续性生产。在流程型生产企业中，物料是均匀地、连续地按一定工艺顺序流动的，特点是工艺过程的连续性。典型的行业有石油冶炼、化工、水泥、钢铁制造、食品饮料、药品、冶金等。

离散制造的产品往往由多个零件经过一系列并不连续的工序进行加工，最终装配而成。从产品形态来说，离散制造的产品相对较为复杂，包含多个零部件，一般具有相对较为固定的产品结构和零部件配套关系，按照件、套等计数。典型的行业有汽车零部件、飞机、机械装备、船舶、电子设备、家用电器等。

先进制造业是相对于传统制造业而言，指制造业不断吸收计算机、机械、材料及现代管理技术等高新技术成果，并将这些先进制造技术综合应用于制造业产品的研发设计、生产制造、在线检测、营销服务和管理的全过程，实现优质、高效、低耗、清洁、灵活生产的制造业总称。其先进性体现在两个方面：一方面是广泛应用先进制造技术；另一方面是采用先进制造模式。

生产可以定义为将生产要素转变成生产财富并创造效益的输入输出系统。广义上来讲，制造就是生产，泛指将物质、能量、信息等相关资源转化为可供人们利用或使用的产品、工具和消费品的过程。该过程不仅指具体的工艺活动，还包括与产品制造相关的市场分析、产品设计、生产准备、工艺规划、工装准备、作业计划、加工装配、质量保证、销售配送、售后服务及报废回收等一系列相互联系的活动，涵盖产品全生命周期。狭义制造指企业及生产车间内与产品加工、装配有关的工艺过程，或将制造资源(包括制造信息、原材料、能源等)转变为可用产品并保证其正常使用的过程。机械制造指将原材料转换为机械产品的过程。

现代制造的目标主要有优质、高效、低耗、绿色、安全。优质指制造的产品具有符合设计要求的优良质量，或提供优良的制造服务，或使制造产品和制造服务的质量优化。高效指在保证质量的前提下，在尽可能短的时间内，以高的工作效率和快的工作节拍完成生产，向用户提供产品和制造服务，快捷地响应市场的需求。低耗指以尽可能低的经济成本和资源消耗，制造产品或提供制造服务，其目标是综合制造成本最低，或制造能效比最优。绿色指综合考虑环境影响和资源效益的制造，其目标是使产品在全生命周期中对环境的影响最小，资源利用率最高，并使企业经济效益和社会效益协调优化。安全指在生产过程中，通过人(员)、机(器)、物(料)、环(境)、(方)法等方面的协同运作，保证生产者、技术装备和生产设施(包括软硬件资源)及生产活动的安全性。

在通常情况下，企业生产的产品产量越大，产品的品种则越少，生产专业化程度越高，而生产稳定性和重复性也就越大。反之，企业生产的产品产量越小，产品的品种则越多，生产专业化程度越低，而生产稳定性和重复性亦越小。按产品的产量，可以将生产类型分为大量生产、成批生产和单件生产。大量生产也称为重复制造，品种少，数量大。成批生产介于单件生产与大量生产之间，又可划分为大批生产、中批生产和小批生产。20 世纪 70 年代以来，随着科技的迅猛发展和社会消费水平的提高，消费趋向于多样化、个性化。这使得多品种、中小批量生产成为成批生产类型中最典型、最主要的部分，如机床、工程机械、纺织机械、卷烟机械、印刷机械、仪器仪表等行业。数字化制造与智能制造技术的应用也使生产类型逐步向多品种、变批量的方向发展。

1.3.2　制造系统

制造系统是指以生产产品为目的，由制造过程中的物料、能源、软硬件设备、人员，以及相关设计方法、制造工艺、生产调度、系统维护、管理规范等组成的具有特定功能的有机整体。制造系统输入为物料、能源和信息等资源，输出为半成品或成品，是一个动态输入输出系统。

机械制造系统由机床、夹具、刀具、加工工艺、原材料(毛坯或半成品等)，以及操作人员、管理人员、操作规范、管理规定等组成。单台加工设备、制造单元、车间、生产线/装配线、柔性制造系统、计算机集成制造系统及制造企业等都可被视为不同层次的机械制造系统。机械制造系统的运行过程伴随着复杂的物料流、能量流和信息流，其输入为毛坯、半成品、能源、人力等各种制造资源，输出为零件、部件、半成品或产品等。

按系统是否具有柔性和产品适应性，制造系统分为刚性制造系统和柔性制造系统(flexible manufacturing system，FMS)。按自动化程度，制造系统可以分为手工制造系统、半自动化制造系统及自动化制造系统。按工艺类型，制造系统可分为连续型制造系统和离散型制造系统。

1.3.3　先进制造模式

制造模式是指企业体制、经营、治理、生产组织和技术系统的形态和运作模式。先进制造模式是指在生产制造过程中，依据不同的制造环境，通过有效地组织各种制造要素形成的，可以在特定环境中达到良好制造效果的先进生产方法。典型的先进制造模式有计算机集成制造、并行工程、敏捷制造、精益生产、虚拟制造、柔性制造、绿色制造、智能制造等。

计算机集成制造(computer integrated manufacturing，CIM)是一种对企业生产制造与生产管理进行优化的模式，也称为计算机集成制造系统(computer integrated manufacturing system，CIMS)。1974 年美国约瑟夫·哈林顿博士在其论文“Computer Integrated Manufacturing”中提出 CIM。其基本思想是：①制造企业中的各个部分(即从市场分析、经营决策、工程设计、制造过程、质量控制、生产指挥到售后服务)是一个紧密相关的整体；②整个制造过程本质上可以抽象成一个数据的搜集、传递、加工和利用的过程，最终产品仅是数据的物化表现。1987 年，我国 863 计划 CIMS 主题专家组认为 CIMS 是未来工厂自动化的种模式。它把以往企业内相互分离的技术和人员，通过计算机有机地综合起来，使企业内部各种活动高速度、有节奏、灵活和相互协调地进行，以提高企业对多变竞争环境的适应能力，使企业经济效益持续稳步地增长。

并行工程(concurrent engineering，CE)的概念由美国防御分析研究所于 1988 年提出。并行工程是集成地、并行地设计产品及其相关过程(包括制造过程和支持过程)的系统方法。这种方法要求产品开发人员在一开始就考虑产品整个生命周期中从概念形成到产品报废的所有因素，包括质量、成本、进度计划和用户要求。并行工程的目标为提高质量、降低成本、缩短产品开发周期和产品上市时间。并行工程的具体做法是在产品开发初期，组织多种职能协同工作的项目组，使有关人员从一开始就获得对新产品的要求和信息，积极研究涉及本部门的工作业务，并将所需要求提供给设计人员，使许多问题在开发早期就得到解决，从而保证设计质量，避免大量返工浪费。

1985 年，美国麻省理工学院通过对日本企业大量调查、对比，提出精益生产(lean production，LP)概念。“精”主要从产品质量维度对生产提出精益求精的目标要求；“益”即成本，主要从生产运营成本角度衡量生产运营状态，目标是通过实现低于同行业的平均成本提升企业在市场的竞争力，获取更大收益。精益生产的理论经过实践的检验和不断完善，目前主要包括以下几点：①坚持和追求满足客户需求；②通过准时制、拉动式生产方式提高生产线运行效率；③坚持质量是制造出来而非检查出来的理念，利用数字化、自动化、质量管理工具，保证产品质量；④通过消除各环节的浪费，持续、合理地降低运营成本；⑤以零库存为目标进行库存管理的优化；⑥借助各种精益生产工具持续推进现场改善；⑦最终实现低成本、高质量、高利润的企业经营目标。

敏捷制造(agile manufacturing，AM)是由美国通用汽车公司和里海大学于 1991 年提出的一种生产方式，并被美国政府作为 21 世纪的制造战略。敏捷制造的定义是制造系统在满足低成本和高质量的同时，对变幻莫测的市场需求做出快速反应。敏捷制造的目标是快速响应市场的变化，在尽可能短的时间内向市场提供合适的产品。敏捷制造企业较并行工程阶段的制造企业有了进一步的发展，更强调企业结盟，其工作原理是借助计算机网络和信息集成基础结构，构造由多个企业参加的网络化制造环境；以竞争合作为原则，动态选择合作伙伴，组成面向任务的虚拟公司，进行快速和最佳化生产。

虚拟制造(virtual manufacturing，VM)是 20 世纪 80 年代后期美国提出的一种新思想，它利用信息技术、仿真技术、计算机技术等对现实制造活动中的人、物、信息及产品设计、工艺规划、加工制造等生产过程进行全面的仿真，以发现制造中可能出现的问题，预测、检测、评价产品性能和产品的可制造性等，在产品实际生产前就采取预防措施，确保产品一次性开发成功，以达到降低成本、缩短产品开发周期、增强企业竞争力的目的。虚拟制造核心技术包括建模、仿真及虚拟现实技术。

柔性制造(flexible manufacturing，FM)是指能够适应快速变化的市场需求和产品变化的制造模式。其基本原理是用可编程、多功能的数字控制设备更换刚性自动化设备，用易编程、易修改、易扩展、易更换的软件控制代替刚性联结的工序过程，使刚性生产线实现柔性化，以快速响应市场的需求，多快好省地完成多品种、中小批量的生产任务。柔性制造系统是实现柔性制造的支撑。国际生产工程研究会指出，柔性制造系统是一个自动化的生产制造系统，在最少人的干预下，能够生产任何范围的产品族，系统的柔性通常受到系统设计时所考虑的产品族的限制。我国国家军用标准 GJB 2254—1994《武器装备柔性制造系统术语》指出：“柔性制造系统是由数控加工设备、物料运储装置和计算机控制系统组成的自动化制造系统，它包括多个柔性制造单元，能根据制造任务或生产环境的变化迅速进行调整，适用于多品种、中小批量生产。”

绿色制造(green manufacturing，GM)，又称环境意识制造(environmentally conscious manufacturing，ECM)或面向环境的制造(manufacturing for environment，MFE)，是一个综合

考虑环境影响和资源效率的现代制造理念和模式。其目标是使产品从设计、制造、包装、运输、使用到报废处理的全生命周期中，对环境的影响最小，资源效率最高，并使企业经济效益和社会效益协调优化。

智能制造(intelligent manufacturing，IM)是基于新一代信息通信技术与先进制造技术深度融合，贯穿设计、生产、管理、服务等制造活动的各个环节，具有自感知、自学习、自决策、自执行、自适应等功能的新型生产方式，具体内容将在后续章节进行介绍。

目前计算机集成制造正逐步被智能制造替代，并行工程、敏捷制造、虚拟制造、柔性制造、绿色制造、精益生产等制造模式的侧重点也在智能制造中有所体现，并不断融入智能制造技术和系统。虽然仍然处在发展初期，但是智能制造已成为未来制造的主要发展方向。

1.4　数字化制造的基本概念

数字化制造是现代制造业中的一项关键技术和趋势，它将数字技术与传统制造过程相结合，利用数据、软件和先进设备来优化设计、生产和管理环节，从而提高产品质量、缩短生产周期并降低成本。为掌握数字化制造技术，需要首先了解其含义、技术体系和发展历程。

1.4.1　数字化制造的含义

物理量可以分为模拟量和数字量两种类型。如果要用计算机对模拟量进行测量、储存、计算、网络传输等处理，就要先对它们进行数字化。将数字化技术应用于制造领域，就形成了数字化制造技术。

1. 数字量和模拟量

现实世界中，大多数物理量是连续变化的，如声音的大小、温度的高低、车速的快慢等。这种随时间、空间等因素变化而连续变化的量称为模拟量。一般用曲线来表示模拟量连续变化的特征。模拟量具有如下特点。

(1)连续性。模拟量是连续变化的，其取值可以在一个连续范围内变化，不存在离散的间隔。例如，温度、压力等物理量都属于模拟量，它们的取值可以在某个范围内连续变化。

(2)无限性。模拟量在理论上是无限的，即其取值可以无限细分，没有固定的上限或下限。例如，温度可以在摄氏度或华氏度下取得无限细小的变化。

(3)精度和精确性。模拟量的表示具有一定的精度，取决于测量或采样的精度。然而，由于其连续性，模拟量的精确性较难保证，易受测量设备和环境等因素的影响。

(4)可测量性。模拟量是可测量的，需要通过传感器或测量设备将其转换为数字信号，以便计算机系统进行处理和存储。

(5)数据处理的复杂性。由于模拟量是连续的，其处理相对复杂。在计算机系统中需要采用采样和量化等技术将模拟量转换为离散的数字信号，以便进行进一步的数据处理和分析。

与模拟量相对应的是数字量。在时间上和数值上都是离散的物理量称为数字量。一般来讲，数字量是模拟量曲线上某一点的测量值。这些顺序数字量近似表达了曲线的变化，测量次数越多，顺序数字量表达曲线就越准确。数字量与模拟量示例如图 1-9 所示。

数字量具有如下特点。

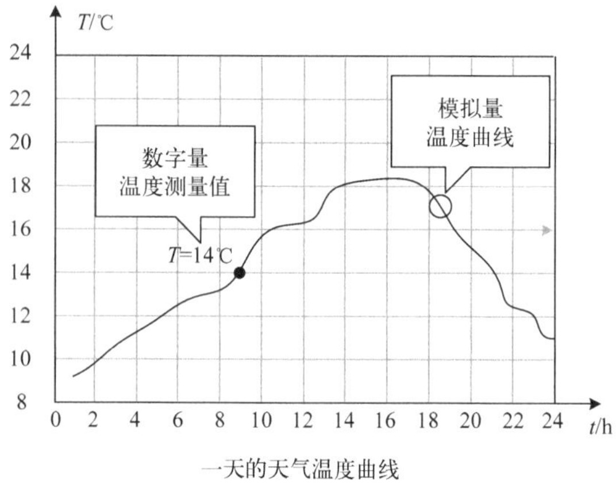

图 1-9　数字量和模拟量示例

(1) 离散性。数字量是离散的，即它们的取值在数轴上是分散的，不存在无限个连续的值。例如，自然数和整数都是离散的数字量。

(2) 有限性。数字量是有限的，即在特定的范围内，它们的取值是有限个数的。例如，一个 8 位二进制数的取值范围是从 00000000 到 11111111，共 256 个值。

(3) 精确性。数字量具有精确性，即它们的取值是确定的，不会因为环境或条件的变化而发生改变。例如，一个整数 5 表示的是确切的数量，不会因为时间或地点的变化而改变。

(4) 可计算性。数字量是可计算的，即可以进行数学运算和逻辑操作。例如，可以对数字量进行加、减、乘、除等算术运算，也可以进行逻辑运算，如与、或、非等。

(5) 可表示性。在计算机中，数字量可以用二进制、十进制、十六进制等编码方式来表示和存储。不同的编码方式对应着不同的数据结构和存储形式。

2. 数字化

数字化是将模拟量转变为数字量的过程。对连续的模拟量进行密集的、等间距的测量，可得到一组顺序数字量。

数字化一般通过传感器、模拟/数字转换器（简称模/数转换器，analog to digital converter，ADC）和计算机来实现。数字化的具体过程是先用传感器把物理量变成电压模拟量，再用模/数转换器把电压模拟量变成一个个数据进行处理。

数字化分为三个基本步骤：采样、量化和编码。采样是将一个模拟量（即时间或空间上的连续函数）转换成一个数值序列（即时间或空间上的离散函数）。量化是将采样值在幅度上离散化，将其转变成有限个数值以便于存储。编码是指按照一定的格式（如二进制）记录采样和量化后的数据。

采样测量的时间间隔称为采样间隔，也称采样周期。采样周期长，数据量大，数字化质量高。采样周期短，数据量小，数字化质量低。数字信号处理领域有一个非常重要的定理——采样定理，也称奈奎斯特采样定理、科捷利尼科夫采样定理或香农采样定理。

香农采样定理即在一定条件下，用离散的序列可以完全代表一个连续函数。如果信号是带限（在某个频率区间内有值，在这个区间之外为零）的，且采样频率 f_s 大于信号最高频率（奈奎斯特频率）f_N 的 2 倍，就能保留信号较为完整的信息。采样频率大于 2 倍奈奎斯特频率的称为过采样。采样频率小于 2 倍奈奎斯特频率的称为欠采样。

通过数字化可以将模拟量信息转化为数字化信息，进而可使用计算机对其进行处理。随着计算机技术的发展，目前存在大量的原生数字资源，即直接通过计算机等各类数字设备生成，并在计算机系统及相关硬件系统中保存、管理和使用的数字信息资源。这些信息天生就是数字量，不再需要进行数字化处理，如 CAD 模型、数控代码等。

3. 数字化制造

数字化技术是指以计算机硬件、软件、信息存储、通信协议、周边设备和互联网络等为技术手段，以信息科学为理论基础，包括信息离散化表述、扫描、处理、存储、传递、传感、执行、物化、支持、集成和联网等领域的科学技术集合。数字化技术具有分辨率高，表述精度高，信噪比高，处理速度快，可编程处理，传递可靠迅速，便于存储、提取和集成、联网等重大技术优势，这些技术优势给各个领域专业技术的改造、革新提供了崭新的手段。

数字化制造技术是一项融合数字化技术和制造技术，以制造工程科学为理论基础的重大制造技术革新，是先进制造技术的核心。但是数字化制造技术目前仍然没有形成权威、统一且得到公认的定义。

中国工程院将数字化制造作为智能制造的第一种基本范式和第一代智能制造，并将数字化制造描述为在制造领域广泛应用数字化技术，使用基于数字化控制技术的装备产品，产生了具备全生命周期概念的制造系统和以计算机集成制造系统为代表的解决方案。

剑桥大学制造研究所认为，数字化制造是应用来自多个来源、格式和所有者的数字信息来增强制造产品、流程、供应链和服务，即制造产品、流程、供应链和服务的数字化。

总的来讲，数字化制造分为狭义的数字化制造和广义的数字化制造。狭义的数字化制造指将数字化技术用于产品的制造过程，通过信息建模和信息处理来改进制造过程，提高制造效率和产品质量，降低制造成本所涉及的一系列活动的总称。广义的数字化制造指将信息技术用于产品设计、制造及管理等产品全生命周期中，以达到提高制造效率和质量、降低制造成本、敏捷响应市场目的所涉及的一系列活动的总称。

1.4.2　数字化制造的技术体系

数字化制造以机械工程科学与技术、计算机科学与技术、管理科学与技术等学科理论、方法和技术为基础，发展出了数字化设计、数字化工艺、数字化生产、数字化运维等专业技术，以及产品生命周期管理、制造运营管理、数字化工厂与智能工厂、基于模型的系统工程等协同技术，形成了核心技术群，如图 1-10 所示。

数字化制造专业技术包含众多技术方向及基于该专业技术形成的软件系统。数字化设计方向包括计算机辅助设计（computer aided design，CAD）、计算机辅助工程（computer aided engineering，CAE）、逆向工程（reverse engineering，RE）、产品数据管理（product data management，PDM）等方向和系统；数字化工艺方向包括计算机辅助制造（computer aided manufacturing，CAM）、计算机辅助快速成形（computer aided rapid prototyping，CARP）、计算机辅助工艺设计（computer aided process planning，CAPP）等，数字化生产方向包括数控技术与装备、快速成形技术与装备、数字化检测技术与装备、制造执行系统（manufacturing execution system，MES）等，数字化运维方向包括维护、维修和大修（maintenance, repair &

operations，MRO），故障预测与健康管理（prognostics and health management，PHM）等。数字化制造协同技术通过相应的集成方式将上述专业技术与系统集成应用，发挥出更大的作用，包括产品生命周期管理（product lifecycle management，PLM）、制造运营管理（manufacturing operation management，MOM）等、数字化工厂与智能工厂、基于模型的系统工程（model-based systems engineering，MBSE）等。

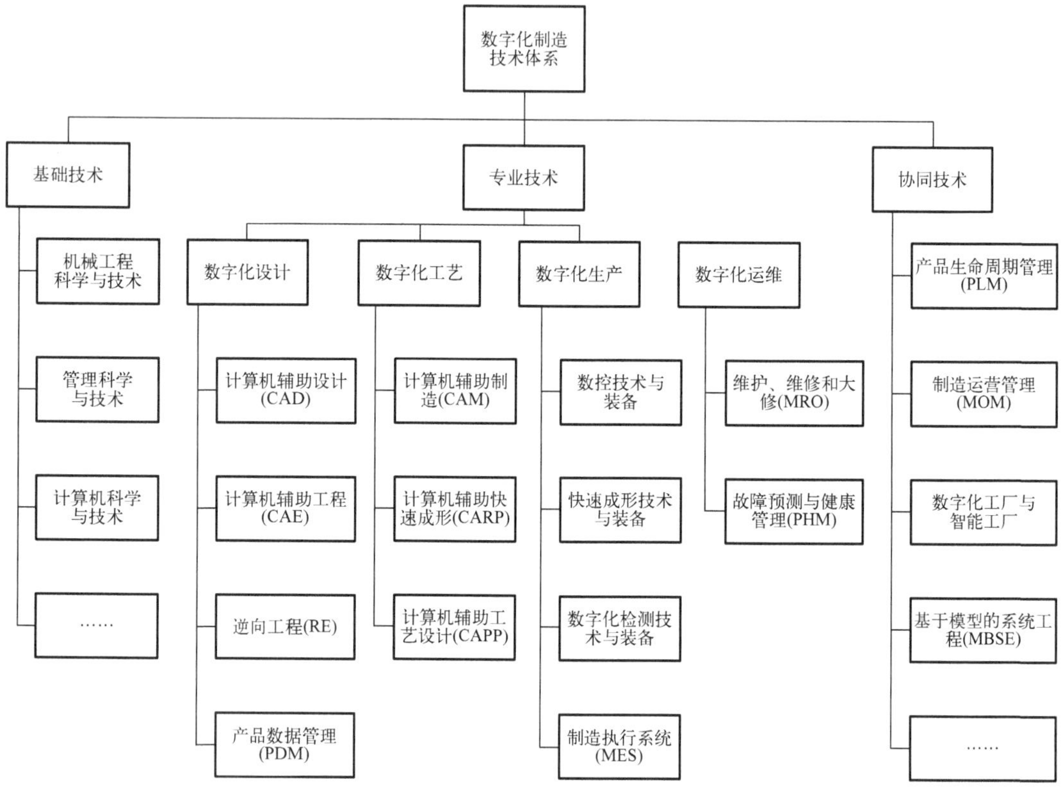

图 1-10　数字化制造技术体系

使用数字技术的设备也多种多样，如机器视觉测量设备、激光跟踪测量设备、三坐标测量机等测量设备，数控机床、3D 打印机等成形设备，抓取、搬运、焊接等机械臂和机器人，自动对接设备、柔性工装、激光焊接设备等装配设备。

1.4.3　数字化制造的发展历程

自数控技术出现后，数字化制造技术在计算机等技术的推进下不断快速发展，至今已有 70 余年。其发展历程和代表性事件大致如下。

（1）数控机床的出现。1952 年，美国麻省理工学院首先实现了三坐标铣床的数控化。

（2）CAM 处理系统自动编程工具（automatically programmed tools，APT）的出现。1955 年，美国麻省理工学院伺服机构实验室公布了 APT 系统，实现了最初的数控编程。

（3）加工中心的出现。1958 年，美国 K&T 公司研制出带自动刀具交换装置（automatic tool changer，ATC）的加工中心。

(4) CAD 软件的出现。1963 年，麻省理工学院开发的 sketch pad 系统首次实现了计算机图形交互设计，进行二维绘图。20 世纪 70 年代，发展出了三维的 CAD 造型系统，中期出现了实体造型。

(5) FMS 的出现。1967 年，美国实现了多台数控机床连接，形成了最初的 FMS。

(6) CAD/CAM 的融合、CAPP 开始应用。20 世纪 70 年代，CAD、CAM 走向共同发展的道路。美国波音公司和通用电气(GE)公司于 1980 年制定了《初始图形交换规范》(*Initial Graphics Exchange Specifications*，IGES)，实现了 CAD/CAM 的融合。

(7) CIMS 的出现和应用。20 世纪 80 年代中期，计算机集成制造系统出现，波音公司成功将其应用于飞机设计、制造、管理，将原需 8 年的定型生产缩短至 3 年。

(8) CAD/CAM 软件的空前繁荣、PDM 开始应用。20 世纪 80 年代末期至今，CAD/CAM 一体化三维软件大量出现，应用到机械、航空航天、汽车、造船等领域。PDM 技术在 20 世纪 90 年代得到了迅猛发展，分为四个阶段：单功能级 PDM、与 CAD 紧密集成 PDM、企业级 PDM 和企业间 PDM。

(9) PLM、ERP 系统的出现及大规模应用。从 PDM 逐步过渡到 PLM 时代，ERP 得到广泛应用。近年来，数字化工厂、智能工厂技术得到快速发展。

1.5　智能制造的基本概念

数字化制造虽然能够通过处理数字信息替代制造活动中人类的大部分事务性劳动，但是缺乏体验、认知、决策、规划、学习、协作等智能化的能力。因此，需要在制造过程中引入智能化技术，使整个制造系统可以处理学习、决策、规划等制造任务，从而形成智能制造技术和系统。

1.5.1　智能制造的含义

通过信息技术、人工智能等技术，使相应系统或者设备具有一定的感知、推理、学习和决策等能力的过程称为智能化。具有智能的制造系统(即智能制造系统)应具备如下一个方面或多个方面的能力。

(1) 具有感知能力，能够感知外部世界、获取外部信息，这是产生智能活动的前提和必要条件。

(2) 具有记忆和思维能力，能够存储感知到的外部信息及由思维产生的知识，同时能够利用已有的知识对信息进行分析、计算、比较、判断、联想、决策。

(3) 具有学习和自适应能力，可通过与环境交互，不断学习积累知识，使自己能够适应环境变化。

(4) 具有行为决策能力，能对外界的刺激做出反应，形成决策并传达相应的信息。

智能制造在国际上至今尚无公认的定义，目前通常认为它是智能制造技术和智能制造系统的总称。1988 年美国纽约大学怀特教授和卡内基梅隆大学布恩教授在《智能制造》一书中首次提出了智能制造的概念。20 世纪 90 年代以来，随着人工智能研究热潮的再次兴起，智能制造引起了发达国家的广泛关注，智能制造概念也在逐步更新和完善。

2021 年 4 月我国发布的《“十四五”智能制造发展规划》(征求意见稿)认为智能制造是指基于新一代信息技术与先进制造技术深度融合，贯穿于设计、生产、管理、服务等制造活动各个环节，具有自感知、自决策、自执行、自适应、自学习等特征，旨在提高制造业质量、效益和核心竞争力的先进生产方式。该定义是一个较为系统和准确的定义。

可以看出，智能制造将智能活动融合到生产制造全过程，通过人与机器协同工作，逐渐增大、拓展和部分替代人类在制造过程中的脑力劳动，已由制造自动化、数字化扩展到生产的柔性化、智能化。从范围上来看，智能制造实际上已经覆盖了数字化制造的领域。

1.5.2 智能制造系统架构与技术体系

智能制造系统架构与技术体系涉及多个层次、多个维度，通过不同层面的纵向集成和不同级别的横向集成，覆盖产品生命周期的不同阶段，并对基础共性技术和关键技术进行细化和落地，实现行业应用。

1. 智能制造系统架构

智能制造系统的架构涉及生命周期、系统层级和智能特征三个维度，如图 1-11 所示。

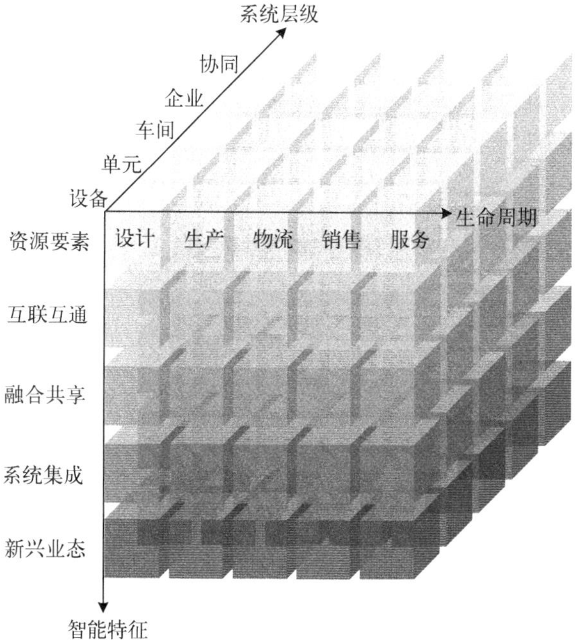

图 1-11 智能制造系统架构

智能制造的关键是实现贯穿企业设备层、单元层、车间层、企业层、协同层不同层面的纵向集成，跨资源要素、互联互通、融合共享、系统集成和新兴业态不同级别的横向集成，以及覆盖设计、生产、物流、销售、服务的端到端集成。

1) 生命周期

生命周期是指从产品原型研发到产品回收再制造的各个阶段，包括设计、生产、物流、销售、服务等一系列相互联系的价值创造活动。生命周期的各项活动可进行迭代优化，具有可持续性发展等特点，不同行业的生命周期构成不尽相同。

(1) 设计是指根据企业的所有约束条件及所选择的技术来对需求进行构造、仿真、验证、优化等研发活动过程。

(2) 生产是指通过劳动创造所需要的物质资料的过程。

(3) 物流是指物品从供应地向接收地的实体流动过程。

(4) 销售是指产品或商品等从企业转移到客户手中的经营活动。

(5) 服务是指提供者与客户接触过程中所产生的一系列活动的过程及其结果，包括回收。

2) 系统层级

系统层级是指与企业生产活动相关的组织结构的层级划分，包括设备层、单元层、车间层、企业层和协同层。

(1) 设备层是指企业利用传感器、仪器仪表、机器、装置等，实现实际物理流程并感知和操控物理流程的层级。

(2) 单元层是指用于工厂内处理信息、实现监测和控制物理流程的层级。

(3) 车间层是指实现面向工厂或车间的生产管理的层级。

(4) 企业层是指实现面向企业经营管理的层级。

(5) 协同层是指企业实现其内部和外部信息互联和共享过程的层级。

3) 智能特征

智能特征是指基于新一代信息通信技术使制造活动具有自感知、自学习、自决策、自执行、自适应等一个或多个功能的层级划分，包括资源要素、互联互通、融合共享、系统集成和新兴业态等五层智能化要求。

(1) 资源要素是指企业在生产时所需使用的资源或工具及其数字化模型所在的层级。

(2) 互联互通是指通过有线、无线等通信技术，实现装备之间、装备与控制系统之间、企业之间相互连接及信息交换功能的层级。

(3) 融合共享是指在互联互通的基础上，利用云计算、大数据等新一代信息通信技术，在保障信息安全的前提下，实现信息协同共享的层级。

(4) 系统集成是指企业实现智能装备到智能生产单元、智能生产线、数字化车间、智能工厂，乃至智能制造系统集成过程的层级。

(5) 新兴业态是指企业为形成新型产业形态进行企业间价值链整合的层级。

2. 智能制造系统技术体系

智能制造系统技术体系包括基础共性技术、关键技术、行业应用技术等三个部分，如图 1-12 所示。

具体而言，基础共性技术包括通用、安全、可靠性、检测、评价等五大类，是关键技术和行业应用技术的支撑。关键技术是智能制造系统架构智能特征维度在生命周期维度和系统层级维度所组成的制造平面的投影，其中，智能装备对应智能特征维度的资源要素，智能工厂对应智能特征维度的资源要素和系统集成，智能服务对应智能特征维度的新兴业态，智能赋能技术对应智能特征维度的融合共享，工业网络对应智能特征维度的互联互通。行业应用技术面向行业具体需求，对基础共性技术和关键技术进行不断的细化和开发落地，实现各行业对智能制造系统的个性化应用。

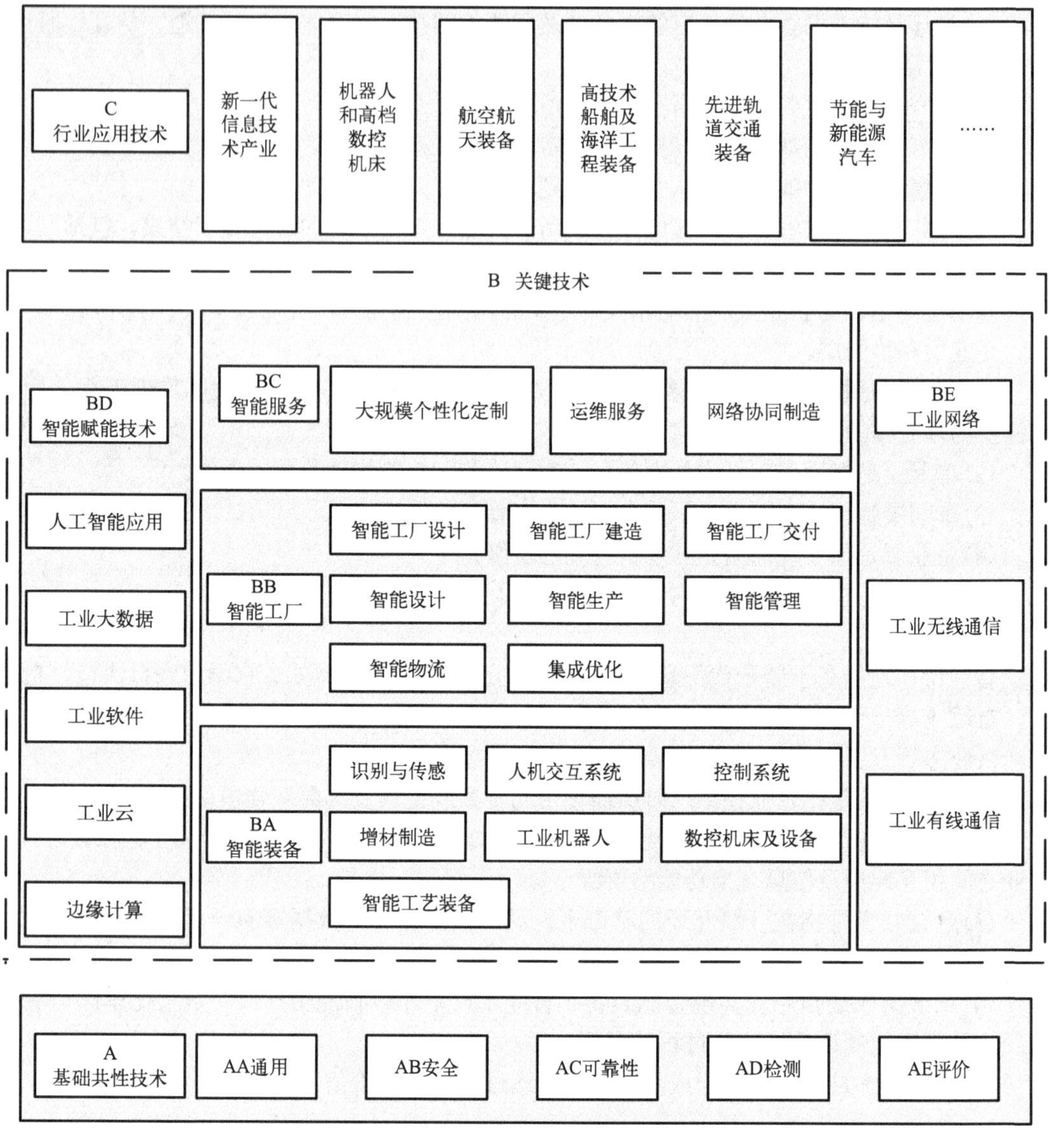

图 1-12　智能制造系统技术体系

1.6　数智制造的主体与对象

无论是数字化制造还是智能制造，都需要在制造企业的不同层级，针对产品生命周期的不同阶段，以相应的制造业务为依托，才能发挥其数字化和智能化的作用。制造企业的组成、产品生命周期的不同阶段及相应的制造业务是数智制造技术和系统发挥作用所必需的主体、对象与依托。

1.6.1　产品的生命周期

生命周期实际上是一个经济学术语，其基本含义可以通俗地理解为“从摇篮到坟墓”的整个过程。产品生命周期理论由美国哈佛大学教授雷蒙德·弗农 1966 年在其《产品周期中的国际投资与国际贸易》一文中首次提出。

从经济学或市场营销学的角度来看，产品生命周期(product life cycle，PLC)指产品从投入市场到更新换代和退出市场所经历的全过程，一般分为导入(包括开发和引进两个阶段)、成长、成熟、衰退几个阶段。经济学领域的产品生命周期曲线如图 1-13 所示。在开发期，该产品销售额为零，公司投资不断增加；在引进期，销售额增长缓慢，初期通常利润偏低或为负数；在成长期，销售额快速增长，利润也显著增加；在成熟期，利润在达到顶点后逐渐下滑；在衰退期，产品销售额显著衰退，利润也大幅度滑落。该曲线适用于一般产品的生命周期的描述，对于一些特殊类型的产品则不一定适用。

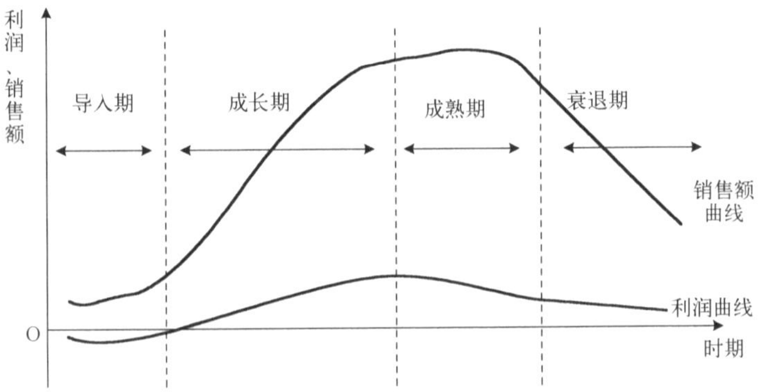

图 1-13　经济学领域的产品生命周期曲线

上述概念侧重从经济学或者营销学的角度来描述产品的发展变化过程。数智制造则需要基于技术角度的产品生命周期概念。从技术角度来看，产品需基于市场需求研制，经过详细周密的设计，规定规格和制造流程，然后经过原材料采集、加工、装配等生产过程，生产完毕后通过存储、运输等流通过程发送给客户，客户使用产品，其间需进行维修等客户服务，直至产品报废或回收再用。这个过程构成了一个完整的产品生命周期。

因此，可以将产品生命周期可以划分为 3 个大阶段：初期阶段、中期阶段、后期阶段。在此基础上可以细分为 6 个小阶段，即设计、制造、储运、服役、维护和报废。对于不同的产品类型，可能会在局部有所调整，如图 1-14 所示。

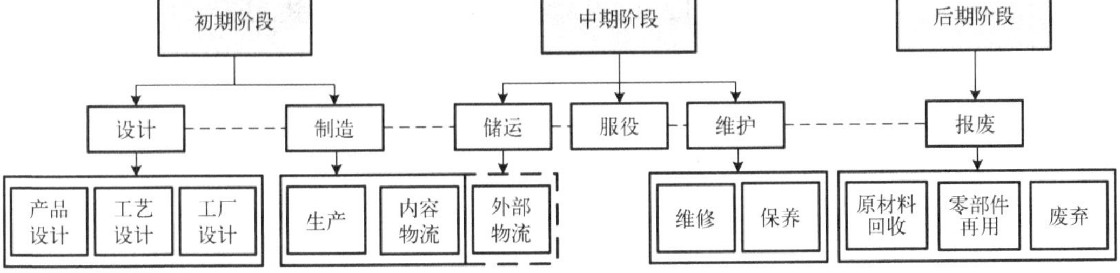

图 1-14　技术角度的产品生命周期阶段

例如，民用客机典型的生命周期包括需求采集、概念设计、详细设计、工艺设计、原型制造、测试、认证、大规模生产、运营与服务(二手市场)、报废等阶段。

第一，飞机生产企业采集市场需求，确定是否研制该机型。根据需求创建飞机的概念草图，并确定空气动力学、推进、性能、结构和控制系统等技术细节，形成概念设计。概念设计经过多次优化，获得飞机总体设计的必要参数。

第二，飞机制造企业使用计算软件和风洞实验对结构和控制系统进行仿真分析，继而进行详细设计，最终确定飞行参数(包括性能和动力学)。基于详细设计，确定工艺方案，完成工艺设计，并对工艺设计结果进行仿真分析和优化。基于设计结果，为了测试(在地面和飞行中)功能而建造飞机原型。

第三，基于飞机原型，飞机制造企业进行全面的地面和飞行测试，以确保所有参数都在详细设计中规定的安全限值内。在测试过程中，机身必须承受所有结构和空气动力学载荷。飞机必须通过设定的飞行安全和性能标准，才有资格获得认证，否则将无法投入商业运营。之后才能正式投产，根据用户订单开始大规模产品制造。

第四，飞机制造完毕后，交付用户并投入使用。需要使用专业的飞行模拟器为飞行和地勤人员提供培训。当一架飞机在服役一段时间后退役时，它可能会在二手市场上使用。传统飞机在服役 10～12 年后退役。一些低成本航空公司收购二手飞机以保持低运营成本。制造商在飞机使用寿命期间需要与用户一起为其提供机队支持，以及运行维护和维修。

第五，如果飞机退役一段时间后，无法再次投入运营，这就是它生命的终结。此时，飞机的主要部件被回收，飞机整体则报废。

1.6.2　制造企业的组成

制造企业的组成表现为组织结构。组织结构的设置至关重要，直接影响企业的运作效率和协调性。图 1-15 是某电子与系统集成设备公司的组织结构图。

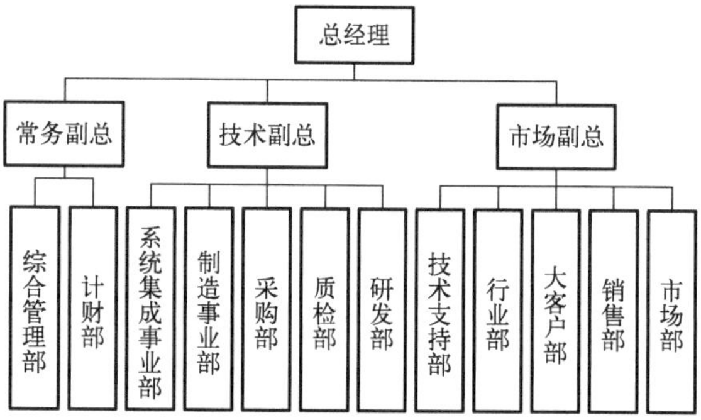

图 1-15　某电子与系统集成设备公司组织结构图

可以看出，从技术管理和产品研制直接相关角度来看，制造企业一般包含如下部门。

(1) 董事会和总经理办公室。董事会是制造企业的最高决策机构，由董事股东或其他利益相关方组成。董事会负责制定企业的战略规划和决策，并监督企业的经营活动。总经理办公室是制造企业的执行机构，负责实施董事会决策并管理企业的日常运营。总经理办公室包括总经理、副总经理等高级管理人员。

(2) 市场部门。市场部门负责获取客户需求，扩大企业的市场份额并推动销售增长，给企业带来更多的业务机会。

(3) 研发部门。研发部门负责新产品的研发和升级，解决现有产品的问题和改进产品。研发部门与其他部门紧密合作，以确保所开发产品的质量和功能能够满足客户需求。

(4) 制造（生产）部门。制造部门负责组织、实施、管理制造过程，一般分为三个主要部分：一是工艺相关，负责制订工艺方案、设计工艺文件；二是生产管理相关，负责制订生产计划、管理生产流程、维护设备状态等；三是车间相关，负责具体的产品制造和装配工作。质量管理部门可以归入制造部门，也可以独立存在。

(5) 质量管理部门。质量管理部门负责监督和控制产品的品质，确保产品符合相关标准和规范。质量管理部门需要进行质量检测、跟踪产品质量问题，并提出改进措施。

(6) 采购部门。采购部门负责采购原材料、零部件和设备，以满足生产的需求。

(7) 销售部门。销售部门负责销售产品，与客户进行洽谈和交流。销售部门需要制订销售策略和计划，并与其他部门紧密合作，以满足客户需求。

(8) 财务部门。财务部门负责企业的财务管理和资金管理。财务部门需要编制预算、核算成本、进行财务报告和分析，并进行税务申报和审计。

(9) 人力资源部门。人力资源部门负责招聘、培训、绩效管理等人力资源管理工作。人力资源部门需要协助各部门招聘合适的人员，并制订培训计划和绩效评估机制。

(10) IT 部门。IT 部门负责企业的信息技术和系统维护。

(11) 法务部门。法务部门负责企业的法律事务和合规性。

同时，制造企业需要与客户、供应商及上下级公司协同，完成产品制造业务。

制造企业的组织结构可以有多种形式，如直线式、事业部式、矩阵式等。一个高效的组织架构可以提高企业的竞争力和生产效率。目前，有不少研究所除研究和设计产品之外，自身也进行产品制造，对于这些企业来讲，其组织结构包含研发部门和制造部门，且以研发部门为主。

1.6.3　产品研制的业务

数智制造过程实际上可以看作不同部门的人员在产品生命周期的不同阶段运用数智技术完成的相关业务集合。业务是指企业或组织所从事的具体经营活动和服务内容，是企业运作的核心。企业由不同的部门组成，不同部门之间的业务也不一样，如果没有一个规范的操作体系来指导这些业务的执行，企业管理容易出现混乱现象，业务目标很难顺利达成。因此，需要规定相应的业务流程。

业务流程是指为完成特定的业务目标而组织起来的一系列活动和任务的顺序和方式。它是对企业内部各个环节进行科学组织和协调的过程，体现出一件工作“先做什么，后做什么，由谁来做”的关系。流程为业务提供了标准化的程序，明确了每个节点的负责人，确保业务有序、顺利地执行。

ISO 9000 认为业务流程是一组将输入转化为输出的相互关联或相互作用的活动。业务活动是业务流程中的具体业务环节，是由明确的业务事件触发，为满足特定的业务目的而开展的一系列业务操作。

一般可以使用业务流程图来表示业务开展过程。业务流程图是一种描述管理系统内各部门、人员之间的业务关系、作业顺序和管理信息流向的图表，它可以清晰地展示业务流程中每个环节的工作内容和流转方向，从而帮助团队更好地规划和管理工作流程。

产品研制会涉及财务、研发、生产、采购、销售等关键业务。图 1-16 为某单位在型号研制阶段的流程图。型号研制总体业务流程分为产品实现策划、方案设计、方案审批、详细设计、设计审批、工艺设计、工艺审批、投产、质量审批等阶段。具体说明如下。

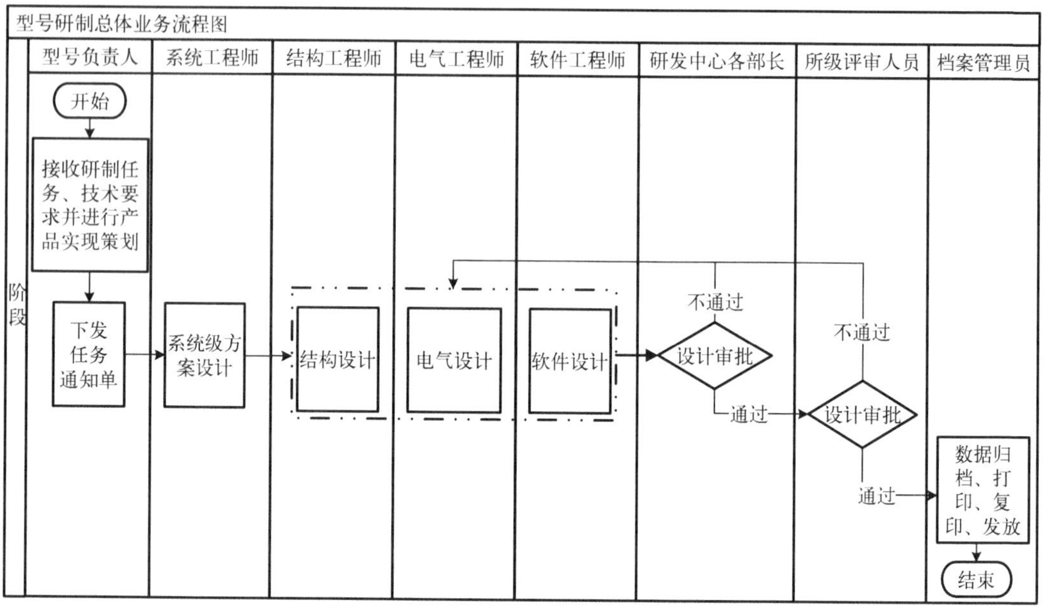

图 1-16　某型号研制总体业务流程图

(1) 型号负责人接收研制任务及技术要求，组织产品实现策划工作，包括项目计划编制、工作团队组建、工作任务细化等，并下发任务通知单给本项目的系统工程师。

(2) 系统工程师接收任务通知单和产品实现策划等资料后，组织开展系统级方案设计，并指派负责模块详细设计的工程师。

(3) 获取系统级设计方案后，由研究室的结构、电气、软件等各专业组织展开详细设计，通过三维设计、二维设计、电路设计、办公等软件完成各专业设计、仿真分析、技术文件编制等产品设计工作，并进行技术状态的管理和控制。

(4) 完成产品详细设计报告并通过设计审批后，根据产品研制要求组织设计报告的室级、所级、用户级审批。

(5) 型号研制设计成果由档案管理员完成归档、打印、复印、发放等工作。

另外，在型号研制总体业务流程中，有非常多的分支业务流程，专注于某项特定工作的实施。例如，航空制造企业经常在型号工艺设计阶段的业务流程开展工装设计业务子流程。

1.7　数智制造的未来发展

新一轮工业革命会推进数智制造向更加广泛、更加深入的层次发展，世界制造业强国纷纷推出发展智能制造的相应战略规划，智能制造将会以更多形态呈现。

1.7.1　第四次工业革命浪潮的影响

第四次工业革命的核心是数字化、自动化和连接性的融合，将彻底改变制造行业。智能制造作为其核心组成部分，对于推动工业 4.0 的进程具有至关重要的作用。在工业 4.0 的背景下，智能制造的优点被进一步放大。

首先，数字化技术使得生产过程中的每一个环节都可以被精确地追踪和控制，极大地提高了生产效率和产品质量。其次，自动化和机器人技术的广泛应用使工厂可以 24h 不间断地运行，满足了消费者对于快速、个性化的产品需求。最后，连接性使工厂可以与供应商、物流公司及最终消费者实时互动，形成一个高效的生态系统。从工业 3.0 到工业 4.0，制造技术将面临 4 个新的转变。

(1) 从相对单一的制造环境到复杂混合制造环境。零件材料变为金属材料与复合材料混合，对象尺度变为宏观与微纳混合，加工工艺变为增材与减材混合，工作方式变为机器人与人类融合，变量形式变为数字过程与模拟过程混合，虚实结合变为赛博空间与物理实体融合。

(2) 从基于控制的机器学习到基于丰富数据的深度学习。复杂系统需要在一些未知条件下保持模型的鲁棒性，未来制造应使用户能够理解不可见的因果关系并做出优化的决策。

(3) 从基于经验的决策到基于证据的决策。传统制造系统管理严重依赖经验丰富的人员，需要智能分析系统来将原来基于经验的知识转化为可持续运行的基于证据的决策。

(4) 从解决可见的问题到避免不可见的问题。通过对相互关联的多维系统的智能分析，可对相关性和因果函数进行建模，获得对运行过程不可见的问题的有意义的、可行的分析预测结果，给出预警和控制，避免不良的后果。

1.7.2　数智制造的国家战略

2008 年金融危机后，美国等发达国家纷纷提出“再工业化”战略，开拓与互联网、云计算等信息化发展高度融合的智能制造业，智能制造已成为全球制造业发展的大趋势。此后，中国、美国、德国、英国、欧盟、日本、韩国等国家和地区均出台了振兴制造业和发展智能制造业的相关战略和规划，力求在新一轮工业革命中占据主导地位。

1. 德国

2013 年，德国正式推出《德国工业 4.0 战略计划实施建议》，对工业 4.0 的愿景、战略、需求、有限行动领域等内容进行了分析。2015 年 3 月，德国正式提出了工业 4.0 的参考架构模型(reference architecture model industry 4.0，RAMI 4.0)，如图 1-17 所示。2016 年，德国发布《数字化战略 2025》，目的是将德国建成最现代化的工业化国家。该战略指出，德国数字未来计划由 12 项内容构成：工业 4.0 平台、未来产业联盟、数字化议程、重新利用网络、数字化技术、可信赖的云、德国数据服务平台、中小企业数字化、进入数字化等。2019 年 11 月，德国发布《德国工业战略 2030》，认为当前最重要的突破性创新是数字化，尤其是人工智能的应用。

2. 美国

美国是智能制造的重要发源地之一。2006 年，美国国家科学基金委员会提出了智能制造概念，核心技术是计算、通信、控制。2014 年 3 月，GE 联合美国电话电报公司(AT&T)、思科、IBM 和英特尔发起美国工业互联网联盟(IIC)。2015 年 6 月，IIC 发布工业互联网参考架构(industrial internet reference architecture，IIRA)，如图 1-18 所示。

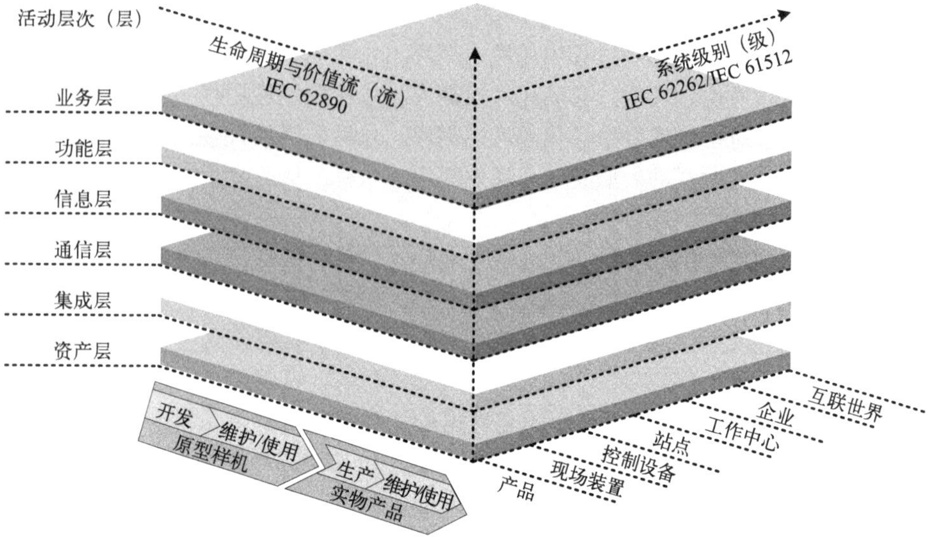

图 1-17　德国 RAMI 4.0

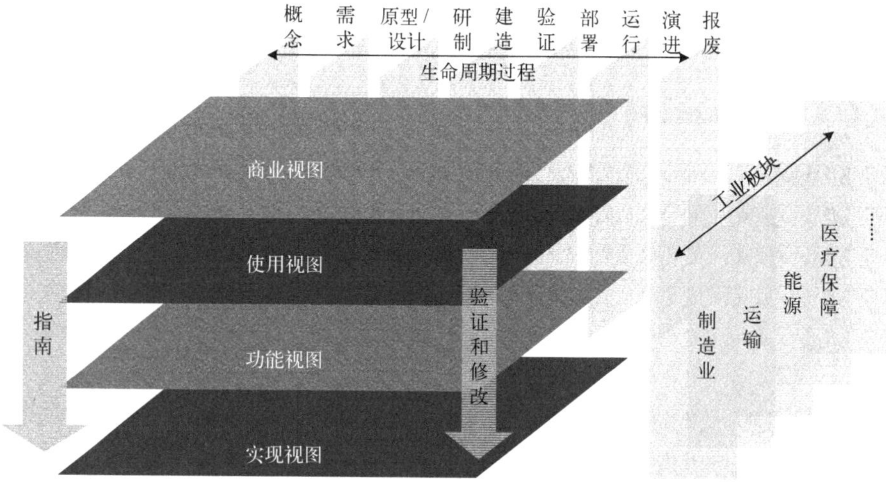

图 1-18　美国 IIRA

2018 年，美国发布《先进制造业美国领导力战略》，提出三大目标，即开发和转化新的制造技术、培育制造业劳动力、提升制造业供应链水平。具体的目标之一就是大力发展未来智能制造系统，如智能与数字制造、先进工业机器人、人工智能基础设施、制造业的网络安全。

3. 日本

2015 年，日本发布《新机器人战略》。该战略提出要保持日本作为机器人大国的优势地位，促进信息技术、大数据、人工智能等与机器人的深度融合，打造机器人技术高地，引领机器人的发展。2016 年 12 月，日本正式发布了工业价值链参考架构(industrial value chain reference architecture，IVRA)，标志着日本智能制造策略里程碑落地，形成独特的日本智能制造顶层架构，如图 1-19 所示。在《制造业白皮书(2018)》中，日本明确了“互联工业”是日本制造的未来。

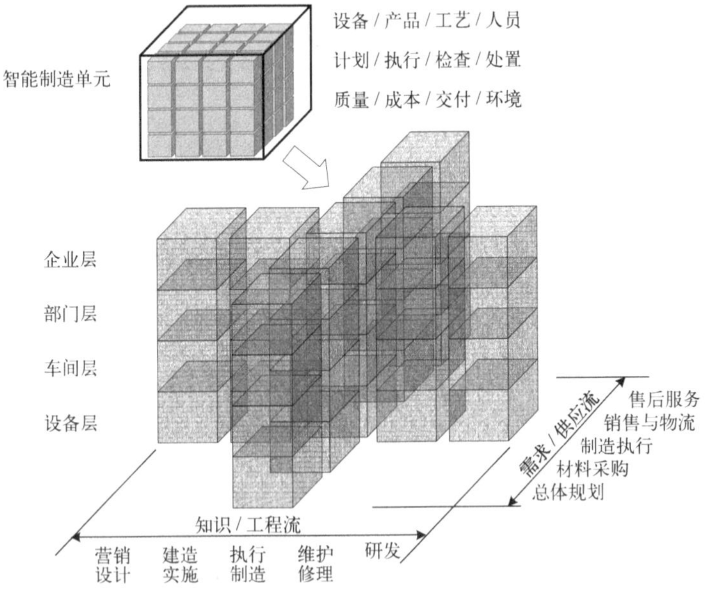

图 1-19　日本 IVRA

4. 中国

2015 年 5 月，国务院正式印发《中国制造 2025》，将智能制造发展列为国家战略，最终目标是新中国成立 100 年时，中国的制造业大国地位更加巩固，综合实力进入世界制造强国前列。2015 年 12 月 30 日，工业和信息化部、国家标准化管理委员会联合发布了《国家智能制造标准体系建设指南》(2015 年版)，同时包含了我国的智能制造系统架构(intelligent manafacturing system architecture，IMSA)模型，如图 1-11 所示。2021 年 12 月 21 日，工业和信息化部等八部门印发了《“十四五”智能制造发展规划》(下称《规划》)。《规划》提出，“十四五”及未来相当长一段时期，推进智能制造，要立足制造本质，紧扣智能特征，以工艺、装备为核心，以数据为基础，依托制造单元、车间、工厂、供应链等载体，构建虚实融合、知识驱动、动态优化、安全高效、绿色低碳的智能制造系统，推动制造业实现数字化转型、网络化协同、智能化变革。

围绕创新、应用、供给和支撑等四个方面，《规划》部署了智能制造技术攻关行动、智能制造示范工厂建设行动、行业智能化改造升级行动、智能制造装备创新发展行动、工业软件突破提升行动、智能制造标准领航行动等六个专项行动。在智能制造标准领航行动方面，从标准体系建设、研制、推广应用和国际合作等四个方面，推动智能制造标准化工作走深走实。如图 1-20 所示，中国 IMSA 和德国 RAMI 4.0 已经建立起初步的映射关系。

可以看出目前各国主要的智能制造战略虽然总目标趋近，但是也具有各自的特点。

1.7.3 数智制造的未来展望

随着智能制造的发展，一些未来制造的新概念、新形态不断出现。

1. 混合制造

未来可能发展出“增材+等材+减材”多工艺混合制造、“数控机床+机器人”多机一体化混合制造、“金属材料+复合材料”多材料混合制造、“光+机+电”多能源复合制造等模式。

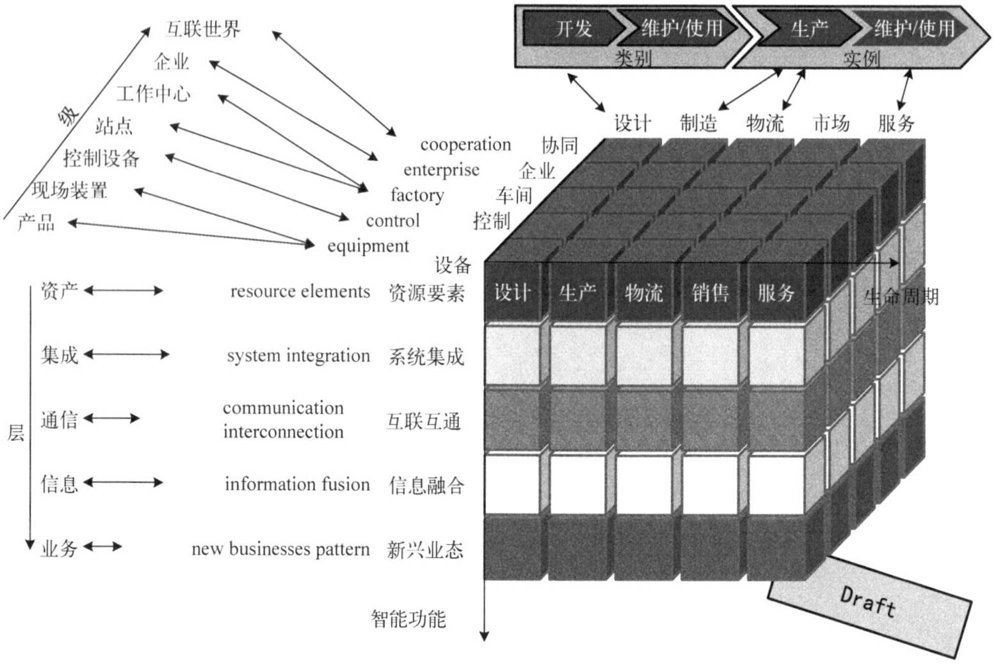

图 1-20　中国 IMSA 和德国 RAMI 4.0 的映射关系

2. 软件定义制造

软件定义制造指生产过程由与硬件解耦的软件定义和实现其可编程、可重构和自适应功能的一种制造模式，制造软件和物理系统必须分离，并通过抽象层接口来实现连接。

3. 移动制造

移动制造的主要思想是开发和使用可移动的制造模块，这些模块可以迅速组合成一个完整的制造系统，并被重新配置为新产品和(或)规模以处理新的批量。

4. 韧性制造

未来制造业体系必须是一种韧性制造系统，即具有韧性、适应性和可恢复力，以应对迅速变化和不可预测的环境，适应不断变化的市场需求。

5. 可持续制造

将传统的线性生产过程智能化地重组为可循环和网络化的“生产—消费—再循环”系统，建设生态型工厂，实现生态高效、可持续性的制造。

思考及练习题

1. 中国制造技术的发展经历了哪几个主要阶段？
2. 制造技术和人类发展的相互关系是什么？

3．第四次工业革命诞生的标志是什么？
4．什么是制造业和制造系统？
5．什么是制造模式？主要的先进制造模式有哪些？
6．数字化制造的含义是什么？数字化制造技术体系主要由哪些技术构成？
7．智能制造的含义是什么？智能制造系统架构的三个维度分别是什么？
8．技术上的产品生命周期主要包括哪几个阶段？
9．制造企业组织结构的主要组成有哪些部门？查阅资料了解总师的概念。
10．简要对比国际上主要的智能制造国家战略。

第 2 章　数字化制造技术基础

数字化制造的本质是对产品生命周期的制造相关数据、信息、知识以数字化方式进行处理，解决数字化制造中的决策、规划、管理等相关业务问题，同时应用数字化信息对设备进行控制，实现物理制造。因此，需要了解产品生命周期数据，掌握数据数字化处理基础及其处理方式，以及计算机控制技术。

2.1　产品生命周期数据

在计算机科学中，数据是用于输入电子计算机进行处理，具有一定意义的数字、字母、符号和模拟量等的统称。产品生命周期中涉及的数据内容十分广泛、类型多种多样。

2.1.1　数据和信息

微课

数据是指对客观事物的性质、状态及相互关系等进行记载的、可以鉴别的物理符号或这些物理符号的组合。因此，数据是事实或观察的结果，是用于表示客观事物的未经加工的原始素材。计算机存储和处理的对象十分广泛，表示这些对象的数据也随之变得越来越复杂。

信息是处理过的、有上下文的数据。它是对数据的解释，在特定语境或者环境下具有特定意义。数据是信息的表达、载体，信息是数据的内涵，两者是形与质的关系。

将反映自然现象和社会现象的信息经过加工后可形成知识，可解决较为复杂的问题。因此，知识是用于解决问题或者决策的、经过整理的易于理解和结构化的信息。

智慧是人类所表现出来的一种独有的能力，主要表现为收集、加工、应用、传播知识的能力，以及对事物发展的前瞻性看法。智慧可以简单地归纳为做出正确判断和决定的能力，包括对知识的最佳使用。数据、信息、知识、智慧这几个概念示例如图 2-1 所示。

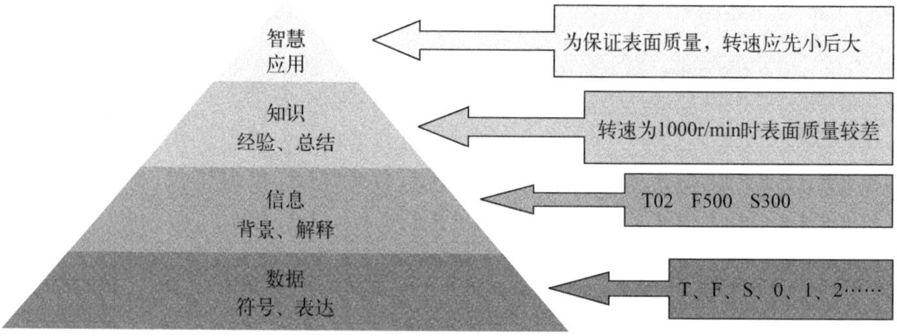

图 2-1　数据、信息、知识、智慧的区别与联系

在实际工作中，为了统一描述且便于管理，一般将产品生命周期中涉及的各种数字化内容统称为数据。

2.1.2　产品生命周期数据内容

产品生命周期数据涉及范围非常广泛，从生命周期阶段和业务范围角度来看，可以大致分为如下几类。

1. 产品研发数据

产品研发数据主要指产品研发过程中所形成的与工程设计相关的数据。产品设计数据和工艺设计数据是其中最重要的技术数据。

产品设计数据主要有产品需求与技术方案、产品结构与零组件、设计图纸与三维模型、产品配置等数据；工艺设计数据主要有工艺方案与工艺文件、工艺参数、工艺仿真与数控代码、工艺关联的材料与制造资源等数据。这些信息以虚拟设计信息为主。产品研发数据之间的示例性逻辑关系如图 2-2 所示。

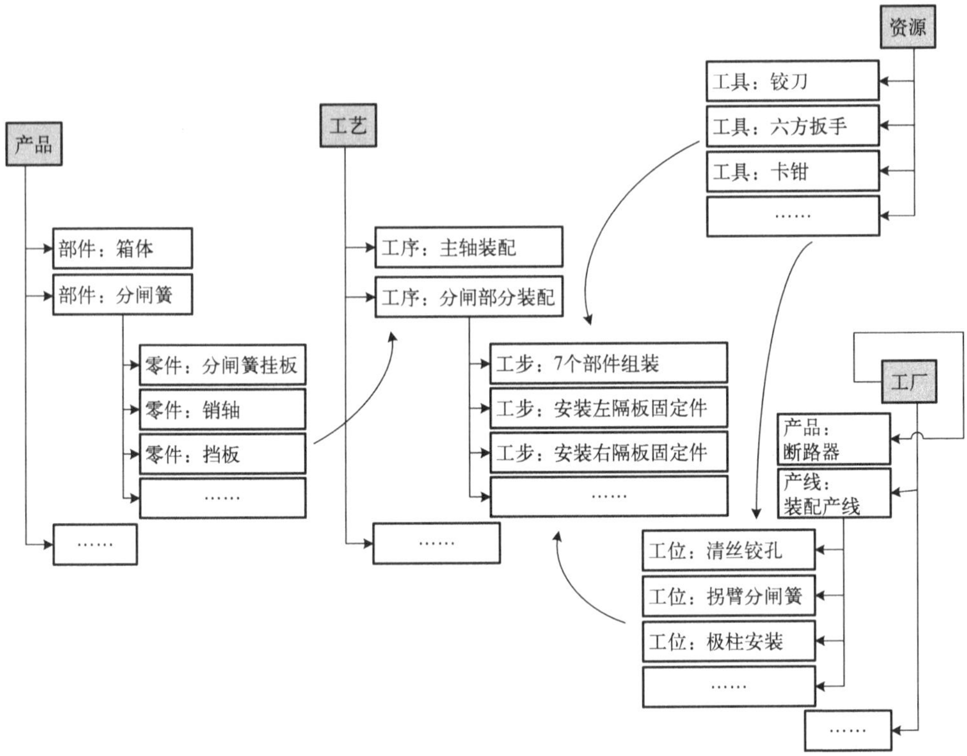

图 2-2　产品研发数据之间的逻辑关系

2. 制造运营数据

制造运营数据主要指产品实际制造过程中所需要的资源与生产过程管控等相关数据，其中最主要的数据有物料数据、制造资源数据、生产过程数据、质量数据等。

物料数据主要有原材料、辅助材料、在制品等数据；制造资源数据主要有人员、工厂、产线、工位、设备、工装、工具、仓库及软件系统等数据；生产过程数据主要包括生产计划与任务、生产进度与执行、出入库与配送、设备监控、安全与风险等数据；质量数据主要有检验计划、检验执行、质检结果、故障与处理等数据。

3. 运维服务数据

运维服务数据主要指产品运行过程中进行维护、维修、大修及故障诊断和技术支持等相关数据。运维服务数据主要包括运维计划、运维执行、运维结果、诊断数据、寿命预测、备件与更换、培训管理等数据。

4. 供应链数据

供应链数据主要指企业的销售和采购相关数据。供应链数据主要包括客户数据、订单数据、销售数据、采购数据、配送数据、退货数据等。

5. 运营管理数据

运营管理数据主要指企业在运行时的非技术数据。运营管理数据主要包括财务数据、项目管理数据、流程管理数据等。

2.1.3 产品生命周期数据类型

产品生命周期数据虽然种类繁多、范围广泛，但是如果从数据组织形式上来看，可以根据结构化程度，划分为结构化数据、半结构化数据、非结构化数据三种。

结构化数据是有预定义数据类型、格式和结构的数据。结构化数据易于检索和组织，便于大规模批量化处理，通常可以存储在关系型数据库中。例如，产品生命周期数据中，BOM 结构、零件信息、工艺路线、项目结构、工作流程等都是结构化数据。

非结构化数据是没有固定、预定义结构的数据，通常保存为不同类型的文件，如图片、视频、三维模型等，一般直接整体进行存储。产品生命周期中各类技术资料和非技术资料，如数模、图纸、仿真文件、装配动画、技术文档等一般都是非结构化数据。

半结构化数据的结构化特性处于结构化数据和非结构化数据之间，是具有可识别的模式并可以解析的文本数据文件，如 XML、HTML 文件。

2.2 数据数字化处理基础

为使用计算机对产品生命周期中的数据进行处理，必须采用适合计算机运算的数据表示、编码方式，同时需要根据实际场景使用计算机程序对其进行处理，并能够全面、精确地对数据进行存储，涉及数据的数字化表示、数据结构及算法，以及数据库技术。

2.2.1 数据的数字化表示

为适应计算机原理，数据需要采用二进制表示，满足其逻辑运算规则，得到持久化存储，并能够以不同的形式对制造信息进行表示。

1. 进制表示方法

在计算机内部，所有信息统一用 0、1 表示，即二进制(binary，用 B 表示)方式。二进制只有 0、1 两个数码，采用电子器件很容易物理上实现，如图 2-3 所示。

进制的运算规则就是进位或错位规则。对于二进制来说，基数为 2，规则是“满二进一，借一当二”；对于十进制来说，规则是“满十进一，借一当十”。采用不同进制的数据之间可以进行转换。二进制转十进制时，把二进制数按权展开、相加即得十进制数。例如 10110111B = 183D。进制对照表如表 2-1 所示。

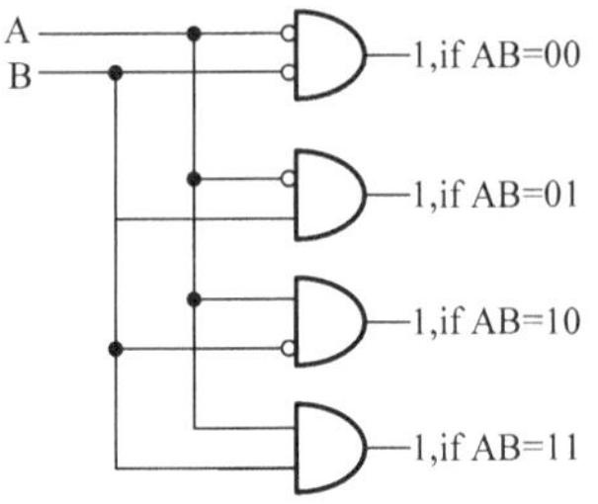

图 2-3　逻辑线路的 0、1 表示逻辑

表 2-1　进制对照表

十进制	二进制	八进制	十六进制	十进制	二进制	八进制	十六进制
0	000	0	0	8	1000	10	8
1	001	1	1	9	1001	11	9
2	010	2	2	10	1010	12	A
3	011	3	3	11	1011	13	B
4	100	4	4	12	1100	14	C
5	101	5	5	13	1101	15	D
6	110	6	6	14	1110	16	E
7	111	7	7	15	1111	17	F

2. 二进制的逻辑运算

无论计算机处理多么复杂的数据，其运算最终都要转化为二进制逻辑运算。逻辑运算指用数学符号来表示逻辑状态，以便于用数学方法研究逻辑问题。“真”和“假”是两个对立的逻辑状态。通常将电路通电状态表示为“真”，用数字“1”表示，不通电状态表示为“假”，用数字“0”表示。二进制有或、与、非三种基本逻辑运算，以及异或、移位两种常用逻辑运算。

1) 与运算

与运算(用 AND 表示，逻辑运算符是“&)”的规则是：当两个二进制位都为 1 时，结果为 1；否则结果为 0。电路实现原理如图 2-4 所示。例如，二进制数 1101 和 1010 进行与运算的结果为 1000，即 1101&1010=1000。

2) 或运算

或运算(用 OR 表示，逻辑运算符是“|”)的规则是：当两个二进制位至少有一个为 1 时，结果为 1；否则结果为 0。电路描述为只要有一条电路通电，这条总电路就能通电，原理如图 2-5 所示。例如，二进制数 1101 和 1010 进行或运算的结果为 1111，即 1101|1010=1111。

3) 非运算

非运算(用 NOT 表示，逻辑运算符是“!”)的规则是：将进制数的每一位取反，即 0 变为 1，1 变为 0。不用电路，直接取反即可。例如，二进制数 1101 的非运算结果为 0010，即!1101=0010。

4) 异或运算

异或运算(用 XOR 表示，逻辑运算符是“^”)的规则是：当两个二进制位不同时，结果为 1；否则结果为 0。电路实现原理如图 2-6 所示。例如，二进制数 1101 和 1010 进行异或运算的结果为 0111，即 1101^1010=0111。

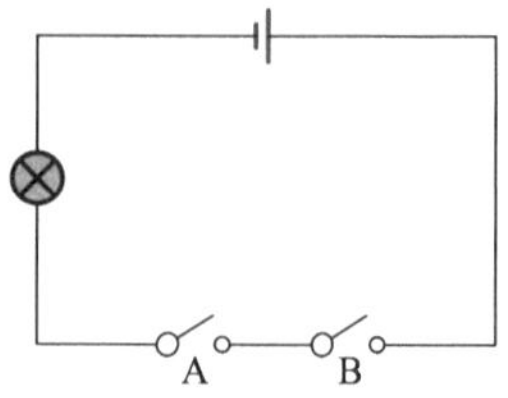

图 2-4　AND 运算等效电路

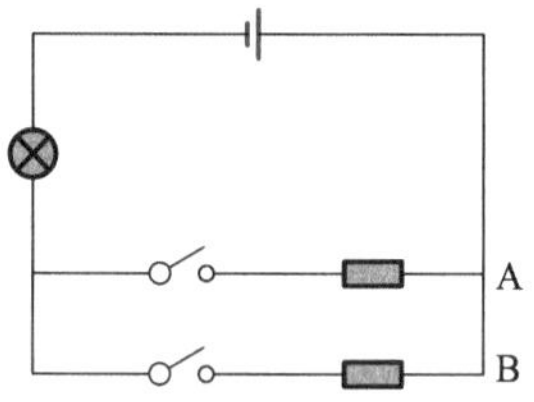

图 2-5　OR 运算等效电路

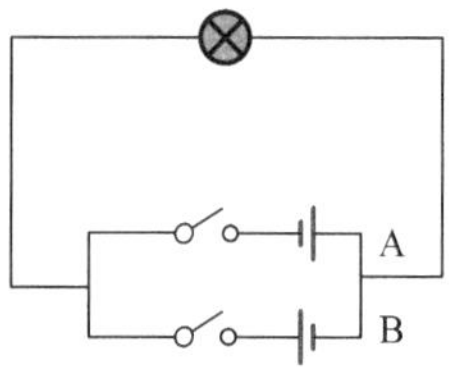

图 2-6　XOR 运算等效电路

5）移位运算

移位运算包含左移运算和右移运算。左移运算将二进制数的所有位向左移动指定的位数，右边空出的位补 0。右移运算将二进制数的所有位向右移动指定的位数，左边空出的位补 0 或补 1，取决于原始数的符号位是 0 还是 1。

上述几种运算逻辑汇总如表 2-2 所示。

表 2-2　几种运算逻辑

逻辑与	逻辑或	逻辑非	逻辑异或
1∩1=1	1∪1=1	$\overline{1}=0$	1⊕1=0
1∩0=0	1∪0=1	$\overline{0}=1$	0⊕1=1
0∩1=0	0∪1=1		1⊕0=1
0∩0=0	0∪0=0		0⊕0=0

3. 二进制数据的存储

计算机存储器包含了上亿个纳米尺度的电子元器件。这些元器件通过通电、断电导致电压变化而形成的两种状态表示 1 和 0。因此，这种大规模的集成电路可以存储二进制数据。每个元器件在物理上代表了一个最小的存储单位，称为位，即比特（bit，binary digit 的缩写，简称 b），表示一个二进制位。每个位可以存储一个 1 位的二进制码，例如，10100110 需要占用 8 位存储空间。为了便于计算机处理，一般不使用单个位，而是将 8 个位看作一个单元进行处理，即字节（byte，简称 B），如图 2-7 所示。字节是计算机中处理数据的基本单位，其中最右边一位为最低位，最左边一位为最高位，1B=8bit。存储器的容量以字节为基本单位。

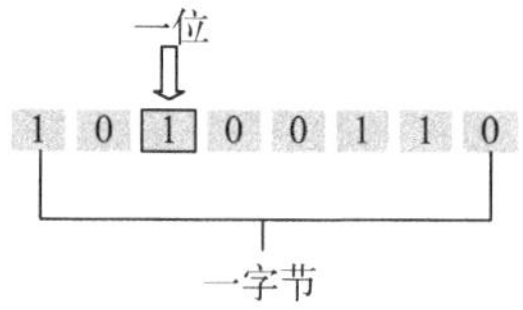

图 2-7　位和字节的关系

为了便于表达，也使用比字节更大的单位，如 KB（千字节）、MB（兆字节）、GB（吉字节）等，1KB=1024B，1MB=1024KB，1GB=1024MB，1TB=1024GB，以此类推。例如，我国的“飞豹”战斗机三维数模包含 5 万多个结构件、40 多万个标准件，大概有 37GB 数据。

存储器由大量的字节存储单元组成，每个字节存储单元都有唯一的编号，这个编号就是该存储单元的地址，用该地址可以唯一地访问到一个存储单元。

计算机中央处理单元（central processing unit，CPU）在单位时间内能一次处理的最大二进制数称为字（word），这组二进制数的位数称为字长。32、64 位 CPU 中的 32、64 是指计算机

CPU能够一次处理32或64位的二进制数据单元。32、64位操作系统中的32、64则表示操作系统能够管理32、64位二进制数据单元和内存寻址。如果在64位CPU上运行32位操作系统，计算机中的处理器资源及内存资源不能被充分利用。在32位CPU上则无法运行64位操作系统，这是因为64位操作系统需要计算机能够具备执行64位的指令和管理64位内存寻址的能力。这几个概念间的关系如图2-8所示。

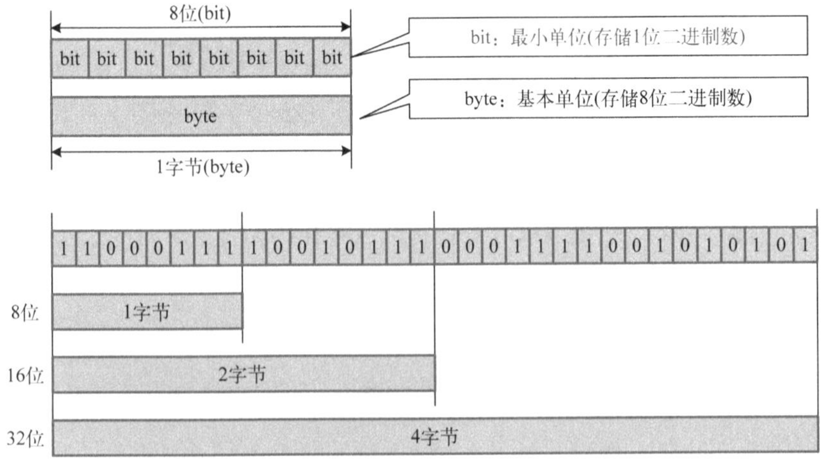

图2-8 位、字节、字长基本概念之间的关系

4. 二进制数据的编码

编码是信息从一种形式转换为另一种形式的过程。计算机编码指计算机内部代表字母或数字的方式。一般来讲，各种信息最终体现为数字、符号及各种文件，所以主要的编码类型有数值编码、字符集编码及特定文件格式编码。

1)数值编码

计算机处理的数值有整数和小数，小数又分为定点数和浮点数。定点数小数点位置固定，浮点数小数点位置浮动变化。

对于不超过一定范围的整数，计算机系统直接把它们化成二进制数存储在计算机内存中。例如，在C语言中，规定整型量的范围为–32768～32767，并将其按16位二进制数存储。例如，数值127的存储形式为0000000001111111。

对于比较大的数据或小数，则采用一种称为浮点数的表示技术。其基本思路是把一个数表示为$X\times2^{Y}$的形式。其中Y称为阶码，X称为尾数。然后把尾数和阶码按一定规则组织起来在计算机内部表示这个数据。

例如，十进制数3.625化成二进制是11.1010，也可以理解为$(0.00111010\text{B})\times2^{100\text{B}}$，如果系统规定两个字节表示一个浮点数，阶码和尾数各占8bit，则结果为0011101000000100。该编码中，前边一段8bit为尾数部分，尾数部分为纯小数，省略了小数点和整数部分的0。后边一段8bit为阶码部分。使用阶码就可以用不太多的二进制位数表示很大的数据。

2)字符集编码

字符集是多个字符的集合。常见字符集有ASCII字符集、GB2312字符集、Unicode字符集等。计算机要准确地处理各种字符集文字，就需要进行字符编码，以便计算机能够识别和存储各种文字。

字符集编码也称字集码，是把字符集中的字符编码为指定集合中的某一对象，以便文本在计算机中存储或者在通信网络中传递。常见编码有 ASCII 码、GB2312 码、Unicode 码等。

(1) ASCII 码。

ASCII 码是 American standard code for information interchange 的缩写(美国标准信息交换代码)，被国际标准化组织(ISO)采纳，作为国际通用的信息交换标准代码，主要用于显示现代英语和其他西欧语言，有标准 ASCII 码、扩展 ASCII 码两种。

标准 ASCII 码用一个字节(8 位)表示一个字符，并规定其最高位为 0，实际只用到 7 位，码值为 00000000～01111111，即 0～127。因此可表示 128 个字符。标准 ASCII 码包括数字 0～9、26 个大写英文字母、26 个小写英文字母，以及各种标点符号、运算符号和控制命令符号等。

扩展 ASCII 码用 8 位表示，最高位为 1，码值为 10000000～11111111，即 128～255。因此也可表示 128 个字符。扩展 ASCII 码比标准 ASCII 码扩充出来的符号包括表格符号、计算符号、希腊字母和特殊的拉丁符号。

ASCII 码只能显示 26 个基本英文字母、阿拉伯数字和英式标点符号。各个国家为了让本国公民也能正常使用计算机，开始效仿 ASCII 码开发自己的字符集编码，例如 ISO/IEC 8859(欧洲字符集)、Shift_JIS(日语字符集)、GBK(中文字符集)等。

(2) GB2312 码。

GB2312(即 GB/T 2312—1980)是中国国家标准简体中文字符集，全称《信息交换用汉字编码字符集 基本集》，又称 GB 0，由中国国家标准总局发布，1981 年 10 月 1 日实施。GB2312 码通行于中国大陆，新加坡等地也采用此编码。

GB2312 码共收录 6763 个汉字，其中一级汉字 3755 个，二级汉字 3008 个。同时收录了包括拉丁字母、希腊字母、日文平假名及片假名字母、俄语西里尔字母在内的 682 个字符。

GB2312 码中，所有的国标汉字与符号组成一个 94×94 的矩阵。在此方阵中，每一行称为一个区，每一列称为一个位。一个汉字所在的区号和位号简单地组合在一起就构成了该汉字的区位码，由两个字节表示。每个字节可以用十进制表示，但更常用十六进制表示。但是，为了更加统一地表示汉字，还需要转化为国标码(交换码)和机内码。

例如，汉字“中”的区位码是 54 48。将区号和位号都加上 32，转换为国标码，其国标码是 86 80。把国标码中的每个字节的最高位置为 1，相当于每个字节都加上 128 (2 的 7 次方)，称为内码。“中”的内码是 214 208，转化成十六进制是 0xD6 0xD0。

国家标准 GB 18030—2022《信息技术 中文编码字符集》是中国现行的内码字集。GB 18030—2022 与 GB/T 2312—1980、GBK 兼容，共收录汉字 87887 个。

(3) Unicode 码。

很多国家和地区都独立设计了自己所用文字的编码标准，它们之间互不兼容。解决该问题的一个措施是全球采用同一编码，每个字符只对应一个编码，每个编码只对应一个字符。1991 年，IBM、苹果(Apple)、微软(Microsoft)等公司创建了 Unicode 项目，为每一个字符提供唯一编码。Unicode 编码系统包含 128 个组，256 个面、行和位，有 2147483648 个码位。目前使用最多的是 0 组 0 面，该面称为 basic multilingual plane(基本多文种平面)。该平面一共有 256×256=65536 个码位，基本满足了目前世界上各种常用字符的使用需求。

在实际传输过程中，考虑到不同系统平台及出于节约存储空间的目的，对 Unicode 编码的实现方式(即 Unicode 转换格式，unicode translation format，UTF)有所不同。常见的有 UTF-7、

UTF-8、UTF-16 和 UTF-32。UTF-8 是目前互联网上使用较多的实现方式。

3）特定文件格式编码

结构化和半结构化数据可以用上述字符集编码的方式进行表达、存储和解码。但是大量的非结构化数据（包括各种文件格式）无法直接用上述标准编码和解码规则。文件格式（文件类型）指为存储信息而使用的对信息的特殊编码方式，用于识别内部储存资料，如图片格式 BMP、办公文档格式 DOC、二维图纸格式 DWG。例如，图纸文件 DWG 数据存储结构中，第 12 个字节存储二进制数据表示文件版本号，而不是单纯意义上的某个字符或者数字，如图 2-9 所示。

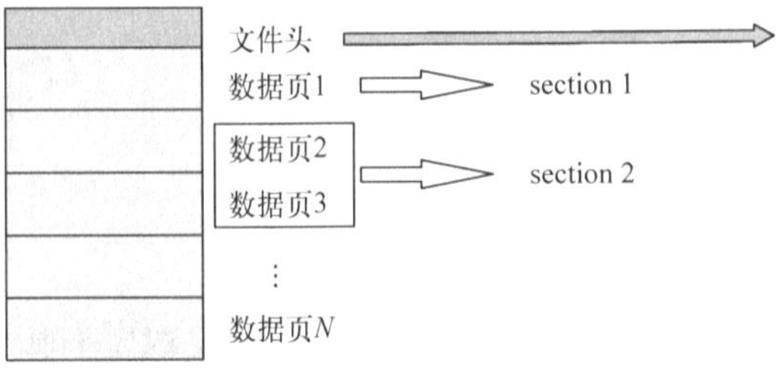

地址	长度/byte	描述
0x00	7	“AC1018\0”
0x07	4	0x00
0x0B	1	主版本号
0x0C	1	0x00或0x01或0x03
0x0D	4	预览图片的地址
0x11	1	Dwg version
0x12	1	Dwg maintance version
0x13	2	Codepage index
0x15	1	0x00
0x16	1	App version
0x17	1	App maintance version

图 2-9　DWG 文件的二进制编码示例

2.2.2　数据结构及算法

数据经过编码和存储后，要使用计算机程序对其进行处理。计算机程序是一组指示计算机执行动作或做出判断的指令，通常用某种程序设计语言编写。瑞士科学家尼古拉斯·沃斯（Niklaus Wirth）教授提出：数据结构+算法=程序。数据结构是程序的骨架，算法是程序的灵魂。

1. 数据结构

1）逻辑和存储结构

为了让计算机高效、便捷地存储和使用数据，需要用数据结构来组织数据。数据结构指相互之间存在一种或多种关系的数据元素的集合和该集合中数据元素之间的关系。数据元素是数据结构的基本单位，在计算机程序中通常作为一个整体进行考虑和处理。

常见的数据结构包括数组、队列、栈、链表、树、散列表等。可以从逻辑和存储两个角度来理解这些数据结构。

逻辑结构描述数据元素之间的逻辑关系，与数据的存储无关，独立于计算机，是从具体问题抽象出来的数学模型。物理结构是数据元素及其关系在计算机存储器中的结构（存储方式），是数据结构在计算机中的表示。逻辑结构是数据元素之间的关系。

按每个元素可能具有的直接前趋数和直接后继数，逻辑结构分为线性和非线性两大类。线性数据结构的数据元素之间存在一对一关系，非线性数据结构中每个数据元素可能和多个其他数据元素发生联系，即一对多或者多对一关系。数组、链表、栈、队列等属于典型的线性数据结构。树、堆、散列表、图等属于典型的非线性数据结构（图 2-10）。

存储结构是数据元素及其关系在计算机中的存储方式，主要包括以下四种（图 2-11）。

（1）顺序存储。用一组地址连续的存储单元依次存储各个数据元素（顺序）。

(2) 链式存储。借助指示元素存储地址的指针表示数据元素间的逻辑关系(指针)。

(3) 索引存储。除建立存储节点信息外，还建立附加的索引表来标识节点的地址(索引)。

(4) 散列存储。将数据元素的存储位置与关键码之间建立确定对应关系(关系)。

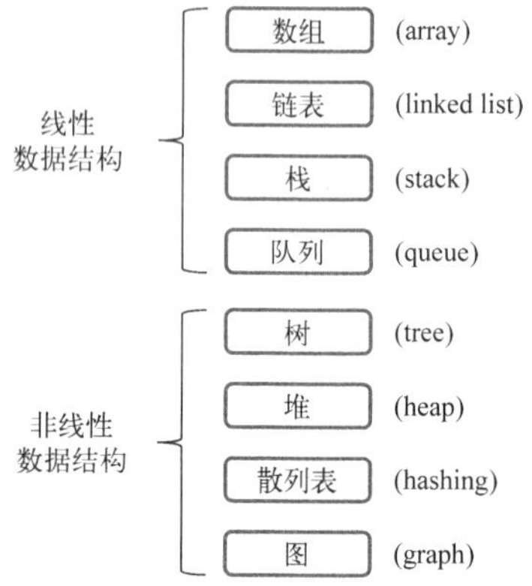

图 2-10　常见的数据结构

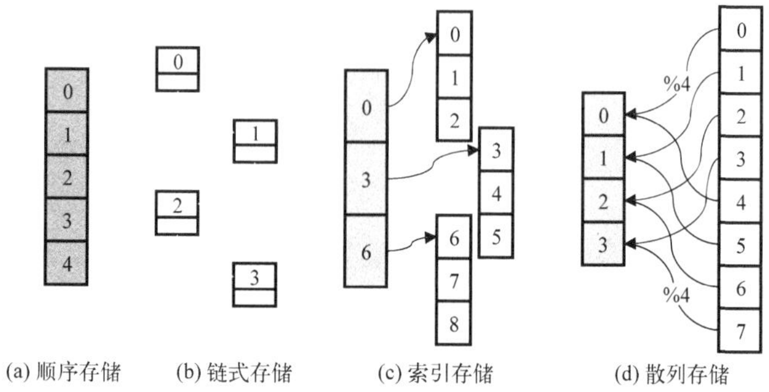

图 2-11　典型的数据存储方式

数组是典型的顺序存储数据结构，链表是典型的链式存储数据结构，二叉树属于典型的索引存储数据结构，散列表属于典型的散列存储数据结构。

2) 常见数据结构

(1) 数组。

数组是最基本的数据结构之一，是在内存中连续存储多个同类型元素的数据结构，数组中的元素通过数组下标进行访问，下标从 0 开始，如图 2-12 所示。

数组的优点是查询速度快，遍历方便，不足之处是无法扩容，只能存储一种类型的数据，添加、删除操作慢，因此适用于频繁查询、存储空间要求低、很少增加和删除的场景。

(2) 队列。

队列是一种特殊的、操作受限制的线性表，是一种先进先出(first in first out，FIFO)的数据结构。它只允许在表的前端进行删除操作，而在表的后端进行插入操作。进行插入操作的端称为队列尾，进行删除操作的端称为队列头，如图 2-13 所示。

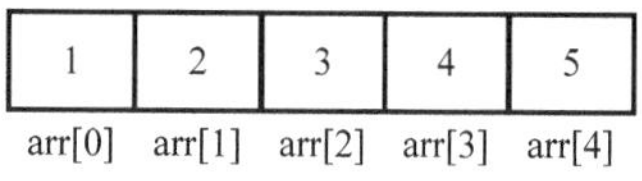

图 2-12　数组的结构

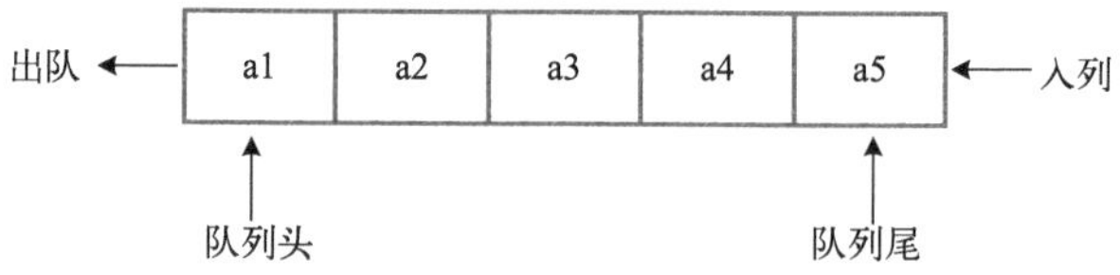

图 2-13　队列的结构和操作

队列的基本操作有三个，即入队、出队和查看队首元素。入队指将元素放入队尾，出队指将队首元素取出。队列大小固定，有很多应用场景，如网络请求、消息、任务调度等。

(3) 栈。

栈是一种特殊的线性表，是一种后进先出(last in first out，LIFO)的数据结构，仅能在线性表的一端操作。栈顶允许操作，栈底不允许操作，类似场景有弹夹、羽毛球筒等。

栈的基本操作有两个，即入栈和出栈。从栈顶放入元素的操作称为入栈，取出元素的操作称为出栈，相当于插入元素和删除最后一个元素，如图 2-14 所示。

(4)链表。

链表是一种使用频繁、基础的数据结构，是物理存储单元上非连续、非顺序的存储结构，数据元素的逻辑顺序通过链表的指针地址实现。每个元素包含两个节点：一个节点是存储元素的数据域(内存空间)；另一个节点是指向下一个节点地址的指针域。链表根据指针指向能形成不同的结构，如单链表、双向链表、循环链表等，如图 2-15 和图 2-16 所示。

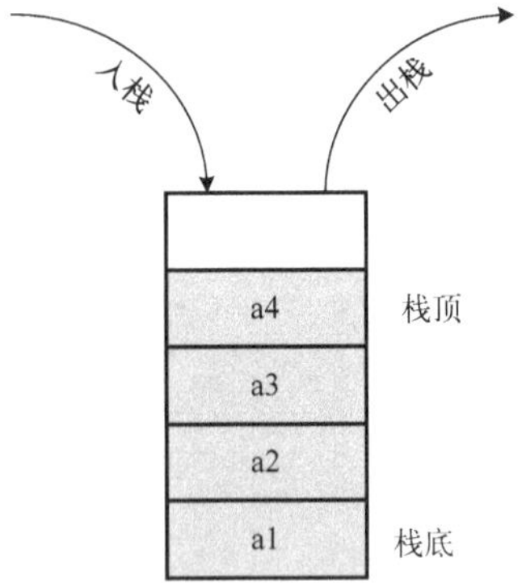

图 2-14　栈的结构和操作

链表的优点是不需要初始化容量，可以任意加减元素；添加或删除元素时只需要改变前后两个元素节点的指针域指向地址即可，所以添加、删除很快。链表的不足是有大量指针域，占用空间较大；查找元素需要遍历链表，非常耗时。因此，链表适用于数据量较小、需要频繁增加和删除操作的场景。

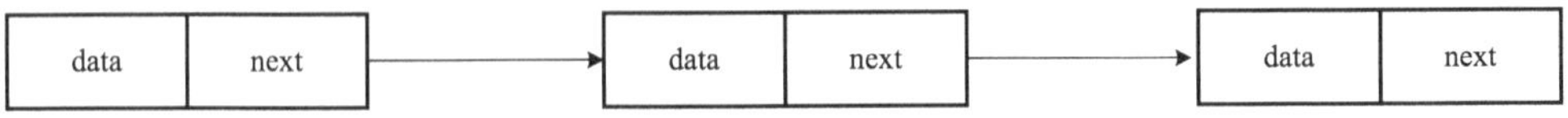

图 2-15　单向链表

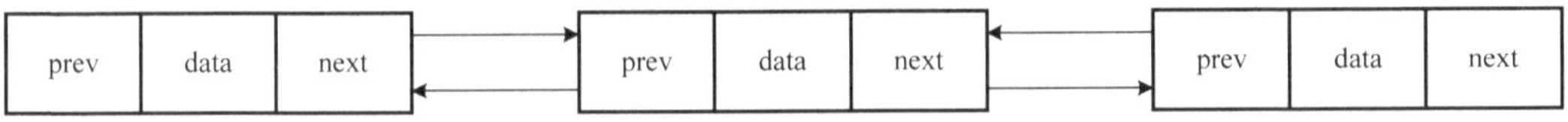

图 2-16　双向链表

(5)树。

树是由 $n(n\geq1)$个有限节点组成的一个具有层次关系的集合。它具有以下特点：每个节点有零个或多个子节点；没有父节点的节点称为根节点；每一个非根节点有且只有一个父节点；除根节点外，每个子节点可以分为多个不相交的子树。二叉树是一种最为常用的树，是链表、数组两者的优化方案，在处理大批量的动态数据方面非常有用。其常见结构如图 2-17 所示。

(6)散列表。

散列表(也称哈希表)，是根据关键码(key)和值(value)直接进行访问的数据结构。也就是说，它通过把关键码值映射到表中各位置来访问记录，查找速度比较快。图 2-18 为一个 key 为数字、数组长度为 12、哈希函数为除留余数的散列表结构示例。

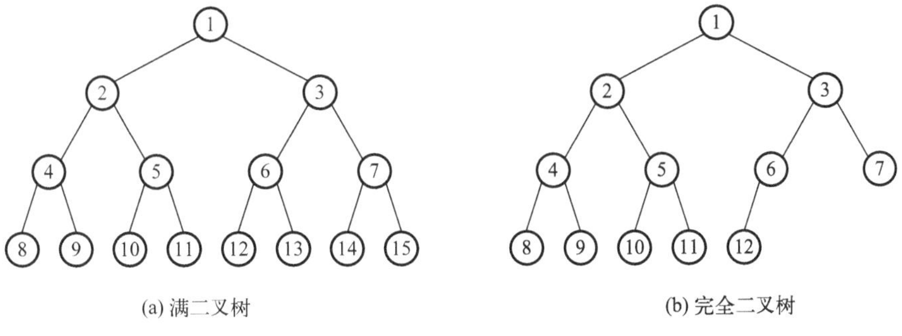

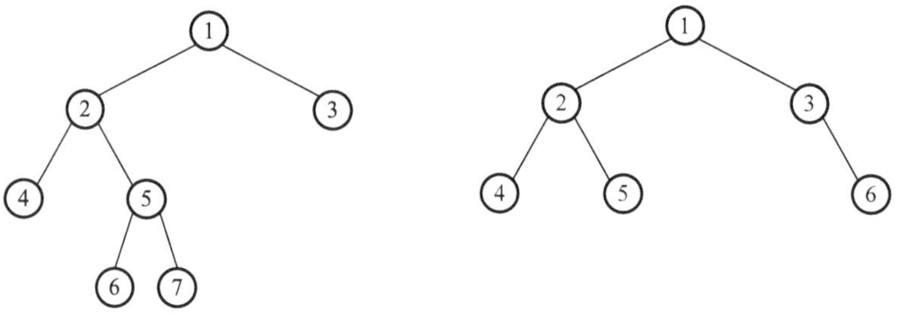

(c) 非完全二叉树Ⅰ　　(d) 非完全二叉树Ⅱ

图 2-17　特殊形态的二叉树

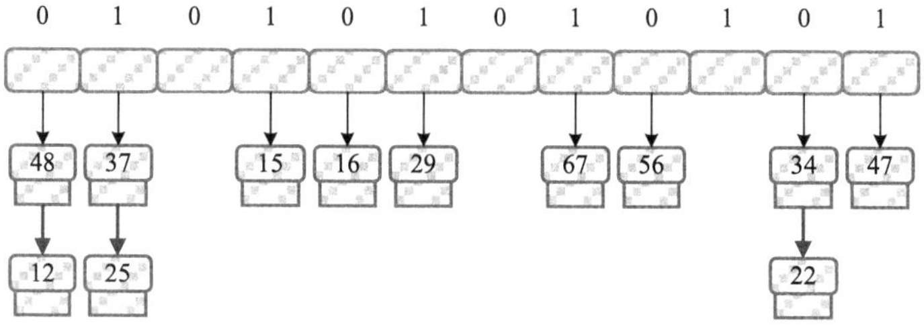

图 2-18　散列表的结构

2. 算法

1) 算法及其复杂度

算法是用来操作数据、解决程序问题的一组方法。数据结构将现实问题转化为计算机可以处理的数据，算法则是求解问题的步骤。复杂度是判断一个算法优劣的重要指标，分为时间复杂度和空间复杂度。时间复杂度衡量一个算法的运行速度，空间复杂度衡量一个算法所需的内存空间。

(1) 时间复杂度。

算法中基本操作的执行次数为算法的时间复杂度。一个算法所花费的时间与其中语句的执行次数成正比。对于时间复杂度分析来讲，一般采用 O 时间复杂度表示法。该方法并不具体表示代码的真正执行时间，而是表示代码执行时间随数据规模增长的变化趋势。在该方法中，可以粗略地认为每行代码的执行时间是一致的，从而对代码执行次数进行分析。

O 记号使用最高次项表示算法的复杂度，是一种对算法复杂度最坏情况的估算。各项函数常系数可忽略并等同于 1，多项式只保留最高次项，常量无须保留。例如，在长度为 n 的数组中搜索数据 x，最好情况是 1 次即可找到，最坏情况则是 N 次才能找到。

常见的时间复杂度有常数阶、线性阶、平方阶、立方阶、对数阶、指数阶等。其时间复杂度示例如图 2-19 所示，表 2-3 是其代码示例。

案例	时间复杂度	术语
1234567890	$O(1)$	常数阶
$2n+1$	$O(n)$	线性阶
$6n^2+3n+2$	$O(n^2)$	平方阶
$6n^3+3n+2$	$O(n^3)$	立方阶
$3\log(2n)+3n+2$	$O(\lg n)$	对数阶
$3n\log(2n)+3n+2$	$O(n\lg n)$	$n\log n$对数阶
2^n	$O(2^n)$	指数阶

图 2-19　时间复杂度示例

表 2-3　时间复杂度代码示例

类型	代码示例	类型	代码示例

$O(1)$	`int a=1;`
	`int b=2;`
	`int count=a+b;`
		$O(n)$	`int sum(int n){`
			` int count = 0 ;//t 一个时间单位`
			` for(inti=0;i<n;i++){//t*n`
			`          count=count+i;//t*n`
			`       }`
			` return count;`
			`    }`

$O(n^2)$	`int count = 0 ;//t 一个时间单位`
	` for(inti=0;i<n;i++){`
	` //O(n)`
	`    }`
	` for(inti=0;i<n;i++){//n`
	` for(int j=0;j<n;j++){//n*n`
	`          count=count+i+j;`
	`       }`
	`    }`
		$O(\log n)$	`inti=1;`
			`while(i<n)`
			`{`
			`i=i*2;`
			`}`

(2) 空间复杂度。

空间复杂度用来表示算法的存储空间与数据规模之间的增长关系，也用 O 进行表示。空间复杂度是指在输入数据大小为 n 时，算法运行所使用的暂存空间+输出空间的总体大小，不包含输入空间，如图 2-20 所示。不同空间复杂度的变化趋势如图 2-21 所示。空间复杂度代码示例如表 2-4 所示。

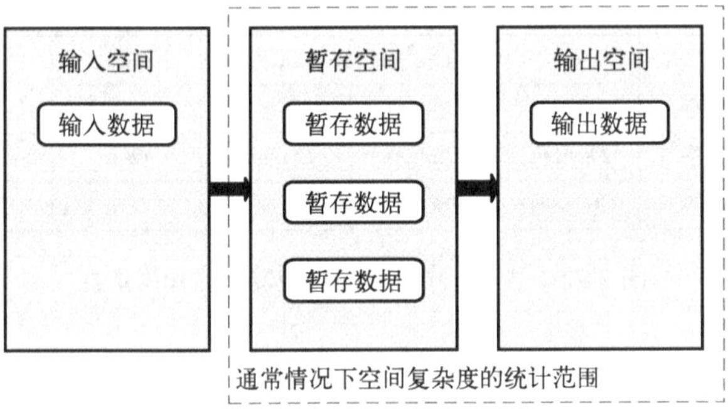

图 2-20　空间复杂度中的不同空间

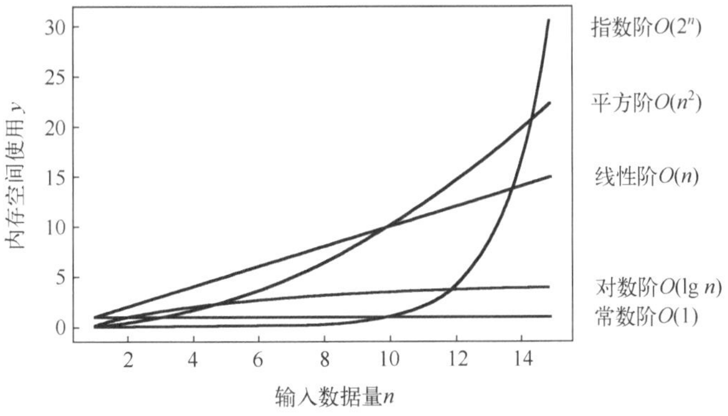

图 2-21　几种空间复杂度的变化趋势

表 2-4　空间复杂度代码示例

类型	代码示例	类型	代码示例

$O(1)$	`inti = 1;`
	`int j = 2;`
	`int count = i + j;`
		$O(n)$	`intarr[] = new int[n];`
			`for (inti=0;i<n;i++){`
			`arr[i]=n;`
			`}`

2) 算法基本操作

最常用的算法操作有五种，分别如下。

(1) 插入(增)。往数据结构中增加新的节点。

(2) 删除(删)。把指定的节点从数据结构中去掉。

(3) 更新(改)。改变指定节点的一个或多个字段的值。

(4) 检索(查)。在数据结构里查找满足一定条件的节点。一般是给定一个某字段的值，找具有该字段值的节点。

(5) 排序。把节点按某种指定的顺序重新排列，如递增或递减。

对于常见的排序算法，其典型复杂度和稳定性如图 2-22 所示。

算法种类	时间复杂度			空间复杂度	稳定性
	最好情况	平均情况	最坏情况		
直接插入排序	$O(n)$	$O(n^2)$	$O(n^2)$	$O(1)$	稳定
希尔排序				$O(1)$	不稳定
直接选择排序	$O(n^2)$	$O(n^2)$	$O(n^2)$	$O(1)$	不稳定
堆排序	$O(n\lg n)$	$O(n\lg n)$	$O(n\lg n)$	$O(1)$	不稳定
冒泡排序	$O(n)$	$O(n^2)$	$O(n^2)$	$O(1)$	稳定
快速排序	$O(n\lg n)$	$O(n\lg n)$	$O(n^2)$	$O(n\lg n)$	不稳定
归并排序	$O(n\lg n)$	$O(n\lg n)$	$O(n\lg n)$	$O(n)$	稳定
基数排序	$O(d(n+r))$	$O(d(n+r))$	$O(d(n+r))$	$O(n)$	稳定

图 2-22　常见排序算法的典型复杂度和稳定性

2.2.3　数据库基础

产品生命周期中的数据量大、种类多、关系复杂，数据周期长、变更多、版本多变，要求精确、无冗余、可追溯，且随时获取、批量处理，必须使用合适的数据管理技术满足上述要求。数据库技术是目前最重要的管理大量数据的技术。数据库主要用于存储和管理大量的数据，提供数据的安全性和完整性，并支持复杂的数据操作和数据分析。

1. 数据库及其类型

自 20 世纪 60 年代以来，随着计算机应用的不断发展，数据呈爆炸式增长，传统的人工管理和文件系统管理方式已经无法有效管理大量数据，数据库技术应运而生。1970 年，美国 IBM 公司的埃德加 • 科德连续发表论文，提出关系模型，奠定了关系型数据库的理论基础。自此，数据库技术得到了充分发展。

数据库含义有两个方面：一方面是指长期储存在计算机内、有组织的、可共享的大量数据的集合；另一方面是指数据管理的新方法和技术，能够更合适地组织数据、更方便地维护数据、更严密地控制数据和更有效地利用数据。

用来管理数据库的计算机系统称为数据库管理系统(database management system，DBMS)。数据库管理系统是计算机领域基础软件，主要包括数据定义、数据组织、存储和管理，数据操纵，数据库事务管理和运行管理，数据库建立和维护等功能。

数据库系统指在计算机系统中引入数据库后的系统，一般由数据库、数据库管理系统(及外围的应用开发工具)、应用系统、数据库管理员(database administrator，DBA)等要素构成，其结构如图 2-23 所示。目前使用的几乎所有大型系统都是数据库系统，如学校的选课管理系统、工业上的 PLM 软件等。

一般来讲，数据库有两种类型，分别是关系型数据库和非关系型数据库。关系型数据库能够实现对安全性要求很高的数据访问，更适用于工业系统。

关系型数据库是采用关系模型来组织数据的数据库，使用二维表格的方式存储数据，表和字段类型之间的关系需要明确定义，严格遵循 ACID 特性[原子性(atomicity)、一致性(consistency)、隔离性(isolation)和持久性(durability)]，以结构化查询语言(structured query language，SQL)语句为操作指令，也称 SQL 数据库。主流的关系型数据库有 Oracle、MySQL、SQL Server、DB2、Microsoft Access 等。

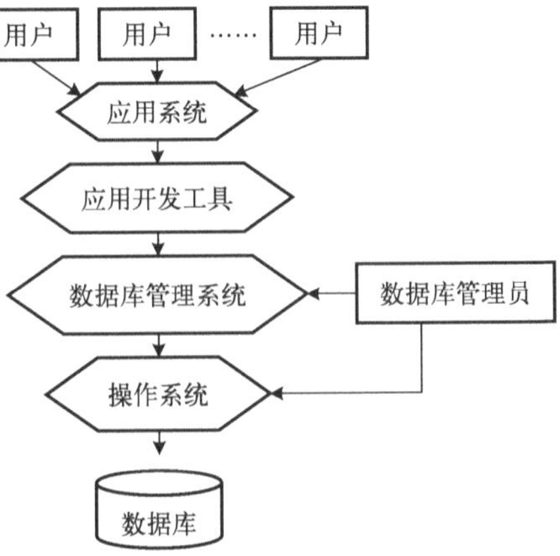

图 2-23　数据库系统的组成结构

非关系型数据库主要以 key-value 的方式存储数据，其存储模型针对所存储的数据类型进行优化，如采用面向对象或网络式结构，但是不保证遵循 ACID 特性。这些数据库不仅使用 SQL 语句作为操作指令，而且可以使用其他查询语言，也称 NO SQL(not only SQL)数据库。主流 NO SQL 数据库有 Redis、MongBD、Hbase、CouhDB 等。

两种类型的数据库优缺点比较如表 2-5 所示。

表 2-5　关系型和非关系型数据库优缺点

数据库类型	优点	缺点
关系型数据库	(1)容易理解：二维表结构是非常贴近逻辑世界的一个概念，关系模型相对网状、层次等其他模型来说更容易理解 (2)使用方便：通用的 SQL 使得操作关系型数据库非常方便 (3)易于维护：丰富的实体完整性、参照完整性和用户定义完整性大大减小了数据冗余和数据不一致的概率 (4)支持 SQL，可用于复杂的查询	(1)为了维护一致性所付出的巨大代价就是其读写性能比较差 (2)固定的表结构 (3)不适合高并发读写 (4)不适合海量数据的高效率读写
非关系型数据库	(1)无须经过 SQL 层的解析，读写性能很高 (2)基于键值对，数据没有耦合性，容易扩展 (3)存储数据的格式：NO SQL 数据库的存储格式是 key-value 形式、文档形式、图片形式等，关系型数据库则只支持基础类型的储存	(1)不提供 SQL 支持，学习和使用成本较高 (2)没有事务处理，附加商业智能功能和报表等表现也不好

2. 数据库建模

设计数据库时，对现实世界进行分析、抽象，并从中找出内在联系，进而确定数据库结构，即数据模型，这一过程称为数据库建模。本书仅对关系型数据库建模进行介绍。

关系型数据基于关系模型构建。从用户角度看，关系模型由一组关系组成，每个关系的数据结构是一张规范化的二维表，整个数据库由多张能互相连接的二维表组成。关系模型示例如图 2-24 所示，涉及的一些概念解释如下。

(1) 关系。一个关系对应通常说的一张表。

(2) 元组。表中的一行即一个元组。

(3) 属性。表中的一列即一个属性，给每一个属性起一个名称即属性名。

(4) 码。又称码键或键、主属性。表中的某一个属性或一组属性的值可以唯一确定元组。

(5) 域。属性值的取值范围。

(6) 分量。元组中的一个属性值。

(7) 关系模式。对关系的描述，其形式是：关系名(属性 1，属性 2，…，属性 *n*)，例如，学生(学号，姓名，性别，出生日期，主修专业)。

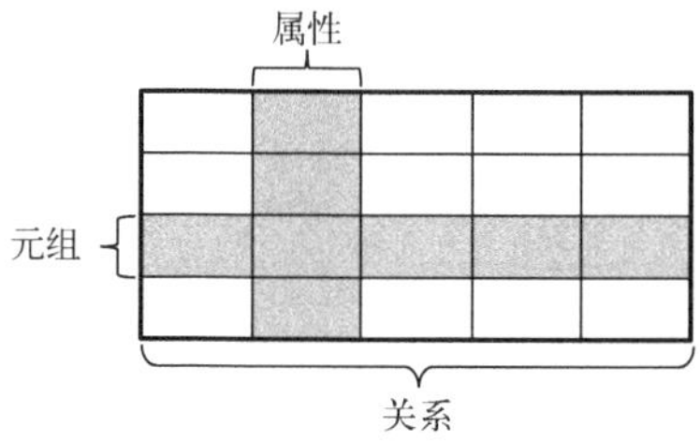

学号 Sno	姓名 Sname	性别 Ssex	出生日期 Sbirthday	主修专业 Smajor
2018001	李勇	男	2000-3-8	信息安全
2018002	刘晨	女	1999-9-1	计算机科学与技术
2018003	王敏	女	2001-8-1	计算机科学与技术
2018004	张立	男	2000-1-8	计算机科学与技术
2018005	陈新奇	男	2001-11-1	信息管理与信息系统
2018006	赵明	男	2000-6-12	数据科学与大数据技术
2018007	王佳佳	女	2001-12-7	数据科学与大数据技术

图 2-24　关系模型示例

为了便于理解，表 2-6 给出了关系术语与现实生活中表格使用的术语对比。

表 2-6　关系术语与表格术语对比

关系术语	一般表格的术语
关系名	表名
关系模式	表头(表格的描述)
关系	(一张)二维表
元组	记录或行
属性	列
属性名	列名
属性值	列值
分量	一条记录中的一个列值

关系模型的建立一般分为三种类型或者三个步骤：概念模型、逻辑模型和物理模型。

(1) 概念模型是从普通用户的视角，使用简单的符号来描述数据，主要用于数据库设计，以及和用户进行交流。常用设计方法是实体-联系方法(entity-relationship approach，E-R 方法)。

(2) 逻辑模型是从计算机系统的角度对数据进行建模，用于 DBMS 实现，即构建关系模型，实际上就是数据库表及其结构的设计。

(3) 物理模型是对数据底层的抽象，描述数据在系统内部的表示方式和存取方法，一般由 DBMS 在后台实现，本书不作介绍。

3. 概念模型设计

概念模型设计最著名的方法是 E-R 方法。使用 E-R 方法对现实事物抽象认识的三种方式分别是分类、聚集和概括。分类是对现实世界的事物，按照其具有的共同特征和行为，定义一种类型。聚集是定义某一类型所具有的属性。概括是由一种已知类型定义新的类型。上述设计思路类似高级编程语言中面向对象的设计思路。

E-R 方法的三要素是实体、属性、联系。

(1) 实体。客观存在并可相互区分的事物称为实体。实体可以是具体的人、事、物，也可以是抽象的概念或事物之间的联系，实体是信息世界的基本单位。

(2) 属性。实体所具有的某一特性称为属性，一个实体可由若干属性来刻画。例如，一本书的属性有书名、作者、出版社等，一个学生的属性有学号、姓名、年龄、性别等。

(3) 联系。现实世界中事物之间的联系在信息世界中反映为实体内部的联系和实体之间的联系。实体内部的联系通常是指组成实体的各属性之间的联系。实体之间的联系可分为三类：一对一联系(1∶1)、一对多联系(1∶n)、多对多联系(m∶n)。示例如图 2-25 所示。

(1) 一对一联系。如果实体集 E_1 中的每个实体至多和实体集 E_2 中的一个实体有联系，反之亦然，那么 E_1 和 E_2 为一对一联系，记为 1∶1。

(2) 一对多联系。如果实体集 E_1 中的每个实体至多和实体集 E_2 中的任意(0 个或多个)个实体有联系，而 E_2 中的每个实体至多和 E_1 中的一个实体有联系，那么 E_1 对 E_2 的联系是一对多，记为 1∶n。

(3) 多对多联系。如果实体集 E_1 中的每个实体可以和实体集 E_2 中的任意(0 个或多个)个实体有联系，反之亦然，那么 E_1 和 E_2 是多对多联系，记为 m∶n。

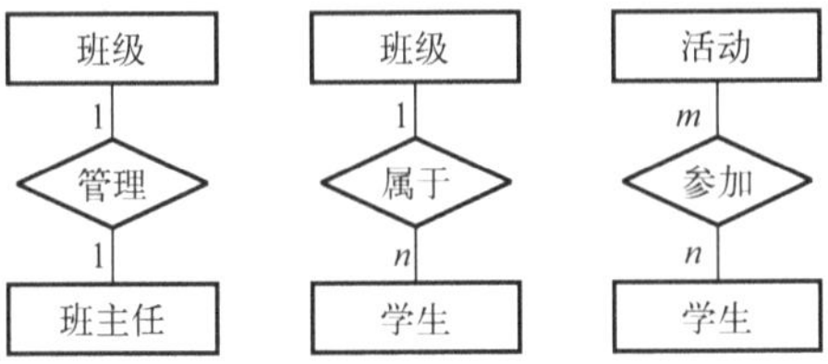

图 2-25　不同的实体联系示例

采用 E-R 方法绘制的图形称为 E-R 图，其实例如图 2-26 所示。构成 E-R 图的基本要素是实体型、属性和联系。

(1) 实体型。用矩形表示，矩形框内写明实体名。

(2) 属性。用椭圆形表示，并用无向边将其与相应的实体连接起来。另外，能够用来标识该实体的一个或几个属性称为标识符。

(3) 联系。用菱形表示，菱形框内写明联系名，并用无向边分别与有关实体连接起来，同时在无向边旁标上联系的类型(1∶1、1∶n 或 m∶n)。联系本质上也是一种抽象的实体，可以有自己的属性，这些属性应该用无向边与该联系连接起来。

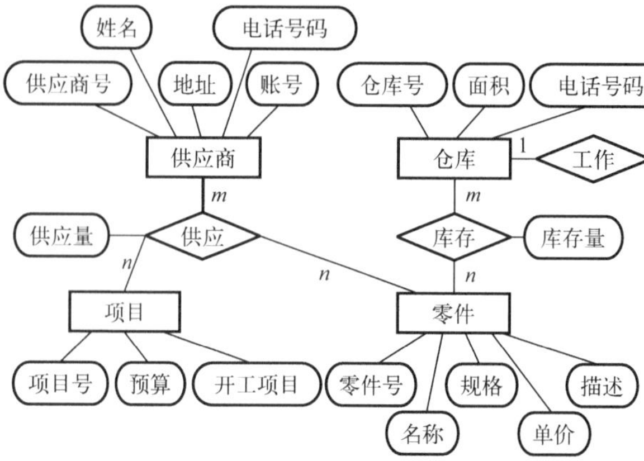

图 2-26　E-R 图实例

4. 逻辑模型设计

逻辑结构设计阶段进行逻辑模型设计，主要工作是将 E-R 图转换为关系模型，即特定 DBMS 的数据库表结构。数据库由若干表构成，表由若干列和行构成，列也称字段，行也称记录。

概念模型向逻辑模型转化的要点是将实体/联系转化为表的结构(即关系模式，也称表头)，将属性转化为表的字段，并确定码(主键)和范式(完整性约束)等，其转化过程如图 2-27 所示。

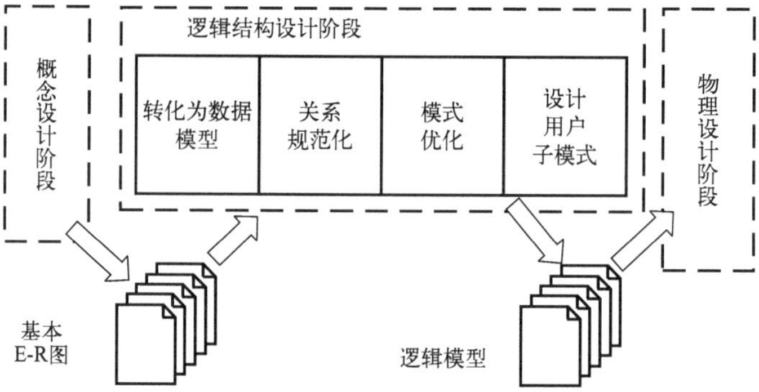

图 2-27　概念模型向逻辑模型的转化过程

转化有如下基本原则。

1) 实体的转换

将 E-R 图中的实体逐一转换成关系模式且一个实体型必须转换为一个关系模式，实体名对应关系模式名称，实体的属性转换为关系模式的属性，实体标识符就是关系的码(即主键)，示例如图 2-28 所示。

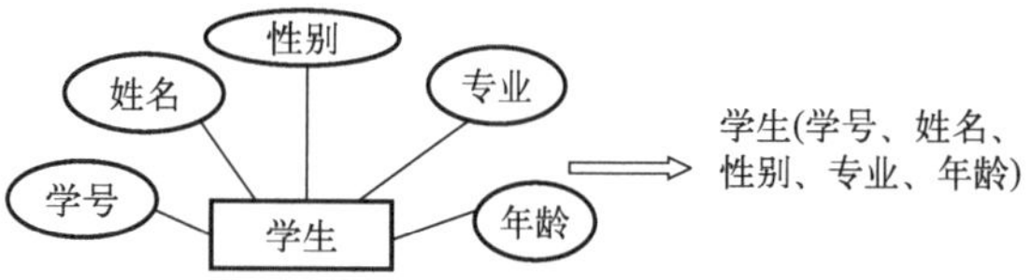

图 2-28　实体的转换

2)联系的转换

1∶1 联系中,联系可以放到任意的两端实体中,作为一个属性(要保证 1∶1 的两端关联),也可以转换为一个单独的关系模型。示例如图 2-29 所示。

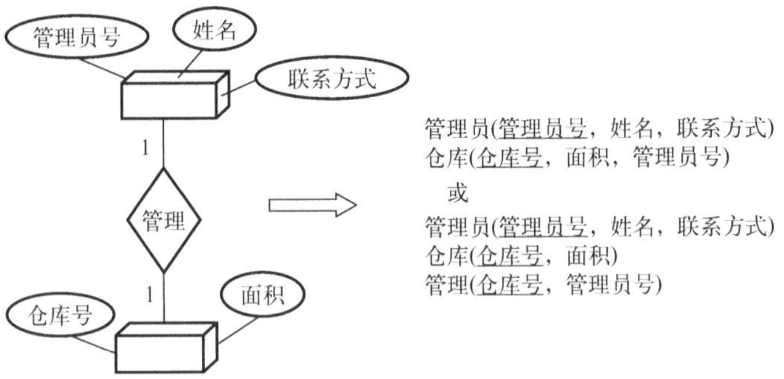

图 2-29　1∶1 联系的转换

1∶n 联系中,联系可以单独作为一个关系模型,也可以在 n 端中加入 1 端实体的主键。m∶n 的联系中,联系必须作为一个单独的关系模式,其主键是 m 和 n 端的联合主键。示例分别如图 2-30、图 2-31 所示。

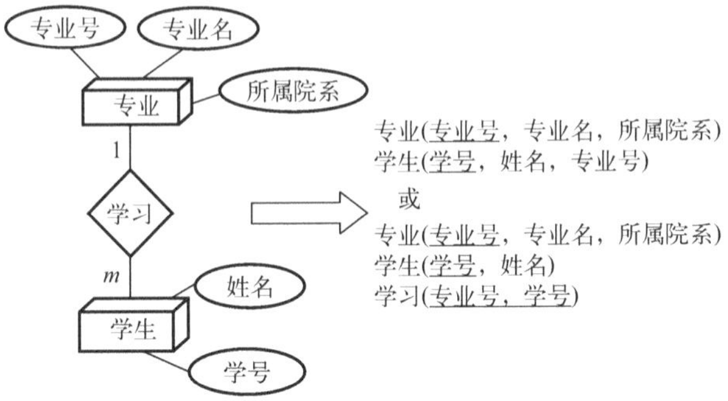

图 2-30　1∶n 联系的转换

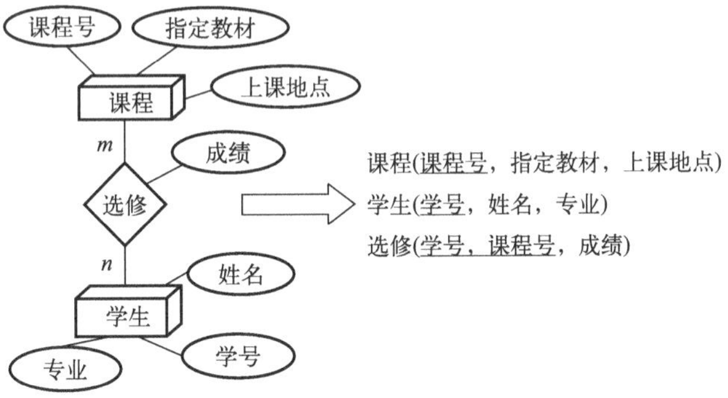

图 2-31　m∶n 联系的转换

5. 数据库操作方式

构建好数据库后,可以使用特定的方式操作数据库中的数据,实现对数据的统一管理。

SQL 是操作关系型数据库的最重要方式，是用于访问和处理数据库的标准计算机语言。1986 年形成了 SQL 的第一个标准，目前最新的标准是 SQL 2023。

SQL 以统一的语法结构提供多种使用方式，可独立用于 DBMS 联机，又可嵌入高级语言(如 C++、Java、Python)程序中。SQL 目前提供四方面的语言对数据库进行操控。

(1)数据定义语言(data definition language，DDL)。DDL 主要用来定义逻辑结构，包括定义基表、视图和索引，以及删除表、定义表、修改表。

(2)数据查询语言(data query language，DQL)。DQL 主要用来对数据库中的各种数据对象进行查询。

(3)数据操纵语言(data manipulation language，DML)。DML 用于改变数据库中的数据，包括插入、删除、修改。

(4)数据控制语言(data control language，DCL)。DCL 对表和视图的授权、完整性规则的描述，以及事务开始和结束等进行控制。

虽然 SQL 功能强大，但是完成核心功能只需要 9 个动词，如表 2-7 所示。

表 2-7　SQL 不同功能对应的动词

SQL 功能	动词
数据定义	CREATE，DROP，ALTER
数据查询	SELECT
数据操纵	INSERT，UPDATE，DELETE
数据控制	GRANT，REVOKE

SQL 中定义的标准数据类型主要包括 char(*n*)(长度为 *n* 的定长字符串)、varchar(*n*)(最大长度为 *n* 的变长字符串)、clob(字符串大对象)、blob(二进制大对象)、int(4 字节长整数)、smallint(2 字节短整数)、bigint(8 字节大整数)、numeric(*p*，*d*)(定点数，由 *p* 位数字组成，小数点后面有 *d* 位数字)、decimal(*p*, *d*)(同 numeric)、real(取决于机器精度的单精度浮点数)、double(取决于机器精度的双精度浮点数)、float(*n*)(可选精度的浮点数，精度至少为 *n* 位数字)、boolean(逻辑布尔值)、data(日期)、time(时间)、timestamp(时间戳类型)、interval(时间间隔类型)等。

一般来讲，对数据库控制的基本操作包括对表的操作和对数据的操作。

1)操作表

(1)创建表。

语法如下：

create table 表名(字段名类型字段约束，字段名类型字段约束，字段名类型字段约束)

示例如下。

```
CREATE TABLE stuInfos
(
    ID smallint IDENTITY(2011, 1) PRIMARY KEY,
    -- IDENTITY 从 2011 自动增长定值，定值为 1。PRIMARY KEY 为主键。
    Name varchar(15)  NOT NULL,
    Sex varchar(2)  NOT NULL,
```

```
    Age smallint  NULL,
    DrawScoresmallint  NOT NULL,
    LabScoresmallint  NOT NULL
)
```

(2) 删除表。

语法如下：drop table <表名><CASCADE|RESTRICT>

2) 操作数据

对数据库表数据进行操作的种类通常称为 CRUD，即插入/创建(CREATE)、获取/查询(RETRIEVE)、更新/修改(UPDATE)、删除(DELETE)，分别对应 SQL 的如下关键指令：INSERT，向数据库表中插入数据；SELECT，从数据库表中获取数据；UPDATE，更新数据库表中的数据；DELETE，从数据库表中删除数据。

(1) 获取(查询)数据。

SELECT 语句用于从表中选取数据。结果被存储在一个结果表中(称为结果集)。

没有限制条件的查询语法如下。

选择部分列：SELECT column1，column2，…，columnN FROM table_name;

选择所有列：SELECT * FROM table_name;

例如，SELECT * From Student 等价于 SELECT Sno，Sname，Ssex，Sage，Sdept FROM Student;

有限制条件的查询需要增加 WHERE 子句，语法如下。

选择部分列：SELECT column1，column2，…，columnN FROM table_nameWHERE CONDITION;

选择所有列：SELECT * FROM table_name WHERE CONDITION;

其中，WHERE 子句中的条件类型和操作符如表 2-8 所示。

表 2-8　WHERE 子句中的条件类型和操作符

含义	运算符
等于	=
不等于	<> 或 !=
小于	<
小于等于(不大于)	<= 或 !>
大于	>
大于等于(不小于)	>= 或 !<
在指定的两个数值之间	BETWEEN
为空值	IS NULL

例如，对于如表 2-9 所示的数据，查询示例如下。

表 2-9　相关数据(一)

LastName	FirstName	Address	City
Adams	John	Oxford Street	London
Bush	George	Fifth Avenue	New York
Carter	Thomas	Changan Street	Beijing
Carter	William	Xuanwumen 10	Beijing

```
SELECT * FROM Persons WHERE City='Beijing';
```

结果如表 2-10 所示。

表 2-10　表 2-9 的结果

LastName	FirstName	Address	City	Year
Carter	Thomas	Changan Street	Beijing	1980
Gates	Bill	Xuanwumen 10	Beijing	1985

其他示例如下：

①`SELECT * FROM edu_course WHERE price>2;`

查询所有来自表 edu_course，要求价格高于 2

②`SELECT * FROM edu_course WHERE price between 21 and 50;`

查询所有来自表 edu_course，要求价格在 21～50

③`SELECT * FROM edu_course WHERE (price>2 and teacher_id=1) or (title= "mysql 速成');`

查询所有来自表 edu_course，要求(价格>2 并且老师 id=1)或者(标题为 mysql 速成)

同时，还可以通过 ORDERBY 等关键词对查询结果进行排序等操作。

(2)创建(插入)数据。

可以通过 INSERT INTO…VALUES 语句来实现数据的插入。它一次性向表中插入一条数据，可以整行插入，也可以部分列插入。如果没有指定特定列，则认为是整行插入。INSERT INTO …VALUES 语句语法如下。

指定列插入：INSERT INTO table_name(column1，column2，…，columnN) VALUES (value1，value2，…，valueN);

整行插入：INSERT INTO table_name VALUES (value1，value2，…，valueN);

例如，针对如表 2-11 所示的数据，插入示例如下。

表 2-11　相关数据(二)

LastName	FirstName	Address	City
Carter	Thomas	Changan Street	Beijing

```
INSERT INTO Persons VALUES ('Gates', 'Bill', 'Xuanwumen 10', 'Beijing');
INSERT INTO Persons (LastName, Address) VALUES ('Wilson', 'Champs-Elysees');
```

结果如表 2-12 所示。

表 2-12　表 2-11 的结果

LastName	FirstName	Address	City
Carter	Thomas	Changan Street	Beijing
Gates	Bill	Xuanwumen 10	Beijing
Wilson		Champs-Elysees	

(3)更新(修改)数据。

更新数据库表中的数据使用 UPDATE 语句。其语法如下。

UPDATE table_name SET column1 = value1，　column2 = value2，…，column N = valueN [WHERE　CONDITION];

更新数据时，要确保使用 WHERE 子句，否则会更新所有行数据。例如，对如表 2-13 所示的数据更新语句如下。

表 2-13　相关数据(三)

LastName	FirstName	Address	City
Gates	Bill	Xuanwumen 10	Beijing
Wilson		Champs-Elysees	

```
UPDATE Person SET FirstName = 'Fred' WHERE LastName = 'Wilson';
```

结果如表 2-14 所示。

表 2-14　表 2-13 的结果

LastName	FirstName	Address	City
Gates	Bill	Xuanwumen 10	Beijing
Wilson	Fred	Champs-Elysees	

(4) 删除数据。

删除数据库表中的一行或者多行数据时使用 DELETE 语句。其语法如下。

DELETE FROM table_nameWHERE　{CONDITION};

删除数据时，要确保使用 WHERE 子句，否则会删除表中所有数据。例如，对如表 2-15 所示的数据删除语句如下。

表 2-15　相关数据(四)

LastName	FirstName	Address	City
Gates	Bill	Xuanwumen 10	Beijing
Wilson	Fred	Champs-Elysees	Nanjing

```
DELETE FROM Person WHERE LastName = 'Wilson'
```

结果如表 2-16 所示。

表 2-16　表 2-15 的结果

LastName	FirstName	Address	City
Gates	Bill	Xuanwumen 10	Beijing

2.3　数据数字化处理方式

数据的数字化处理方式取决于其数据类型，结构化、半结构化和非结构化数据类型的数据需要根据实际情况采用不同的数字化处理方式。

2.3.1　结构化数据处理

数字化制造的大部分信息都可以转化为结构化数据进行处理，总的来讲主要使用三种处理方式：程序化处理、文件化处理和数据库处理。

1. 结构化数据的程序化处理

程序化处理是在程序内部对数据进行查询、处理或计算，即将数据以表格和公式的方式封装在程序内部，而不是独立于程序存储。该方法的数据只能供自身使用，不能共享。

例如，将工程数据离散化，以一维、二维或多维数组等方式直接编译在程序内部，用查表或者插值的方法检索所需要的数据。

(1) 对于数值数列，可以采用一维数组进行处理。

例如，可采用直接写入程序方式对表 2-17 中的标准螺纹孔底尺寸进行数组化处理。

表 2-17　标准螺纹孔底尺寸

公称尺寸 M	底孔尺寸 d
M4	3.3
M5	4.2
M6	5.0
M7	6.0
M8	6.7
M9	7.7
M10	8.5
M12	10.2
M14	11.9
M16	13.9
M18	15.4
M20	17.4

定义 2 个一维数组，将数表中的数值赋值于各自的数组。

其数表程序化的 C 语言初始化赋值语句如下：

```
float m[12]={ 4、5、6、7、8、9、10、12、14、16、18、20};
float d[12]=3.3，4.2，5.0，6.0，6.7，7.7，8.5，10.2，11.9，13.9，15.4，17.4;
```

可用 d[0]=3.3 表示 M4 螺纹的底孔尺寸，d[1]=4.2 表示 M5 螺纹的底孔尺寸。此时若已知螺孔公称尺寸 m[*i*]，就可相应的检索出螺纹底孔尺寸 d[*i*]。

(2) 对于数表，可以采用多维线性数据结构，如多维数组进行处理。

例如，通过二维数组的方式来处理齿轮传动工况系数 K_A，如表 2-18 所示。用 i=0,1,2 及 j=0, 1, 2 分别代表原动机和工作机不同的载荷特性，用一个二维数组 ka[3][3]记载表中的系数。其数据处理示例代码如表 2-18 所示。

表 2-18　齿轮传动工况系数

原动机载荷特性		工作机载荷特性		
		工作平稳	中等冲击	较大冲击
		j=0	j=1	j=2
工作平稳	i=0	1.00	1.25	1.75
载荷冲击	i=1	1.25	1.50	2.00
中等冲击	i=2	1.50	1.75	2.25

```
main()
{
    inti, j;floatka[3][3]={{ 1, 1.25, 1.75}, {1.25, 1.5, 2}, {1.5, 1.75, 2.25}};
    while(1)
    {
        printf(“请输入原动机的载荷特性(0, 1, 2): ”);
        scanf(“%d”, &i);
        if(i>=0&&i<=2)
        break;
    }
    while(1)
    {
        printf(“请输入工作机的载荷特性(0, 1, 2): ”);
        scanf(“%d”, &j);
        if(j>=0&&j<=2)
        break;
    }
    printf(“您检索的齿轮工况系数为%f, ”, ka[i][j]);
}
```

(3) 对于线图或者曲线、曲面等，既可以采用离散化方式，也可以采用函数插值和曲线拟合等方式进行处理。函数插值可采用线性、抛物线、拉格朗日插值等方法。曲线拟合可以根据变化趋势和所要求精度，构造拟合函数 $y=f(x)$ 作为数据的近似表达。常用拟合方法有最小二乘法等。例如，对于图 2-32 所示渐开线齿轮的当量齿数和齿形系数的关系线图，可以对其进行采样，获取若干当量齿数和齿形系数的对应关系，将其初始化为数组进行处理。

2. 结构化数据的文件化处理

文件化处理是将工程数据按照一定的结构序列化存储到特定格式的物理文件中。需要数据时，由程序来打开文件并读取数据，反序列化到内存中形成特定的数据结构以便处理。以文件形式保存的数据独立于应用程序之外，可以供多个应用程序使用。

序列化是指将对象(即内存中的数据结构)转换为可以存储或传输的形式的过程，通常是将对象转换(编码)为字节流或文本。将序列化后的字节流或文本转换回对象的过程称为反序列化，其关系如图 2-33 所示。常用的字节编码方式包括二进制编码和文本编码，文本编码最终输出的文件仍然是二进制格式。序列化的过程可以分为以下步骤。

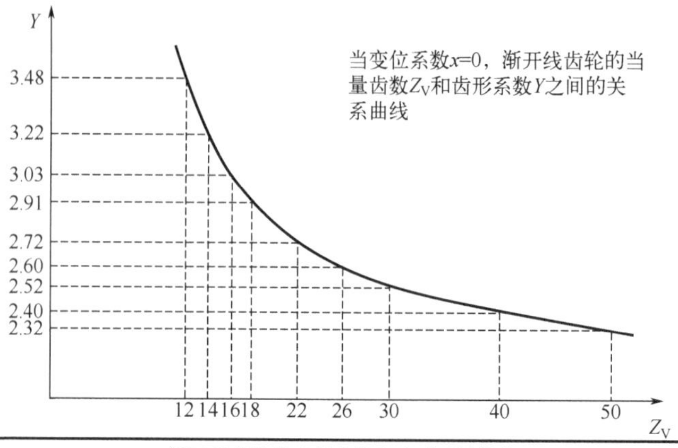

渐开线齿轮的当量齿数和齿形系数的关系									
当量齿数 Z_V	12	14	16	18	22	26	30	40	50
齿形系数 Y	3.48	3.22	3.03	2.91	2.72	2.60	2.52	2.40	2.32

图 2-32　渐开线齿轮的当量齿数和齿形系数的关系线图

(1) 创建序列化器。不同编程语言的序列化器不同。例如，Java 使用 ObjectOutputStream 和 ObjectInputStream，C#使用 BinaryFormatter。

(2) 序列化对象。将要序列化的对象传递给序列化器，将其序列化为字节流或文本。

(3) 存储或传输序列化数据。将序列化后的字节流或文本存储在文件中并写入存储设备，或通过网络进行传输。同时，可以自定义该文件的文件格式后缀。

(4) 反序列化对象。在需要恢复对象的状态时，将序列化数据传递给反序列化器，将其反序列化为对象。

序列化和反序列化基本过程和简单示例如下。

(1) 打开硬盘文件，以数组方式读入。

(2) 按照约定格式读取数据，并进行解析。

(3) 处理数据。

(4) 按照约定格式写入数据。

(5) 形成新的数组，写入硬盘文件。

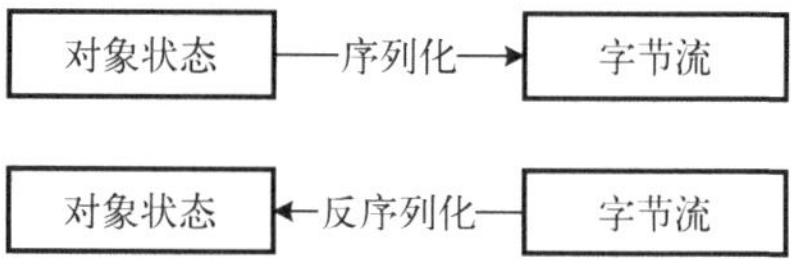

图 2-33　序列化与反序列化

```
//序列化基本数据
int main()
{
    DataStream ds;
    int n =123;
    double d = 23.2;
    string s = "hellow serialization";
    ds << n <<d <<s;
ds.save("a.out");
}
//反序列化基本数据
int main()
```

```
{
    DataStream ds;
    int n;
    double d;
    string s;
ds.load(″a.load″);
    ds<<d<<s<<d;
std: : cout<<n<<d<<s<<std: : endl;
}
```

3. 结构化数据的数据库处理

结构化数据最主要的管理方式是使用数据库。程序化处理和文件化处理都无法满足大量数据管理要求，也不便于统一管理和一致性管理。有关数据库基础在 2.2.3 节已经介绍，本节简要介绍数字化制造系统进行数据管理所需要的数据库设计基本过程。

数据库设计大致分为 6 个阶段，包括需求分析、概念结构设计、逻辑结构设计、物理结构设计、数据库实施、数据库运行和维护，如图 2-34 所示。

设计阶段	设计描述
需求分析	数据字典：全系统中数据项、数据结构、数据流、数据存储、处理过程的描述
概念结构设计	概念模型(E-R图) 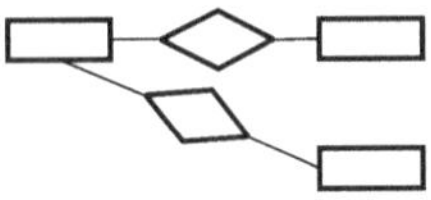
逻辑结构设计	某种数据模型 关系　非关系 
物理结构设计	存储布局 存取方式选择 存取路径建立 是否压缩存储 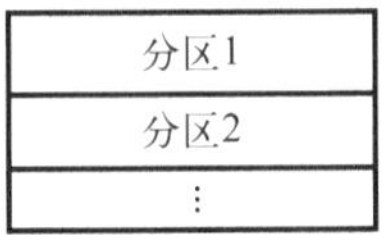
数据库实施	创建数据库模式 装载数据 数据库试运行 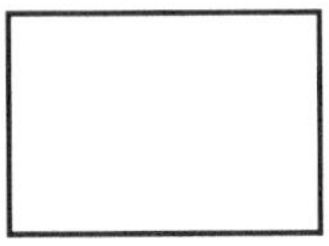
数据库运行和维护	性能监测、存储/恢复、数据库重组和重构

图 2-34　数据库设计各个阶段的设计描述

在需求分析阶段，要确定数据管理需求是否充分、准确，这决定了构建数据库的速度和质量。在概念结构设计阶段，要通过对用户需求进行综合、归纳与抽象，形成一个独立于具体数据库管理系统的概念模型。在逻辑结构设计阶段，要将概念结构转换为某个数据库管理系统支持的数据模型。在物理结构设计阶段，要为逻辑数据结构选取一个最适合应用环境的物理结构。在数据库实施阶段，要根据逻辑结构设计和物理结构设计的结果创建数据库。在数据库运行和维护阶段，对数据库试验性运行后可投入正式运行。设计一个完善的数据库应用系统往往是上述 6 个阶段不断反复的过程，如图 2-35 所示。需求分析和概念结构设计独立于数据库管理系统，逻辑结构设计和物理结构设计与选用数据库管理系统密切相关。

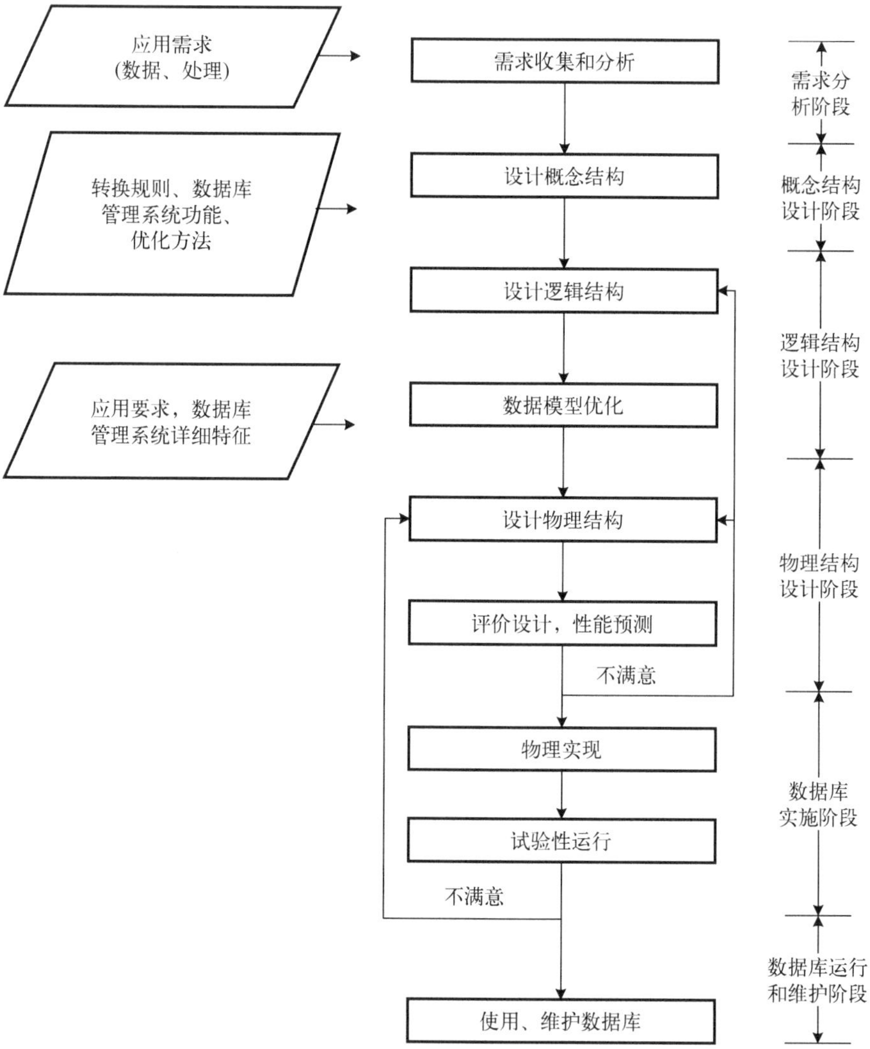

图 2-35　数据库设计的基本步骤

参加数据库设计的人员应包括三类人员：一是系统分析员和数据库设计员，他们是数据库设计的核心人员，其水平决定了数据库系统的质量；二是数据库管理员和最终用户代表，他们主要参加需求分析与数据库的运行和维护；三是应用程序员，包括程序员和操作员，他们在系统实施阶段参与进来，分别负责编制程序和准备软硬件环境。

2.3.2　半结构化数据处理

半结构化数据是是非关系模型的、有基本固定结构模式(多为树型或图型)的数据。其结构模式附着或相融于数据本身，数据自身就描述了其相应结构模式，其结构难以纳入现有各种描述框架，数据变化通常会导致结构模式变化，如 XML 文件、JSON 文件、HTML 文件。

对于半结构化数据，一般要根据其特定的描述格式对其进行特殊处理。其处理方式一般有两种：文件化处理和数据库处理。

1. 半结构化数据的文件化处理

半结构化数据的文件化处理和结构化数据的文件化处理类似，主要是序列化和反序列化，其核心在于载入内存后的数据处理。只列举两种有代表性的半结构化数据文件进行介绍。

1) XML 数据处理

可扩展的标识语言(eXtensiblemarkup language，XML)可以描述非常复杂的数据结构，广泛应用于传输和存储数据。XML 使用简单的具有自我描述性的语法，XML 文档形成了一种树结构，它从“根部”开始，然后扩展到“枝叶”。

XML 文档必须包含根元素。所有的元素都可以有子元素。父元素拥有子元素。相同层级上的子元素称为同胞(兄弟或姐妹)。XML 内容的书写必须遵循标签、元素、属性和文本内容等语法规范，具体内容请参考其他资料。其结构和语法示例如图 2-36 所示。

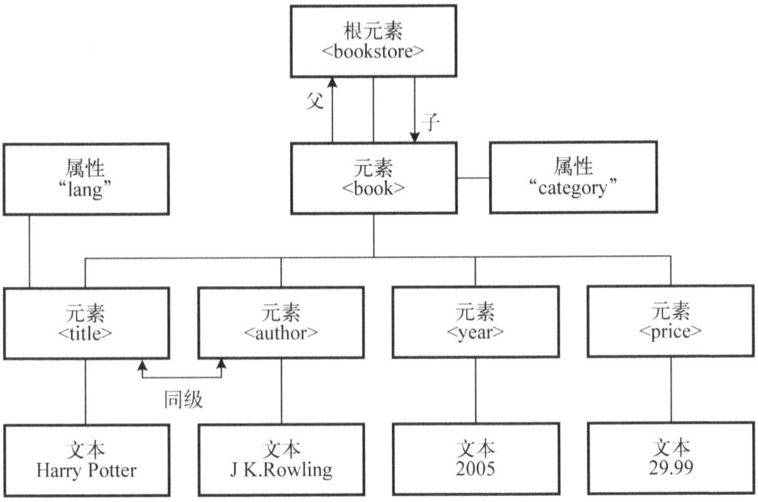

图 2-36　XML 结构和语法示例

XML 结构可以自定义，为避免读取错乱，使用 XML 模式定义(XML Schema Definition，XSD)对自定义格式进行规范化描述。可以依据一个 XML 文件的 XSD 来正确解析该 XML 文档中的数据。对大规模 XML 文件采用人工解析费时费力，需使用自动化解析方法，如文档对象模型(DOM)、XML 简单应用程序接口(Simple API for XML，SAX)和 Java XML 绑定架构(Java Architecture for XML Binding，JAXB)。

2) JSON 数据处理

JS 对象标记(javaScriptobject notation，JSON)是一种轻量级的前端后端及网络传输数据交换格式。它采用独立于编程语言的文本格式来存储和表示数据，易于阅读和编写、机器解析和生成，能有效地提升网络传输效率。

JSON 数据实质上是一串字符串，元素会使用特定的符号标注。JSON 格式的数据由键值对组成，其中键值对之间使用逗号分隔。在 JSON 中，键和值都必须使用双引号引起来，双括号({})表示对象，中括号([])表示数组，双引号("")内是属性或值，冒号(:)表示后者是前者的值(这个值可以是字符串、数字，也可以是另一个数组或对象)，逗号(,)用于分隔数组或对象中的不同键值对或值。

相对于 XML，JSON 的语法更加简洁，解析速度通常更快。但是 XML 对于数据的描述更加严谨和准确，且支持更为复杂的数据结构和数据类型定义，仍然是一种被广泛使用的数据格式。应根据具体的场景和需要，选择合适的数据格式。

2. 半结构化数据的数据库处理

半结构化数据也可以通过数据库方式进行存储和管理。数据库表中的字段不仅可以存储简单的结构化数据，还可以存储复杂的、大量的、长度可变的文本数据，以及二进制格式的数据。因此，根据数据库数据存储的特点，又可以将数据库处理方式分为两种：数据库文本字段存储、数据库二进制字段存储。

1) 数据库文本字段存储

一般来讲，数据库表中 varchar 类型的字段可以存储 65535 个左右的字符。因此，使用该字段可以存储数据量不是很大的 XML、JSON 等半结构化数据。其基本思路是将相应数据组织好后作为长字符串，使用 SQL 语句将其存入数据库字段，或者取出。

2) 数据库二进制字段存储

数据库表中 blob 类型或其他类似字段可以存储 4GB 左右的数据。因此，使用该字段可以存储数据量较大的 XML、JSON 等半结构化数据。其基本思路是将相应数据在内存中组织为二进制数据后使用 SQL 语句将其序列化存入数据库字段，或者取出。但是由于其数据量较大，应谨慎使用该类型字段，避免降低数据库查询等操作的效率。

2.3.3 非结构化数据处理

非结构化数据没有公开的预定义数据模型或格式来组织，通常无法直接知道其内容，也无法直接对其内容进行检索，如图片、视频、CAD 模型等。非结构化数据一般直接整体进行存取，而且一般存储为二进制的数据格式。其数据管理方式和半结构化数据类似，也有文件化处理和数据库处理两种方式。但是，非结构化数据的数据量较大，因此主要采用文件化和数据库处理相结合的电子仓库方式进行存储和管理。

电子仓库是通过数据库和磁盘文件结合的形式来管理大量数据文件的一种技术。在电子仓库中，通过数据库表中的数据来保存与物理文件相关的元数据，以及指向它们的指针(即文件存放的磁盘路径)，通过物理存储器上物理文件的方式来存储数据文件，即与其相关的结构化数据存入数据库，相关的非结构化数据存入文件系统(卷，vault)，如图 2-37 所示。这样就能够充分发挥两者的优势，更适合大数据量的制造数据管理与处理。

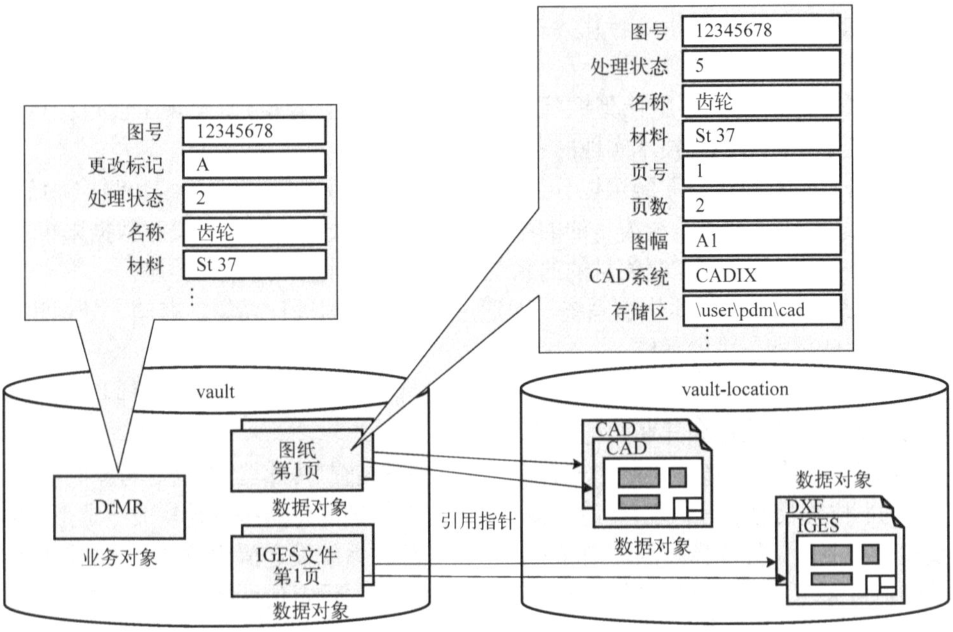

图 2-37　电子仓库示例
DrMR 指图纸主记录

2.4　计算机控制技术

数字化信息在计算机中得到处理、传递和管理，主要解决了数字化制造中的决策、规划、管理等虚拟信息相关业务问题。然而，机电产品还需要使用大量硬件设备来实现物理制造，此时要用数字化信息来对设备进行控制。因此，计算机控制技术得到了迅猛发展，已经成为数字化制造的主要支撑技术之一。

2.4.1　计算机控制技术相关概念

为满足不同行业、不同控制对象的要求，需要以计算机作为控制装置，利用计算机控制技术和系统，对各种设备、系统或过程进行控制和调节，实现较为自动化乃至智能化的控制。

1. 计算机控制技术与系统

计算机控制技术是指利用计算机作为控制装置来实现对各种设备、系统或过程的控制和调节的一种技术手段。其实质是以计算机替代传统模拟控制系统的控制器(控制仪表)形成的自动控制技术。在工业生产过程中，计算机控制技术能够实现小到机器人、数控设备，大到生产线的自动化控制，提高生产效率和质量。计算机控制技术基于控制理论，利用计算机进行数据采集、处理和控制指令的执行。其基本原理包括以下方面。

(1) 信号采集。利用传感器或检测设备将控制对象的不同参数转换成电信号，并通过模/数转换器将模拟信号转换为数字信号。

(2) 数据处理。对采集到的数字信号进行数据处理，包括滤波、放大、处理等操作。

(3) 控制算法。根据预定的控制算法，利用计算机进行逻辑判断和计算，得出控制指令。

(4)控制执行。将控制指令转化为控制信号，通过执行器或执行机构对控制对象进行控制。

计算机控制系统就是利用计算机(通常称为工业控制计算机)来实现工业过程自动控制的系统，即基于计算机控制技术实现的系统。

按照任务，计算机控制系统可以分为三大类，即检测系统、控制系统和测控系统。

(1)检测系统。单纯以检测为目的的系统，主要实现数据的采集，又称数据采集系统。

(2)控制系统。单纯以控制为目的的系统，主要实现对生产过程的控制。

(3)测控系统。测控一体化的系统，即通过对大量数据进行采集、存储、处理和传输，使控制对象实现预期要求的系统。

工业生产中的控制系统随控制对象、控制算法和采用的控制器结构的不同而有所差别。其结构形式一般分为闭环和开环两种形式。

图 2-38(a)是控制系统的闭环形式。系统通过测量装置(传感器)对控制对象的被控量(如温度、压力、位置及速度等物理量)进行测量，再由变送装置将这些量转换成一定形式的电信号，反馈给控制器。控制器将反馈信号对应的工程量与系统设定值比较，并依据比较的偏差产生控制信号来驱动执行机构进行工作，使被控量的值与设定值保持一致。因为被控量是控制系统的输出，被控量的变化值又反馈到控制系统的输入端，与作为输入量的设定值相比较，所以称为闭环控制系统。

图 2-38(b)是控制系统的开环形式，它与闭环形式的区别在于：不需要控制对象的反馈信号，直接根据给定信号去控制控制对象工作。这种系统不会自动消除被控量的值与设定值的偏差，控制结构简单，常用在一些要求不高的控制场合。

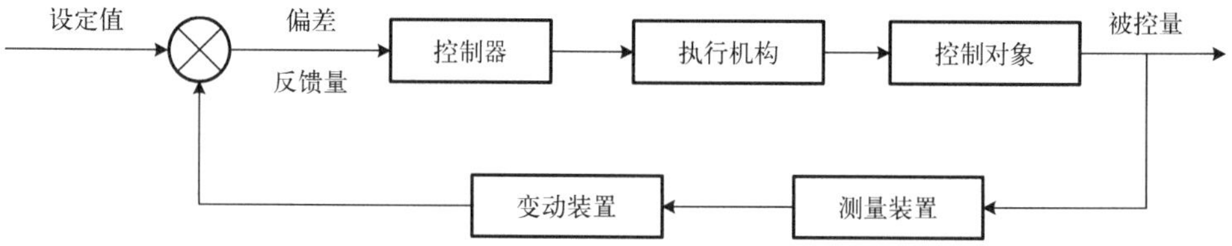

(a)

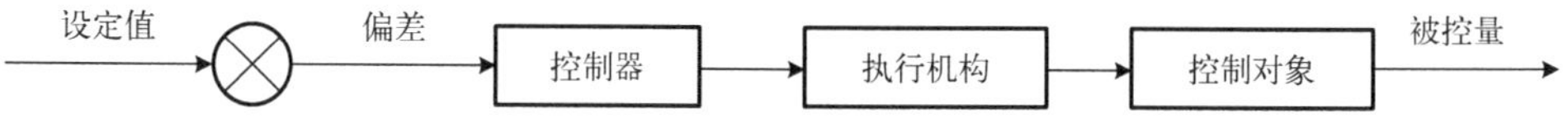

(b)

图 2-38　控制系统的闭环和开环形式

如果把一般控制系统中的控制器用计算机代替，就构成了计算机控制系统。由于闭环控制系统已成为主流，主要介绍计算机闭环控制系统，其基本组成如图 2-39 所示。

计算机控制系统由控制计算机和生产过程两大部分组成。控制计算机是指按生产过程控制的特点和要求设计的计算机系统；生产过程包括控制对象、测量变送器、执行机构等装置。

生产过程的各种物理量一般都是模拟量，计算机的输入和输出均采用数字量。对于信号输入，需使用模/数转换器将连续模拟信号转换成计算机能接收的数字信号；对于信号输出，需使用数/模转换器将计算机输出的数字信号转换成执行机构所需连续模拟信号。

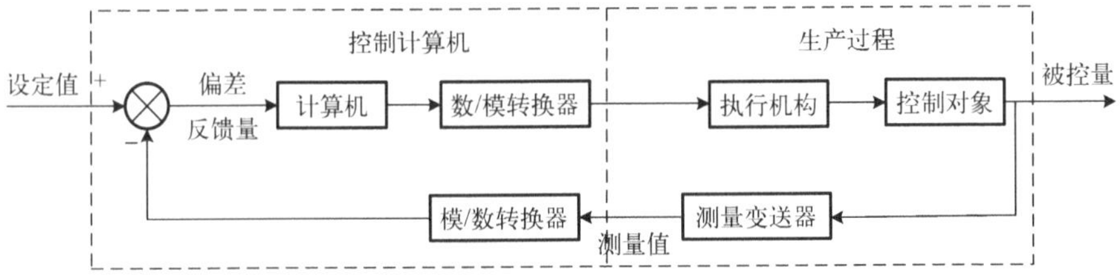

图 2-39　计算机闭环控制系统的基本组成

根据控制的连接性，计算机控制系统可以分为联机控制系统和脱机控制系统。如果计算机直接连接着生产设备，不通过其他介质来间接进行控制决策，则称为联机或在线控制；如果生产设备不直接与计算机连接，则称为脱机或离线控制。

根据应用场合，计算机控制系统可以分为过程控制系统与运动控制系统。过程控制系统指以温度、压力、流量、液位、成分和物性等为被控量的流程工业中的控制系统。运动控制系统主要指以位移、速度和加速度等为被控量的控制系统，如控制电动机转速、转角为主的机床控制和跟踪控制系统。

计算机控制系统与普通计算机系统的主要区别在于系统实时性。实时性指系统具有能够在限定的时间内对外来事件做出反应的特性，超过这个时间，就会失去控制时机。

2. 计算机控制系统的种类

计算机控制系统与其所控制的生产对象密切相关，控制对象不同，控制系统也不同。根据应用特点、控制方案、控制目标和系统构成，计算机控制系统一般可分为以下类型。

1) 数据采集系统(data acquisition system，DAS)

DAS 是计算机应用于生产过程控制最早、最基本的一种类型，如图 2-40 所示。生产过程中工业对象的大量参数采集后送入计算机，由计算机对这些数据进行分析和处理，并按操作要求进行屏幕显示、制表打印和越限报警。

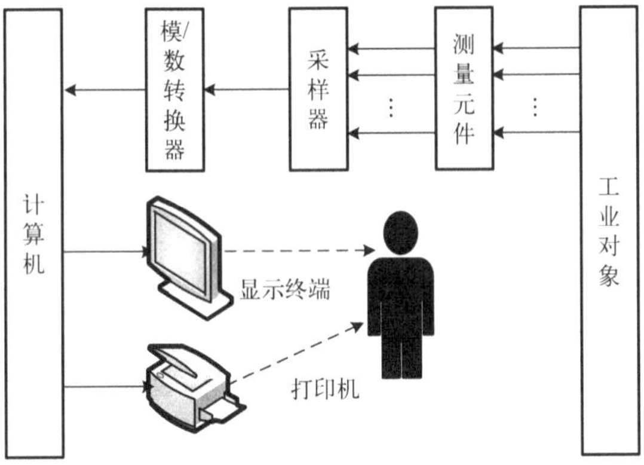

图 2-40　DAS 框架

2) 操作指导控制(operation guide control，OGC)系统

OGC 系统是基于数据采集系统的一种开环结构，不仅具有数据采集和处理的功能，而且能够为操作人员提供反映生产过程工况的各种数据，并相应地给出操作指导信息，如图 2-41 所示。计算机计算出最优操作条件，但不直接控制工业对象，而是显示或打印出来，操作人员据此去改变各个控制器的设定值或操作执行器。

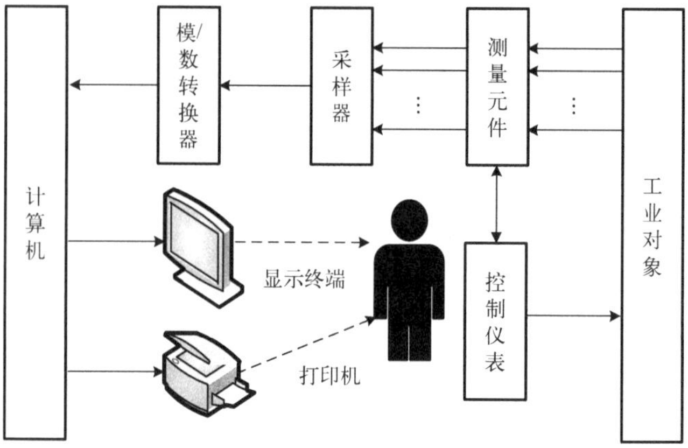

图 2-41　OGC 系统框架

3) 直接数字控制(direct digital control，DDC)系统

DDC 系统是用一台计算机对多个被控量进行巡回检测，将检测结果与设定值进行比较，并按预定的数学模型(如 PID 控制规律)进行运算，其输出直接控制工业对象，使被控量稳定在设定值上，如图 2-42 所示。DDC 系统只通过改变程序就能有效地实现各种各样的复杂控制，属于闭环控制系统，是一种典型的计算机控制方式。

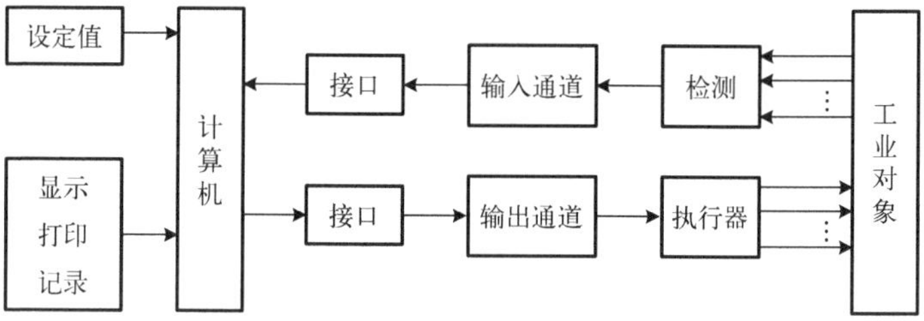

图 2-42　DDC 系统框架

4) 监督计算机控制(supervisory computer control，SCC)系统

SCC 系统是 OGC 系统与常规仪表控制系统或 DDC 系统综合而成的两级系统，SCC 系统较 DDC 系统更接近生产变化的实际情况，它不仅可以进行设定值控制，还可以进行顺序控制、最优控制等，如图 2-43 所示，SCC 系统有两种结构形式。

(1) SCC+模拟控制器系统，也称计算机设定值控制系统，即 SPC 系统。该系统是由计算机系统对各物理量进行巡回检测，并按一定的数学模型对生产工况进行分析、计算，得出工业对象各参数最优给定值后送给控制器，使工况保持在最优状态。

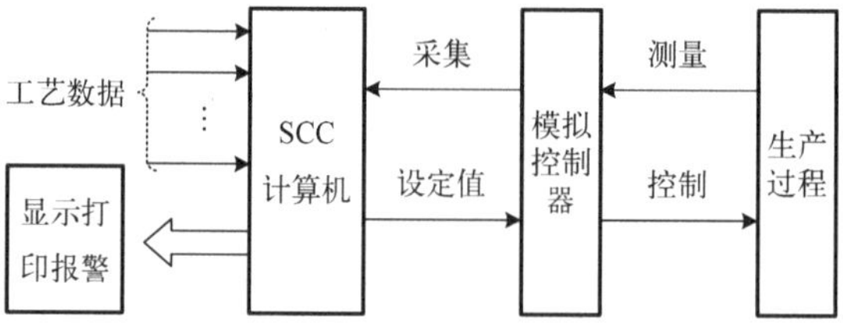

(a)

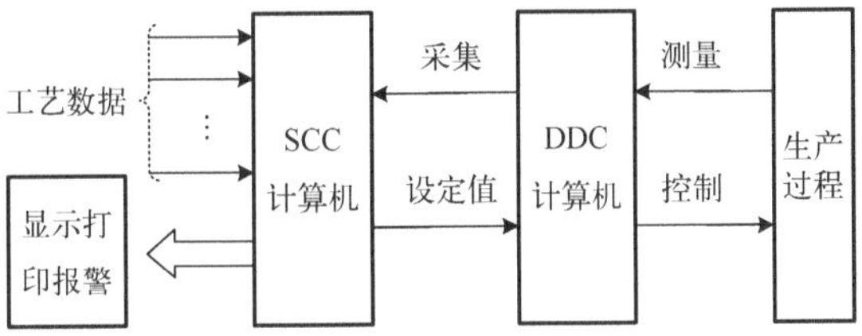

(b)

图 2-43　SCC 系统框架

(2) SCC+DDC 系统，实际上是一个二级控制系统。上位机 SCC 计算机根据原始工艺数据与实时采集的现场变量计算出最佳动态设定值，送给下位机控制器或 DDC 计算机控制生产过程。系统可根据生产工况的变化，不断修正设定值，使生产过程始终处于最优工况。

5) 分散型控制系统(distributed control system，DCS)

DCS 是以微处理器为基础，借助计算机网络对生产过程进行集中管理和分散控制的先进计算机控制系统，也称集散型控制系统或者分布式控制系统，如图 2-44 所示。DCS 由若干微型计算机分别承担任务，从而代替了集中控制的方式，将风险分散。与计算机集中控制方式相比，DCS 成本较低，便于施工。

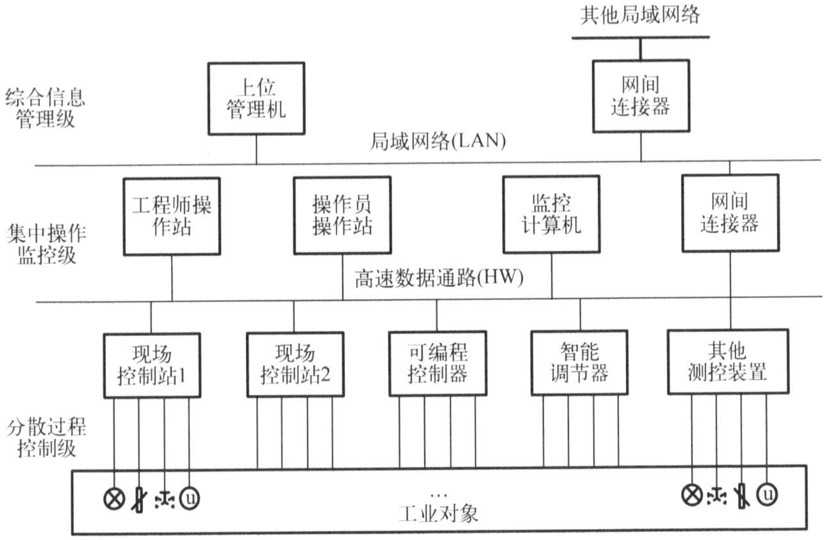

图 2-44　DCS 框架

6) 计算机远程监督控制与数据采集(supervisory control and data acquisition，SCADA)系统

SCADA 系统综合利用计算机、控制和通信与网络技术，完成对测控点分散的各种过程或设备的实时数据采集、本地或远程控制，以及生产过程的全面实时监控。SCADA 系统包含两个层次的功能：数据采集和监控，主要用于测控点比较分散、分布范围较广的生产过程或设备监控，广泛应用于城市排水泵站远程监控、城市煤气管网远程监控、电力行业调度自动化等领域。SCADA 系统包括三个部分：分布式的数据采集系统、过程监控与管理系统、通信网络。SCADA 系统的结构如图 2-45 所示。

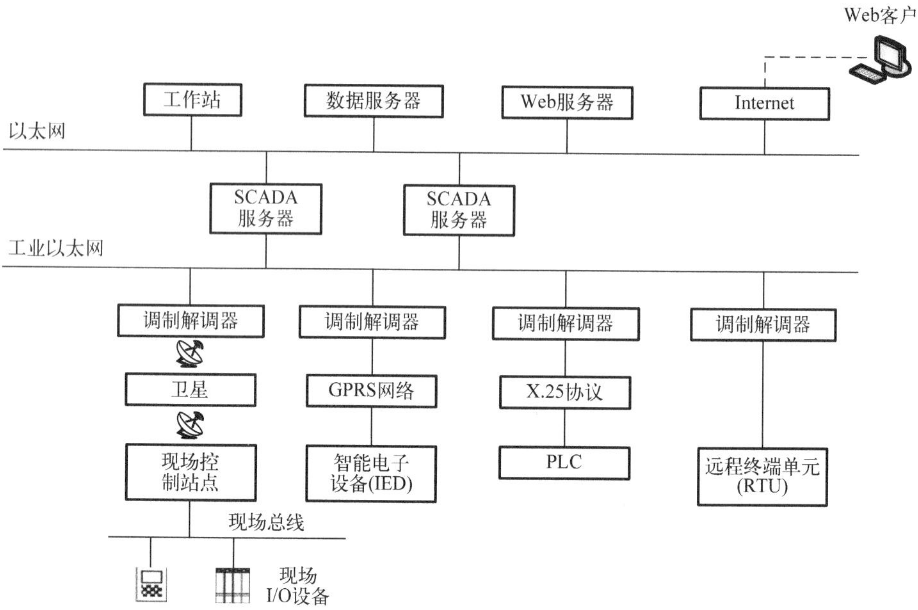

图 2-45　SCADA 系统框架

7）现场总线控制系统（fieldbus control system，FCS）

FCS 核心是现场总线。现场总线是连接智能现场设备和自动化系统的数字式、双向传输、多分支结构的串行通信网络，具有开放统一的通信协议。FCS 改进了 DCS 成本高和产品通信标准不统一而造成的不能互联等弱点。FCS 用二层结构完成了 DCS 中的三层结构功能，降低了成本、提高了可靠性。每个现场仪表（如变送器、执行器）都作为一个智能节点，都带 CPU，可分别独立完成测量、校正、调节、诊断等功能，靠网络协议将它们连接在一起统筹工作。这种彻底的分散控制模式使系统更加可靠。FCS 框架如图 2-46 所示。

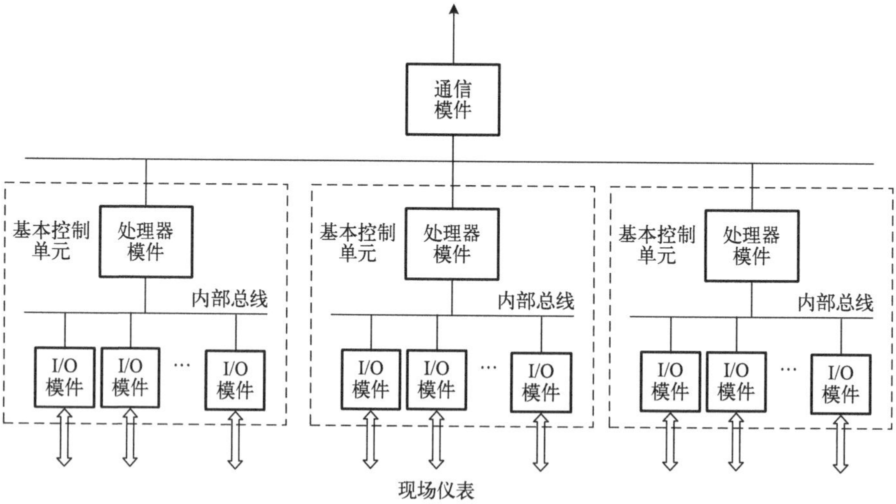

图 2-46　FCS 框架

8) 计算机数字控制(computer numerical control，CNC)系统

CNC 系统是一种基于计算机技术、数字化控制和数值控制技术的先进控制系统，利用计算机控制制造装备(如机床)进行自动化操作，可实现精密度高、生产效率高的自动化制造。CNC 系统是现代制造业的重要组成部分，广泛应用于航空、航天、汽车、机械等领域。CNC 技术于 20 世纪 50 年代初期问世。最初的 CNC 系统使用的是继电器逻辑控制，成本较高，控制精度不高，难以满足高精度加工的需要。随着计算机技术的发展，CNC 系统逐渐采用了更加先进的数字化控制技术。这些技术包括计算机控制、图形化编程和全实时控制等，大大提高了 CNC 系统的控制精度、运行速度和操作简便性。

CNC 系统由硬件和软件共同完成数控任务，如图 2-47 所示。由于采用软件，CNC 系统可以实现硬件数控装置所不能完成的许多功能，如图形显示、系统诊断、各种复杂的轨迹控制算法和补偿算法、智能控制、通信及联网等。

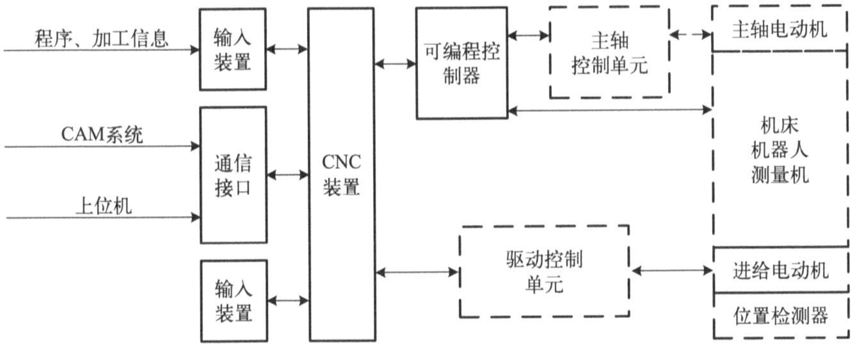

图 2-47　CNC 系统框架

3. 计算机控制装置

为满足不同行业、不同控制对象的需求，自动化装置厂商制造出多种独立于生产过程的计算机装置，以供自动化系统设计者选用。

1) 可编程逻辑控制器(programmable logic controller，PLC)

PLC 又称可编程控制器，是计算机技术和继电器常规控制概念相结合的产物，是一种以微处理器为核心、用作控制的特殊计算机，如图 2-48 所示。PLC 专为工业环境下应用而设计，采用可编程的存储器，在其内部执行逻辑运算、顺序控制、定时、计数和算术操作的指令，并通过数字式、模拟式的输入和输出，控制各种类型的生产过程。

图 2-48　PLC

PLC 主要由 CPU、输入接口、输出接口、通信接口等部分组成，其中，CPU 是 PLC 的核心，I/O 部件是连接现场设备与 CPU 的接口电路，通信接口用于与编程器和上位机连接。对于整体式 PLC，所有部件都装在同一机壳内；对于模块式 PLC，各功能部件独立封装，称为模块或模板，各模块通过总线连接，安装在机架或导轨上。

PLC 具有构成灵活、扩展容易、编程简单、调试容易、抗干扰能力强等优点，不仅在顺序程序控制领域具有优势，而且在运动控制、过程控制和网络通信领域广泛应用。

2）可编程调节器

可编程调节器又称单回路调节器、智能调节器或数字调节器。它主要由微处理单元、过程 I/O 单元、面板单元、通信单元、硬手操单元和编程单元等组成，如图 2-49 所示。

可编程调节器实际上是一种仪表化的微型控制计算机，既保留了仪表面板的传统操作方式，易为现场人员接受；又发挥了计算机软件编程的优点，可以灵活方便地构成各种过程控制系统。可编程调节器可以作为大型分散控制系统中基层的控制单元，也可单独构成复杂控制系统，完成 1～4 个控制回路。它特别适用于连续模拟量信号的控制系统。

3）工业控制计算机（industrial personal computer，IPC）

工业控制计算机是具有恶劣环境适应能力，能长期稳定工作的加固型计算机，简称工控机。IPC 外形类似普通计算机，但外壳采用全钢标准的工业加固型机架机箱，机箱密封并加正压送风散热，机箱内的原普通计算机的大主板变成通用的底板总线插座系统，将主板分解成几块外围组件插件，采用工业级抗干扰电源和工业级芯片，并配以相应的工业应用软件。图 2-50 为专用壁挂 IPC。

图 2-49　可编程调节器

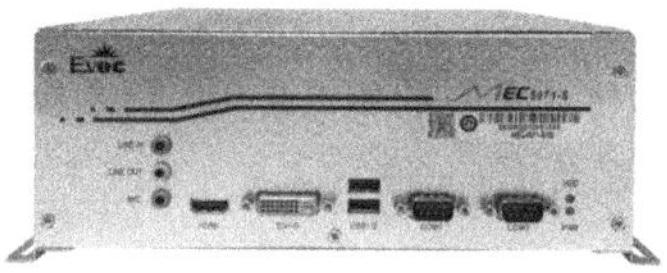

图 2-50　专用壁挂 IPC

4）嵌入式计算机系统

嵌入式计算机系统简称嵌入式系统，是嵌入目标体系中的专用计算机系统。嵌入性、专用性和计算机系统是嵌入式系统的三个基本要素。嵌入式系统可分为系统级、模板性和芯片级三类。系统级是指能进行完整工作的嵌入式系统，主要包括嵌入式 PC；模板级是指应用系统中的核心模板，主要包括单片机；芯片级是指含程序或算法的嵌入式处理器，主要包括嵌入式微控制器（MCU）、嵌入式数字信号处理器（DSP）、嵌入式片上系统（SOC）。嵌入式计算机系统如图 2-51 所示。

5）计算机数字控制装置

CNC 系统的数控装置实质上是一台通用微型计算机，同时增加了若干用于控制的输入输出接口，即计算机数字控制装置，如图 2-52 所示。

（1）计算机。该部分是 CNC 系统的核心，它主要包括微处理器和总线、存储器、外围逻辑电路等，主要任务是进行数据运算、系统程序和数控程序存储、系统定时与中断信号管理等。

（2）外部设备及接口。其任务是提供人机交互和程序信息等的输入/输出及存储。外部设备通常包括显示器、键盘、硬盘驱动器、操作面板等。

(3) 输入/输出 (I/O) 接口。I/O 接口用于 CNC 系统与机床之间的开关信号输入/输出，主要任务是进行电平转换、功率放大和信号隔离等，进行机床电气的逻辑控制和各种按钮、开关及状态等的控制，实现机床的动作控制。

(4) 位置控制接口。位置控制接口是 CNC 系统与伺服驱动的硬件接口，实现坐标轴的运动控制，系统的控制精度与速度等主要性能取决于该部分的性能。

(5) 主轴控制接口。主轴是切削加工的动力轴。CNC 系统不仅要控制主轴的转速，还要控制主轴的位置定向，满足自动换刀及加工等要求。

(6) 通信接口。通信接口用于 CNC 系统与上位计算机的通信。通常采用串行通信接口，如 RS232C、RS485 等，目前正在向现场总线和网络化方向发展。

由于 PLC 和 CNC 系统在离散制造领域的生产设备自动控制上使用最为广泛，且涉及可编程控制，是数字化制造优势体现的重要方面，本书将在后面重点对其进行介绍。考虑到其系统和装置本质上趋同，主要对其技术进行介绍。

图 2-51　嵌入式计算机系统

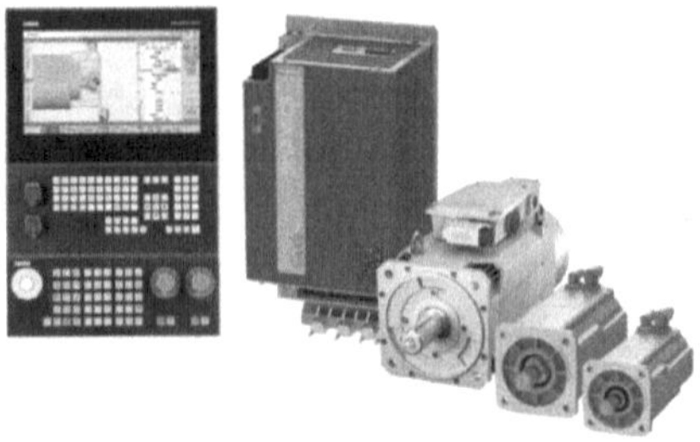

图 2-52　CNC 系统

4. 测量和执行装置

除控制器和相应接口之外，计算机控制系统最重要的组件就是测量、数/模转换和执行装置。本部分主要介绍用于测量的传感器、变送器，以及用于执行动作的执行器。

1) 传感器和变送器

传感器的主要作用是获取外界信息，是测控系统中不可缺少的基础部件。传感器是把被测量的量值形式(如物理量、化学量、生物量等)变换为另一种与之有确定对应关系且便于计量的量值形式(通常是电量)的器件或装置。它实现两种形式的量值之间的变换，目的是计量、检测，因此，也称换能器。工业中常用的传感器包括温度传感器、湿度传感器、流量传感器、压力传感器、电荷耦合器件(charge-coupled device，CCD)图像传感器、位移传感器、加速度传感器等。

传感器一般由敏感元件、传感元件和其他辅助件组成，有时也将信号调节与转换电路、辅助电源作为传感器的组成部分，如图 2-53 所示。

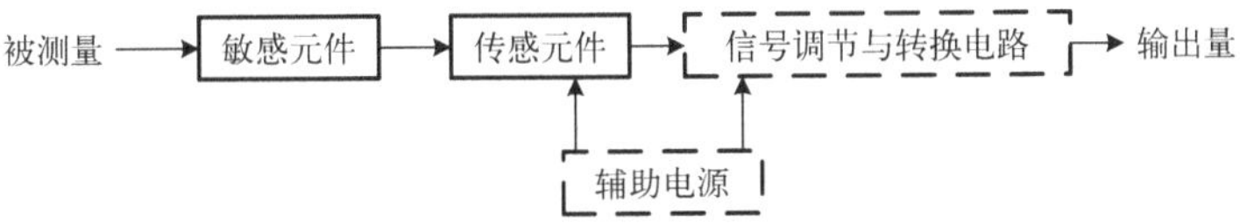

图 2-53　传感器组成

敏感元件是直接感受被测量(一般为非电量)并输出与被测量呈确定关系的其他量(一般为电量)的元件，是传感器的核心部件。信号调节与转换电路将传感元件输出的电信号进行放大、加工处理后，输出有利于显示、记录、检测或控制的电信号。

传感器是将物理信号转换为电信号的器件，变送器则是把传感器采集到的微弱的电信号放大以便传送或启动控制元件，或将传感器输入的非电量转换成电信号同时放大以便供远方测量和控制的信号源。变送器可以分为模拟式变送器和智能式变送器。

工业上常见的变送器有差压变送器(主要用来测量差压、流量、液位等参数)、温度变送器(温度变送器与测温元件配合以测量温度或温差信号)等。

2)执行器

执行器是自动控制系统中不可缺少的重要组成部分，它接收来自控制器的控制信号，通过执行机构将其转换成推力或位移，推动调节机构动作。执行器将控制信号转换为相应的物理量，如产生动力、改变阀门或其他机械装置的位移、改变能量或物料输送量。执行器也是影响控制系统质量的重要部件，其结构如图 2-54 所示。

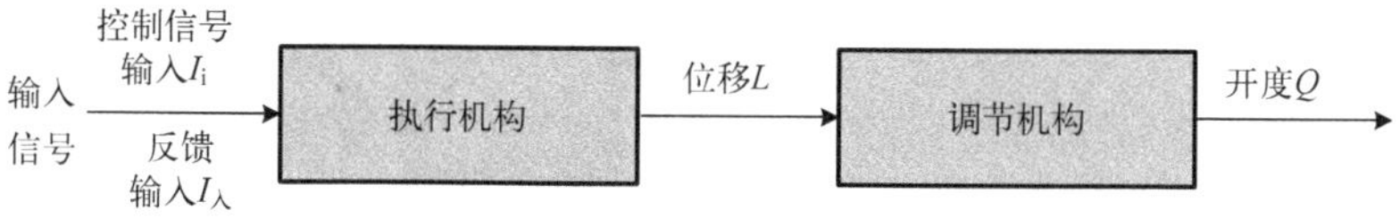

图 2-54　执行器结构

控制系统中的执行器通常又称驱动器、激励器、调节器等，它是进行驱动、传动、拖动、操纵等动作的装置、机构或元器件的总称。执行器按组成要素可分为结构型执行器和物性型执行器。

结构型执行器也称构造型执行器，通过物体结构要素实现对目的物的驱动和操作，可按其采用的动力源分为液动执行器、气动执行器和电动执行器，其特点如表 2-19 所示。

表 2-19　三种执行器比较

比较项目	气动执行器	电动执行器	液动执行器
结构	简单	复杂	简单
体积	中	小	大
推力	中	小	大
配管配线	较复杂	简单	复杂
动作滞后	大	小	小
频率响应	狭	宽	狭
维护检修	简单	复杂	简单
使用场合	防火防爆	只有防爆型才防火防爆	注意火花
温度影响	较小	较大	较大
成本	低	高	高

物性型执行器主要利用物体的物性效应(包括物理效应、化学效应、生物效应等)实现对目的物的驱动与操作，如利用逆压电效应的压电执行器、利用电致与磁致伸缩效应的电与磁执行器、利用光化学效应的光化学执行器、利用金属形状记忆效应的仿生执行器等。

执行器常见的执行机构有阀、泵、角度调节机构、位置调节机构和加热装置的功率调节机构，利用执行器可实现对执行机构的开关控制、速度控制、角度和位置控制、力矩和扭矩控制、功率控制等。

2.4.2　PLC 技术

PLC 通过编程实现对生产过程和机械系统的逻辑控制，广泛应用于制造业生产线自动化、机器人控制、过程监控等场景，通过与其他系统的集成，还可实现更高层次的智能化生产管理。

1. PLC 相关概念

1) PLC 的定义

国际电工委员会对 PLC 定义如下：PLC 是一种数字运算操作电子系统，专为在工业环境下应用而设计，它采用可编程序的存储器，用来在其内部存储执行逻辑运算、顺序控制、定时、计数和算术运算等操作的指令，并通过数字的、模拟的输入和输出，控制各种类型的机械或生产过程。PLC 及其有关的外围设备都应按易于与工业控制系统形成一个整体、易于扩充其功能的原则设计。

2) PLC 的分类

PLC 的种类很多，下面按结构形式、控制规模和功能对 PLC 进行分类。

(1) 按结构形式分类。

按硬件的结构形式，PLC 可分为整体式 PLC、组合式 PLC 和紧凑式 PLC。

①整体式 PLC 又称箱式 PLC，图 2-55 是一种常见的整体式 PLC，其外形像一个长方形的箱体，这种 PLC 的 CPU、存储器、I/O 接口等都安装在一个箱体内。整体式 PLC 的结构简单、体积小、价格低。小型 PLC 一般采用整体式结构。

②组合式 PLC 又称模块式 PLC，其外形如图 2-56 所示，它有一个总线基板，基板上有很多总线插槽，其中由 CPU、存储器和电源构成的一个模块通常固定安装在某个插槽中，其他功能模块可随意安装在不同的插槽内。组合式 PLC 配置灵活，可通过增减模块而组成不同规模的系统，安装维修方便，但价格较贵。大、中型 PLC 一般采用组合式结构。

图 2-55　整体式 PLC

图 2-56　组合式 PLC

③紧凑式 PLC 的电源模块、CPU 模块、I/O 模块也是各自独立的模块，但它们之间靠电缆进行连接，并且各模块可以一层一层地叠装，它结合了整体式 PLC 的紧凑和模块式 PLC 的独立、灵活等优势，又称叠装式 PLC。

(2) 按控制规模分类。

I/O 点数是衡量 PLC 控制规模的重要参数。根据 I/O 点数，可将 PLC 分为小型 PLC、中型 PLC 和大型 PLC 三类。

①小型 PLC。I/O 点数小于 256 点，采用 8 位/16 位单 CPU，用户存储器容量为 4KB 以下。

②中型 PLC。I/O 点数在 256～2048 点之间，采用双 CPU，用户存储器容量为 2～8KB。

③大型 PLC。I/O 点数大于 2048 点，采用 16 位/32 位多 CPU，用户存储器容量为 8～16KB。

(3) 按功能分类。

根据 PLC 功能，PLC 可分为低档 PLC、中档 PLC、高档 PLC 三类。

①低档 PLC。它具有逻辑运算、定时、计数、移位及自诊断、监控等基本功能，有些还有少量模拟量输入/输出、算术运算、数据传送和比较、通信等功能。低档 PLC 主要用于逻辑控制、顺序控制或少量模拟量控制的单机控制系统。

②中档 PLC。它除了具有低档 PLC 的功能，还具有较强的模拟量输入/输出、算术运算、数据传送和比较、数制转换、远程输入/输出、子程序、通信联网等功能，有些还增设中断控制、PID 控制等功能。中档 PLC 适用于比较复杂的控制系统。

③高档 PLC。它除了具有中档 PLC 的功能，还增加了带符号算术运算、矩阵运算、位逻辑运算、平方根运算及其他特殊功能函数运算、制表及表格传送等功能，具有很强的通信联网功能，一般用于大规模过程控制或构成分布式网络控制系统，以实现工厂控制自动化。

3) PLC 的应用领域

PLC 的应用非常广泛，如电梯、防盗、交通分流信号灯、楼宇供水、消防系统、供电系统，以及各种制造设备和各种生产流水线等。其应用情况大致可归纳如下。

(1) 开关量逻辑控制。这是 PLC 最基本、最广泛的应用领域。PLC 取代传统继电器接触器电路，实现逻辑控制、顺序控制，既可用于单台设备控制，又可用于多机群控及自动化流水线。

(2) 模拟量控制。PLC 利用比例积分微分 (proportional integral derivative，PID) 算法实现闭环控制功能，例如，对温度、速度、压力及流量等过程量的控制。

(3) 运动控制。PLC 可以用于圆周运动或直线运动的定位控制。近年来，许多 PLC 制造商在产品中增加了脉冲输出功能，配合原有的高速计数器功能，PLC 的定位控制能力大大增强，广泛应用于各种机械、机床、机器人及电梯等设备中。

(4) 数据处理。现代 PLC 具有数学运算、数据传送、数据转换、排序、查表和位操作等功能，可以完成数据采集、分析及处理工作。数据处理一般用于大型控制系统（如无人控制的柔性制造系统），也可用于过程控制系统（如造纸、冶金和食品工业中的一些大型控制系统）。

(5) 通信及联网。PLC 通信含 PLC 间的通信及 PLC 与其他智能设备之间的通信。新近生产的 PLC 的网络接入能力和通信技术指标都得到了很大改善，使 PLC 在远程及大型控制系统中的应用能力大大增强。

4) PLC 的组成

PLC 与微型计算机基本相同，由硬件和软件系统两大部分构成。

(1) PLC 的硬件系统。

PLC 种类很多，但结构大同小异，典型的 PLC 硬件系统组成如图 2-57 所示。在组建 PLC 硬件系统时，需要给 PLC 的输入端子接有关的输入设备（如按钮、触点和行程开关等），给输出端子接有关的输出设备（如指示灯、电磁线圈和电磁阀等）。另外，还需要将编好的程序通过通信接口输入 PLC 内部存储器，如果希望增强 PLC 的功能，可以将扩展单元通过扩展接口与 PLC 连接。

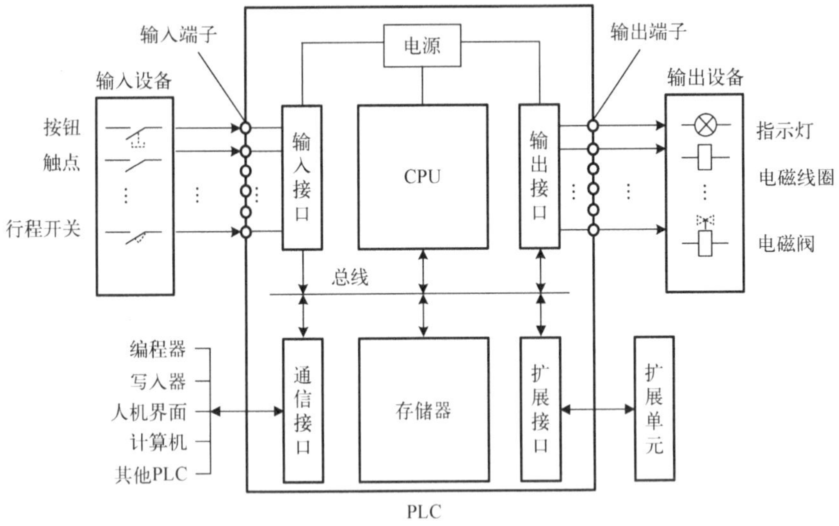

图 2-57　典型的 PLC 硬件系统组成

PLC 硬件由 CPU、存储器、输入接口、输出接口、通信接口、扩展接口和电源组成。

①CPU。CPU 是 PLC 的控制中心，它通过总线(包括数据总线、地址总线和控制总线)与存储器和各种接口连接，控制它们有条不紊地工作。大型 PLC 通常采用高性能的 CPU。

②存储器。存储器用来存储程序和数据。PLC 通常配有只读存储器(ROM)和随机存储器(RAM)两种存储器，ROM 用来存储系统程序，RAM 用来存储用户程序和程序运行时产生的数据。

③输入/输出接口。又称 I/O 接口或 I/O 模块，是 PLC 与外围设备之间的连接部件。PLC 通过输入接口检测输入设备的状态，以此作为对输出设备控制的依据。同时 PLC 又通过输出接口对输出设备进行控制。PLC 的 I/O 接口能接收的输入和输出信号个数称为 PLC 的 I/O 点数。I/O 点数是选择 PLC 的重要依据之一。

PLC 外围设备提供或需要的信号电平是多种多样的，而 PLC 内部 CPU 只能处理标准电平信号，所以 I/O 接口要能进行电平转换。

④通信接口。PLC 通过通信接口与计算机、编程器、其他 PLC 等设备实现通信。

⑤扩展接口。为提升 PLC 性能，增强 PLC 控制功能，可通过扩展接口给 PLC 增接一些专用功能模块，如高速计数模块、闭环控制模块、运动控制模块、中断控制模块等。

⑥电源。PLC 一般采用开关电源供电，稳定性好、抗干扰能力强。

(2) PLC 的软件系统。

PLC 的软件系统是指 PLC 所使用的各种程序的集合，包括系统程序(或称系统软件)和用户程序(或称应用软件)。系统程序主要包括系统管理、监控程序及对用户程序进行编译处理的程序。系统程序在出厂前已被固化在可擦除可编程只读存储器(EPROM)中，用户不能改变。用户程序是用户根据生产过程和工艺要求而编制的程序，通过编程器或计算机输入 PLC 的 RAM 中，并可对其进行修改或删除。

2. PLC 的工作方式

PLC 是一种由程序控制运行的设备，工作方式与微型计算机不同。微型计算机运行到结束指令 END 时，程序运行结束。PLC 运行程序时，会按顺序依次逐条执行存储器中的程序指令，当执行完最后的指令后，不会马上停止，而是重新开始再次执行存储器中的程序，周而复始。这种工作方式称为循环扫描方式。PLC 的工作过程如图 2-58 所示。

PLC 通电后，首先进行系统初始化，将内部电路恢复到起始状态，最后进行自我诊断以确保系统能正常运行，诊断结束后对通信接口进行扫描，若接有外部设备则与其通信，通信接口无外部设备或通信完成后，系统开始进行输入采样，检测输入设备(开关、按钮等)的状态，最后根据输入采样结果依次执行用户程序，程序运行结束后对输出进行刷新，即输出程序运行时产生的控制信号。以上过程完成后，系统又返回，不断重复上述过程。

PLC 有两个工作状态：运行(RUN)状态和停止(STOP)状态(图 2-59)。当 PLC 在 RUN 状态时，系统会完整地执行图 2-58 所示的过程。当 PLC 在 STOP 状态时，系统不执行用户程序。PLC 正常工作时应处于 RUN 状态，在编制和修改程序时应处于 STOP 状态。

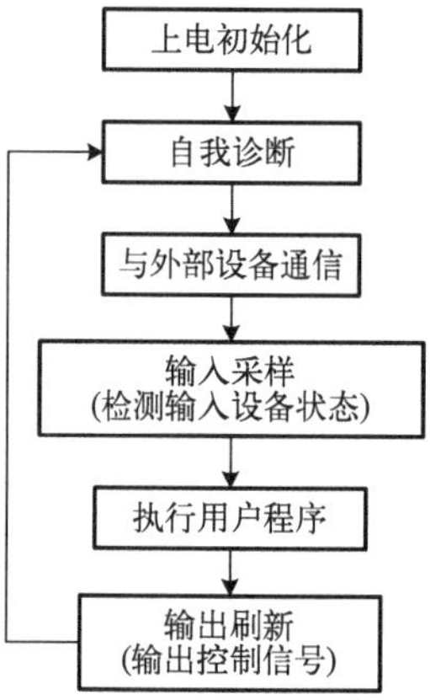

图 2-58　PLC 的工作过程

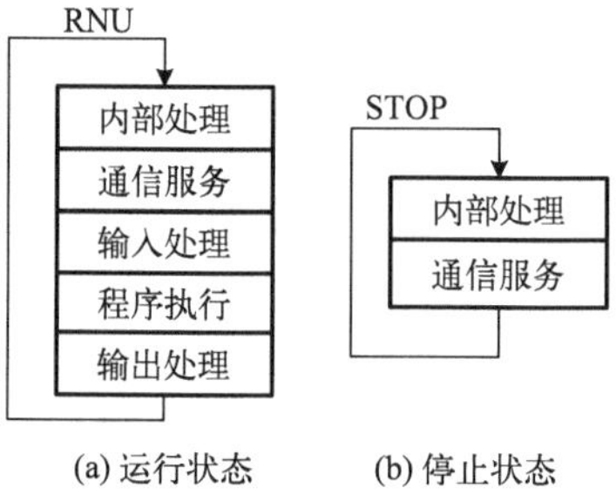

图 2-59　PLC 的基本工作状态

PLC 的两种工作状态可通过开关进行切换。PLC 工作在 RUN 状态时，完整执行图 2-58 所示过程需要的时间称为扫描周期，一般为 1～100ms。扫描周期与用户程序的长度、指令的种类和 CPU 执行指令的速度有很大的关系。

3. PLC 编程简介

要让 PLC 完成预定的控制功能，必须为它编写相应的程序，即使用一定的编程语言描述出来的控制任务。1994 年 5 月，国际电工委员会在 PLC 标准中推荐的常用编程语言有梯形图、指令表、顺序功能图和功能块图等。其中，梯形图语言最为常用。

1)编程语言

(1)梯形图(ladder diagram，LD)语言。

梯形图语言采用类似传统继电器控制电路的符号。梯形图语言具有形象、直观的特点，是应用最广泛的 PLC 编程语言。梯形图由软件来实现，使用和修改灵活方便。

图 2-60 为梯形图示例程序，当常开触点 X_1 闭合(其闭合受输入继电器线圈控制，图中未画出)时，输出继电器 Y_0 线圈得电，Y_0 自锁触点闭合，锁定 Y_0 线圈得电；当常闭触点 X_2 断开时，Y_0 线圈失电，Y_0 自锁触点断开，解除锁定；当常开触点 X_3 闭合时，继电器 Y_1 线圈得电。

(2) 语句表(指令表)(instruction list，IL)语言。

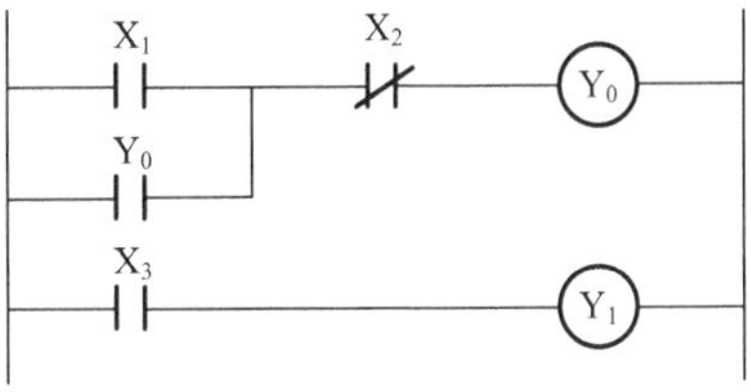

图 2-60　梯形图示例程序

语句表语言与计算机采用的汇编语言类似，也采用助记符形式编程。在使用简易编程器对 PLC 进行编程时，一般采用语句表语言，这主要是因为简易编程器显示屏很小，难以采用梯形图语言编程。表 2-20 是采用语句表语言编写的程序(针对三菱 FX 系列 PLC)，其功能与图 2-60 所示的梯形图程序完全相同。语句表程序就像是描述绘制梯形图的文字。语句表程序由步号、指令、操作数和说明四部分组成，程序运行时不执行说明部分。

表 2-20　采用语句表语言编写的程序

步号	指令	操作数	说明
0	LD	X_1	逻辑段开始，将常开触点 X_1 与左母线连接
1	OR	Y_0	将 Y_0 自锁触点与 X_1 触点并联
2	ANI	X_2	将常闭触点 X_2 与 X_1 触点串联
3	OUT	Y_0	连接 Y_0 线圈
4	LD	X_3	逻辑段开始，将常开触点 X_3 与左母线连接
5	OUT	Y_1	连接 Y_1 线圈

(3) 顺序功能图(sequential function chart，SFC)语言。

顺序功能图语言又称状态转移图语言。对于一个复杂的控制系统，采用梯形图语言编制会使程序庞大。顺序功能图语言适合编制复杂的顺序控制程序，它将一个完整的控制过程分为若干阶段，各阶段具有不同的动作，阶段间有一定的转换条件，转换条件满足就实现阶段转移，上一阶段动作结束，下一阶段动作开始，如图 2-61 所示。

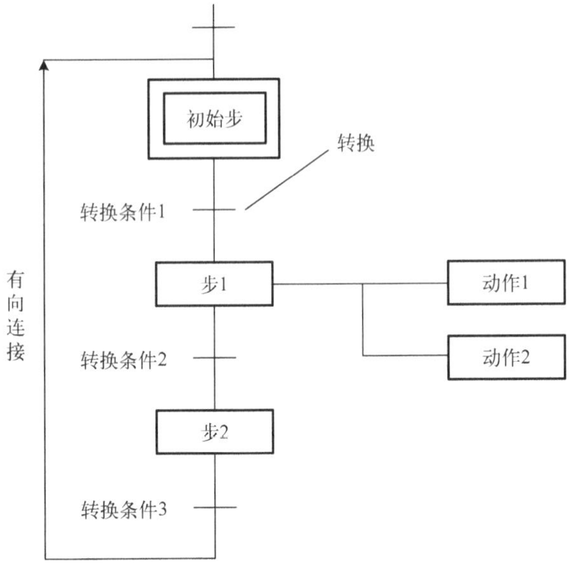

图 2-61　顺序功能图语言示例

(4) 功能块图(function block diagram，FBD) 语言。

功能块图语言是一种类似数字逻辑电路的编程语言，熟悉数字电路的技术人员比较容易掌握。该编程语言用类似“与门”“或门”的方框来表示逻辑运算关系，方框的左侧为逻辑运算的输入变量，右侧为输出变量，输入端、输出端的小圆圈表示非运算，信号自左向右流动。功能块图语言示例如图 2-62 所示。

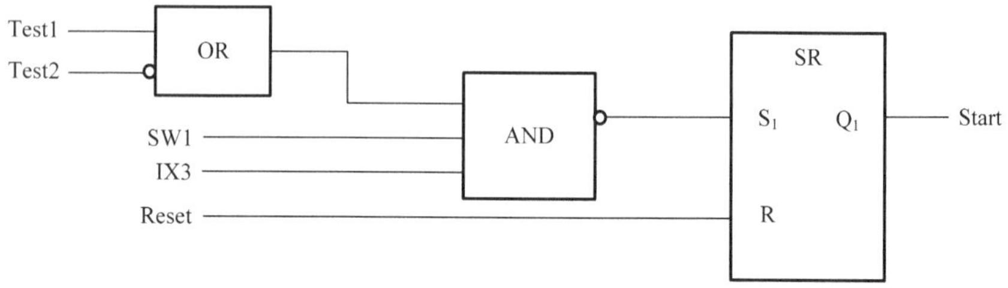

图 2-62 功能块图语言示例

除了上述三种编程语言，还有逻辑图编程语言和高级语言编程语言等。

2) 编程过程

PLC 程序设计的主要任务就是根据控制要求将工艺流程图转换成梯形图或其他类型的语言代码，可以采用手工编程和计算机辅助编程的方法。因为计算机辅助编程效率高、直观，易于仿真和调试，所以目前基本上采用计算机辅助编程方法。不同厂家生产的 PLC 通常需要配套的软件进行编程。下面简介 PLC 编程软件编程基本步骤。

(1) 明确控制系统要求。确定控制任务是设计 PLC 控制系统十分重要的部分。在设计中首先必须确定控制系统的 I/O 点数，它决定了 PLC 的系统配置，然后确定控制系统动作发生的顺序和相应的动作条件。

(2) I/O 分配。根据控制系统，区分哪些是发送给 PLC 的信号(输入)，哪些是接收来自 PLC 的信号(输出)，分别给出对应的地址。同时根据程序的需要，合理使用定义过的内部辅助继电器、定时器和计数器等。

(3) 绘制梯形图(或其他图形)。明确输入、输出及它们之间的关系之后，按照实际的要求编写梯形图。

(4) 将梯形图转换成助记符，编写指令表。如果借助计算机编程软件，可省去这一步。

(5) 利用编程器或编程软件将程序输入 PLC 中。

(6) 检查程序并纠正错误。

(7) 模拟调试。

(8) 现场调试，并将调试好的程序备份到 EEPROM 中。

常见的 PLC 编程软件有西门子、三菱、欧姆龙、施耐德、松下、台达等公司的软件。

2.4.3 CNC 技术

CNC 技术是用数字信息对机械运动和工作过程进行控制的技术，具有高精度、高效率、柔性自动化等特点，对制造业实现柔性自动化、集成化和智能化有重要作用。CNC 技术起源于数控机床并在机床行业得到广泛应用，目前在自动化装配、机器人、3D 打印等领域也得到广泛应用。本节重点介绍 CNC 技术中的 CNC 装置及其基本原理，与其相关的数控机床将在后面章节介绍。

1. CNC 概念及组成

从自动控制角度看，CNC 装置是一种位置(轨迹)控制系统，其本质上是以多执行部件(各运动轴)的位移量为控制对象并使其协调运动的自动控制系统，是一种配有专用操作系统的计算机控制系统。因此 CNC 装置是整个数控系统的核心和中枢。

从外部特征来看，CNC 装置由硬件(通用硬件和专用硬件)和软件两大部分组成。CNC 装置的概念框架如图 2-63 所示。

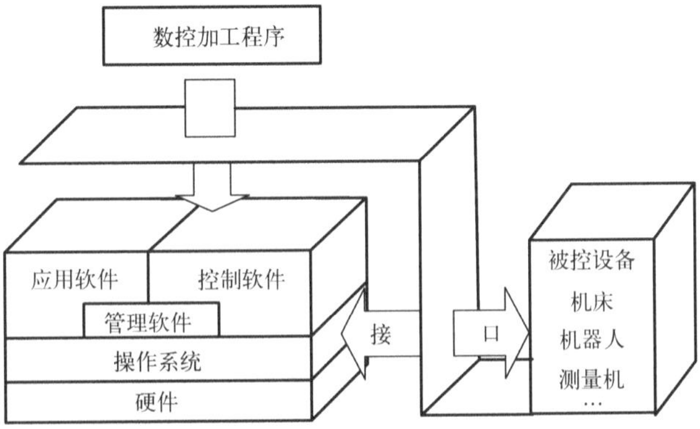

图 2-63　CNC 装置的概念框架

CNC 装置的硬件组成如图 2-64 所示，主要包括计算机、外部设备及接口、输入/输出(I/O)接口、位置控制接口、主轴控制接口、通信接口等六部分，每部分具体内容见 2.4.1 节。

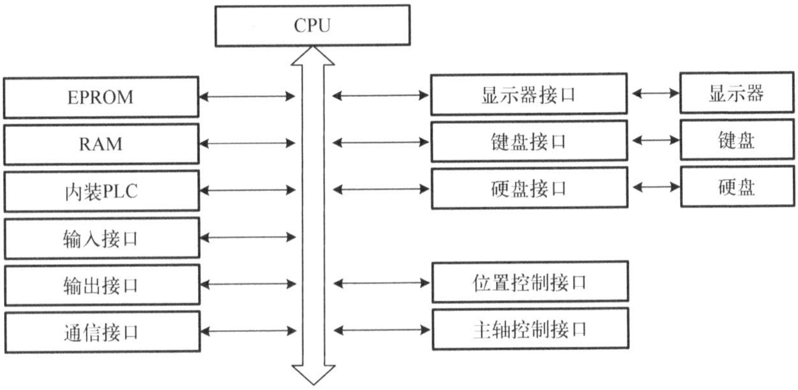

图 2-64　CNC 装置的硬件组成

CNC 装置的软件在硬件的支持下运行，合理地组织、管理整个系统的各项工作，实现各种数控功能，是一个具有实时性和多任务性的专用操作系统。它主要包含两部分：管理软件和控制软件，如图 2-65 所示。

2. CNC 程序处理过程

数控程序处理与执行是数控系统的核心任务。不论进行何种运动控制，CNC 装置都执行同一基本控制流程：首先读取数控程序(输入)，进行程序段的译码和预处理(刀具补偿处理和进给速度处理）；然后根据程序段指令，进行插补计算和位置伺服控制。其处理流程如图 2-66 所示。

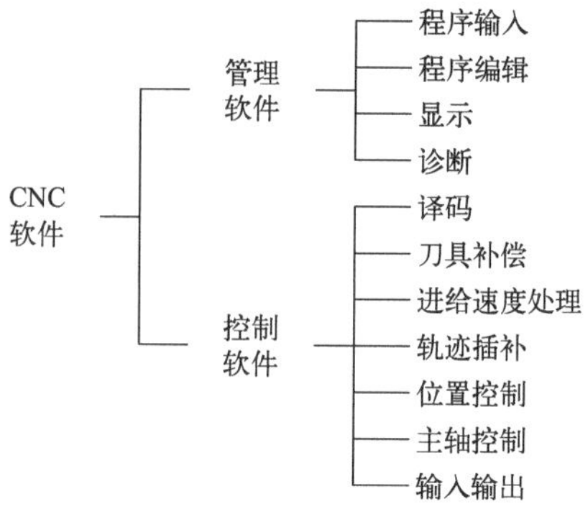

图 2-65　CNC 装置的软件

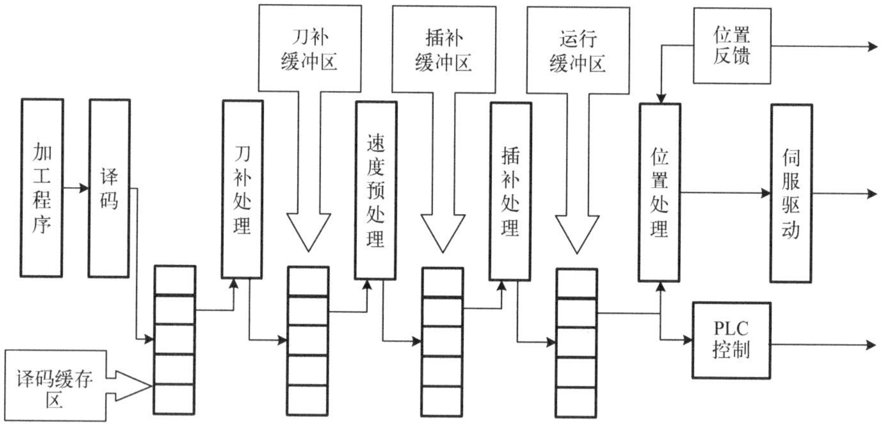

图 2-66　CNC 装置中数控程序处理流程

（1）数控程序输入及编辑。数控程序通过手动数据输入（manual data input，MDI）键盘、软盘、硬盘或网络通信方式输入数控系统的程序存储器，加工时再从存储器中把程序调出进行处理。

（2）译码。译码是将数控程序以程序段为单位进行处理，将其中的各种设备运动和功能控制信息及其他辅助信息等按照一定的语法规则翻译成系统后续处理所需的数据形式，并以一定的格式存放在指定的内存区域。在译码过程中，还要完成对程序段的语法检查，若发现错误，便停机并做报警提示。

（3）刀具补偿（相当于非机床设备的末端执行器）。刀具补偿包括刀具半径补偿和刀具长度补偿。刀具补偿的作用是在编制数控程序时，无须考虑刀具半径或长度，可以直接按零件尺寸进行编程，从而简化数控程序编制。

（4）进给速度处理。根据数控程序的指令速度、操作面板的倍率开关、机床的当前运动状态（加速、减速过程）及机床各坐标轴的允许范围等来确定当前的切削进给速度。

（5）轨迹插补。数控程序中的运动轨迹或经过刀具补偿处理后的运动轨迹只给出了轨迹类型和起点、终点等信息，不能用来控制刀具的运动。轨迹插补是按照给定的运动规律和运动速度，实时计算机床各坐标轴的运动量，控制各运动轴协调地按照给定轨迹及速度运动。

(6) 位置控制。位置控制的任务是根据插补所得的运动数据控制机床伺服系统，实现所需的运动。此外，位置控制中还要进行机械间隙和螺距等误差的补偿，以提高机床的运动精度。

3. CNC 插补原理

数控系统的核心任务是控制执行机构按预定的轨迹运动。一般是已知运动轨迹起点坐标、终点坐标和曲线方程，由数控系统实时地算出各个中间点的坐标，即需要插入、补上运动轨迹各个中间点的坐标，这个过程称为插补。正是有了插补功能，数控设备才能制造出各种形状复杂的零件或者完成复杂的操作动作。

插补是根据给定进给速度和给定轮廓线形要求，在轮廓已知点之间确定一些中间点的方法。用微小直线段或圆弧段去逼近零件轮廓曲线，即直线插补和圆弧插补。某些高性能的数控系统还具有抛物线插补、螺旋线插补和样条插补功能。

对于机床等设备控制来讲，插补必须是实时的。插补运算速度直接影响系统控制速度，插补计算精度影响整个 CNC 系统的精度。因此，人们一直在努力探求计算速度快同时计算精度高的插补算法。目前常用的插补方法有两类，即脉冲增量插补和数据采样插补。

(1) 脉冲增量插补。这类插补算法的特点是每次插补的结果仅产生一个行程增量，以一个个脉冲的方式输出给步进电动机。CNC 系统一般采用软件实现这类算法。脉冲增量插补输出的速度主要受插补程序所用时间的限制，它仅适用于中等精度和中等速度、以步进电动机为执行机构的数控系统。

(2) 数据采样插补。数据采样插补是用微小直线段来逼近给定轨迹，适用于闭环和半闭环以直流或交流伺服电动机为执行机构的 CNC 系统。这种方法是将加工一段直线或圆弧的时间划分为若干相等的插补周期，每经过一个插补周期就进行一次插补运算，算出在该插补周期内各坐标轴的进给量，边计算边加工，若干插补周期后完成一个曲线段加工，即从曲线段的起点走到终点。

CNC 系统必须选择一个合理的插补周期。随着微处理器的运算处理速度越来越高，为了提高 CNC 系统的进给速度和插补精度，插补周期将会越来越短。事实上，加工速度与加工精度之间存在矛盾，需要综合考虑加工速度和加工精度的要求，选择合适的切削进给速度。

4. CNC 编程简介

通过程序控制数控设备完成制造过程，是充分发挥数控设备功能的基本工作。数控程序是输入数控系统中的、控制数控设备执行一个确定任务的、具有特定指令代码的一系列指令。

数控程序编制简称数控编程，是将工艺过程、工艺参数、刀具运动及其他辅助动作(变速、换刀、冷却液开关、工件夹紧松开等)，按运动顺序和所用数控设备规定的指令代码格式，用规定的文字、数字、符号组成的代码编写数控程序，并将其转变为控制介质的整个过程。数控编程一般包括六个主要步骤，如图 2-67 所示。

编制数控程序时需要使用各种程序指令，实现各种运动和控制。数控系统的程序指令决定了设备的控制能力。数控系统的指令包括准备功能、进给功能、主轴转速功能、刀具功能及辅助功能等。后续将在相应章节对数控编程进行详细介绍。

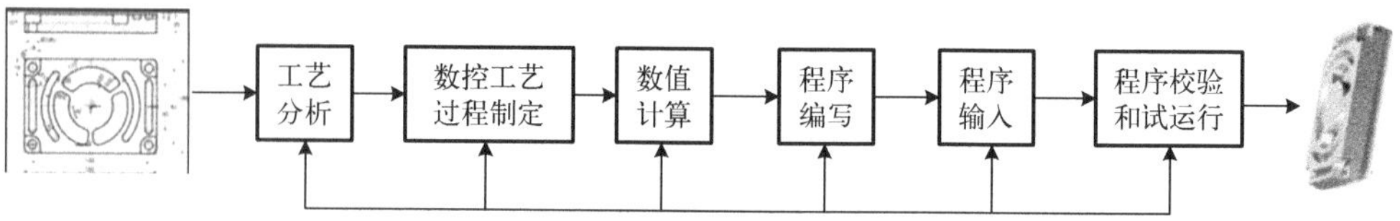

图 2-67　数控编程的主要步骤

目前，CNC 系统基本上使用 CAM 软件进行计算机辅助编程，只有在制造对象非常简单或者现场调试等情况下，才采用手工编程方式。

2.4.4　计算机控制技术集成

实际上，绝大部分的自动化设备都是集成了多种计算机控制技术，形成了综合性的计算机集成控制系统，以满足数字化制造和智能制造的需求。对于离散制造业来讲，数控机床和机器人是应用最广的自动化装备，其集成控制技术具有代表性。

1. 数控机床集成控制

数控机床是装备数控系统的机床，是最早装备数控装置的自动化设备。目前数控测量设备(如三坐标测量机)、快速成形设备(如 3D 打印机)也普遍应用数控技术。因此集成化的数控技术非常具有代表性。其特点在于 CNC 装置与 PLC 系统的集成。

1) CNC 与 PLC 的分工与集成

CNC 系统的控制部分由两部分组成：一是 CNC(此处特指 CNC 装置)；二是 PLC，两者在数控机床所起的作用不相同，如图 2-68 所示。

数控系统有两大功能：位置控制与逻辑控制。位置控制由 CNC 实现，对应所有的 G 代码，实现刀具相对于工件各坐标轴几何运动规律的数字控制。逻辑控制由 PLC 实现，对应 M、T 代码，对刀库、换刀机构、冷却液等的运行进行控制。一些特殊情况则由 CNC 和 PLC 共同实现，如 S 代码(主轴速度)、F 代码(进给速度)控制，由 CNC 运算，PLC 执行。

2) PLC 在数控机床中的集成方式

PLC 在数控机床中的集成通常有两种形式：一种称为内装式 PLC；另一种称为独立式 PLC。

内装式 PLC 也称集成式 PLC，采用这种方式的数控系统，在设计之初就将 CNC 和 PLC 结合起来考虑，CNC 和 PLC 之间的信号传递在内部总线的基础上进行，有较高的交换速度和较宽的信息通道，增加了系统的可靠性，且易实现许多高级功能。高档数控系统一般都采用内装式 PLC。

独立式 PLC 也称外装式 PLC，它独立于 CNC 装置，具有独立完成控制功能的 PLC。采用这种集成方式，用户可根据自己的特点，选用不同专业 PLC 厂商的产品，并且可以更为方便地对控制规模进行调整。

2. 工业机器人集成控制

工业机器人通常由机构本体和控制系统两大部分组成。控制系统的主要功能是根据指令及传感信息控制机器人完成一定的动作或者作业任务，如位置、速度、姿态、轨迹、顺序、力及动作等相关任务，实际上包含任务规划、动作规划、轨迹规划和伺服控制等多个层次。工业机器人控制系统的分层结构如图 2-69 所示。

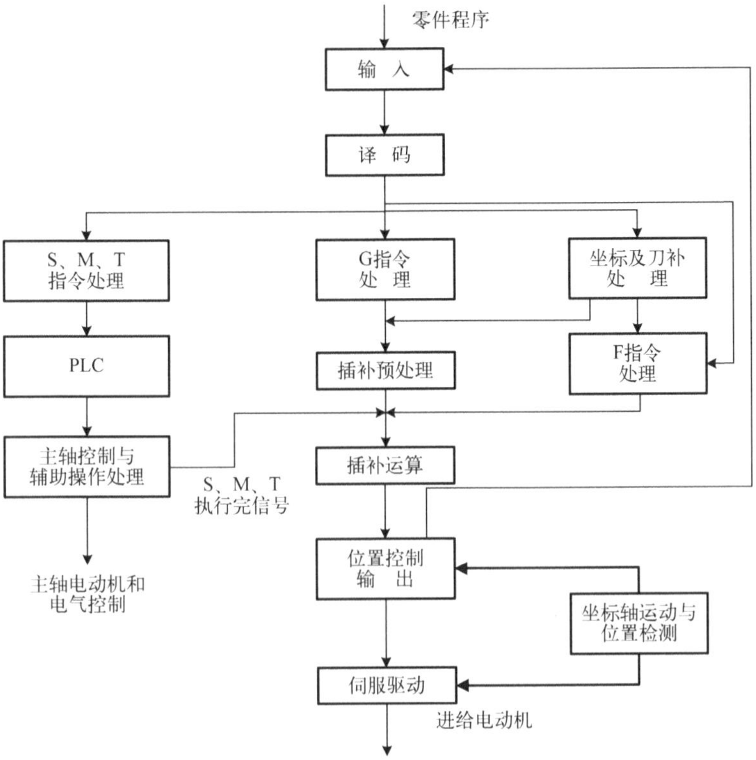

图 2-68　CNC 和 PLC 的集成

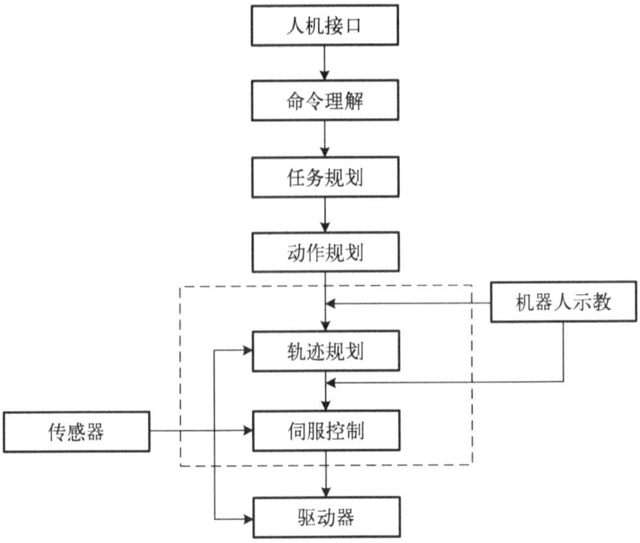

图 2-69　工业机器人控制系统的分层结构

首先机器人理解控制命令，把操作者的命令分解为可以实现的任务，即任务规划；其次，计算机对各个任务进行动作分解，即动作规划；再次，为实现机器人的系列动作，应对机器人每个关节的运动进行设计，即机器人的轨迹规划；最后，关节运动伺服控制。

工业机器人控制系统包含人机交互接口(HMI)、数字控制核心(NCK)模块、可编程逻辑控制(PLC)模块、数据通信模块，如图 2-70 所示。NCK 模块是机器人控制系统最核心的组成部分。它既负责整个机器人控制系统的任务调度，又负责控制机器人如何运动，涉及代码解释、轨迹规划、插补计算、运动学计算、动力学计算，以及位置、速度和扭矩控制等核心技术，如图 2-71 所示。

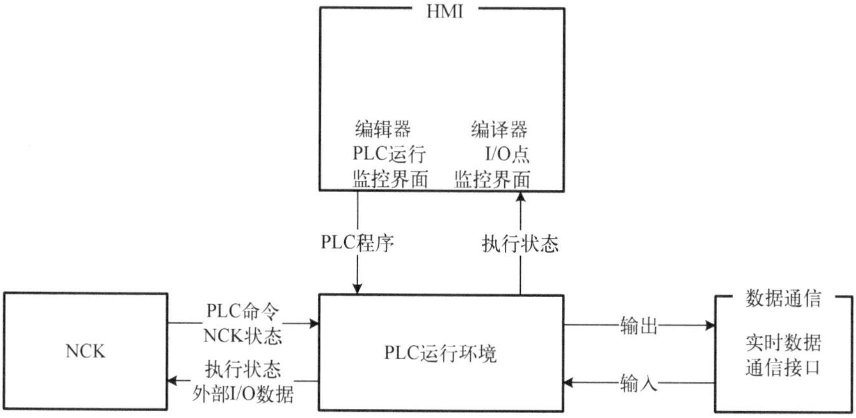

图 2-70　工业机器人控制系统组成

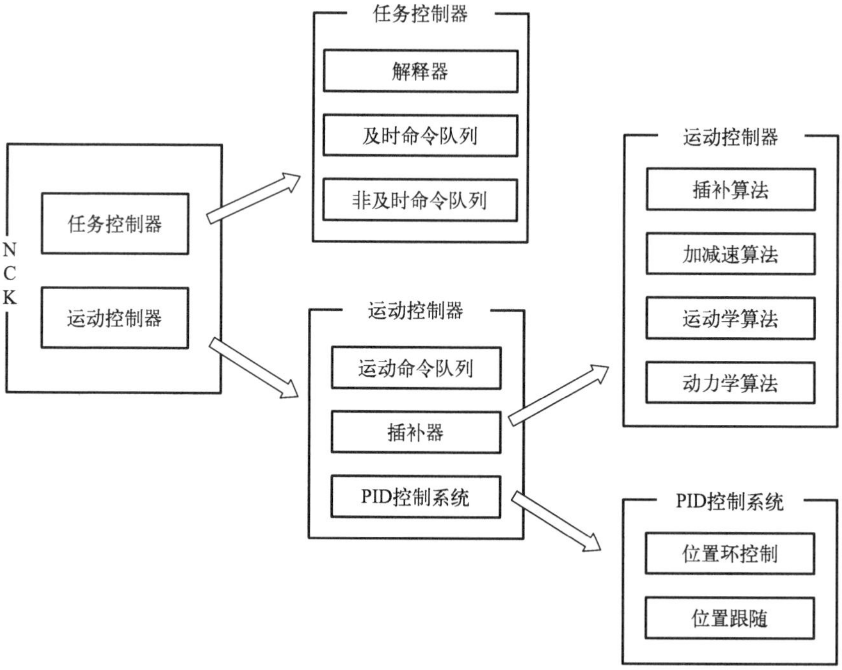

图 2-71　NCK 模块

PLC 模块是根据内部存储程序，执行逻辑运算、顺序控制、定时、计数与算术操作，并与机器人 NCK 模块进行数据交互，最终通过数字或模拟量形式输入/输出控制机器人相关的 I/O 点，是机器人控制系统的核心部分，其结构如图 2-72 所示。

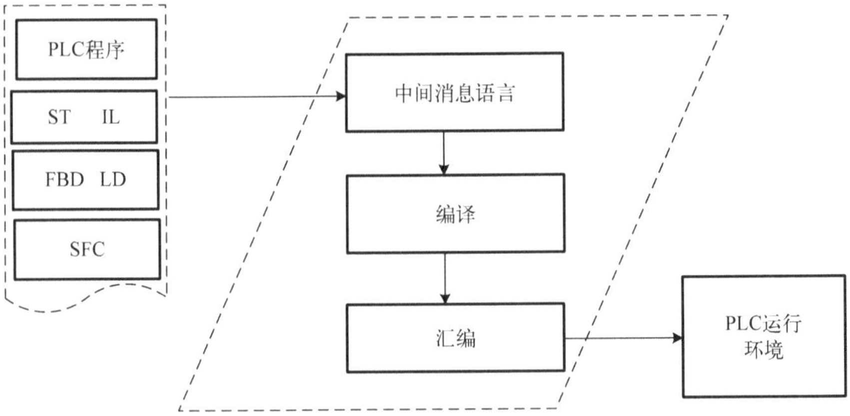

图 2-72　PLC 模块

目前有两种 PLC 模块：一种是符合 IEC61131-3 标准的 PLC 模块，如 Kuka、ABB 机器人；另一种是厂家按照自己多年经验实现的 PLC 模块，如 Fanuc、安川机器人。这也是欧系机器人控制系统和日系机器人控制系统的一大区别。

1) 工业机器人控制系统的硬件架构

一般分为基于工业 PC 平台的硬件架构和基于嵌入式平台的硬件架构。

(1) 基于工业 PC 平台的硬件架构。

基于工业 PC 平台的硬件架构是指机器人控制系统主 CPU 及完成 NCK 模块的 CPU 处理器使用 X86 硬件平台，其实现方式可分为一体化和分布式两种。

一体化方式又分为两种，如图 2-73 和图 2-74 所示。一是 HMI、NCK 模块、PLC 模块及数据通信模块都实现在同一个工业 PC 硬件平台上，并作为主控制器安装在电气柜中，示教器只是主控制器的一个显示模块，通过视频图形阵列(video graphic array，VGA)接口、通用串行总线(universal serial bus，USB)键盘和一些快速 I/O 点与主控制器连接，主控制器通过 I/O 扩展版和伺服控制板与 I/O 模块和伺服控制系统相连接。二是 HMI、NCK 模块、PLC 模块及数据通信模块都实现在同一个工业 PC 硬件平台上，但是 PC 硬件平台作为示教器的形式出现，通过实时总线与 I/O 模块和伺服系统连接，这种硬件架构方式决定这种机器人控制系统与 I/O 模块和伺服系统的连接必须通过实时工业总线完成。

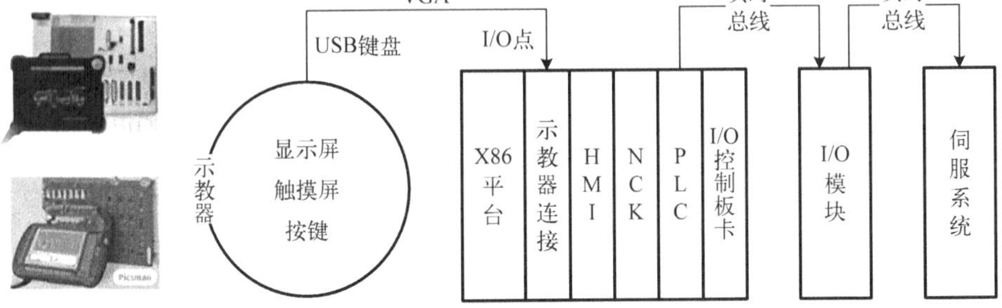

图 2-73　一体化实现方式 1

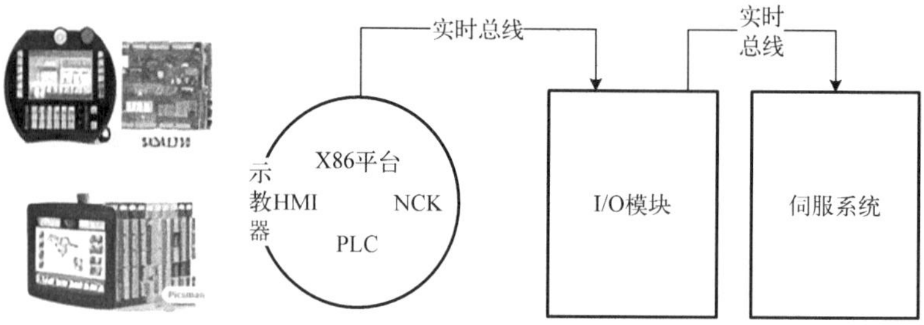

图 2-74　一体化实现方式 2

分布式架构的 HMI 实现在一个 X86 平台或嵌入式平台，而 NCK 模块、PLC 模块、数据通信模块实现在另一个 X86 硬件平台上，两个硬件平台通过以太网 TCP/IP 协议或者 RS 485 总线进行数据通信，如图 2-75 所示。

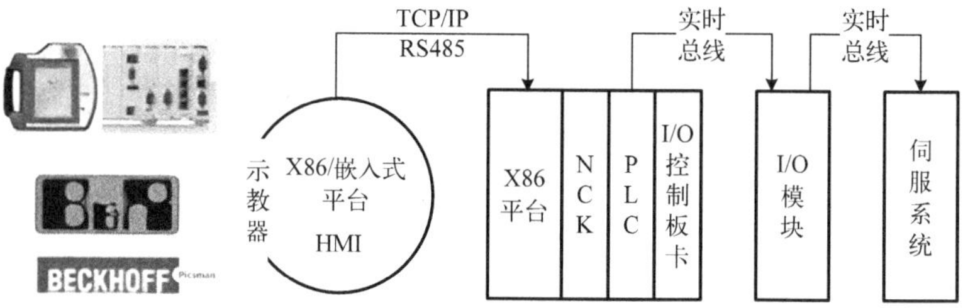

图 2-75　分布式实现方式

(2) 基于嵌入式平台的硬件架构。

基于嵌入式平台的硬件架构是指机器人控制系统主 CPU 采用 ARM 或 DSP 硬件平台。由于受到嵌入式平台 CPU 计算能力的限制，一般采用分布式结构，如图 2-76 所示。

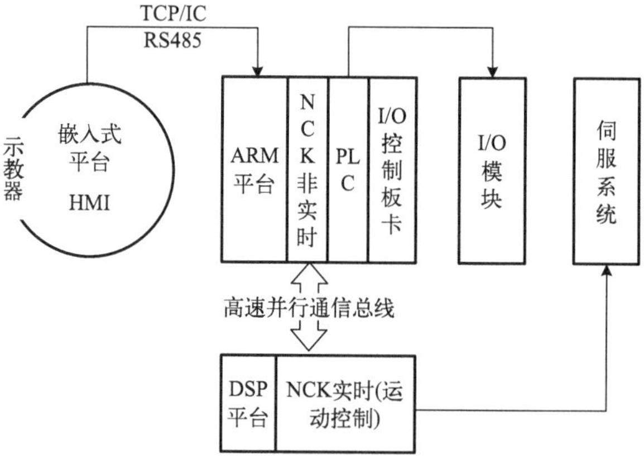

图 2-76　嵌入式平台的硬件架构

2) 工业机器人控制系统的软件架构

基于硬件架构，工业机器人控制系统的软件架构也分为两类：一类是基于 PLCOpen 的软件架构；另一类是基于 CNC 的软件架构。

基于 PLCOpen 的机器人控制系统把 CNC 模块封装在 PLC 环境中，可以把机器人控制系统看作一个 PLC 的复杂应用。编程人员只需掌握 PLC 编程即可，如图 2-77 所示。

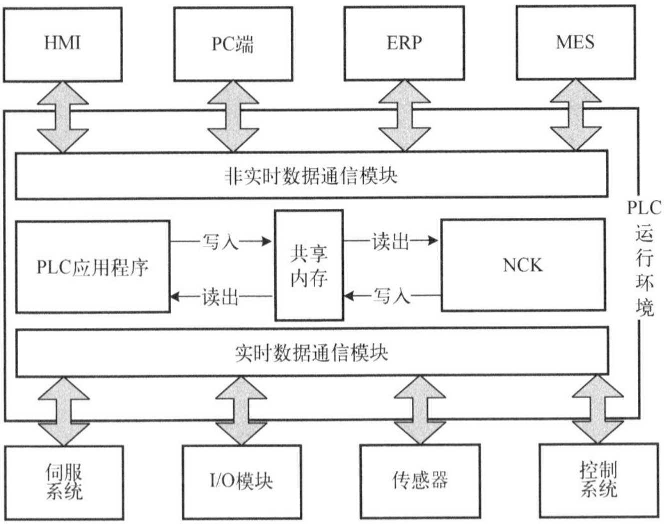

图 2-77　基于 PLCOpen 的软件架构

相比于基于 PLCOpen 的软件架构，基于 CNC 的软件架构执行效率高，缺点是没有将 NCK 模块封装成更加通用的运动控制接口，开放性不够好，如图 2-78 所示。

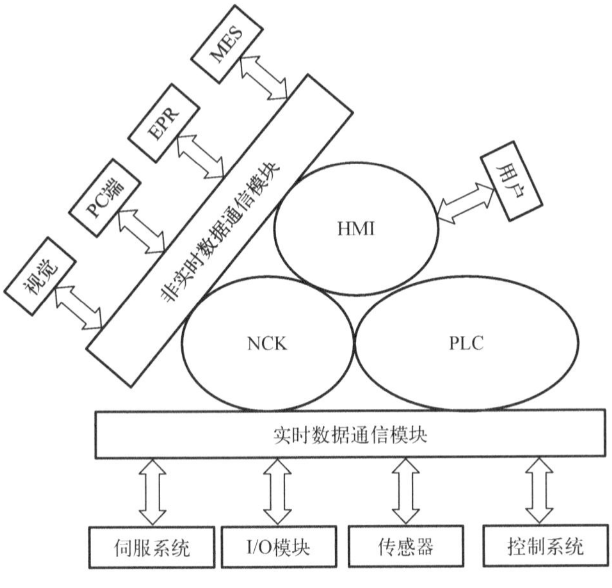

图 2-78　基于 CNC 的软件架构

思考及练习题

1．数据和信息的关系是什么？请举例说明。

2．产品生命周期中产品设计和工艺设计阶段的主要数据内容有哪些？

3．产品生命周期中涉及的三种主要数据类型分别是什么？各有什么特点？

4. 10010011 与 01011010 进行与、或、异或逻辑运算的结果分别是什么？

5. “智能制造”的区位码、国标码分别是什么？

6. 请使用任意高级编程语言设计一个数据结构存储零件信息，零件信息包括零件名称、零件代号和零件质量；然后设计一个排序算法，将零件按照质量进行降序排列。

7. 零件和其对应的三维模型及加工工艺相关联，假定均为 1∶1 联系，设计零件、三维模型、加工工艺之间的 E-R 图，这三个实体的属性请自拟。

8. 针对上述数据库表编写 SQL 语句，创建相应的数据库表格，并分别实现插入一个新零件、删除某零件的三维模型、更改某加工工艺的工艺代号属性。

9. 使用 C#语言编写一段程序，将上述数据库表中的所有信息存储到一个 XML 文件中，并写入硬盘。

10. 计算机控制的含义是什么？计算机控制系统有哪几类？

11. PLC 的组成部分有哪些？如果要求：①按下启动按钮，电机启动；②按下停止按钮，电机停止。请给出与该要求对应的 PLC 指令表语言代码。

12. CNC 装置的组成部分有哪些？主要的功能指令有哪几类？

第 3 章　数字化产品设计

设计是人类为实现某种特定目的而开展的创造性活动，也是设计师有目标、有计划开展的技术性创作及创意活动。机电产品设计分工业设计、机械设计两大类，本书主要介绍与机械设计相关的数字化设计。若无特殊说明，后文中设计即指机械设计。现代设计强调以计算机为工具，以数字化工程软件为基础，运用现代设计理念进行数字化设计，可提高产品质量，降低产品成本。产品的数字化设计涉及产品结构设计、产品性能分析及产品数据管理等方面。其中，产品结构设计主要应用 CAD 技术，产品性能分析主要应用 CAE 技术，产品数据管理主要应用 PDM 技术。

3.1　数字化设计

数字化设计狭义上指将产品的相关信息以二进制、数字化的方式加以表达和呈现，其输出是产品的数字化模型。广义的数字化设计指通过数字化手段来改造传统的产品设计，旨在建立一套基于计算机技术、网络信息技术，支持产品开发与生产全过程的设计方法。本书采用其狭义概念。

数字化设计与传统设计相比，具有诸多优势，如表 3-1 所示。对于数字化设计，产品造型是其主要工作。

表 3-1　传统设计与数字化设计特点对比

项目	传统设计	数字化设计
设计方式	手工绘图	计算机绘图
设计工具	绘图板、丁字尺、圆规、铅笔、橡皮等	计算机、网络、CAD 及 CAE 软件、绘图仪、打印机等
产品表示	二维工程图纸、各种明细表等	三维 CAD 模型、二维 CAD 电子图纸、BOM 等
设计方法	经验设计、手工计算、封闭收敛的设计思维	三维虚拟设计、智能设计、可靠性设计、有限元分析、优化设计、动态设计、工业造型设计等现代设计方法
工作方式	串行设计、独立设计	并行设计、协同设计
管理方式	纸质图档、技术文档管理	基于 PDM 的产品数字化管理
仿真方式	物理样机	数字样机、物理样机
特点	从设计到物理样机反复迭代修正，个人经验、手工计算带来设计误差，设计周期长、成本高	形象直观，干涉检查、强度分析、动态模拟、优化设计等均可以采用数字样机实现，设计错误少，设计周期短、成本低

3.2　产品数字化建模与 CAD 技术

产品结构设计的主要工作是进行产品数字化建模，也称产品造型。产品数字化建模是以数字化方式在计算机中表达产品的形状、属性及相互关系，并在计算机中模拟产品的特定状态的方法，其产出即产品数字化模型，对应的技术称为 CAD 技术。

3.2.1　产品数字化建模与产品数字化模型

产品数字化模型是产品信息的载体，包含产品功能信息、性能信息、结构信息、零件几何信息、装配信息等。依据数字化建模阶段，产品数字化模型可以分为概念设计模型、零件几何模型、产品装配模型、产品仿真(分析)模型等，如图 3-1 所示。

微课

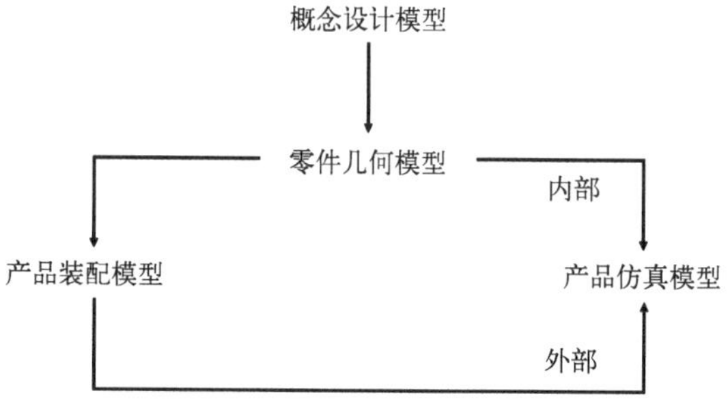

图 3-1　产品建模阶段的产品数字化模型种类及关系

在设计阶段，零件几何模型是主模型，其他模型均以主模型为基础，进行相应模型的构建。图 3-2 为飞机装配模型和以其为基础的计算流体动力学和有限元仿真分析模型。

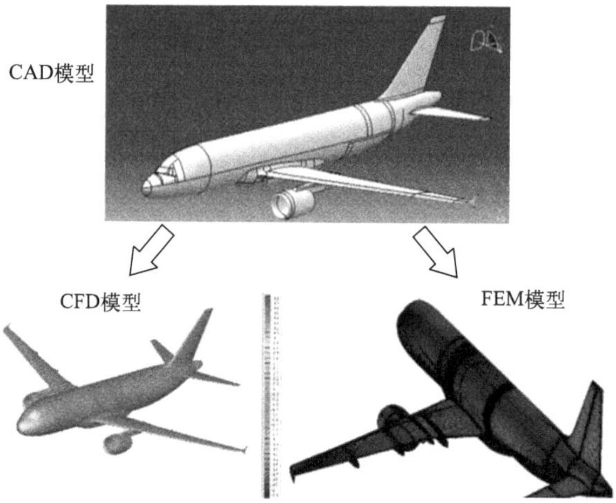

图 3-2　飞机的装配模型和仿真分析模型

1．概念设计模型

产品设计的第一步是进行概念设计，确定产品的功能、性能、结构及外观等设计要求，确定产品的市场定位和用户需求等。该阶段初步提出产品的设计方案，不涉及产品的精确形状和几何参数设计。概念设计更加注重外形和结构表达，也可以初步进行总体尺寸和约束的设计。概念设计模型一般包括产品的方案构图、草图或总体外形模型等。某重型机械的草图如图 3-3 所示。

在概念设计阶段还需要进行总体参数设计，以确定其可行性，并根据一些参数或者草图建立概念模型或者总体外形模型。例如，某型号氢能源民用飞机总体概念设计依据储氢罐布置形式分为两种外形，其构型如图 3-4 所示，图中方框部分为储氢罐。两种方案及其对应的总体参数如表 3-2 所示。

图 3-3　某重型机械的草图

图 3-4　氢能源民用飞机两种概念设计模型

表 3-2　概念设计方案及其总体参数

参数	基线	方案 A	方案 B
机翼面积/m^2	126	151	144
机翼展长/m	35.8	36	36
展弦比	10.1	8.6	9.0
机身长度/m	38.9	50.3	38.9
机身截面宽度/m	3.96	3.96	3.96
机身界面高度/m	4.17	4.17	5.2
飞行高度/m	10668	9449	9449
巡航马赫数	0.78	0.75	0.75
升阻比	17.3	16.9	16.8

2. 零件几何模型

零件几何模型是详细设计阶段产生的信息模型，确定了零部件的基本形状、材料、精确尺寸等内容，是后续其他各阶段设计的信息载体，通常作为主模型。主模型是指以该模型为唯一数据源，以它为基础派生出其他模型。零件几何模型可用二维或三维模型表示，如图 3-5 所示。可以先绘制二维草图，再转化为三维模型，也可以直接以三维特征等方式进行建模。

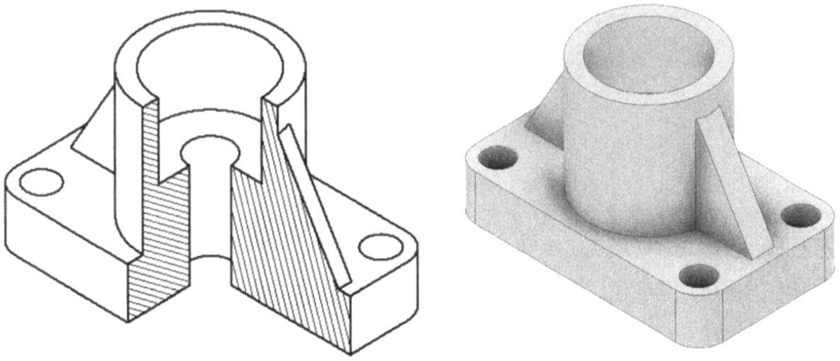

图 3-5　零件轴测图及其三维模型

零件几何模型包含几何和非几何信息。非几何信息以属性表示，用文本说明，具有一定的结构，如明细表和标题栏中的产品代号、名称、材料、设计者、零件类型等。

3. 产品装配模型

在零件造型基础上，采用装配设计原理和方法将零件几何模型组合在一起即构成产品装配模型，包含产品结构关系、装配属性信息、装配约束信息、装配规划信息等内容。

(1)产品结构关系。一般用产品结构树表示结构关系，也称装配结构树。装配结构树反映产品总体结构，主要表示产品的功能结构、层次结构及设计的关键参数，如图 3-6 所示。

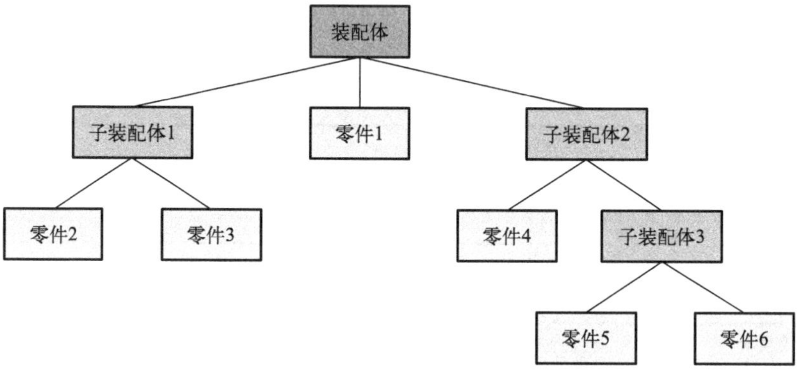

图 3-6　产品装配模型中的产品结构关系

(2)装配属性信息。属性信息用来表示产品的非几何信息，一部分是零件所构成的装配体的信息，如部件名称、部件代号等；另一部分是零件装配时才具有的信息，如零件的装配数量。

(3)装配约束信息。装配约束信息包括装配特征描述、装配关系描述、装配操作描述及装配参数。装配特征定义零件的装配几何特征，装配关系定义装配特征之间的约束关系，装配操作定义装配约束的步骤，装配参数定义装配约束的转换矩阵元素。图 3-7 表示了两个零件的贴合关系。

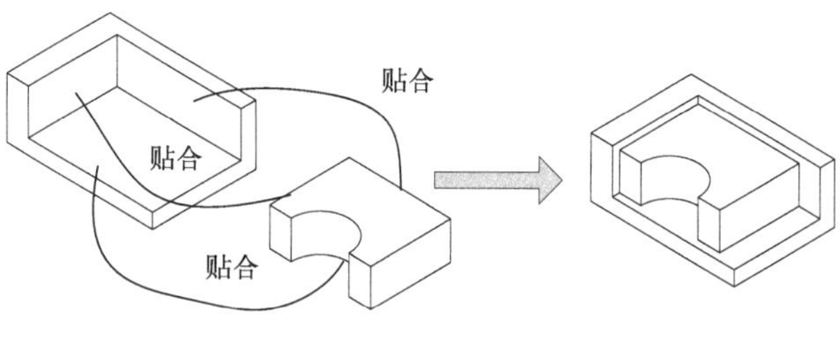

图 3-7　零件装配中的贴合关系

(4)装配规划信息。装配规划信息主要包括装配顺序规划和装配路径规划。装配顺序规划给出一个实际可行的零件装配顺序，装配路径规划给出零件装配的可行路径，并对装配设计进行分析和评价。

4. 产品仿真模型

仿真是利用计算机的计算能力，采用数值计算方法模拟产品的功能或者性能。一般不能直接在零件几何模型上进行仿真，必须进行一定的转换或者处理，建立符合仿真分析的模型，该模型称为产品仿真模型。产品仿真模型可分为分析、加工、装配等，可以实现运动、受力、热、切削、3D 打印、装配干涉检查、装配容差分配、人机工效等多种分析，如图 3-8 所示。

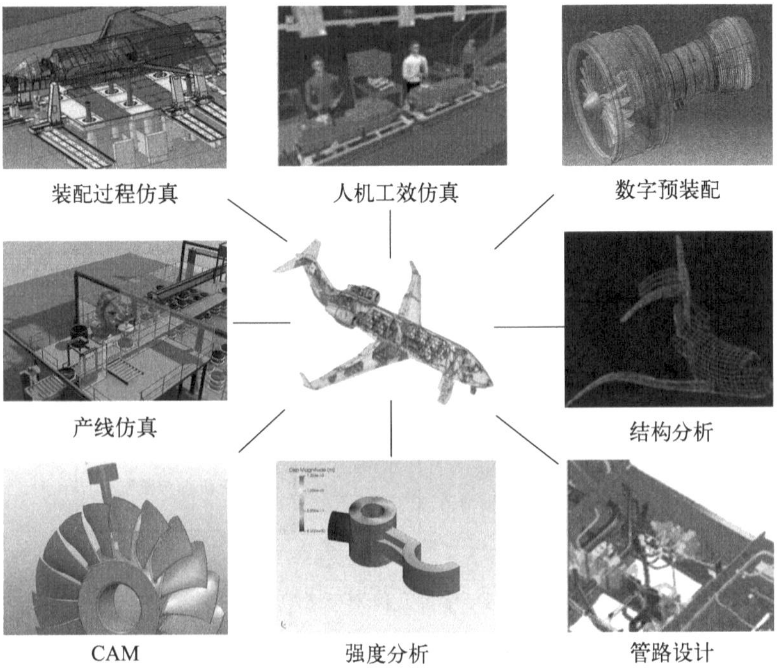

图 3-8　飞机制造过程中的仿真模型及其应用

产品造型技术经历了线框造型、自由曲面和实体造型，参数化、变量化和特征造型，变量化建模和 MBD、MBE 技术等发展阶段。

3.2.2　零件几何模型建模技术

零件几何模型是后续各阶段设计的信息载体，目前主要使用三维模型进行表示，零件几何模型的构建过程的实质是一个抽象、描述、处理、存储与表达现实物体的过程，可以采用多种建模技术实现。

1. 零件几何模型造型及其组成

零件几何模型造型(几何造型)是以计算机能够理解的方式，对实体进行确切定义，赋予一定的数学描述，再以一定的数据结构来描述几何实体，从而在计算机内部构造一个实体模型，实现用计算机表示、控制、分析和输出三维形体的活动，如图 3-9 所示。

形体是零件几何模型中最重要的部分，包括几何信息、拓扑信息。

几何信息指物体在空间的形状、尺寸及位置的描述，一般采用数学表达式加边界条件来描述。几何元素包括点、直线或曲线、平面或曲面，可用合适的数据结构进行组织并存储在计算机内。常见几何元素类型及其数学表达如表 3-3 所示。

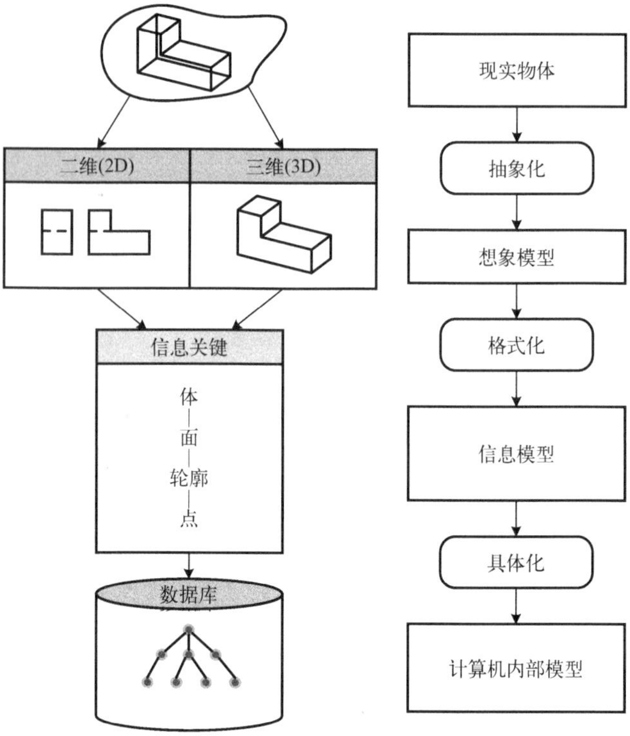

图 3-9　零件几何模型造型过程

表 3-3　常见几何元素类型及其数学表达

几何类型	简单形式
点	$V = (x, y, z)$
直线	$(x-x_0)/A = (y-y_0)/B = (z-z_0)/C$
平面	$ax + by + cz + d = 0$
二次曲面	$ax^2 + by^2 + cz^2 + dxy + exz + fyz + gx + hy + iz + j = 0$
自由曲面	如孔斯(Coons)曲面、贝塞尔(Bezier)曲面、B 样条曲面、NURBS 曲面

拓扑信息是构成几何体的各几何元素的数目和它们的连接关系。任一形体可由点、边、环、面、体等具有一定数量的各种几何元素构成，各元素之间的连接关系可能是相交、相切、相邻、垂直、平行等。图 3-10 展示了一些常见的几何元素拓扑关系。

形体的各几何元素之间具有一定的相关性，如果几何信息相同、拓扑信息不同，则结果信息也不同，如图 3-11 所示。

形体定义信息也称为非几何信息，指除描述实体几何、拓扑信息以外的信息，包括零件的物理属性和工艺属性等，如质量、公差、粗糙度要求等(图 3-12)，在数字化制造集成环境中的作用越来越重要。

2. 零件几何模型的基本造型方式

几何模型有多种数字化表达方式，从技术发展阶段来看，主要有线框模型、表面模型和实体模型三种，其基本特点如表 3-4 所示。

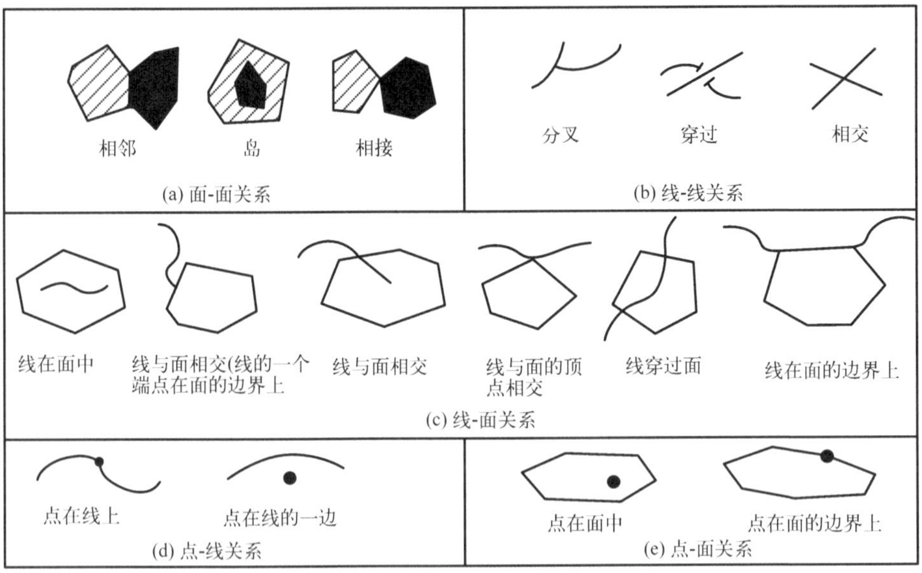

图 3-10 常见的几何元素拓扑关系

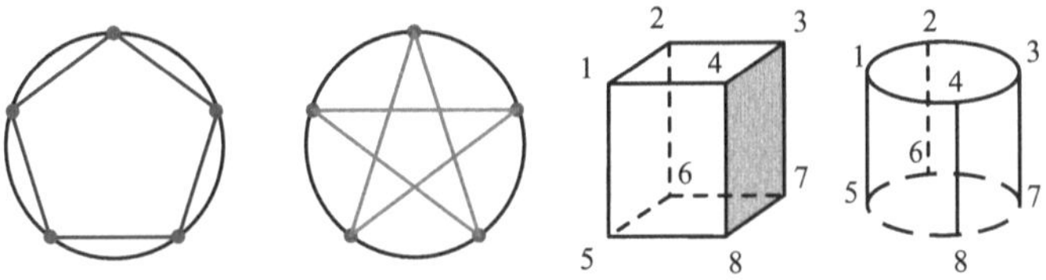

图 3-11 几何信息相同、拓扑信息不同的示例

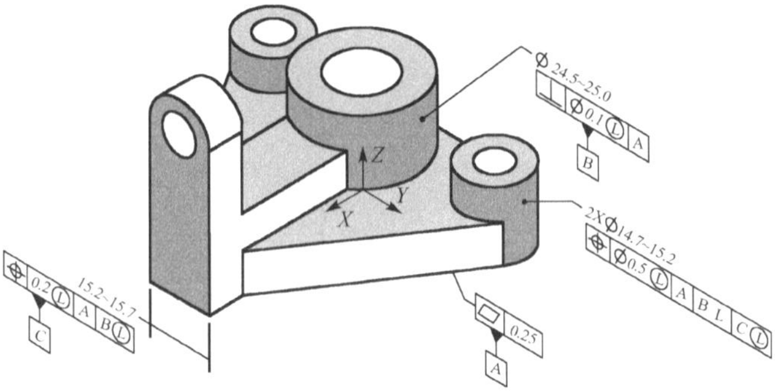

图 3-12 零件几何模型中的非几何信息

表 3-4 几何模型不同数字化表达方式的特点

类别	线框模型	表面模型	实体模型
数据结构	顶点表/边表	面-棱边-点 三层信息	体-面-环-棱边-点 五层信息
能否消隐处理	否	能	能
是否存在二义性	是	否	否
能否描述有曲面的物体	否	能	能
能否工程分析/物理特性计算	否	否	否

1）线框模型

几何建模技术产生于 20 世纪 60 年代。初始阶段主要采用线框结构构造三维形体，称为线框模型。线框模型用构成物体的顶点坐标和连接顶点的边描述物体，以边表和顶点表来进行表达和存储。顶点表记录各顶点坐标值，边表记录每条棱线所连接的两个顶点，如图 3-13 所示。

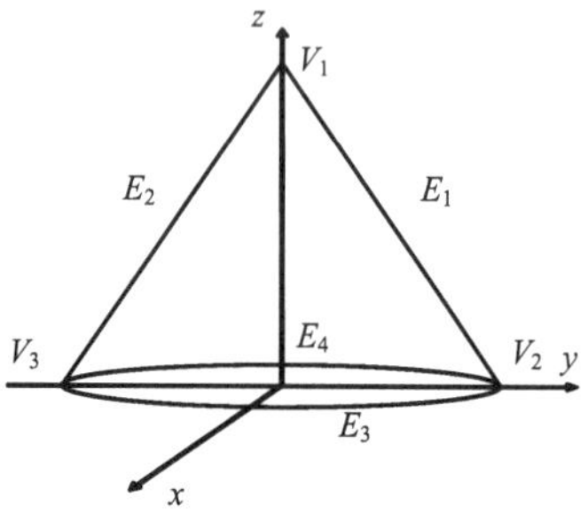

顶点表	边表	边类型
$V_1(0, 0, 1.5)$	$E_1(V_1, V_3)$	直线
$V_2(0, -1, 0)$	$E_2(V_1, V_2)$	直线
$V_3(0, 1, 0)$	$E_3(V_2, V_3)$	半圆
	$E_4(V_3, V_2)$	半圆

图 3-13　圆锥体线框模型及其数据结构

线框模型数据结构简单，占用空间小，可表示立体形体，具有三维显示效果；但不能表示三维形体全部信息，不能生成剖切图、做消隐处理，无法计算面积、体积、重心、转动质量和惯性矩，不支持着色、渲染，不支持干涉检验、刀具轨迹生成、有限元网格划分等应用。

因此，线框模型主要用于二维绘图环境，或者在其他方式建模中快速显示某些中间结果。许多 CAD/CAM 系统将其作为表面与实体造型的辅助工具。图 3-14 是某飞机的线框模型。

2）表面模型

20 世纪 70 年代出现了表面模型，它在线框模型的基础上增加有关面边信息，以及表面特征、棱边的连接方向等内容面的信息，使构造的形体能够进行消隐、生成剖面和着色处理。图 3-15 为常见的表面模型。

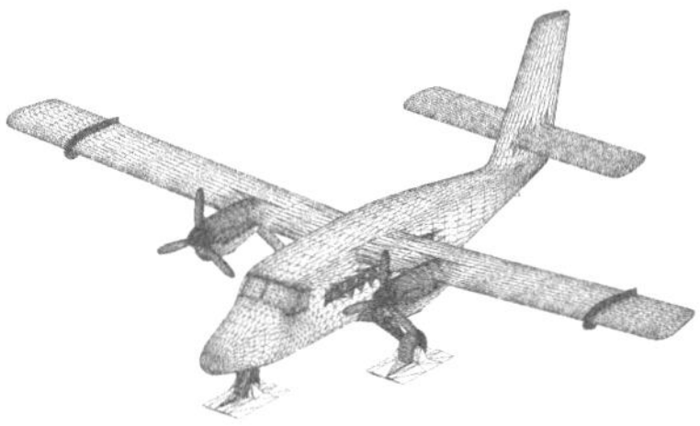

图 3-14　某飞机的线框模型

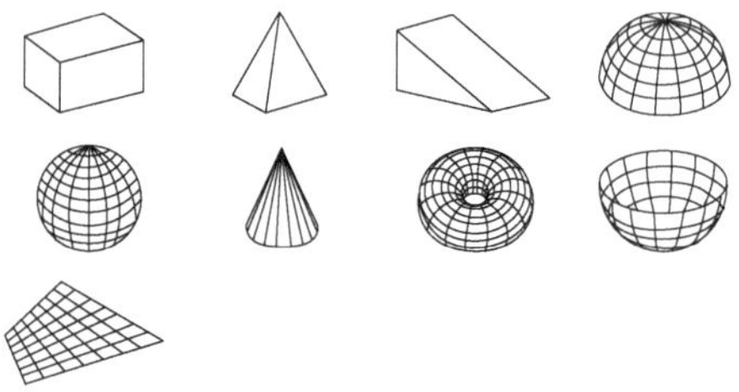

图 3-15　常见的表面模型

表面模型用有连接顺序的棱边围成的有限区域来定义形体的表面，再由表面的集合来定义形体。表面模型通过三表结构，即顶点表、边表和面表，存储几何信息。顶点坐标值存放在顶点表中。含有指向顶点表指针的边表用来为多边形的每条边标识顶点。面表有指向边表的指针，用来为每个表面标识其组成边。

为了精确描述航空、航天、汽车等行业中的复杂曲面，表面模型后来发展成为曲面模型，需采用参数方程来拟合曲面。常见的曲面造型方法如下。

（1）拉伸法。将一条截面曲线沿一定方向滑动形成曲面，称为拉伸面，如图 3-16 所示。

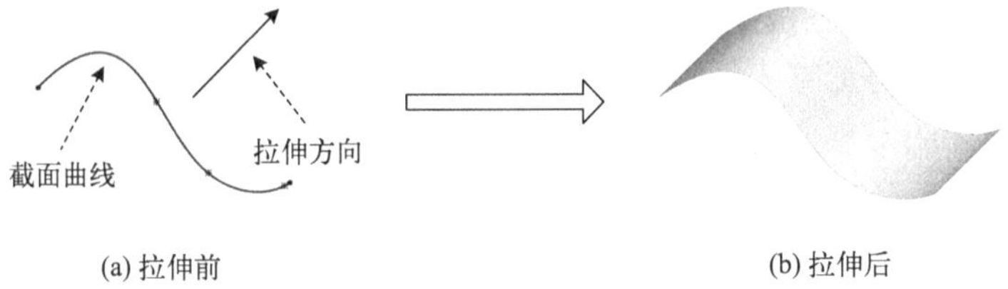

图 3-16　拉伸面

(2) 直纹法。将两条形状相似且具有相同次数和相同节点矢量的曲线上的对应点用直线段相连，称为直纹面，如图 3-17 所示。圆柱面、圆锥面都可看作直纹面。

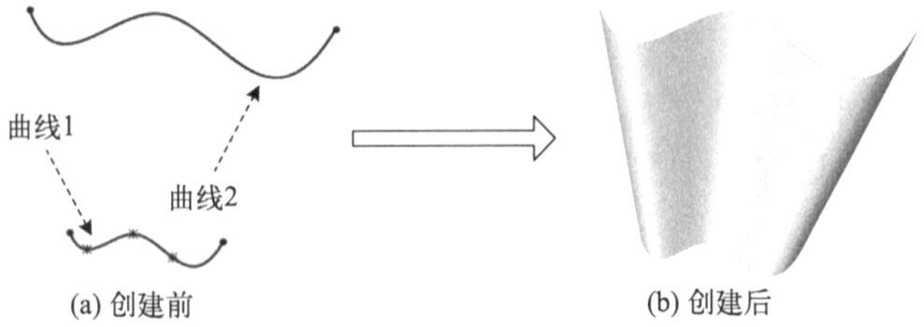

图 3-17　直纹面

(3) 旋转法。将一条曲线 (母线) 按一定半径绕轴线旋转生成曲面，称为旋转面，如图 3-18 所示。

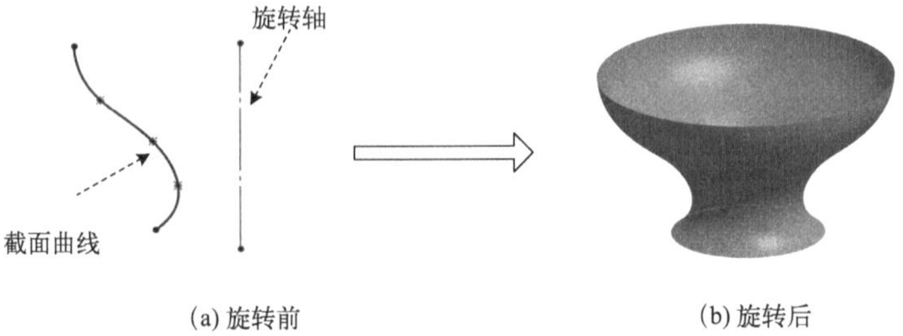

图 3-18　旋转面

(4) 扫描法。将一条曲线 (母线) 沿另一条曲、直线扫描生成曲面，称为扫描面，如图 3-19 所示。

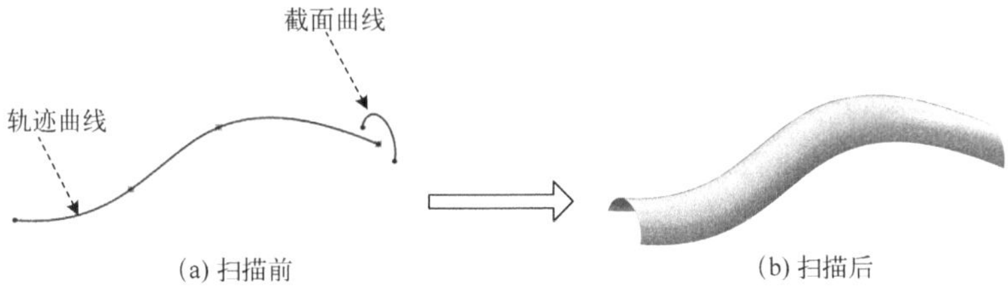

图 3-19　扫描面

对于更加复杂的曲面，往往给定曲面上的离散点 (型值点)，通过曲面拟合原理使曲面通过或逼近给定的型值点而形成。1975 年，维斯普里尔 (Versprille) 博士首次提出了有理 B 样条 (NURBS) 曲面方法，该方法可以精确表示二次规则曲线曲面，已在现代表曲面造型中广泛应用。

表面建模对物体的面进行了完整定义，无二义性，可渲染及消隐，能求相贯线，能进行有限元网格划分，可计算表面积和形心，可进行数控编程等后续工作。但只对边界面作了完整定义，不能明确定义所包围的实心部分(体)，因此不能进行转动惯量、体积等物理特性计算。

3) 实体模型

为了解决形体存在于表面哪一侧的问题，20 世纪 70 年代末出现了实体造型技术。实体造型是通过简单体素的几何变换和并、交、差布尔运算生成各种复杂形体的建模技术。实体模型包含较完整的形体几何信息和拓扑信息，其特点在于覆盖三维立体的表面与其实体同时生成，可以完整、清楚地对物体进行描述，能实现对可见边的判断，具有消隐功能，已成为目前 CAD/CAM 建模的主流技术。

实体模型有两种常见表示方法：一是边界表示 (boundary representation，BR)法，也称 B-rep 法，是几何造型中最成熟、无二义的表示法；二是构造实体几何表示(constructive solid geometry，CSG)法，也称构造体素法。还可将两者结合起来，称为混合表示法。

(1) B-rep 法。

B-rep 法通过描述实体的边界来表示实体，其实质就是将实体单元拆成一组有边界的单元面来表示，并使它们按拓扑结构的信息来连接。实体由一组封闭的面组成，每个面由它所在的曲面的定义加上其边界来表示，面的边界是边的并集，边由点来表示。实体的几何信息及其关系如图 3-20 所示，含义如下。

①体。实体拓扑结构的最高层，由封闭表面围成的有效空间。

②壳。由一组连续的面围成，实体的边界称为壳(外壳)，如果壳所包围的空间是一个空集，则称为内壳。一个体由一个壳或多个壳组成。

③面。一个单连通区域，可以是平面或曲面，由外环和若干内环组成。面的方向用垂直于面的法矢表示，法矢向外为正向面。

④环。由有序、有向的边组成的封闭边界，环有内环、外环之分，外环最大且只有一个，内环的方向和外环相反。

⑤边。形体相邻面的交界，可为空间直线或曲线，有两个端点。

⑥顶点。边的端点，两条不共线段的交点，是最基本的元素。

立方体的 B-rep 表示示例如图 3-21 所示。

形体的拓扑信息描述形体上的顶点、边、面的连接关系，形成物体边界表示的“骨架”，形体的几何信息犹如附着在“骨架”上的“肌肉”。图 3-22 为常见的拓扑关系。

描述形体拓扑信息的根本目的是便于直接对构成形体的各面、边及顶点的参数和属性进行存取和查询，便于实现以面、边、点为基础的各种几何运算和操作。斯坦福大学 B.G. 鲍姆加特在 1972 年提出以棱边为中心的多面体表示的翼边结构及改进后的对称结构。现有 CAD 系统数据结构大多是翼边结构变种。B-rep 数字化表示的常见数据结构如图 3-23 所示。

B-rep 法显式表示几何元素，显示很快并且很容易确定几何元素之间的连接关系，可对形体进行多种操作和局部修改，可以描述具有自由曲面形状的雕塑实体。但是其数据结构复杂，需要大量存储空间，维护内部数据结构及一致性的程序较复杂，设计过程难度较大，比较抽象，对形体的修改操作较难实现。

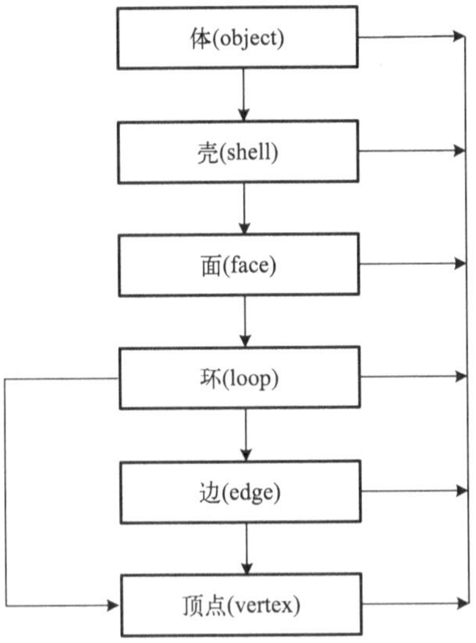

图 3-20　实体的几何信息及其关系

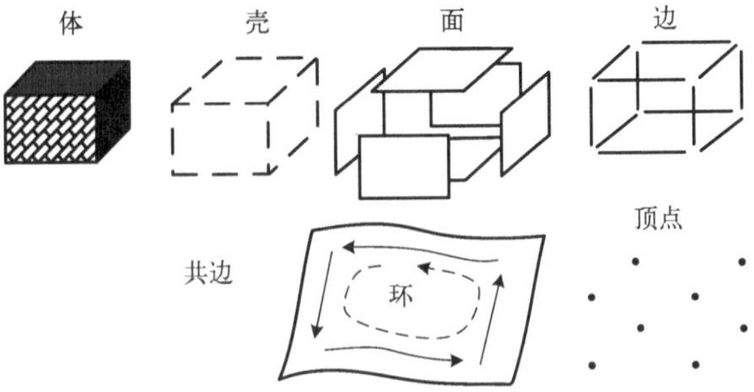

图 3-21　立方体的 B-rep 表示示例

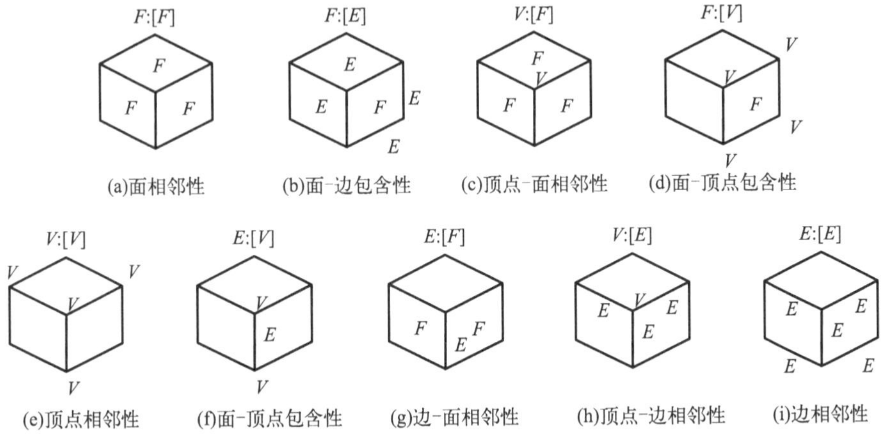

图 3-22　点、边、面几何元素间的常见拓扑关系

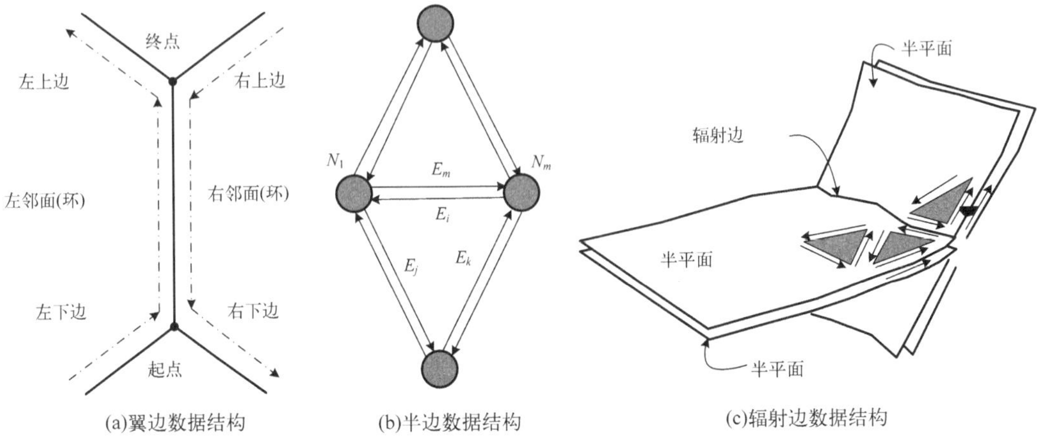

图 3-23　B-rep 数字化表示的常见数据结构

(2) 构造实体几何表示法。

1977 年，福尔克(Voelcker)和贝基查(Bequicha)提出构造实体几何表示法，其含义是任何复杂的形体都可用简单形体通过正则集合运算组合，并配合几何变换来表示。构造实体几何表示法首先定义有界体素(如立方体、圆柱、球、锥、圆环等)，然后将这些体素进行并、交、差等布尔运算。体素指可由有限个参数描述的基本形体，或由定义的轮廓曲线沿指定的轨迹曲线扫描生成的形体。体素的定义及描述有以下两种方法。

①基本体素法。图 3-24 是常见的基本体素。

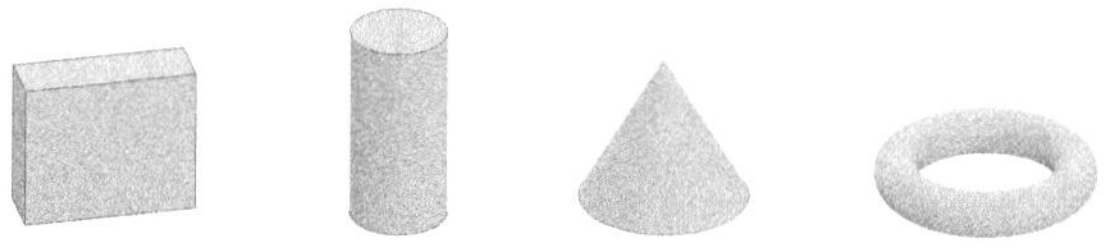

图 3-24　常见的基本体素

②扫描法。分为平面轮廓扫描法和三维实体扫描法两种。

平面轮廓扫描法的基本设想是一个二维轮廓在空间平移或旋转就会扫描出一个实体，如图 3-25 所示的体素。三维实体扫描法是用一个三维实体作为扫描体，沿某个曲线移动，也可以是绕某个轴转动或者绕某个点摆动而得到实体的方法。

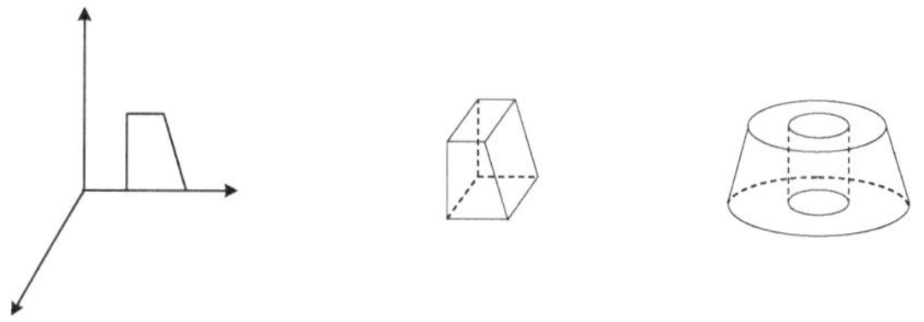

(a) 二维轮廓　　(b) 平移　　(c) 回转

图 3-25　平面轮廓扫描法

布尔运算是将体素经过集合论中的交、并、差等运算，得到新的实体模型的计算过程，所得到的实体模型称为布尔模型。如果 A、B 两个实体经布尔运算生成 C 实体，那么布尔模型表示为 C＝A＜OP＞B，符号＜OP＞是布尔算子，可以是∪(并)、∩(交)和−(差)。布尔运算的种类及示例如图 3-26 和图 3-27 所示。

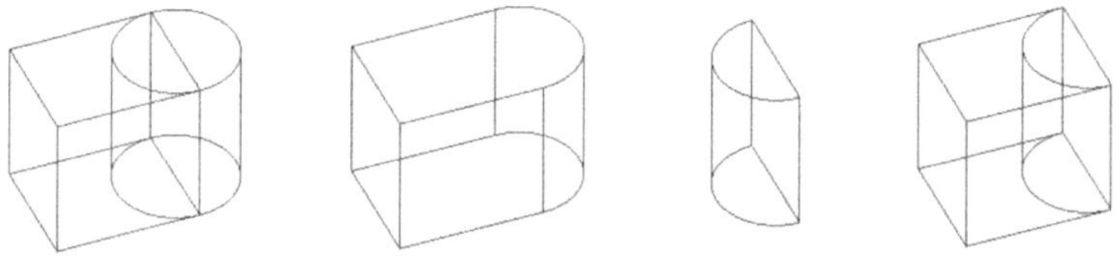

(a) 实体　　(b) A∪B　　(c) A∩B　　(d) A−B

图 3-26　布尔运算种类

形体的 CSG 可看成一个有序二叉树，叶子节点是体素或几何变换参数，非叶节点是布尔运算操作或几何变换操作，任何子树表示其下两个节点的组合或变换的结果，树根表示最终形体。用二叉树的形式记录一个零件的所有组成体素拼合运算的过程，简称体素拼合树。CSG 通过操作将体素组织成各种复杂形状，满足设计需要。CSG 表示结构如图 3-28 所示。

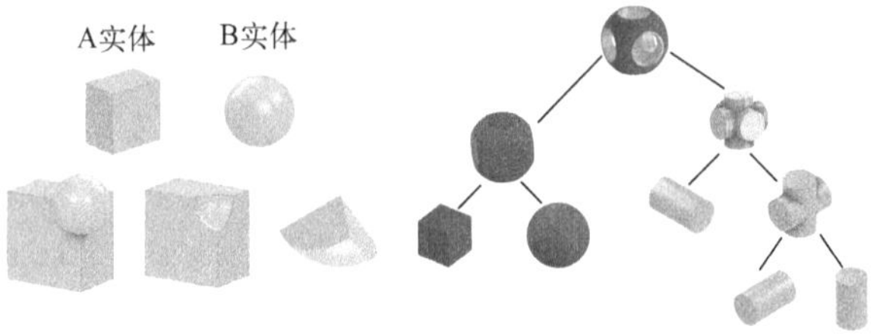

图 3-27　通过布尔运算得到的布尔模型

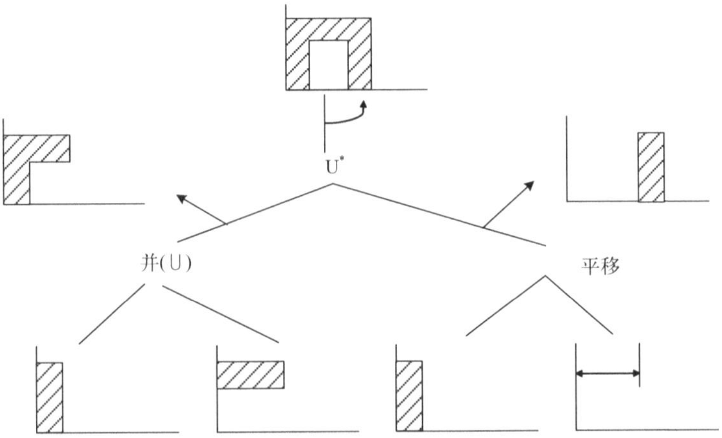

图 3-28　CSG 的表示结构

用 CSG 树表示一个形体是无二义性的，但一个形体可以由不同的 CSG 树表示。因此，形体的最终状态取决于使用的体素、构造操作方法和操作顺序。如图 3-29 所示，同一个形体可以采用两种 CSG 结构进行表示。

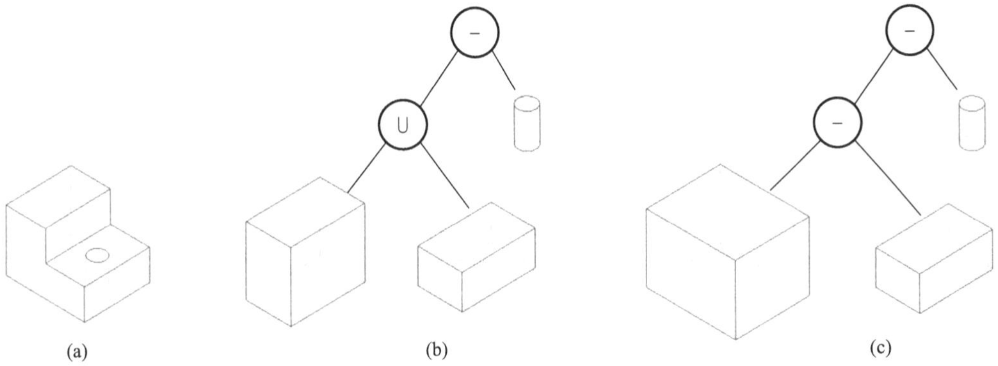

图 3-29　同一形体的两种 CSG 结构

CSG 法用 CSG 树表示一个复杂形体，非常简单，易于管理，它所产生的物体的有效性由基本体素的有效性和集合运算的正则性自动保证，CSG 树便于直观设计、修改，可以唯一地定义物体，并支持对这个物体的一切几何性质计算。但是 CSG 法不能进行形体的面、边、点等局部修改，直接基于 CSG 表达形体的组合运算及显示效率很低。

因此，可以将 B-rep 法和 CSG 法结合起来使用。

(3) CSG+B-rep 混合方法。

从用户进行造型的角度看，CSG 法比较方便；从对形体的存储管理和操作的角度看，B-rep

法更为实用。当前大多数CAD系统以CSG＋B-rep混合表示作为形体数据表示基础，如图 3-30 所示。

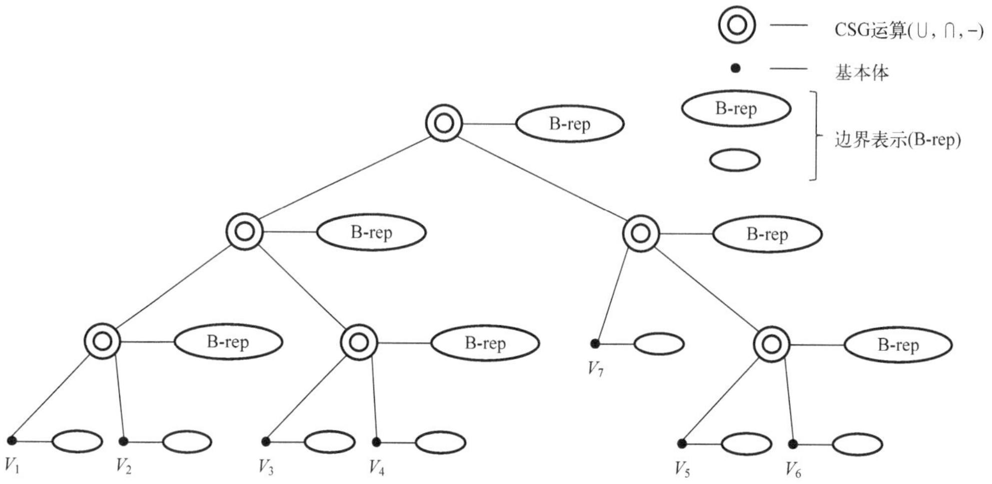

图 3-30　CSG+B-rep 混合方法原理示意

①以 CSG 模型表示几何造型的特征历史过程及其特征设计参数。

②用 B-rep 模型维护详细几何信息和显示、查询等操作，同时为布尔运算提供基础。

3. 零件几何模型的特征建模方式

1)特征建模、特征及特征分类

实体建模方法在表示物体形状和几何特性方面完整有效，但在面向工程应用时还有不足。

(1)只能详细描述几何信息和拓扑信息，缺乏工程含义，不能描述定位基准、公差、表面粗糙度、加工和装配精度及材料信息等产品设计中的一些非几何信息。

(2)造型手段不符合工程师设计习惯，只提供点、线、面或体素拼合这些初级手段，不能从对设计或制造有意义的特征(如槽、孔、倒角等)出发进行设计，几何模型难修改。

从工程应用和系统集成的角度来看，需要一个更加通用的零件几何模型来满足制造过程中各环节对零件建模和数据的需求，特征建模技术应运而生。特征建模是一种建立在实体建模的基础上，利用特征的概念面向整个产品设计和生产制造过程进行设计的建模方法。特征建模即通过特征及其集合来定义、描述零件模型的过程，如图 3-31 所示。

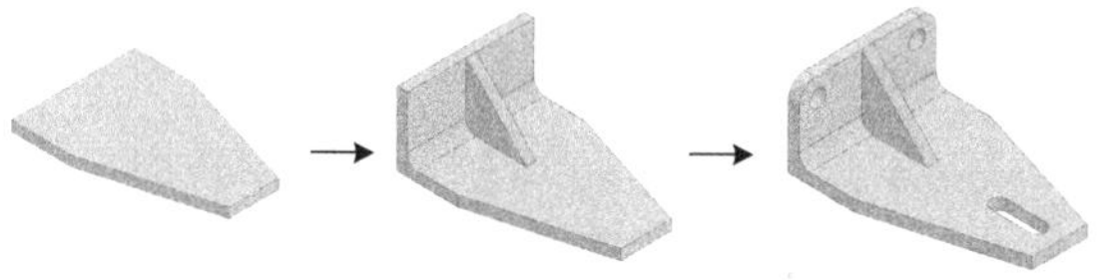

图 3-31　特征建模过程示意

特征不仅是具有按一定拓扑关系组成的特定形状，也反映了特定的工程语义，适合在设计、分析和制造中使用。特征比较权威的定义为“任何既有形式又有功能属性的有名实体”，或“从工程对象概括和抽象出来的具有工程语义的功能要素”。

因此，特征兼有形状和功能两种属性，从它的名称和语义足以联想其特定几何形状、拓扑关系、典型功能、绘图方法、制造技术和公差要求等。特征可从如下角度进行分类。

(1) 从产品生命周期角度，可分为设计特征、分析特征、加工特征、公差及检测特征、装配特征等。

(2) 从产品功能角度，可分为形状特征、精度特征、材料特征、装配特征、技术特征(分析特征)、管理特征(补充特征)，如图 3-32 所示。形状特征与装配特征一般称为造型特征，其他特征称为面向过程的特征。

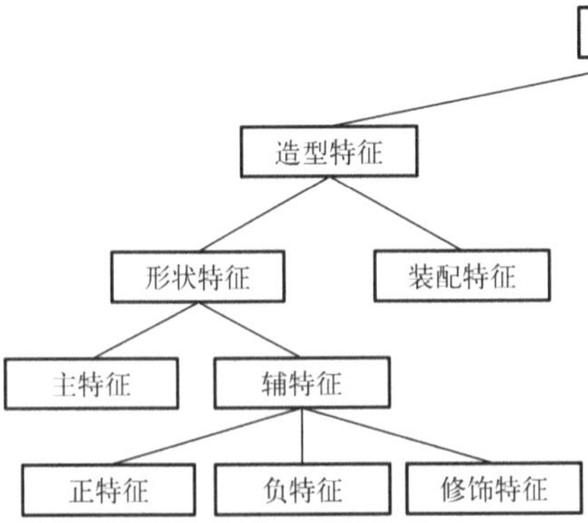

图 3-32　基于产品功能角度的特征分类

①形状特征是具有一定工程语义的几何形体，如孔、槽、凸台等。STEP 将形状特征分为体特征、过渡特征和分布特征三种类型，如图 3-33 所示。

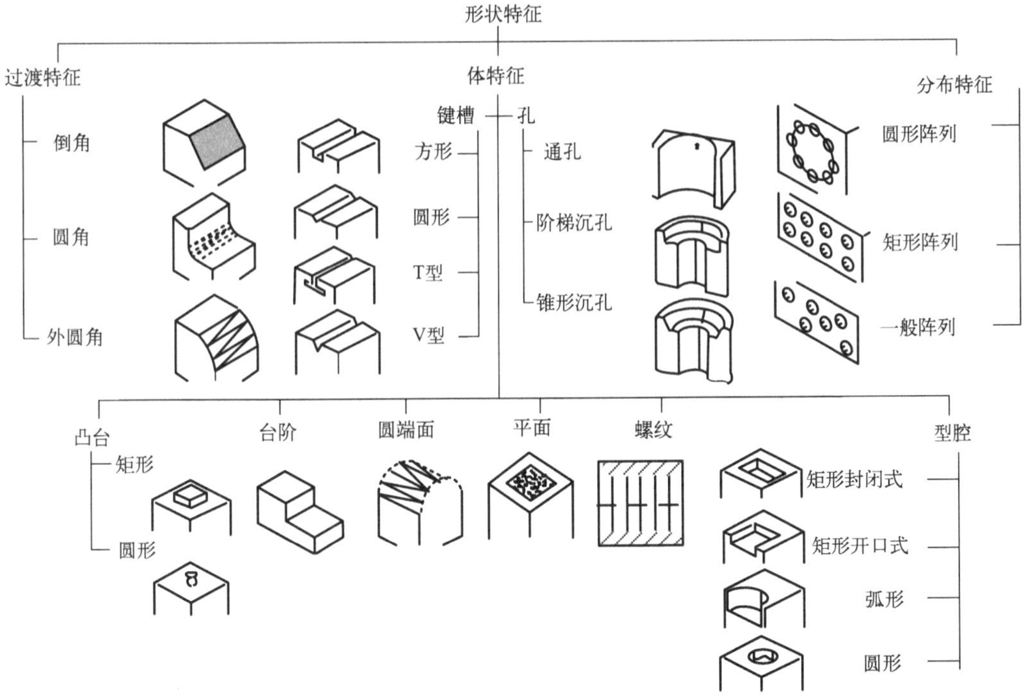

图 3-33　STEP 对形状特征的分类

a. 体特征主要用于构造零件的主体形状的特征，如凸台、圆柱体、长方体等。

b. 过渡特征是表达一个形体的各表面的分离或结合性质的特征，如倒角、圆角、键槽、中心孔、退刀槽等。

c. 分布特征是一组按一定规律在空间的不同位置上复制而成的形状特征，如周向均布孔、齿轮的轮廓等。

②精度特征指可接受的工程形状和大小的偏移量，如尺寸公差、形位公差、表面粗糙度等，基本类型如图 3-34 所示。

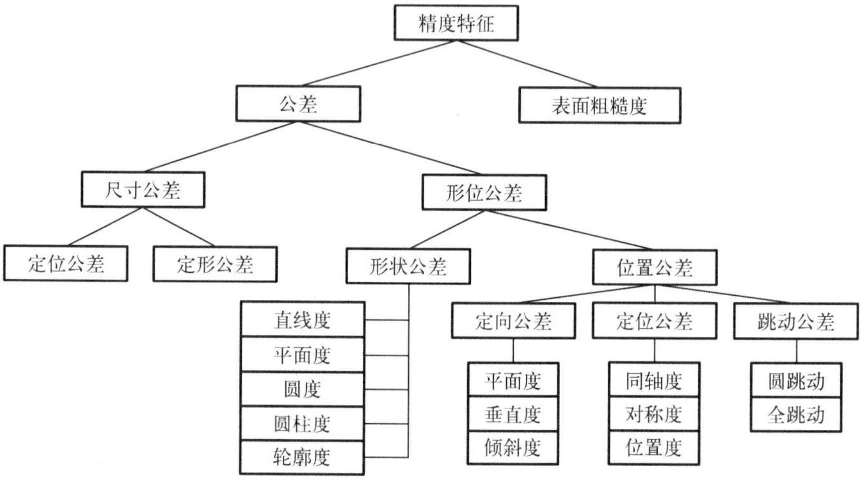

图 3-34　精度特征的分类

③装配特征用于表达零件的装配关系，以及在装配过程中所需的信息，包括位置关系、公差配合、功能关系、动力学关系等，有时也包括在装配过程中生成的形状特征，如配钻等。图 3-35 为简单的装配关系。

(a)球面与球面之间的点接触关系 (b)球面与平面之间的点接触关系 (c)球心对齐关系 (d)圆柱面与平面之间的线接触关系

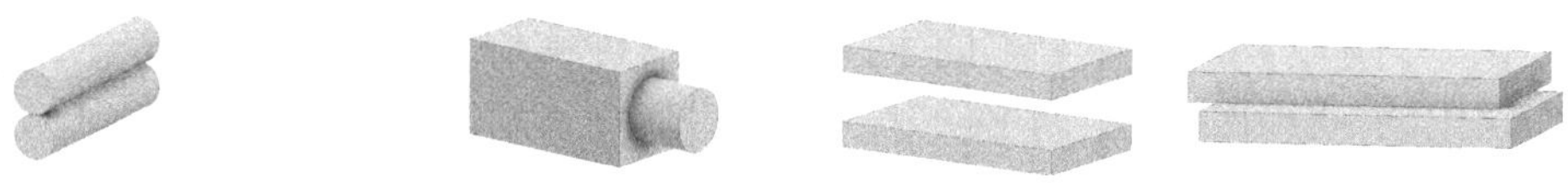

(e)圆柱面与圆柱面之间的线接触关系 (f)圆柱面与圆孔面之间的同轴关系 (g)两平面之间的平行关系 (h)两平面之间的共面关系

图 3-35　简单的装配关系

④材料特征反映了与材料相关的属性，如零件的材料、热处理和加工条件，以及材料型号、性能、表面处理、检验方式等。

⑤分析特征用于表达零件在性能分析时所使用的信息，如有限元网格划分、梁特征和板特征等，也称技术特征。

⑥补充特征用于表达一些与上述特征无关的产品信息，如用于描述零件设计的成组技术(GT)码等管理信息的特征，以及零件号、批量、设计者、日期等，也称管理特征。

(3) 从复杂程度的角度，可分为基本特征、组合特征、复合特征。

2) 特征的数据结构和建模过程

特征一般可定义为 F=TYPE<*a*;*s*>，TYPE 为特征类型，*a* 为特征属性向量，*s* 为特征语义(semantic)。其中，特征属性向量主要是特征几何、公差和表面质量参数等；特征语义是对特征类型意义上的解释，主要是约束条件。例如，F=圆通孔<*a*;*s*>，此特征的具体属性值如下。

```
a=(position, depthDirection, diameter, depth)
    position=(10, 10, 0)
    depthDirection=(0, 0, -1)
    diameter=8
    depth=20
s=(s1, s2, s3)
    s1="特征体=圆柱"
    s2="特征体.上底 零件面"
    s3="特征体.下底 零件面"
```

特征属性与特征类型一起构成零件部分形状的抽象描述，如定位定向属性、尺寸属性、公差与粗糙度属性等。表示特征语义的约束形式有多种，常见的约束如下。

(1) 代数约束，表示特征尺寸应满足的数量关系。

(2) 几何约束，表示特征体表面应满足的垂直、平行、相切等几何关系。

(3) 拓扑约束，表示特征体表面与零件表面之间的连接关系。

基于特征的零件信息模型如图 3-36 所示。其结构分三层。零件层主要反映零件的总体信息，是关于零件子模型的索引指针或地址；特征层是一系列特征子模型及其相互关系，是基于特征的零件信息模型的核心；几何层反映零件的点、线、面的几何/拓扑信息，是整个模型的基础。

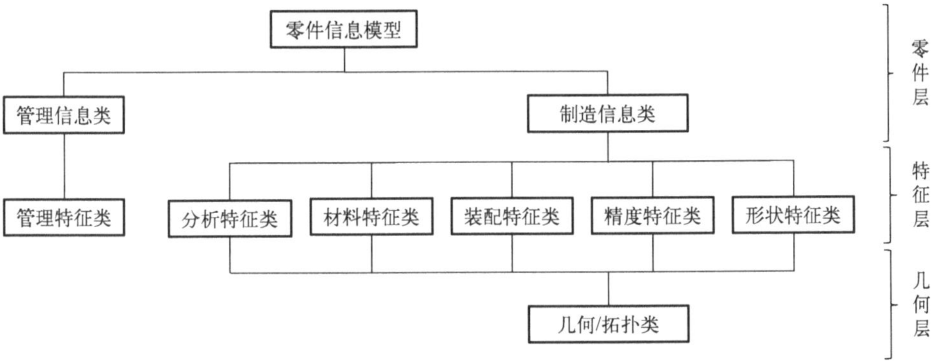

图 3-36　基于特征的零件信息模型

基于特征的建模过程实际上就是在基本实体的基础上逐步添加特征的过程，如图 3-37 所示，设计人员调用特征设计系统中预定义的特征，通过增加、删除和修改等布尔操作，建立零件几何模型。这是目前零件建模的主要方式。图 3-38 是特征建模过程示例。

特征建模方式具有如下优点。

(1) 着眼于表达产品完整的技术和生产管理信息，为建立产品的集成信息模型服务。

(2) 使设计人员针对产品的功能要求进行更高层次的设计，而不是原始的线条和体素。

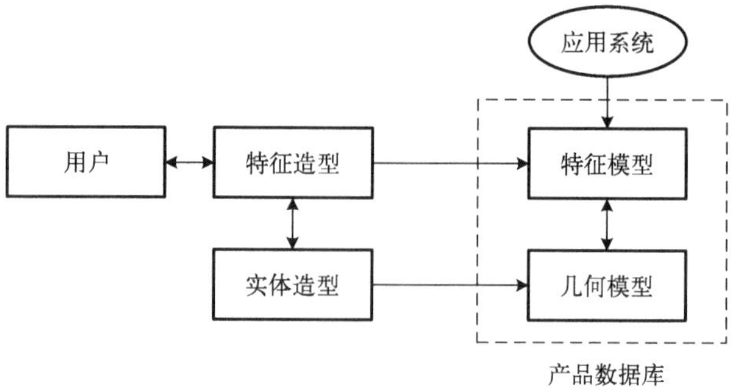

图 3-37　基于特征的建模过程

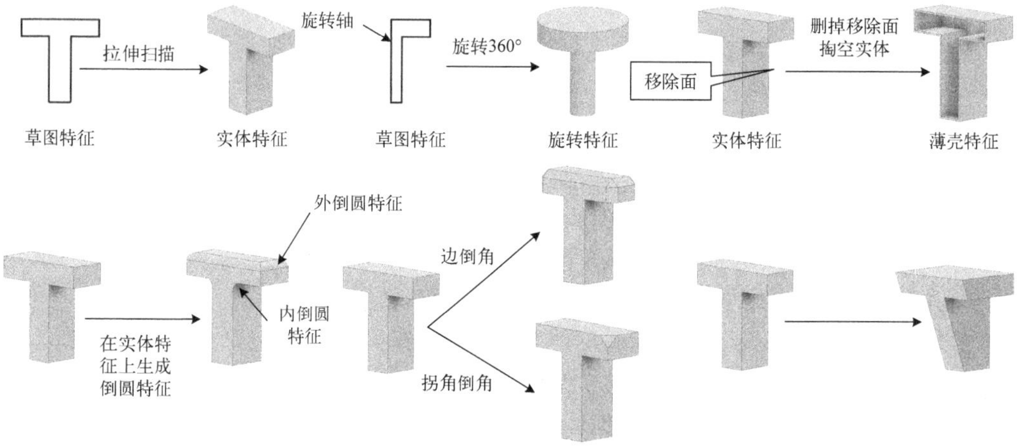

图 3-38　特征建模过程示例

(3) 有助于加强产品设计、分析、工艺、准备、加工、检验各部门间的联系。

(4) 有助于推动行业内的产品设计和工艺方法的规范化、标准化和系列化。

4. 零件几何模型的参数化设计和变量化设计

在零件设计中有很多工程化的需求。例如，许多零件具有相似性，仅尺寸不同；需要在原有零件基础上做一些改动来产生新零件；已有的零件设计经常需要修改。传统造型方法难以快速解决问题，一般要重新建模。参数化设计和变量化设计则提供了便捷的设计修改能力。

1) 参数化设计

参数化设计是一种基于约束、用尺寸驱动模型变化的设计方法。一般是指设计对象的结构形状基本不变，而用一组参数来约定尺寸关系，如图 3-39 所示。参数与设计对象的控制尺寸有显式对应关系，设计结果的修改受尺寸驱动。

参数化设计具有如下特点。

(1) 基于特征。将某些具有代表性的几何形状定义为特征，并将其所有尺寸设定为可修改参数，形成实体，以此为基础来进行更为复杂的几何形体的创建，如图 3-40 所示。

(2) 全尺寸约束。将形状和尺寸联合起来考虑，通过尺寸约束来实现对几何形状的控制。造型必须有完整的尺寸参数(全约束)，不能漏注尺寸(欠约束)，不能多注尺寸(过约束)。欠约束导致几何和形状发生非预期变化示例如图 3-41 所示。

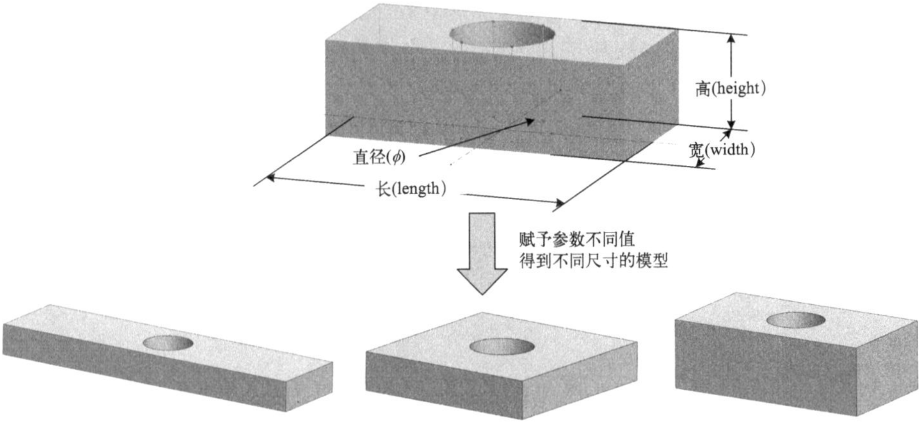

图 3-39　参数化设计示例

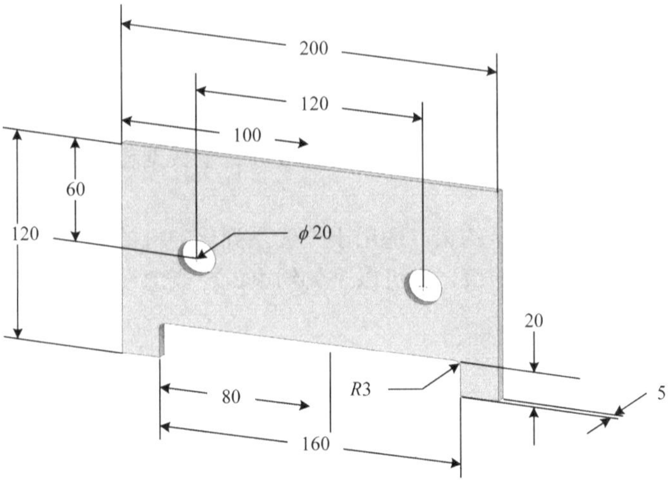

图 3-40　将特征所有尺寸设定为可修改参数示例(单位：mm)

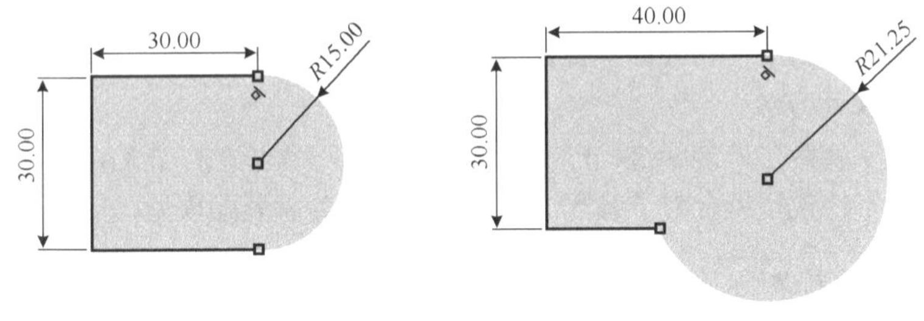

图 3-41　欠约束导致几何和形状发生非预期变化示例(单位：mm)

(3) 尺寸驱动实现设计修改。通过编辑尺寸值来驱动几何形状的改变。

(4) 全数据相关。某个或某些尺寸参数的修改导致与其相关的尺寸全部同时更新。当需要改变零件形状时，只需编辑尺寸值，刷新即可。

目前，CAD 系统主要使用的参数化设计方法称为基于约束的尺寸驱动(草图方法)。用于定义三维模型截面形状的平面图形称为草图。其另一个定义是位于一个指定平面上的具有约束性质的 2D 曲线和点的集合。草图约束用于建立设计意图及提供参数驱动改变模型的能力，如图 3-42 所示。可以对草图曲线施加草图约束，这些约束包括几何约束、尺寸约束和定位尺寸。基于草图生成的特征与草图是关联的，如果更改草图，则此特征也会相应改变。当需要迭代多种解决方案去验证某一设计意图时，使用草图非常方便。

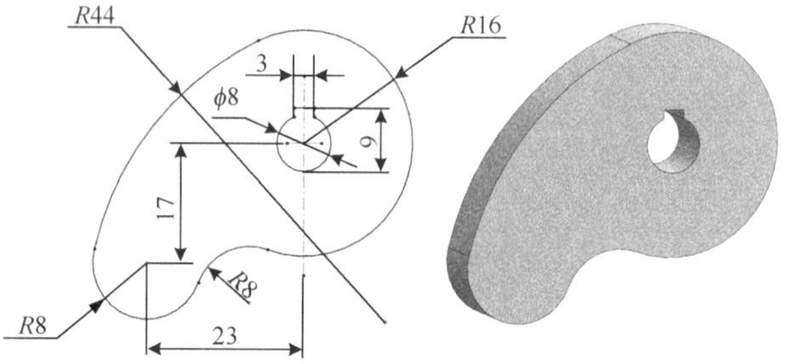

图 3-42　草图建模示例(单位：mm)

2) 变量化设计

变量化设计的处理方法是数值约束方法及基于规则的推理方法，通过求解一组联立方程组来确定产品的尺寸和形状。但是目前变量化设计并未成熟。

参数化设计和变量化设计都强调基于特征的设计、全数据相关，并可实现尺寸驱动设计修改。

但是参数化设计强调尺寸全约束，适用于一般系列化的机械零件设计。变量化设计不严格要求尺寸全约束，可以是过约束，也可以是欠约束，在概念设计方面有优势。

3.2.3　产品装配模型建模技术

产品设计过程中不仅要设计产品的各个组成零件，而且要将零件装配在一起，建立装配结构中各零件间的连接关系和配合关系，形成最终产品模型。在计算机中将产品的零部件装配组合在一起形成一个完整的数字化装配模型的过程称为装配建模或装配设计。

1. 产品装配模型建模方法

装配建模有两种方法：自底向上设计方法和自顶向下设计方法。

1) 自底向上设计方法

该方法反映了实际生产装配过程：首先，建立零件三维模型；然后，像搭建积木一样，通过装配约束将零件模型组合为子装配，将子装配组合为总装配模型，如图 3-43 所示。

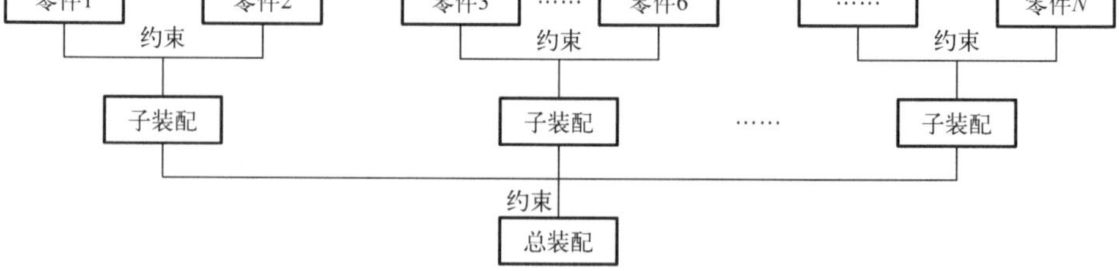

图 3-43　自底向上设计方法

该方法在设计时无法保证零部件之间的参数关联，仅存在装配关系，在设计的准确性、正确性、修改及延伸设计等方面存在一定缺陷，一般用于小型装配建模。但它与实际装配流程一致，比较符合人们的思维过程，初学者可采用该方法。

2）自顶向下设计方法

自顶向下设计方法是从整体外观（或总装配）开始，到子装配、再到零件的建模方式。每一级装配分别参考上级设计意图展开系统设计和详细设计，如图 3-44 所示。自顶向下设计方法从顶层的产品结构传递设计规范（设计意图）到所有相关子系统，能够对整个装配流程进行管理，有效掌握设计意图，在设计团队间达到信息共享的目的。但该方法需要设计者既有雄厚的专业知识，又非常熟悉 CAD 系统，适合经验丰富的工程设计人员。

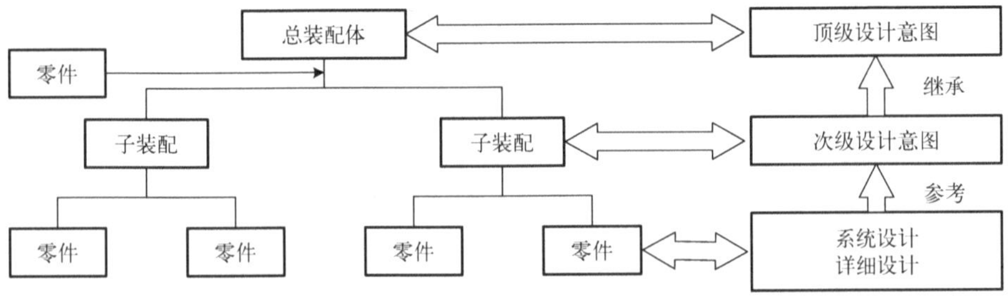

图 3-44　自顶向下设计方法

例如，航空发动机结构协同设计采用自顶向下设计方法，由总体结构确定发动机各单元体的位置、接口关系和顶层产品结构，通过对设计边界的逐步细分和产品结构的逐层细化，逐步构建出发动机的整体轮廓和细节结构，将完成详细设计的零件再反过来装配成发动机整机，实现接口分解到重组的结构的正向设计过程。

2．装配模型中零件装配模式

零件模型装配在一起构成装配模型。有两种方式可以将零件模型引入装配模型。

1）多组件装配方式

多组件装配方式将参与装配零件的所有数据复制到装配模型中。在这种方式下，装配模型中的零件与被复制的零件没有关联性，不能实现关联更改，占用较大内存空间，影响装配速度，如图 3-45 所示。

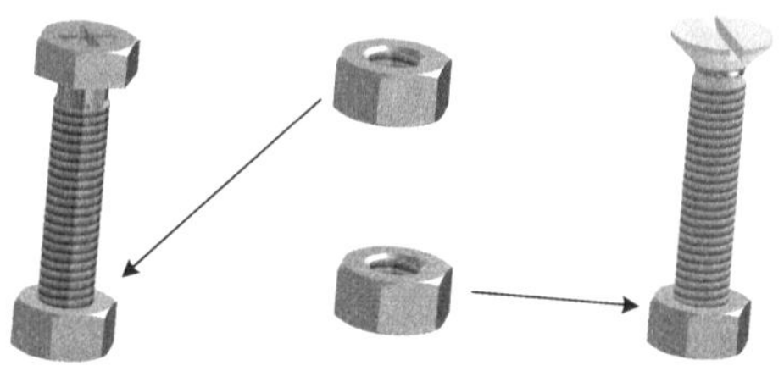

(a) 子装配1　　(b) 零件　　(c) 子装配2

图 3-45　多组件装配方式

2）虚拟装配方式

虚拟装配方式利用零部件之间的引用和链接关系形成装配，如图 3-46 所示，具有如下特点。

(1)是链接零件而不是复制零件到装配模型，需要内存空间小。
(2)装配模型中不需要编辑的下层零件可简化显示，提高显示速度。
(3)零件修改时，装配模型会自动更新(全相关性)。

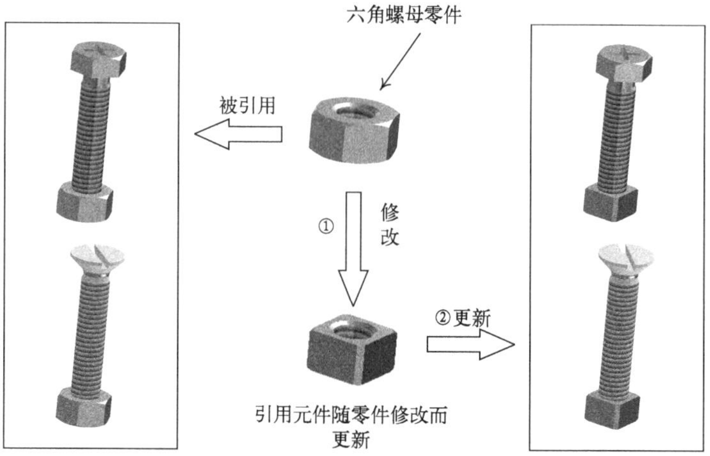

图 3-46　虚拟装配方式

3. 装配模型的结构

装配模型有自己的数据结构，即装配结构。装配结构表示各个零部件之间的各种关系。

1)层次关系

层次关系表达了零件之间的构成和装配顺序，一般用装配结构树表示，等同于前面所述装配 BOM，如图 3-47 所示。

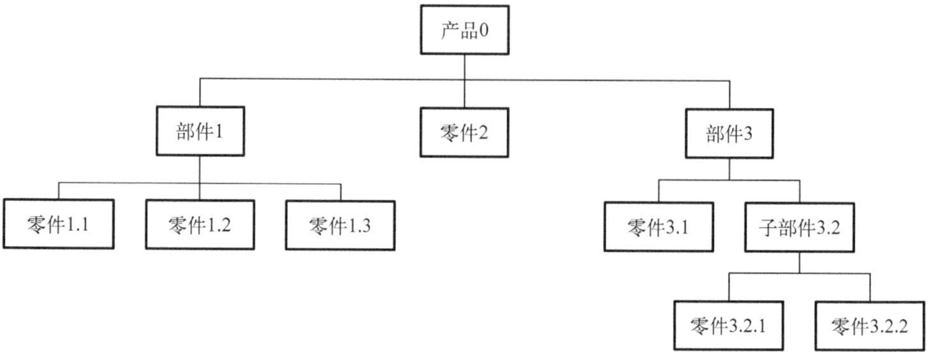

图 3-47　装配模型中的层次关系

2)装配关系

装配模型中的装配关系如图 3-48 所示。

(1)几何关系，描述在装配体中装配零件之间的几何安装位置和精度。
(2)连接关系，有些零件间的接触需要进一步固定，从而使固接后的两个零件成为一体。
(3)运动关系，描述在产品装配中装配零件间的传动关系和相对运动。

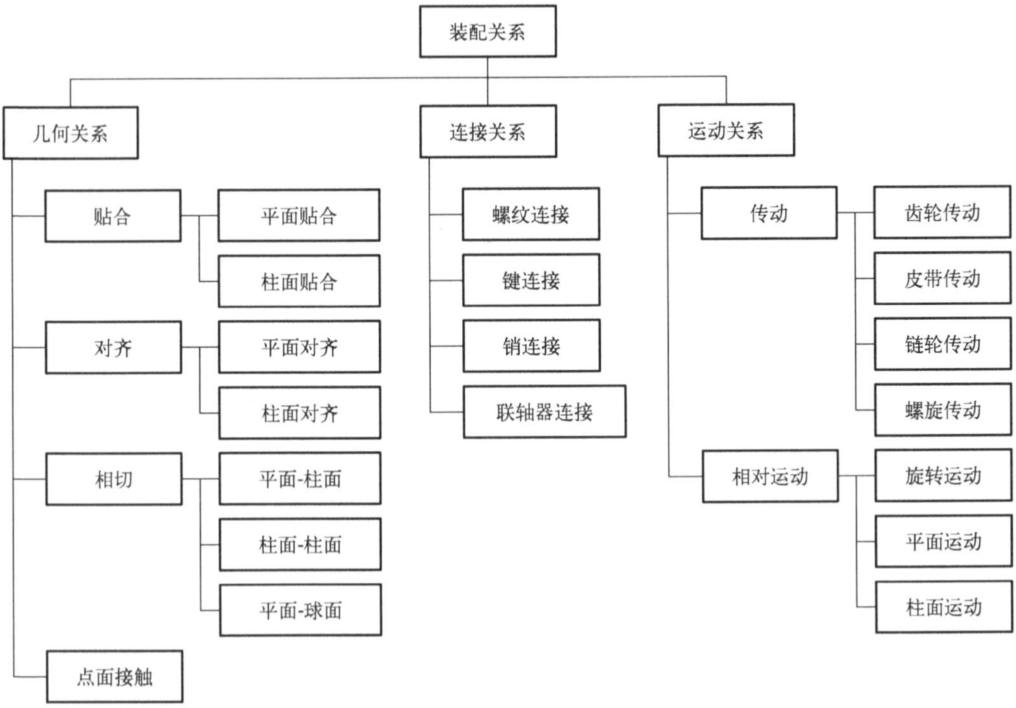

图 3-48　装配模型中的装配关系

3）装配约束关系

零件模型按照一定的约束关系组成装配体，确定相对位置。约束关系是指组件的点、边、面等几何对象之间的配对关系，用于确定组件在装配中的相对位置。装配约束关系有贴合、偏离、平行、对齐、相切、角度等多种类型。

约束和自由度有密切关系。零件在空间有 X、Y、Z 三个方向的移动和绕三个轴的转动共 6 个自由度。装配建模过程就是限制其自由度的过程，即施加约束。例如，面贴合约束去除了 1 个移动和 2 个旋转自由度，面对齐约束去除了 1 个移动和 2 个转动自由度。约束状态分四种：①不完全约束，被限制的自由度<6；②完全约束，被限制的自由度=6；③过约束，同一个自由度被多次限制；④欠约束，该被限制的自由度没有被约束。在施加约束时，通常要避免过约束和欠约束，是否要达到完全约束则视情况而定。常见的装配约束关系如图 3-49 所示。

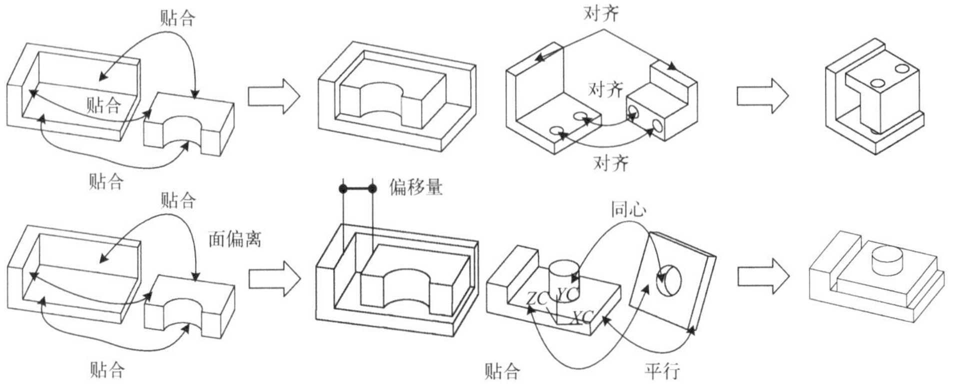

图 3-49　常见的装配约束关系

4. 装配模型的应用

建立装配模型后，可利用其实现多方面的工程应用。

(1)可装配性分析与评价。可装配性是指产品及其装配元件(零件或子装配体)容易装配的能力和特性，是衡量装配结构优劣的根本指标。可装配性分析主要包括干涉检查、间隙检查、孔位对齐、运动模拟等，是产品装配设计的重要内容之一。

(2)物性分析。物性是指部件或整个装配件的体积、质量、质心和惯性矩等物理属性。有了装配模型，可以方便地计算部件(零部件)的物理属性，供设计参考。

(3)装配模型的爆炸图。由装配模型可以自动生成其爆炸图，装配模型各个部件会以一定的距离分隔显示，可以直观、清晰地表达装配造型中各个部件的相互装配位置关系，如图 3-50 所示。

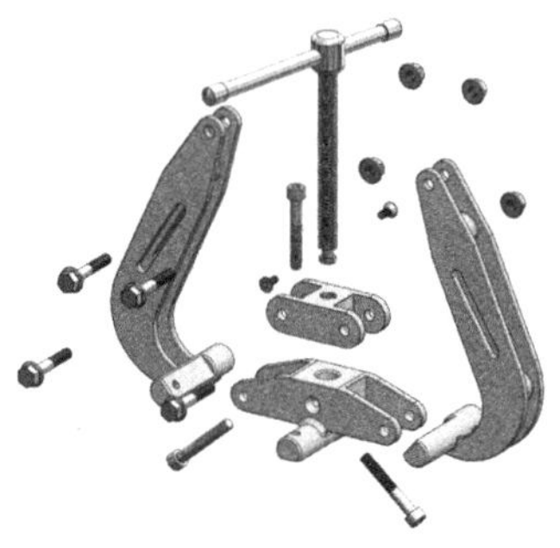
图 3-50 套管焊接工装的装配爆炸图

(4)装配模型的二维工程图和 BOM。由装配模型可自动生成二维工程图，也可以生成物料清单(bill of material，BOM)。BOM 的生成计算从产品根节点开始，层层往下推算出部件、零件和材料的需求量。

3.2.4 基于逆向工程的建模技术

传统的设计方法为正向设计，是从构思到数字模型，再到产品(实物)的演化过程。但是一些现实的建模需求使用上述建模方式可能无法实现。例如，由于零件形状十分复杂，很难准确地在 CAD 软件上设计出实体模型；或者通过手绘或手工捏塑来设计产品，其原型很难完全在 CAD 软件中体现。上述建模需求更适合以逆向的方式来实现，即根据已经存在的产品，反向推出产品设计数据(包括各类设计图或数据模型)。

逆向工程(reverse engineering，RE)是将实物模型转变为 CAD 模型的相关数字化测量技术、几何模型重建技术和产品制造技术的总称。面向产品误差分析的逆向工程基本流程如图 3-51 所示，其关键技术包括数字化测量、测量数据预处理、三维重构、坐标配准、误差分析。对于一般造型应用，三维重构后所生成的产品模型就可以满足要求。但是对于基于重构模型进行误差分析的应用，还需要后面两步。这种应用在数字化检测领域日趋流行。

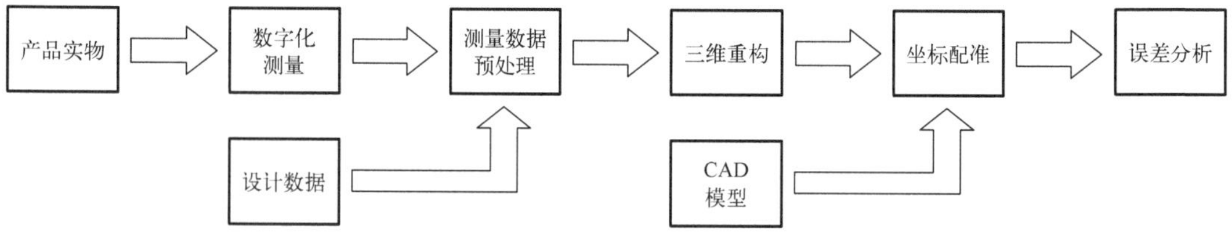

图 3-51 面向产品误差分析的逆向工程基本流程

(1)数字化测量。数字化测量是逆向工程的基础，用一定的设备对实物进行测量来获取实物表面数据(有时也包括内部数据)。测量质量直接影响最终模型质量。常用的数字化测量方法如图 3-52 所示。

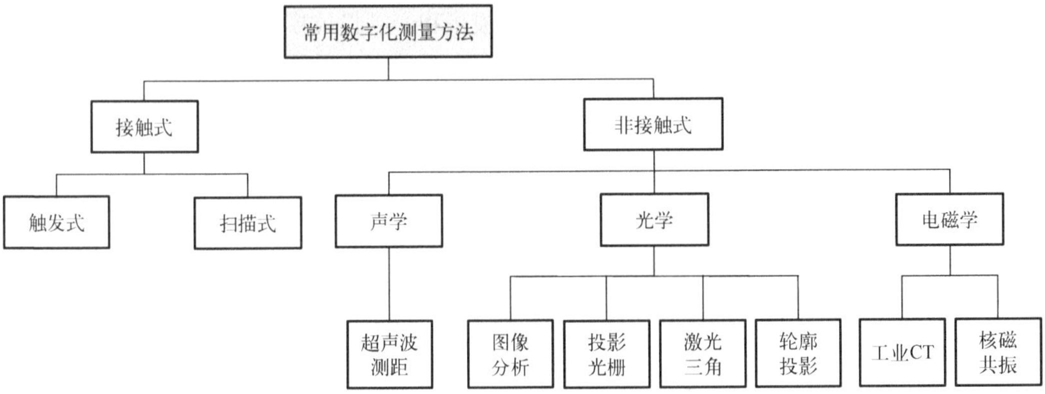

图 3-52　常用的数字化测量方法

图 3-53　缺口插补

(2)测量数据预处理。无论是接触式还是非接触式测量，都有测量误差，且测量数据中的坏点可能使其周围的曲面片偏离原曲面。另外，激光扫描等设备的测量会产生海量数据点，也需要在造型前进行精简。测量数据预处理的主要工作包括坏点去除、点云精简、数据插补、数据平滑、数据分割等。图 3-53 为缺口插补。

(3)三维重构。在逆向工程中，三维重构是最关键、最复杂的一环。三维重构工作量大、技术性强，受设备硬件和操作者两个因素的影响。三维重构方法因特性而有所不同。按数据类型，可以分为有序点和散乱点的重构；按测量机的类型，可以分为基于三坐标测量机(coordinate measuring machine，CMM)、激光点云、计算机断层扫描(computed tomography，CT)数据和光学测量数据的重构；按造型方式，可分为基于曲线的模型重构和基于曲面的直接拟合；按曲面表示方法，可分为边界表示、四边 B 样条表示、三角面片和三角网格表示的模型重构等。

(4)坐标配准。如果要使用重构的模型进行数字化检测，还需要将重构模型和已有的产品模型进行配准。坐标配准可实现测量数据和被测物设计模型的坐标对齐，如图 3-54 所示。坐标配准为误差分析做准备，配准精度直接影响后续整体误差结果的可靠性。

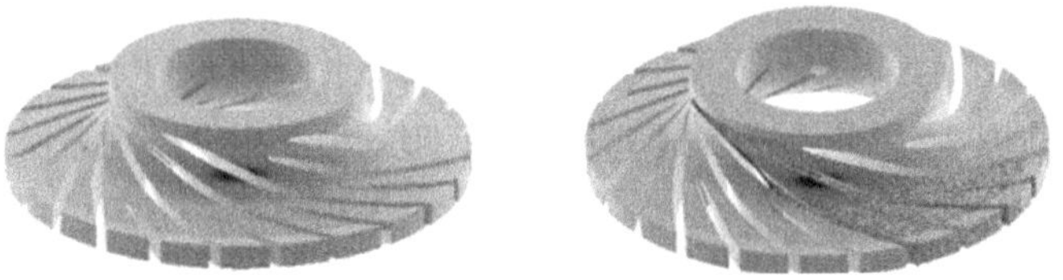

(a) 配准前　　　　(b) 配准后

图 3-54　叶轮模型坐标配准示例

(5) 误差分析。误差分析主要分析产品重构模型和产品设计模型之间的差异，然后根据差异来判定产品实物的精度是否满足设计规范，例如，产品制造精度是否超差，产品使用磨损是否超出安全限值等。图 3-55 为叶片重构模型和设计模型对比误差分布情况。

图 3-55　叶片误差分析

基于实物的逆向工程应用最广的是进行产品复制和仿制，尤其是外观设计产品。目前逆向工程在艺术品的复制、医疗产品的制造及数字化检测等领域也得到了越来越多的应用。

3.2.5　产品模型的显示和交换

为满足不同的工程需要，产品模型需要采用不同的方式进行显示，其本质都是利用图形学原理将几何模型变换成图像信息，直观展示产品的外观和内部结构。另外，产品模型也需要遵循一些标准的文件交换格式，以满足在不同系统和用户间实现跨部门协作和数据共享，支持产品开发、制造及维护全流程。

1. 产品模型的显示方式

图 3-56 是常见的模型显示方式。有时为了使显示更加真实，还需要进行光照、纹理等真实感处理。

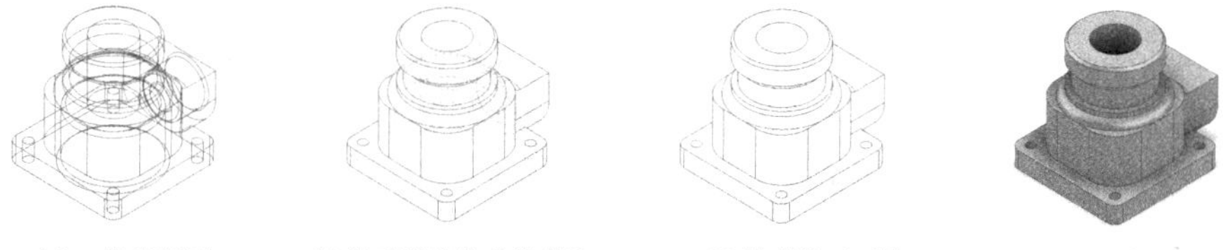

(a) 一般线框图　(b) 隐藏线淡化或为虚线　(c) 隐藏线不可见　(d) 着色图

图 3-56　常见的模型显示方式

另外，工程分析等应用的结果的模型显示比一般的几何模型显示复杂，还要根据分析结果进行后置处理。图 3-57 所示的热传导分析显示，用颜色代表温度把不同区域的温度区分出来。运动机构的分析要将运动学与图形学结合，采用动画模拟的方法仿真运动过程。

为了减轻显示计算负担，如果只是为了显示，可以通过轻量化技术对大型装配模型进行显示。三角面逼近法是一种常用的轻量化方法，但是产品原始模型经过三角化后生成大量三角面，需要一种优化算法来减小显示规模，并尽量保证图形不失真。这种优化算法基于多细节层次(level of detail，LOD)技术。该技术对人眼敏感度较大的部分采用较精细的渲染方式，即用较多的三角形去渲染，而敏感度较小的地方则采用较粗糙的渲染方式。图 3-58 展示了管道模型在不同 LOD 下的显示效果。

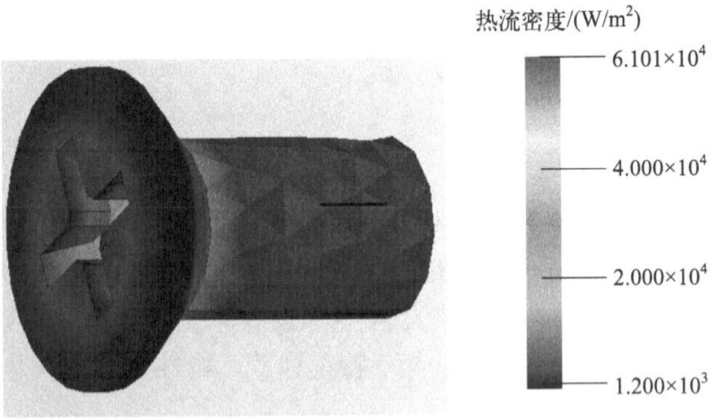

图 3-57 工程分析结果的模型显示

(a) LOD200

(b) LOD300

(c) LOD350

(d) LOD400

(e) LOD500

图 3-58 管道模型 LOD 显示效果

目前比较主流的轻量化模型格式有达索系统公司、微软公司提出的 3D XML，西门子公司提出的 JT，Adobe 公司提出的 U3D 等。

2. 产品模型的交换技术

不同 CAD 软件的几何图形内部格式不同，为实现多企业和全球化协同，需要一个中性文件完成模型的转换共享。20 世纪 80 年代以来，产生了一些代表性的中性文件格式标准。

(1)初始图形交换规范(initial graphics exchange specification，IGES)。作为较早颁布的标准，IGES 被许多 CAD/CAM 系统接受，应用非常广泛。

(2)产品模型数据交换标准 (standard for the exchange of product model data，STEP)。STEP 是国际标准化组织制定的产品数据表达与交换的标准，其信息能覆盖产品整个生命周期的应用，比 IGES 的范围大得多，是目前最为主流、应用最为广泛的标准。

(3)图形交换文件(drawing exchange file，DXF)。它是一种事实上的标准，是由美国 AUTODESK 公司制定的面向二维 CAD 模型交换标准，后来又发展到三维模型的交换。

3.2.6 CAD 技术与系统

前面的建模技术均为 CAD 的关键技术。基于 CAD 技术，可以开发供设计人员使用的 CAD 软件系统。基于 CAD 的产品设计就是工程技术人员以计算机、CAD 软件为工具，结合各自的专业知识，对产品进行设计、分析和编写技术文档、优化设计方案，并构建产品或零件模型的过程。

1. CAD 技术及其发展历程

广义上，CAD 技术是一种应用计算机软、硬件系统，在工程和产品设计的各个阶段和过程中，为设计人员提供各种快速、有效的产品设计工具和手段，加快设计过程和优化设计结果，以达到最佳设计效果的一种技术。狭义上，CAD 技术指应用于几何建模和结构设计的计算机辅助设计技术，其功能一般有几何建模、特征建模、特性计算，以及一般软件使用操作，数据存储、显示和输出等。

1961 年，著名的计算机科学家帕特里克 · 汉德瑞博士创造了“CAD”一词。1971 年，帕特里克推出了 CAD 软件，称为自动绘图机械或 Adam。今天 90%的商业绘图软件都可以追溯到 Adam。

1970 年，CATIA 首先推出三维 CAD 系统，但是只运行在专有硬件上。1982 年，约翰 •沃克推出了第一个重要的计算机辅助设计软件 AutoCAD。1988 年，美国参数技术公司(PTC)发布了三维 CAD 软件 Pro/ENGINEER。1976 年，Unigraphics CAD/CAE/CAM 问世。1995 年，UG 首次发布 Windows NT 版本。目前，达索的 SolidWorks、CATIA，Autodesk 的 Inventor、AutoCAD、Revit，西门子的 NX，以及国产的中望 CAD、CAXA 等都是优秀的 CAD 软件代表。

2. CAD 系统的组成及功能

CAD 系统是一个非常复杂和庞大的软件系统。一般来讲，一个成熟的 CAD 系统基本包含如下核心组成，如图 3-59 所示。

(1) 基础核心层，提供共性基础构件、几何与拓扑核心数据结构、基础算法引擎及方法。

(2) 通用平台层，提供通用设计、分析工具构件，支撑用户进行产品结构设计、装配设计、工程绘图、工艺设计、数控代码生成。

(3) 专业应用层，提供面向不同领域和行业的应用工具，支持快速产品开发。

(4) 接口工具集，提供内部各层访问接口、外部数据交换接口、用户二次开发接口。

一般来讲，一个成熟的商业 CAD 系统应具备如下基本功能。

(1) 系统综合功能，包括用户界面、图形显示、图形管理、绘图输出、设备驱动等。

(2) 二维工程图功能。

(3) 三维造型及零件设计功能，包括线框造型、曲面造型、实体造型、特征造型、零件库、常用标准件库、布尔运算、参数化草图、物性分析等。

(4) 装配功能，包括基本装配、装配约束、干涉检查、爆炸图、装配结构树、生成零件 BOM、装配动画仿真、可装配性评价、机构运动仿真等。

(5) 三维模型与二维图形关联功能，包括三维模型生成二维图形、三维模型变化关联二维图形变化、二维图形参数变化关联三维模型变化，以及装配、零件、工程图全关联等。

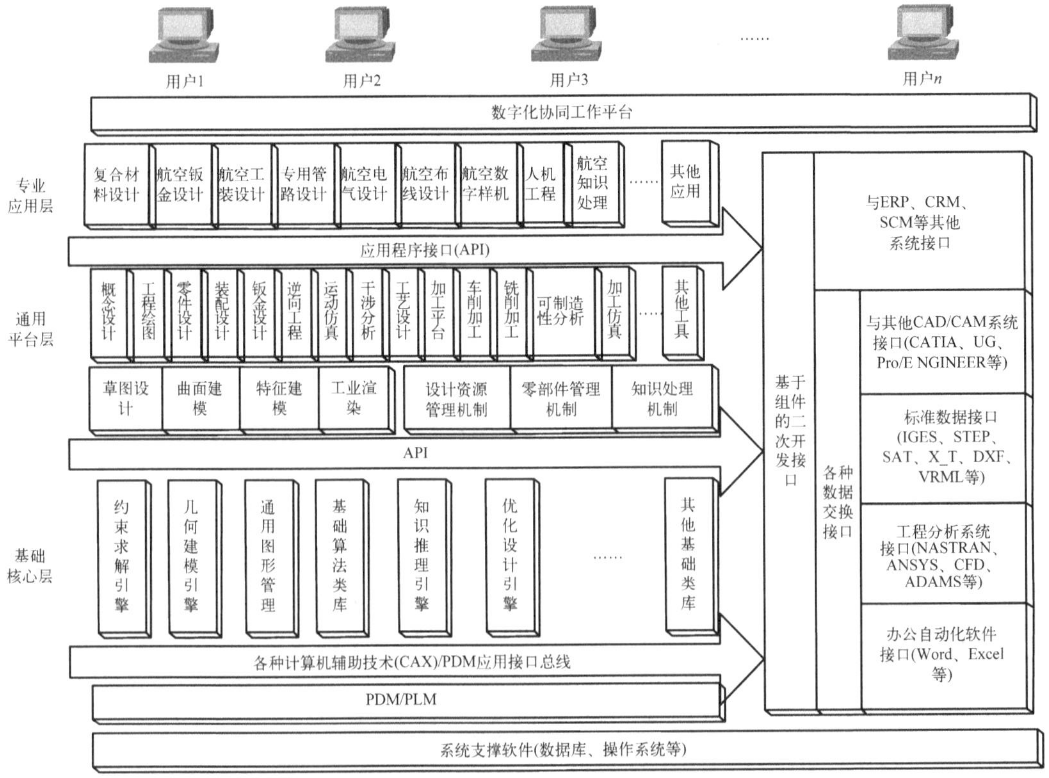

图 3-59　CAD 系统的核心组成

(6)数据接口功能，如具有某种国际标准接口(如 IGES、STEP 等)，具有某种工业标准接口(如 DXF、STL)。

3. CAD 几何引擎及常见 CAD 系统

1)CAD 几何引擎

几何建模引擎是 3D 建模系统的核心，用于产品三维形状的精确数学表示和模型管理。Parasolid、ACIS 和 Open CASCADE 是其中的代表。主要 CAD 几何引擎如表 3-5 所示。

表 3-5　主要的 CAD 几何引擎

内核或平台	所属公司	应用情况
ACIS	美国 Spatial Technology	Fusion360，CAXA 实体设计，Inventor，MSC，ANSYS 等众多 CAE 软件
Parasolid	德国西门子	NX，SolidWorks，OnShape，TopSolid
CCM	法国达索系统	CATIA
Granite	美国 PTC	Creo(Pro/ENGINEER)
Open CASCADE	法国 CapGemini	FreeCAD，国产 CAE 软件
C3D	俄罗斯 ASCON	KOMPAS-3D，NANOCAD
DGM	华云三维	CrownCAD
Overdrive	中望软件	ZW3D，ZWMeshWorks
CRUX IV	华天软件	SINOVATION
DCM	德国西门子	几何约束求解器，基本处于市场垄断地位，NX，SolidWorks，OnShape，ZW3D

续表

内核或平台	所属公司	应用情况
LGS 2D/3D	Ledas	几何约束求解器，CATIA，BricsCAD
C3D Solver	俄罗斯 ASCON	几何约束求解器，KOMPAS-3D，NANOCAD，Altium, Ercmex, Reng
DCS	华云三维	几何约束求解器，CrownCAD

ACIS 是美国 Spatial Technology 公司的三维几何造型引擎，目前全球有 400 多个开发商基于其开发，ACIS 的维护和提供实时的技术支持与 Parasolid 有差距，稳定性有待提高。

Open CASCADE 是最初由法国 Matra Datavision 公司开发的 CAD/CAM 软件平台，现属于 Capgemini 公司，是免费包，可下载源代码，适合学习研究，需要良好的数学功底。

Parasolid 是最初由 EDS 公司推出的 CAD/CAM 开发平台，现属于西门子公司，全球已有 7000 多个基于 Parasolid 的最终用户产品，其复杂曲面造型功能开放性较差，但可靠性及服务比 ACIS 要好。

2）常见的国外 CAD 系统

目前，国外 CAD 占据商用 CAD 市场的主流，尤其在高端 CAD 市场处于垄断地位。高端 CAD 主要有 CATIA、Pro/ENGINEER 和 NX，中低端 CAD 有 AutoCAD、SolidWorks 等。

CATIA 是法国达索系统公司的产品，广泛应用于航空、汽车、船舶等领域，具备强大的三维建模、仿真分析和优化设计功能，能够支持从产品设计到制造全过程的无缝集成。

Pro/ENGINEER 是美国 PTC 的 CAD/CAM/CAE 一体化三维软件，以参数化著称，是参数化技术的最早应用者。目前 Pro/ENGINEER 作为一个核心组件集成于该公司最新产品 Creo 中。

NX 是德国西门子公司的产品，集 CAD/CAE/CAM 于一体，支持从概念(CAID)、设计(CAD)、分析(CAE)，到制造(CAM)的整个产品开发流程。

AutoCAD 软件是美国欧特克有限公司的产品，可以用于绘制二维制图和基本三维设计，在全球范围内的土木建筑、装饰装潢、工程制图、电子工业、服装加工等多领域广泛应用。

SolidWorks 是法国达索系统公司的产品，主要用于机械设计、工程设计和产品设计领域，以其直观易用的界面设计和丰富灵活的功能特性而著称。

3）国产 CAD 系统

中望 CAD 具有良好的运行速度和兼容性，支持三维绘图，包括三维网格、三维曲面和三维实体，可对三维模型进行剖切、抽壳、干涉等多种编辑。

CAXA3D 实体设计是一款集概念设计、工程设计、协同设计于一体的 3D CAD 软件，包含三维建模、协同工作和分析仿真等功能，支持参数化设计，也支持直接建模。

SINOVATION 具有混合建模、参数化设计、直接建模、特征造型等功能，支持各种主流 CAD 数据转换和用户深层次专业开发。

3.3　产品数字化分析与 CAE 技术

产品性能是否达到要求也是产品开发成败的关键因素。在物理样机出来之前，还需要分析并预测产品的性能。因此，产品数字化分析技术——计算机辅助工程(computer aided engineering，CAE)应运而生。

3.3.1　数字化分析与 CAE

CAE 技术是计算机技术与工程分析技术相结合形成的新技术。它以 CAD 数据为基础，利用计算机的分析计算和仿真功能，在预测产品性能、发现设计缺陷、优化产品设计、减少物理样机数量等方面发挥着重要作用。

广义上，CAE 技术泛指包括分析、计算和仿真在内的一切研发活动。狭义上，CAE 技术一般指用计算机辅助进行复杂工程和产品各种力学性能的分析计算及结构性能的优化设计等工作的一种数值分析方法。CAE 技术体系庞大，涉及多学科知识，其方法体系如图 3-60 所示。

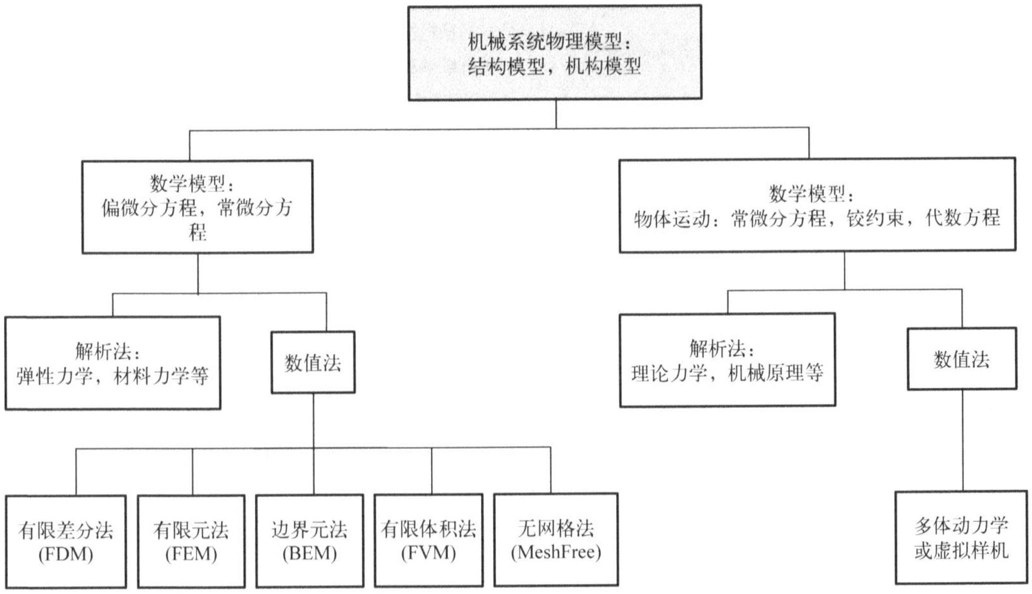

图 3-60　CAE 方法体系

目前 CAE 技术分为两大类：基于几何模型的 CAE 技术和基于数理模型的 CAE 技术。

基于几何模型的 CAE 技术主要对质量参数(体积、质量、重心、转动惯量等)进行求解、对机构运动进行分析，一般使用蒙特卡罗、单元分割、积分公式等方法。

基于数理模型的 CAE 技术把数值解析方法与 CAD 系统结合，其应用是对数理模型求解微分方程的过程。目前有限元方法是 CAE 分析最主要、应用最广泛的方法，提及 CAE 技术，主要是指基于计算力学的有限元分析技术。

3.3.2　有限元分析技术

有限元分析(finite element analysis，FEA)是一种数值模拟技术，可以计算出整个结构在不同载荷和边界条件下的应力、应变、位移等性能参数，广泛应用于机械、土木、航空航天、汽车制造等领域，用于优化设计、验证结构强度和可靠性、预测疲劳寿命及减少实验成本，为工程设计提供了强有力的支持。

1. 有限元分析思想及其理论基础

有限元法(finite element method，FEM)由美国的 R. W. 克劳夫于 1960 年提出，其基本思想源于 20 世纪 50 年代中期用于飞机结构分析的矩阵分析法。此后有限元法的应用得到迅速扩展，从航空扩展到航天、土木建筑、机械制造、水利工程、造船、电子及原子能等领域，由单一物理场的求解扩展到多物理场耦合求解，由单一构件问题扩展到多个物体的结构问题，从弹性材料扩展到弹塑性、塑性、黏弹性、黏塑性和复合材料，从固体力学扩展到流体力学、电磁学、传热学等学科，其应用的深度和广度都得到了极大的拓展。有限元法的工程应用情况如表 3-6 所示。

表 3-6　有限元法的工程应用情况

研究领域	平衡问题	特征值问题	动态问题
结构力学与宇航工程学	梁、板、壳结构的分析；复杂或混杂结构的分析；二维与三维应力分析	结构的稳定性；结构的固有频率和振型；线性黏弹性阻尼	应力波的传播；结构对非周期载荷的动态响应；耦合热弹性力学与热黏弹性力学
土力学，基础工程学	二维与三维应力分析；填筑和开挖问题；边坡稳定性问题；土壤与结构的相互作用；坝、隧洞、钻孔、涵洞、船闸等的分析；流体在土壤和岩石中的稳态渗流	土壤与结构组合物的固有频率和振型	土壤与岩石中的非定常渗流；在可变形多孔介质中的流动-固结；应力波在土壤和岩石中的传播；土壤与结构的动态相互作用
热传导	固体和流体中的稳态温度分布		固体和流体中的瞬态热流
流体动力学，水利工程学，水源学	流体的势流；流体的黏性流动；蓄水层和多孔介质中的定常渗流；水工结构和大坝的分析	湖泊和港湾的波动（固有频率和振型）；刚性或柔性容器中流体的晃动	河口的盐度和污染研究（扩展问题）；沉积物的推移；流体的非定常流动；波的传播；多孔介质和蓄水层中非定常渗流
核子工程学	反应堆安全壳结构的分析：反应堆和反应堆安全壳结构的稳态温度分布		反应堆安全壳结构的动态分析；反应堆结构的热黏弹性分析；反应堆和反应堆安全壳结构中的非稳态温度分布
电磁学	二维和三维静态电磁场分析		二维和三维时变、高频电磁场分析
生物力学工程问题	人体的脊柱、头骨、骨关节牙移植等应力分析		响应分析

有限元法的基本思想为“化整为零、集零为整”。首先，将物体（或求解域）离散为有限个互不重叠仅通过节点相互连接的子域（即单元），原始边界条件也被转化为节点上的边界条件，此过程常称为离散化。其次，在每个单元内，选择一种简单近似函数来分片逼近未知的单元内位移分布规律，即单元分析，并按弹性理论中的能量原理（或变分原理）建立单元节点力和节点位移之间的关系。最后，把所有单元的这种关系式集合起来，就得到一组以节点位移为未知量的代数方程组，解这些方程组就可以求出物体上有限个节点的位移，如图 3-61 所示。因为单元数目有限，节点数目有限，所以称为有限元法。

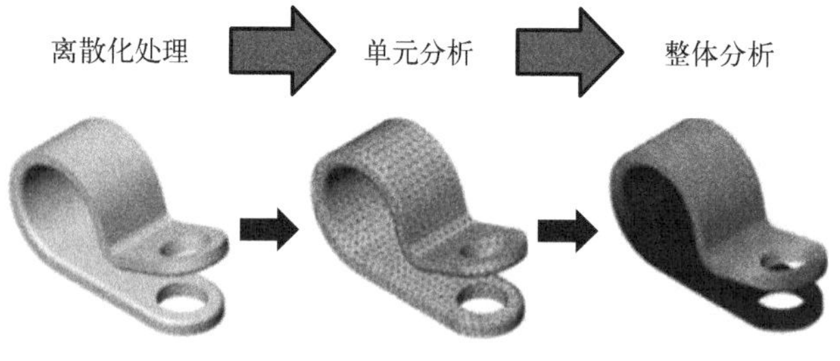

图 3-61　有限元分析的基本思想

从选择基本未知量的角度来看，有限元法可分为三类：位移法、力法和混合法。位移法以节点位移为基本未知量求解，力法以节点力为基本未知量求解，混合法一部分以节点位移、另一部分以节点力作为基本未知量求解。由于位移法通用性较强，计算机程序处理简单、方便，得到了广泛应用。本书主要介绍位移法，其基本过程如下。

(1) 结构离散化。将连续体离散成若干单元，单元间通过边界上的节点连接成组合体。

(2) 单元分析。①选择位移模式：单元内任意点的位移随位置变化的函数近似表达单元内的位移分布。②计算单元刚度矩阵：建立单元节点力和节点位移之间的关系，运用几何方程和物理方程进行求解。③计算单元等效节点力：将作用在弹性体上的各种力等效到节点上。

(3) 单元集成。把单元刚度矩阵集成起来，形成整体刚度矩阵。

(4) 方程求解。引入约束和载荷条件，求解线性方程组，得出节点位移。由节点位移计算单元的应力、应变等物理量。

有限元的基本理论以弹性力学有限单元法为基础，主要研究弹性体的力学问题，包括材料力学、结构力学、弹性力学，有关弹性力学的进一步学习请参考相应教材。

2. 有限元分析的基本概念和有限元模型

有限元分析中有几个基本概念，包括单元、节点、载荷、边界条件、初始条件等，前三者之间的基本关系如图 3-62 所示。

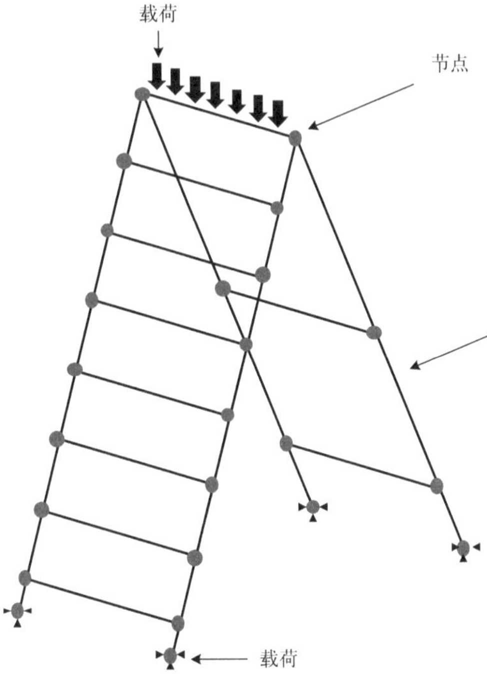

图 3-62　有限元分析基本概念间的关系示意

(1) 单元。单元是一组节点自由度间相互作用的数值、矩阵描述(称为刚度或系数矩阵)，直观地理解为有限元模型中划分的每一个小块体。单元有线、面或实体及二维或三维单元等种类。图 3- 63 展示了常见的单元形状，表 3-7 列出了常见的单元类型特点。

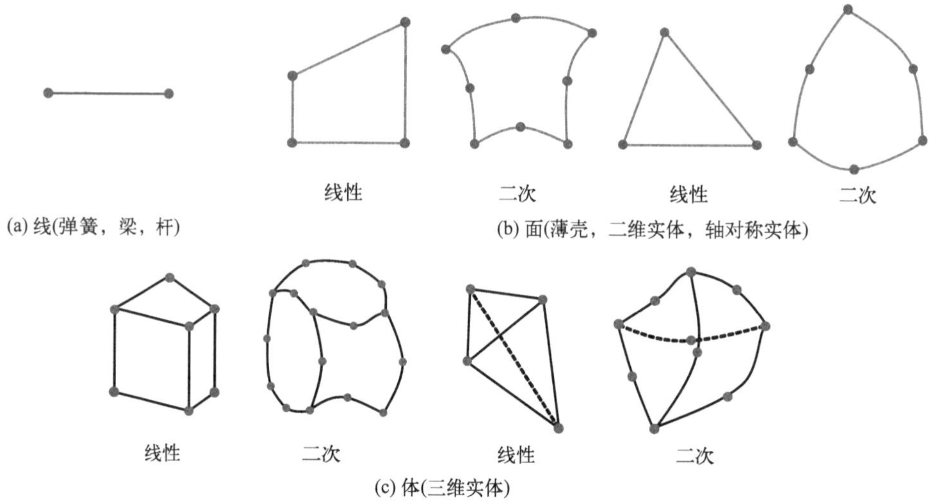

图 3-63　常见的单元形状

表 3-7　常见单元类型特点

单元名称	维数	节点自由度	应用
平面应力单元	2	2 个移动自由度	平面应力结构
平面应变单元	2	2 个移动自由度	平面应变结构
空间实体单元	3	3 个移动自由度	空间任意三维结构
轴对称实体单元	2	2 个移动自由度	空间轴对称结构
板单元	2	3 个移动自由度，3 个转动自由度	平板结构
壳单元	2	3 个移动自由度，3 个转动自由度	曲面壳体
轴对称壳单元	1	2 个移动自由度，1 个转动自由度	轴对称曲面壳体
杆单元	1	3 个移动自由度（平面杆 2 个）	桁杆结构
梁单元	1	3 个移动自由度(平面梁 2 个)，3 个转动自由度(平面梁 1 个)	梁结构
弹簧单元	1	3 个移动自由度(平面 2 个)，3 个转动自由度(平面 1 个)	弹簧结构

(2) 节点。节点是空间中的坐标位置，具有一定自由度且存在相互物理作用，表达实际结构几何对象之间相互连接方式，一般有六个自由度，直观地讲就是用于确定单元形状、表述单元特征及连接相邻单元的点，是有限元模型中的最小构成元素。图 3-62 中的点即节点。

(3) 载荷。载荷包括边界条件和内外环境对物体的作用。不同的学科中，载荷含义有所差别。在工程结构中指所受到的外部施加的力或力矩，包括集中力、力矩及分布力等。

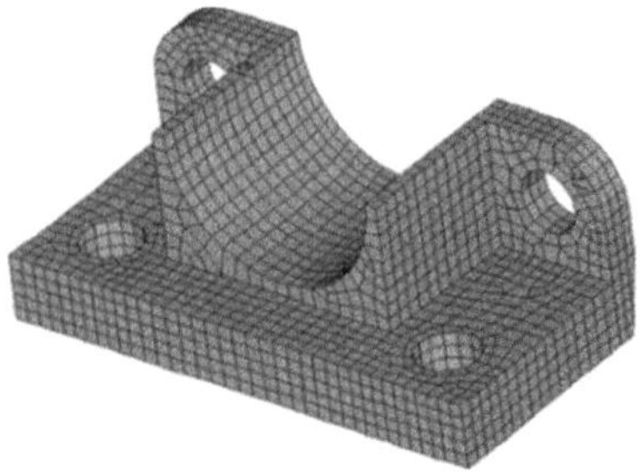

图 3-64　有限元模型示例

(4) 边界条件。边界条件是指结构在边界上所受到的外加约束。

(5) 初始条件。初始条件是结构响应前所施加的初始速度、初始温度及预应力等。

将零件或者产品模型离散化后形成有限元模型，如图 3-64 所示。有限元模型是真实系统理想化的数学抽象，由一些简单形状的单元组成，单元之间通过节点连接，并承受一定载荷。

几何模型是结构的骨架，有限元模型表达的是结构本身抵御外界的能力和内部之间、内部与外界之间的复杂联系。有限元模型所涉及的数据及其结构如图 3-65 所示。

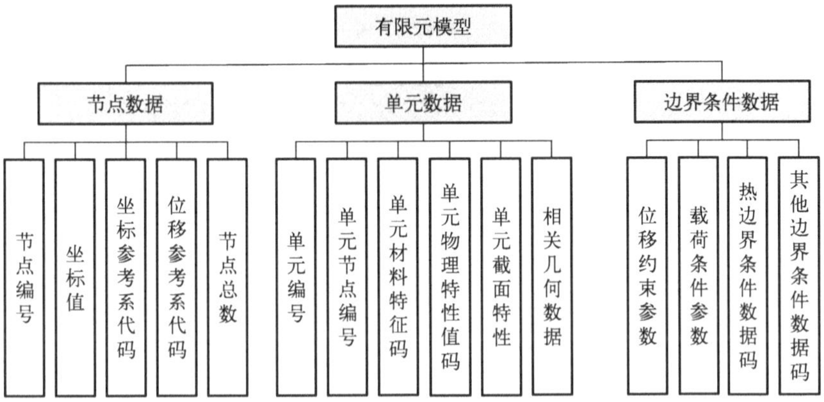

图 3-65　有限元模型的数据及其结构

3.3.3　CAE 软件及应用

CAE 软件指基于 CAE 技术，用计算机对工程和产品的功能、性能与安全可靠性进行计算分析，对未来的工作状态和运行行为进行模拟仿真，及早发现设计缺陷，改进和优化设计方案，证实未来工程/产品的可用性与可靠性的软件系统。

1. CAE 软件及其应用流程

根据用途的通用性，CAE 软件分为专用和通用两类。按照研究对象，CAE 软件可以分为静态结构分析、动态分析两类。按研究问题，CAE 软件可分为线性问题、非线性问题两类。按物理场，CAE 软件可分为结构(固体)、强度、疲劳、流体/空气动力学、加工成型、传热/热管理、运动学/动力学、电磁、振动/声学、多学科多物理场分析/优化、前处理及其他类型。

执行有限元分析，首先需要深入研究分析对象，明确分析任务、分析目标等，制订有效的有限元分析方案。分析任务是有限元分析的内容，如对飞机结构执行静力计算，需要计算三种载荷工况，每种计算工况代表一种实际工作状态。分析目标是有限元分析需要实现的工程目的，如验算飞机结构的强度是否符合设计要求，如果验算不合格，应该如何修改设计方案，直至强度满足设计要求。

应用有限元方法求解问题的关键是如何由实际物理问题抽象出用于求解的有限元模型。该过程需要技术人员根据工程问题的特点，恰当运用专业知识建立数学模型来表征实际系统。一般应用 CAE 软件进行有限元分析的过程包括以下步骤，如图 3-66 所示。

(1) 前处理，创建有限元模型，包括定义单元属性（单元类型、实常数、材料属性）、创建或读入几何实体模型、划分有限元网格、施加约束条件和载荷条件。

(2) 对施加载荷进行求解，包括定义分析选项和求解控制、定义载荷及载荷步选项、求解。

(3) 后处理，包括查看分析结果、分析处理并评估结果。

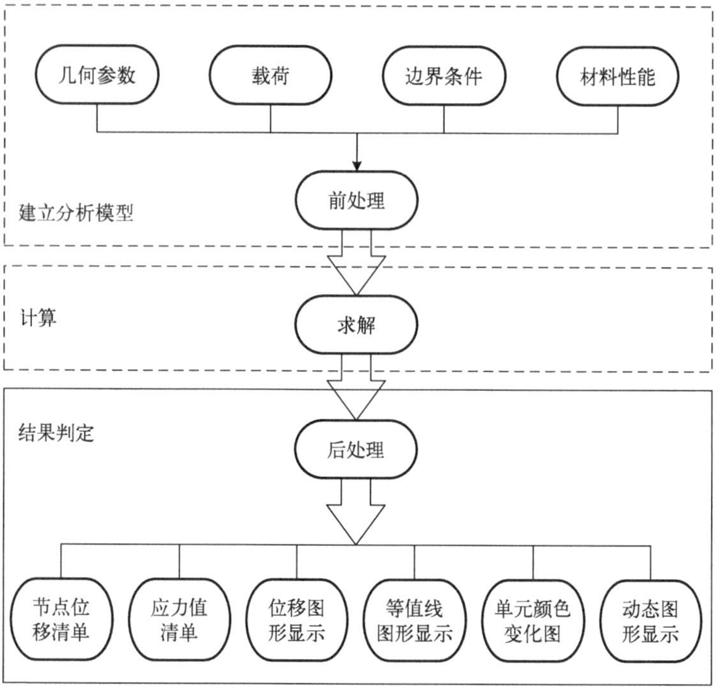

图 3-66　CAE 软件分析典型过程

实际应用中，可以选择已经建立的零件模型或者产品模型，应用有限元分析发现其中存在的问题，调整零件或者产品的结构或尺寸，实现设计改进或优化，基本过程如图 3-67 所示。

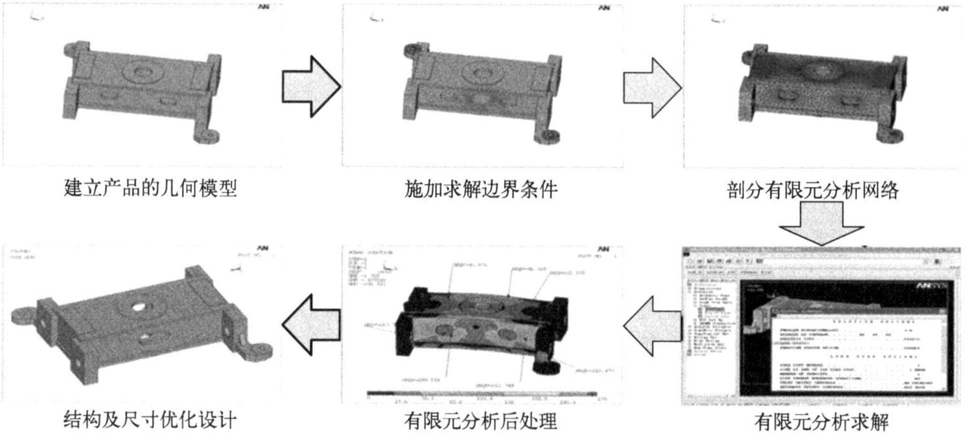

图 3-67　基于 CAE 的产品设计优化典型过程

航空工业中普遍应用 CAE 进行优化工作，主要的应用领域如下。

(1)结构力学。飞机总体结构及机身、机翼、起落架、发动机等部件的线性和非线性静、动力强度分析，疲劳寿命计算，结构和复合材料强度计算，鸟撞、迫降等事故状态下的冲击力学计算，制造工艺(冲压、焊接、锻造等)分析，乘员安全性分析等。

(2)流体力学。飞机气动特性(升力、阻力)计算及气动布局优化(图 3-68)，飞机-发动机匹配特性计算(进气道设计)，非稳定状态下(扰动气流、低空阵风、机动飞行等)的气动响应计算，导弹发射、副油箱抛撒等对飞机的影响，气动结构载荷和气动温度载荷计算，发动机效率(气动效率和燃烧效率)和舱内空气循环计算分析。

(3) 电磁学。机载天线、雷达、电子器件间的电磁兼容和电磁干扰分析，天线布局优化，军用飞机雷达散射截面(RCS)计算，电气设备效率和安全性分析等。

图 3-68　飞机气动特性 CAE 分析

2. 典型 CAE 分析类型

目前常用的 CAE 分析类型如下。

(1) 线性结构静力分析。线性结构静力分析是结构设计与强度校核的基础，主要计算在固定不变的载荷作用下结构的响应(位移、应力、应变和力)，不考虑惯性和阻尼的影响。

(2) 模态分析。结构的模态分析是结构动力分析的基础。模态也就是结构产生自由振动时的振动形态，也称振型。模态分析的目标是确定系统的模态参数，即系统的各阶固有频率和振型，为结构系统的动力特性分析和优化设计提供依据。

(3) 屈曲分析。屈曲分析用来确定结构失去稳定性的临界载荷和屈曲模态形状，广泛应用于细薄结构的设计分析。

(4) 非线性结构分析。在分析线弹性体系时，假设节点位移无限小，材料的应力和应变关系满足胡克定律，加载时边界条件保持不变。若不满足上述条件之一就会形成非线性问题。非线性结构分析主要有几何非线性分析、材料非线性分析、边界非线性分析等。

(5) 动力响应分析。动力响应分析计算结构受到动载荷时的动位移、动应力和动应变的大小及其变化规律。根据动载荷，动力响应分析主要分为频率响应分析、瞬态动力学分析等。

(6) 疲劳分析。疲劳指结构在低于静态强度极限的载荷重复作用下疲劳断裂的现象。疲劳分析结果主要有应力安全因子、疲劳安全因子和疲劳寿命。

(7) 设计优化。设计优化是为满足特定优选目标的综合设计过程。优化实际上含有折中的含义，例如，结构设计更轻就要用更少的材料，结构就会变得脆弱，因此就要限制结构件在最大许用应力下或最小失稳载荷下的外形及尺寸。

(8) 热传导分析。热传导分析通常用来校验结构零件在热边界条件或热环境下的产品特性，可以计算出结构内的温度分布状况，并直观地看到结构内潜热、热点位置及分布。可通过改变发热元件的位置、提高散热手段、绝热处理或其他方法优化产品的热性能。

3. 常见 CAE 软件

CAE 涉及的分析类型广泛，不同行业的分析场景和精度要求不同，目前市场上有上百种 CAE 软件。本书简要介绍部分主流 CAE 软件(部分同时具备前处理和后处理功能)，如 NASTRAN、ABAQUS、ANSYS 等。

MSC Software 公司的 NASTRAN 是大型通用结构有限元分析软件，也是全球 CAE 工业标准的源代码程序。NASTRAN 长于线性有限元分析和动力计算，和美国国家航空航天局(NASA)关系密切，在航空航天领域有着很高的地位。

达索系统公司的 ABAQUS 属于高端 CAE 软件。它长于非线性有限元分析，可以分析复杂的固体力学和结构力学系统，特别是能够驾驭非常庞大的复杂问题和模拟高度非线性问题。ABAQUS 系统级分析的特点相对于其他分析软件来说是独一无二的。

美国 ANSYS 公司的 ANSYS 是最常用的 CAE 软件之一。它提供了广泛的仿真和分析工具，包括结构力学、流体力学、电磁场等。ANSYS 的多物理场耦合功能使其成为复杂工程问题的首选，广泛应用于制造、交通、石化、能源、电子、土木、生物、地矿、水利等领域。

3.4　产品数字化定义与 DPD 技术

传统的设计—工艺—制造串行工作方法使设计产品信息与制造产品数据之间缺乏系统的联系，没有充分体现出产品制造过程中的特性，常常存在着制造厂无法有效使用设计部门所传递过来的产品定义数据、需要进行二次设计的问题，造成数字化生产线中断现象。要实现全要素、全流程的数字化制造，首先要实现精确的产品定义。因此，需要在更高层面对产品的数字化模型进行定义，即数字化产品定义(digital product definition，DPD)，实现产品模型在生命周期各个阶段的传递，并能够满足生命周期各个阶段的使用需求。

3.4.1　DPD 的起源与发展

美国波音公司首先提出了 DPD 的概念，并在波音 777 等机型的研制中成功应用 DPD，工程更改减少了 90%，物料返工减少了 90%，装配精度提高了 50 倍，研制周期由 12 年缩短为 4.5 年，造出的第一架飞机比已经造了 24 年的第 400 架波音 747 飞机质量还好。波音 777 DPD 模型如图 3-69 所示。

图 3-69　波音 777 DPD 模型

DPD 技术面向设计、分析、制造、装配、销售、服务、维护等产品生命周期各个环节，描述和定义产品全生命周期数字化过程中应包含的信息及这些信息之间的相互关联关系，最终实现产品的数字化定义及产品数据管理。

DPD 涵盖内容十分广泛，涉及数字化设计各个方面，为了规范其使用并便于推广应用，多个国家和国际组织制定了相关标准。

(1) 美国机械工程师协会在波音公司的协助下于 2003 年形成了美国国家标准 ASME Y14.41-2003《数字化产品定义数据实施规程》，目前最新版为 2019 版。

(2) 2006 年，ISO 借鉴 ASME Y14.41-2003 制定了 ISO 标准草案 ISO 16792-2006《技术产品文件 数字产品定义数据通则》，目前最新版为 2021 版。

(3) 2009 年，我国全国技术产品文件标准化技术委员会以 ISO 16792-2006 为蓝本，制定了 GB/T 24734.1～.11—2009《技术产品文件 数字化产品定义数据通则》系列标准。

DPD 技术经历了多个阶段的完善和扩展，且这些阶段目前仍在融合发展，主要阶段如下：数字样机(digital mockup，DMU)，基于模型的定义(model based definition，MBD)，数字孪生(digital twin，DT)。

3.4.2 数字样机技术

随着计算机技术的发展，产品数字化建模进一步发展为产品数字样机。有了数字样机，就能够利用抽象和仿真，在减少物理样机制造次数和实际或近似工况试验次数的前提下仍获得足够数据，再经过少量的物理样机制造和试验来完善设计效果，甚至不用物理样机而直接生成最终产品，从而缩短产品开发周期，带来巨大效益。

1. 样机和物理样机

样机是为验证设计或方案的合理性和正确性，或生产的可行性而制作的样品。使用物质材料制作的产品样机(或模型)称为物理样机或实物样机。通常在产品设计、制造时都会有一个制造物理样机的环节，通过物理样机检验各部件的设计性能及部件之间的兼容性，并检查整机的设计性能。发现问题后改进图纸，再生产第二台物理样机，直到符合要求。图 3-70 为运 20 的物理样机。物理样机的反复设计制造和试验过程不但需要耗费大量的人力物力成本，还需要耗费大量的时间成本，对于市场的快速反应和个性化要求来说是极大的缺点。同时，对于某些极端试验，制造物理样机甚至无法完成。即时完成也会花费大量的代价，如汽车的碰撞试验(图 3-71)。

图 3-70　运 20 的物理样机

图 3-71　采用物理样机方式的汽车碰撞试验

2. 数字样机的定义

数字样机目前还没有统一的定义，其本质是相对于物理样机，在计算机上表达的产品数字化模型，也称电子样机、虚拟样机。GB/T 26100—2010《机械产品数字样机通用要求》中的定义如下：数字样机是对机械产品整机或具有独立功能的子系统的数字化描述，这种描述不仅反映了产品对象的几何属性，还至少在某一领域反映了产品对象的功能和性能。

数字样机并不是 3D 模型的大型装配，其在功能和性能描述、应用阶段及功能拓展方面都与简单的模型装配有重大区别。随着三维 CAD 软件的不断发展，DMU 的形式和内涵都发生了很大变化。以空客公司为例，其 DMU 逐渐演化出可配置 DMU（configured DMU，cDMU）、功能性 DMU（functional DMU，fDMU）和工业 DMU（industrial DMU，iDMU）等类型。

空客公司认为完整的 DMU 应由三维模型、产品结构和产品属性组成，其中，产品结构描述模型的层次依赖和组织关系，产品属性描述模型状态。这种数据组织方式称为 cDMU。为了在数字化产品创建早期丰富 DMU 的功能和行为，又提出了 fDMU。fDMU 以 DMU 为载体，提取零部件并赋予其物理意义，支撑需求与功能分析、系统架构设计与综合性能仿真等工作。cDMU 与 fDMU 侧重设计阶段，为探索如何利用 DMU 优化制造过程，空客公司在 A320neo 新型号研制中实施了 iDMU。在工程设计环节，集中开展从概念阶段到批量生产的产品、工艺与制造资源的全方面数字化定义；在车间制造环节，车间的生产偏差等真实数据必须作为工程设计环节的输入被赋予 iDMU，并不断迭代。当制造环节结束，交付物理产品时，工程设计环节产生的是一个包含真实物理产品数据的 as-built iDMU。其关系如图 3-72 所示。

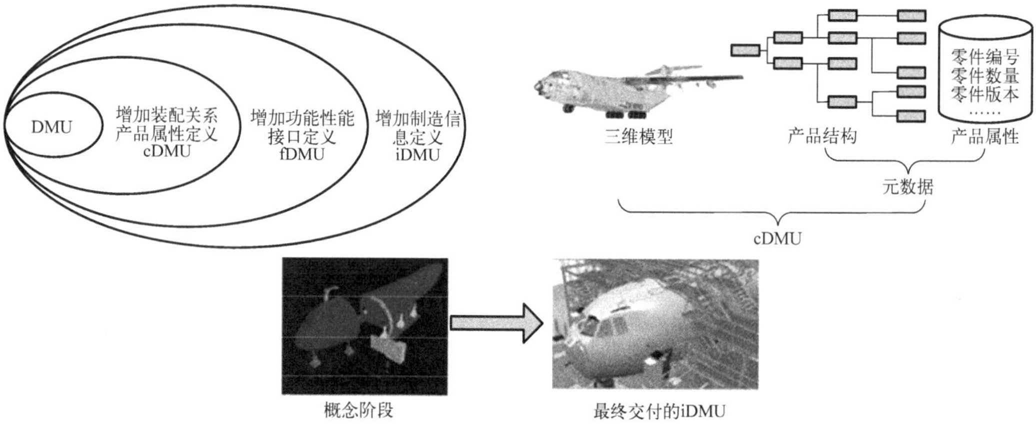

图 3-72　空客公司 A320neo 前机身的 iDMU

3. 数字样机的特点和分类

无论是狭义的还是广义的数字样机，都应具有以下三个技术特点。

(1) 真实性。数字样机必须在仿真的重要方面具有同物理样机相当或者一致的功能、性能或者内在特性，即能够在几何外观、物理特性及行为特性上与物理样机保持一致。

(2) 面向产品全生命周期。数字样机是对物理产品全方位的一种计算机仿真，是由分散的、不同工具开发的甚至是异构子模型的联合体。

(3) 多学科交叉性。复杂产品设计通常涉及机械、控制、电子、流体动力等多个领域。数字样机必须将多个学科领域的子系统作为一个整体进行仿真分析。

根据使用目的，数字样机可以从以下角度进行分类。

(1) 按产品结构，可划分为：①全机样机，包含整机或系统全部信息的数字化描述；②子系统样机，按照不同功能划分的子系统所包含的全部信息的数字化描述。

(2) 按研制阶段，可划分为：①方案样机，包含方案设计阶段全部信息的数字化描述；②详细样机，包含详细设计阶段全部信息的数字化描述；③生产样机，包含产品生产阶段产品制造、装配信息的数字化描述。

(3) 按使用目的，可划分为：①几何样机，侧重产品结构和几何描述的数字样机；②功能样机，侧重产品功能描述的数字样机；③性能样机，侧重产品性能描述的数字样机。

4. 数字样机的建立和应用

数字样机的建立是一个循序渐进的过程，可依据产品生命周期逐步建立起来，在产品研制不同阶段，综合运用各种数字样机，加快和优化产品研制过程，如图 3-73 所示。

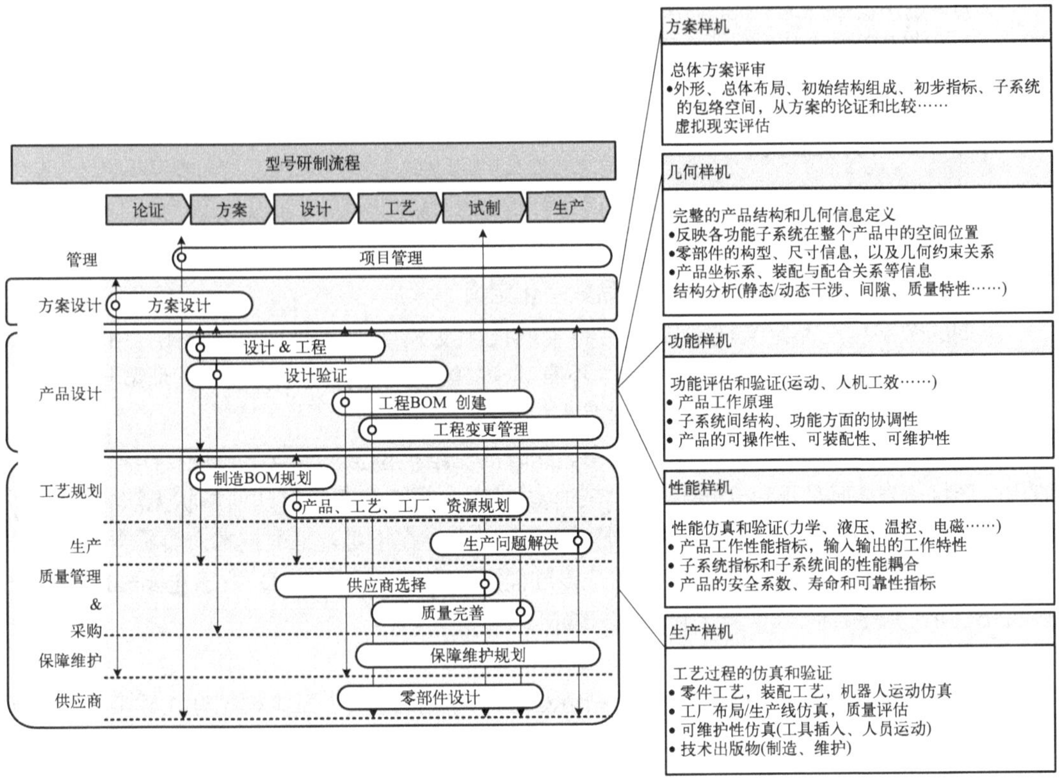

图 3-73　产品研发阶段数字样机的应用

在初期，以三维 CAD 为设计平台，建立典型产品的参数化三维实体模型，进行干涉和碰撞检查、装配规划等，建立描述产品的物理数据，为 PDM 提供基础数据。在中期，建立基于三维模型的产品分析模型，进行产品的运动和动力学分析，了解运动协调关系和动力学性能等；对加工工艺进行模拟，检验可加工性，为 CAM 提供数据模型。在后期，通过数字样机显示产品外观、内部结构、装配和维修过程、使用方法等。有关人员可以浏览产品的图形与非图形数据，充分发挥三维模型的作用。

一般来讲，数字样机在产品研制阶段的重点应用场景包括复杂机构的运动学仿真、机械动力学仿真、零件的校核和优化、产品装配仿真、产品制造过程仿真、产品展示等。

5. 数字样机的成熟度

数字样机构建的进展情况可按照模型成熟度划分不同等级，新产品的样机成熟度从 0 开始，到 1 为止。前一阶段提交的数字样机的成熟度是下一阶段数字样机成熟度的起点。

对于研发各阶段，数字样机成熟度大致可参照以下数值。

(1)方案设计阶段，成熟度为 0～0.25。

(2)详细设计阶段，成熟度为 0.25～0.85。

(3)工艺设计阶段，成熟度为 0.85～1.0。

3.4.3 MBD 及其相关技术

作为当前广泛应用的主流产品数字化定义技术，MBD 使复杂产品设计、制造模式发生了根本变化，真正实现了三维数字化、无图纸设计制造技术，大大简化了产品设计和管理过程，缩短了产品研制周期，从而引起了数字化制造技术的重大变革，真正开启了三维数字化制造时代。

1. MBD 的发展和概念

产品数字化定义是工程技术人员对所设计产品的形状、尺寸、技术参数及其制造信息等的一种数字化描述，它经历了漫长的发展过程。

1)初期阶段：基于 CAD 的 2D 产品数字化定义

早期的数字化产品定义技术(即计算机辅助设计技术)的目标是创建工程图，用计算机代替图板进行产品设计。这一方法效率低、不直观，二维工程图样也难以被后续环节直接使用。

2)中期阶段：3D 加 2D 产品数字化定义

人们逐步把三维模型引入工程定义中。此时的三维模型虽然包含二维图样所不具备的详细几何形状信息，但是不包含尺寸和公差的标注、表面粗糙度等仅靠几何形状无法表达的(非几何)信息。另外，关键部位放大图、剖视图等手段也存在不足。工程技术人员不得不使用二维图再加实体模型进行数字化定义产品。该过程又分为两个阶段：3D 数字建模+2D 数字化图纸+BOM，数字样机+2D 数字化图纸+BOM。

3)当前阶段：3D 产品数字化定义

1997 年，美国机械工程师协会联合制造业巨头共同发起关于三维模型标注标准的起草工作，以解决三维标注、尺寸和其他制造信息元素在三维模型中的表达问题。波音公司将其命名为 MBD 技术。

MBD 技术用一个集成化的三维数字化实体模型表达完整的产品定义信息，将所有相关的工艺描述信息、属性信息、管理信息(包括零件表)等都附着在产品的三维模型中，完全替代了二维工程图纸，成为制造过程中的唯一依据，其形式如图 3-74 所示。

MBD 技术能够实现 100%的数字化产品定义、100%的三维数字化预装配、100%的数字化工装设计，真正开启了三维数字化制造时代。

2. MBD 模型的结构和内容

MBD 模型也称 MBD 数据集，通过图形和文字表达的方式，直接地或通过引用间接地揭示一个物料项的物理和功能需求。MBD 数据集包括精确的实体模型、三维尺寸标注、注释和公差标注等信息，可以完整定义一个产品的所有要求。MBD 数据集集成了原来见于传统图纸上的公差、标志和文本类的信息，并依靠一系列的标准规范将这些信息集成在三维的 CAD 模型中。MBD 模型的数据组织结构如图 3-75 所示，分为 MBD 装配模型与 MBD 零件模型两部分。

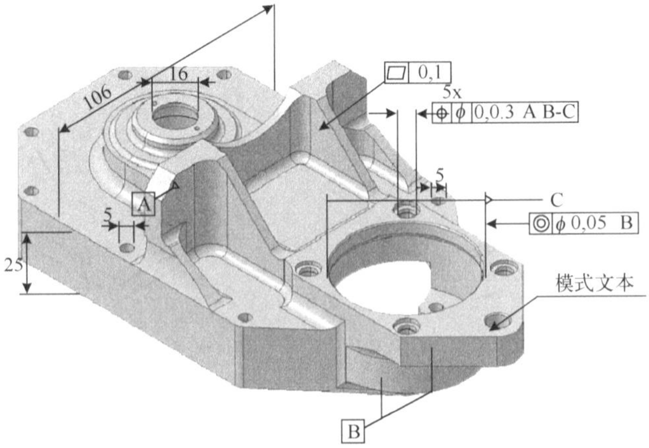

图 3-74　MBD 的表现形式(单位：mm)

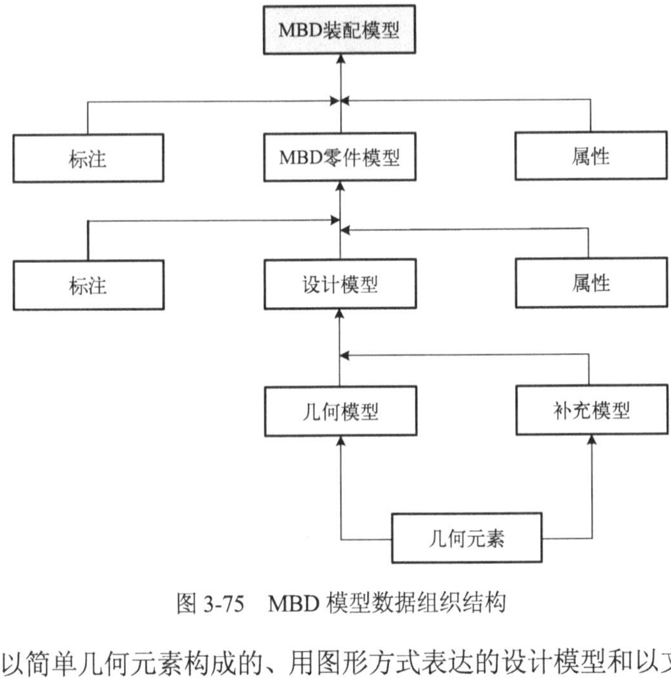

图 3-75　MBD 模型数据组织结构

零件模型由以简单几何元素构成的、用图形方式表达的设计模型和以文字符号方式表达的标注、属性数据组成。零件设计模型以三维方式描述了产品几何形状信息；属性数据表达了产品的原材料规范、分析数据、测试需求等产品内置信息；标注数据包含产品尺寸与公差范围、制造工艺和精度要求等生产必需的工艺约束信息。装配模型由一系列零件模型组成的装配零件列表加上以文字符号方式表达的标注和属性数据组成。

MBD 模型不仅包含产品结构几何形状信息，还包括原来定义在二维工程图纸中的尺寸、公差、工艺信息等非几何信息。这些非几何信息按照如下方式进行表示和管理。

1) 一般表达形式

所有尺寸、公差、注解、文本或符号均由标注的形式来表示，并通过与模型里的一个或多个特征表面垂直交叉或对齐延长的标注平面表达出来，如图 3-76 所示。

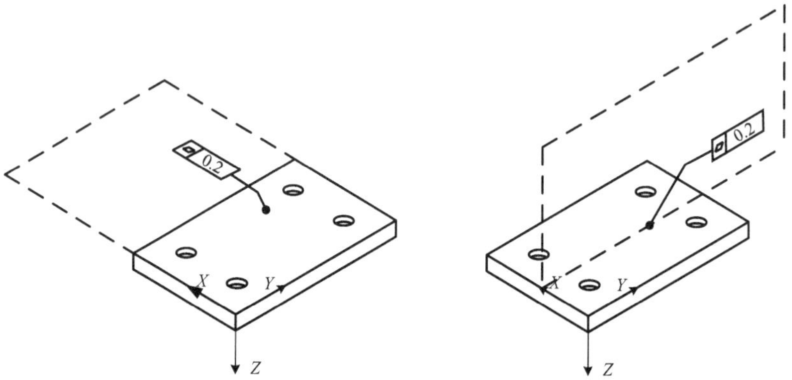

(a) 与几何特征一致　　(b) 与几何特征垂直

图 3-76　非几何信息的标注形式(单位：mm)

对不能用几何或标注来表示与显示的附加信息，可用属性来表达，如图 3-77 所示。

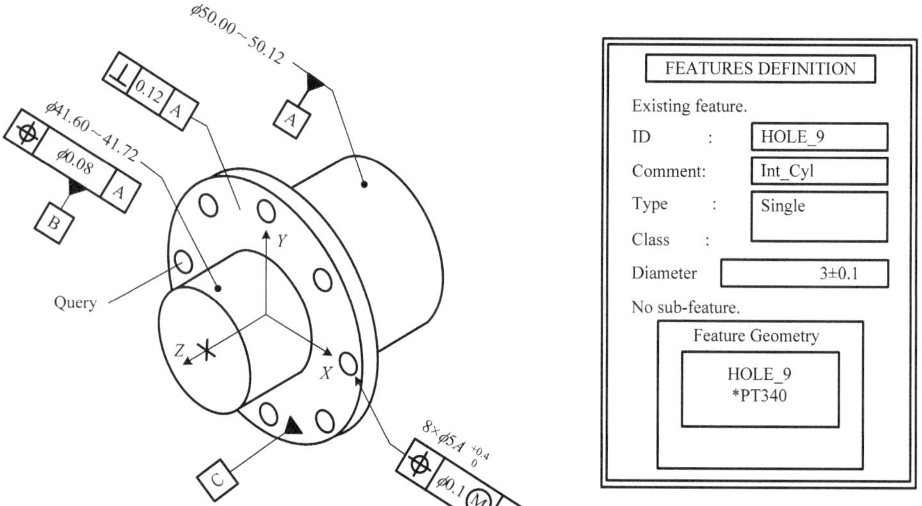

图 3-77　基于属性的表达形式(单位：mm)

2) 特殊标注信息表示

工程图设计遵循一定的标准，例如，在工程图恰当的位置上必须标注财产所有权单位、图形建模比例等信息。与之对应，每个 MBD 模型也必须包含类似特殊信息，一般包括建模比例、尺寸单位、设计精度要求、默认公差值、建模标准、设计活动标识、财产所有权与版权说明、保密性说明等。所有特殊标注信息都应放在一个独立的标注平面中，该平面是固定的，且不与任何几何特征关联，也不随着几何特征的转动而变换视角。

3) 标注特征与几何特征关系

除了特殊标注信息，MBD 模型中还包括尺寸标注、公差标注、基准标注及旗注类标注信息，这些信息占标注信息的绝大部分，并且每个标注信息特征都与一个或多个几何模型特征相关联，随着几何模型特征的转动而变换视角，如图 3-78 所示。

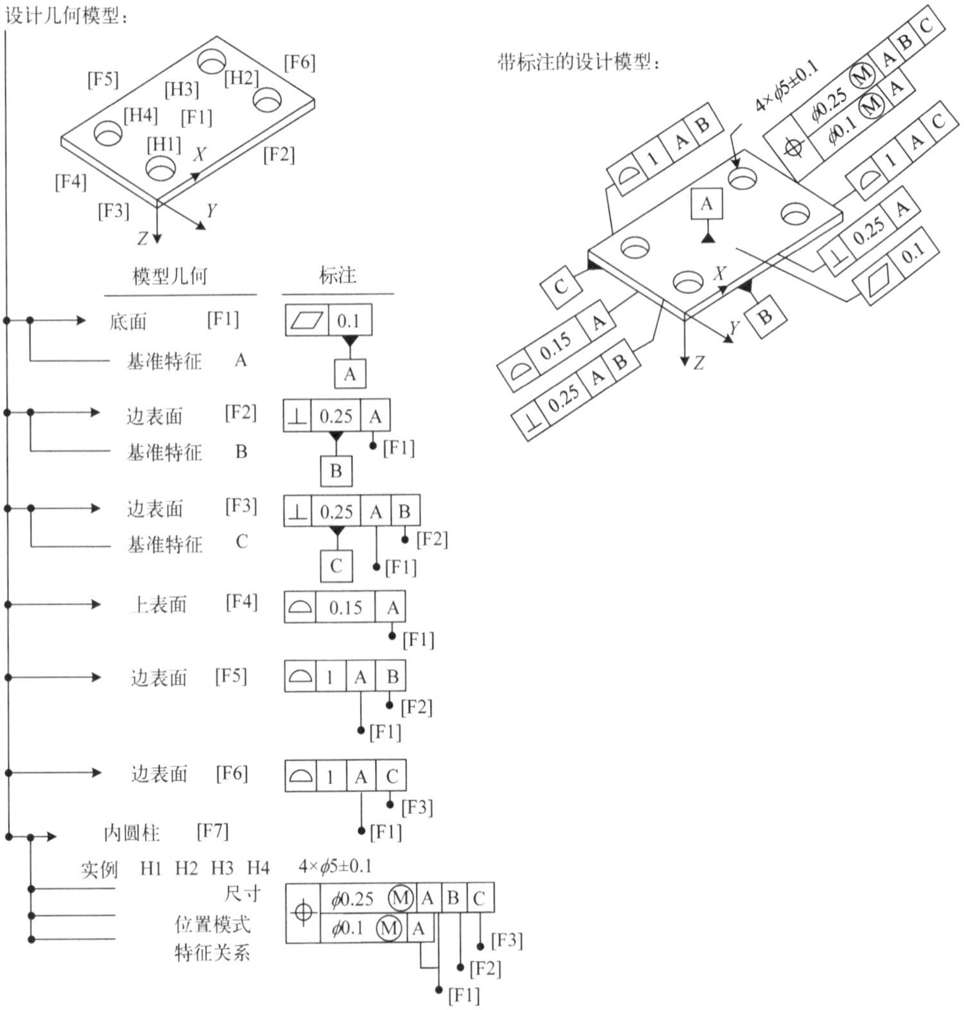

图 3-78　标注特征与几何特征间的关联关系（单位：mm）

标注特征与几何特征的关联关系通过指引线表达。如图 3-79 所示，用三种形状的指引线来表示不同类型的标注特征与几何特征间的关联关系。

(1) 以箭头作为末端，它表达的是模型中线元素与其标注特征的关联关系。

(2) 以点作为末端，它表达的是模型中一个面元素与其标注特征的关联关系。

(3) 专门用于基准标注特征与几何特征的关联关系，它一般采用直接以一个实体三角形状作为引导线终端的表达形式。

基准标注特征与几何特征间的关联关系也可用如图 3-80 所示的复合表达方法，与尺寸指引线或公差标注特征联合使用。

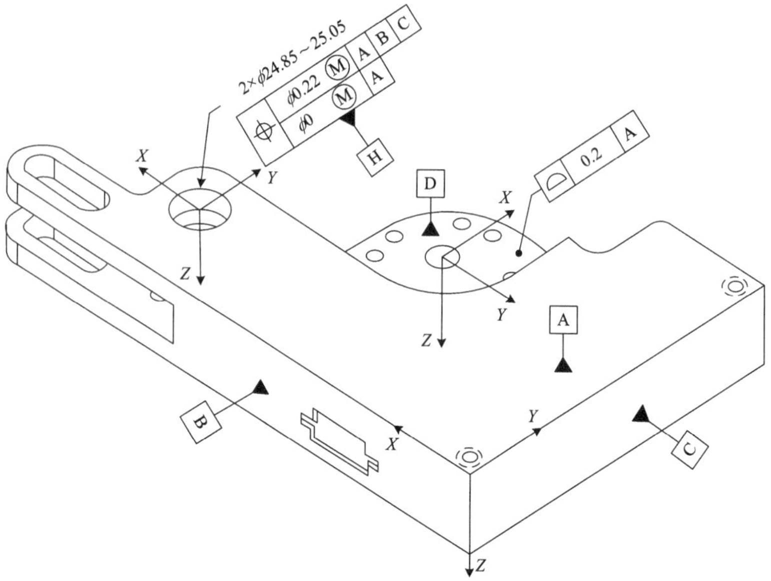

图 3-79　不同的指引线类型(单位：mm)

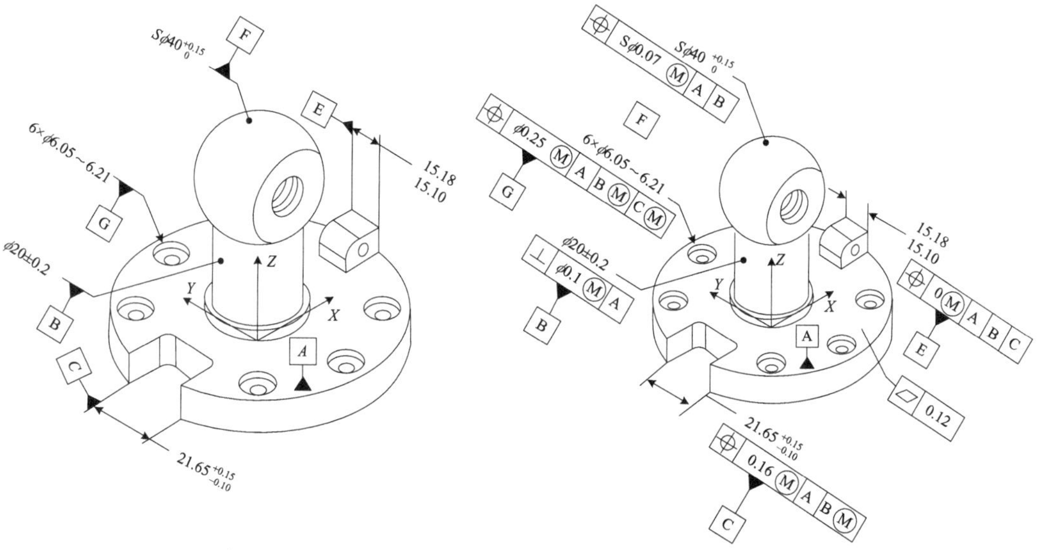

(a)与尺寸指引线联合表示　　(b)与公差标注特征联合表示

图 3-80　复合表达方法(单位：mm)

4)MBD 非几何信息的管理

MBD 模型中的非几何信息通过标注平面来表达，形成了庞大的标注信息特征集，如果让这些信息全部显示出来，会把整个设计模型覆盖，造成应用的不便与混乱。因此，为了方便、快速地让使用者有条理地了解各方面设计信息，MBD 模型需要有显示与隐藏标注信息的功能，具体包括三类：所有标注信息的显示或隐藏，根据需要按类型显示或隐藏标注信息，根据用户选择显示或隐藏标注信息，分别如图 3-81～图 3-83 所示。

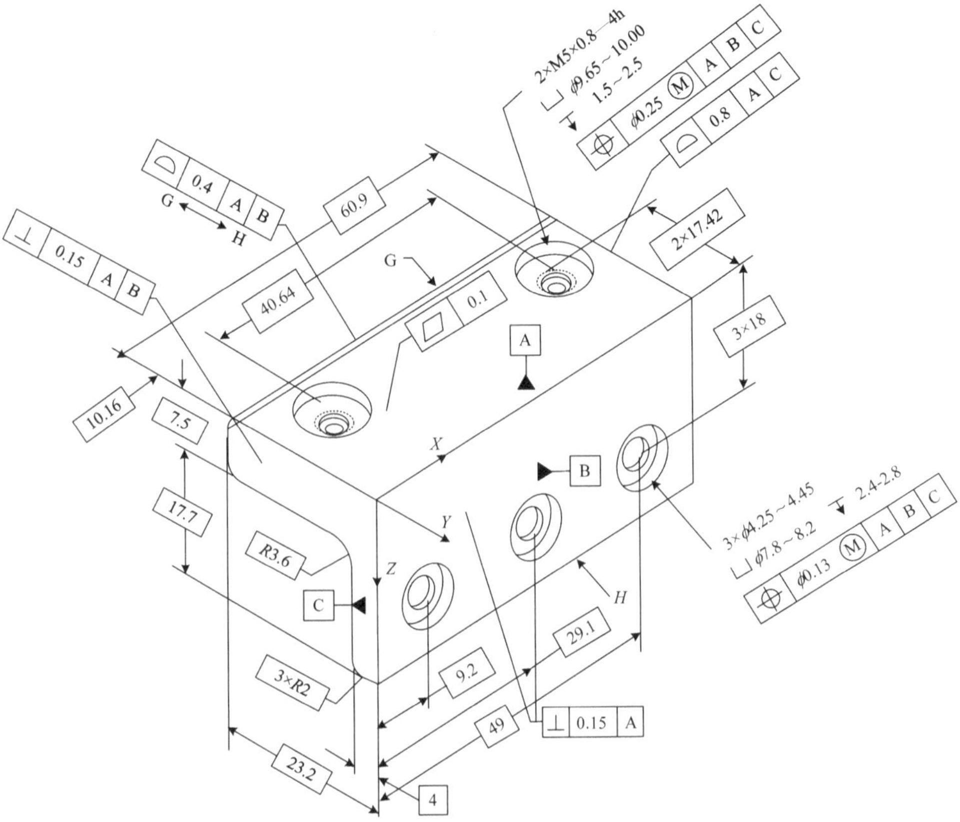

图 3-81　显示全部信息(单位：mm)

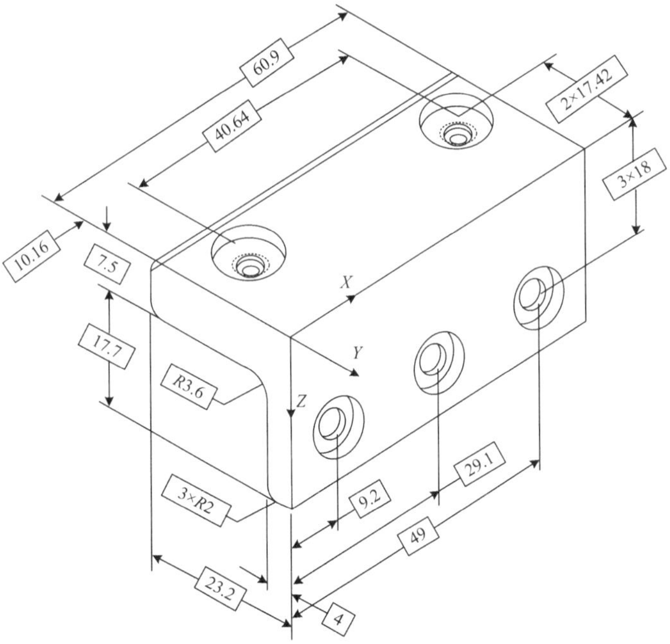

图 3-82　只显示名义尺寸类标注特征(单位：mm)

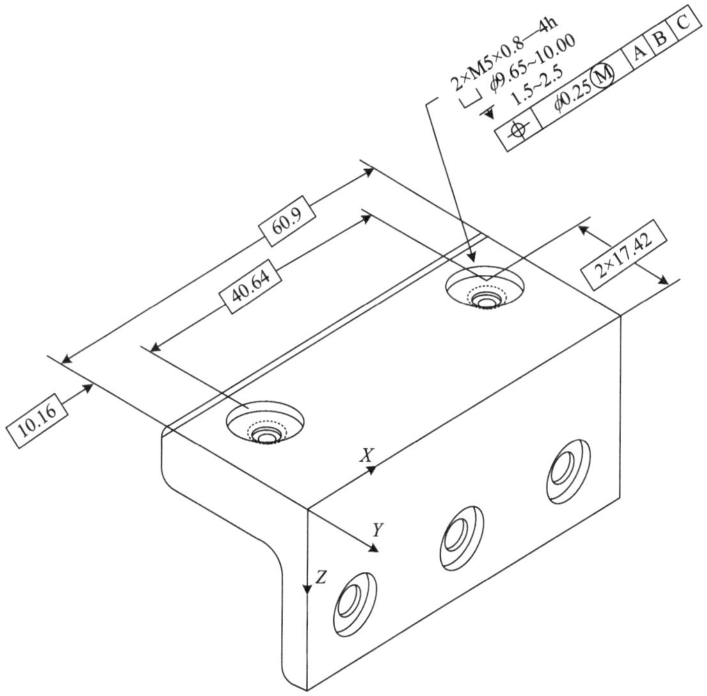

图 3-83　显示选择的标注特征(单位：mm)

除特殊标注信息特征外，MBD 模型中的绝大部分标注信息特征都不是单独存在的，而是与几何模型特征有关，依附于几何模型特征并形成关联关系，如图 3-84 所示。

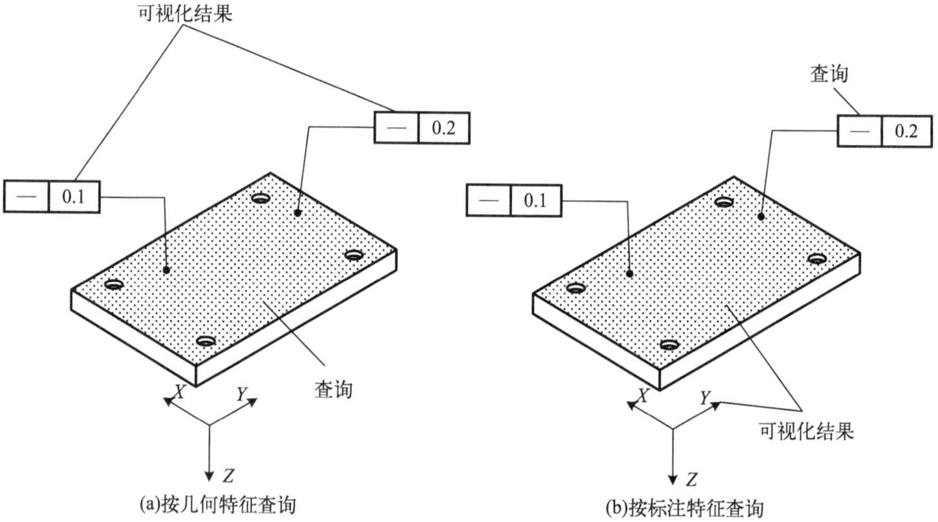

图 3-84　几何特征和标注特征的相互查询(单位：mm)

因此，MBD 模型在使用过程中要体现这种关联性，满足用户的多功能查询要求，即通过几何模型特征能查询到相关联的标注信息特征，而通过标注信息特征能提示它所表示的几何模型特征。图 3-84(a)表示通过查询几何特征能知道它所关联的标注特征；图 3-84(b)则表示通过查询标注特征能反映出它所依赖的几何特征。

3. MBD 技术的标准化与软件实现

从二维工程图纸到三维 MBD 模型，首先要解决在三维模型上标注什么内容，用什么样的方式，如何组织这些标注，怎样使设计人员、工艺人员和操作工人更方便地看“图”等问题。因此，MBD 设计规范是 MBD 设计的基础，需要针对产品定义、工艺设计和制造特点来建立三维标注的标准和规范。作为 MBD 技术发起者之一，波音公司制定了基于 MBD 技术的应用规范——BDS-600 系列标准，除一些一般要求和对不同的设计软件的使用要求外，还制定了针对机加零件、金属板料零件、铸件和锻件、夹层复材结构件、管路弯曲数据集、装配件、导线束装配/连接线和电缆装配等特定对象的建模标准。

美国机械工程师协会(ASME)在此基础上将 MBD 发展成国际标准 ASME Y14.41-2003，欧洲 ISO 制定了 ISO 16792-2006，我国制定了 GB/T 24734—2009。经过多年迭代，最新的 MBD 工程标准是 ASME Y14.41-2019 和 ISO 16792-2021。

在 MBD 技术软件化实现方面，主流 CAD 厂商根据相关标准更新了自己的软件支持 MBD 应用。例如，达索系统公司的 CATIA 和 SolidWorks、PTC 的 Creo、西门子公司的 NX 这些软件都增加了相应的 MBD 功能模块，可以在三维模型上进行尺寸、几何公差、基准、粗糙度、技术要求等设计制造信息的标注。CAD 软件中的 MBD 功能一般包括以下方面。

(1) 三维建模与标注。现在主流的 CAD 软件都支持 MBD 模型的建立，也支持利用三维标注模块根据 MBD 规范标准在产品的三维模型上定义各类产品信息。

(2) 公差分析。CAD 中的 MBD 模型可用于公差分析，以预测和规划制造验收率。

(3) MBD 模型质量检查。检查的内容包括建模合规性、装配合规性、几何对象合规性、文件结构合规性等。

(4) MBD 模型属性管理。产品属性包括材料、质量、设计签审和更改过程等信息。

(5) MBD 模型多视图管理。为避免出现刺猬状的凌乱视图，MBD 模型多视图管理在 CAD 中创建各类视图，分别满足不同阶段、不同角色的查阅需求。

例如，PTC 实现的 MBD 数据集结构如图 3-85 所示。

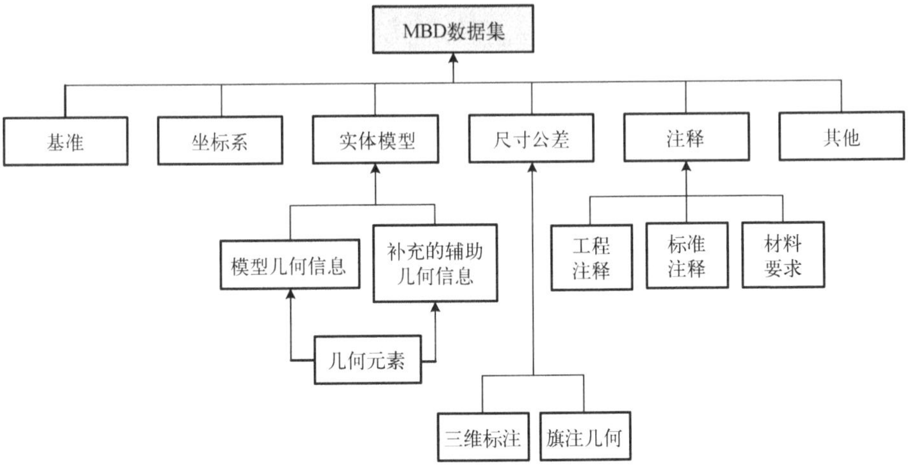

图 3-85　PTC 实现的 MBD 数据集结构

例如，CATIA提供Functional Tolerancing & Annotation模块，以实现MBD功能，如图 3-86 所示。

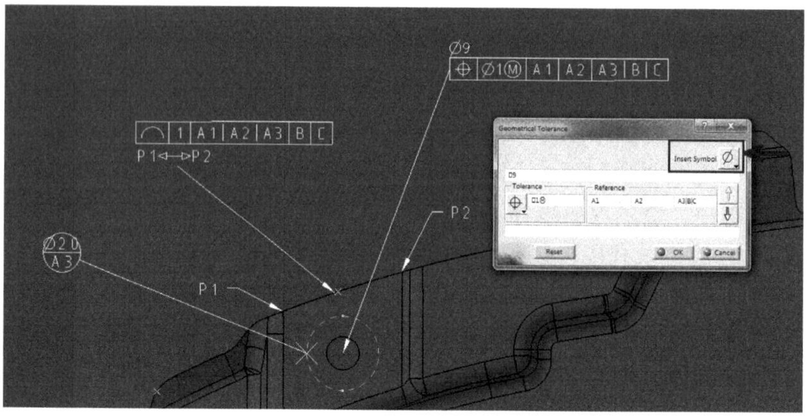

图 3-86 CATIA 中的 MBD 功能实现

4. MBD 在复杂产品设计中的应用

MBD 可以认为是一套研发体系和标准，目的是产品数字化研制的价值最大化，对于复杂产品研发尤为重要。因此，航空、航天等复杂产品研发领域大多数采用了 MBD 技术，并取得成效。下面以 AG600 研发设计为例，介绍 MBD 在其中的应用。

AG600 的研制采用了广泛的协作模式，AG600 的主要供应商体系如图 3-87 所示。根据 AG600 的研制分工，主制造商负责 AG600 的总体设计与总装，其他任务按照工作包的形式委托给各供应商完成。

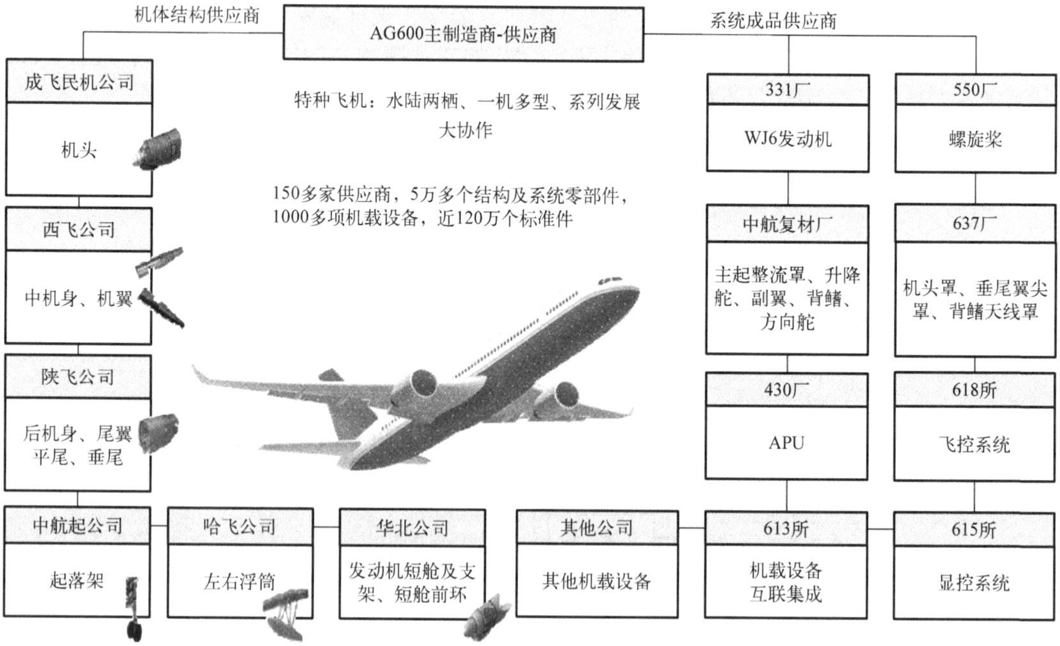

图 3-87 AG600 的主要供应商

围绕“主制造商-供应商”模式，基于全生命周期制定 AG600 总体协同业务框架如图 3-88 所示。在飞机研制的各个阶段，都需要供应商积极参与，并在不同层次与主制造商展开协同活动。

总体方案/联合概念定义(JCDP)	初步设计/联合定义(JDP)	详细设计(DDP)	全面试制(PDRP)	试飞取证(FT&Certification)	批产及客服(EIS)
		▽设计发图	▽首飞	▽TIA	▽TC/PC取证
▲SRR　▲SDR	▲SRR	▲PDR	▲CDR	▲TRR	▲ORR　▲AR
Tier 0 主制造商 成立IPDT联合团队，根据需求形成研制设计要求，气动外形及关键指标估算，关键供应商初步协调	总体布局设计及分区协调，制定接口控制文件，系统关键技术研究和试验验证，成品协调及技术协议签订，适航审定规划及适航申请准备，安全性、可靠性，维修性初步设计；设计工作分工及工作包制定	完成飞机整机、结构和系统详细设计，进行工艺及标准化审查，向制造发放工程数据集，编发工装指令、制造指令、装配指令等工艺文件，适航送审，系统功能试验，工程更改协同等	开始进行总装，开展各承制单位的分工协调和管理，进行静力试验和各类地面试验	试飞改装，首飞及调整试飞，验证试飞，适航试飞等	工艺定型，批产，维修方案设计，飞机交付及技术资料准备，维修过程管理，备件管理
Tier 1 机体结构供应商 参与前期需求联合论证，提供机头、机翼、尾翼增升装置、短舱、吊挂等气动力外形和相对位置的建议	签订分包设计合同，参与机体结构联合设计	参与三级样机分包设计，进行工艺审查，接收承制的工程数据集，开展工艺技术准备，贯彻工程更改	进行研制批飞机相关部段的制造和部装，更改贯彻，实物交付，地面及静力试验保障	试飞及适航保障，试飞改装设计协同	飞机交付支持，维修过程及备件支持
Tier 2/3 系统及成品供应商 参与关键系统(发动机飞控/导航等)前期联合方案论证，辅助指标分配协调	参与RFI/RFP，进行成品协调及技术协议签订，开展基于设计上下文的协同设计	进行系统/成品设计及更改协同	进行研制批飞机相关系统及成品的制造和装配，更改贯彻，实物交付，试验支持	试飞及适航保障，试飞改装协同	飞机交付支持，维修过程及备件支持
Tier 4 标准件及材料供应商 参与新材料联合论证	—	开展新材料试验验证	根据采供合同进行标准件及原材料供货，配合入厂检验	试飞及适航保障	飞机交付支持，维修过程及备件支持

图 3-88　AG600“主制造商-供应商”模式全生命周期总体协同业务框架

AG600 的供应链协同业务体系复杂且周期长，传统的独立发展和手工对接方式已经难以满足发展需求。因此，采用 MBD 技术，建立了一个针对全生命周期的供应商数字化协同平台，其总体应用框架如图 3-89 所示。

该框架以 PLM 为核心底层平台，基于 MBD 数字样机，打通设计、工艺数据流，主要协同模式如下。

(1) 机体结构供应商协同。供应商基于统一门户参与飞机机体结构工艺会签、更改贯彻、交付协同及维修支持等工作。

(2) 设计分包供应商协同。供应商在广域网络环境下，基于主制造商规划的模块和统一的 MBD 资源库，通过独立的数据协同区进行自顶向下的设计。

(3) 系统/成品供应商协同。供应商基于统一门户进行上下文协同、成品数据提交、成品更改协同、各类单据协同、维修支持协同等。

(4) 试验/试飞供应商协同。供应商基于统一的 MBD 规范与设计资源库进行试验件/测试改装设计、试验构型管理等。

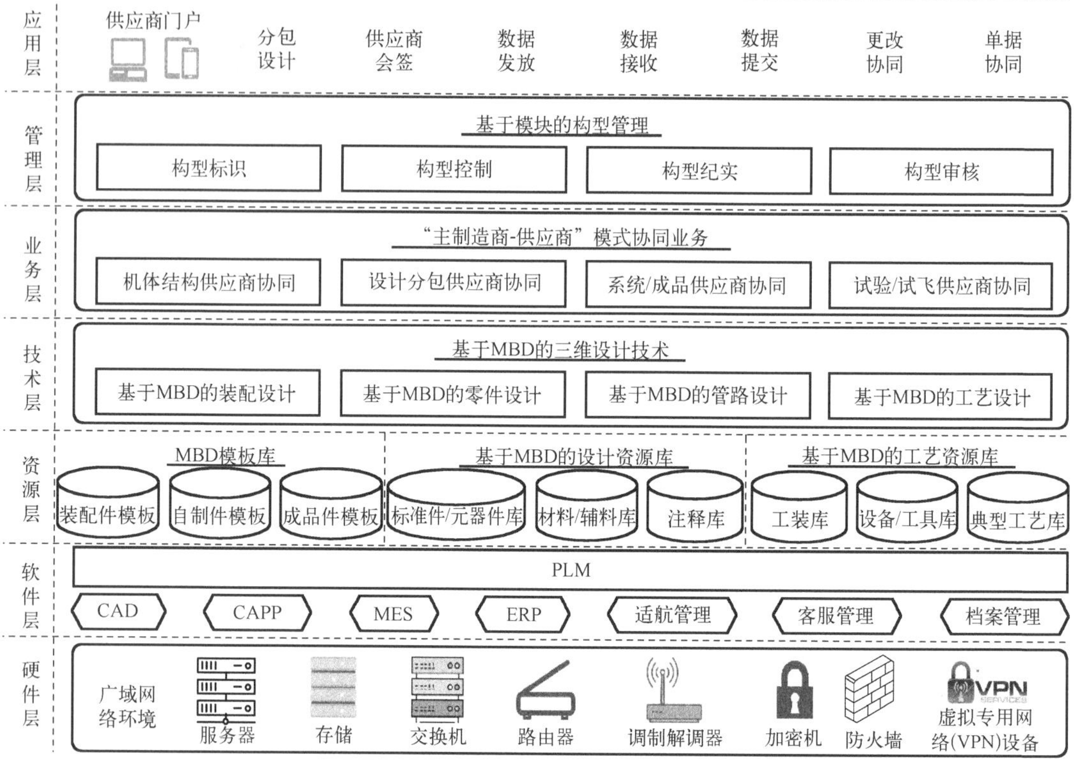

图 3-89　基于 MBD 和生命周期管理的 AG600 供应商数字化协同平台总体应用框架

主要的应用功能如下。

(1) 基于模块的多专业 MBD 设计集成。为简化和统一主制造商和供应商的三维数据提交方式，实现总体、结构、系统等专业设计协同及构型管理紧密融合，提高 MBD 模型数据规范化程度，需要通过三维 CAD 工具与 PLM 系统进行集成。通过设计资源库等保证数据源的正确性，通过设计构型管理保证数据的状态有效、可控、可追溯，支持架次有效性配置。集成架构如图 3-90 所示。

(2) 基于 cDMU 的审查。在飞机研制过程中，主制造商需要频繁与供应商进行设计协同，实现全三维设计环境下的数字样机协调。cDMU 是在数字样机的基础上，增加不同的配置条件过滤样机模型，以达到形成不同类型样机的目标。为满足基于 cDMU 的审查目标，需要建设样机审查环境，应用架构如图 3-91 所示。

(3) 基于 MBD 的广域协同设计管理。主制造商与设计分包供应商为紧密协同工作模式，为了实现供应商和主制造商在广域网络下基于统一的协同设计环境进行工作，构建了供应商分包设计应用架构。该架构通过协同区的方式进行数据的共享，既能确保供应商按照主制造商的 MBD 规范和资源进行设计，又能对数据共享范围进行控制，保护数据安全。

上述 MBD 技术在 AG600 研制过程得到了广泛应用，并取得良好成效。西飞、成飞民机、陕飞等机体结构供应商通过供应商协同门户进行异地工艺会签、数据接收、更改协同及单据协同，提升了流程审签效率，确保数据发放及时、完整且准确；在机身舱门分包设计任务中，因客观原因，分包供应商无法到现场，最后在异地通过分包协同环境及时、准确地交付任务；在起落架分包设计任务中，中航起通过供应商门户提交供应商协调数模，通过数字样机审查环境进行安装协调，最终圆满完成了交付任务。

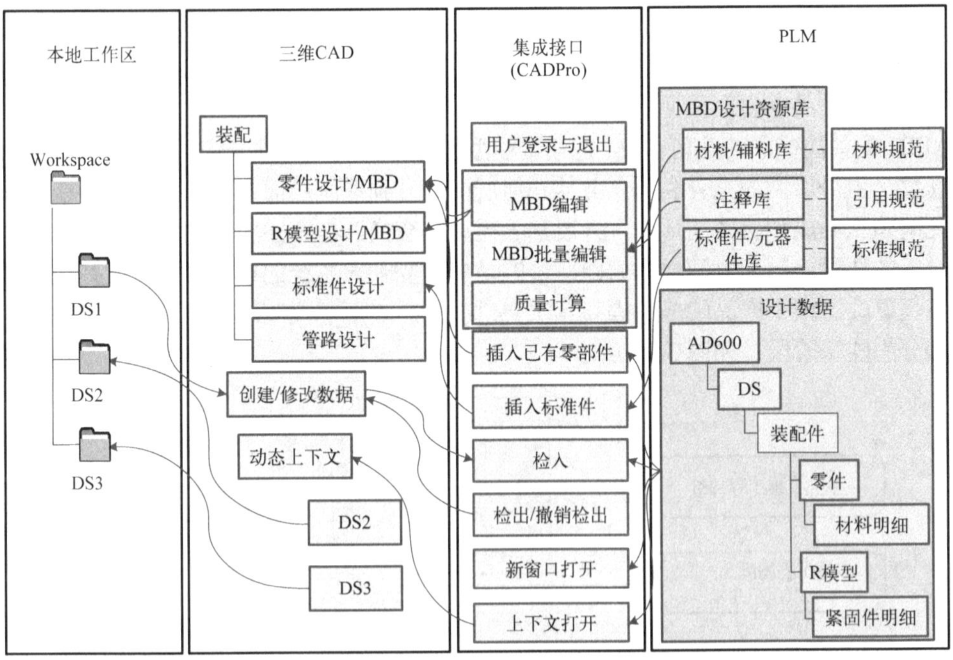

图 3-90　基于模块的多专业 MBD 设计集成架构

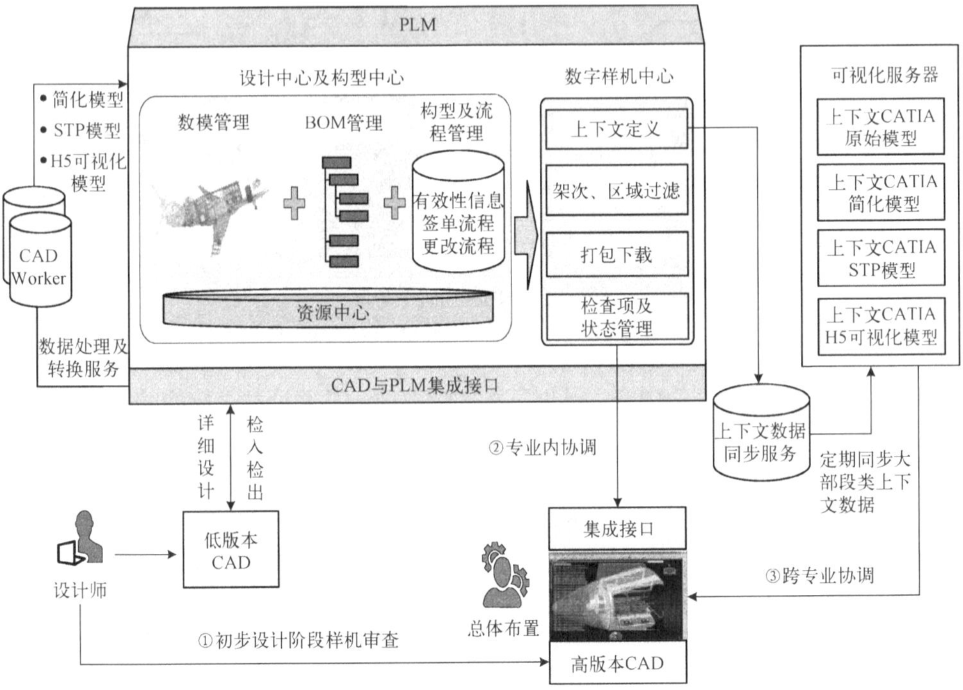

图 3-91　基于 cDMU 的审查环境应用架构

5. MBE 和 MBSE

1) MBD 与 MBE

MBD 从产品的设计层面实现了对企业设计流程的优化。为了对企业整体流程进行优化，需要将 MBD 模型用于整个产品生命周期中。2005 年，美国推出了“下一代制造技术计划”，又在 MBD 基础上提出了基于模型的企业(model based enterprise，MBE)，旨在更加充分地发掘三维模型在产品全生命周期中的应用潜力。

MBD 更关注产品的几何信息，把三维模型作为生产制造的唯一依据。MBE 更关注 MBD 数据在整个生命周期的充分利用，并从几何层面上升到系统层面；在企业内部及企业外部供应链之间建立集成和协同的环境，开展基于模型的交换，在数字空间进行反复迭代，以减少物理空间的质量问题和时间成本问题，目的是提高复杂大系统的设计质量、缩减交付时间、减少工程更改、减少产品缺陷和提高首次交付质量。“下一代制造技术计划”将 MBE 的发展历程分为四个阶段，如图 3-92 所示。

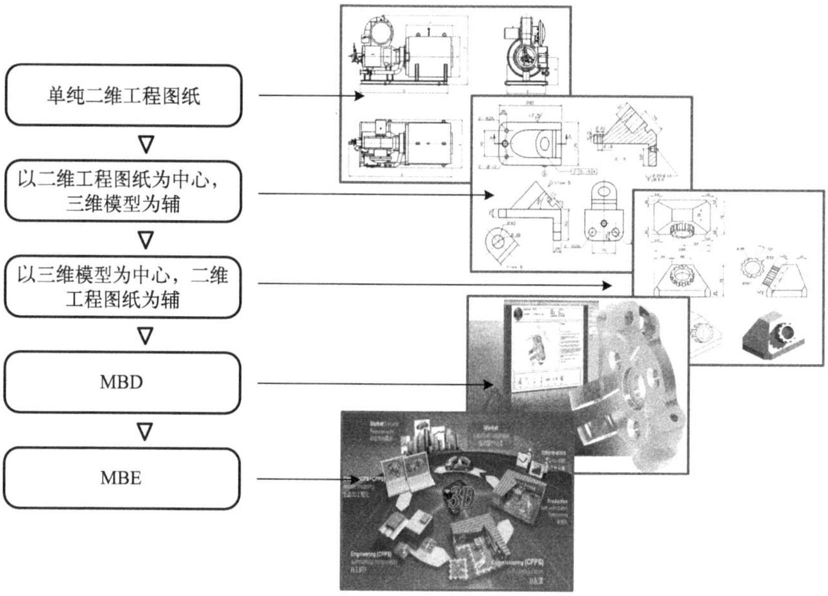

图 3-92　MBE 的四个阶段

第一个阶段包括单纯二维工程图纸和以二维工程图纸为中心，设计制造交换的是二维信息。

第二个阶段以三维模型为中心，开展三维实体建模，并验证整个结构的几何交互关系，包括运动学仿真、有限元仿真、基于模型的制造等。

第三个阶段是 MBD，侧重在三维模型中全方位地表达设计制造信息。

第四个阶段是 MBE，其三维主控模型不仅包含三维标注等几何信息，还包含更多的模型信息，未来要把三维模型应用到企业和供应链，基于广义的 MBD 进行信息交换。其主要内容如图 3-93 所示。MBE 在统一的基于模型的系统工程(MBSE)指导下，创建贯穿企业产品整个生命周期的产品模型、流程管理模型、企业(或协作企业间的)产品管理标准规范与决策模型，在此基础上开展与之相对应的 MBe、MBm 和 MBs 的实施部署。

基于模型的工程(model based engineering，MBe)将模型技术作为系统生命周期中需求、分析、设计、实施和验证的能力，突破 MBD 单一的应用领域和范围。基于模型的制造(model based manufacturing，MBm)强调的是基于模型的工艺仿真、生产线的仿真、指令的仿真及指令传递到物理设备之后的控制和数据采集。基于模型的持续保障(model based sustainability，MBs)将产品和工艺开发中的模型和仿真应用到系统生命周期的维护阶段，持续关注系统的整个运行状态。

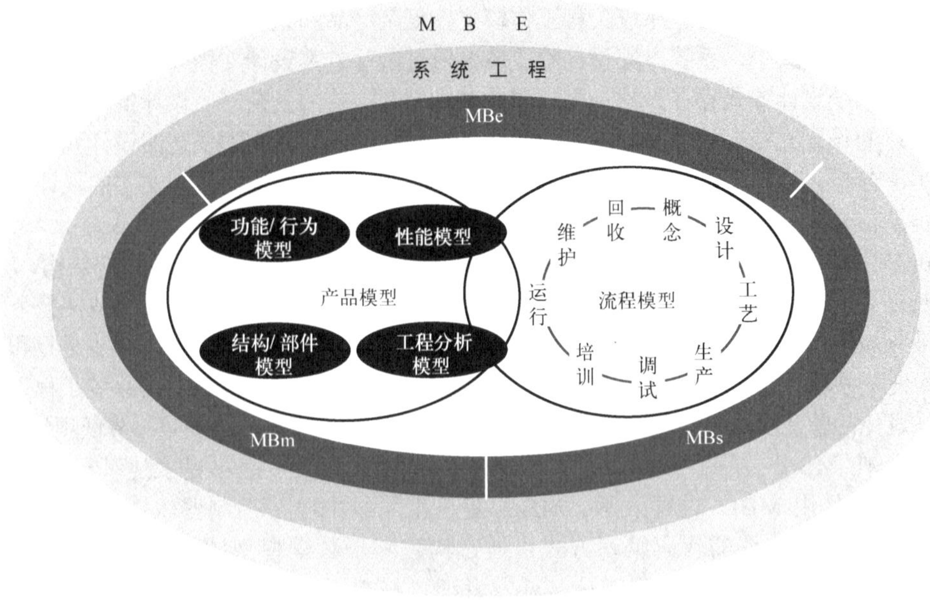

图 3-93　MBE 的主要内容

从技术发展方向来看，按路径选择及需要的能力，MBE 分为 7 个等级，如图 3-94 所示。Level 3 对应当前的 MBD，Level 4～6 对应后续的 MBE 要发展的方向。

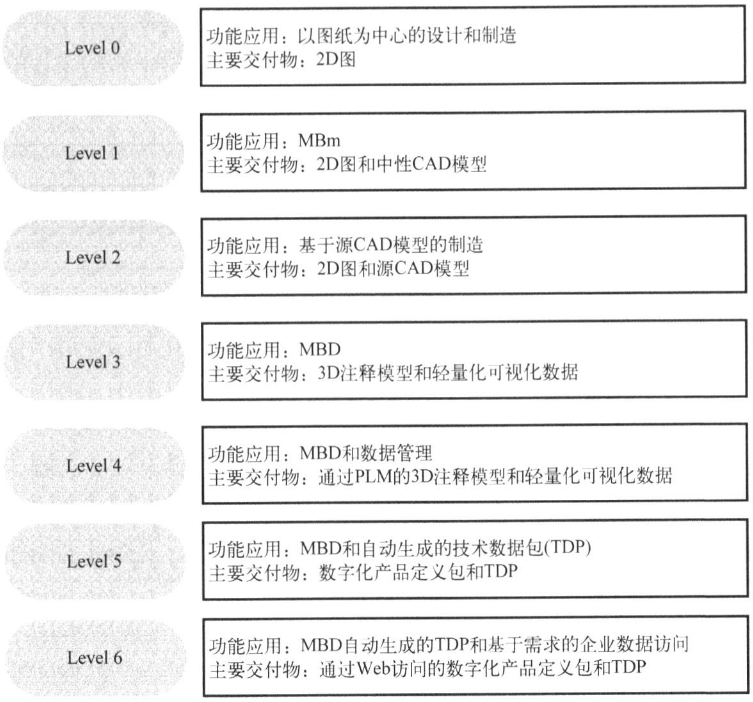

图 3-94　MBE 能力等级

2) MBD 与 MBSE

基于模型的系统工程（model-based systems engineering，MBSE）是一种形式化的建模方法学，可以应对基于文档的传统系统工程工作模式在复杂产品和系统研发时面临的挑战。在传统系统工程工作模式中，系统方案设计阶段多数通过撰写方案设计文档来对系统进行定义。基于文本的系统设计方式存在天然局限，越来越难应对当前的复杂产品设计挑战，例如，自然语言描述的设计文档一致性差，沟通效率低且容易出现歧义；文本描述的设计元素之间无法实现追溯分析，当出现设计变更时很难对变更影响进行准确评估；基于文本的设计方案无法进行前期仿真验证；设计方案无法与详细设计阶段的数字化模型(如 CAD)关联。

MBSE 用数字化建模代替写文档进行系统方案设计，把设计文档中描述系统结构、功能、性能、规格需求的名词、动词、形容词、参数全部转化为数字化模型表达。模型使整个组织中各专业领域人员更加直观地理解和表达系统，确保全程信息传递的一致性，减少重复和不一致，从而使跨领域的协作更明确，且模型可以被验证，减少了基于文档的传统系统工程工作模式中无法避免的验证困难与一致性差的问题，提升项目沟通效率与产品质量，降低项目风险。

然而，在 MBSE 领域，MBD 是基于模型的设计的含义，而不是上述基于模型的定义的含义，此处用 MBD_2 进行表示。MBD_2 是机电系统中电子控制器软件设计的核心方法，主要用于代替传统的代码编写方式，通过构建基于数学模型的控制系统设计流程，如使用 MATLAB、Simulink 等工具。开发者通过搭建系统模型，进行算法设计、仿真验证、自动代码生成，直到实际产品测试，实现软件闭环开发。例如，在汽车动力总成控制器开发中，工程师可以通过 MBD_2 技术设计复杂的控制算法，并确保其在真实环境下稳定运行。

但这并不说明 MBD(基于模型的定义，此处用 MBD_1 表示)与 MBSE 无关联。因为 MBSE 是一种系统工程方法，它使用模型来表示系统的不同方面。这些模型用于捕获系统行为、功能和物理特性。如果产品中结构设计参与整个系统工程仿真，用于结构设计的 MBD_1 所定义的参数，如尺寸、间隙等几何特性参数，以及质量、中心、转动惯量等物理特性参数则可以通过 MBD_1 定义，并传递到 MBSE 进行系统性的仿真优化。

3.5　产品数据管理与 PDM 技术

从 20 世纪六七十年代开始，企业在设计和生产过程中逐渐开始应用 CAD、CAM 等软件与技术。这些软件自成体系，彼此之间缺少有效的信息共享和利用，形成“信息孤岛”，阻碍了企业设计生产效率的进一步提高。

同时，随着 CAD、CAPP、CAM、CAE 等软件的广泛应用，计算机产生的各种数据资料迅速增加，引发了一系列产品数据管理挑战，例如，跨部门产品信息查询、传递、共享、图纸版本一致性，简化系列产品开发，保证各部门 BOM 准确性，分析更改影响并及时通知各部门等。因此，如何消除“信息孤岛”，有效管理海量数据，是企业面临的难题。

此外，产品的设计模式也发生了变化，从顺序(串行)设计模式变化为并行设计模式。传统设计模式是串行设计模式。新产品设计在交给制造部门之前，按照图 3-95 中顺序在企业不同部门内完成。该模式以顺序过程为前提，即前一阶段完成后，下一阶段才能开始。由于各个阶段应用不同的开发系统，系统之间数据交换困难；经常的数据修改使产品设计费用增加；设计时间长，不能满足市场的需求。

20 世纪 90 年代，出现了并行设计模式。并行设计是指在产品开发的设计阶段就要考虑产品生命周期中的工艺规划、制造、装配、测试、维修等其他后续环节的影响，通过各环节的并行集成，以缩短产品开发周期、降低产品成本、提高产品质量。并行设计模式已经成为目前的主要设计模式，如图 3-96 所示。

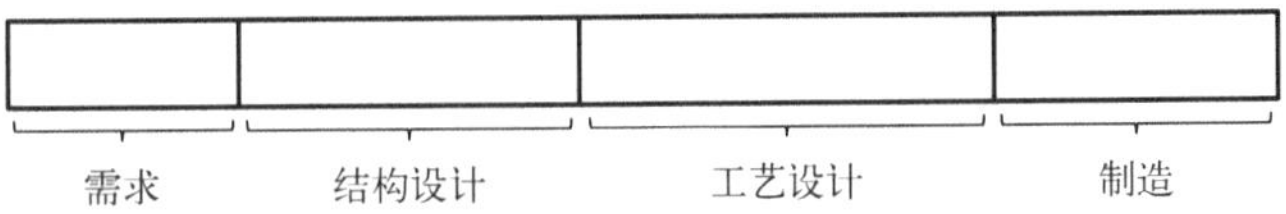

图 3-95　串行设计模式

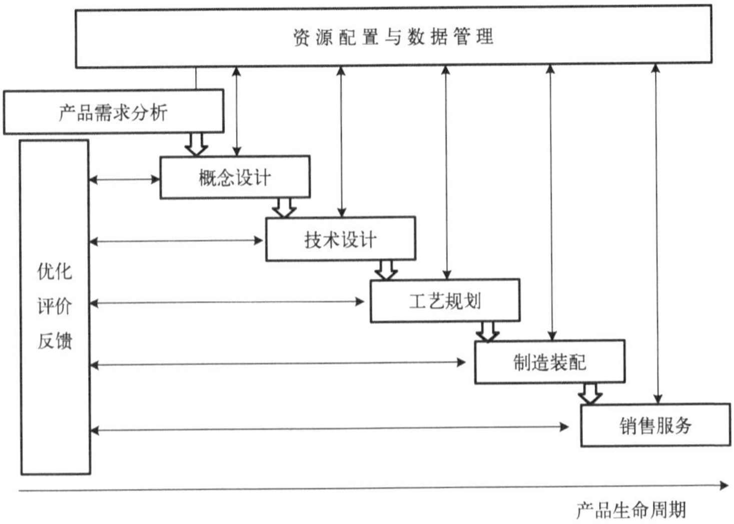

图 3-96　并行设计模式

单纯依赖传统 CAD 等工具无法支撑并行、协同的设计过程。在这一背景下产生了一种新的管理思想和技术——产品数据管理(product data management，PDM)，即以软件技术为基础，以产品为核心，实现对产品相关的数据、过程、资源一体化集成管理的技术。

3.5.1　产品数据管理的概念和发展

PDM 技术在 20 世纪 90 年代得到了迅猛发展。一个 PDM 系统的参考架构如图 3-97 所示。

CIMdata 认为 PDM 是一门管理所有与产品相关的信息和所有与产品相关的过程的技术。其中，相关信息广义上是描述产品的各种信息，包括零部件信息、产品结构配置、CAD 模型、工艺路线、审批信息等。相关过程是指过程的定义和管理，包括审批过程、发放过程、更改过程等。狭义上讲，PDM 仅管理与工程设计相关的领域的信息。

应用 PDM 给企业带来了较高效益。据国外统计，应用 PDM 能使产品设计周期缩短 25%，工程设计修改减少 4%，产品投放市场进度加快 50%～80%，总成本削减 25%以上。

经过几十年的发展，PDM 已经从简单的数据管理工具发展为协同化的管理平台，其发展过程如下。

(1) 配合 CAD 工具的 PDM 系统。解决大量电子数据的存储和管理问题，但仅在一定程度上缓解了“信息孤岛”问题，仍普遍存在功能较弱、集成能力和开放程度较低等问题。

(2) 专业 PDM 产品。出现了许多新功能，如产品结构与配置管理、电子数据发布和更改控制、基于成组技术的零件分类管理等，软件的集成能力和开放程度也有较大提高，少数 PDM 产品可以真正实现企业级的信息集成和过程集成。

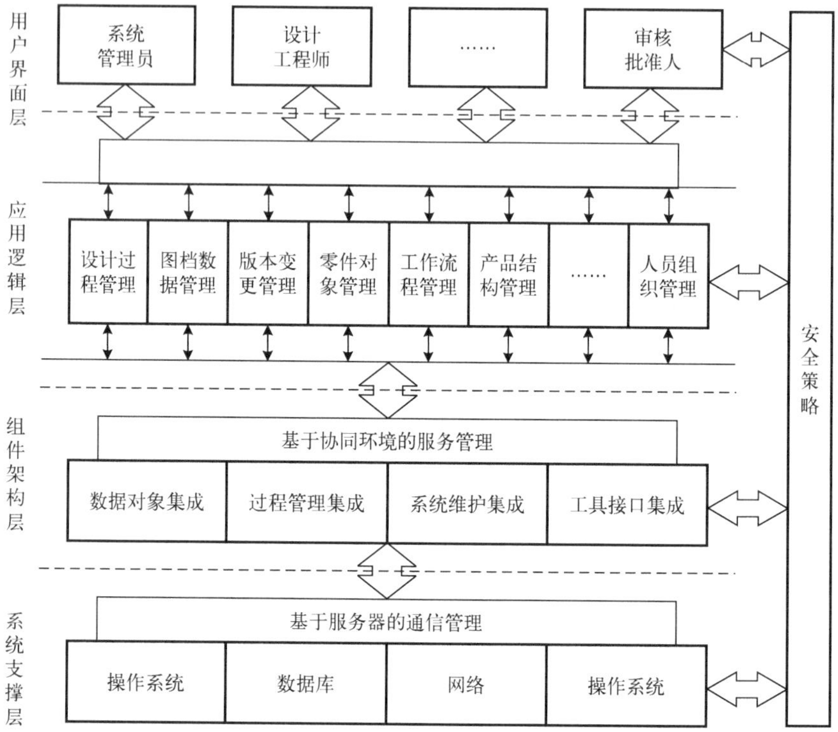

图 3-97　一个 PDM 系统参考架构

（3）标准化 PDM。1997 年，对象管理组织（Object Management Group，OMG）公布了其 PDM 使能标准草案，就 PDM 系统的功能、PDM 系统的逻辑模型和 PDM 产品之间的互操作性等方面的问题提出了标准，标志着 PDM 技术向标准化方面迈出了重要的一步。

（4）协同产品商务（CPC）和产品全生命周期管理（PLM）。涉及基于网络的分布式计算技术、Web 和 Java 技术等的应用。

3.5.2　PDM 的关键技术及原理

PDM 技术的核心包括电子仓库和文档管理、产品结构与配置管理、工作流与项目管理，能够与 ERP、MES 等集成，通过集中存储和管理所有与产品相关的数据，能够确保数据的完整性和一致性，并支持跨部门的协作和信息共享，实现从设计到生产的无缝衔接，有助于缩短产品研发周期，提升产品质量和企业的整体竞争力。

1. 电子仓库和文档管理

PDM 的核心功能是对产品数据（各种结构化、半结构化、非结构化数据）进行集中管理，其管理主要依靠电子仓库和文档管理来实现。

1）电子仓库

电子仓库是 PDM 系统中最基本、最核心的模块。它保存所有与产品相关的物理数据和文件元数据，以及指向物理数据和文件的指针，该指针指定存放物理数据的数据库记录和存放物理文件的文件系统与目录，如图 3-98 所示，从而达到快速检索与节省存储空间的目的。

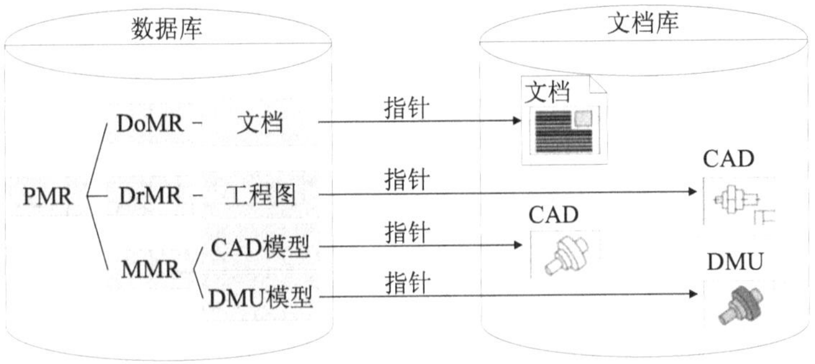

图 3-98　电子仓库存储原理

PMR 指零件主记录；DrMR 指图纸主记录；DoMR 指文档主记录；MMR 指模型主记录

电子仓库的工作原理可做如下描述：当文件存入时，首先在元数据库中产生一条记录，用以记录这个文件描述信息，然后把这个文件存入专用存储区，把文件的地址指针存入记录。当用户需要获取该文件对象的备份时，PDM 首先到元数据库中找到整个文件的记录，然后根据记录中的地址指针找到这个文件，复制或检出到用户空间，并且更改这个文件的状态标志。每当进行这些操作时，PDM 都要对用户的操作权限进行检验。PDM 根据用户的操作权限和被操作文件的状态对文件进行管理。示例如图 3-99 所示。

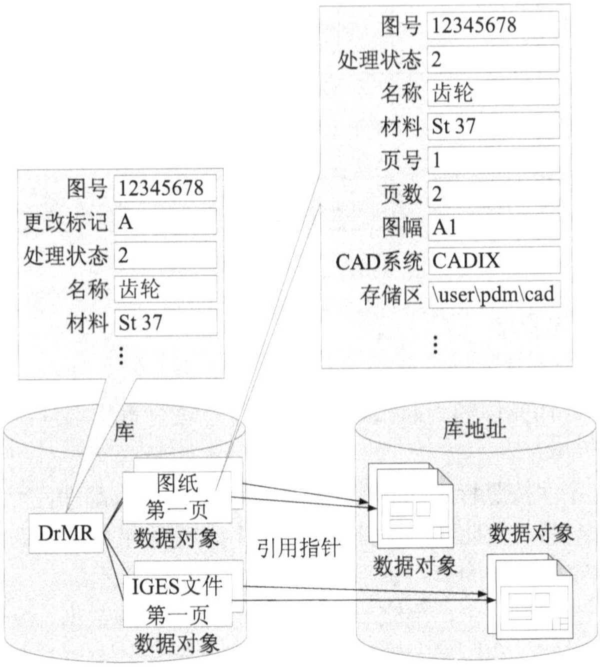

图 3-99　文件在电子仓库中的管理示例

在 PDM 系统中，为保证系统中共享数据的安全性、正确性和一致性，用户在存取数据时都要通过电子仓库的注册、签出与签入操作，以及相应权限的检验。

2）文档管理

文档管理是利用电子仓库来管理存储于异构介质上的产品电子数据文档。文件管理状态图如图 3-100 所示。其基本功能包括浏览与圈阅、分类归档、版本控制和安全控制等四个方面。

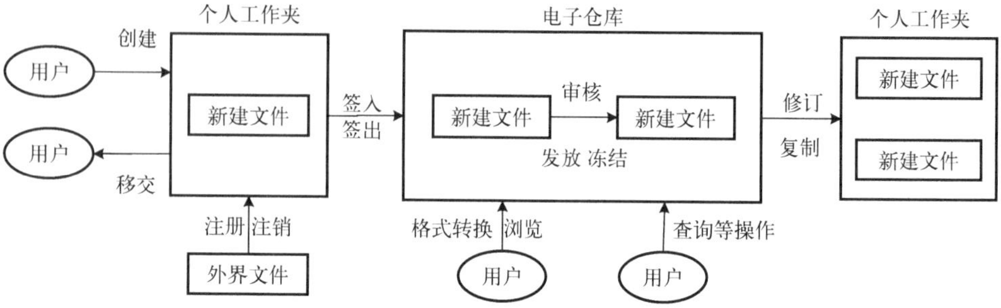

图 3-100　文档管理的状态图

通过版本控制，可将文件的每一次变化配置为不同的版本，建立不同版本间的对应关系，以保证在特定时间阶段对应特定有效的数据，文件的版本一般通过与之关联的文件夹实现。

版本一般以“版本(revision)＋小版本(iteration)”方式来表示。版本经过审核确定后，不能随意修改，必须经过修订或者检入、检出操作。版本升级通过修订(revise)功能实现，如 Doc-001 由 Rev A 升级为 Rev B。检入(check in)时，系统自动为文档增加小版本，例如，图 3-101 中 Doc-001 的 Rev A 的 Iteration 1 升级为 Iteration 2。

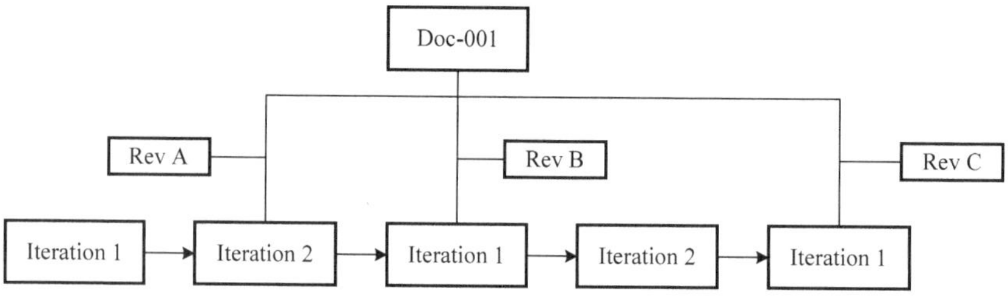

图 3-101　文档的版本控制

2. *产品结构与配置管理*

产品结构管理指对产品层次关系和关联到产品结构上的各种设计信息和制造信息的管理；产品配置管理指对 BOM 进行设计或在特定条件下进行重新编排。

1）产品结构管理

相互关联的一组零件按照特定的装配关系组装起来即构成部件，一系列零件和部件有机地装配在一起则构成产品，由此形成的分层树状结构称为产品结构树。产品结构树根节点表示产品，叶节点表示零件，中间节点表示部件，如图 3-102 所示。

在产品设计、制造的过程中，围绕着产品结构形成了各种数据、文档，它们关系上依附于每个具体产品、零部件。利用显示装配关系的产品结构树，可以直观、形象、合理地组织和表示所有产品数据，如图 3-103 所示。

产品结构管理的核心是 BOM 管理。不同的部门对 BOM 有不同的要求。例如，生产部门只需要描述自制件信息的制造 BOM，工艺部门只需要工艺 BOM，物资部门只需要原材料和标准件的采购 BOM。

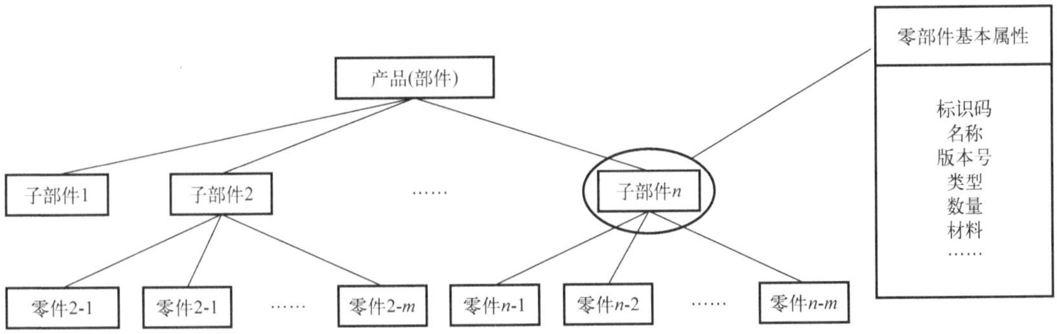

图 3-102　产品结构树

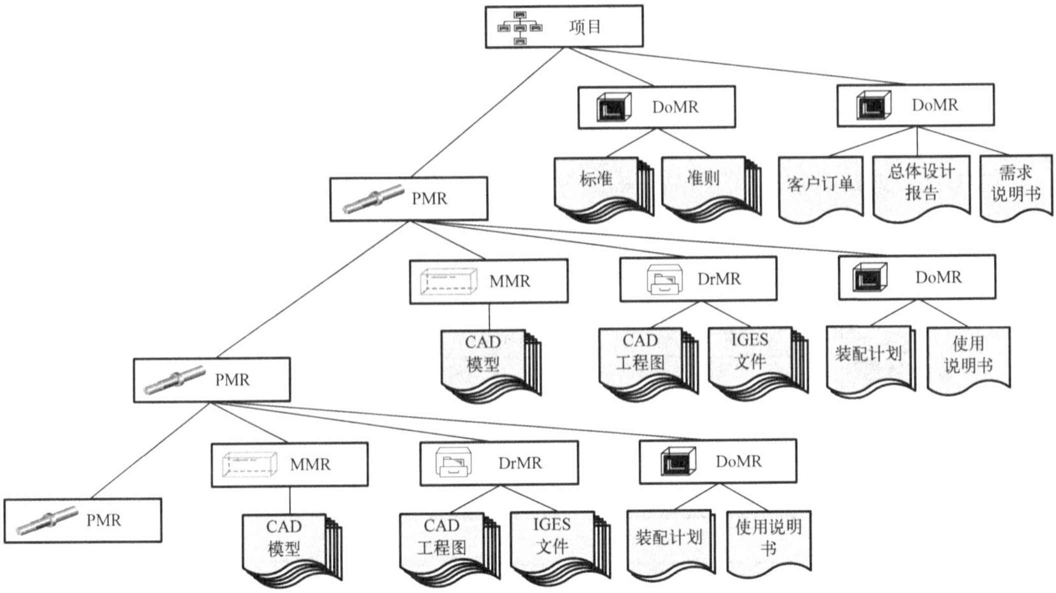

图 3-103　产品结构中的相关数据

通过建立相应产品视图，企业不同部门可按所需形式对产品结构进行组织，称为多视图技术。常使用前缀“面向”(as)，如面向设计视图(as designed)，如图 3-104 所示。

2)产品配置管理

一般来说，在产品设计过程中，构成产品的零部件会经历多次修改，有些零部件还会有许多版本。为了满足不同消费水平、不同地域的消费者的需求，同一类产品会有不同的零部件结构，即使使用同一个零部件，也可能会用到不同版本。

在产品结构管理的基础上，利用事先建立的完整产品结构，为了满足用户所需功能的要求，设计或选择零部件，把这些零部件按照它们的功能、某种组合规则或某种条件进行编组，形成一个具体的产品，称为产品配置，其中的条件即配置条件。用不同的配置条件形成产品结构的不同配置，称为产品配置管理。

产品配置管理按产品族的管理方式，建立基型产品结构，按客户订单需求，根据约束规则、参数等定义产品性能和零部件选项之间的关系，快速生成符合设计、制造要求的产品配置结构，可满足企业面向订单的生产需求，有效提高设计重用性和效率，方便系列产品的管理。

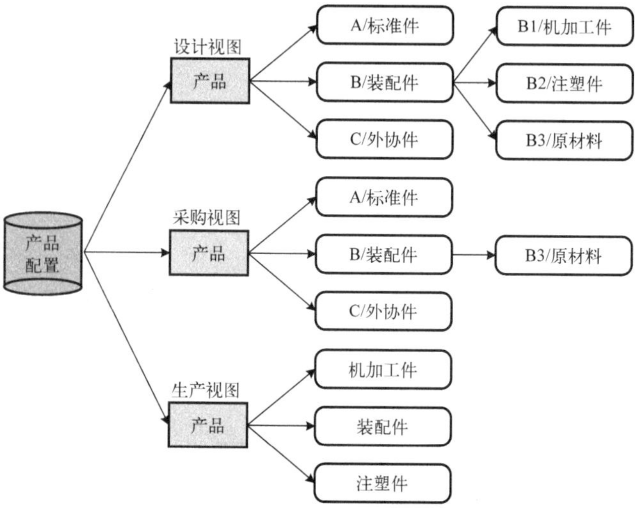

图 3-104　产品结构的多视图

图 3-105 是基于某汽车的产品结构进行配置，得到两个型号的汽车结构。

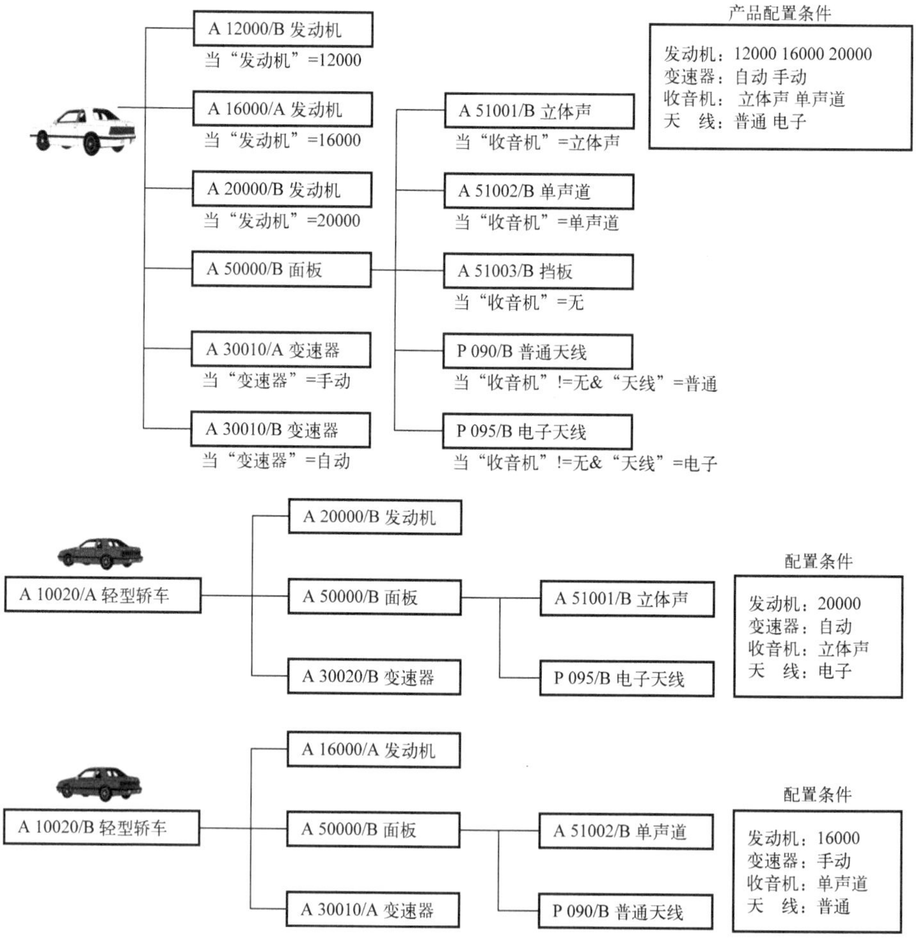

图 3-105　汽车的产品结构配置示例

产品配置规则可以分为以下三类。

(1) 变量配置规则。当 BOM 本体结构中的零部件的某个属性具有多个可选项时，可以将该属性视为变量，按照该变量取值来确定具体的 BOM 本体结构，称为变量配置。变量配置中的属性变量可以是字符型、数字型和日期型的数据。配置条件按照逻辑运算法则进行，可以是“=”“<”“>”“and”“or”等。

(2) 版本配置规则。按照 BOM 结构中的各个零部件的版本和版本状态的取值来确定 BOM 具体结构，称为按版本和版本状态配置。按照已发布的最新版本进行配置和按照已发布的所有版本进行配置是应用较多的配置方法。

(3) 有效性配置规则。BOM 结构零部件各个版本的生效时间、有效时间可能会有所不同。有时 BOM 结构树的不同层次上分别有一个零件的不同版本或者同一版本分布在结构树的不同层次上，由此形成了不同的配置情况。此时，需要按照有效性进行配置。有效性可以是版本有效时间配置项、修改序号的有效时间配置项、零件的有效个数等。按照有效性取值来确定 BOM 本体结构，称为有效性配置。配置项的数据类型可以是字符型、数字型或它们的组合型。

3. 工作流与项目管理

1) 工作流管理

在现实生活中，不论做什么工作，都有一个工作流程(工作流)。工作流又可以分解为多个工作步骤，每个工作步骤完成若干操作。各个工作步骤之间根据所要完成任务的性质，有一定的先后顺序。图 3-106 是一个产品设计的工作流。

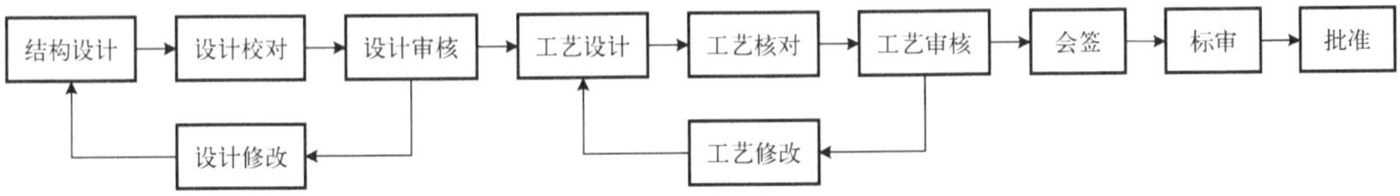

图 3-106　产品设计工作流示例

在 PDM 中，工作流基本工作内容是实现产品设计与修改过程的跟踪与控制、工程数据的提交与修改控制、工程数据的监视审批、文档的分布控制、自动通知控制等。PDM 定义一个工作流程就是设定流程中的各个步骤，表示它们的相互关系，指明各个工作步骤的启动条件和终止条件、所要完成的工作任务、完成任务的人员及完成任务的期限等。工作流的定义可以用流程图形象地表示出来，如图 3-107 所示。

除了产品设计等工作流，工程更改(engineering change，EC)也是 PDM 中需要重点管理的工作流。例如，客户的新需求、工艺工装的要求、产品生产制造过程中出现的偏差、制造资源协调的变化等都会使得产品发生工程更改，从而引起对某个产品或相关产品、文档等进行修改的活动。

2) 项目管理

项目管理是在项目实施过程中对其计划、组织、人员及相关数据进行管理与配置，对项目的运行状态进行监控，并完成计划的反馈的活动。项目通常划分为四个阶段：①项目定义与决策阶段；②项目计划与设计阶段；③项目实施与控制阶段；④项目完工与交付阶段。项目生命周期中各阶段的工作重点如图 3-108 所示。

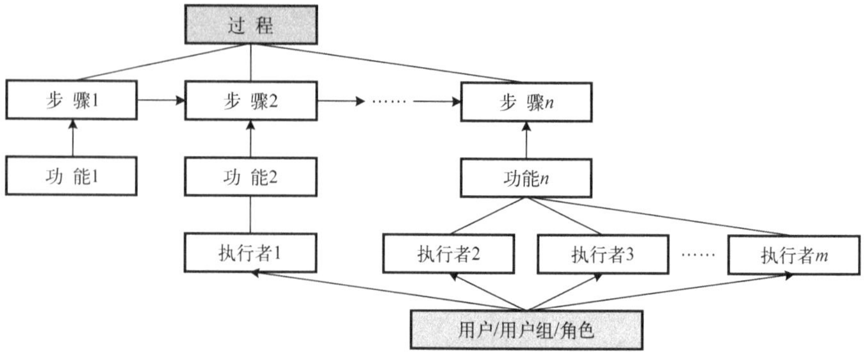

图 3-107　工作流基础模型

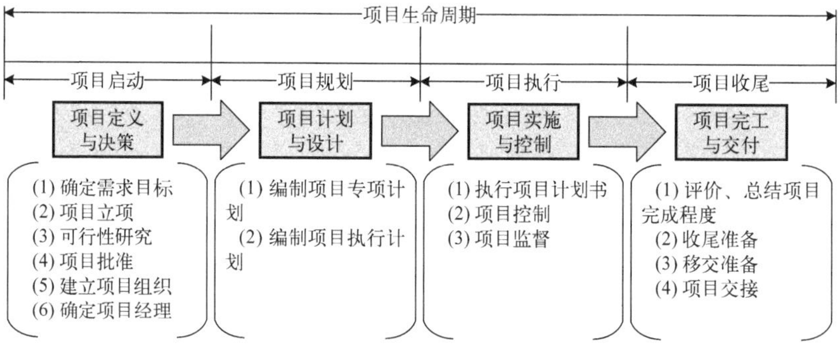

图 3-108　项目生命周期各阶段工作重点

PDM 中的项目管理模型如图 3-109 所示。为了描述项目的完整过程，要建立项目、任务、过程、团队、活动、资源等要素及其关系，使管理人员能够从粗到细、从整体到局部地进行把握和分析。

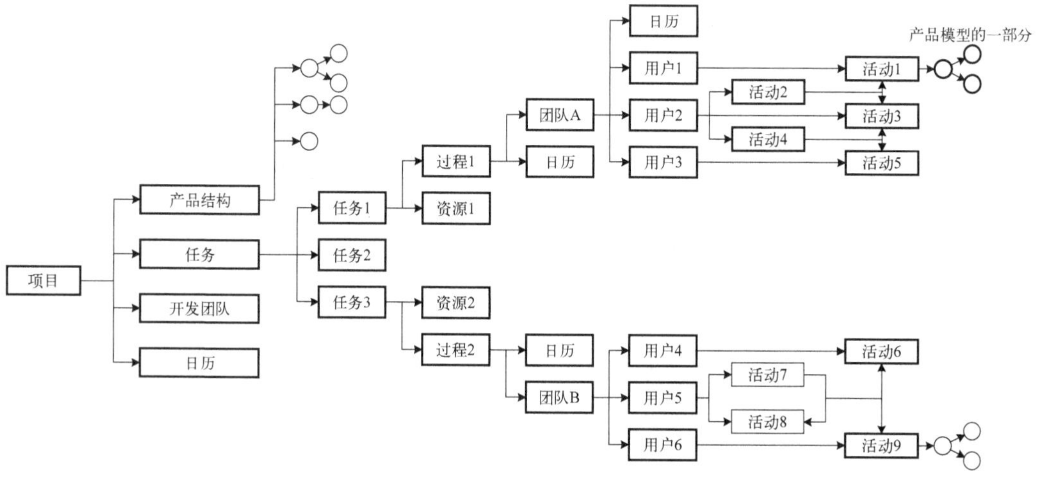

图 3-109　PDM 中的项目管理模型

最终，通过项目管理的方式，可以将产品的设计及其工作流程管理关联起来，实现对整个产品研发过程的有效管控，如图 3-110 所示。

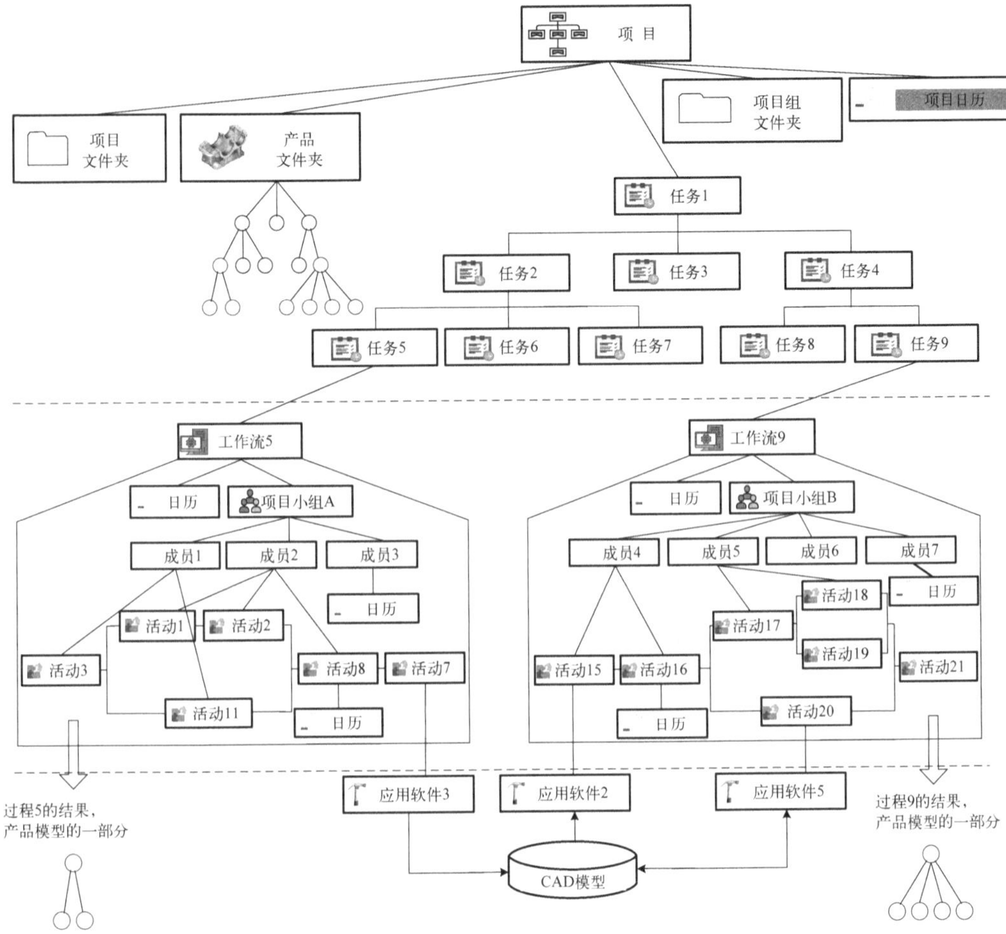

图 3-110　项目管理、过程管理、产品结构管理的集成

4. 系统集成

随着企业信息化进程的推进，企业所使用的应用软件越来越多，如用于工程设计的 CAD、CAPP、CAM、CAE、CAQ 等软件，用于企业经营管理的管理信息系统(MIS)、制造资源规划(MRP Ⅱ)软件、企业资源规划(ERP)软件等。随着 PDM 系统的引入，用户一方面希望它能实现对各种应用软件所产生的数据和文档的有效管理；另一方面希望在 PDM 环境中实现应用软件间的信息共享、用户间的协同工作、应用系统与 PDM 系统中数据对象的一致性，以及设计信息与经营管理信息间的集成。以上这些都要求改变过去基于数据库实现应用系统集成的传统办法，实现基于 PDM 系统的应用集成。

1992 年，英国拉夫堡大学温斯顿教授给出了集成的定义：集成是指将基于信息技术的资源及应用(计算机及软硬件、接口及机器)聚集成一个协同工作的整体，集成包含功能交互、信息共享，以及数据通信三个方面的管理与控制。PDM 的应用目标是将所有与产品形成过程有关的计算机应用系统有机地集成起来，即在“信息孤岛”之间构筑起桥梁，从而满足产品开发过程中所有相关人员对整个企业不同信息的需求。

基于 PDM 的企业全局信息集成框架如图 3-111 所示，PDM 作为 CAD、CAPP、CAM、

ERP 的集成平台，需要集成的信息包括产品信息和经营管理信息两大类。

产品信息主要指产品的设计与工艺信息。来自 CAD 的产品信息有图形文件和零部件的属性信息等。图形文件既可以是零部件的三维模型，也可以是二维工程视图；零部件的属性信息包括材料、加工、装配、采购、成本等多种与设计、生产和经营有关的信息。来自 CAPP 的产品信息有工艺路线卡、工艺卡和检验工艺卡等工艺规划信息。来自 CAM 的产品信息有刀具加工时的运动轨迹(刀位文件)和数控程序等信息。

经营管理信息是指企业中的人员、财务、资产、生产、原料供给、销售等信息。

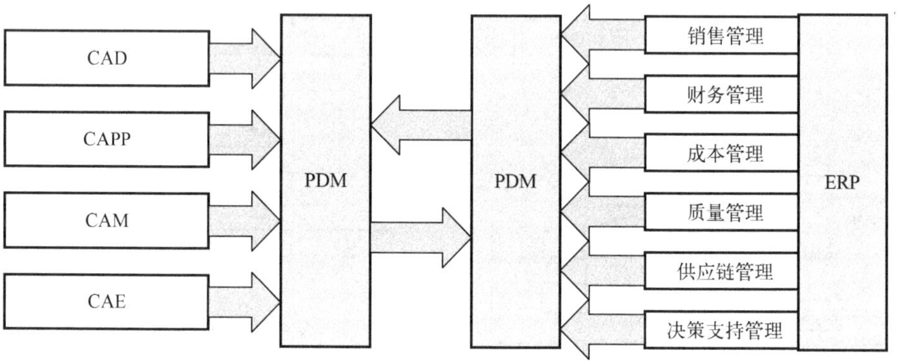

图 3-111　企业全局信息集成框架

3.5.3　从 PDM 到 PLM

随着经济全球化和企业信息化，产品制造商需要从以生产推动销售的方式转变到按客户需求订单安排生产的方式。特别是 20 世纪 90 年代以来，企业外包业务和单一的客户需求不断增加，生产厂商只有开展协同产品全生命周期管理才能达到加快市场响应速度、缩短产品开发周期、提高产品竞争力，以及为客户提供优 S 质的个性化产品的目的。在这种背景之下，PDM 演变成了 PLM。

PLM 是以产品的整个生命周期过程为主线，实施一整套的业务解决方案，在 PDM 的基础上，融合了协同产品工具，并有效集成了 CAX、ERP、SCM、CRM、BOM、CAPP 等应用系统，支持与产品相关的协作研发、管理、分发和使用产品定义信息，从而成为支持企业运行的企业信息化管理平台。

因此，PLM 是 PDM 概念和思想的延伸，PLM 包含 PDM 的全部内容，PDM 功能是 PLM 系统中的一个子集。PDM 提供产品全生命周期的信息管理，并可在企业范围内为产品设计和制造建立一个并行化的协作环境。PLM 则强调对产品生命周期内跨越供应链的所有信息进行管理和利用，这是 PLM 与 PDM 的本质区别。

目前，几乎所有主流的 PDM 系统均演化为 PLM 系统，国际上主流 PLM 系统如下。

(1) Siemens Teamcenter，西门子公司的 PLM 解决方案，拥有广泛的功能和灵活的配置选项，适用于各种规模和类型的企业。

(2) Dassault Systèmes ENOVIA，达索系统公司的 PLM 解决方案，具有高度可扩展性和多领域支持功能，应用于机械、电子、建筑和航空等领域。

(3) PTC Windchill，PTC 的 PLM 解决方案，专注于产品配置和变更管理，可与其他系统进行无缝集成。

(4) Oracle Agile PLM，甲骨文的PLM解决方案，包括产品设计、供应链管理和质量控制等功能，适用于中小型企业和大型企业。

(5) SAP PLM，SAP的PLM解决方案，提供集成的产品设计、制造和维护流程，适用于制造、汽车和航空航天等领域。

国内的PLM系统起步较晚，应用规模较小，目前正在快速发展，主要有思普PLM、CAXA PLM、天喻PLM、用友PLM、开目PLM、华天PLM、鼎捷PLM等。

思考及练习题

1．产品数字化模型有哪几种？它们之间的关系是什么？

2．产品几何造型有几种方式？特征建模、参数化设计、变量化设计的作用是什么？

3．产品装配模型中除零件模型之外，还需要建立哪些信息？

4．请使用任意一种三维CAD软件，以特征建模方式设计若干小型简单零件，并将其进行装配，输出相应的零件模型和装配模型。完成该实践后请简要描述使用该CAD软件的基本过程。

5．逆向工程的主要步骤有哪些？其主要应用范围是什么？

6．请使用相应的CAD软件，将上述已经建立的零件模型导出为STEP格式文件。完成该实践后请简要描述使用该CAD软件的基本过程。

7．有限元法的基本原理是什么？CAE分析的主要步骤有哪些？

8．使用任意一种CAE软件，对上述已经建立的零件模型进行应力应变分析，并输出其可视化分析结果。完成该实践后请简要描述使用该CAE软件的基本过程。

9．使用任意一种三维CAD软件，在上述装配模型上进行尺寸等技术参数的标注，并将其按照类型进行显示和隐藏。完成该实践后请简要描述使用该CAD软件的基本过程。

10．产品数据管理的核心功能有哪些？产品结构配置的规则一般有几类？

第 4 章　数字化工艺设计

工艺是指劳动者利用各类生产工具对各种原材料、半成品进行加工或处理，最终使之成为成品的方法与过程。工艺设计是指将产品设计转化为物理产品所必需的过程、资源和方法。随着计算技术的发展，陆续出现了计算机辅助工艺设计、计算机辅助制造、计算机辅助快速成形等技术，可以辅助工艺设计人员提升工艺设计的效率和质量。

4.1　计算机辅助工艺设计与 CAPP 技术

长期以来，工艺设计都依靠工艺设计人员个人经验完成。20 世纪 60 年代末以来，计算机技术在工艺过程设计中得到了应用，即计算机辅助工艺设计(computer aided process planning，CAPP)。

4.1.1　工艺设计与计算机辅助工艺设计

工艺设计涉及的范围广、内容多，是典型的复杂问题和多学科交叉工作，包含分析、选择、规划、优化等不同性质的各种业务工作和功能要求，是一项技术性和经验性很强的工作，也是连接产品设计和生产制造的桥梁，如图 4-1 所示。

CAPP 技术是借助计算机对待制造零部件或产品的设计信息和工艺信息进行处理，自动或半自动地产生制造工艺路线和工序内容的技术。应用 CAPP 技术，可以使工艺设计人员从烦琐重复的事务性工作中解脱出来，快速编制出完整而详尽的工艺文件，缩短生产准备周期，提高产品制造质量。CAPP 是企业设计系统和生产系统集成的关键，如图 4-2 所示。

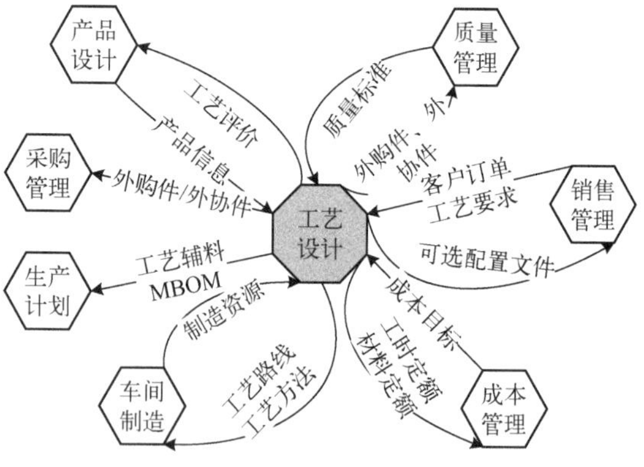

图 4-1　工艺设计与其他制造环节的关系

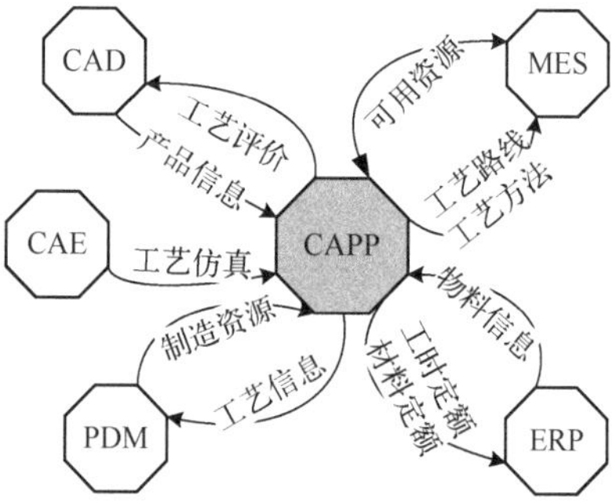

图 4-2　CAPP 的信息中枢作用

CAPP 研究始于 20 世纪 60 年代末，具有里程碑意义的是国际组织计算机辅助制造国际(Computer Aided Manufacturing International，CAM-I)于 1976 年开发的 CAPP 系统。国内最早的 CAPP 系统是 20 世纪 80 年代初西北工业大学的 CAOS 生成式系统和同济大学的 TOJICAP 修订式系统。

20 世纪 80 年代中后期～90 年代中期，CAPP 技术研究由于过分强调工艺决策、编制自动化，忽视了工艺工作的复杂性和个性化，并未取得理想成果。20 世纪 90 年代中后期到现在，CAPP 技术逐步进入产品化、工程化阶段，进一步采用交互式、检索式设计，更加注重实用化的技术和市场推广，取得了不错的应用效果。随着 CAPP 技术与 CAD 集成更加紧密，工艺仿真应用日益广泛，基于 MBD 等技术的工艺样机的构建和使用逐步深入。

4.1.2　CAPP 的工作原理类型

现代 CAPP 系统结构是以交互式为基础，以知识库为核心，并采用检索、修订、生成等多工艺决策混合技术和多种人工智能技术的基于知识的交互式 CAPP 系统。从 CAPP 技术发展历史的角度来看，不同阶段的实现原理各有不同，CAPP 系统类型有所变化，如图 4-3 所示。

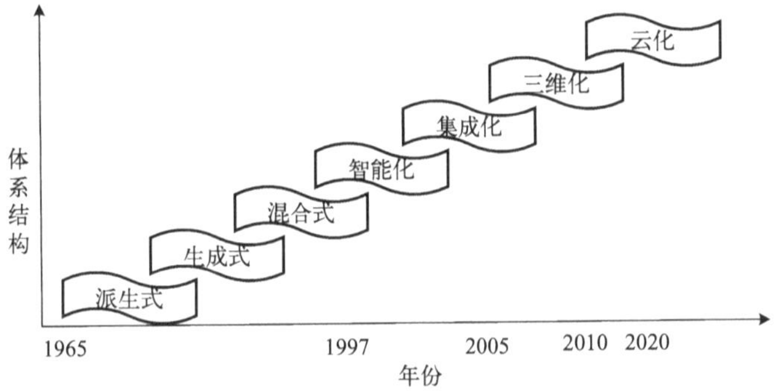

图 4-3　CAPP 技术原理发展变化阶段和系统体系结构变化

(1) 派生式。派生式（又称修订式）CAPP 技术的基本原理是检索相似零件的工艺规程并加以修改从而形成新工艺。相似零件的集合称为零件族。能被一个零件族使用的工艺规程称为标准工艺规程。修订过程可由程序以自动或交互方式进行。由派生法产生的工艺往往需要进一步修改。

(2) 生成式。生成式（又称创成式）CAPP 技术的基本思路是将设计工艺过程使用的推理和决策方法转换成计算机可处理的决策模型、算法及程序代码，从而依靠系统决策自动生成零件工艺规程。基于工艺过程设计问题的复杂性，目前尚没有系统能做到工艺决策完全自动化。因此，人们把包含部分决策逻辑的 CAPP 也归入生成式 CAPP，常用的决策方法有决策表、决策树等。

(3) 混合式。混合式 CAPP 系统融合了派生式和生成式两类 CAPP 系统的特点，常采用派生方法首先生成零件的典型加工顺序，然后根据零件信息，采用逻辑推理决策的方法生成零件的工序内容，最后人机交互式地编辑修改工艺规程。目前混合式 CAPP 系统应用较为广泛。

(4) 智能化。20 世纪 80 年代，(第一代) 人工智能技术、专家系统技术应用于 CAPP 系统，促进了以知识基和智能化为特征的专家系统 CAPP 研制。生成式 CAPP 基于“逻辑算法+决策表”进行决策，专家系统 CAPP 则以“逻辑推理+知识”为核心，更强调工艺设计系统中工艺知识的表达、处理机制及决策过程的自动化。

(5) 集成化。20 世纪 80 年代中后期，涌现出了集成化的 CAPP 系统，其集成应用可划分为面向数控编程自动化的特征基 CAD/CAPP/CAM 集成应用，面向产品数据共享的 CAD/CAPP/PDM/ERP 集成应用，面向并行工程等先进制造思想的产品设计、工艺设计、生产计划全过程集成应用等三个方面。

(6)三维化。随着 3D CAD 应用的不断深入和 MBD 技术的不断成熟，基于三维模型和数字样机开展更加深入和成熟的工艺设计已经成为重要方式，基于数字样机的工艺仿真等软件属于 CAPP。三维 CAPP 利用三维实体模型，在三维环境下进行工艺规划、设计和仿真，克服了传统工艺设计中存在的成熟度不高等问题。

(7)云化。云 CAPP 指基于云计算技术的 CAPP 系统。它将云计算的高效计算、存储和数据处理能力与 CAPP 的工艺规划功能相结合，提供了一种更为灵活、高效和可靠的工艺设计解决方案。

随着新一代人工智能技术的快速发展，新一代智能化 CAPP 技术正在形成，但是目前尚未发挥出重要作用。

4.1.3　CAPP 中的工艺设计技术

从发展的角度看，CAPP 可逐步全部或部分实现工艺过程设计的自动化及工艺过程的规范化、标准化与优化，从根本上改变工艺过程设计依赖个人经验的状况，其实现涉及多项关键技术。

1．基于规则的专家系统

1)基于规则的知识表示

知识表示就是以一定的形式对所获取的领域知识进行规范化表示，即知识的符号化过程。目前经常使用的知识表示方法有产生式规则(以下简称规则)、框架、谓词逻辑、语义网络等。在 CAPP 中得到广泛应用的是规则。

规则表示的一般形式是：IF <前提或条件> THEN <结论或动作>。规则表示具有固有的模块特征，直观自然，便于推理，许多工艺决策专家系统采用规则表示工艺知识。例如，一条加工知识表示为图 4-4 所示的规则形式。

近年来，新一代人工智能知识表示(如知识图谱等)逐步得到应用，但尚未得到普及。

2)专家系统

专家系统是一种在特定领域具有专家水平的计算机程序系统，它将人类专家的知识和经验以知识库的形式存入计算机，并模拟人类专家解决问题的推理方式和思维过程，运用这些知识和经验对现实中的问题做出判断和决策。

知识库和推理机是专家系统的两大主要组成部分。知识库存储从该领域专家那里得到的关于某个领域的专门知识，是专家系统的核心。目前工艺决策专家系统知识库中存储的主要是规则类型的工艺知识。

推理是按某种策略由已知事实推出另一个事实的思维过程。在专家系统中，推理以知识库中已有知识为基础，是一种基于知识的推理，其计算机程序实现构成推理机。

推理机由一组程序组成，根据已知事实，利用知识库中的知识，按一定的推理方法和搜索策略进行推理，从而得到问题的答案或证实某个结论。在工艺决策专家系统中，推理机从产品的设计信息(如零件特征信息)等原始事实出发，按某种策略在知识库中搜寻相应的知识，从而得出中间结论(如选择出特征的加工方法)，再以这些结论为事实推出进一步的中间结论(如安排出工艺路线)，如此反复进行，直到推出最终结论，即产品的工艺规程。

同传统程序设计方法相比，知识库与推理机相分离是专家系统的显著特征。专家系统的构成如图 4-5 所示。

IF
(加工表面为孔)
(直径9～245mm)
(直径公差≥0.007mm)
(表面粗糙度≥1.6μm)
(直线度≥0.005mm)
(圆度≥0.007mm)
(平行度≥0.012mm)
(位置度≥0.002mm)
(长径比≤10)

THEN
(推荐采用精镗工序)
(切削余量0.05mm)
(预加工表面公差±0.05mm)
(预加工表面粗糙度12.5μm)

图 4-4　工艺知识的规则

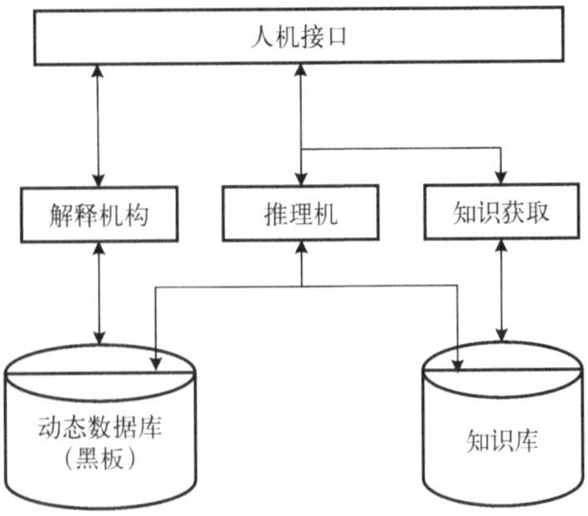

图 4-5　专家系统的构成

2. 基于特征的工艺决策

1) 特征

基于特征的工艺决策一般面向机械加工工艺。针对机械加工，零件特征的定义为机械零件上具有特定结构形状和特定工艺属性的几何外形域，它能够被确定的加工方法加工成形。图 4-6 是飞机双面大框零件的制造特征。

特征具有特定工程语义和特定形状，可以分为设计特征和制造特征。其中，制造特征分为加工特征、装配特征、检测特征等。

2) 特征识别

特征识别指从零件几何模型(边界表示模型)提取和标识出加工特征的类型、表面区域和位置、定向及尺寸等信息的操作，通常通过算法自动完成，如图 4-7 所示。

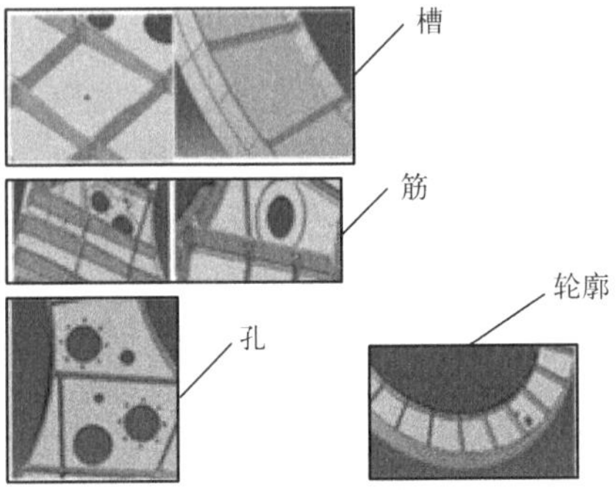

图 4-6　飞机双面大框零件的制造特征

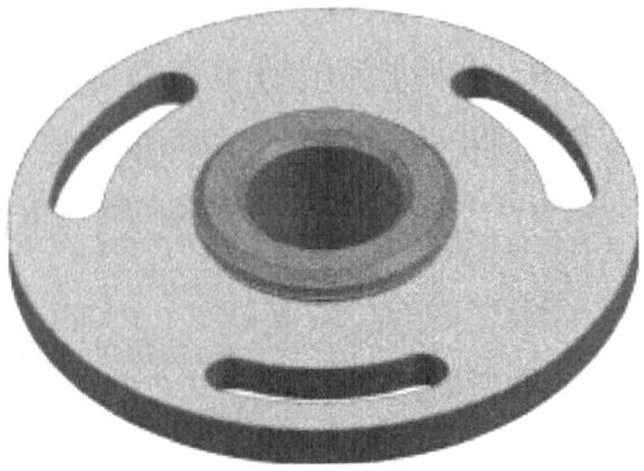

图 4-7　零件待加工表面特征识别

3) 加工元

加工元是以特征为核心的、有关特征加工所需的信息实体，其内容包括零件特征、特征的加工方法，以及加工该特征所需的机床、刀具、工装等制造资源和加工参数等。

从零件加工过程看，对于每个特征，一般要经过多次加工，从而形成特征的加工工序序列(俗称加工链)。因此，把以特征为核心的有关特征加工工序的相关信息所形成的实体定义为加工元，包括加工所采用的加工方法、余量等加工工艺，加工特征所需的刀具、夹具、机床等制造资源，以便于工艺决策的模型化、算法化。一个零件的全部加工元构成该零件的加工元集合。

4) 基于加工元的工艺决策

工艺设计既包括加工方法选择、加工设备选择、切削余量选择等选择性工作，又包括工艺路线设计、工序设计等决策性工作，还包括工序尺寸计算、工序图绘制等处理工作。建立好工艺决策模型是在工艺决策专家系统中正确进行工艺决策的关键。根据机械加工工艺特点，把加工元作为基本工艺单元，建立基于加工元的分层决策规划过程模型(表 4-1)。

表 4-1　分层决策规划过程模型

层次	决策内容	实体结构
特征层	特征信息整理：特征方位、特征关系、特征层次、特征属性等	加工特征
加工元层	加工元生成：加工方法、机床类型、刀具、加工余量	加工元：特征、加工方法、机床、刀具、加工余量
工序层	工序生成：加工元合并组织形成工序、工序排序、特殊工序安排、辅助工序插入、工作声明生成	工序：工序名称、机床、夹具、工步表、加工元表
工步层	工步生成：工序中加工元合并组织形成工步、辅助工步生成、工步排序、刀具选择、量具选择、切削参数选择、工步内容生成	工步：工步名称、刀具、量具、加工元表
零件工艺层	总体工艺方案：毛坯设计、刚度分析、定位方案设计、装夹方案设计	工艺规程：工艺号、工序表、材料定额、工艺路线

工艺决策过程被分解成加工元生成、加工元聚类排序、其他工艺过程实体安排、工序详细设计等四个决策阶段。

(1) 加工元生成。主要进行特征的工艺设计，生成加工元，具体内容包括特征的工艺选择、制造资源预配置。这是与产品设计进行并行集成的重要环节。

(2) 加工元聚类排序。根据零件加工工艺要求，通常首先对加工元进行聚类，形成安装、工步等实体，然后对安装、工步进行排序。加工元的聚类可以基于加工元同安装相近关系矩阵和加工元同工步相近关系矩阵，按照模糊聚类分析方法进行。

(3) 其他工艺过程实体安排。一个零件的完整工艺过程还包括热处理工序、检验工序、辅助工序、辅助工步等其他工艺过程实体，它们的安排也是工艺决策的重要内容。

(4) 工序详细设计。在该决策阶段，主要进行制造资源的配置、加工参数的确定等。这是与生产调度和控制系统进行集成的重要环节。一个零件的基于特征的工艺决策示例如图 4-8 所示。

3. 参数化工艺设计

对于系列化产品及大规模定制生产模式，参数化工艺设计是一种快捷有效的模式。通过总结归纳典型工艺，确定工艺的关键参数，建立参数化典型工艺数据库，可以实现基于工艺参数的快速工艺设计。目前比较实用的参数化工艺设计方法是参数化工艺模板方式。

主加工面		加工特征	
优先级	图示	加工体图示	加工方法链
1			粗车—半精车—精车
2			粗车—半精车—精车
3			粗车—半精车—精车

图 4-8　一个零件的基于特征的工艺决策示例

1) 参数化工艺模板的表示

参数化工艺模板方法的实现思路是选用相似零件的工艺作为工艺模板，对工艺模板建立参数化关系。其中，以参数来表示工艺模板中零件、工艺、工序等可变信息，以融合规则的方式对工艺、参数建立参数化关系，并通过结构化工艺信息模型将工艺模板、参数及规则联系在一起，从而能够根据零件的信息，调用该工艺模板，进行快速工艺设计。

将工艺模板作为数学模型，利用参数及其属性来对工艺模板中的可变信息进行表示，这个过程称为工艺模板的参数化。要实现工艺的参数化设计，需要对提取的参数建立零件与参数及参数与工艺之间的关系，称为参数化关系，当参数发生变化时得到的结果也会相应改变。将各工艺对象与其参数进行关联，建立各工艺参数与其属性之间的关系，从而依据参数对工艺中的各组成结构进行推理，实现工艺知识和工艺资源的调用，如图 4-9 所示。

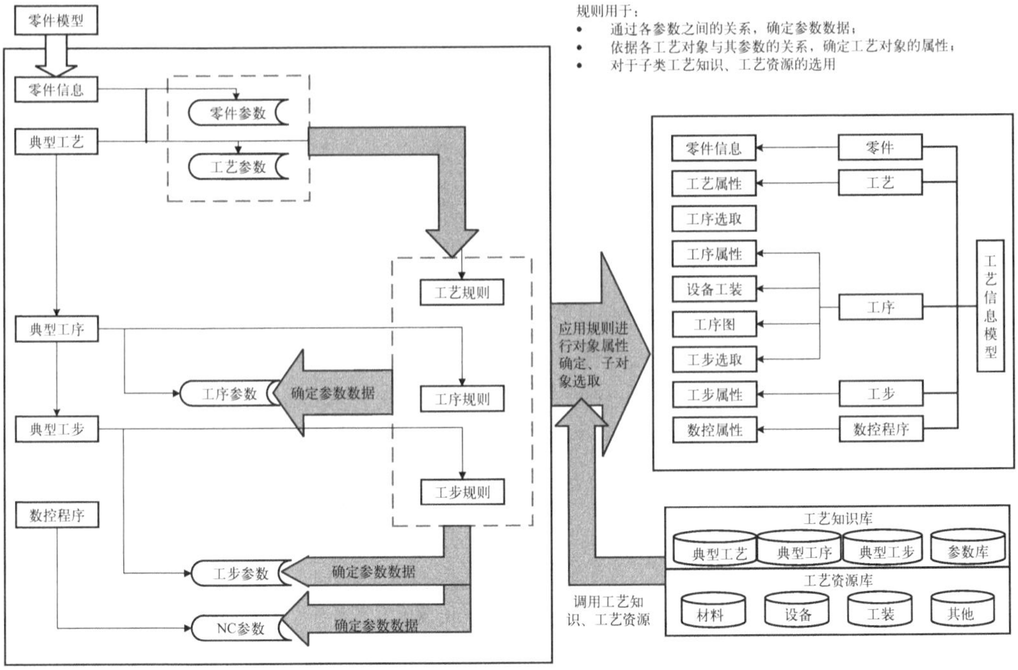

图 4-9　参数化关系实现

2) 参数化工艺设计

基于模板的参数化工艺设计依据零件模型获取零件的参数信息，通过约束规则进行工艺级、工序级和工步级的参数自动生成，生成结构化工艺，主要包括如下内容。

(1) 从设计系统(CAD/PDM)中获取零件模型，从零件模型的特征信息中提取零件的零件参数及工艺参数，将其作为工艺参数化的输入源头。

(2) 将零件参数与工艺参数作为筛选条件，从工艺模板库中查询相似工艺，如果有，就选择该工艺模板作为工艺决策模型进行工艺决策；否则，需要手工进行工艺设计。

(3) 根据参数化工艺模板方法，通过工艺模板中的参数化关系实现规则进行推理，生成其参数数据，进而根据其参数确定各工艺对象的被参数化的属性信息。

(4) 在交互式编辑界面上，对工艺进行导航式修订，编辑工艺、工序及工步中的信息，进一步完善工艺信息。

4. 工艺 BOM 管理

传统意义上的 BOM 被定义为产品结构的技术文件，称为产品结构树。BOM 在产品不同阶段有不同的表现形式。工程 BOM(EBOM)是工程设计部门应用 CAD 系统产生的设计数据，是产品工程设计及管理中使用的数据结构。它通常精确地描述了产品的设计指标、零部件之间的逻辑装配关系、零部件总体信息(名称、代号、类型、数量、材料)、零部件形状信息(尺寸信息)、零部件制造信息(表面粗糙度、尺寸公差、精度等级、材料特性)、零部件关联信息(位置关系尺寸与公差)等。

工艺 BOM(PBOM)是工艺设计部门以 EBOM 中的数据为依据，依据工艺路线分工计划、实际制造中的加工与装配过程，以及装配部门对装配件和加工件的交付状态的要求，通过调整 EBOM 中零部件的装配关系、设置零部件的不同状态，形成工艺设计过程中的特定零部件，对 EBOM 再设计出来的用于指导工艺工作的产品数据清单。

在从 EBOM 到 PBOM 的过程中，需要 BOM 的再设计。PBOM 主要依据装配关系对 EBOM 进行再设计，它体现了设计结构和实际制造过程中结构的不一致性。根据实际生产过程和工艺特点，调整 EBOM 中零组件的装配关系及层次关系，改变某些零组件的特定属性，在此过程中产生在设计上没有的、与工艺相关的零组件，这些零组件主要包括三类：①在设计中没有但是在实际装配过程中需要作为一个装配单元进行装配操作的工艺虚拟件，如焊装中的假件；②设计中存在但是因不同的交付状态要求等因素影响而导致对设计装配件进行修改形成的工艺合件，如延迟装配等；③实际装配对独立件的要求与设计上不一致，需要在装配时再加工而导致对设计独立件进行修改形成的工艺中间件(或工艺件)，如有保留的装配孔和工艺余量的零件等，如图 4-10 所示。

从 EBOM 至 PBOM 的转换关键就是处理虚拟件、合件和中间件问题。

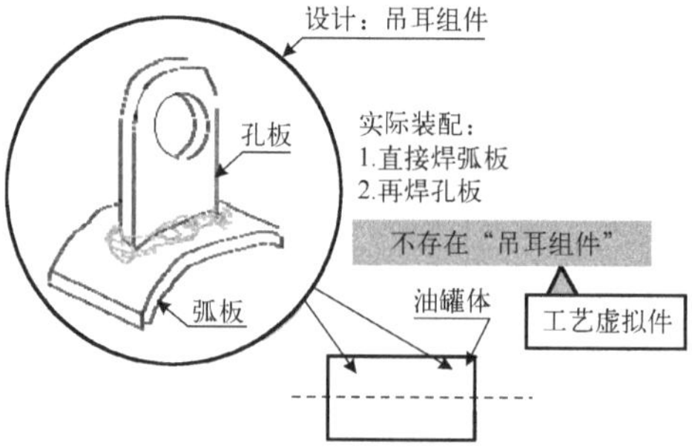

(a) 工艺虚拟件

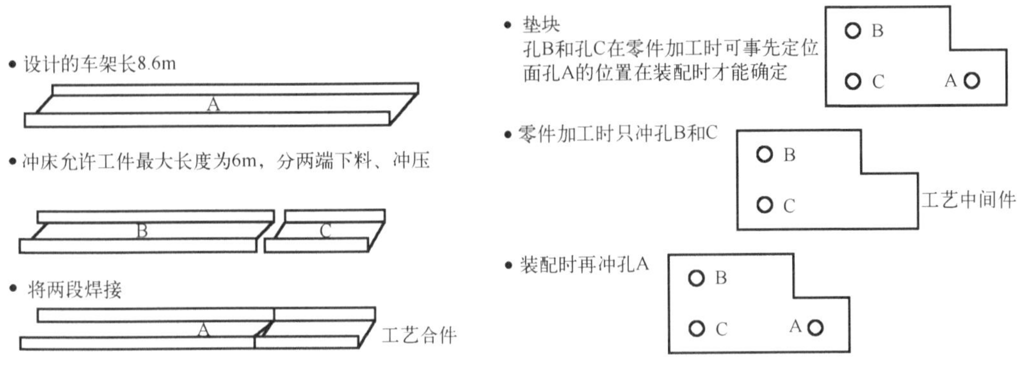

(b) 工艺合件　　(c) 工艺中间件

图 4-10　工艺 BOM 中的工艺虚拟件、合件和中间件示例

4.1.4　CAPP 中的工艺仿真技术

工艺仿真技术是指通过计算机仿真软件，对产品的制造过程进行模拟和分析，以优化工艺流程、提高产品质量和生产效率的一种技术手段。本节主要介绍面向整体工艺流程及与装配过程相关的工艺仿真技术。目前常用的仿真技术有生产系统仿真、装配过程仿真、装配容差仿真及人机工效仿真。

1. 生产系统仿真

生产系统一般分为四个层次：工厂车间层、生产线层、加工(装配)单元层、加工(装配)操作层。新工厂生产系统规划流程一般是根据已有产品、工艺及设备进行加工(装配)单元的设计，进而完成生产线规划，最终根据前面得到的信息进行车间的布局规划，并采用物流仿真技术进行规划方案的仿真分析及优化。图 4-11 为某飞机部件的生产系统仿真示例，图 4-12 为数字化车间生产系统规划及物流系统仿真的过程框架。

微课

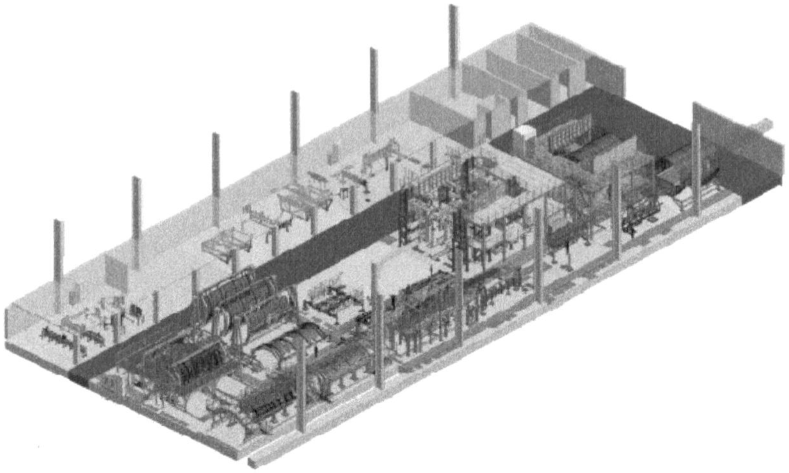

图 4-11　某飞机部件的生产系统仿真示例

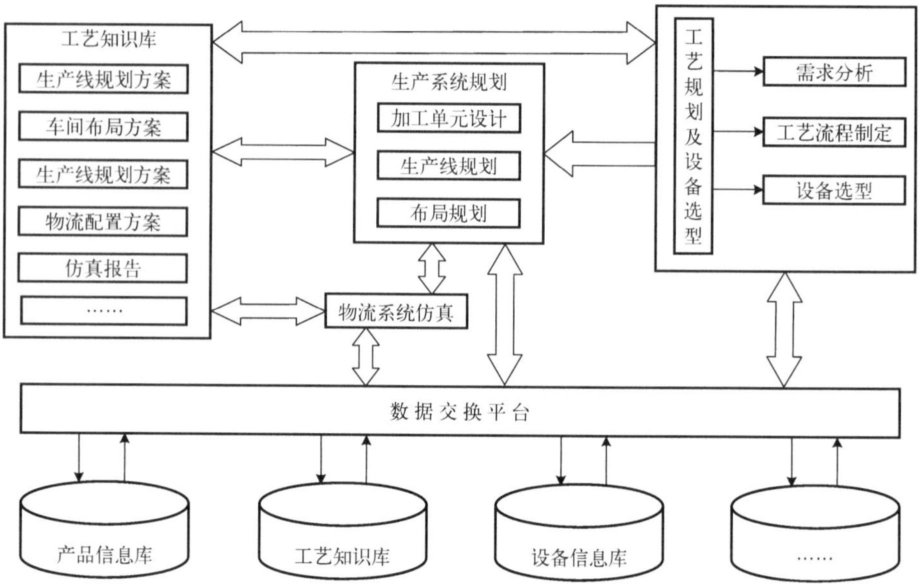

图 4-12　生产系统规划及物流系统仿真过程框架

1)生产线规划

生产线规划是根据工艺规划中的工艺方法、工序操作、生产时间等数据对生产线的设备、物流、工位等进行详细规划设计，以充分利用生产资源、保证生产连续性、减少生产线中在制品数量，从而降低生产成本、提高产能。生产线规划具体内容主要包括生产线所需设备配置分析、生产线物流规划、生产线平衡分析、生产线布局规划等，主要工作包括以下方面。

(1)生产线所需设备配置分析，包括生产线相关设备选型、设备稳定性分析、设备运行参数设置、设备控制网络架构和设备服务策略等。

(2)生产线布局规划，对生产线上设备、人员、缓存区等资源进行分析，确定位置及摆放方式，需考虑场地限制、设备尺寸、设备可达范围、避免设备运行干涉等要求。

常见的生产线布局形式包括直线型、U 形、环形、S 形等，直观表示如图 4-13 所示。

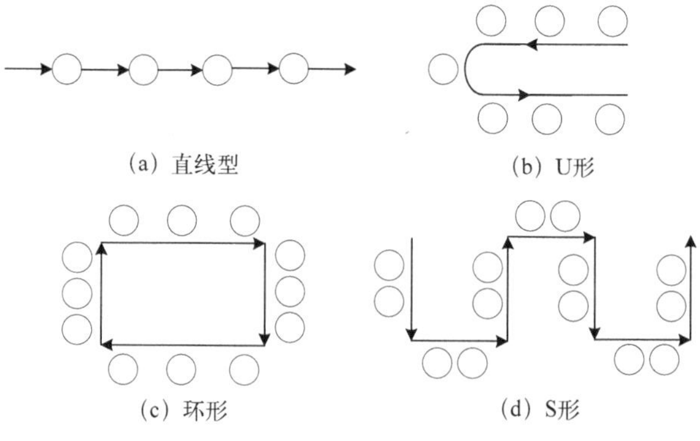

图 4-13　生产线布局的基本形式

直线型布局生产效率高，但生产线狭长，生产连续性要求高，适用于自动化程度高、生产过程短的情况。U 形布局可缩短作业场地，产品切换时间短，但不便于大批量生产，适合作业空间较小、产品切换频繁的情况。环形布局更加便于作业人员的交叉操作，物流易控制，适用于要求物料返回到起点的情况。S 形布局适用于在固定面积上安排较长的生产线的情况。

(3) 生产线物流规划，使用理论计算或仿真技术对生产线相关物流进行规划，包括物流设备的控制策略、数量配置、参数设定、路径规划、物流缓存区规划等。

(4) 生产线平衡分析，包括对加工资源的分配、加工参数的修改及工艺流程的优化等，对生产线初始规划设计和生产线运行过程中的监控优化均有重要意义。

2) 设施布局规划

设施布局规划是在一个有限空间内合理分布加工设备空间、操作人员空间、存储空间、物流通道等设施的过程。有效的设施布局形式能减少 30%左右的物流系统搬运费用。

(1) 设施布局规划总体情况。

设施布局规划包括工厂总体布局和车间布局两方面内容。工厂总体布局的研究对象为工厂各组成部门，如生产车间、辅助车间、库房、办公楼、动力站等层次的作业单位相互位置，以及规划管道、运输线路、绿地及厂内外运输策略等。车间布局的研究对象为生产车间内部作业单元，包括生产区域、辅助服务部门、存储区域、车间物流路线及物流搬运策略等。

按照层次划分，设施布局规划包括工厂总体布局、车间布局、设备布局、工装布局以及人员规划，如图 4-14 所示。

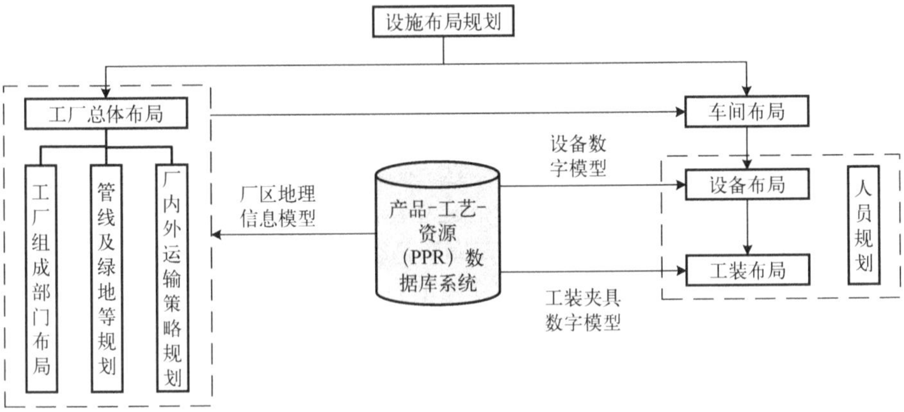

图 4-14　设施布局规划

(2) 车间设备布局基本形式。

车间设备布局基本形式一般包括四种类型。

①固定原则布置，指加工对象位置固定，所需人员、物料和设备等全部环绕产品进行排布，适用于大型产品装配过程，如飞机制造、船舶装配等。其布局如图 4-15(a) 所示。

②产品原则布置，又叫流水线布置，指按对象专业化原则排布有关机器和设施。最常见的如流水生产线或产品装配线。其布局如图 4-15(b) 所示。

③工艺原则布置，又叫功能布置，指按工艺专业化原则将同一类型设备聚集在一起，完成工艺过程中同类型工艺任务，更适用于多品种小批量生产。其布局如图 4-15(c) 所示。

④成组原则布置，指按一定的原则将结构、工艺类似的零件组成一个零件组，基于零件组典型工艺流程、设备和工人完成多品种中小批量产品生产。其布局如图 4-15(d)所示。

3)物流系统仿真

物流系统仿真指在虚拟环境中根据车间实际生产物流系统建立仿真模型，模拟实际物流系统中的动态活动，并通过模型运行试验分析，对生产物流系统进行评价和优化的方法。飞机装配、零件加工等物流系统多为典型的离散事件系统，其仿真为离散事件系统仿真。物流系统仿真的一般流程如图 4-16 所示。

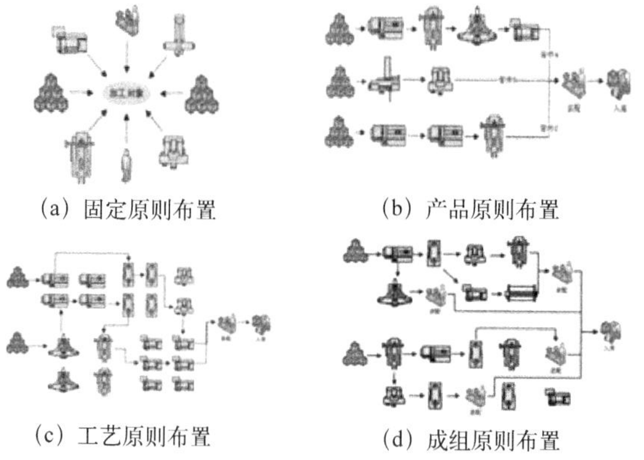

(a) 固定原则布置　(b) 产品原则布置

(c) 工艺原则布置　(d) 成组原则布置

图 4-15　车间布局基本形式

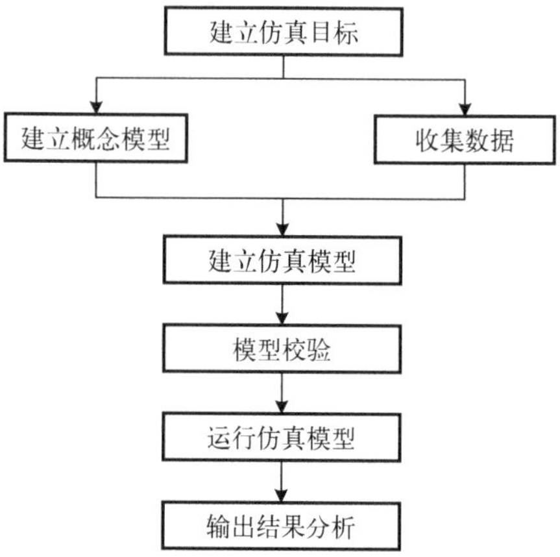

图 4-16　物流系统仿真的一般流程

(1)建立仿真目标。根据系统需求及特点确定仿真目标，还可以针对仿真目标在不影响仿真结果的前提下做出一定假设，简化模型。

(2)收集数据、建立概念模型。研究现实物流系统，明确系统运作流程，根据仿真目的进行数据收集和整理；建立系统概念模型，以图表的形式对物流系统进行描述。

(3)建立仿真模型。根据系统概念模型，在仿真软件环境中建立物理模型，并结合计算机语言或仿真专用语言实现系统逻辑，建立物流系统仿真模型。

(4)模型校验。模型校验是检验仿真模型是否正确，是否符合实际情况，调试程序，使仿真模型更加准确，更加匹配系统概念模型。

(5)运行仿真模型及输出结果分析。运行仿真模型，进行仿真实验，输出仿真结果，进行敏感性分析或最优化分析，对比或改进系统方案。

主要的物流系统仿真软件有 Plant Simulation、Quest、FlexSim、Arena、Witness 等。

2. 装配过程仿真

装配过程仿真利用计算机图形学和仿真技术，在计算机上模拟并以可视化方式直观展示产品装配过程，改进产品的可装配性。装配过程仿真的关键技术主要有装配序列规划、装配路径规划及装配干涉检查，三者之间有着密切的联系。

装配顺序不同，对应不同的装配路径，装配路径规划在产品的既定装配顺序基础上进行，装配序列规划是进行相应的装配路径规划的依据。在进行装配路径规划过程中，装配干涉检查是判断所规划的路径是否安全可达的唯一依据。只有确认零部件在路径上的任意一点处均不与其他任何零部件及工装夹具等发生静态干涉，才有理由认为此路径安全可达。

1) 装配序列规划

装配序列规划是指在各种几何及工艺的约束条件下规划出性能优良的装配顺序。合理的装配顺序不仅能降低装配难度，提高装配效率，还可以避免使用复杂的工装，降低装配成本。

装配序列生成方法可分为正向法与逆向法两种。正向法从选择基准件开始，按照一定的装配约束关系逐步生成合理的装配序列。逆向法从一个假设已经装配好的装配体开始，按照一定的可行拆卸方向逐步生成装配体的所有可行拆卸序列，再倒置拆卸序列得到可行装配序列。逆向法比正向法易于求解。

2) 装配路径规划

连接起点位置及位形和终点位置及位形的序列点或曲线称为路径。装配路径规划是以零件为规划对象，求出零件在特定装配环境下从给定起点到给定终点之间的无碰撞运动路径。从规划思想角度，装配路径规划可以分为正向装配路径规划与逆向装配路径规划两类；从规划途径角度，装配路径规划又可分为自动装配路径规划与人机交互式装配路径规划两类，如图 4-17 所示。

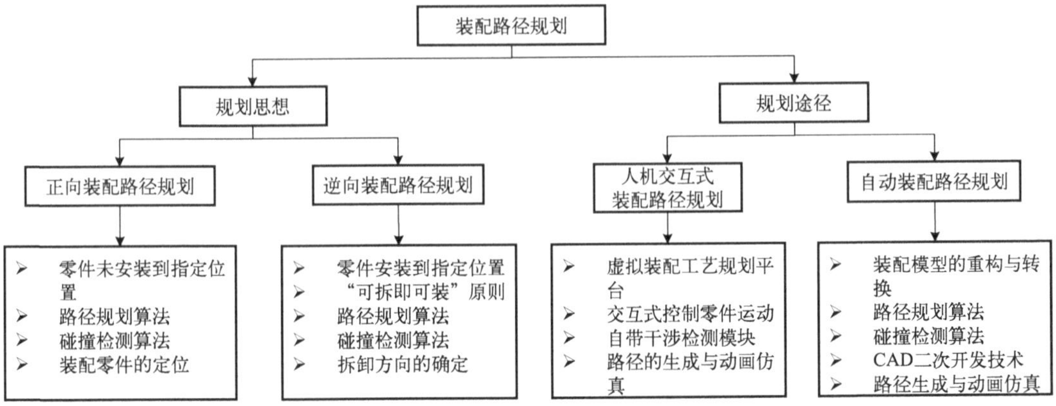

图 4-17　各种装配路径规划方法

正向装配路径规划指利用路径规划算法、碰撞检测算法规划出一条能快速的、无干涉的从起点到最终安装位置的装配路径；逆向装配路径规划的起点与终点刚好与正向装配路径规划相反，故所得路径为零部件无干涉的拆卸路径，但将拆卸路径反转即可作为零部件的装配路径。人机交互式装配路径规划指在装配仿真平台中交互式输入路径点以控制零件运动，并对选择的各点进行静态的干涉碰撞检测。自动装配路径规划通过程序自动规划出装配路径。

3) 装配干涉检查

随着装配操作的进行，装配零件可能与场景中的其他物体发生空间位置上的相交，即干涉。虚拟环境中的干涉检查可以简化认为是检查两个甚至多个物体是否相交。按照零件的运动状态，装配干涉检查分为静态干涉检查和动态干涉检查。

(1) 静态干涉检查。在所有的零件装配完成后对最终的产品进行干涉检查，检查装配体结构上的正确性和合理性。零部件结构不合理和零部件尺寸错误等是静态干涉的主要原因，静态干涉仅与产品中零部件的空间位置有关。

(2) 动态干涉检查。在零部件的装配操作过程中对其进行干涉检查，不仅要检测装配过程中干涉的发生，而且要及时排除干涉。此外，动态干涉检查为产品的可装配性提供了依据。

目前装配干涉检查算法主要有几何分析法、扫描法和包围盒法。其中，包围盒法应用最为广泛。包围盒是一个将零件模型包住的规则几何体，该几何体用来代替零件进行干涉检查。包围盒法不能精确检查零件的干涉情况，但可以快速判断零件之间不相干涉的情况。

常用的包围盒有轴向平行包围盒(axis aligned bounding box，AABB)、包围球、方向包围盒(oriented bounding box，OBB)和离散方向多面体包围盒(discrete orientation polytope，k-DOP)、层次包围盒(hierarchical bounding box，HBB)等，这些包围盒各有特点并在不同的场合分别得到广泛应用。其紧密性和其他性能比较如图 4-18 和图 4-19 所示。

图 4-18　AABB、包围球、OBB 的紧密性比较

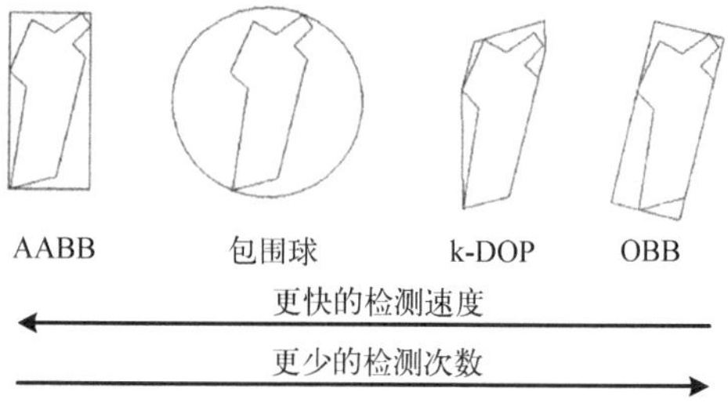

图 4-19　AABB、包围球、k-DOP、OBB 的其他性能比较

3. 装配容差仿真

在航空等行业，工艺装配和产品零部件的尺寸与形位公差称为工艺容差，简称容差。合理的容差设计与优化对安排零件加工路线、零件检测、装配协调工艺等制造活动有重要作用。容差要求过紧，装配准确度高但制造成本和超差率上升。反之，容差要求过松，制造成本和超差率下降但装配准确度低。计算机辅助公差设计(computer-aided tolerancing，CAT)技术主要涉及容差建模、容差分析和容差仿真等方面。

容差建模包括两部分内容：一部分是数学模型，即容差语义的数学描述；另一部分是数学模型以一定形式在计算机中的表示，即容差语义的数据结构。

容差分析主要包括理论计算和计算机仿真试验两类方法。计算机仿真试验法目前大多采用蒙特卡罗仿真方法，根据确定的容差分布规律对尺寸链进行随机抽样模拟。

容差仿真是按设定的容差、装配基准、装配顺序对影响产品质量的重要尺寸进行计算、根源性分析，根据分析结果对方案进行优化，达到提高产品尺寸质量和尺寸稳定性的目的。

基于蒙特卡罗的容差仿真分析法也称计算机随机模拟方法，是一种基于随机数，通过大量随机试验，利用概率论解决问题的数值方法。利用蒙特卡罗法进行容差分析，就是把求解封闭环的尺寸问题转化为求解随机变量的统计量的方程问题。其容差分析流程如图 4-20 所示。

在三维环境中进行容差分析和仿真优化可实现更多功能，基本流程如图 4-21 所示。

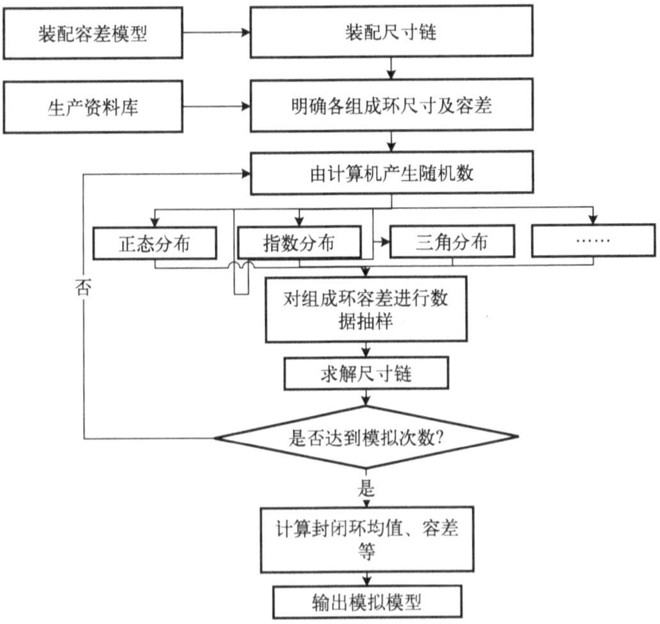

图 4-20　基于蒙特卡罗法的容差分析流程

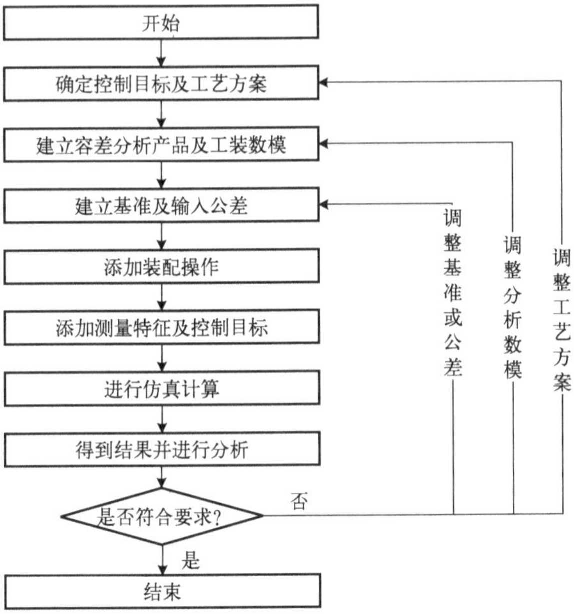

图 4-21　容差分析与优化基本流程

容差分析及优化是根据工程、制造、装配工艺确定的零件公差、装配路线及基准传递路线建立容差传递尺寸链，利用计算机模拟装配方法，得到控制目标的工艺能力指数评价，对工艺方案进行验证，最终从多个工艺方案和装配协调路线中优选出一套合理的方案，其作用如下。

(1) 计算工艺能力指数 C_p 和 C_{pk}，评价产品的装配质量。将控制目标要求作为输入条件，通过仿真计算产品装配工艺的工艺能力指数 C_p 和 C_{pk} 来评价工序的工艺能力，从而评价产品的装配质量。C_p 可以理解为某道工序保证加工质量的能力，C_{pk} 可以理解为某道工序的加工精度能满足公差要求的程度。一般要求 C_p 值大于 1.33，C_p 值小于 1.33 说明出现不合格产品概率大，但 C_p 值过大会使成本增加。

(2) 提取控制目标的影响因子，并计算影响因子的贡献度。贡献度为影响尺寸链环节的因素对尺寸链的贡献(影响)程度。通过容差仿真计算，可以提取并计算影响因子的贡献度。在对容差分配方案进行优化时，着重改进贡献度大的因子。

(3) 对容差进行迭代优化，改进装配工艺方案。结合容差分析软件模拟产品装配，对容差分配方案进行优化，改进装配工艺方案，最终满足质量、设计与制造要求。

4. 人机工效仿真

为保证人员的安全与健康，提高工作效率与生产质量，应充分考虑制造作业姿态的安全性与舒适性，如果人机工效不能满足要求，不仅会降低制造效率，还会造成操作者肌肉骨骼损伤，影响生理健康，进一步对制造质量产生影响，存在安全隐患。人机工效仿真综合利用计算机图形学、建模仿真、人机交互等技术，构建虚拟仿真环境，使操作者可以在虚拟环境中进行交互式装配、拆卸零件等操作，对作业过程进行人机工效评估，如图 4-22 所示。

人机工效仿真分析主要包括可视性分析、可达性分析、肢体疲劳度分析、舒适性分析、体能消耗与恢复分析等。

(1) 可视性分析。产品设计、工艺时序设计不合理等会造成操作人员工作时无法或者很难观察到操作零件。在虚拟环境中可通过虚拟人体视觉窗口，直观反映出人不同姿态和不同位置的视觉范围，往往以操作人员眼睛和头部固定时的视野(即静视野)作为评判依据，如图 4-23 所示。若为达到装配操作对象在人体视觉窗口的有效面积最大化，致使人体脊椎、颈椎、颈部等人体器官接近极限活动位置，此设计方案的可视化程度就不好。

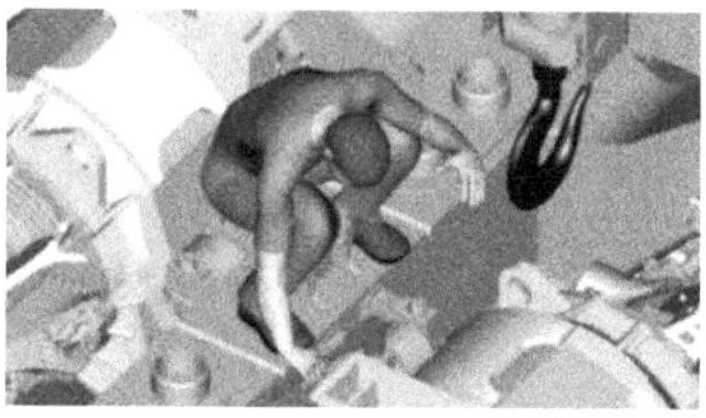

图 4-22　人工装配动作人机工效分析示例

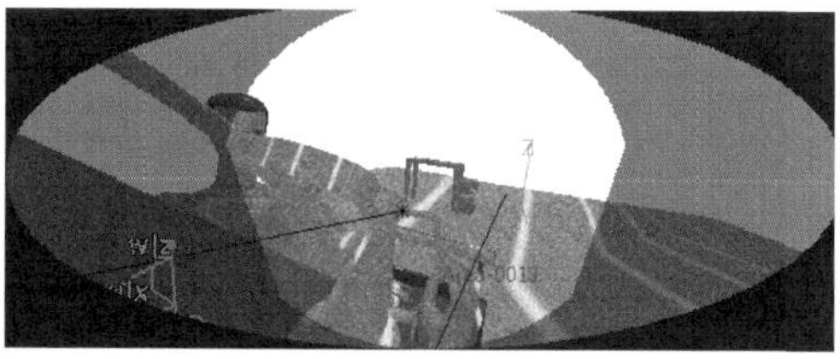

图 4-23　可视性分析

(2) 可达性分析。可达性指操作空间接近触及目标部分的难易程度，分为操作可达、接触可达、盲操可达、不可达四种类型。可达性分析用于考察操作空间内的布置是否处于操作人员可伸及界面内，分析操作空间内操作人员手伸及性能、通过方便性。即使人体可触及操作部位，但肢体通道空间小、工具活动空间小、无法施加操作力，其装配可达性也欠佳。

(3) 舒适性分析。舒适性主要分析人体关节的不舒适程度。舒适性评判主要参考单一不舒适性指数，该指数越小，越舒适。例如，装配作业中，上肢作业活动较多，可以采用快速上肢评估(rapid upper limb assessment，RULA)方法进行评估。

人机工效仿真分析的基本流程如图 4-24 所示。

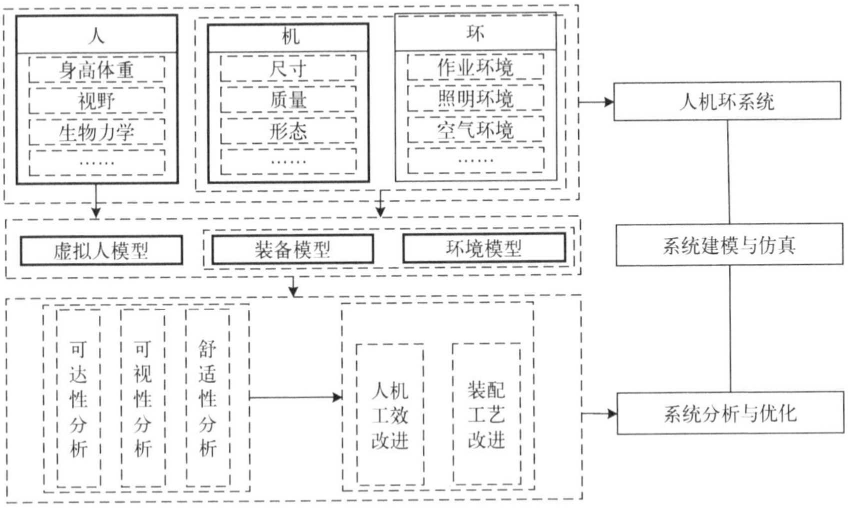

图 4-24　人机工效仿真分析流程

仿真环境创建和人体运动设置是进行人机工效仿真分析的前提。

(1) 仿真环境创建。在虚拟环境中进行人机工效仿真分析与验证，必须首先创建一个与实际生产相似的虚拟空间，主要包括数字样机模型、工装工具模型、虚拟人模型和虚拟生产场景等。

创建虚拟人和创建产品的三维模型存在很多不同，虚拟人是通过综合人体结构模型、人体运动模型、人体动力模型及人机评价标准等信息模型创建的，如图 4-25 所示。完成人体装配工艺操作定义，建立起产品模型、零组件、装配工装工具模型、虚拟人模型及生产环境模型的关联关系，从而完成人机工效仿真的虚拟场景构建。

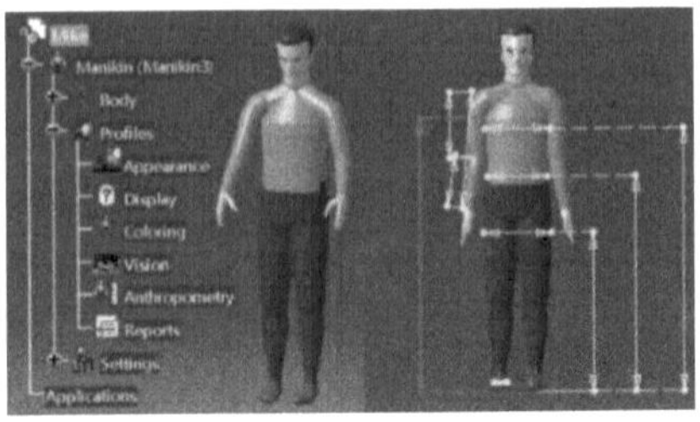

图 4-25　虚拟人模型创建

(2) 人体运动设置。人体运动设置可以仿真人体基本动作，如走路、抓取、搬运物体等。通过人体基本动作的有机组合，完成虚拟人模型装配操作动作的设置。图 4-26 为一个虚拟人直接搬运作业仿真设置流程。

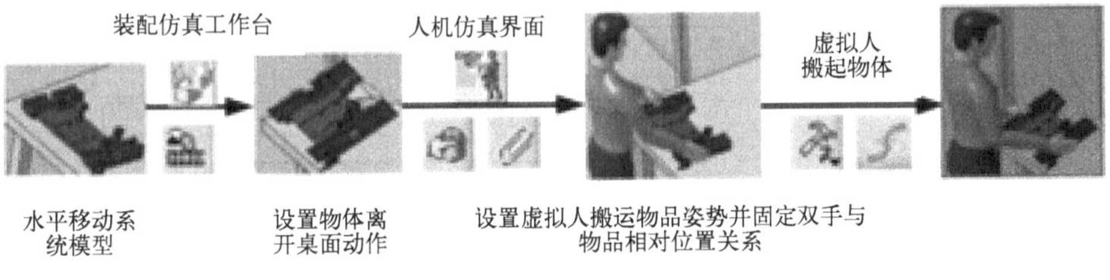

图 4-26　虚拟人直接搬运作业仿真设置流程

设置完毕后，即可基于这些模型和配置信息进行分析，并根据分析结果改进产品设计或者工艺流程。可以参考表 4-2 所示的一些原则性要求，进行人机工效的评价。

表 4-2　装配作业人机工效参考要求

考虑因素	相关要求
作业姿势	装配人员作业时，身体各关节角度和力矩应该在合理的范围
作业空间	良好的可达性、可视性，足够的操作空间
装配动作	进行作业时，尽量避免和缩减容易产生疲劳的姿势
操作力量	确保作业操作在人体受力限度内，防止瞬时劳动强度过大导致装配人员受伤
装配任务	装配任务尽可能分布在产品同一侧，减少装配人员的移动距离和时间，避免装配人员间的相互干扰
工作负荷	作业难度在装配人员的工作负荷限度内
零件位置	零部件按照相似性分类放置，缩短装配人员寻找和移动时间
装配环境	确保装配作业环境的舒适性和安全性，如噪声和振动符合标准等
装配工艺	应尽量避免单手或一人完成装配操作，尽可能使双手操作平衡适当

4.1.5　MBD 在复杂产品制造中的应用

作为典型的复杂产品，飞机的研制须经历产品设计、工艺设计、工装设计、产品制造和检验检测等五个主要环节，其产品制造环节中的 MBD 应用具有代表性。我国大型运输机运 20 的研制在我国航空工业技术发展史上具有里程碑意义。运 20 采用基于 MBD 的全三维设计制造技术，形成了全三维数字化设计与制造标准规范和数字化并行协同研制平台（digital collaboration environment，DCE），如图 4-27 所示。

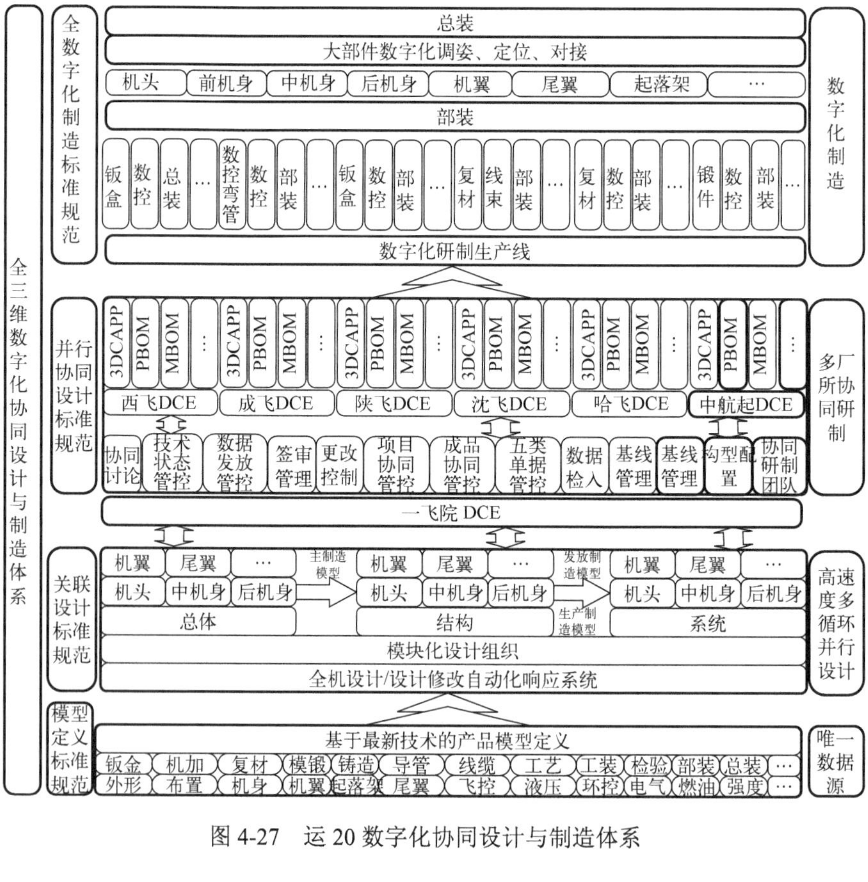

图 4-27　运 20 数字化协同设计与制造体系

在工艺设计过程中，工艺部门依据设计部门发放的EBOM和三维设计数模进行工艺分析，反馈工艺审查意见，建立PBOM，制订装配工艺协调方案，划分工艺分离面，进行装配工艺仿真，形成MBOM顶层结构，发放到下游的工装设计、专业制造和检验检测等部门。

在工装设计过程中，工装设计制造部门依据工装订货单、三维工艺数模、产品制造工艺方案和设计部门的三维产品设计数模进行工装设计；依据三维工装设计数模进行工装指令(TO)编制，以及装配工装的装配仿真和工装数控程序的编制，最终完成工装的制造和自检。

在产品制造过程中，产品制造部门依据EBOM、三维设计数模、PBOM 建立三维工艺数模，进行零件的材料属性仿真和部件几何仿真，编制装配指令 (AO)和制造指令(FO)，编制数控程序，最终完成零件的加工、部件的装配及自检。

在产品检验检测过程中，检验检测部门依据设计部门正式发放的EBOM、三维设计数模、三维工装设计数模编制检测计划，计算测量数据，完成零部件和工装的检测。

因此，在飞机制造过程中，除了基于MBD的设计，MBD技术在飞机装配制造过程中的如下环节得到具体应用，如图4-28所示。

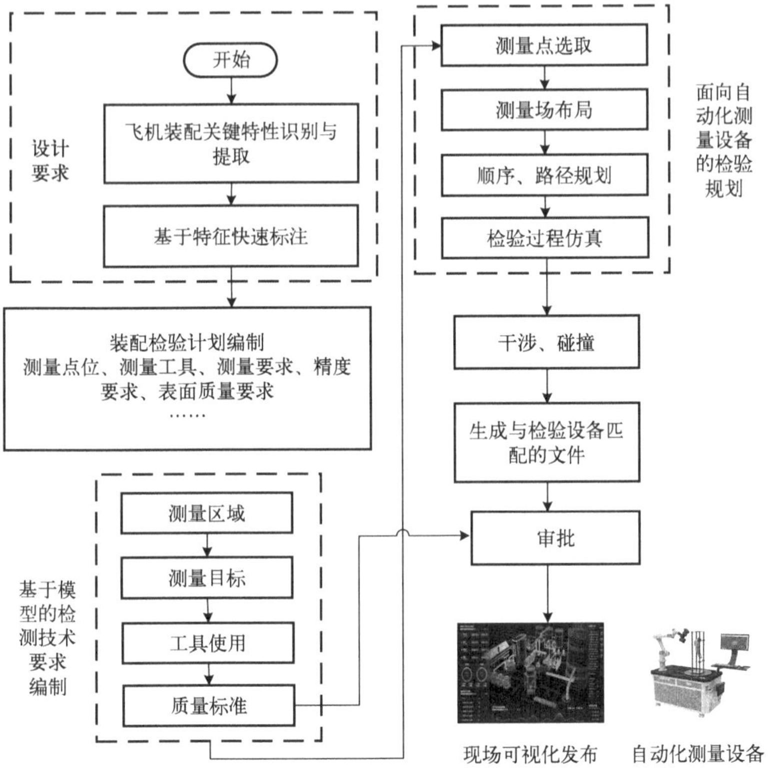

图4-28 基于MBD的装配检验规划与仿真

(1)基于MBD的数字化工艺设计与仿真技术。在工艺审查阶段，对零件、组件、部件组成的制造单元进行可制造性、可装配性分析，检查结构设计的合理性；在工艺规划阶段，通过装配工艺仿真，确定零部件之间的装配顺序和运动路径；在工装设计阶段，进行制造资源仿真，设计出合格的工装资源；在工艺编制阶段，建立起产品、工艺、资源数字化工艺数据模型，进行工艺容差分配计算和优化，实现基于模型的工艺分离面划分、装配工位设计、装配流程设计、三维工艺指令设计等。

(2)基于 MBD 的工艺装备设计制造集成技术。在三维数字化环境下，以产品数字样机、工艺数字样机为基础，进行工艺技术装备的设计和仿真。

(3)基于 MBD 的数字化检测与质量控制技术。进行三维工艺检验计划，将三维数字图形转换为测量机等数字化设备能够识别的数字信息，并以基于 MBD 的三维设计数模、工艺数模和检测方案为依据，开发检验数据计算程序，建立基于 MBD 的三维检验数模。

(4)基于轻量化模型的装配过程可视化技术。为了确保装配现场能够及时获取现行有效的三维数模、三维装配工艺指令，通过三维数模轻量化技术在制造执行系统(MES)的集成应用，实现真正的无纸化。

4.1.6 常见 CAPP 系统

国外的主流 CAPP 系统如下。

(1)西门子工艺设计软件。西门子 Teamcenter Manufacturing (TCM)是一套完整的数字化工艺解决方案，还提供了 Tecnomatix 仿真解决方案，包括生产系统仿真模块(Plant Simulation)、人机工效仿真模块(Jack)、工艺过程仿真模块(Process Simulation)、装配容差分析模块(VisMockup)等。

(2)达索系统工艺设计软件。达索系统 DELMIA DM(Digital Manufacturing)涵盖领域广泛，主要包括 3D 结构化工艺、工时分析、产线布局、物流仿真、机器人仿真、机加仿真、装配仿真、人因仿真等。

国内主要的 CAPP 软件如下。

(1)星天外公司星云 CAPP(原 CAPPFramework，源自西北工业大学)。星云 CAPP 是面向离散型制造企业的基于云计算技术的智能化工艺设计协同平台，为企业提供工艺设计、工艺管理、工艺应用的全方位解决方案，将 CAPP 从传统的工具软件正式推进到智能云服务平台。

(2)开目公司开目 CAPP(源自华中科技大学)。开目 CAPP 利用产品的三维模型，由工艺设计人员在三维环境中对产品的制造、装配等完整的工艺过程进行交互式的定义和分析，并以三维工艺来指导生产现场的加工与装配，从而使制造人员能更加直观、准确、高效地完成加工与装配工作。

4.2 计算机辅助制造与 CAM 技术

计算机辅助制造(computer aided manufacturing，CAM)技术广义上是指利用计算机辅助完成从毛坯、加工到装配成产品的制造过程中的全部活动，进行产品加工和制造过程的规划、设计和优化的技术。狭义上，CAM 技术主要是数控加工编程过程中，使用计算机辅助的方式来提高编程效率和质量的技术。

4.2.1　数控加工技术概念

微课

数字控制(numerical control，NC，简称数控)技术是一种借助数字化信息(数字、字符或者其他符号)对某一工作过程进行编程控制的自动化方法。国家标准 GB/T 8129—2015《工业自动化系统 机床数值控制 词汇》将数字控制定义为用数值数据的控制装置，在运行过程中，不断地引入数值数据，从而对某一生产过程实现自动控制。数控机床是最早应用数控技术的控制对象，也是应用最广泛和最典型的数控设备。本章中数字控制专指应用于机床的数字控制。数控机床是采用了数控技术的机床或装备了数控系统的机床，如图 4-29 所示。

数控加工指使用数控机床进行零件加工的方法或技术。它采用数字信息对零件加工过程进行定义，并控制机床自动运行，完成零件的加工。数控加工是一种高效率、高精度和高柔性的自动化加工技术，可有效解决复杂、精密、单件小批量零件加工问题，能够充分适应现代化生产需要，是自动化、柔性化、敏捷化和数字化制造的基础与关键技术。

用特定格式的一套指令代码编写的、控制数控机床执行一个确定的加工任务的一系列指令称为数控加工程序，简称数控程序或零件程序，如图 4-30 所示。

(a) 数控机床　(b) 普通机床

图 4-29　数控机床与普通机床

```
NS EXAMP4_1                            ;程序名为EXAMP4_1
N10 G90 G54 G0 X-30 Y-50 Z40 T1 D1     ;移动刀具至起始位置1
N20 S1600 M3 M8                        ;主轴顺转，打开冷却液
N30 G1 Z-16 F120                       ;下刀至位置2
N40 G17 G41 X-20 Y-20                  ;移动刀具至A点
N50 X-20 Y20                           ;加工直线轮廓AB
N60 X5.043 Y50                         ;加工直线轮廓BC
N70 X23.542 Y50                        ;加工直线轮廓CD
```

图 4-30　数控程序示例

数控程序设计也称数控编程，是为零件的数控加工编写加工程序的过程。数控加工中相关概念之间的关系如图 4-31 所示。

此外，一般认为，数控测量程序也是一种数控加工程序。

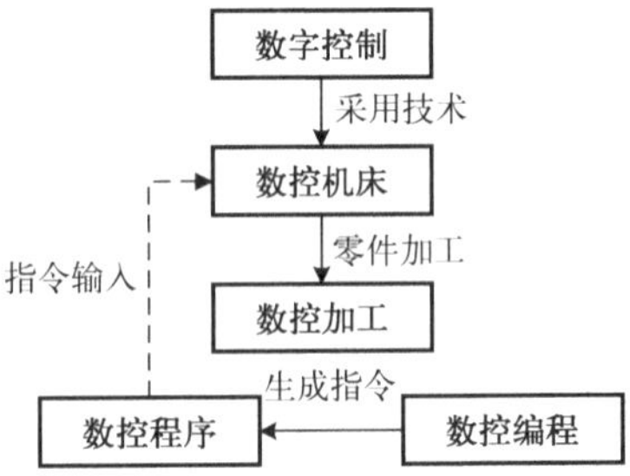

图 4-31　数控加工相关概念之间的关系

4.2.2　数控编程基础

数控编程是将零件的加工过程、工艺参数、刀具运动及其他辅助动作(变速、换刀、冷却液开关、工件夹紧松开等)，按运动顺序和所用数控机床规定的指令代码格式，采用规定的文字、数字、符号组成的代码编写数控程序，并将其转变为控制介质的整个过程。

1. 数控编程过程

一般来讲，数控编程过程包括以下步骤，如图 4-32 所示。

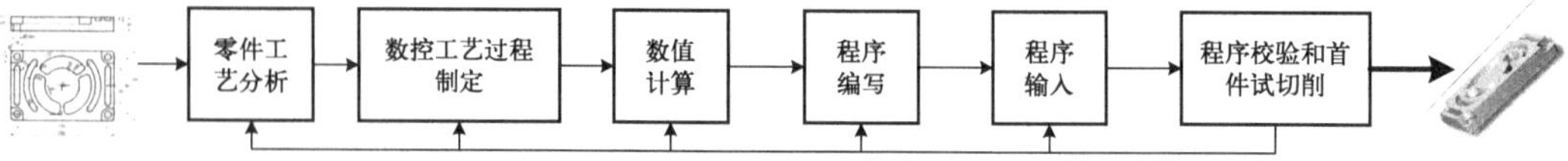

图 4-32　数控编程过程

(1) 零件工艺分析。包括分析零件的材料、形状、尺寸、精度及毛坯形状和热处理要求等，以确定零件的加工范围、工艺过程和选择数控机床等。

(2) 数控工艺过程制定。在零件工艺分析的基础上，确定数控加工的零件表面及其加工方法，选择数控机床和制定工艺过程，进行工序详细设计，根据情况提出专用夹具设计要求。

(3) 数值计算。根据零件形状、尺寸标注情况和走刀路线等选择工件零点，确定工件坐标系，进行必要的数学处理，并按数控机床的编程要求计算出所需要的编程数据。

(4) 程序编写。根据已确定的加工顺序、走刀路线、刀具、切削参数及计算出的数据，按照数控机床规定的指令代码及程序格式，逐段编写加工程序，并进行仔细的检查。

(5) 程序输入。将编写好的数控加工程序输入所选用的数控机床的数控系统中。

(6) 程序校验和首件试切削。新编制的数控加工程序必须经过校验和试切削才能正式使用，以确定数控程序是否合理，检查加工精度和表面质量是否符合加工要求。

2. 机床坐标系及其运动方向

数控程序用来控制数控机床执行加工任务，必须明确数控机床的运动方式和坐标系。为了能够确定数控机床各运动部件的方向和位移量，需要建立机床坐标系。国际标准 ISO 841-2001 规定了与数控机床主要运动和辅助运动相应的机床坐标系。我国国家标准 GB/T 19660—2005《工业自动化系统与集成 机床数字控制 坐标系和运动命名》与其等同。

1) 机床坐标系

机床坐标系用来提供刀具相对于固定工件移动的坐标。机床的运动是指刀具和工件之间的相对运动。不论机床在实际加工时是工件运动还是刀具运动，在确定坐标系时，一般看作工件相对静止，刀具产生运动。这一原则可以保证编程人员在不知道刀具和工件移动的情况下，根据零件图形描述机床的加工过程，编写数控程序。

2) 机床坐标系的规定

机床动作由数控系统发出的指令来控制。为了确定机床刀具、工作台的运动方向和移动距离，需要在机床上建立一个坐标系，该坐标系称为机床坐标系。机床坐标系采用右手直角坐标系，如图 4-33 所示。三个主要直线运动轴为 X、Y、Z 轴，拇指方向为 X 轴正方向，食指方向为 Y 轴正方向，中指方向为 Z 轴正方向，绕 X、Y 和 Z 的回转轴分别称为 A、B、C 轴。

3) 运动方向的确定

(1) Z 轴。

Z 轴平行于机床的主要主轴。对于铣床、钻床等，主轴带动刀具旋转；对于车床、外圆磨床等，主轴带动工件旋转。如果机床没有主轴(如牛头刨床)，则规定 Z 轴垂直于工件装夹面。

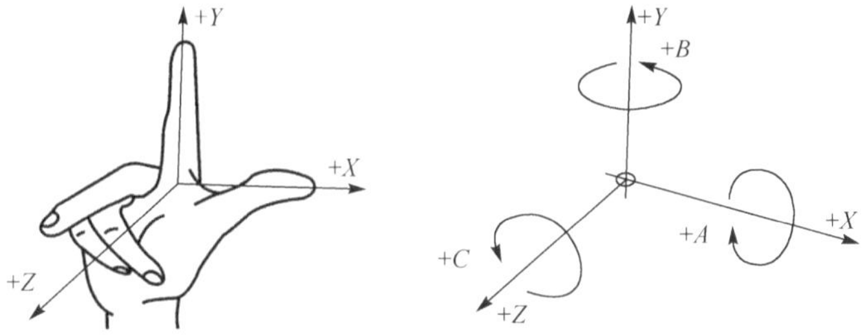

图 4-33　机床坐标系及其方向规定

从工件到刀架的方向定为+Z 方向，即刀具远离工件的方向为+Z 方向。例如，在钻孔加工中，钻入工件的方向为–Z 方向，而退出方向为+Z 方向；对于车床，尾座方向为+Z 方向。

(2) X 轴。

一般情况下，X 轴是水平方向，并且平行于工件的装夹面。

对于工件旋转的机床(如车床、外圆磨床等)，X 轴的方向是在工件的径向上且平行于横刀架，规定刀具离开旋转轴的方向为+X 方向。

对于刀具旋转的机床(如铣床、钻床等)，如果 Z 轴是垂直的，当从机床主轴向立柱看时，右方是+X 方向；如果 Z 轴是水平的，当朝–Z 方向看时，右方是+X 方向。

(3) Y 轴。

+Y 方向按右手直角坐标系来确定。

(4) 回转轴 A、B 和 C。

绕直线运动轴 X、Y 和 Z 回转的轴分别定义为 A、B 和 C 轴，其正方向分别为+X、+Y 和+Z 方向上右旋螺纹前进的方向，如图 4-33 所示。

图 4-34、图 4-35 给出了数控立式铣床和数控车床的坐标系。

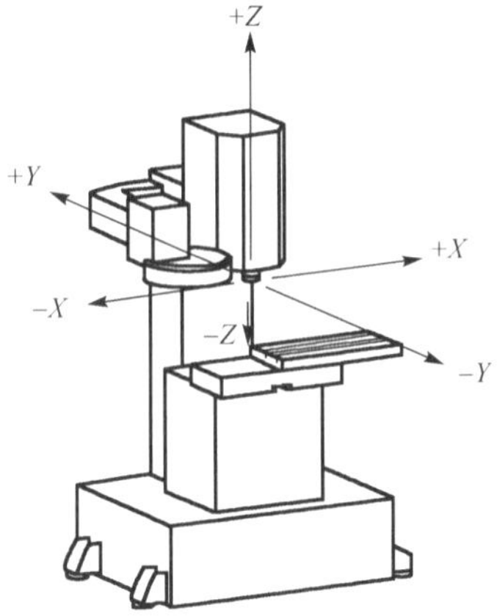

图 4-34　数控立式铣床的坐标系

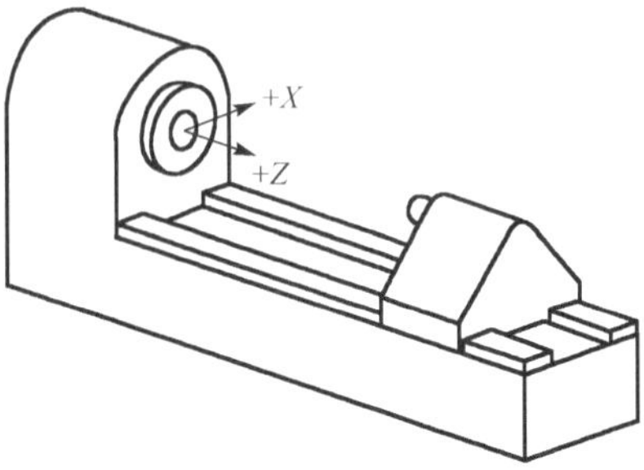

图 4-35　数控车床的坐标系

3. 机床零点和机床参考点

机床零点即机床坐标系原点，是由机床制造厂在机床上设置的作为加工基准的一个固定的点，它是所有坐标轴的零点位置。不同数控机床的零点位置不同。机床坐标系是以机床零点作为原点建立的坐标系。

机床参考点是在数控机床上设定的一个固定位置。通常在这个位置进行换刀和设定编程的绝对零点。机床参考点相对机床零点的距离是一个固定值，如图 4-36 所示，这个距离通过每个坐标轴上的挡块和限位开关精确设定。

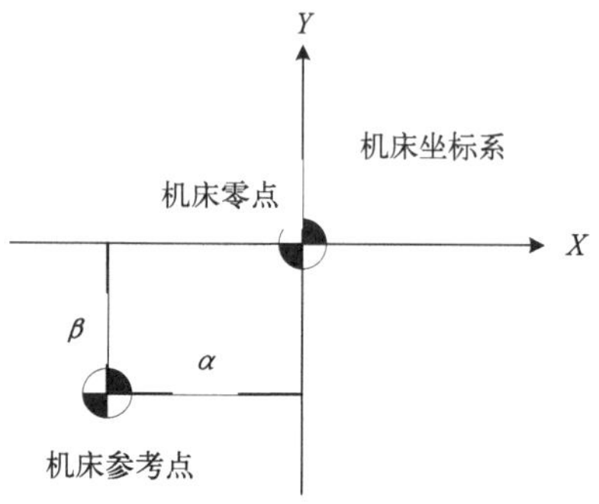

图 4-36　机床零点与机床参考点的关系

数控机床开机后，必须首先通过机床控制面板上的“回参考点”键手动操作，使各坐标轴回到参考点，从而建立机床坐标系，然后开始加工零件。机床坐标系一旦建立，在机床电源关掉前就一直保持不变。

4. 工件坐标系和工件零点

由于机床零点位置独特，工件轮廓坐标点计算十分困难，尺寸标注转换计算量大。另外，工件位置一旦移动，原有程序将无法重用，无法满足不同机床及批量生产需求。因此，不直接使用机床坐标系进行编程，而是使用工件坐标系进行编程。工件坐标系也称编程坐标系，是为了确定工件几何图形上各几何要素的位置而建立的坐标系，用于编程时对工件的几何位置进行描述，如图 4-37 所示。

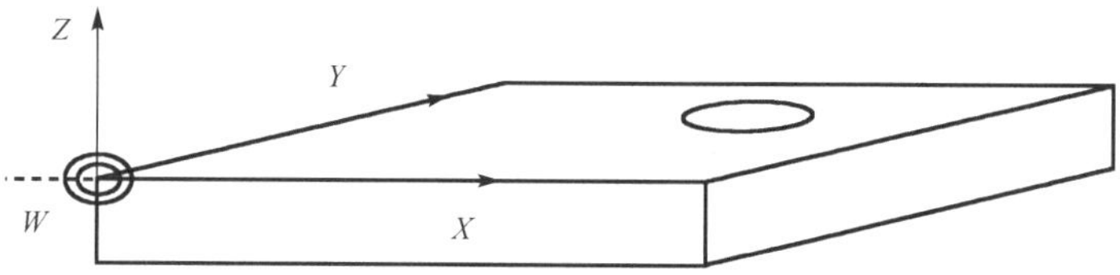

图 4-37　工件坐标系

工件坐标系的原点也称工件零点(*W*)，其位置由编程人员按照编程方便的原则并根据零件的形状、尺寸和定位基准等来任意选定。工件零点选择直接影响数值计算工作量。工件零点一般选在零件设计基准或工艺基准上。基于工件零点，编程人员可以针对零件图直接编程，可以在机床上选择最佳装夹位置进行装夹，编制的程序可以在任意机床上进行加工，而不用考虑该机床的机床零点。数控系统可以自动对程序中的点坐标进行偏移计算，转换为机床坐标，使刀具仍能够按照数控程序规定路径运动。

加工工件时必须保证工件坐标系坐标轴平行于机床坐标系坐标轴，才能够计算每个坐标轴上的工件零点相对于机床零点的坐标值偏移量，如图 4-38 所示。在开始加工前必须确定工件零点相对于机床零点的坐标值偏移量，也就是找到工件零点在机床坐标系中的实际位置。

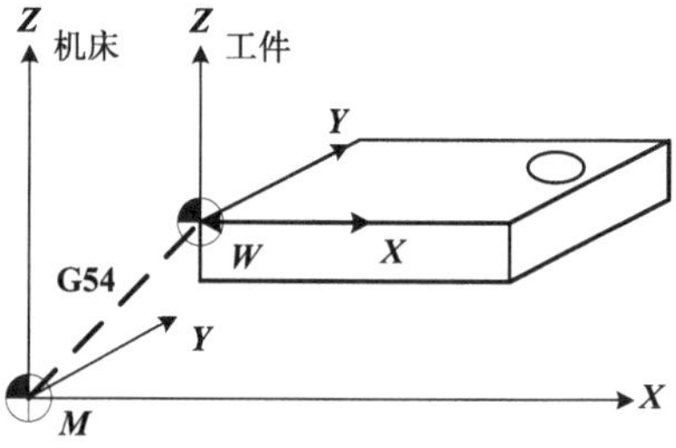

图 4-38　机床坐标系与工件坐标系

可以通过手工试切对刀或电子测头自动测量的方式来获取工件零点偏移量(见 4.2.4 节)。获取该偏移量后，将其在数控系统中预先设定。数控程序运行时，可以用一个编程指令(如 G54)调用该值。现代 CNC 系统通常可以设置多个工件坐标系，如 FANUC Oi 数控系统可以用 G54~G59 设置 6 个工件坐标系。如果编程人员认为重新选择一个参考点要比原工件零点更方便，可使用编程指令设定局部坐标系。局部坐标系的设定以原工件零点为基准，可以相对于工件坐标系进行平移和旋转。

如果没有在加工前正确设置工件零点，机床运动部件会把工件坐标系坐标值当作机床坐标系坐标值，并依据其进行运动，会造成严重事故。加工时，机床会依据工件零点自动对坐标值进行增量转换，转换为正常的机床坐标值，完成加工任务。

5．数控机床的坐标轴数和联动数

微课

机床坐标系有三个直线运动轴和三个回转轴，称为机床坐标系坐标轴。数控机床的坐标轴不等同于机床坐标系的坐标轴。数控机床的坐标轴数指数控机床能够数字控制的坐标轴数。数控机床的联动数指数控机床能同时数字控制的轴数。

按联动数，数控机床分为二轴控制的机床、三轴控制的机床、2.5 轴控制的机床、四轴控制的机床和五轴控制的机床等。联动数可以只有直线运动轴，也可以有直线运动轴+回转轴。

二轴控制是指同时控制两个坐标轴的运动。二轴控制的机床可以加工直线和平面曲线，如图 4-39 所示。

三轴控制是指同时控制 X、Y、Z 三个坐标轴的运动，刀具能在空间任意方向移动，因而能够加工空间直线和曲线，如图 4-40 所示。

2.5 轴控制是指可控制三个坐标轴的运动，但只能同时控制两个坐标轴的运动，第三个轴的运动则单独控制，因此可以将立体型面转化为平面轮廓加工，如图 4-41 所示。

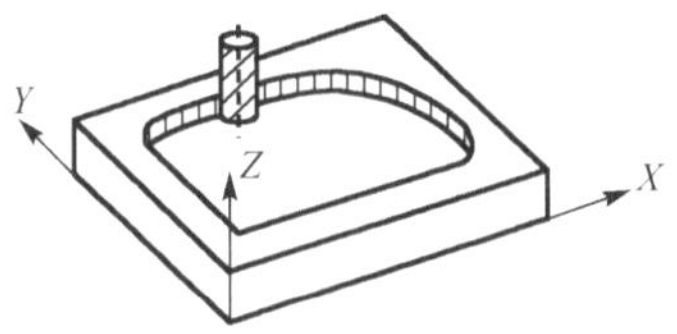

图 4-39　二轴数控加工

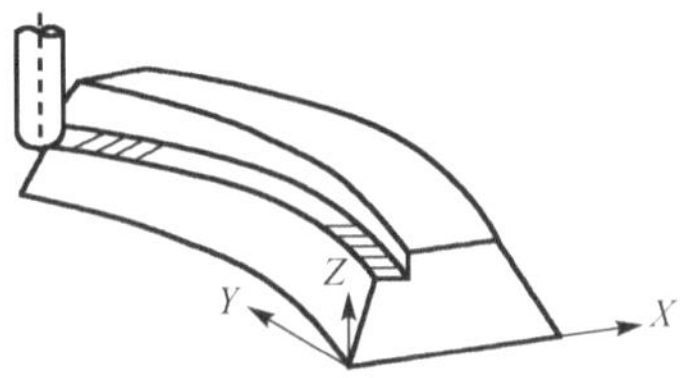

图 4-40　三轴数控加工

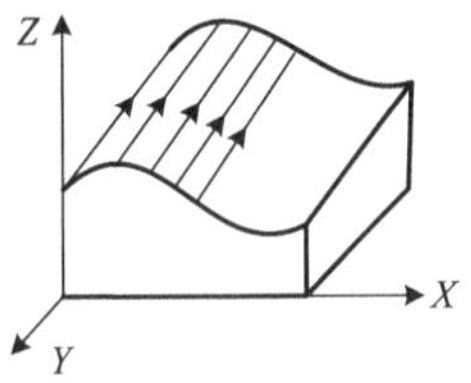

图 4-41　2.5 轴数控加工

四轴控制是指同时控制四个坐标轴的运动，即除三个直线运动轴外，再加一个回转轴。

五轴控制是除控制三个直线运动轴外，再加上三个回转轴中的任意两个。图 4-42 展示了五轴数控机床的几种联动形式。

6．数控程序的结构

1）数控程序的总体结构

一个完整的数控加工程序由若干程序段组成，它通常包括程序文件开始、程序主体和程序文件结束三部分。例如，FANUC Oi 数控系统的程序结构如图 4-43 所示。

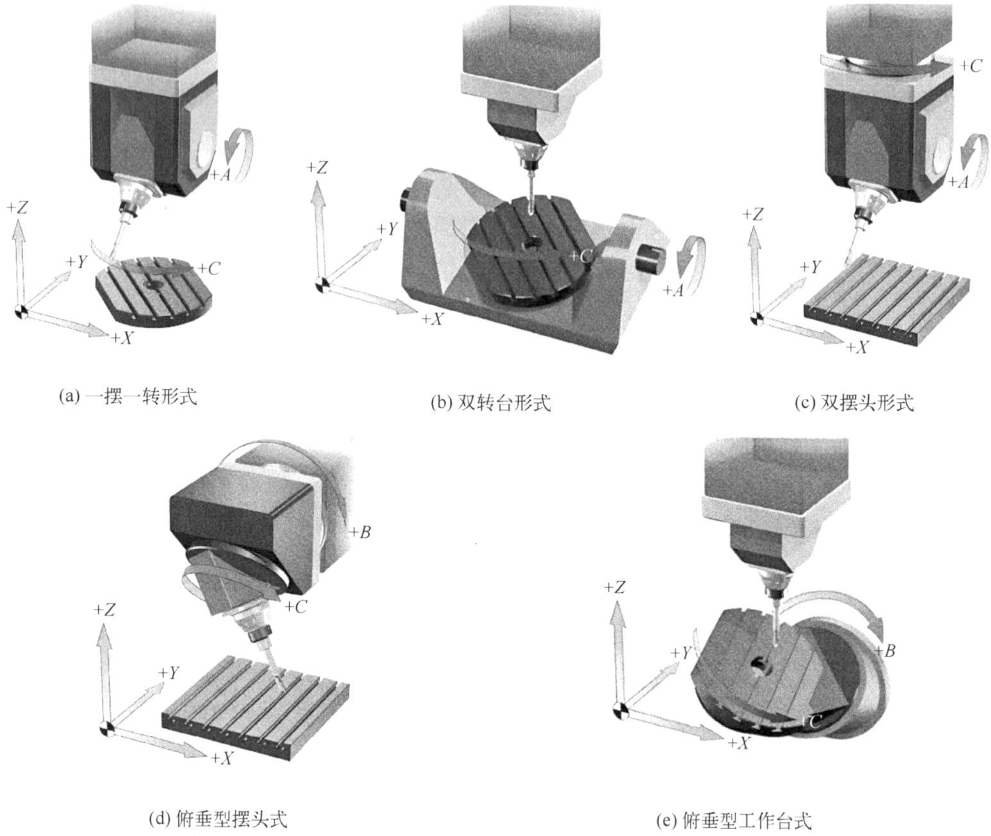

(a) 一摆一转形式　(b) 双转台形式　(c) 双摆头形式

(d) 俯垂型摆头式　(e) 俯垂型工作台式

图 4-42　五轴数控机床的几种联动形式

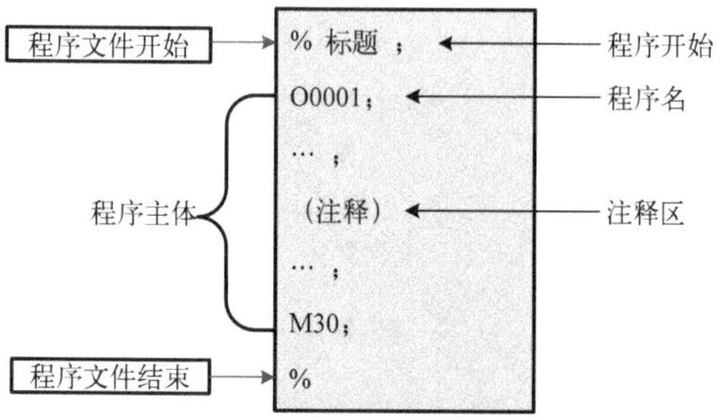

图 4-43　程序结构

图 4-43 中符号含义如下：

%　　程序文件开始和结束。

;　　程序开始或换行，它实际上是 ISO 代码的换行符 LF。

O×××　程序名，由字母 O 和 4 位数字组成；可使用冒号(：)代替 O。

( )　　注释，括号中为注释文字，注释长度没有限制。

为识别和区别程序，每个程序都要有程序名。如果在程序开始没有指定程序名，则系统将程序开始处的顺序号(N_)作为程序名。

程序主体表示数控机床要完成的全部动作或操作。程序主体由若干程序段组成，每个程序段指令机床执行一个加工动作或操作。在编写程序时，以刀具实际移动顺序来编写程序段。

程序主体从程序名开始，用程序结束代码(M02 或 M30)结束。程序主体的组成如下：

```
程序名     O0001;
程序段 1  N1 G91 G00 X120.0 Y80.0;
程序段 2  N2 G43 Z-32.0 H01;
......
```

续表

代码	功能开始时间与程序段指令运动同时开始	功能开始时间在程序段指令运动完成后开始	功能保持到被注销或被适当程序指令代替	功能仅在所出现的程序段内有作用	功能
M49	*		*		进给率修正旁路
M50	*		*		3号冷却液开
M51	*		*		4号冷却液开
M52～M54	#	#	#	#	不指定
M55	*		*		刀具直线位移，位置1
M56	*		*		刀具直线位移，位置2
M57～M59	#	#	#	#	不指定
M60		*		*	更换工件
M61	*		*		工件直线位移，位置1
M62	*		*		工件直线位移，位置2
M63～M70	#	#	#	#	不指定
M71	*		*		工件角度位移，位置1
M72	*		*		工件角度位移，位置2
M73～M89	#	#	#	#	不指定
M90～M99	#	#	#	#	永不指定

注：①符号“*”表示具有该功能；②符号“#”表示若选作特殊用途，必须在程序说明中说明；③M90～M99 可指定为特殊用途。

3）进给功能

进给功能也称 F 功能或 F 指令，用 F 和其后的数值指定刀具进给速度，通常称为指令进给速度或编程进给速度。F 指令在 G01、G02、G03 等插补指令程序段中有效。F 指令是模态指令，一经使用就一直有效，直到被一个新的 F 指令取代。

F 指令所指定的进给速度是刀具轨迹速度（合成速度），它是所有移动坐标轴上刀具进给速度的矢量和。一般使用刀具中心相对于工件每分钟的移动距离（mm/min）来表示进给速度。但在多数现代 CNC 系统中，F 指令的单位可由 G 指令确定，例如，在 Siemens 数控系统中，用 G94 指定直线进给速度（mm/min）；用 G95 指定旋转进给速度（mm/r，只有主轴旋转时才有意义），此时进给速度与主轴的转速有关。

编程举例如下。

```
N10 G94 F310;     进给速度为 310 mm/min
……
N110 S200 M3;     主轴顺时针旋转
N120 G95 F15.5;   进给速度为 15.5 mm/r
```

此外，在加工过程中，指令进给速度可由机床的倍率开关进行修调。

4）主轴转速功能

主轴转速功能也称 S 功能或 S 指令，用 S 和其后的数值来指定机床主轴转速，而主轴旋转方向由 M 指令确定。主轴转速一般以每分钟转数（r/min）的形式指定。有的机床也可以切削线速度(mm/min)的形式指定，它可使切削线速度不随切削半径的变化而改变，从而使切削线速度保持恒定。S 指令是模态指令。

如果在程序段中不仅有 M03 或 M04 指令，而且有坐标指令，则 M03 或 M04 指令一般在坐标轴运行之前生效，即在主轴启动之后，坐标轴才开始运行。程序指定的主轴转速也可由机床的倍率开关进行修调。

编程举例如下。

```
N10 G1 X70 Z20 F300 S270 M03;     在 X、Z 轴运行前，主轴以 270r/min 顺时针旋转
……
N80 S450 …; 改变转速为 450 r/min
……
N170 G0 Z180 M05;    主轴停止，Z 轴运行
```

5)刀具功能

刀具功能也称 T 指令，用 T 及其后的数字表示刀具号，加工中按刀具号从机床刀库中选择相应刀具。T 指令为模态指令。对不同数控机床，T 指令的使用可分为两种方式。

(1)刀具调用。用 T 指令直接更换刀具。

(2)刀具预选。用 T 指令预选刀具，然后用 M6 指令进行刀具的更换。

编程举例如下。

(1)刀具调用。

```
N10 T1  ; 选择并更换为刀具 1
……
N60 T2  ; 选择并更换为刀具 2
```

(2)刀具预选。

```
N10 T14 …   ; 预选刀具 14
……
N15 M6  ; 执行刀具更换，刀具 T14 有效
```

实际上，各个厂家生产的数控机床所用的指令代码及其含义可能不完全相同。因此，编程人员在编制程序时必须遵守所用数控机床编程手册中的规定。

8. 常用准备功能指令

1)绝对尺寸与增量尺寸指令——G90、G91

编程时，可使用绝对尺寸或增量尺寸编程，提高编程的灵活性。绝对尺寸指目标点在工件坐标系中的坐标尺寸；增量尺寸指目标点相对于当前点的位移增量。G90 是绝对尺寸指令，表示程序段中的坐标数据按工件坐标系中的坐标值给定。G91 是增量尺寸指令，表示程序段中的坐标数据以刀具运动的终点相对于起点的增量值(位移量)给定。

如图 4-46 所示，刀具由起始点 *A* 直线插补到目标点 *B*。程序分别如下：

```
G90 G01 X30 Y60 F100    绝对尺寸编程
```

```
G91 G01 X-40 Y30 F100    增量尺寸编程
```

G90 和 G91 可交替使用。在某一程序段中一旦使用 G90，其将一直持续有效，直到使用 G91 重新定义；反之亦然。通常，数控系统启动后默认处于 G90 状态。

实际编程中选用 G90 还是 G91，要根据具体零件来确定。当零件尺寸为坐标式标注时一般选用 G90 编程；当零件尺寸为链式标注时一般选用 G91 编程，这样就可以避免在编程时计算各点的坐标。

2）坐标平面选择指令——G17、G18、G19

数控机床的三个直线运动轴 *X*、*Y*、*Z* 构成三个坐标平面，即 *XY* 平面、*ZX* 平面和 *YZ* 平面。G17 为 *XY* 平面，G18 为 *ZX* 平面，G19 为 *YZ* 平面，如图 4-47 所示。其作用是指定刀具运动或补偿的坐标平面。另外，坐标平面会影响圆弧插补方向的确定。

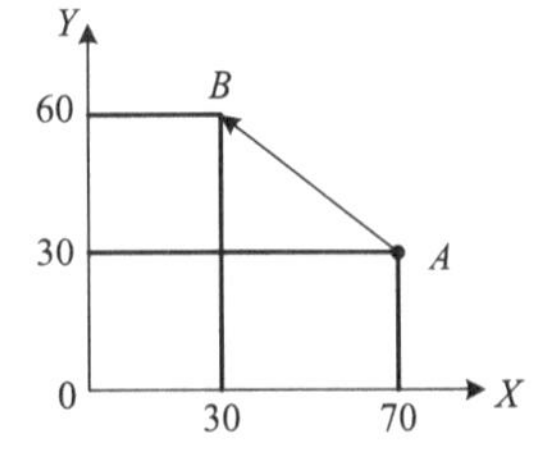

图 4-46　G90/G91 编程示例

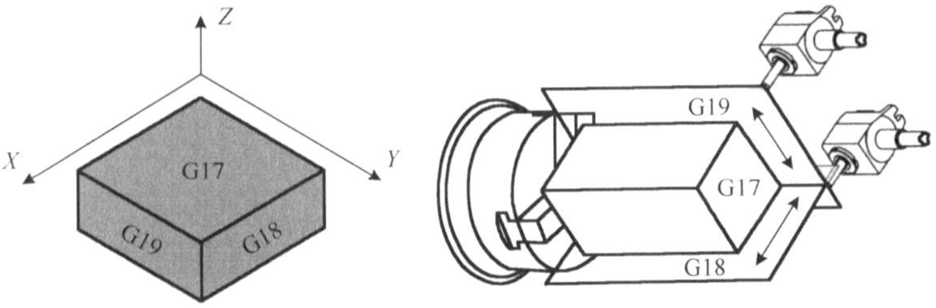

图 4-47　坐标平面及切削时的坐标轴

3）快速点定位指令——G00

G00 以点位控制方式指令刀具从当前点快速移动到指令给出的目标位置，不同坐标轴的运动可以不协调。快速移动的速度可通过数控系统预先设定。指令格式如下：

```
G90 G00 X_ Y_ Z_    ；  绝对尺寸编程
G91 G00 X_ Y_ Z_    ；  增量尺寸编程
```

若用了 G90，则 *X*、*Y*、*Z* 表示刀具运动终点在工件坐标系中的坐标值；若用了 G91，则 *X*、*Y*、*Z* 表示刀具运动终点相对于当前点的坐标增量。刀具运动起点为刀具当前点，其位置坐标不需要在程序段中直接写出来。另外，不运动的坐标轴对应的坐标指令可以不写出来。

如图 4-48 所示，刀具由起始点 *A* 快速移动到目标点 *B*。程序分别如下：

```
N10 G90 G00 X60 Y50 ；  绝对尺寸编程
N10 G91 G00 X40 Y30 ；  增量尺寸编程
```

G00 只能用于快速定位，不能用于切削加工，即 F 指令对 G00 无效。

4）直线插补指令——G01

刀具沿直线或圆弧移动的功能称为插补。插补指令是数控系统的轨迹控制指令，它控制机床坐标轴按给定的轨迹运动。G01 是直线插补指令。它使刀具从当前位置开始按指定的进给速度 *F*(机床各坐标轴以联动方式在各坐标轴上产生与其移动距离成比例的速度)，直线插补移动到程序段所指定的终点，加工出任意斜率的平面或空间直线。指令格式如下：

```
G90 G01 X_ Y_ Z_ F_ ;  绝对尺寸编程
G91 G01 X_ Y_ Z_ F_ ;  增量尺寸编程
```

其中，*F* 为进给速度，其单位一般为 mm/min。

如图 4-49 所示，刀具由起始点 *A* 直线插补到目标点 *B*。程序分别如下：

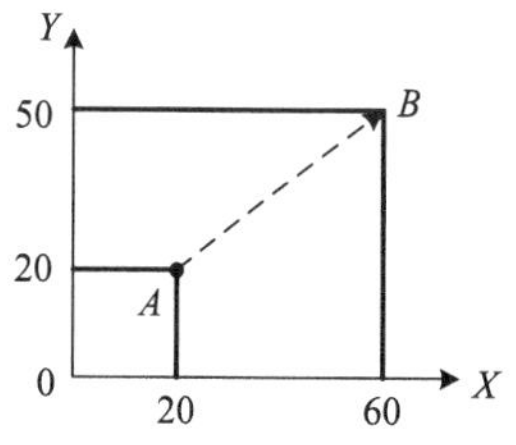

图 4-48　G00 编程示例

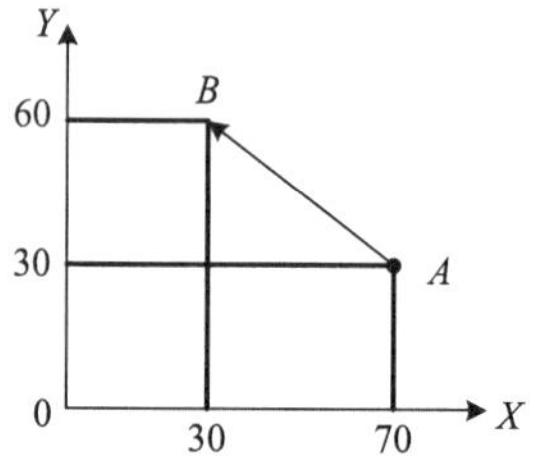

图 4-49　G01 编程示例

```
N10 G90 G01 X30 Y60 F100    ;  绝对尺寸编程
N10 G91 G01 X-40 Y30 F100   ;  增量尺寸编程
```

在含有 G01 的程序段中应该指定指令 F。但由于指令 F 是续效指令，指令 F 在本程序段中出现或者在本程序段之前的程序段中出现。

5) 圆弧插补指令——G02、G03

G02 为顺时针方向圆弧插补指令，G03 为逆时针方向圆弧插补指令。其作用是使刀具在各坐标平面内以各轴联动的方式，按指定的进给速度 *F*，顺时针或逆时针插补一圆弧段。圆弧段的起点为刀具当前位置，圆弧段的终点为程序段所指定坐标位置。

(1) 指令格式。

圆弧插补指令格式有两种。在 G17 *XY* 平面内加工圆弧的格式如下。

指令格式 1 如下：

```
G90 G02/G03 X_ Y_ I_ J_ F_  ;  绝对尺寸编程
G91 G02/G03 X_ Y_ I_ J_ F_  ;  增量尺寸编程
```

指令格式 2 如下：

```
G90 G02/G03 X_ Y_ R_ F_ ;  绝对尺寸编程
G91 G02/G03 X_ Y_ R_ F_ ;  增量尺寸编程
```

其中，I_和 J_为圆弧圆心相对于圆弧起点的矢量(矢量方向指向圆心)在 *X*、*Y* 坐标上的分量，即圆心坐标减去圆弧起点坐标即得 *I*、*J*。R_为圆弧半径，当圆弧圆心角小于或等于 180°时，*R* 为正值；当圆弧圆心角大于 180°时，*R* 为负值。

在 G18 平面内，坐标指令分别为 *X*、*Z*、*I*、*K*；在 G19 平面内，坐标指令分别为 *Y*、*Z*、*J*、*K*。

(2) G02/G03 的判定。

如图 4-50 所示，向垂直于圆弧所在平面的坐标轴的负方向看，刀具相对于工件的运动方向是顺时针时为 G02；反之，为 G03。

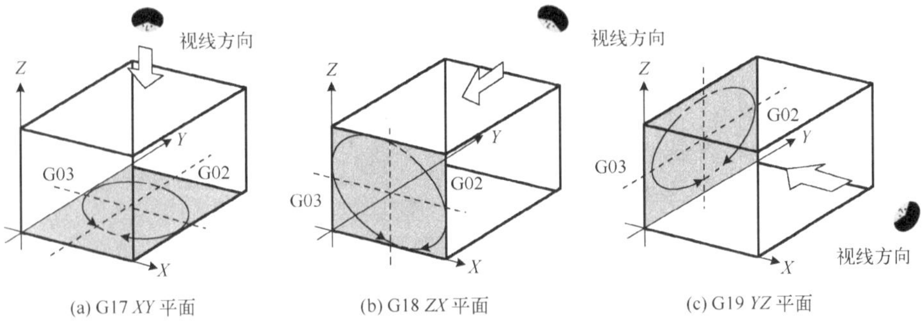

图 4-50　G02 和 G03 的判定

(3) 编程举例。

图 4-51 所示圆弧段的数控程序如下。

①圆心坐标和终点坐标。

绝对尺寸编程如下：

```
N5 G90 G00 X25 Y40；用于 N10 的圆弧起始点
N10 G02 X55 Y40 I15 J-15；终点和圆心
```

增量尺寸编程如下：

```
N5 G90 G00 X25 Y40 ；用于 N10 的圆弧起始点
N10 G91 G02 X30 Y0 I15 J-15；终点和圆心
```

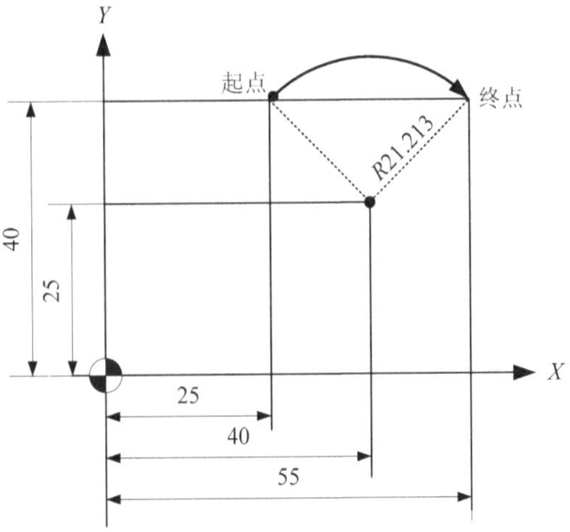

图 4-51　G02/G03 编程示例(单位：mm)

②终点坐标和半径。

绝对尺寸编程如下：

```
N5 G90 G00 X25 Y40 ；用于 N10 的圆弧起始点
N10 G02 X55 Y40 R21.213；终点和半径
```

增量尺寸编程如下：

```
N5 G90 G00 X25 Y40 ；用于 N10 的圆弧起始点
N10 G91 G02 X30 Y0 R21.213 ；终点和半径
```

6) 进给暂停指令——G04

G04 的作用是使刀具进给按给定的时间暂停，常用于车削环槽、锪孔、钻孔、镗孔等加工。

G04 的指令格式随数控系统的不同而略有不同，如 FANUC 数控系统的指令格式如下：

```
G04 X_ ； X 为暂停时间，单位为 s
G04 P_ ； P 为暂停时间，单位为 1/1000s
```

G04 是非模态指令，只在本程序段有效。前面程序段中的 F 指令和 S 指令保持存储状态。

7) 刀具补偿指令

刀具补偿的作用是在编制零件加工程序时，无须考虑刀具长度或刀具半径，可以直接根据工件尺寸进行编程。刀具补偿值在加工工件前输入数控系统。在程序中只要调用所需的刀具号及其补偿值，打开刀具补偿功能，数控系统自动进行补偿计算，完成工件加工。

刀具补偿分为刀具半径补偿和刀具长度补偿。

(1) 刀具半径补偿指令——G41、G42、G40。

刀具半径补偿是指使刀具中心沿着工件轮廓法向偏离编程轨迹一个刀具半径。例如，圆柱铣刀按工件轮廓编程的刀具中心轨迹是相距零件轮廓为刀具半径的等距线。为加工出要求的零件轮廓形状，刀具中心必须沿着工件轮廓法向偏移一个刀具半径的距离，如图 4-52 所示。

如果数控系统具有刀具半径补偿功能，编程人员可直接按工件轮廓坐标编程，避免复杂的刀具中心轨迹计算过程，简化编程工作。

①G41。刀具半径左补偿(刀具左偏)，指沿着刀具运动方向看，刀具位于工件的左侧，即刀具沿工件轮廓向左侧偏移一个刀具半径，如图 4-53(a)所示。

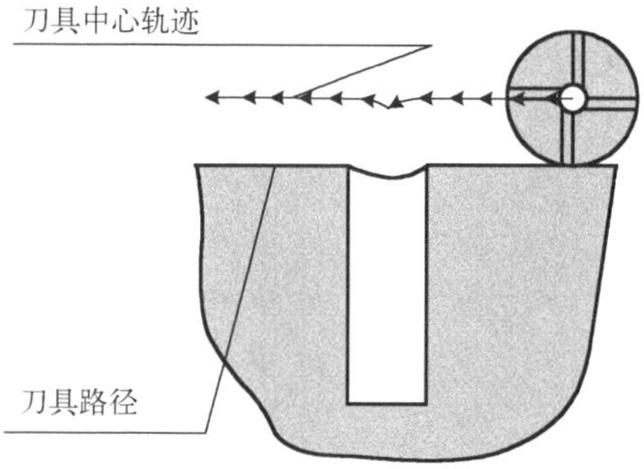

图 4-52　刀具半径补偿

(a) G41　　(b) G42

图 4-53　G41/G42 的判定

②G42。刀具半径右补偿(刀具右偏)，指沿着刀具运动方向看，刀具位于工件的右侧，即刀具沿工件轮廓向右侧偏移一个刀具半径，如图 4-53(b)所示。

③G40。刀具半径补偿注销指令。此状态也是编程开始时所处的状态。工件轮廓加工完成后，必须用 G40 注销刀具补偿，否则会继续对以后的刀具加工轨迹产生影响。

指令格式如下：

```
G00/G01 G41 D_
G00/G01 G42 D_
G00/G01 G40
```

其中，D_为刀具补偿号。刀具补偿必须有相应的刀具补偿号才能生效。所补偿的数据在加工前要通过手工方式输入并存储在数控系统中。

G41/G42 指令刀具在所选择的平面(G17、G18 或 G19)中以刀具半径补偿的方式进行加工。必须注意的是，只有刀具在线性移动(G00 或 G01)，才可以使用 G41/G42 和 G40。

编程举例如下：

```
N10 T1
N20 G17 D2 F300 ；第二个刀具补偿号，进给速度为 300mm/min
N25 X_ Y_   ；P0-起始点
```

```
N30 G1 G42 X_ Y_    ；选择工件轮廓右边补偿，P1
N30 X_ Y_   ；起始轮廓，圆弧或直线
……
N100 X_ Y_  ；最后程序段轮廓，圆弧或直线，P1
N110 G40 G1 X_ Y_   ；注销刀尖半径补偿，P2
```

(2)刀具长度补偿指令——G43、G44、G40。

刀具长度补偿一般用于刀具轴向(Z 向)补偿，它使刀具在 Z 方向上的实际位移量比程序给定值增加或减少一个补偿量。当刀具在长度方向的尺寸发生变化时，可以在不改变程序的情况下，通过改变补偿量加工出所要求的零件尺寸。例如，用多把长度不同的刀具加工零件时，每次换刀后需对刀具进行长度补偿；由刀具磨损造成实际长度小于编程给定的长度时，也需对刀具进行长度补偿。

①G43。刀具长度正补偿指令，即程序给定值加上补偿量(预先在数控系统中给定)，使刀具在+Z 方向进行补偿，如图 4-54(a)所示。

②G44。刀具长度负补偿指令，即程序给定值减去补偿量，使刀具在–Z 方向进行补偿，如图 4-54(b)所示。

③G40。刀具长度补偿注销指令。在一些数控系统中使用 G49 代替 G40。

指令格式如下：

```
G43 Z_ H_   ； 补偿后的实际位置值=指令值+H_
G44 Z_ H_   ； 补偿后的实际位置值=指令值-H_
G40 ； 注销刀具长度补偿指令
```

其中，Z_为目标点坐标；H_为刀具补偿号，即刀具长度补偿值的存储地址。

使用 G43、G44 时，不管用绝对尺寸还是用增量尺寸指令编程，程序给定的 Z 轴的终点坐标值都要与 H 指令的值进行运算。刀具补偿值可正可负。G43 时相加，G44 时相减。把运算结果作为终点坐标值进行加工。G43、G44 均为模态代码。

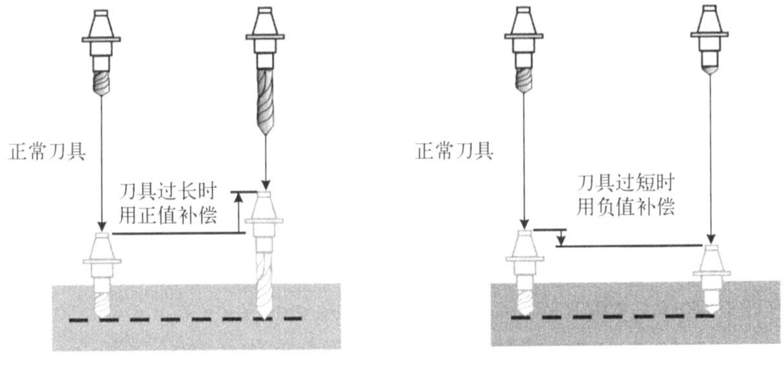

(a) G43　　(b) G44

图 4-54　G43/G44

(3)刀具补偿的优点。

①简化程序编制。使用刀具补偿功能可不考虑刀具长度和半径对刀具轨迹的影响，直接按照零件轮廓尺寸编程，在实际加工前输入不同刀具补偿值即可，大大简化了程序编制

工作。

②省略粗加工程序编制。只需按照零件轮廓编写一个精加工程序，就可以通过改变刀具半径补偿量，用同一个程序进行粗、精加工。

③提高零件加工精度。磨损或刀具刃磨后，只要重新向数控系统输入新的刀具半径补偿值和长度补偿值，无须修改程序，就可修正刀具轨迹，提高加工精度。

8）工件坐标系设定指令——G92

数控加工时，必须首先在机床坐标系中设定工件坐标系的位置，建立两者的关系。G92的作用是用编程方式设定工件坐标系原点在机床坐标系中的位置。

指令格式如下：

```
G92 X_ Y_ Z_
```

其中，X_、Y_、Z_为在刀具起刀点时刀具基准点(刀位点)在工件坐标系中的坐标值。

执行 G92 时，机床的坐标轴均不移动，但数控系统显示器上的坐标值会发生变化。以图 4-55 为例，在加工工件前，用手动方式令机床回参考点，建立机床坐标系。此时，刀具基准点对准参考点，如图 4-55(a)所示，显示器显示各轴坐标均为 0。当机床执行“G92 X-15 Y-10”后，就设定了工件坐标系，*W* 为工件坐标系的原点，如图 4-55(b)所示，即设定刀具基准点在工件坐标系中的“X-15 Y-10”处。此时，显示器显示的坐标值为“X-15.000 Y-10.000”，但刀具相对于机床的位置没有改变，绝对尺寸指令中的坐标值为 *X*、*W*、*Y*、坐标系中的坐标。

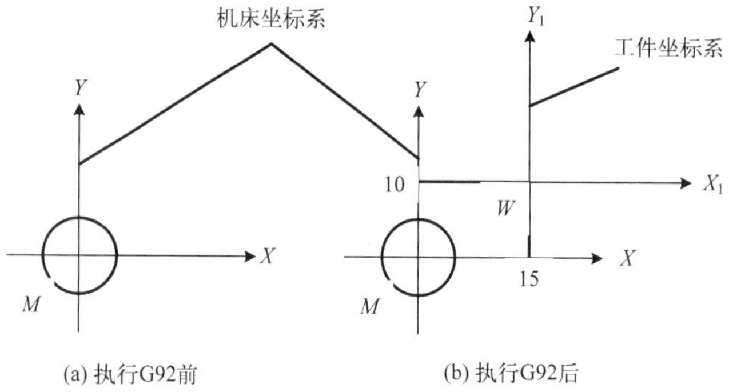

图 4-55　G92

9．常用辅助功能指令

1）程序暂停指令——M00

M00 执行后，机床的主轴、进给、冷却液等所有动作全部自动停止，程序中全部模态信息保持不变。此时可进行一些手工操作，如测量工件尺寸、将工件掉头安装、手动换刀等。上述动作完成后，按下机床控制面板上的“循环启动”按钮，数控系统继续执行后面的程序段。

M00 是一个段后指令，即在该指令所出现的程序段中，当其他指令运动完成后，该指令才执行。M00 是一个非模态指令。

2）计划停止指令——M01

M01 为计划停止指令，其执行过程与 M00 相似。所不同的是，只有当控制面板上的“任选停止”按钮被按下时，该指令才有效；否则，该指令不起作用。

M01 主要用于在加工一批工件时，对工件上的关键尺寸进行停机抽样检测。检查完后，按“启动”键，继续执行后面的程序。

M01 是一个段后指令和非模态指令。

3）程序结束指令——M02

M02 为程序结束指令，是一个段后指令和非模态指令。该指令用在程序的最后一个程序段中，表示程序结束。M02 执行后，机床的主轴、进给、冷却液等所有动作全部自动停止，程序光标停留在程序末尾。

4）程序结束指令——M30

M30 与 M02 相似，用在程序的最后一个程序段中，表示程序结束。M30 执行后，主轴、进给和冷却液停止，光标返回至程序起始位置。

5）主轴指令——M03、M04、M05

M03 为启动机床主轴顺时针方向旋转指令，即按右旋螺纹进入工件的方向旋转。

M04 为启动机床主轴逆时针方向旋转指令，即按左旋螺纹进入工件的方向旋转。

M05 为主轴停止旋转指令。

M03 和 M04 与该指令所在程序段中的指令运动同时开始，而 M05 是一个段后指令。M03、M04 和 M05 都是模态指令。

6）换刀指令——M06

M06 为手动或自动换刀指令，但不包括刀具选择。换刀时自动关闭冷却液和主轴。该指令执行后，若是车床，则刀塔转位换刀；若是加工中心，则从刀库取刀、换刀。M06 是一个非模态指令，有可能是段前指令，也有可能是段后指令。该指令一般要和相应的 T 指令结合使用，才能进行完整的换刀动作。

7）冷却液开关指令——M07、M08、M09

M07 为 2 号冷却液（雾状）开指令；

M08 为 1 号冷却液（液状）开指令；

M09 为冷却液关指令，即注销 M07 和 M08 指令。

这组指令为模态指令。

8）夹紧松开指令——M10、M11

M10 和 M11 适用于机床滑座、工件、夹具、主轴等。

M10 为运动部件夹紧指令；

M11 为运动部件松开指令。

这组指令为模态指令。

9）主轴定向停止指令——M19

M19 为主轴定向停止指令。该指令使主轴停止在预定的角度位置上。M19 是一个段后指令和模态指令。

10）固定循环

固定循环是指用于特定加工过程的具有固定名称和参量的子程序，在用于各种具体工件的加工过程时只需改变相关参量的值就可按照定义的动作顺序执行。

一个加工过程(如钻孔、攻丝)一般需要多个程序段才能完成，用固定循环则只用一个程序段就可实现。使用固定循环可简化编程，缩短程序长度。ISO 标准和我国国家标准规定了几个标准固定循环指令，如 G80～G89(点位加工固定循环指令)，其作用如表 4-5 所示。

表 4-5　G80～G89 作用

G 代码	进入	在底部		退到开始处	典型用途
		暂停	主轴		
G80					注销固定循环
G81	进给			快速	钻孔，划中心
G82	进给	有		快速	钻孔，扩孔
G83	间断			快速	钻深孔
G84	主轴进给		反转	进给	攻丝
G85	进给			进给	镗孔
G86	启动主轴进给		停止	快速	镗孔
G87	启动主轴进给		停止	手动	镗孔
G88	启动主轴进给	有	停止	手动	镗孔
G89	进给	有		进给	镗孔

例如，G81 用作钻孔和划中心。该循环钻孔切削进给到孔底，然后刀具从孔底快速移动退回。指令格式如下：

```
G81 X_ Y_ Z_ R_ F_ K_;
```

G81 的加工过程(图 4-56)如下。

(1)在 *XY* 平面内快速定位。

(2)从初始平面快速移动到 *R* 点。

(3)钻孔至孔底(*Z* 点)。

(4)刀具快速退回至初始平面(G98)或 *R* 点(G99)。

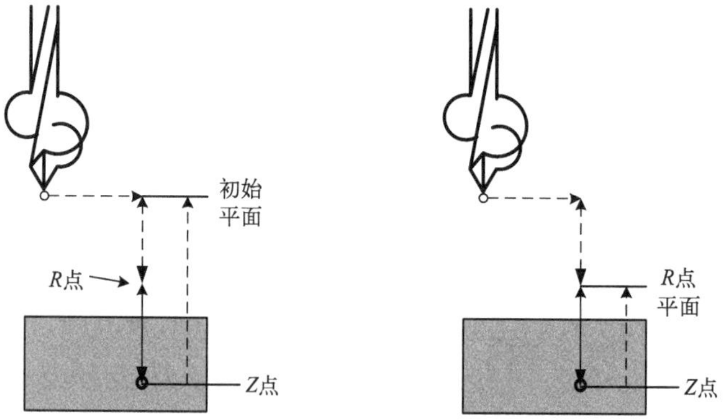

(a) G81 G98　　(b) G81 G99

图 4-56　G81 的加工过程

编程举例如下：

```
S2000 M3;    主轴开始旋转
G90 G99 G81 X300.0 Y-250 Z-150 R-100 F120;  定位，钻孔 1，返回到 R 点
Y-550.0;     定位，钻孔 2，返回到 R 点
Y-750.0;     定位，钻孔 3，返回到 R 点
X1000.0;     定位，钻孔 4，返回到 R 点
G98 Y-750.0;     定位，钻孔 5，返回到初始位置
G80 G28 G91 X0 Y0 Z0;    返回到参考点
M5; 主轴停止旋转
```

实际上，不同数控系统中的固定循环指令并不一定相同。例如，Sinumerik 802C 数控系统为铣削和钻削提供了不同的标准固定循环。又如，FANUC 数控系统提供的固定循环功能有外径/内径车削循环、螺纹车削循环和端面车削循环三种，其外径/内径车削循环指令为 G90。用于直线车削循环时，其代码格式如图 4-57 所示。图 4-57 中，*R* 表示快速移动，*F* 表示由 F 代码指定。

指令格式如下：

```
G90 X_ Z_ F_ ;
G90 U_ W_ F_ ;  U、W 的符号取决于轨迹 1 和 2 的方向
```

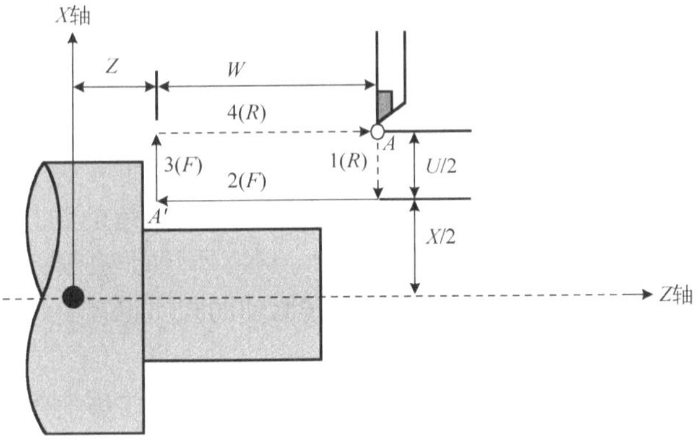

图 4-57 直线车削循环 G90

11）编程中的数值计算

数控程序编制工作的最大难点之一是数学处理，主要是根据零件图纸，按已确定的走刀路线和允许的编程误差，计算出刀具轨迹上所需的坐标值。本部分简要介绍平面轮廓零件编程时的数值计算及编程方法。

在工件加工过程中，刀具和工件产生相对运动时刀具中心的路径称为刀具中心轨迹。一般来说，在零件轮廓加工过程中刀具半径是不变的，所以刀具中心轨迹是零件轮廓的等距线。数学处理的主要工作就是计算出零件轮廓上或刀具中心轨迹上一些点的坐标数据。通常需要进行以下方面的计算。

(1) 基点坐标的计算。一个零件的轮廓线由许多几何元素(如直线、圆弧、二次曲线等)组成，各几何元素间的连接点称为基点，如圆弧与圆弧的切点或交点、直线与圆弧的切点或交点、两直线的交点等。相邻两基点之间只能是一个几何元素，如图 4-58(a)所示。

(2) 节点坐标的计算。当零件轮廓曲线用直线段或圆弧段逼近时，在允许的编程误差下，轮廓曲线被分割成许多直线段或圆弧段，相邻线段的连接点称为节点，如图 4-58(b)所示。

(3) 刀具中心轨迹的计算。如果数控系统没有刀具半径补偿功能，在编程时就需要计算出刀具中心轨迹上的基点坐标或节点坐标，以控制刀具中心轨迹。

(4) 辅助计算。辅助计算是指为特定数控机床编制加工程序准备数据。

①增量计算。当采用绝对坐标编程时，以绝对坐标数据表示，不需计算增量值。当采用增量坐标编程时，需要计算增量值。

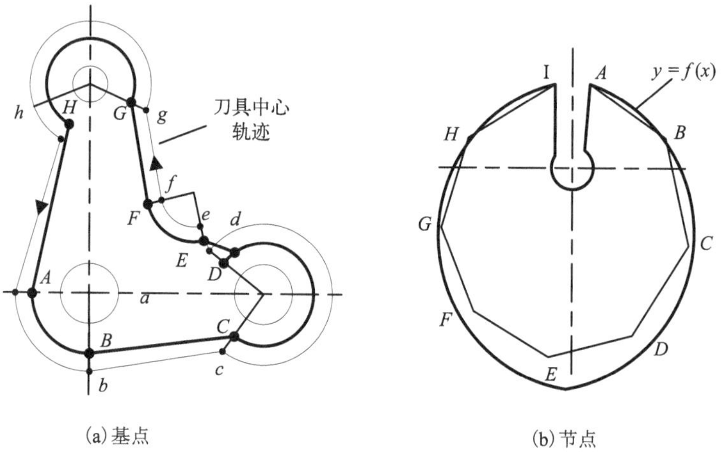

图 4-58　基点和节点示意图

②脉冲数计算。一些数控系统要求将坐标数据以脉冲数编入程序，应将计算出的坐标数据转换成脉冲数。用脉冲数表示的坐标指令值的显著特点是整数。

③辅助程序段的数值计算。由对刀点到切入点(刀具开始与工件轮廓接触的点)的切入程序、由零件切削终点返回到对刀点的切出程序等辅助程序也需要计算出坐标数据。

12) 数控编程方法

在数控加工技术发展的过程中，出现了多种数控加工程序编制方法。概括起来，可分为手工编程和计算机辅助编程两种。

(1) 手工编程。

手工编程指数控加工程序编制工作的主要内容(如数控工艺过程制定、数值计算和程序编写等)采用手工方式完成。手工编程既烦琐、费时，又容易产生错误。对于复杂零件，特别是具有非圆曲线、自由曲线曲面零件，手工编程难度较大，甚至难以完成。

(2) 计算机辅助编程。

计算机辅助编程是利用计算机辅助技术完成数控加工程序的编制工作。其特点是应用计算机部分代替人的劳动，可大大减轻编程人员的劳动量、减少程序出错的机会、提高计算精度和编程效率。计算机辅助编程有多种方法，典型的方法有两种：自动编程工具(automatically programmed tool，APT)数控语言编程和图形交互编程。

APT 数控语言编程目前几乎不再使用。图形交互编程是根据计算机图形显示器上所显示的零件图形，通过人机交互方式指定加工表面、选择刀具及工艺参数，在软件支持下自动生成零件的数控加工程序。图形交互编程建立在 CAD/CAM 系统基础上，是目前使用最广泛的数控加工程序编制方法。应用 CAD/CAM 系统编写数控加工程序的主要过程见 4.2.5 节。

(3) 编程方法选择。

通常要根据被加工零件的复杂程度、数值计算的难度与工作量、现有设备(计算机、编程系统软件等)及时间和编程费用等，全面考虑采用哪种编程方法。

一般来说，对形状比较简单的零件，采用手工编程简单快捷，当前仍得到较广泛的应用；对形状比较复杂的零件，如复杂凸轮轮廓或叶片、螺旋桨，若采用手工编程，编程时间和费用不合理，甚至无法完成，就应该采用计算机辅助编程(尤其是图形交互编程)。

4.2.3　数控工艺设计

零件的数控加工工艺过程(简称数控工艺)设计是数控加工程序编制的基础。一个零件一般只有部分工序采用数控加工，因此数控工艺设计往往只是零件整个工艺过程设计的一部分内容，表现为数控工序的详细设计。

1. 数控工艺设计的特点和内容

1) 数控工艺的特点

数控加工是程序控制的自动化加工，其工艺与普通机床加工工艺相比，有其自身特点。

(1) 工序集中。数控机床不仅可以在工件一次装夹中完成多个表面的加工，还可以在工件一次装夹中完成表面的粗加工和精加工。因此，其工序内容多，工艺路线短。

(2) 工序内容复杂。数控机床价格昂贵，通常在数控机床上尽可能安排复杂的工序，甚至在普通机床上难以完成的工序，如曲线曲面加工。

(3) 工序内容详细严密。在数控加工时，很多内容(如工步顺序、走刀路线、刀具、切削用量)由编程人员事先确定。因此，数控工艺设计比常规工艺设计更加复杂、详细和严密。

(4) 工艺装备先进。为了满足数控加工中高质量、高效率和高柔性的要求，数控加工中广泛采用先进的数控刀具、组合夹具、可调式夹具等工艺装备。

2) 数控工艺的主要内容

根据数控加工的实践，数控工艺主要包括以下内容。

(1) 数控加工零件的选择，即选择适合在数控机床上加工的零件。

(2) 零件的数控工艺性分析。应对零件图的构型、技术要求和材料进行工艺分析，尤其是主要表面、重要的技术要求及其保证方法、位置尺寸的标注等，明确数控加工的内容。

(3) 数控工艺路线制定，主要包括零件各表面加工方法选择、工序生成、工艺基准确定、工序排序、热处理及辅助工序安排、数控工序与非数控工序的衔接等。

(4) 数控加工工序详细设计，主要包括工步确定、工步顺序安排、机床选择、刀具选择、夹具定位与安装、走刀路线确定、加工余量确定、工序尺寸计算、切削用量确定等。

(5) 数控加工工序的程序调整，如对刀、刀具补偿等。

(6) 数控机床上部分工艺指令的处理。

虽然数控工艺设计的内容较多，但有些内容与一般的机械加工工艺设计非常相似。因此，后面主要介绍一些具有数控加工特点的内容。

2. 数控工艺性分析

零件的数控工艺性分析是制定数控工艺过程的基础，主要包括零件图分析、零件结构工艺性分析。在此基础上，确定数控加工的内容。本书不介绍机械加工和数控加工都需要考虑的共性工艺性问题，只重点介绍与数控加工特定要求相关的工艺性分析内容。

1）零件图分析

（1）零件图上尺寸标注方法应适应数控加工的特点。对于数控加工的零件，应以同一基准标注尺寸或直接给出坐标尺寸，从而简化编程，如图 4-59（a）所示。如果零件设计人员在尺寸标注时较多地考虑装配等使用方面特性，而采用如图 4-59（b）所示的局部分散的标注方法，就会给工序安排和数控加工带来许多不便。因此，可将局部分散的标注尺寸方法改为同一基准标注尺寸方法或坐标尺寸标注方法。

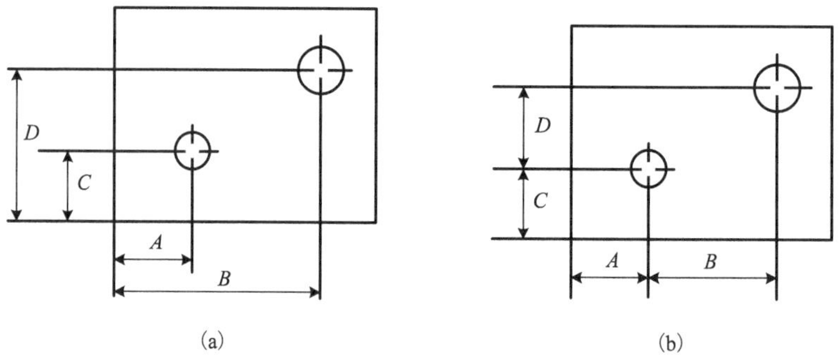

图 4-59　零件尺寸标注分析

（2）零件图的完整性与正确性分析。构成零件轮廓的几何元素之间的相互关系（如相切、相交、垂直和平行等）是数控程序编制的重要依据。如果存在不明确的条件，应与零件设计人员协商解决。

2）零件结构工艺性分析

零件的结构工艺性是指零件结构在满足使用要求的前提下制造的可行性和经济性。零件各加工部位的结构工艺性应符合数控加工的特点。下面举例说明。

（1）零件的内腔和外形最好采用统一的几何类型和尺寸。例如，飞机结构件上减轻槽的转角圆弧半径应尽可能设计成相同的尺寸，这样既可以减少刀具规格和数量，又可以减少换刀次数，提高加工效率，还有可能应用子程序技术简化编程，缩短程序长度。

（2）内槽圆角半径决定了刀具直径，因而内槽圆角半径不应过小。图 4-60（b）与图 4-60（a）相比，转角圆弧半径 R 大，可以采用较大直径的立铣刀加工，在加工平面时进给次数减少，表面加工质量较好，工艺性好。当 $R<0.2H$（H 为内槽高度）时，一般认为工艺性不好。

（3）铣削槽底平面时，槽底圆角半径 r 不应过大。如图 4-61 所示，铣刀端面刃与铣削平面的最大接触直径 $d=D-2r$（D 为铣刀直径）。当 D 一定时，r 越大，铣刀端面刃铣削平面的面积越小，加工平面的能力就越差，效率越低，工艺性越差。当 r 大到一定程度时，甚至必须用球头铣刀加工，这是应该尽量避免的。

（4）外形轮廓的凹部曲面或过渡曲面的曲率半径应尽可能大，以便使用大尺寸铣刀。

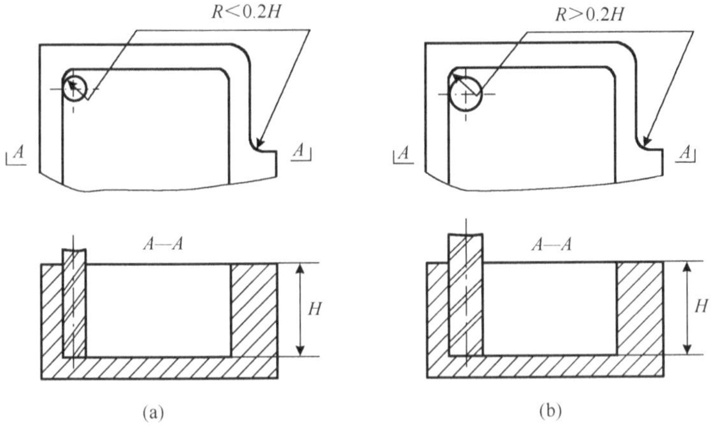

图 4-60　槽结构工艺性对比

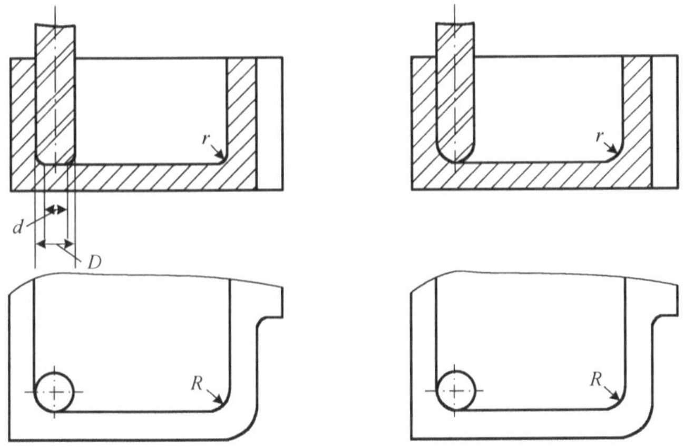

图 4-61　槽底平面圆弧对工艺性的影响

3. 数控工序详细设计

多数情况下，数控工艺过程只是零件整个工艺过程中的某些工序，所以数控工艺过程制定往往是指数控工序详细设计。数控工序要比常规工序的内容多而且更加详细。工序设计的主要内容包括工步顺序安排、加工余量确定及工序尺寸和偏差计算、机床及工艺装备选择、切削用量选择等。下面仅介绍数控加工特有的一些内容。

1) 对刀点和换刀点的确定

加工程序是按照刀具在工件坐标系中运动轨迹编写的，而刀具在机床坐标系中移动，因此，在加工工件前必须在 CNC 系统中建立两个坐标系之间的位置关系。这通过对刀来实现。对刀是在工件安装后、数控程序执行前，机床操作人员准确找到工件零点在机床坐标系中的位置坐标的过程。要理解对刀的含义，首先要了解刀位点和对刀点的概念。

刀位点是指在数控编程和加工时用以表示刀具位置的特征点，也是对刀和加工的基准点。不同类型的刀具的刀位点是不同的。例如，平底立铣刀和端铣刀的刀位点是刀具轴线与刀具底面的交点；球头铣刀的刀位点是球头部分的球心；钻头的刀位点是钻尖；车刀和镗刀的刀位点是刀尖，如图 4-62 所示。

对刀点是在数控加工时用于在机床坐标系中设定工件坐标系原点的点。对刀就是使刀具刀位点与对刀点一致的过程，一致性好即对刀精度高。在工件安装后，通过对刀测出工件坐标系原点与机床坐标系原点间的距离，并在加工前在数控系统中预先设定。

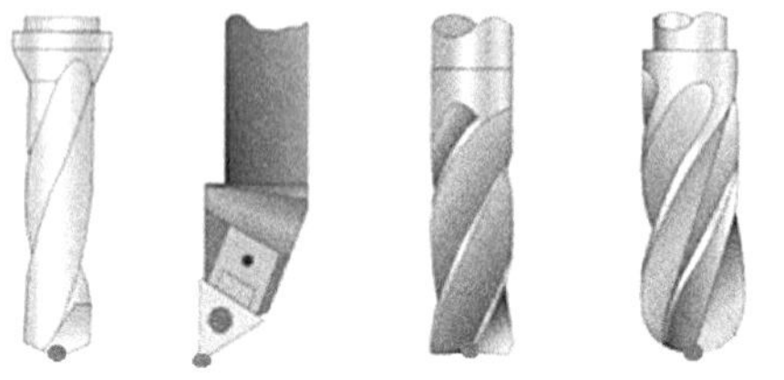

图 4-62　不同类型刀具的刀位点

对刀点的选择原则如下：对刀方便、找正容易，引起的加工误差小，便于简化程序编制工作。对刀点通常设在工件上。为了减小对刀误差和提高加工精度，对刀点应尽量选在零件的工艺基准或设计基准上。例如，对于以孔定位的工件，通常以孔的中心作为对刀点；对于以两相互垂直平面作为定位基准的工件，通常以其交点作为对刀点。通常把工件零点作为对刀点。

在数控加工中，一个工序(或一个程序)通常使用多把刀具，需要在加工过程中进行换刀，因此应设定换刀点。换刀点指定了换刀时刀架的位置。换刀点的设定取决于机床的换刀方式。对于固定点换刀的数控机床，在编程时不需要设定换刀点，但在程序中需要给出回换刀点的指令；对于任意点换刀的数控机床，编程人员需要设定换刀点。换刀点应以换刀时刀具不得与工件、夹具和机床碰撞的原则而设定，所以换刀点通常设在工件或夹具的外部。

2)工步顺序及走刀路线的确定

工步顺序安排就是确定一个工序内各表面加工的先后顺序。在普通机床上加工零件时，一般仅粗略地确定工步内容及其顺序，实际加工时由工人灵活掌握其加工顺序及走刀次数和路线。但是对于数控加工，在编写数控程序前，不仅需要确定各待加工表面的加工顺序，而且需要仔细确定每个表面的走刀次数和路线。

在数控加工中，通常将各待加工表面的加工顺序及每个表面的走刀路线称为加工路线。因此，加工路线一经确定，也就基本上确定了各程序段的先后次序。在具体确定加工路线时，首先确定各待加工表面的加工顺序(即工步顺序)，然后确定每个表面的走刀路线。确定走刀路线是最具数控工序详细设计特色的方面。

4. 走刀路线确定

走刀路线是编写程序的依据之一。走刀路线就是刀具在整个加工工序中的运动轨迹，它不但包括工步的内容，也反映出工步顺序。

确定走刀路线(包含走刀次数)的原则如下：①能够获得满足要求的加工精度和表面质量；②使数值计算简单，减少编程工作量；③尽可能使加工路线最短、缩短空刀时间，这样既可以提高加工效率，又可以减少程序段数目。确定走刀路线涉及的内容很多，本部分择要简介。

1)寻求最短加工路线，缩短空刀时间以提高加工效率

例如，加工图 4-63(a)所示零件上的孔系。图 4-63(b)的走刀路线为先加工完外圈孔后，再加工内圈孔。若改用图 4-63(c)的走刀路线，则可节省定位时间近一倍。

2)保证工件轮廓表面粗糙度

为满足工件轮廓表面加工后的粗糙度要求，最终轮廓应在最后一次走刀中连续加工出来。图 4-64(a)为用行切方式加工内腔的走刀路线，将在两次走刀的起点和终点间留下残留高度，影响表面粗糙度。若采用图 4-64(b)的走刀路线，先用行切法，再沿周向环切一刀，光整轮廓表面，则能获得较好的效果。图 4-64(c)也是一种较好的走刀路线。

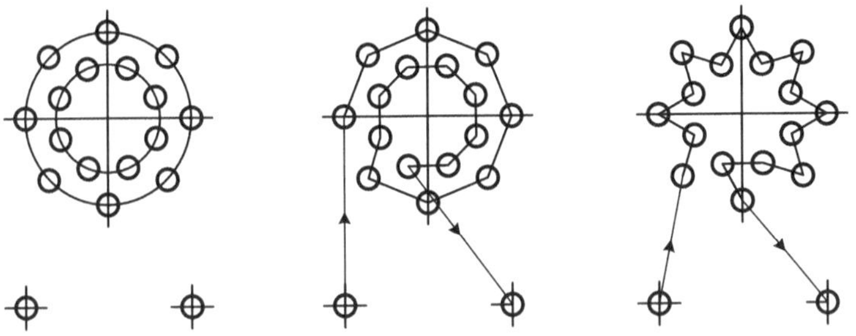

(a)　(b)　(c)

图 4-63　最短走刀路线的设计

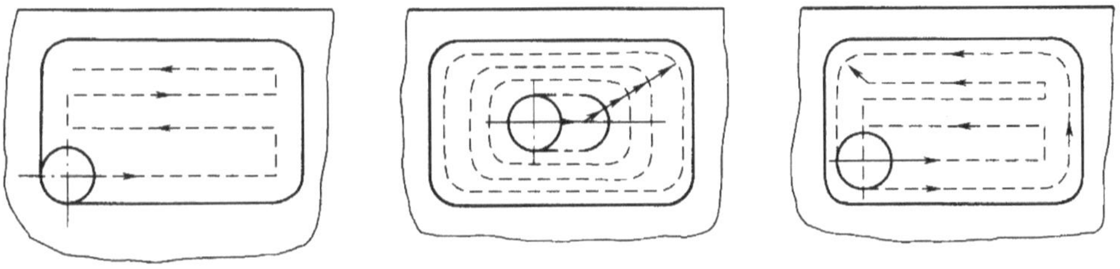

(a)　(b)　(c)

图 4-64　铣内槽的三种走刀路线

3)考虑刀具的进、退刀(切入、切出)路线

刀具的切出、切入点应在零件轮廓切线上，以保证零件轮廓光滑，如图 4-65 所示。

若受零件空间限制，必须沿零件轮廓的法线方向切入和切出零件，则可将切入、切出点选在零件轮廓两几何元素交点处，避免在工件轮廓面上垂直上、下刀而划伤表面。尽量减少轮廓切削过程中的暂停，以免因切削力突然变化造成弹性变形、留下刀痕。

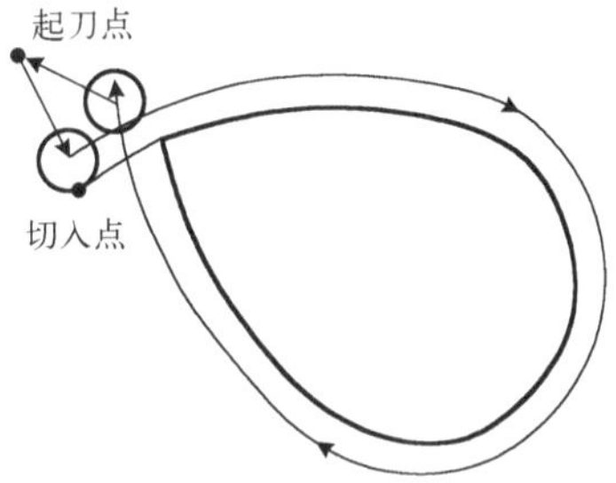

图 4-65　零件轮廓的切入和切出路线

5. 编程误差及其控制

数控加工的突出特点之一是零件的加工精度在加工前的编程阶段就已形成，而不仅在加工过程中形成，而且编程阶段误差不可避免，这是由程序控制的原理本身决定的。在编程阶段，零件图上的信息转换成数控系统可以接受的形式时，会产生以下三种误差。

(1)近似计算误差。用近似计算方法处理列表曲线、曲面轮廓时所产生的逼近误差，如用样条曲线所表示的形状与原始零件之间的误差。此类误差较小，可忽略不计。

(2)插补误差。用直线段或圆弧段逼近轮廓曲线所产生的误差，如图 4-66 所示。减小插补误差的最简单方法是密化插补点，但这会增加程序段数目，增加计算、编程的工作量。

(3) 尺寸圆整误差。将计算尺寸换算成机床的脉冲当量时由数值圆整所产生的误差。小于一个脉冲当量的数据无法编入程序，只能进行圆整处理，由此产生尺寸圆整误差。一般应控制尺寸圆整误差不超过正负脉冲当量的一半，即采用四舍五入法进行圆整。

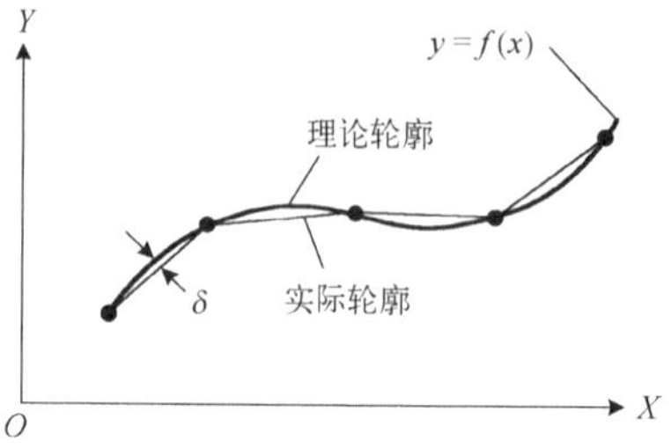

图 4-66　插补误差

编程误差对零件加工精度的影响视加工内容的不同而有所不同。在点位加工时，编程误差只包含尺寸圆整误差一项，并且直接影响孔的位置尺寸精度。在轮廓加工时，编程误差一般包括尺寸圆整误差和插补误差两项，尺寸圆整误差的影响较小，影响轮廓加工精度的主要是插补误差。插补误差相对于零件轮廓的分布形式有三种，分别为在零件轮廓的外侧、内侧或内外两侧，如图 4-67 所示。在手工编程时，常用误差分布在轮廓内侧的方式，此时插补节点全部在零件轮廓曲线上，容易计算节点坐标。

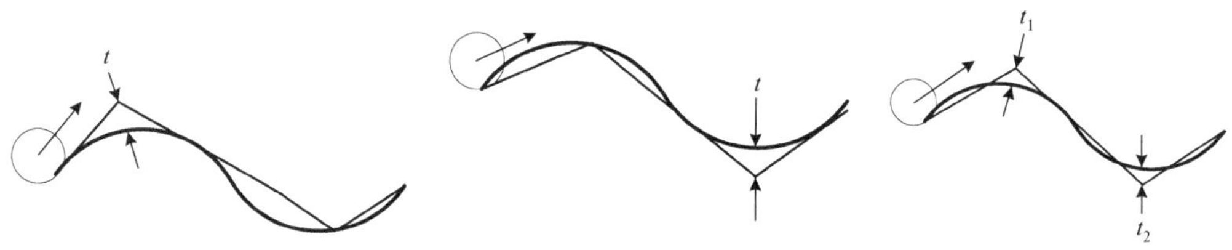

(a) 外容差　　(b) 内容差　　(c) 内/外容差

图 4-67　插补误差分布

数控加工中影响实际加工误差的因素很多，所以只允许一小部分零件公差分配给编程误差。生产实际中，一般允许的编程误差为零件公差的 0.1～0.2。

4.2.4　不同数控机床的程序编制

数控机床的程序编制主要内容已在前面介绍，本节针对不同类型的数控机床，简要介绍与其程序编制相关的其他内容。

1. 数控铣床的程序编制

1) 数控铣床的类型

数控铣床是一种加工能力很强的数控机床，一般具有平面铣削、平面型腔铣削、外形轮廓铣削、槽腔铣削和曲面铣削、钻孔、扩孔、铰孔、镗孔和攻丝等多种加工能力。数控铣床的应用十分广泛，主要用于各种较复杂的平面、曲面和箱体类零件(如各类凸轮、模具、连杆、叶片、螺旋桨和箱体等)的加工。

数控铣床种类很多，按其尺寸可分为小型数控铣床、中型数控铣床和大型数控铣床；按其联动轴数可分为二轴联动数控铣床、三轴联动数控铣床和多轴联动数控铣床；按其主轴布局形式分为立式数控铣床和卧式数控铣床两种。立式数控铣床的主轴轴线垂直于水平面，是数控铣床中最常见的一种布局形式，应用范围最广泛。立式数控铣床中又以三轴(*X*、*Y*、*Z*)联动数控铣床居多。

立式数控铣床一般适用于加工平面类零件和模具等。它可以通过附加数控转盘、自动交换台等来扩大数控铣床的功能、加工范围和加工对象，同时还可以进一步提高加工效率。

卧式数控铣床的主轴轴线平行于水平面，主要用来加工箱体类、壳体类零件。为了扩大功能和加工范围，通常采用增加数控转盘来实现四轴或五轴加工。对于箱体类零件或需要在一次安装中改变工位的工件，选择带数控转盘的卧式数控铣床进行加工非常合适。

2）数控铣床的加工对象

数控铣床是最常用和最主要的数控加工方法之一，它能加工普通铣床不能加工的需二到五轴联动的各种平面轮廓和立体轮廓。数控铣床的主要加工对象如下。

(1) 平面类零件。

加工面平行或垂直于水平面，或加工面与水平面的夹角为定角的零件称为平面类零件，其特点是各个加工面是平面或可以展开成平面。图 4-68 所示的三个零件均为平面类零件。平面类零件是数控铣床加工对象中最简单的一类零件，一般只需二轴联动的数控铣床就可以把它们加工出来。

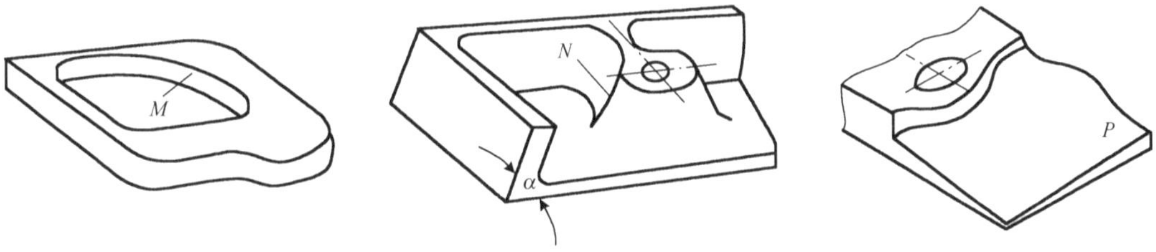

(a) 轮廓面 M　(b) 凸台侧面 N　(c) 斜面 P

图 4-68　平面类零件

(2) 曲面类零件。

加工面为空间曲面的零件称为曲面类零件，如模具、叶片、螺旋桨等。曲面加工可在三轴、四轴或五轴联动数控机床上完成，其中三轴曲面加工最为常见。

三轴曲面加工可使用球头铣刀、平底立铣刀、环形铣刀、鼓形铣刀和锥形铣刀等，通常采用行切法完成，如图 4-69 所示。两相邻刀具轨迹的距离称为走刀行距。走刀行距是影响曲面加工质量和效率的重要因素。行距过小将使加工时间成倍延长，零件程序过长；走刀行距过大则表面残留高度增大，整体效率低。应在满足加工质量的前提下使走刀行距尽可能大。

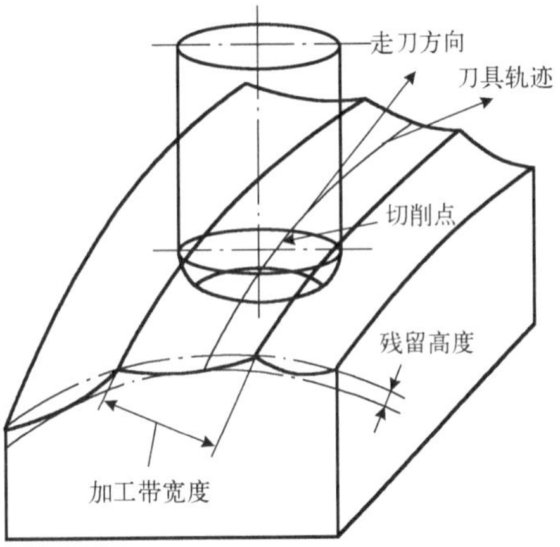

图 4-69　三轴曲面加工行切法原理

当曲面较复杂、通道较狭窄、会伤及相邻表面及需刀具摆动时，需要采用四轴或五轴联动数控铣床，如图 4-70 所示。

(3) 变斜角类零件。

加工面与水平面的夹角呈连续变化的零件称为变斜角零件。变斜角零件的加工面由直线依某种规律移动而产生。

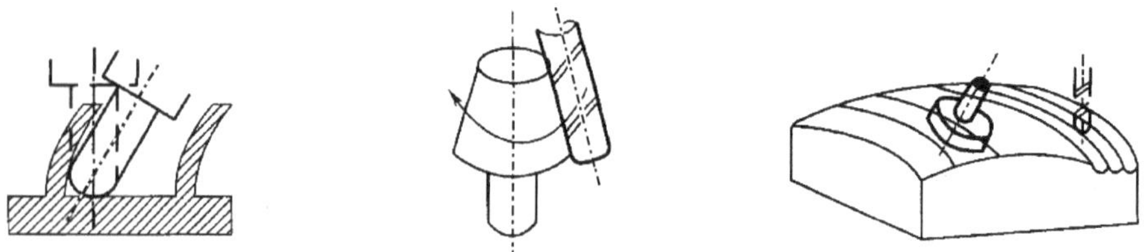

(a)通道狭窄　　(b)刀具摆动　　(c)曲面复杂

图 4-70　四轴或五轴曲面加工

3)铣刀选择

数控铣刀的种类非常多，主要包括平底立铣刀、端铣刀、球头铣刀、环形铣刀、鼓形铣刀、锥形铣刀等。因此，在进行数控铣削加工时，要根据零件的结构特点和加工工艺选择合适的铣刀类型。

工件待加工表面的几何形状是选择刀具类型的主要依据。

(1)加工曲面类零件时，为避免刀刃与工件轮廓发生干涉，一般采用球头铣刀。

(2)铣削较大平面时，为了提高效率和表面粗糙度，一般采用刀片镶嵌式盘形铣刀。

(3)铣小平面或台阶面时一般采用通用铣刀。

(4)铣键槽时，为了保证槽的尺寸精度，一般用两刃键槽铣刀。

(5)孔加工时，可采用钻头、镗刀等孔加工类刀具。

(6)对一些立体型面和变斜角轮廓外形的加工，常采用球头、环形、锥形或盘形铣刀。

(7)加工毛坯表面或粗加工孔时，可选镶硬质合金玉米铣刀。

(8)平面零件内、外轮廓的加工，常采用立铣刀。

(9)铣削平面时，应选硬质合金刀片铣刀；加工凸台、凹槽时，应选高速钢立铣刀。

2. 加工中心的程序编制

1)加工中心及其分类

加工中心(machining center，MC)是具有刀库和自动换刀装置的数控机床，又称自动换刀数控机床。加工中心是在数控铣床的基础上发展起来的一种功能较全的数控机床，与数控铣床的最大区别在于加工中心具有自动换刀装置。通过在刀库上安装不同用途的刀具，可在工件一次装夹中通过自动换刀，连续地对工件各加工表面自动进行铣、钻、扩、铰、镗、攻丝等多种加工。加工中心适用于加工凸轮、箱体、支架、盖板、模具等各种复杂形状零件。

(1)立式加工中心。立式加工中心是主轴轴心线垂直设置的加工中心，其结构形式多为固定立柱式，工作台为长方形，一般无分度回转功能，适用于加工板类、框类、壳体类、模具等单面加工零件。

(2)卧式加工中心。卧式加工中心是主轴轴心线水平设置的加工中心，通常带有可进行分度回转运动的数控回转工作台，一般具有 3～5 个运动坐标，常见的是 3 个直线运动坐标加 1 个回转运动坐标。通过工作台旋转可实现工件在一次装夹后完成除安装面和顶面以外的其余 4 个面的加工。卧式加工中心比立式加工中心更适合加工复杂的箱体类、壳体类零件。

(3)龙门式加工中心。龙门式加工中心的形状与龙门铣床相似，主轴多垂直设置，带有可更换的主轴头附件，能够一机多用，尤其适用于加工大型复杂工件。

(4) 复合加工中心。复合加工中心是指在一台加工中心上有立、卧两个主轴或主轴可旋转 90°，即既有立式加工中心的功能，又有卧式加工中心的功能。这种加工中心通常有两类：一类是靠主轴旋转 90°，实现立、卧加工模式的切换；另一类是靠数控回转台绕 X 轴旋转 90°，实现两种加工功能。复合加工中心能在工件一次装夹后，完成除安装面外其他 5 个面的加工，降低了二次安装引起的形位误差，大大提高了加工精度和效率。

2) 加工中心的加工对象

加工中心适用于加工形状复杂、加工内容多、精度要求较高的零件，主要有以下几种。

(1) 箱体类零件。箱体类零件一般是指具有孔系和平面，内部有型腔，在长、宽、高方向有一定比例的零件，如汽车发动机缸体、变速器箱体、机床主轴箱等。

(2) 盘、套、轴、板、壳体类零件。包括带有键槽、径向孔或端面有分布的孔系及曲面的盘、套或轴类零件，如带法兰的轴套、带键槽或方头的轴类零件、多孔板类零件和壳体类零件。

(3) 异形件。异形件是外形不规则的零件，大多需要点、线、面多工位混合加工，如各种样板、靠模等。加工异形件时，形状越复杂，精度要求越高，使用加工中心越能显示出优越性。

(4) 带复杂曲面的零件。零件上的复杂曲面用加工中心加工时，与用数控铣床加工基本是一样的，所不同的是加工中心刀具可以自动更换，工艺范围更宽。

(5) 加工精度要求较高的中小批量零件。选择加工中心加工，容易获得所需尺寸精度和形状位置精度，并可得到很好的互换性。

(6) 新产品试制中的零件。在新产品定型前，需反复试验和改进。选择加工中心可省去许多试制工装。一旦零件修改后，只需对程序进行修改，以及适当地调整夹具、刀具即可，可节省费用，缩短试制周期。

3) 加工中心换刀程序的编制

除换刀程序外，加工中心编程方法与数控铣床相似，换刀程序编制是其特点之一。

(1) 自动换刀方法。

为了实现一次安装就可自动连续对工件各加工表面进行多种加工操作，加工中心配有自动换刀装置。自动换刀方法主要有两种。

①转塔刀架。一般在小型立式加工中心上采用转塔刀架形式，如图 4-71 所示，刀具应预先按调整要求安装于相应的孔位中。在换刀时，转塔头根据换刀指令旋转至指定位置，因此换刀没有装卸刀具和选取刀具的动作。目前，转塔刀架一般有 8 工位、12 工位和 16 工位，刀库容量有限。

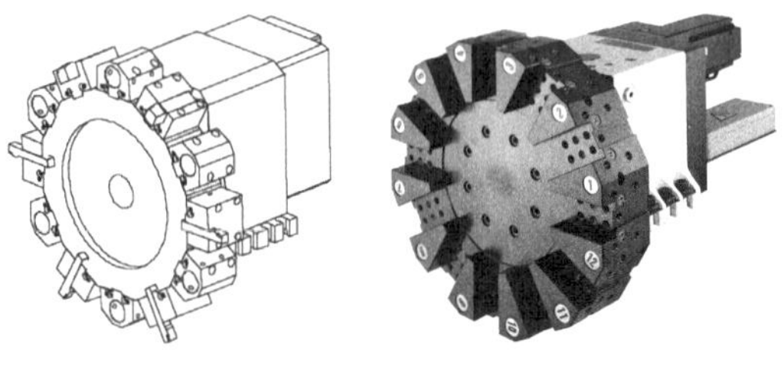

图 4-71　转塔刀架

②自动换刀装置。换刀装置由刀库、选刀机构和换刀机械手组成。刀库的容量为 20～120 把。选刀机构是一种根据加工程序中给出的刀具指令从刀库中选出所指定的刀具，并把它送到换刀位置的机构。换刀机械手的作用是根据加工程序中给出的换刀指令(M06)卸下主轴上用过的刀具，装上下一次加工用的

刀具(即选刀机构选出的刀具)，并将换下的刀具送回刀库。

(2)换刀程序的编制。

换刀过程可以分为选刀和换刀两个步骤。对于转塔刀架，不需要选刀，直接换刀。对于有刀库的加工中心，需要选刀和换刀。先选刀后换刀和先换刀后选刀的结果是不一样的。选刀动作可与机床的加工重合起来，即利用切削时间进行选刀。多数加工中心规定了固定的换刀点位置，各运动部件只有移动到这个位置，才能开始换刀动作。

例如，立式加工中心 VB610 的换刀程序如下：

```
G00 G91 G30 X0 Y0 Z0 T01;   回换刀点和选 T01 刀具
M06;      换上 T01 刀具
G00 G90 G54 X-150.0 Y-35.0 S400.0;  点定位
G43 Z0 H01 M13 T02;      用 T01 刀具加工，选 T02 刀具
......
G91 G30 X0 Y0 Z0;    回换刀点
M06;      换上 T02 刀具
```

3. 数控车床的程序编制

1)数控车床及其加工对象

与普通车床一样，数控车床主要用于回转体零件回转表面的加工。数控车床一般能够自动完成内外圆柱面、内外圆锥面、内外螺纹、球面及一些复杂回转曲面的加工。按照结构形式，可分为卧式数控车床和立式数控车床两大类；按照刀架数量，可分为单刀架数控车床和双刀架数控车床，前者是两坐标控制，后者是四坐标控制；按照功能，可分为一般数控车床和车削中心。

车削中心是一种复杂的数控车床，它具有机械手和刀库，用于回转体零件的复合加工。这种机床除 X、Z 轴功能外，还有 C 轴和 Y 轴功能，有的还配置了双刀架，因而加工能力大大增强，除可以进行一般的车削外，还可以完成径向和轴向铣削、曲面铣削，以及径向孔和中心线不在零件回转中心的孔的钻削。

与普通车床相比，数控车床比较适合加工具有以下要求和特点的回转体零件。

(1)精度要求高的回转体零件。数控车床能够加工对母线直线度、圆度、圆柱度等尺寸精度要求高的零件。

(2)表面粗糙度要求高的回转体零件。使用数控车床的恒速度切削功能，可以用最佳线速度来切削锥面、球面和端面等，使车削后的表面粗糙度值小并且一致。

(3)表面轮廓形状复杂的回转体零件。数控车床具有直线和圆弧插补功能，可车削由任意直线和曲线组成的复杂回转体零件。

(4)具有特殊类型螺纹的回转体零件。数控车床能车削任何导程的直、锥面和端面螺纹，也能车削增导程、减导程螺纹。包括丝杠在内的螺纹零件都适合在数控车床上加工。

2)数控车床的坐标系

(1)机床坐标系。

数控车床一般只有 X、Z 两个坐标轴，采用右手直角坐标系。标准规定与车床主轴轴线平行的方向为 Z 轴，且从卡盘中心至尾座顶尖中心的方向为正方向；在水平面内与车床

主轴轴线垂直的方向为 X 轴，且刀具远离主轴旋转中心的方向为正方向，如图 4-72 所示。数控车床的机床零点通常设在主轴旋转中心与卡盘后端面的交点处。

数控车床的机床坐标系如何建立取决于其类型，它可以设置到不同位置，如图 4-73 所示。

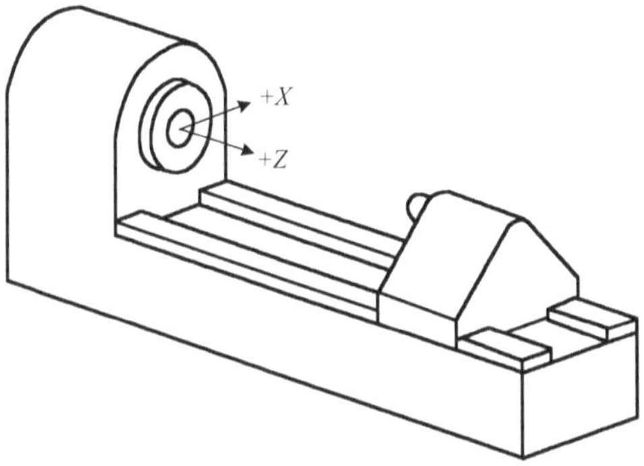

图 4-72　数控车床的机床坐标系

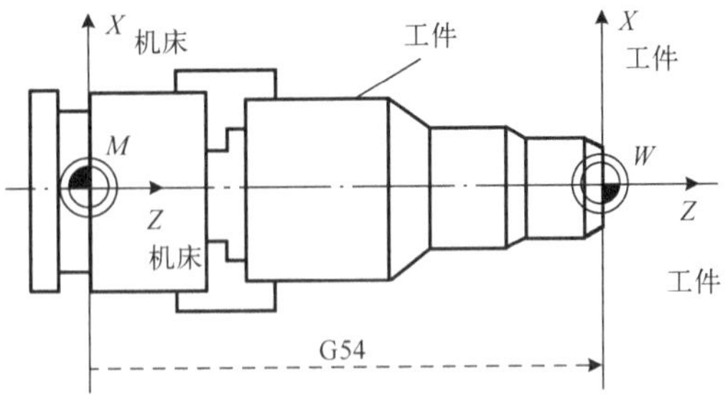

图 4-73　工件装夹及工件零点偏置

参考点也是数控车床上的一个固定点，该点是刀具退离到一个固定不变的极限点。在数控车床通电之后，执行手动返回参考点，建立机床坐标系。

(2) 工件坐标系。

工件零点在 Z 轴上可以由编程人员自由选取，在 X 轴上则始终位于旋转轴中心线上，如图 4-73 所示。编程人员应尽可能将工艺基准或设计基准作为工件零点。

安装工件时，必须保证工件坐标系坐标轴平行于机床坐标系坐标轴。由此，在 Z 轴上产生机床零点与工件零点的坐标值偏移量，该值作为零点偏移量输入数控系统。当数控程序运行时，该值就可以用一个程序指令(如 G54)来调用。

(3) 对刀问题。

在数控车床上，常用的对刀方法为试切对刀。下面以 FANUC Oi 系统为例，介绍试切对刀方法。将工件安装好之后，首先用 MDI 方式操纵机床，用已选好的刀具将工件端面车一刀，然后保持刀具在纵向(Z 向)尺寸不变，沿横向(X 向)退刀。当取工件右端面为工件零点时，对刀输入为 Z0；当取工件左端面为工件零点时，需要测量从左端面到加工面的长度尺寸 δ，此时对刀输入为 $Z\delta$。用相同方法，将工件外圆表面车一刀，保持刀具在横向尺寸不变，沿纵向退刀，停止主轴转动，再量出工件车削后的直径ϕ。根据 δ 和ϕ值即可确定刀具在工件坐标系中的位置。其他刀具都需要进行以上操作，从而确定其在工件坐标系中的位置。

因为试切对刀方法简单、可靠，所以它得到了广泛的应用。

3) 数控车床的编程特点

数控车床编程方法、步骤与数控铣床基本相同，但有其本身的特点。

(1) 根据图纸尺寸标注情况，既可以采用绝对值编程或增量值编程，也可以采用两者混合编程。国际标准规定，X、Z 和 U、W 分别为绝对坐标指令和增量坐标指令，其后的数值为刀尖在程序段终点的坐标位置。但在现代 CNC 车床编程中，通常只采用 X、Z 指令编程，而用 G90、G91 显式说明是绝对值编程还是增量值编程。

(2) 对于径向尺寸，由于图纸标注尺寸和测量尺寸为直径值，为了便于编程和测量，径向坐标指令采用直径值编程，即当采用绝对值编程时，X 以直径值表示；当采用增量值编程时，U 以径向位移量的 2 倍表示。

(3) 编程时，通常认为车刀刀尖是一个点。实际上，车刀刀尖常磨成半径较小的圆弧，因此为提高工件的加工精度，在编程或加工时需要对刀尖半径进行补偿。对于具备刀尖半径自动补偿功能(G41、G42)的车床，可直接按工件轮廓尺寸进行编程。

(4) 由于车削加工常用棒料或锻料作为毛坯，加工余量较大，为简化编程，数控车床常具备不同形式的固定循环，可进行多次循环切削。

另外，T 指令用以选择机床上的刀具。T 指令用两位数或四位数表示刀具号，并且最后一位数或两位数作为刀具补偿号用于指定刀具补偿值。例如，若用两位数，则 T41 表示选择 4 号刀具，刀具补偿号为 1；若用四位数，则 T0401 表示选择 4 号刀具，刀具补偿号为 1。T 指令的具体位数由数控车床制造厂商设定。

当坐标轴运动指令和 T 指令在同一程序段中使用时，指令按下列两种方式之一执行。

(1) 坐标轴运动指令与 T 指令同时执行。

(2) 坐标轴运动指令执行完成后，执行 T 指令。

执行方式由数控车床制造厂商设定。

4.2.5　CAD/CAM 软件及其应用

目前市场上有多种 CAD/CAM 软件产品。每种软件都有自己的优势、特定的市场目标和用户。

1. CAD/CAM 软件系统的组成及功能

大多数 CAD/CAM 软件的系统结构基本相同，一般由几何造型、刀具轨迹生成、刀具轨迹编辑、刀具轨迹验证、后置处理、通信接口、系统界面等功能模块组成，如图 4-74 所示。

(1) 几何造型。零件加工表面的几何信息是 CAD/CAM 软件进行刀具路径计算的依据，因此 CAD/CAM 软件应该具备基本的几何造型功能，即前面所述零件建模。对于三轴以上的数控加工，CAD/CAM 软件还应提供基本的曲面造型功能。

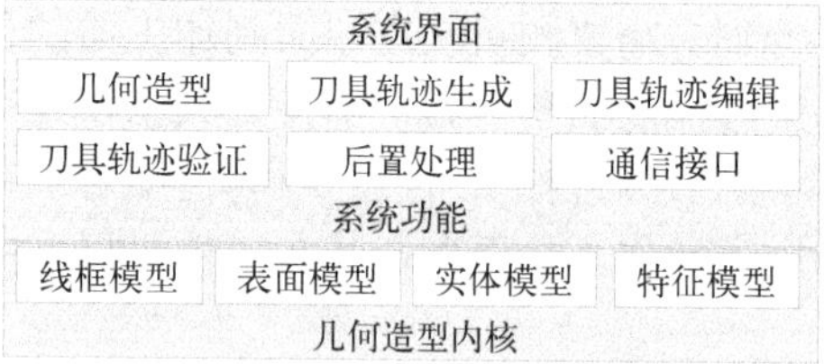

图 4-74　CAD/CAM 软件系统的组成

(2) 刀具轨迹生成。刀具轨迹生成模块根据用户设定的加工对象、选用的加工方式、刀具及加工参数等进行刀位计算，生成刀具轨迹。刀位计算是利用 CAD/CAM 软件进行编程的明显优势。CAD/CAM 软件提供刀具库管理功能，进行所需刀具的定义和选择。

(3) 刀具轨迹编辑。刀具轨迹编辑模块提供多种编辑手段(如增加、删除、修改刀具轨迹等)，便于用户对自动生成的刀具轨迹进行修改。

(4) 刀具轨迹验证。刀具轨迹验证模块采用图形化方式，沿着刀具轨迹动画显示刀具运动，以检验刀具轨迹是否正确、刀具与约束面是否发生干涉，以及刀具是否啃切加工表面等问题。

(5) 后置处理。CAD/CAM 软件计算出的刀具轨迹包含大量的刀位点数据，后置处理的作用就是将这些刀位数据按数控机床规定的指令格式转换为数控程序。

(6) 通信接口。通信接口模块实现信息的交换和传输。它可通过图形数据交换标准(如STEP)实现不同 CAD/CAM 系统的信息交换，也可通过计算机网络将数控程序传送到数控机床。

(7) 系统界面。系统界面是用户操作系统及用户与系统交互的接口，它提供所有输入方式到各功能模块之间的接口，控制系统的运行。

2. 应用 CAD/CAM 软件编程的过程

应用 CAD/CAM 软件编写数控加工程序的主要过程如图 4-75 所示。

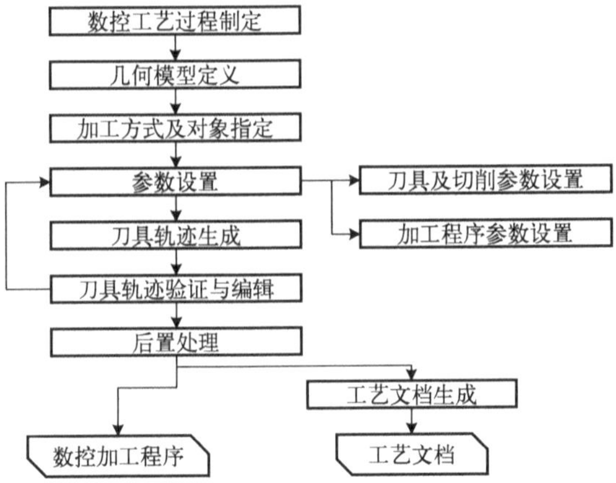

图 4-75　CAD/CAM 软件编程的主要过程

1) 数控工艺过程制定

数控工艺过程制定是应用 CAM 软件编程前的工艺准备过程，当拿到待加工零件的零件图或工序卡时，首先应当对零件图或工序卡进行仔细的工艺分析，并确定数控工艺过程。数控工艺过程制定的主要内容如下。

(1) 零件数控工艺性分析。主要包括零件图分析、零件结构工艺性分析。

(2) 加工方法及工艺过程确定。根据零件毛坯形状(或零件当前工序形状)与加工表面及其约束面的几何形状，确定零件加工方法及所需机床和装夹方式，最终确定零件的加工过程。

(3) 加工区域规划。对加工对象进行分析，按其形状特征、功能特征及精度、粗糙度要求，将加工对象分成几个加工区域。合理规划加工区域可以提高加工效率和加工质量。

(4) 加工方式确定。如刀具类型选择、切削方式(走刀方式)选择等。

(5) 刀具选择。一般来说，可根据加工方法和加工表面及其约束面的几何形状选择合适的刀具类型及刀具尺寸。在刀具轨迹生成之后，需要进行刀具轨迹验证。

(6) 切削用量选择。根据加工表面的特征、加工要求，确定每把刀具的切削参数。

(7) 确定工件坐标系。根据零件的设计基准或工序基准选择一个合适的工件坐标系原点。

在数控工艺过程制定后，应填写一张数控加工工序表，表中的项目包括加工区域、加工性质、走刀方式、使用刀具、主轴转速、进给速度等。

2）几何模型定义

零件几何模型是数控编程的前提和基础。如果已经完成零件几何造型，可直接读取该零件几何模型。如果没有零件几何模型，则必须利用 CAM 软件在图形终端上建立零件几何模型。可能需要根据数控加工需求对零件几何模型进行一些必要的修改和完善。例如，可以对因非加工部位存在而造成的曲面空缺部位进行补充，如钻孔的曲面、存在狭小的凹槽的部位等，这样获得的刀具轨迹更加规范而且安全。

3）加工方式及对象指定

（1）加工方式设置。选择机床类型，指定加工类型、刀具轨迹的类型及相关参数等。

（2）加工对象设置。用户通过交互方式选择零件的加工表面及其加工顺序。

（3）定义毛坯。

4）参数设置

参数设置可视为对零件数控工艺过程的具体实施，它构成了利用 CAD/CAM 软件进行数控编程的主要操作内容，直接影响生成的数控程序的质量。参数设置的主要内容如下。

（1）刀具及其切削参数设置。所要求设置的加工参数包括安全平面、主轴转速、进给速度、切削深度、加工余量、刀具轨迹间的残留高度、行间距、线性逼近误差、进刀/退刀方式及位置。对于某个加工方式，可能只要求设置其中的部分加工参数。

（2）加工程序参数设置。主要包括刀补方式、刀补方向设置、对刀位置等。

5）刀具轨迹生成

在刀具及其加工参数设置完成之后，CAD/CAM 软件根据所确定的切削方式和所选用的加工参数，针对每个加工表面自动进行刀位计算，生成刀具轨迹，并将刀具轨迹直接显示在屏幕上。刀具轨迹计算的结果存放在刀位数据（CL DATA）文件中。

6）刀具轨迹验证与编辑

为确保加工程序的正确性和安全性，必须对自动生成的刀具轨迹进行验证，例如，检查有无明显过切或者加工不到位，检查是否会与工件及夹具发生干涉。刀具轨迹验证的方式以刀具轨迹动态仿真为主。对验证过程中发现的不合适或有问题的刀具轨迹，应调整参数设置，重新进行计算，再做检验，直至生成正确的刀具轨迹。

7）后置处理

根据所选用的数控机床，运行相应的后置处理程序，将刀位数据文件进行处理并生成符合数控系统要求格式的数控加工程序。在后置处理之后，还需要检查所生成的数控程序文件，特别对程序头及程序尾部分的语句进行检查，若有必要，可以修改。

8）工艺文档生成

将机床操作人员所需要的工艺信息（如程序名称、加工顺序、刀具参数等）编写成标准、规范的文档。它对保证编程人员与机床操作人员的配合，避免失误有重要的作用。

应用 CAD/CAM 软件编写数控加工程序具有非常显著的优点。

（1）节省大量的零件几何造型时间。在使用 CAD/CAM 软件系统编写数控程序时，可直接使用 CAD 产生的零件几何模型，编程人员无须重复进行零件几何造型。

（2）避免编程错误，提高编程效率。刀位数据由计算机自动计算，速度快且准确。用图形终端显示刀具轨迹，方便编程人员及时校验，大多数编程错误能被检查出来并得到及时修正。因此，应用 CAD/CAM 软件编程可大大减少编程错误，提高效率和可靠性。

3. 常见 CAD/CAM 软件

目前市场上流行的 CAD/CAM 软件种类很多，依据其功能可以将其分为三类。

(1) 以法国达索系统公司的 CATIA、德国西门子公司的 NX、美国 PTC 的 Pro/ENGINEER 为代表的高端 CAD/CAM 软件。这类软件的特点是优越的参数化设计、变量化设计及特征造型技术与传统的实体和曲面造型功能结合在一起，加工方式完备，计算准确，实用性强，可以从简单的二轴加工到以五轴联动方式来加工极为复杂的工件表面，并可以对数控加工过程进行自动控制和优化，同时提供了二次开发工具，允许用户扩展功能。这类软件是航空、汽车、船舶制造等行业首选的 CAD/CAM 软件。

(2) 以以色列 Cimatron 公司的 CimatronE 为代表的中档 CAD/CAM 软件。这类软件实用性强，提供了比较灵活的用户界面，具有优良的三维造型、工程绘图功能，能够实现较为全面的数控加工程序设计，并具备各种通用、专用数据接口和集成化的产品数据管理功能。

(3) 相对独立的 CAM 软件。如美国 CNC Software 公司的 MasterCAM、英国 DELCAM 公司的 PowerMILL、美国 Surfware 公司的 SURFCAM、英国 Pathtrace 公司的 EdgeCAM、美国 CGTech 公司的 VERICUT 及北京数码大方科技有限公司的 CAXA ME 等。这类软件主要通过中性文件从其他 CAD 系统获取产品几何模型。系统主要有工艺参数输入模块、刀具轨迹生成模块、刀具轨迹编辑模块、三维加工动态仿真模块和后置处理模块。

4.3　计算机辅助快速成形与 CARP 技术

各种零件的制造工艺按加工后原材料体积的变化方式分为去除成形、受迫成形、添加成形、生长成形。添加成形工艺就是快速成形(rapid prototyping，RP)的主要实现手段，也称增材制造。快速成形是 20 世纪 80～90 年代发展起来的，利用 CAD 技术、数控技术、材料科学、机械工程、电子工程及激光技术的集成，以实现从零件设计到三维实体原型制造一体化的系统技术。

4.3.1　快速成形技术概述

微课

快速成形技术采用离散/堆积的原理制造零件，其通过离散获得堆积的顺序、路径、限制和方式，将堆积材料“叠加”起来形成三维实体。它把复杂的三维制造转化为一系列二维制造的叠加，因而可以在不用模具和工具的条件下生成几乎任意复杂的零部件，极大地提高了生产效率和制造柔性。快速成形技术的原理性步骤如图 4-76 所示，描述如下。

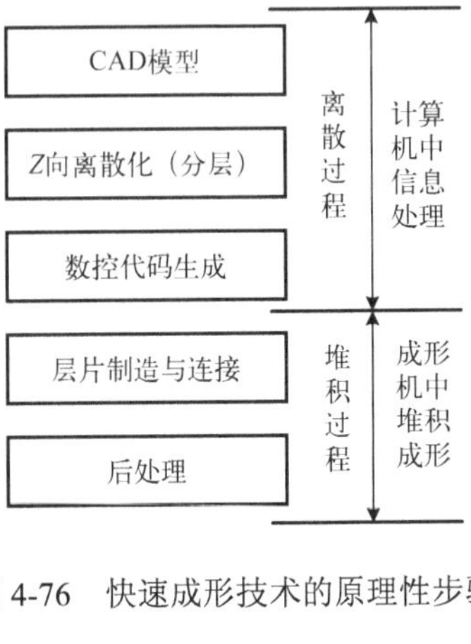

图 4-76　快速成形技术的原理性步骤

(1) 由 CAD 软件设计出所需零件的计算机三维曲面或实体模型。

(2) 根据工艺要求将其沿一定方向(通常为 Z 向)按

一定厚度进行分层，把原来的三维数据模型离散成二维层片信息。

(3) 对分层后的数据进行处理，加入工艺参数，自动生成数控代码。

(4) 成形机读入数控代码，在计算机控制下，制造一系列层片并将它们逐层连接起来，形成三维物理实体。

通过与数控加工、铸造、金属冷喷涂、硅胶模等制造手段相结合，RP 技术已成为现代模型、模具和零件制造的强有力手段，在航空航天、汽车、机械、电子、电器、医学、建筑、玩具、工艺品等很多领域得到了广泛应用。

4.3.2　快速成形工艺方法

按成形原理，快速成形工艺方法可以分为两大类。

(1) 基于激光及其他光源的成形技术，如立体光刻技术、选区激光烧结技术等。

(2) 基于喷射的成形技术，如熔融沉积成形技术、三维打印成形技术等。

也可按成形材料对快速成形工艺技术进行分类，材料类型主要有液体、粉状和片状材料。两种分类主要内容如图 4-77 所示。

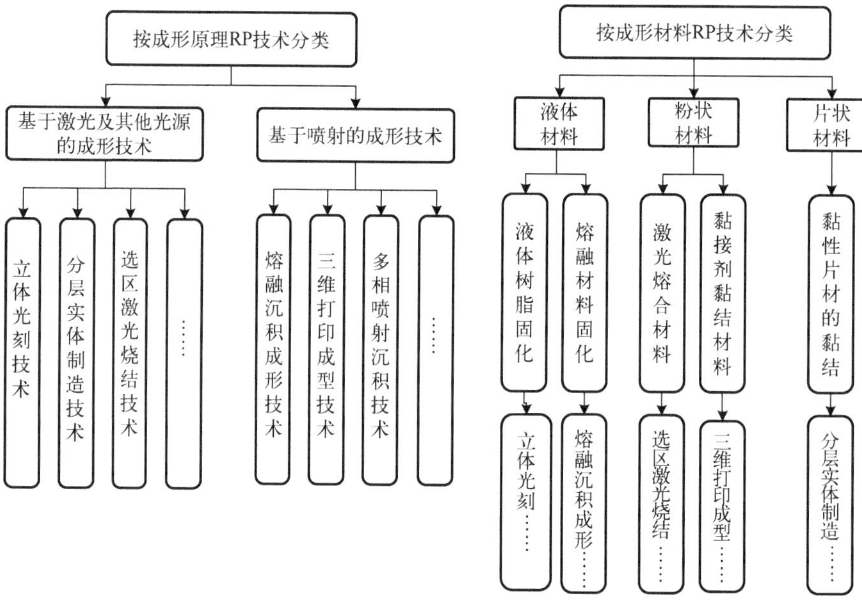

图 4-77　基于成形原理的分类和基于成形材料的分类

1. 立体光刻技术

立体光刻(stereo lithography apparatus，SLA)技术，也称立体印刷技术，是以液态光敏树脂为原材料，在计算机控制下紫外激光按预定零件各分层截面的轮廓轨迹对液态树脂逐点扫描，被扫描区的树脂薄层产生光聚合(固化)反应，从而形成零件的一个薄层截面。完成一个扫描区域的液态光敏树脂固化层后，工作台下降一个层厚，使固化好的树脂表面再敷上一层新的液态树脂，重复扫描、固化，新固化的一层牢固地黏结在上一层，如此反复，直至完成整个零件的固化成形。SLA 技术原理如图 4-78 所示。

SLA 技术的优点如下：精度较高，一般尺寸精度可控制在 0.01mm；表面质量好；原材料利用率接近 100%；能制造形状特别复杂、精细的零件。SLA 技术的缺点如下：需要设计支撑；可以选择的材料种类有限；制件容易发生翘曲变形。SLA 技术适合制作比较复杂的中小型零件。

2. 选区激光烧结技术

选区激光烧结(selective laser sintering，SLS)技术是利用激光所提供的能量有选择性地熔化热塑性塑料以形成三维零件。成型时，送料筒上升，铺粉滚筒移动，首先在工作平台上铺一层粉末材料，然后激光束在计算机控制下按照截面轮廓对实心部分所在的粉末进行烧结，使粉末熔化继而形成一层固体轮廓。第一层烧结完成后，工作台下降一截面层的高度，再铺上一层粉末，进行下一层烧结。如此循环，形成三维零件。SLS 技术原理如图 4-79 所示。

SLS 技术的优点如下：零件力学性能好，强度高；无须设计和构建支撑；可选材料种类多且利用率高(100%)。SLS 技术的缺点如下：零件表面较粗糙，需要进行后处理；成形速度较慢；制造成本高。因此，SLS 技术适合制作功能测试零件、金属型腔模具，以及小批量、较复杂的中小型零件的熔模。

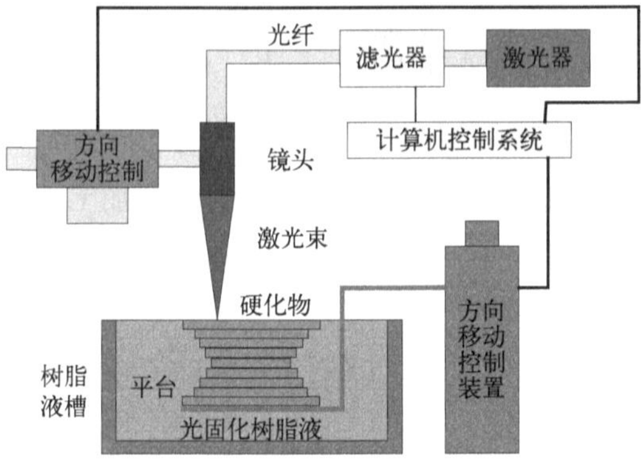

图 4-78　SLA 技术原理

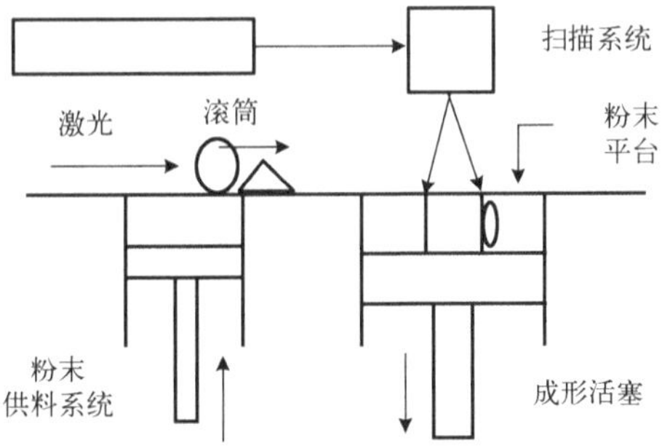

图 4-79　SLS 技术原理

3. 熔融沉积成形技术

熔融沉积成形(fused deposition modeling，FDM)技术是利用丝状热塑性材料在移动头中进行熔化，熔化后的材料在移动的过程中被挤压出来堆积形成零件。加热喷头在计算机的控制下，可根据截面轮廓的信息，做 *XY* 平面运动和高度 *Z* 方向的运动。丝状热塑性材料由供丝机构送至喷头，并在喷头中加热至熔融态，然后被选择性地涂覆在工作台上，快速冷却后形成截面轮廓。一层截面完成后，喷头上升一截面层的高度，再进行下一层涂覆。如此循环，最终形成三维产品。FDM 技术原理如图 4-80 所示。

FDM 技术作为非激光快速成形制造系统，具有成形材料广泛、成本低、成形过程对环境无污染、设备运行时噪声也很小等优点。但 FDM 技术也存在着一些问题，例如，只适合中、小塑料件，表面质量不如 SLA 技术好，沿成形轴垂直方向的强度比较弱，成形时间较长。

4. 分层实体制造技术

分层实体制造(laminated object manufacturing，LOM) 技术通过逐层激光剪切薄纸材料制造零件。LOM 技术原理如图 4-81 所示。

加工时，热压辊热压材料，使之与下面已成形的工件黏结。用激光器在刚黏结的新层上切割出零件截面轮廓和工件外框；激光切割完成后，工作台带动已成形的工件下降，供料机构带动料带移动，使新层移到加工区域；工作台上升到加工平面；热压辊热压，工件的层数增加一层，高度增加一个料厚；在新层上切割截面轮廓。

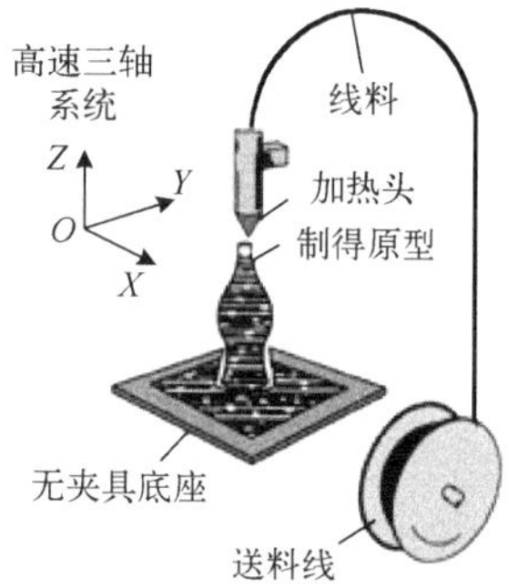

图 4-80　FDM 技术原理

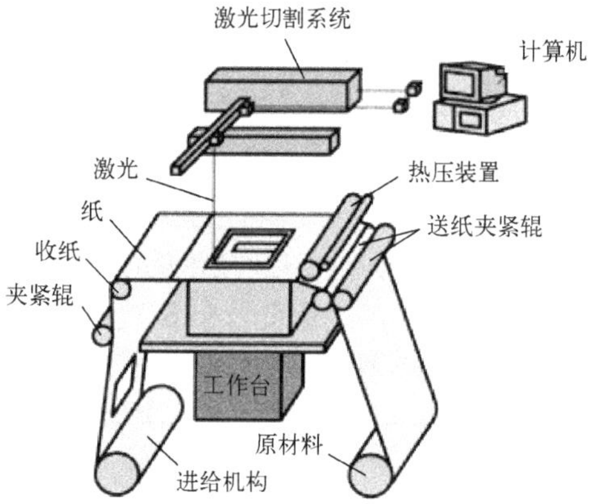

图 4-81　LOM 技术原理

LOM 技术制件精度较高，翘曲变形小，制作效率高、成本低，可进行切削加工；缺点是抗拉性能和弹性不高，废料剥离比较困难，工件表面需进行打磨处理。因此，LOM 技术主要应用于制作纸质功能制件，外观评价、结构设计验证，以及快速制作一些模具。

5. 三维打印成形技术

三维打印(3D print，3DP)成形技术是在计算机的控制下，利用喷头喷射黏结剂，喷射黏结剂的路径材料被黏结在一起，而其他地方仍为松散粉末，层层黏结得到最后的三维实体。3DP 成形技术与 SLS 技术类似，采用粉末材料成形，如陶瓷粉末、金属粉末，所不同的是，3DP 成形技术的材料粉末不是通过烧结连接起来的，而是通过喷头用黏结剂(如硅胶)将零件的截面“印刷”在材料粉末上面。3DP 成形技术原理如图 4-82 所示。

3DP 成形技术的优点是成形速度快，成形材料价格低，可以制作彩色原型(最具竞争力的特点之一)，适合制作内腔复杂的原型，可实现大型件的打印。但是 3DP 成形技术也有不足，如成品强度不高，表面不如 SLA 技术光洁。目前 3DP 成形技术主要应用在专业领域。

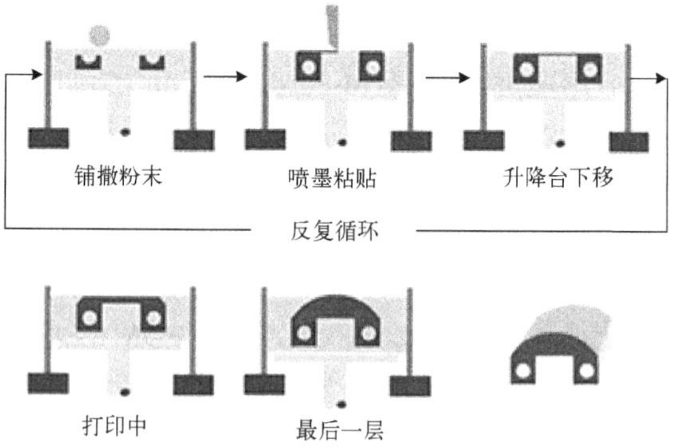

图 4-82　3DP 成形技术原理

4.3.3　快速成形数据处理流程

快速成形数据处理的主要任务是对 CAD 模型或其他模型进行分层、填充，产生工艺加工所需的层片文件，这个层片文件可以通过转换生成可供数控加工的数控程序。数控程序中的加工路径既可以直接从三维数据中获得，也可从三维数据网格化后的 STL 模型中获得。

快速成形数据处理的基本流程如图 4-83 所示，主要步骤如下。

(1) 将来自 CAD 系统或逆向工程的三维模型转换为快速成形分层软件能接收的格式。

(2) 使用分层软件对模型进行 STL 文件处理、工艺处理、分层处理等操作，生成模型的各层面扫描信息。

(3) 以快速成形设备能接收的数据格式输出到相应的快速成形设备中。

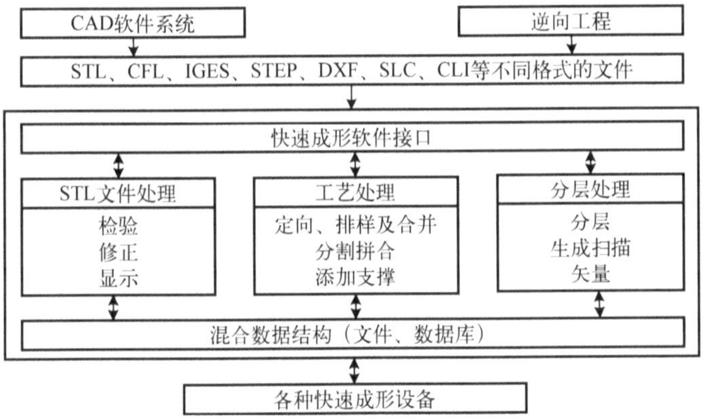

图 4-83　快速成形数据处理基本流程

4.3.4　快速成形数据来源

快速成形数据主要来自三维模型直接构建或者逆向工程建模，也可以来自数学几何数据等。

(1) 三维模型直接构建。对于直接构建的三维模型，最常用的数据处理方法就是将构建的 CAD 实体模型先转换为三角网格模型(STL 文件)，再进行分层，从而获得加工路径。当前主流 CAD 软件一般都具有输出 STL 文件的功能。

(2) 逆向工程建模. 对于逆向工程建模的数据处理方法主要有两种：一种是对数据点进行三角化，生成 STL 文件，然后进行分层处理；另一种是对数据点进行直接分层处理。

(3) 其他来源。快速成形数据还可以来自医学体素数据或直接的分层数据(如地形学上的等高线)等。

4.3.5　数据接口格式

不同的 CAD 软件用来描述几何模型的数据格式并不相同，快速成形系统无法一一适应，导致数据交换和信息共享出现障碍。因此，需要一种中间数据格式作为 CAD 软件与快速成形系统之间的标准接口。目前，快速成形业界最常用的三种数据接口格式为三维面片模型格式、CAD 三维数据格式、二维层片数据格式。常用的三维面片模型格式有两种：STL 文件格式和 CFL 格式。常用的 CAD 三维数据格式有三种，分别为 STEP 标准接口、IGES 格式和 DXF 格式。常用的二维层片数据格式有两种：SLC 格式和 CLI 格式。

1. STL 文件格式

STL 文件格式是快速成形应用最多的数据格式，亦被公认为目前快速成形的标准数据接口形式。STL 文件由对三维 CAD 模型进行表面三角形网格化得到，如图 4-84 所示。STL 文件格式将 CAD 模型表面离散化为若干三角形面片来近似表示源 CAD 模型曲面。三角形面片由三角形的顶点坐标和三角形面片的外法线矢量来表示。

(a) 普通三维模型　(b) STL三维面片模型

图 4-84　普通三维模型和 STL 三维面片模型

1) STL 文件规范

为保证三角形面片所表示模型实体的唯一性，STL 文件必须遵循一定的规范，具体如下。

(1) 取向原则。每个三角形面片由三条边组成，且具有方向性。三条边按逆时针顺序由右手定则可以确定面的法向量，且该法向量应指向所描述实体表面的外侧，相邻三角形的取向不应矛盾。

(2) 共顶点规则。相邻的两个三角形面片只能共享两个顶点，即面片的顶点不能落在相邻的任何一个三角形面片的边上。

(3) 取值规则。STL 文件的所有顶点坐标必须是正的，即 STL 模型必须落在第一象限。不过目前几乎所有的 CAD/CAM 软件允许在任意的空间位置生成 STL 文件。

(4) 充满规则。STL 模型的所有表面必须布满三角形面片，不得有任何遗漏，即不能有裂纹或孔。

2) STL 文件精度

STL 文件依靠三角形面片来逼近理想的三维实体模型。逼近的精度通常由曲面到三角形平面的距离误差或曲面到三角形边的弦高差控制。误差越小，所需三角形面片数量越多，使 STL 文件变大，同时分层处理的时间将显著延长。

因此，从 CAD 软件输出 STL 文件时，选取的精度指标和控制参数应根据 CAD 模型的复杂程度及快速成形精度要求进行综合考虑。一般而言，建议将弦高、误差、角度公差等参数的值设置为 0.01 或 0.02。

3) STL 文件的优势和不足

STL 文件的优势在于文件生成简单，适用对象广泛，分层算法简单，模型易于分割，接口通用性好。STL 文件的不足之处在于只是三维 CAD 模型的近似描述，拓扑邻接信息、公差、零件颜色和材料等信息丢失，易出现错误和缺陷，如重叠面、孔洞、法向量和交叉面等。

2. CAD 三维数据格式

与三维面片模型格式相比，CAD 三维数据格式可以精确描述 CAD 模型。目前常用 CAD 三维数据格式有三种，分别为 STEP 标准接口、IGES 格式和 DXF 格式。

STEP 标准已经成为 CAD 数据文件交换全球统一标准。STEP 标准格式可以满足从 CAD 软件到快速成形系统的数据转换需要，但是冗余信息较多。IGES 格式的优点在于它是一个通用的标准，但往往包含大量的冗余信息，而且基于 IGES 格式的切片算法比基于 STL 文件格式的切片算法更为复杂。DXF 格式可读性好、易于被其他程序处理，但是数据量大，结构较复杂，在描述复杂产品时很容易出现信息丢失问题。

3. 二维层片数据格式

二维层片数据格式与 STL 文件格式相比的优点在于降低了文件数据量，提高了模型精度，缩短了快速成形系统的前处理时间，错误较少。常用的二维层片数据格式主要有两种：SLC 格式和 CLI 格式。

(1) SLC 格式。SLC 格式是 CAD 模型的 2.5 维的轮廓描述，它由 Z 方向上的一系列逐步上升的横截面组成，这些横截面由内、外边界的轮廓线围合成实体。SLC 格式的截面轮廓只是对实体截面的一种近似，精度不高。此外，该格式的计算较为复杂、文件庞大，生成也比较费时。

(2) CLI 格式。CLI 格式是目前快速成形设备普遍接受的一种数据接口文件，它是三维模型分层后加工路径的数据文件存储格式，也可以分为 ASCII 码和二进制码两种格式。与 SLC 格式不同，CLI 格式直接对二维层片信息进行描述，因此文件中的错误较少且类型单一，文件规模小得多。但是 CLI 格式把直线段作为基本描述单元，降低了轮廓精度，且零件无法重新定向。

4.3.6　数据处理软件

快速成形系统需要不同的软件来完成不同阶段的特定功能。基于 CAD 模型的快速成形软件系统一般由以下三部分组成：CAD 造型软件、数据处理软件和监控软件。

CAD 造型软件负责构建模型、设计支撑结构并输出中间格式文件；数据处理软件负责读入与检验文件、将数据转换为几何模型、选择成形方向、排样合并、模型实体分层、扫描路径规划等；监控软件负责输入分层信息、设定加工参数、生成数控代码、控制实时加工等。

数据处理软件是快速成形软件系统的关键，其效率直接影响制件的尺寸精度、表面粗糙度、零件强度及加工时间。数据处理软件一般包含五个主要模块。

(1) STL 文件诊断和修复模块。该模块主要检查和分析 STL 文件中存在的错误并进行修复，不纠正这些错误会造成分层后出现不封闭的环和歧义现象。

(2) 加工取向模块。零件加工时的成形方向对零件制造的精度有很大影响，因此，在选择成形方向时，要综合考虑加工设备的空间要求、成形效率、添加支撑及排样合并等因素。

⑶分层模块。分层模块是数据处理软件的关键模块，按照来源数据的格式，可分为CAD模型直接分层与STL模型分层；按照分层方式，可分为等厚度分层及自适应分层。

⑷层片路径规划模块。该模块用于填充分层后得到的截面轮廓，填充方式会影响零件的精度、强度及加工时间。

⑸显示模块。该模块可以显示每层轮廓，并与用户进行交互。

针对不同的CAD模型来源或者快速成形工艺，可能还需要更多的功能模块。例如，针对FDM工艺，需添加支撑、固定零件、保持零件形状、减少翘曲变形等功能。

4.3.7　数据处理过程

基于STL文件的快速成形数据处理过程主要包括以下步骤：STL模型文件处理、STL工艺处理、数据模型分层处理、层片扫描路径规划。具体步骤如下。

1. STL模型文件处理

用于快速成形制造的STL模型要无裂缝、无孔洞、无悬面、无重叠面或交叉面，文件错误的查找和自动修复是STL模型文件处理的主要内容。

1) STL文件常见错误

STL文件中常见的错误主要有六种。

⑴间隙错误。由三角形面片丢失引起，当CAD模型的表面有较大曲率的曲面相交时，相交部分容易出现因三角形面片的丢失而形成的孔洞。

⑵法向量错误。生成STL文件时三角形顶点记录顺序混乱，导致不符合右手法则。

⑶顶点错误。三角形面片顶点落在另一个三角形面片的某条边上，违背STL文件共顶点规则。

⑷重叠和分离错误。主要由计算三角形顶点时的舍入误差造成。

⑸面片退化。小三角形面片的三条边共线，常发生在曲率变化剧烈的两相交曲面的相交线附近，主要由CAD软件的三角网格化算法不完善所致。

⑹拓扑信息紊乱。主要由某些细微特征在三角网格化时的自动圆整造成，有此类错误的STL模型必须重建。

2) STL文件错误修复

STL文件的错误往往源于CAD模型存在的问题。对于较大的错误，如模型出现孔洞、面片丢失等，最好返回CAD软件处理；对于一些较小的错误，则可使用快速成形数据处理软件提供的自动修复功能进行处理，节省纠错时间，提高工作效率。

自动修复功能可以自动修复三角形面片的法向量错误、间隙错误、重叠错误、面片退化等，当所有的错误三角形面片修复完成后，模型将成为一个连贯的整体。

2. STL工艺处理

STL文件修复完成后，还需要进行快速成形前的工艺处理。这些处理一般包括以下三个方面：定向、排样及合并，制件分割拼合，添加支撑。

1) 定向、排样及合并

成形方向是原型制作精度、时间、成本、强度及所需支撑的重要影响因素，在成形之前，要根据精度要求和成形设备加工空间，合理安排原型摆放位置和成形方向，以使成形空间得到最大利用，提高成形效率。图 4-85 是一个零件的两种成形方向及其对支撑的要求差异。必要时需将一个原型分解成多个部分分别成形，也可将多个 STL 模型合并成一个 STL 模型制作。

排样是根据原型的精度要求和成形设备的加工空间，合理安排原型的摆放位置，使成形空间得到最大化利用，可以有效提高成形效率。排样示例如图 4-86 所示。

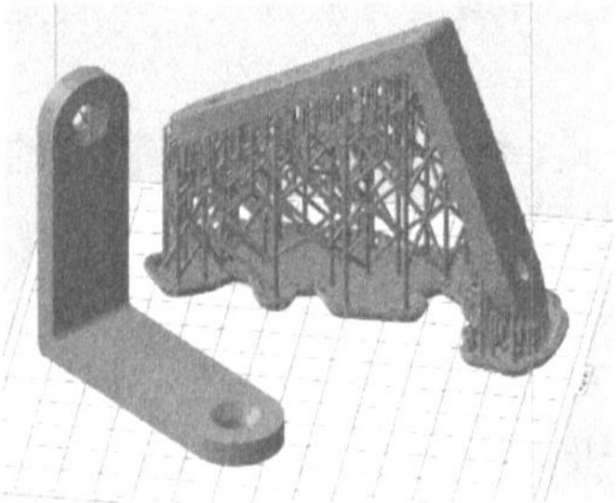

图 4-85　一个零件的两种成形方向

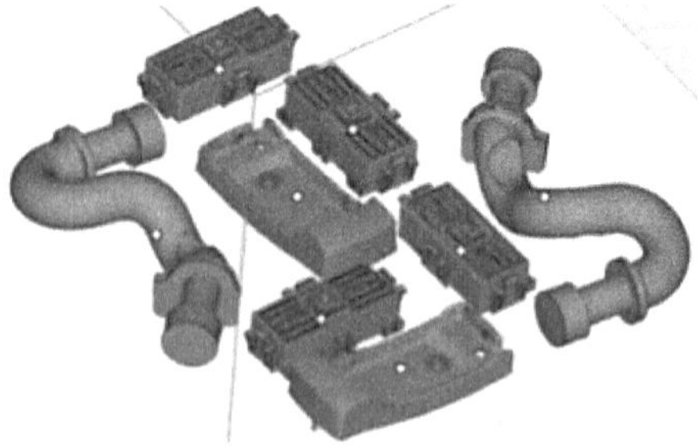

图 4-86　排样示例

合并是将多个 STL 模型合并保存为一个 STL 模型，可以同时加工多个模型。由于制作单个原型和多个原型所需的辅助时间基本接近，可以通过一次制作多个原型来缩短制作每个原型的辅助时间，提高成形效率。合并示例如图 4-87 所示。

2）制件分割拼合

当制件的结构过于复杂，或制件的成形支撑无法去除，或制件的尺寸超出成形机的工作范围时，需要对制件进行分割和拼合。将制件分割为几个部分，分别打印完成后，再将各部分组装在一起。分割示例如图 4-88 所示。

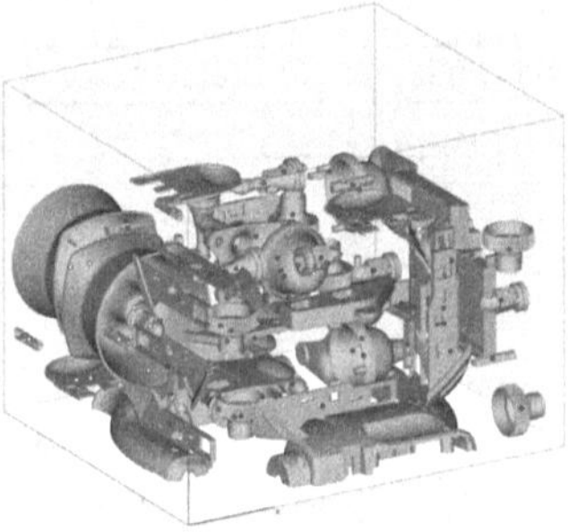

图 4-87　合并示例

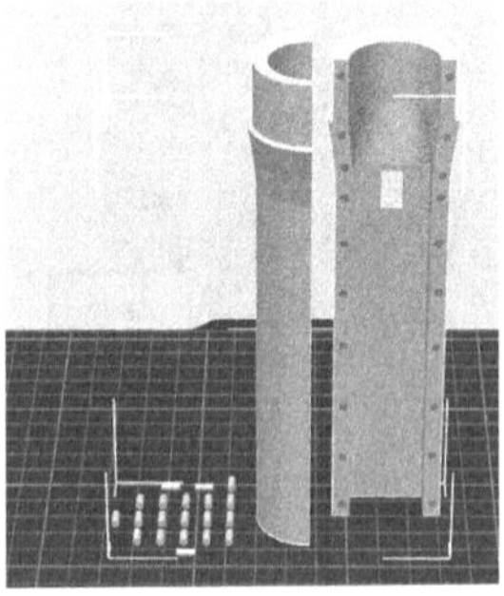

图 4-88　分割示例

3）添加支撑

理论上，快速成形技术能够加工任意复杂形状的制件。但层层堆积的成形原理要求制件在成形过程中必须具有支撑。快速成形中的支撑相当于传统加工过程中的夹具，对成形中的制件起固定作用。有些快速成形工艺的支撑是在成形过程中自然产生的，例如，LOM 工艺中切碎的纸、SLS 工艺中未烧结的材料及 3DP 成形工艺中未黏结的粉末都可以成为后续层的支撑。但对于 SLA 工艺和 FDM 工艺，必须由人工添加支撑或者通过软件自动添加支撑，否则会出现悬空而发生塌陷或变形，影响零件原型的成形精度，甚至使零件不能成形。

按其作用，支撑可分为基底支撑和制件支撑两种，如图 4-89 所示。

3. 数据模型分层处理

数据模型分层处理是快速成形数据处理中最核心的部分，分层处理的效率、速度及精度直接关系到快速成形能否成功。快速成形数据模型分层处理就是对已有的三维模型进行分层，将其转换为快速成形系统能接收的层片数据文件或兼容的中间格式数据文件。在对模型进行分层处理前，需要选择一个合理的分层方向和一个合适的分层厚度，两者是影响分层处理结果的重要因素。

快速成形数据模型分层处理算法按使用的数据模型格式，可分为基于 STL 模型的分层和 CAD 模型直接分层；按分层方法可以，可分为等厚度分层和自适应分层。

1）基于 STL 模型的分层

STL 模型分层处理过程实际上是一系列分层平面与 STL 模型求交的过程，具体分为三步：首先，分析 STL 模型中的每一个三角形面片与分层平面的位置关系；然后，根据这一关系，将两个平面求交并计算交线；最后，将计算出的交线连接成截面轮廓线。例如，设 Z 轴为分层方向，分层厚度为ΔZ，STL 模型在 Z 轴上的坐标最小值和最大值分别为 Z_{min} 和 Z_{max}，则模型的分层流程如图 4-90 所示。

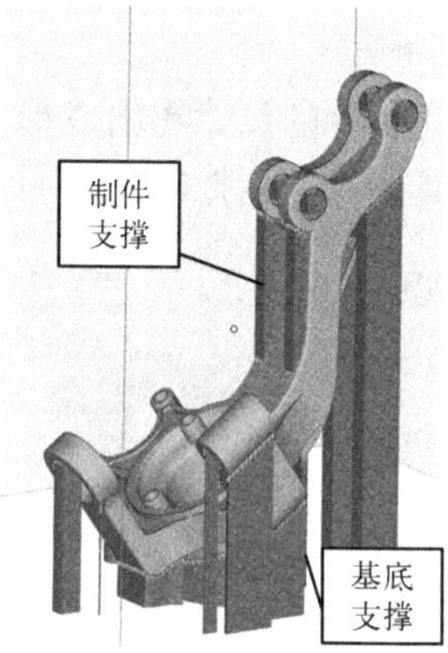

图 4-89　支撑的类型和示例

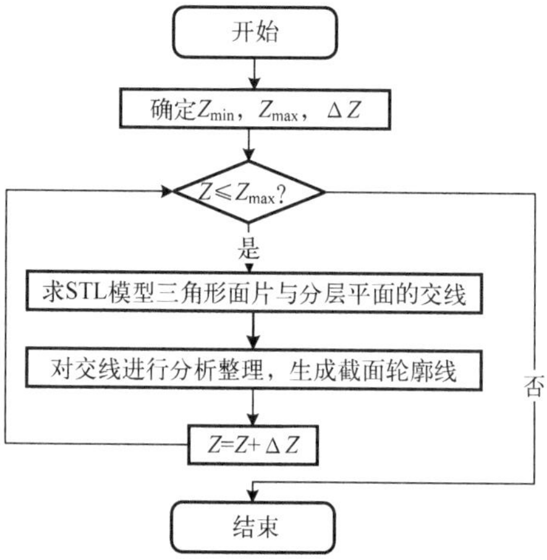

图 4-90　STL 模型分层流程

对于方形物体，使用 STL 格式来表示的模型精度是比较高的，但对于圆柱形、球形物体，用 STL 格式表示的模型精度不尽如人意，因此，直接从 CAD 模型中获取截面描述信息的 CAD 模型直接分层算法应运而生。

2）CAD 模型直接分层

与基于 STL 模型的分层相比，CAD 模型直接分层算法可以从任意复杂的三维 CAD 模型中直接获得分层数据，并将其存储为快速成形系统能接收的格式文件。

CAD 模型直接分层就是用一组平行的分层平面对三维 CAD 模型进行分层，其实质是将分层平面与三维 CAD 模型相交并记录交线数据，也就是所需要的二维轮廓数据。其优点是能缩短快速成形的前处理时间，无需 STL 文件的检查和纠错过程，减小模型文件的规模，提高制件的表面质量和精度。其缺点是难以为模型自动添加支撑，需要设计者具备更专业的知识，在设计时就考虑好支撑的添加位置，并明确最优的分层方向与厚度。

3)等厚度分层

等厚度分层就是用等间距的平面对数据模型进行分割，并计算每一个切割平面与数据模型的交线，最终得到的封闭交线就是每一层截面的轮廓边界。

快速成形的叠加制造原理会不可避免地导致原型表面出现阶梯效应，阶梯效应会对制件的某些性能造成影响，对壳体制作的等厚度分层会导致圆角处层与层之间结合强度下降，分层的厚度会导致制件出现阶梯状表面，使制件表面质量变差，阶梯效应还会导致制件局部体积缺损(或增加)。

4)自适应分层

自适应分层是为了解决等厚度分层存在的问题而出现的，它可以根据制件轮廓的表面形状自动改变分层厚度，以满足制件表面的精度要求：当制件表面倾斜较大时，选择较小的分层厚度以提高成形精度，反之，则选择较大的分层厚度以提高加工效率。

4. 层片扫描路径规划

零件三维模型分层处理后得到的只是模型的截面轮廓，在后续过程中需要根据每层片截面轮廓信息生成扫描路径，包括轮廓扫描的路径和填充扫描的路径。

在成形过程中，喷头或激光头会以一定扫描路径对轮廓内部的实体进行填充，这一过程称为填充扫描，占用了快速成形加工的大多数时间。在一个封闭轮廓区域内进行填充扫描时有以下扫描路径可供选择，如图4-91所示。

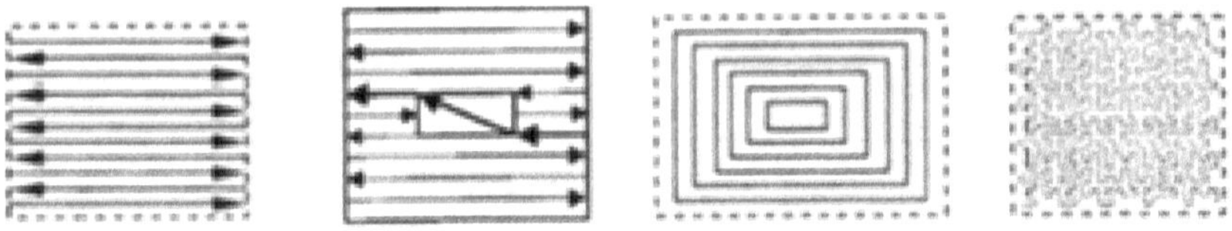

(a) 平行扫描路径　(b) 分区域扫描路径　(c) 偏置扫描路径　(d) 分形扫描路径

图4-91　不同的扫描路径

平行扫描路径是最基本、最常用的填充扫描路径，简单且容易实现，但增加了翘曲变形的可能性。分区域扫描路径可以显著提高成形效率，但在每个小区域中仍然存在平行扫描路径的缺陷。偏置扫描路径沿平行于轮廓边界的方向进行，理论上较前两种扫描路径要好。分形扫描路径减少了产生翘曲变形的应力，但速度较慢，也存在平行扫描路径频繁跨越非实体空腔的缺点。扫描路径对制件的成形精度、表面质量、内部性能和成形速度都有很大影响。因此，应根据模型的分层信息规划最合理的扫描路径。

4.3.8 常见3D打印软件

(1)设计建模软件。这类软件根据用途有不同的细分，例如，常见的机械建模软件包括NX、Inventor、Creo、CATIA、SolidWorks等；游戏动漫建模软件包括Maya、Zbursh；3D扫描仪逆向建模软件包括Geomagic Studio、Imageware等。也有一些简单入门级的软件，如TinkerCAD、123D Design、Sculptris、MeshMixer等。

(2)模型修复软件。常用的专业软件包括Netfabb、Magics、VoxelDance Additive。

(3)支撑设计软件。很多切片软件自带支撑功能。如果是桌面3D打印，可以使用

MeshMixer。如果是工业 3D 打印，可以使用 Magics。

(4) 代码转换软件。常见的代码转换软件包括 Cura、Simplify3D、PrusaSlicer、ChiTuBox、Photon Workshop 等。工业级软件则有 Magics 和 VoxelDance Additive 等。

思考及练习题

1. 简要描述 CAPP 技术的含义及其主要的系统类型。

2. 列出 CAPP 中主要的工艺设计技术。

3. 简要描述 BOM 的含义，说明工艺 BOM 与设计 BOM 的区别。

4. 工艺仿真是什么？主要有哪些类型的工艺仿真？

5. 数字控制、数控机床、数控加工、数控程序和数控程序设计是什么？它们之间的关系是什么？

6. 机床坐标系、工件坐标系、参考点是什么？它们之间的联系是什么？

7. 列出常见的数控程序指令类型，并对其作用进行解释。

8. 使用 XKN713 三轴联动数控铣床铣削图 4-92 所示盖板零件的外形轮廓，用标准数控指令进行编程。该零件的毛坯是一块 180mm×90mm×12mm 的板料，各边都留有 5mm 的铣削余量，零件材料为 45 号钢。图中各孔已加工完。铣削加工时以工件底平面和 2-ϕ10H8 的孔定位(左孔用圆柱销，右孔用菱形销)，并在ϕ60mm 孔处利用螺栓和夹板装夹工件。选用ϕ10mm 立铣刀，主轴转速为 1600r/min，进给速度为 120mm/min。

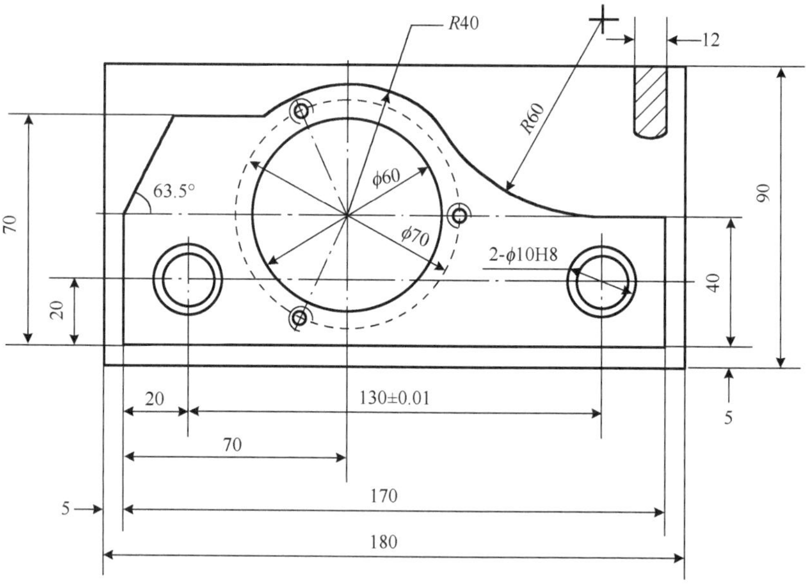

图 4-92　盖板零件图(单位：mm)

9. 使用一种 CAM 软件，对一个简单的回转类零件进行数控编程，并简要介绍其使用过程。

10. 快速成形的基本原理和总体数据处理流程是什么？

11. 使用主流的打印软件，对一个简单的零件进行打印设计和仿真，并简要介绍其使用过程。

第 5 章　数字化生产与运维

企业要在市场竞争中取得优势，必须保证高效率、高质量、低成本、安全环保的生产。同时，效率、质量、成本、安全环保在很大程度上受设备等硬件的运行状态制约。因此，对现代企业而言，生产与运维管理已经成为关系企业核心竞争力、经济效益及生存发展的重要环节。使用数字化技术能够有效提升生产和运维管理的水平。

5.1　生产管理与数字化生产管理

生产是人类最基本、最重要的一项活动。人们利用机器和动力，以工厂为单位进行生产，对产品形成过程的管理称为生产管理。此外，对服务过程的管理称为运作管理(也称运营管理)。现在一般将制造和服务等各类企业相应的管理合称为生产与运作管理(production and operation management，POM)。生产与运作管理的目标是高效、低耗、灵活、清洁、准时地生产合格产品或提供满意服务。生产与运作管理的主要内容如图 5-1 所示。

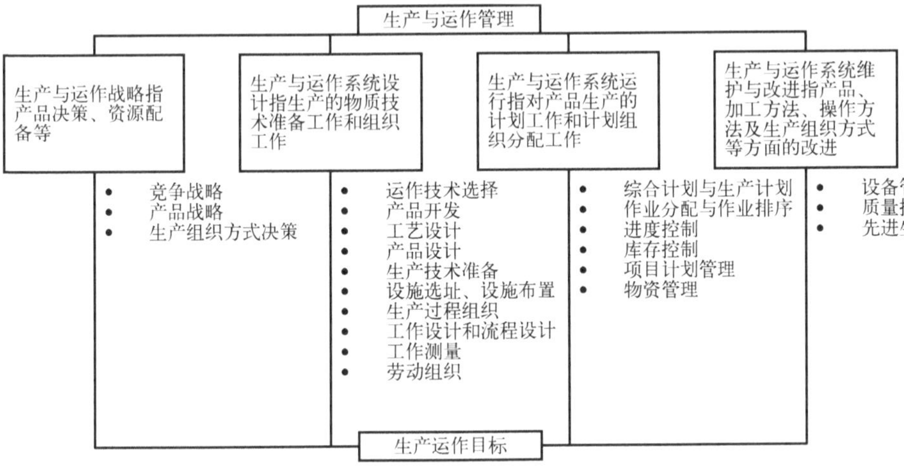

图 5-1　生产与运作管理的主要内容

从管理的角度可以将生产运作分成两大类：制造性生产和服务性运作。本书主要介绍制造性生产及其数字化管理技术。

5.1.1　生产管理的概念

制造性生产是通过物理和(或)化学作用将有形输入转化为有形输出的过程。例如，通过切削、装配、裂解、合成等物理或化学过程，将有形原材料转化为有形产品的过程。通过制造性生产能够产生自然界原来没有的物品。

(1) 按照工艺过程的特点，可以把制造性生产分成两种：连续性生产与离散性生产。

连续性生产是指物料均匀、连续地按一定工艺顺序运动，在运动中不断改变形态和性能，最后形成产品的生产，又称流程式生产，如化工、炼油、冶金、食品、造纸等。

离散性生产是指物料离散地按一定工艺顺序运动，在运动中不断改变形态和性能，最后形成产品的生产。像汽车制造这样的离散性生产又称加工装配式生产，产品由离散的零部件装配而成。机床、船舶、家具、计算机、服装等产品的制造都属于加工装配式生产。

流程式生产的生产过程自动化程度高，生产过程中的协作与协调任务少，对生产系统的可靠性和安全性要求高。加工装配式生产的生产设施地理位置分散，零件种类繁多，工艺多样化，生产过程中协作关系十分复杂，生产管理明显复杂。

(2)按照企业组织生产的特点，可以把制造性生产分为备货型生产(make-to-stock，MTS)与订货型生产(make-to-order，MTO)两种。

备货型生产也称存货型生产或按库存生产，是在对市场需求量进行预测的基础上，按已有标准产品或产品系列有计划地进行生产，生产的直接目的是补充成品库存，通过维持一定量成品库存来满足顾客需要。这种生产方式的顾客定制程度很低，通常是标准化、大批量地进行轮番生产，生产效率比较高。例如，轴承、紧固件、小型电动机等产品的生产。

订货型生产是以顾客订单为依据，按顾客的特定要求进行生产。产品一旦生产出来，就可以直接发送给顾客，不必维持成品库存，也不必经过分渠道销售。订货型生产又称按订单制造(build-to-order，BTO)。不过两者有细微的区别，MTO 强调零件由本企业加工制造，BTO 则倾向多数零件从外部采购，但最终由本企业组装成产品。

为了兼顾顾客个性化要求、订货提前期、生产效率及库存水平，可以将备货型生产和订货型生产组合成各种生产方式，这种组合的关键是确定备货生产与订货生产的分离点，简称备货订货分离点(customer order decoupling point，CODP)。在 CODP 的上游是备货型生产，由预测和计划驱动；在 CODP 的下游是订货型生产，由订单驱动。

加工装配式生产可以划分为研究与开发、产品设计、原材料采购、零部件加工、产品装配、产品发运等典型的生产阶段。将 CODP 设定在不同的生产阶段之间，就构成了不同的组织生产方式，如图 5-2 所示。

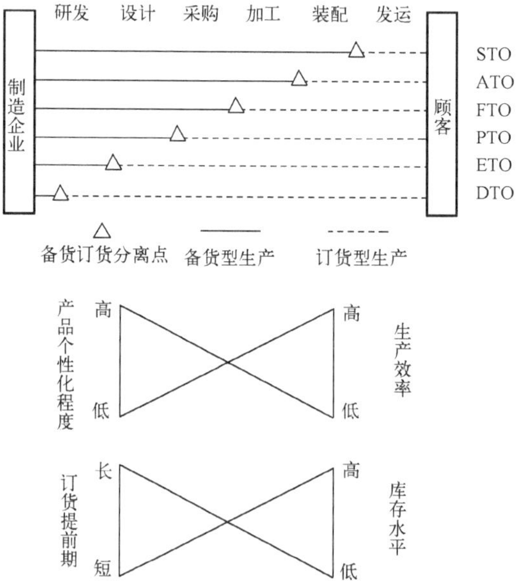

图 5-2　不同的组织生产方式

当 CODP 在装配与发运之间时，称为按订单销售(sale-to-order，STO)。当 CODP 在加工和装配之间时，称为按订单装配(assemble-to-order，ATO)。当 CODP 在采购与加工之间时，称为按订单加工(fabrication-to-order，FTO)。当 CODP 在设计与采购之间时，称为按订单采购(purchase-to-order，PTO)。当 CODP 在研发与设计之间时，称为按订单设计(engineer-to-order，ETO)。当 CODP 在研发之前时，称为按订单研发(develop-to-order，DTO)。例如，制造火星探测车就需要按照 DTO 方式进行。CODP 左移(往上游生产阶段移动)，产品的个性化程度越来越高，生产效率越来越低，订货提前期越来越长，但库存水平越来越低；CODP 右移(往下游生产阶段移动)，产品的个性化程度越来越低，生产效率越来越高，订货提前期越来越短，但库存水平越来越高。DTO 和 STO 是两个极端。

5.1.2　数字化生产管理

20 世纪 60 年代后期，传统的科学管理方法开始与计算机系统相结合，约瑟芬·奥利基等设计开发了物料需求计划(material requirements planning，MRP)，其特点是利用集中的计算机化的计划方法进行生产控制和集成。20 世纪 70 年代末～80 年代初，MRP 融入了财务系统、采购系统需求预测等功能，逐渐发展成为 MRPII，80 年代末～90 年代初，逐渐扩展演变为企业资源计划(enterprise resource planning，ERP)。

ERP 主要用于企业计划层，缺乏对车间业务过程的结构描述，并缺少生产现场实时数据的支撑，使其难以实现对制造运行过程的控制与管理。美国咨询调查公司 AMR 于 1990 年提出制造执行系统(manufacturing execution system，MES)的概念，将企业的计划系统与控制系统之间的面向制造执行过程的管理信息系统称为 MES；于 1992 年提出企业三层集成模型，指出 MES 位于计划层与控制层之间，任务是将业务系统生成的生产计划传递给生产现场，并将生产现场信息及时收集、上传和处理，如图 5-3 所示。

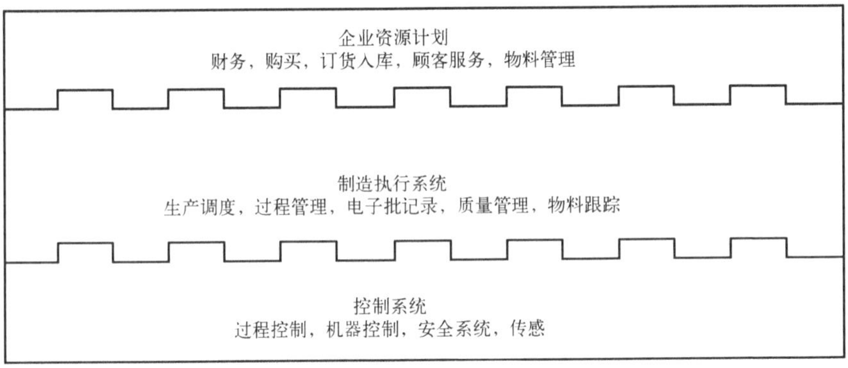

图 5-3　AMR 企业三层集成模型

但是，由于 MES 功能边界很难清晰确定，对生产运行的过度重视造成其他管理功能(如质量管理、维护管理等)十分有限。美国仪器、系统和自动化协会(Instrumentation, System, and Automation Society，ISA)于 2000 年发布 ISA-SP95，首次提出制造运行管理(manufacturing operation management，MOM)概念，明确了制造运行管理所包含的管理范围，避免了制造执行系统等生产管理系统边界模糊的争论。

ISA-SP95 中的第 1、2、3、5 部分正式发布为 IEC/ISO 62264 系列国际标准，后被我国采纳为 GB/T 20720 系列国家标准《企业控制系统集成》。IEC/ISO 62264 给出的 MOM 定义是通过管理和协调企业的人员、设备、物料和能源等各类资源，实现把原材料或零件转化为产品的活动。它包含管理那些由物理设备、人和信息系统来执行的行为，并涵盖管理有关调度、产能、产品定义、历史信息、生产装置信息，以及与其相关的资源状况信息的活动。IEC/ISO 62264 建立的制造企业功能层次模型如图 5-4 所示。

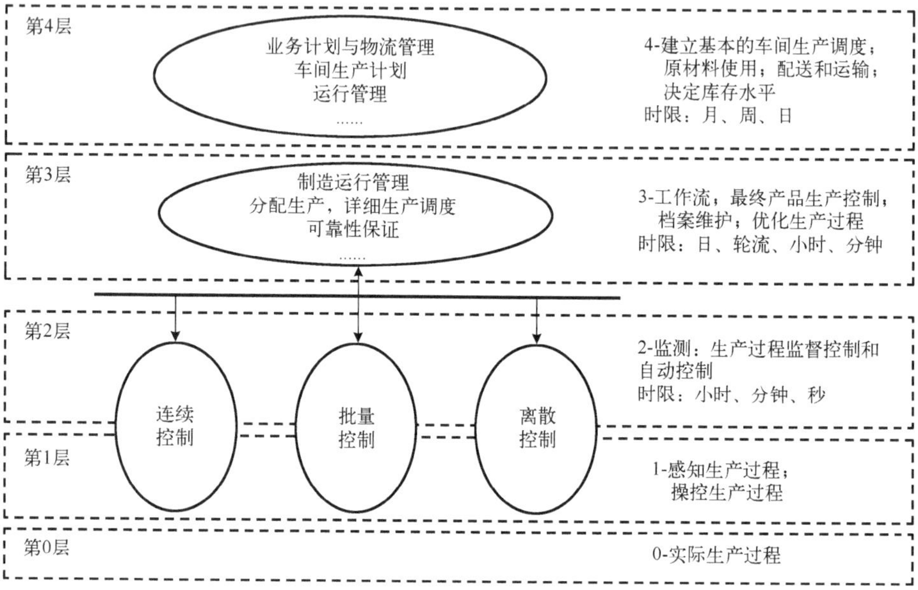

图 5-4　IEC/ISO 62264 制造企业功能层次模型

制造企业的功能被划分为五个层次，制造运行管理的活动界限属于第 3 层。IEC/ISO 62264 给出了与制造运行管理相关的基本模块和信息流定义。这些功能模块形成了 MOM 模型，确定了 MOM 的整体架构。制造运行管理的功能结构如图 5-5 所示。从概念上来说，MES 只是 MOM 系统应用于实际生产管理活动的特例。美国国家标准与技术研究院(National Institute of Standards and Technology，NIST)在智能制造生态系统模型中已经将 MES 替换为 MOM。MES、MOM 关注制造过程，ERP 关注顶层物流、资金流、信息流。本书所讲生产管理指 MOM(包含 MES)。

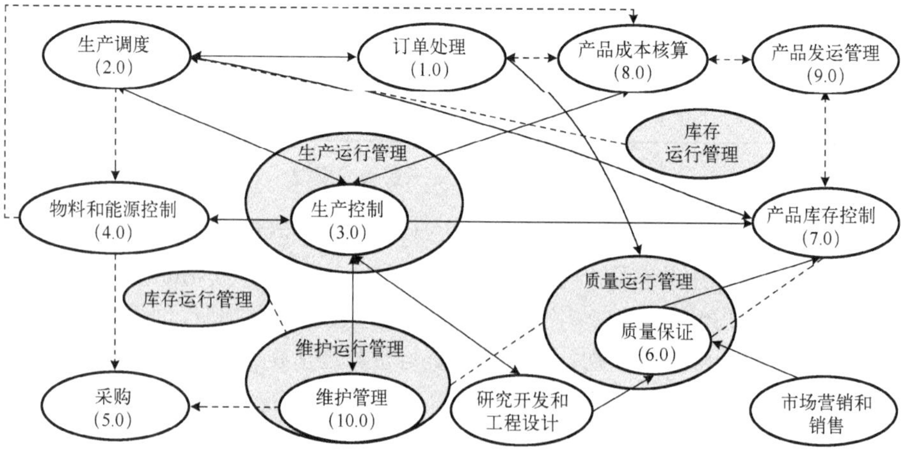

图 5-5　IEC/ISO 62264 制造运行管理功能结构

因此，数字化生产管理是通过 MOM 等先进生产管理理念，以数字化生产设备为硬件基础，以数字化生产系统为管理核心，以数字化车间为实施环境，对生产过程进行数字化管理，提高生产效率和质量的系统性活动，涉及数字化生产设备、数字化生产系统、数字化车间。

5.2　数字化生产设备

数字化生产设备是指在设备中嵌入传感器、集成电路、软件和其他数字化元器件，从而形成机械、电子、信息技术深度融合的设备。数字化生产设备能够通过数字信号来进行精准控制，能够通过网络与其他设备和软件集成，能够满足复杂生产过程的数字化管理需求，是数字化车间建设的物理基础。下面就其分类及一些主要关键设备进行简要介绍。

5.2.1　生产设备分类

根据生产设备的用途，可做如下分类。

(1) 加工设备。加工设备是生产过程中最常见的设备，主要用来加工和制造产品，包括数控机床、机器人、焊接设备等。这些设备可以加工各种材料、将产品装配在一起。

(2) 运输设备。运输设备主要用来运输和搬运产品或原材料，包括起重机、叉车、吊车、输送带、运输车、手推车等。运输设备可以快速、安全地完成物品的运输，提高生产效率。

(3) 搬运设备。搬运设备主要用于实现物料的搬运，包括输送机、提升机、吊运机、堆垛机、装卸机等。这些设备可以将物料从一个地方移动到另一个地方，减轻人工劳动强度。

(4) 测试设备。测试设备主要用来检测产品的质量和性能，如万能材料试验机、三坐标测量机、耐磨试验机、冲击试验机、温度试验箱等，可以及时发现产品问题，保证产品质量。

(5) 包装设备。包装设备用来将生产的产品进行包装，以便于储存和运输，包括封口机、贴标机、流水线包装机、打包机、缠绕膜机等。

5.2.2　数控机床

数控机床是指装备数控系统并应用数控技术对机床加工过程进行控制的机床。数控系统是数控机床的控制装置，其作用是处理输入系统中的具有特定指令代码的程序，控制机床的运动和动作，实现零件的加工。数控机床的出现和发展对单件和小批量生产自动化(尤其对复杂零件的自动化)加工起着重要作用。数控机床已成为国家工业现代化和国民经济建设的基础与关键设备。

1. 数控机床的组成

数控机床主要由控制介质、数控系统、伺服系统和机械系统等组成，如图 5-6 所示。

控制介质又称信息载体，用于记录零件的数控程序。常用的信息载体有磁盘、U 盘等。数控机床也可采用操作面板上的按钮和键盘直接输入数控程序和其他加工信息，或者通过配置的通信接口(串口或网卡)将外部计算机上的数控程序输入数控系统。

数控系统是数控机床的控制系统，是数控机床的核心组成部分。数控系统控制的机床运动和动作主要包括机床主轴运动，机床进给运动，刀具选择、换刀和刀具补偿，工作台锁紧和松开，冷却液开关等其他辅助运动。

伺服系统(又称随动系统)是用来精确地跟随或复现某个过程的反馈控制系统。它是数控系统与机床执行机构的连接环节，是数控机床执行机构的驱动部件。

机械系统由下列部分组成：机床基础件(床身、底座、立柱、横梁、滑座、工作台等)，主轴部件，进给系统，实现工件回转、定位的装置和附件，液压、气动、润滑、防护等辅助系统和装置，刀库和自动换刀装置，自动托盘交换装置等。

2. 数控机床的工作过程

在数控机床上加工零件时，首先，制定零件的数控工艺过程，按照数控机床规定的格式和指令代码编写零件的数控加工程序；然后，通过输入装置将数控加工程序输入数控系统；最后，数控系统对数控加工程序进行处理，向伺服系统等发出相应的指令，控制机床主轴的启停、变速，工作台(或刀架)的进给方向、速度和位移，以及其他如刀具更换、冷却液开关等，使刀具与工件及其他辅助装置严格按照数控加工程序规定的顺序、轨迹和参数进行工作，从而加工出符合要求的零件。数控机床的工作过程如图 5-7 所示。

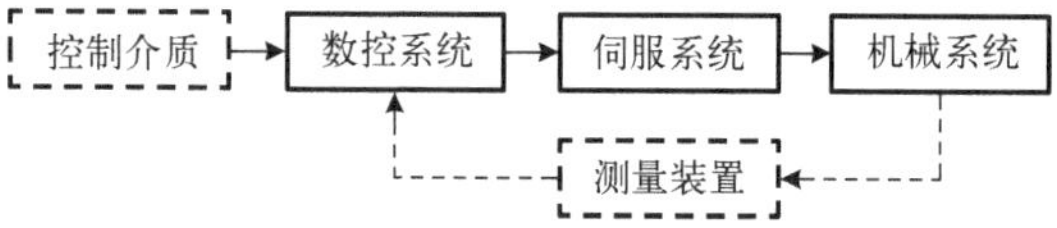

图 5-6　数控机床组成

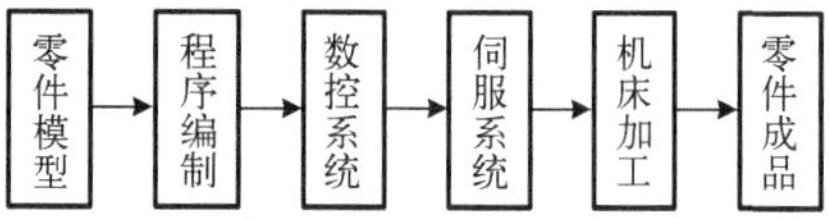

图 5-7　数控机床工作过程

3. 数控机床的分类

数控机床可以从多个角度进行分类，下面从两个主要的分类角度进行介绍。

1)按照工艺用途分类

数控机床按照工艺用途分，有以下四类：金属切削类数控机床、金属成形类数控机床、特种加工类数控机床、测量绘图类数控机床。金属切削类数控机床指采用车、铣、铰、钻、磨、刨等各种切削工艺的数控机床；金属成形类数控机床指采用挤、冲、压、拉等成形工艺的数控机床，如数控压力机、数控折弯机、数控弯管机、数控旋压机等；特种加工类数控机床主要有数控电火花线切割机、数控电火花成形机、数控火焰切割机、数控激光加工机等；测量绘图类数控机床主要有三坐标测量仪、数控对刀仪、数控绘图仪等。图 5-8(a)～(c)分别为普通数控车床、数控铣床、数控测量机。

(a)　(b)　(c)

图 5-8　普通数控车床、数控铣床和数控测量机示例

金属切削类数控机床根据其自动化程度，又可分为普通数控机床、加工中心(machining center，MC)和柔性制造单元。

加工中心可分为镗铣类加工中心和车削加工中心，是在相应数控机床的基础上加装刀库和自动换刀装置而形成的。其工艺特点是：工件经一次装夹后，数控系统能控制机床自动地更换刀具，连续自动地对工件多个表面进行铣(车)、镗、钻等多种加工操作。柔性制造单元是具有更高自动化程度的数控机床，由加工中心、搬运机器人和(或)自动化小车等自动物料储运系统组成，有的柔性制造单元还有加工精度、切削状态和加工过程自动监控功能。加工中心和柔性制造单元分别如图 5-9 和图 5-10 所示。

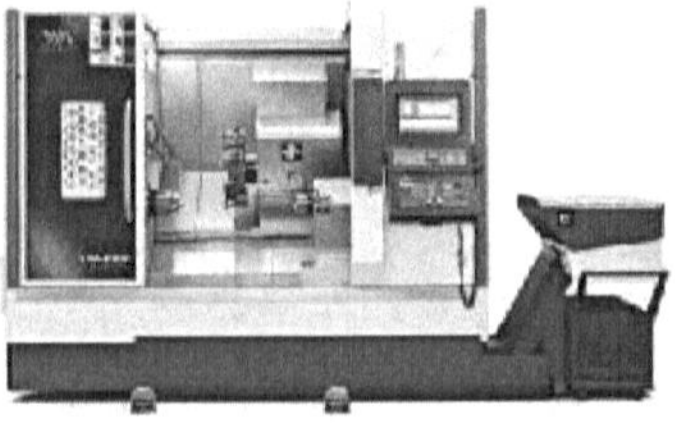

图 5-9　双主轴车铣复合加工中心

图 5-10　柔性制造单元

2) 按照联动坐标轴数分类

数控机床也可以按照联动坐标轴数进行分类，以三、四、五轴联动数控机床为主。理论情况下，五轴联动数控机床可以加工任意非闭合形状，但是因为刀、夹具干涉等问题，一些形状(如叶轮)需要特制刀具。

二轴控制是指同时控制两个坐标轴的运动。二轴联动数控机床可以加工直线和平面曲线，如图 5-11 所示。

三轴控制是指同时控制 *X*、*Y*、*Z* 三个坐标轴的运动，刀具能在空间任意方向移动，因而能够加工空间直线和曲线，如图 5-12 所示。

2.5 轴控制是指可控制三个坐标轴的运动，但只能同时控制两个坐标轴的运动，第三轴的运动则单独控制，它能实现三个坐标方向的二维控制，因此可以将立体型面转化为平面轮廓加工，如图 5-13 所示。

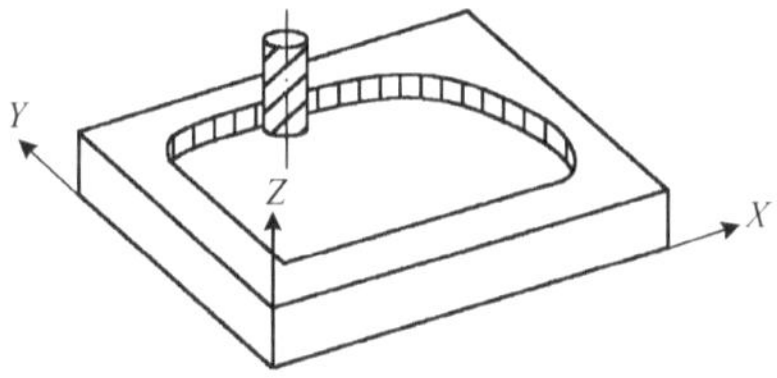

图 5-11　二轴数控加工

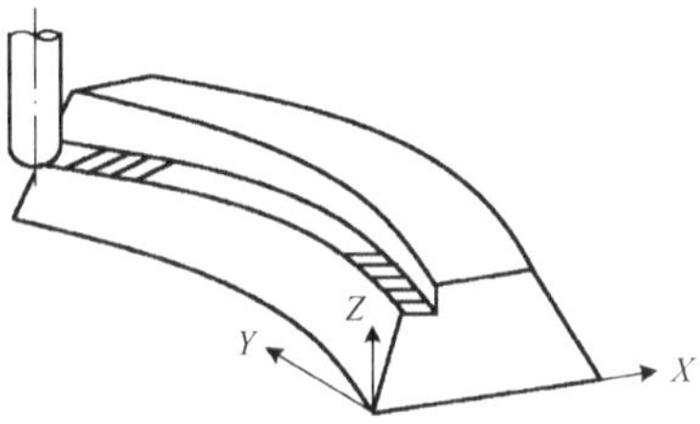

图 5-12　三轴数控加工

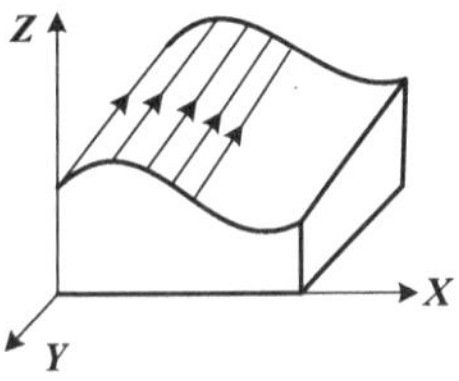

图 5-13　2.5 轴数控加工

四轴控制是指同时控制四个坐标轴的运动，即除三个直线运动轴外，再加一个回转轴。

五轴控制是除控制三个直线运动轴外，再加上三个回转轴中的任意两个。五轴联动数控机床可控制刀具在空间任意方向定位，使刀具与曲面保持一定角度，从而进行复杂曲面的加工。

4. 数控机床的特点

数控机床与普通机床相比具有以下显著特点：自动化程度高，进给传动机构简单，具有加工复杂形状零件的能力，具有高度柔性，加工精度高、质量稳定，加工效率高。

5.2.3　工业机器人

工业机器人是一种面向工业领域的多关节机械手或多自由度机器装置，在工业生产加工过程中通过自动控制来代替人类执行某些单调、频繁和重复的长时间作业，如图 5-14 所示。

微课

图 5-14　工业机器人

即将实施的 GB/T 12643—2025《机器人与机器人装备　词汇》将工业机器人定义为自动控制且可重复编程的多用途操机，能对三个或更多的轴编程，能固定在某一位置或固定在移动平台上，在工业自动化中使用。生产线上数控机床一般作为工作母机，处于中心位置，工业机器人属于辅助设备，可以看作易用型的数控机床。两者特点对比如表 5-1 所示。

表 5-1　工业机器人和数控机床特点对比

	工业机器人	数控机床
相同点	运动结构：由输入装置、控制系统、伺服系统、执行机构组成	
	按照预先设定的程序运行	
	靠自身动力和控制能力实现功能	
	柔性高效，可完成复杂、精密加工	
不同点	可以移动，扩展工作范围	安装后固定，工作范围有限
	按手臂运动形态分为直角坐标型、圆柱坐标型、球坐标型和关节型	无关节，均为直角坐标型
	可装多种传感器，环境适应性强，拟人化特性	机器属性更强，环境适应性弱
	通用性强，可执行多种任务	通用性弱，多为专机
	易操作和维护，人才培育门槛低	对人素质要求高，操作和维护复杂
	价格较低，通常从几万到几十万元	价格高，从十几万到几百万元

1. 工业机器人的分类

1）按照机器人的运动形式分类

（1）直角坐标型机器人。这种机器人的外形轮廓与数控铣床相似，如图 5-15 所示。三个关节都是移动关节，关节轴线相互垂直，相当于笛卡儿坐标系的 X、Y 和 Z 轴。它主要用于生产设备的上下料，也可用于高精度的装卸和检测作业。

（2）圆柱坐标型机器人。如图 5-16 所示，这种机器人以 θ、z 和 r 为参数构成坐标系，r 是手臂径向长度，θ 是手臂绕水平轴的角位移，z 是在垂直轴上的高度，空间定位比较直观。操作臂收回后，其后端可能与工作空间内的其他物体相碰，移动关节不易防护。

（3）球（极）坐标型机器人。如图 5-17 所示，球（极）坐标型机器人腕部参考点运动所形成的最大轨迹表面是半径为 r 的球面的一部分，以 θ、φ、r 为坐标，任意点可表示为 $p=(\theta,\ \varphi,\ r)$。这类机器人占地面积小，工作空间较大，移动关节不易防护。

（4）平面双关节型机器人。平面双关节型机器人（selective compliance assembly robot arm，SCARA）有三个旋转关节，其轴线相互平行，在平面内进行定位和定向，另一个关节是移动关节，用于完成末端件垂直于平面的运动。手腕参考点的位置是由两个旋转关节的角位移 φ_1、

φ_2 和移动关节的位移 z 决定的，即 $p=(\varphi_1,\ \varphi_2,\ z)$，如图 5-18 所示。这类机器人结构轻便、响应快，速度比一般关节型机器人快数倍，适用于平面定位、在垂直方向进行装配的作业。

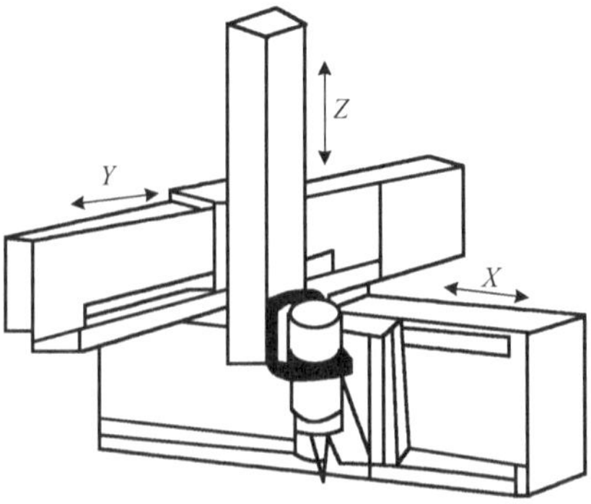

图 5-15　直角坐标型机器人

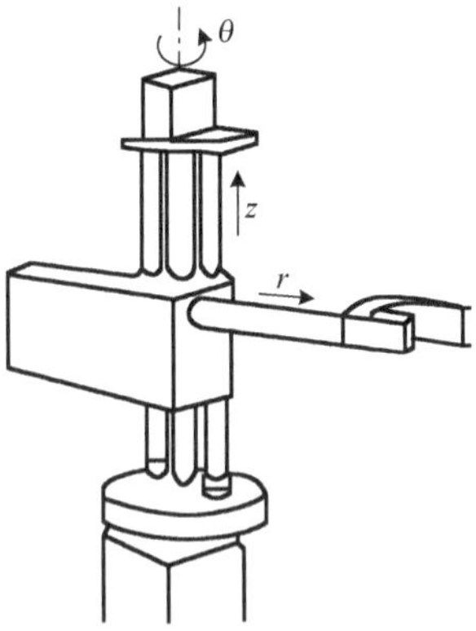

图 5-16　圆柱坐标型机器人

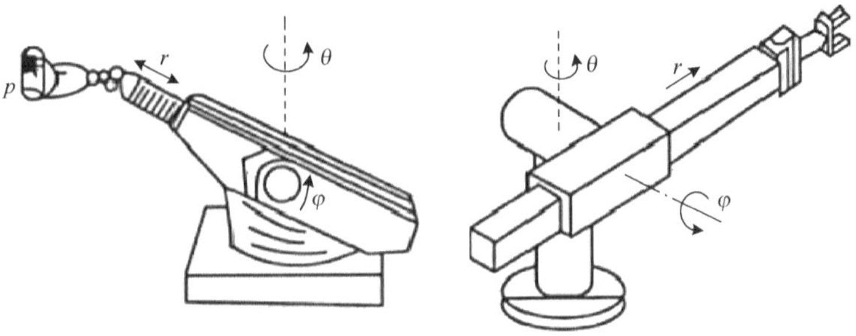

(a)　　(b)

图 5-17　球(极)坐标型机器人

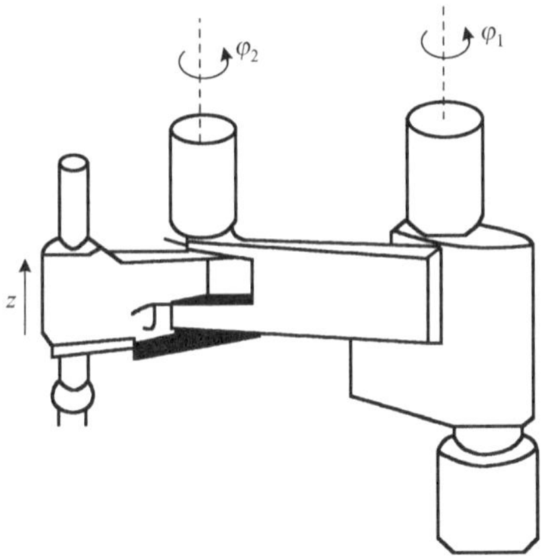

图 5-18　SCARA

(5) 关节型机器人。这类机器人由两个肩关节和一个肘关节进行定位，由两个或三个腕关节进行定向，如图 5-19 所示。这种构形动作灵活，工作空间大，占地面积小，但运动学反解困难，进行控制时计算量比较大。

2) 按照机器人移动性分类

可分为半移动式机器人(机器人整体固定在某个位置，只有部分可以运动，如机械手)和移动机器人。

3）按照机器人的移动方式分类

可分为轮式移动机器人、步行移动机器人（单腿式、双腿式和多腿式）、履带式移动机器人、爬行机器人、蠕动式机器人和游动式机器人等类型。

4）按机器人关节连接布置形式分类

可分为串联机器人和并联机器人（图 5-20）两类。

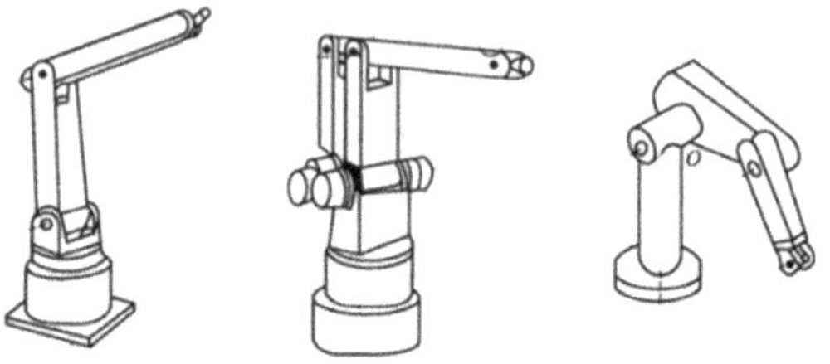

图 5-19　关节型机器人

图 5-20　串联和并联机器人

2. 工业机器人的构成

从体系结构来看，大部分工业机器人可以分为三大部分：机器人本体、控制器与控制系统及示教器。

1）机器人本体

机器人本体是工业机器人的工作主体，是完成各种作业的执行机构，一般包括相互连接的机械臂、驱动与传动装置及各种内外部传感器。

(1) 机械臂。大部分工业机器人为关节型机器人。常用的六关节工业机器人由底座、旋转座、大臂、前臂驱动箱体、前臂筒、腕部、手腕等执行机构组成。执行机构外的其它部分又称为支撑机构，如图 5-21 所示。

(2) 驱动与传动装置。驱动装置是向机器人各机械臂提供动力和运动的装置。驱动系统的传动方式主要有四种：液压式、气压式、电力式和机械式。电力式驱动用得最多。

(3) 传感器。传感器用来检测作业对象及外界环境，工业机器人上可安装触觉、视觉、力觉、接近觉、超声波等传感器。这些传感器可以使工业机器人高效完成复杂任务。

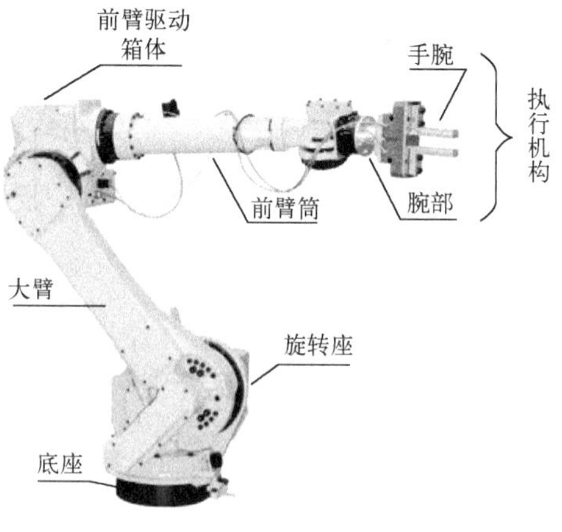

图 5-21　工业机器人的机械臂

2)控制器与控制系统

控制器是工业机器人的神经中枢，由计算机硬件、软件和一些专用电路、控制器、驱动器等构成(图 5-22)。控制器根据编写的指令及传感器得到的信息来控制机器人本体完成一定的动作。可以通过软件控制系统方便地建立、编辑机器人控制程序。

3)示教器

示教器也称示教盒或示教编程器，如图 5-23 所示。操作者可通过示教器进行手动示教，控制机器人达到不同的位姿，并记录各个位姿点坐标，让机器人按照示教位姿完成指定动作。

图 5-22　控制器

图 5-23　示教器

3. 工业机器人的应用

工业机器人应用非常普及，主要在焊接、搬运、装配、加工、喷涂等领域应用。

(1)焊接机器人。焊接机器人(图 5-24)实现自动焊接，常用于汽车制造领域，其使用量约占全部机器人总量的 30%，一般分为点焊机器人和弧焊机器人。

(2)搬运机器人。搬运机器人可以进行自动搬运作业，广泛应用于机床上下料、自动装配流水线、码垛搬运、集装箱搬运等场合，如搬运小车、码垛机器人(图 5-25)、分解机器人、上下料机器人等。

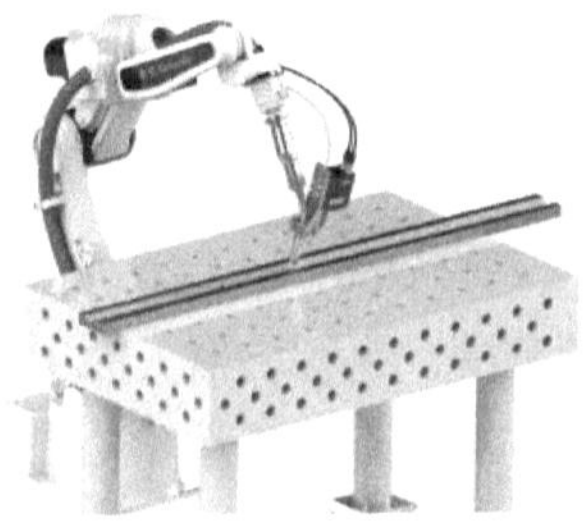

图 5-24　焊接机器人

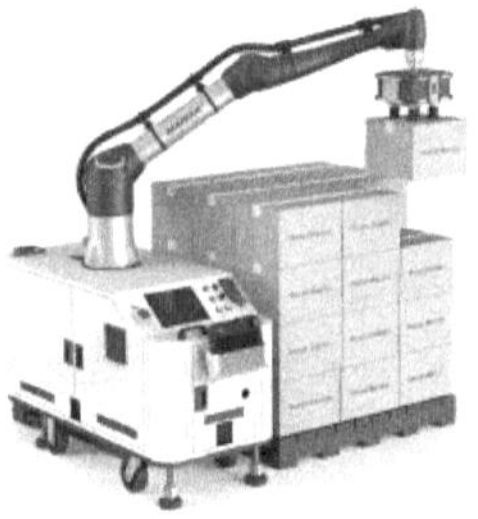

图 5-25　码垛机器人

(3)喷涂机器人。喷涂机器人可以自动喷涂涂料。较先进的喷涂机器人采用柔韧手腕，既可向各个方向弯曲，又可转动，类似人的手腕，并能够通过较小的孔伸入工件内部，喷涂其内表面。

(4)装配机器人。装配机器人专门为装配而设计，主要完成生产线上一些零件的装配或拆卸工作，如图 5-26 所示。从结构上分，主要有可编程通用装配操作手 (PUMA 机器人)和 SCARA 两种类型。

(5)加工机器人。加工机器人具有加工能力，主要用于切割、去毛刺、抛光与雕刻等轻型加工。加工机器人因为刚度、强度等都没有数控机床好，其机械加工能力远低于数控机床。

4. 工业机器人的主要技术参数

工业机器人的主要技术参数如下。

(1) 自由度。自由度指机器人所具有的独立坐标轴运动的数目，不包括末端执行器的开合自由度。自由度越多越灵活，但结构越复杂、控制难度越大，一般为 3～6 个，如图 5-27 所示。

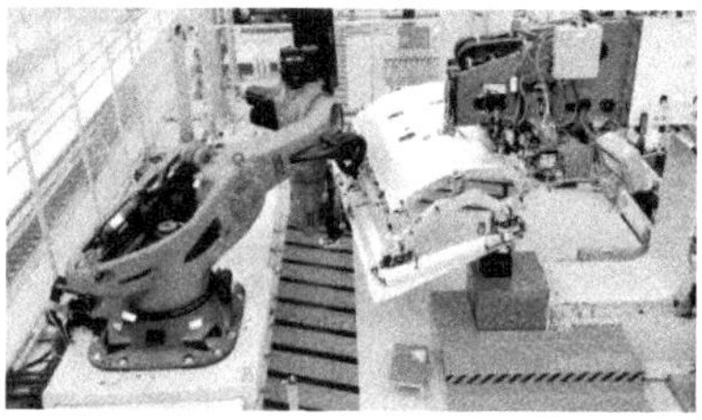

图 5-26　飞机蒙皮分块装配机器人

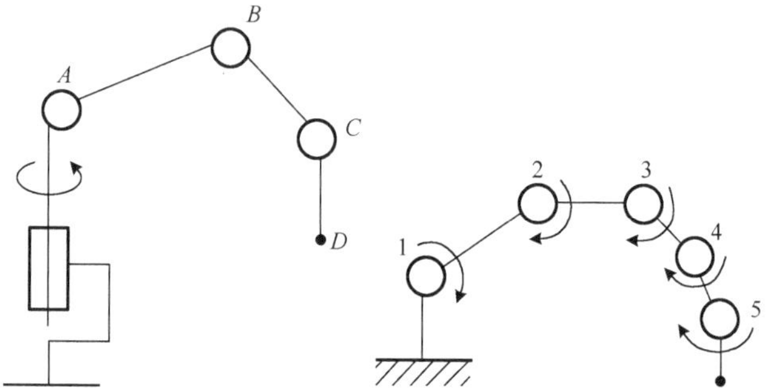

图 5-27　自由度示意图

(2) 分辨率。机器人的分辨率是指每一个关节所能实现的最小移动距离或最小转动角度。工业机器人的分辨率分为编程分辨率和控制分辨率两种。编程分辨率是指控制程序中可以设定的最小距离，又称基准分辨率。控制分辨率是指系统位置反馈回路所能检测到的最小位移，即与机器人关节电动机同轴安装的编码盘发出单个脉冲时电动机所转过的角度。

(3) 定位精度和重复定位精度。定位精度是指机器人末端执行器的实际位置与目标位置之间的偏差，由机械误差、控制算法与系统分辨率等部分组成。典型的工业机器人定位精度一般为 0.02～5mm。重复定位精度用来评估机器人在同一环境、同一条件、同一目标动作、同一命令之下，连续运动多次时，其动作的精准度，常用作衡量工业机器人示教-再现精度水平的重要指标。

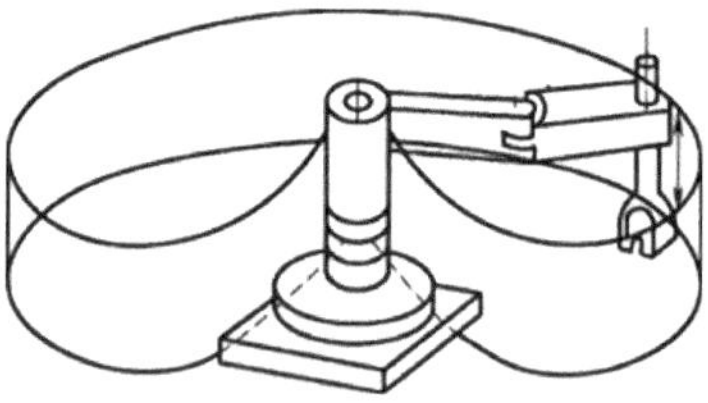

图 5-28　机器人作业范围示意图

(4) 作业范围。作业范围是指机器人运动时手柄末端或手腕中心所能达到的位置范围，也称机器人的工作区域，如图 5-28 所示。由于末端执行器的形状和尺寸是跟随作业需求配置的，机器人的作业范围是指不安装末端执行器时的工作区域。

(5) 运动速度。运动速度越高，机器人所承受的动载荷越大，所受惯性力也越大，会影响工作平稳性和位置精度。目前通用机器人的最大直线运动速度多在 1000mm/s 以下，最大回转速度不超过 120°/s。

(6) 承载能力。承载能力是指机器人在作业范围内的任何位姿上所能承受的最大重量。根据承载能力，机器人可大致分为微型机器人(承载能力为 1N 以下)、小型机器人(承载能力不超过 10^5N)、中型机器人(承载能力为 10^5～10^6N)、大型机器人(承载能力为 10^6～10^7N)、重型机器人(承载能力为 10^7N 以上)。

5.2.4 数字化生产线

广义上讲，生产线指产品生产过程所经过的路线，即从原料进入生产现场开始，经过加工、运送、 装配 、检验等一系列生产活动所构成的路线。因此，生产线既可以是一个车间内部的单个生产线，也可以是整个车间，还可以是几个具有独立制造功能的车间综合体，甚至可以是整个工厂。本书主要介绍车间内部的生产线，其由多种类型的数字化生产设备组成。

数字化生产线按节奏分为生产流水线和非生产流水线。生产流水线有严格的先后顺序，上道工序加工完才可转至下道工序，非生产流水线则无此要求。生产流水线基本固定，生产其他产品需要换线，而非生产流水线可以配置柔性生产模式，实现小批量多品种的生产。

数字化生产线不仅包括生产线上的自动化设备和机器人，还包括传感器、物联网、人工智能等技术，以及数据采集、处理、分析和共享等方面的应用。实时数据被采集并传输到数据中心，经过分析和处理后，可以为生产线生产决策和优化提供支持。

数字化生产线一般由四部分组成。

(1) 自动加工(或装配、焊接、涂装等)系统，指以成组技术为基础，把外形尺寸(形状不必完全一致)、质量大致相似，材料相同，工艺相似的零件集中在一台或数台数控机床或专用设备上加工(或装配、焊接、涂装等)的系统。

(2) 物流系统，指由多种运输装置构成，如传送带、轨道转盘及机械手等，完成工件、刀具等的供给与传送的系统。

(3) 控制系统，指对生产和运输过程中所需各种信息收集、处理、反馈，并通过电子计算机或其他控制装置，对机床或运输设备实行分级控制的系统。

(4) 软件系统，指保证生产线用计算机进行有效管理的信息化软件。

数字化生产线具有很多类型，其中装备制造业最典型的是数字化机械加工生产线和数字化装配生产线。

1) 数字化机械加工生产线

数字化机械加工生产线主要由零件自动输送系统、一个或多个机械加工工作站(如加工中心)、控制系统组成，有些生产线可能还设有内部零件存储缓存区、检测工作站，还可能有部分人工操作的工作站，用于代替技术上极难实现自动化加工或在成本上不经济的自动化加工工序。

数字化机械加工生产线通过输送系统将各台机械加工工作站连接在一起，毛坯从生产线的一端进入，在一台工作站上完成加工后再由输送系统输送到相邻的下一台工作站，每一台工作站完成不同的加工工序，经过最后一台工作站后得到完成全部加工工序的零件。零件自动输送通常采用一种专用夹具——随行夹具。随行夹具不仅可以对待加工零件进行准确的定位，还可以移动、定位及在加工工作站上夹紧。图 5-29 是一个数字化机械加工生产线，由一台七轴机器人(搬运设备)、三台加工中心(工艺设备)、三坐标测量仪(检验设备)组成。

2) 数字化装配生产线

数字化装配生产线主要从事产品制造后期的各种装配、检测、标示、包装等工序，操作对象包括多个各种各样的零件、部件，最后得到成品或半成品。

数字化装配生产线的主要构成部分包括传送带系统、工作站、工装夹具和自动化设备等。传送带系统用于连接各个工作站，将待装配零部件从一个工作站传送到下一个工作站。工作站是数字化装配生产线上进行装配操作的地方，每个工作站负责一部分装配工序。工装夹具是用于固定和定位零部件的装置。自动化设备包括自动装配机、机器人等，可以替代人工完成一些繁重、重复、危险的装配工作。在数字化装配生产线中，工业机器人得到了广泛应用，例如，拾取、放置、焊接和组装零件。汽车装配生产线如图 5-30 所示。

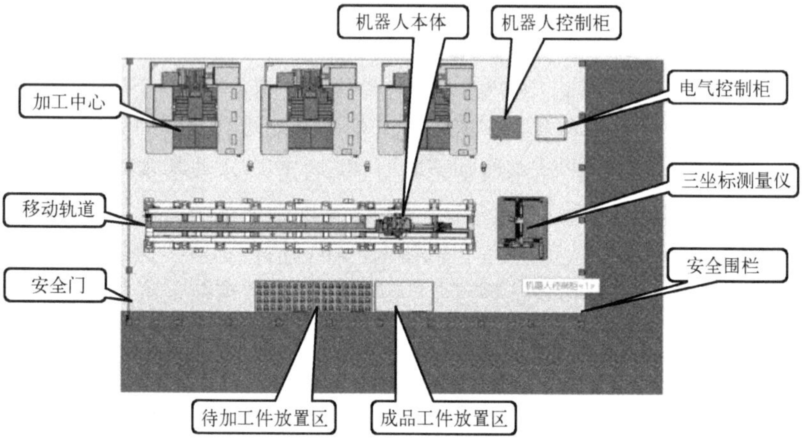

图 5-29　一个典型的数字化机械加工生产线

图 5-30　汽车装配生产线

5.2.5　数字化物流仓储设备

数字化物流仓储设备能够减少人力成本消耗和空间占用、大幅提高管理效率和降低成本，主要包括自动化立体仓库、多层穿梭车、巷道堆垛机、自动分拣机、自动引导搬运车等。

1. 自动化立体仓库

自动化立体仓库(automated storage and retrieval system，AS/RS)又称高层货架仓库、自动存储系统，能充分利用存储空间，是现代物流系统的一个重要组成部分，如图 5-31 所示。

图 5-31　自动化立体仓库

自动化立体仓库按照货架结构可分为表 5-2 所示的四类，按照货物存取形式可分为表 5-3 所示的三类，按照与生产联系的紧密程度可分为表 5-4 所示的三类。

表 5-2　按照货架结构的自动化立体仓库分类

序号	分类	具体说明
1	货格式立体仓库	应用范围比较广泛，主要特点是每层货架都是由同一尺寸的货格组合而成的，开口是面向货架通道的，便于堆垛车行驶和存取货物
2	贯通式立体仓库	货架之间是没有间隔的，没有通道，整个货架组合是一个整体。货架是纵向贯通的，存在一定坡度，每层货架都安装滑道，能够让货物沿着滑道从高处移动
3	自动化柜式立体仓库	主要适合小型的仓储规模，可移动，特点是封闭性较强，智能化、保密性较强
4	条形货架立体仓库	专门用于存放条形货物

表 5-3　按照货物存取形式的自动化立体仓库分类

序号	分类	具体说明
1	拣选货架式仓库	分拣机构是其核心部分，分为巷道内分拣和巷道外分拣两种方式。“人到货前拣选”是拣选人员乘拣选式堆垛机到货格前，从货格中拣选所需数量的货物出库。“货到人处拣选”是将存有所需货物的托盘或货箱由堆垛机送至拣选机，拣选人员按提货单的要求拣出所需货物，再将剩余的货物送回原地
2	单元货架式仓库	常见的仓库形式。货物先在托盘或者集装箱内，再装入单元货架的货位上
3	移动货架式仓库	由电动货架组成，货架可以在轨道上行走，由控制装置控制货架合拢和分离。作业时货架分开，在巷道中可以进行作业；不作业时可将货架合拢，只留一条作业巷道，从而提高空间利用率

表 5-4　按照与生产联系紧密程度的自动化立体仓库分类

序号	分类	具体说明
1	独立型仓库	也称离线仓库，是指在操作流程及经济性等方面都相对独立的自动化仓库。这种仓库一般规模比较大，存储量较大，仓库系统具有自己的计算机管理、监控、调度和控制系统。又可以分为存储型仓库和中转型仓库。配送中心就属于这类仓库
2	半紧密型仓库	它的操作流程和管理、货物的出入和经济利益与其他厂(或内部、上级单位)有一定关系，而又未与其他生产系统直接相连
3	紧密型仓库	也称在线仓库，是指那些与工厂内其他部门或生产系统直接相连的自动化仓库，两者关系比较紧密

自动化立体仓库的主体由立体货架、出入库输送系统、周边设备、自动控制系统、仓储管理系统组成。

(1) 立体货架。立体货架充分利用立体空间来实现货物存储功能，并起到支撑堆垛机的作用。根据货物承载单元，立体货架又分为托盘货架系统和周转箱货架系统。

(2) 巷道式堆垛机。它是自动化立体仓库的核心起重及运输设备，在高层货架的巷道内沿着轨道运行，实现取送货物的功能，主要分为单立柱型巷道式堆垛机和双立柱型巷道式堆垛机。

(3) 出入库输送系统。货物存储单元在巷道外的出入库需要通过出入库输送系统完成。常见的出入库输送系统有传输带、轨道式导引车(rail guided vehicle，RGV)、自动导引车(automated guided vehicle，AGV)、叉车、拆码垛机器人等。

(4) 周边设备。周边设备包括自动识别系统、自动分拣设备等，其作用是扩充自动化立体仓库的功能，例如，可以扩展到分类、计量、包装、分拣等功能。

(5) 自动控制系统。它是整个自动化立体仓库系统设备执行的控制核心，向上连接物流调度系统，向下连接输送设备，完成物料输送及过程控制信息的传递。

(6) 仓储管理系统。仓储管理系统对订单、需求、出入库、货位、不合格品、库存状态等各类仓储管理信息进行分析和管理。它是自动化立体仓库系统的核心。

2. 多层穿梭车

多层穿梭车(multi-level shuttle system)可以在多层货架间快速地移动，并将货物运送到不同的工作站点，可以将仓库存储效率提高 3～4 倍。图 5-32 为多层穿梭车。

图 5-32　多层穿梭车

3. 巷道堆垛机

巷道堆垛机的主要用途是在高层货架的巷道

内来回穿梭运行，将位于巷道口的货物存入货格，或者取出货格内的货物并运送到巷道口。巷道堆垛机的分类、特点和用途如表 5-5 所示。

表 5-5　巷道堆垛机的分类、特点和用途

分类方式	类型	特点	用途
按结构分类	单立柱型巷道堆垛机	(1)机架结构是由一根立柱、上横梁和下横梁组成的一个矩形框架 (2)结构刚度比较差	适用于起重量在 2t 以下，起升高度在 16m 以下的仓库
	双立柱型巷道堆垛机	(1)机架结构是由两根立柱、上横梁和下横梁组成的一个矩形框架 (2)结构刚度比较好 (3)质量比较大	(1)适用于各种起升高度的仓库 (2)一般起重量可达 5t，必要时还可以更大 (3)可高速运行
按支撑方式分类	地面支撑型巷道堆垛机	(1)支承在地面铺设的轨道上，用下部的车轮支承和驱动 (2)上部导轮用来防止堆垛机倾倒 (3)机械装置集中布置在下横梁，易保养和维修	(1)适用于各种起升高度的立体仓库 (2)适用于起重量较大的仓库 (3)应用广泛
	悬挂型巷道堆垛机	(1)在悬挂于仓库屋架下弦装设的轨道下翼沿上运行 (2)在货架下部两侧铺设下部导轨，防止堆垛机摆动	(1)适用于起重量和起升高度较小的小型立体仓库 (2)使用较少 (3)便于转巷道
	货架支撑型巷道堆垛机	(1)支承在货架顶部铺设的轨道上 (2)在货架下部两侧铺设下部导轨，防止堆垛机摆动 (3)货架应具有较大的强度和刚度	(1)适用于起重量和起升高度较小的小型立体仓库 (2)使用较少
按用途分类	单元型巷道堆垛机	(1)以托盘单元或货箱单元进行出入库 (2)自动控制时，堆垛机上无驾驶员	(1)适用于各种控制方式，应用最广 (2)可用于“货到人处拣选”
	拣选型巷道堆垛机	(1)在堆垛机上的操作人员从货架内的托租单元或货物单元中取少量货物，进行出库作业 (2)堆垛机上装有驾驶员室	(1)一般为手动或半自动控制堆垛机 (2)用于“人到货前拣选”

4. 自动分拣机

自动分拣机根据用户的要求、场地情况，对物品进行自动分拣、装箱、封箱的连续作业。其基本原理是物品接受激光扫描器对其条码的扫描，或通过其他自动识别的方式，将不同的被拣物品送到特定的分拣道口位置上，完成物品的分拣工作。自动分拣机可以分为交叉带、翻盘式、滑块式、挡板式、胶带浮出式、辊筒浮出式、条板倾斜式等类型。

5. AGV

AGV 是采用自动或人工方式装载货物，按设定的路线自动行驶或牵引着载货台车至指定地点，再用自动或人工方式装卸货物的工业车辆。AGV 由车载控制系统、车体系统、导航系统、行走系统、移载系统和安全与辅助系统组成。目前能够用于 AGV 的导引技术如表 5-6 所示。

表 5-6　主要的用于 AGV 的导引技术

导引方式	工作原理	优点	缺点
电磁导引	通过在 AGV 行驶的路径上埋置金属线，通过 AGV 上的电磁感应线圈来感应磁场的强弱，进行识别和跟踪。此种导航方式是最古老的导航引导方式之一	技术成熟，控制精度和可靠性较高，金属线隐蔽，不易破坏，成本低	施工时间长，费用高，路径固定不易更改，复杂交叉路径及有刚性地板的情况下难以实现，只适用于环境简单的场合

续表

导引方式	工作原理	优点	缺点
光学导引	采用具有稳定反光率的色带确定行驶路径，通过车体上的光电传感器检测信号以调整车辆的行驶方向	导向线路铺设费用低	要求地面平整，色带保持清洁完整
磁带导引	采用磁带确定行驶路径，通过车体上的磁性传感器检测信号以确定车辆的行驶方向	路径比较容易改变或扩充	易受到环路周围金属物质的干扰，磁带易被污染，导引的可靠性较差
惯性导引	采用陀螺仪检测 AGV 的方位角并根据从某一参考点出发所测定的距离来确定当前位置，通过与给定路线进行比较来控制 AGV 的行驶方向	技术先进，灵活性强，便于组合，柔性极好	陀螺仪对振动比较敏感，可能需要辅助定位措施
激光导引	通过在 AGV 行驶路径的周围安装位置精确的激光反射板(至少 3 块)，AGV 通过发射激光束，并采集由不同角度的反射板反射回来的信号，根据三角几何运算来确定其当前的位置和方向，实现 AGV 的导引	技术先进，定位精度高，地面无需其他设施，行走路径自由，能够适应复杂的工作环境	成本高，易受天气环境影响
超声波导引	利用墙面或类似物体对超声波的反射信号进行定位导航	无须设置反射面镜	当运行环境的反射情况比较复杂时，应用十分困难
视觉导引	通过摄像头获取周边环境图像，然后进行仿生图像识辨，确认自身坐标位置，进而导引 AGV。部分此方式还会配合惯性传感器来用，通过修正算法阈值，进行误差修正	定位精度高，无需外部辅助装置	价格高，技术不成熟，受天气影响大
GPS 导引	通过全球定位系统(GPS)对非固定路面系统中的控制对象进行跟踪和制导	适合室外远距离跟踪和制导	精度取决于 GPS 的精度及控制对象周围环境因素，技术还处于发展完善中，不够成熟

5.3　数字化生产系统

数字化生产系统多种多样，其间存在复杂的数字化集成和交互关系。数字化生产系统大致可以分为 ERP 系统、MES、APS 系统、SCM 系统、WMS、QMS、CRM 系统、EAM 系统等类型，能够向上与 PDM、PLM、CAPP 等系统进行集成，向下通过 SCADA、DCS 等系统进行数据采集和反馈。各系统的简要介绍如表 5-7 所示，这些系统之间的集成关系如图 5-33 所示。

表 5-7　主要的数字化生产系统及其简介

术语	解释	内容
企业资源计划(ERP)系统	集成企业的主要业务流程，通过信息技术支持资源管理	财务管理、供应链管理、人力资源管理、制造和产品管理、客户关系管理
制造执行系统(MES)	连接企业计划系统和生产控制层，提供实时生产过程管理	生产调度、质量管理、设备管理、物料追踪、人力资源管理
供应链管理(SCM)系统	优化整个供应链的流程，提高效率、减少成本	需求计划和预测、采购和供应商管理、生产计划和调度、库存管理、物流和运输管理
高级计划和排程(APS)系统	提供详细的生产计划和排程功能，优化生产效率和交付性能	生产调度、资源优化、约束管理、需求计划
仓库管理系统(WMS)	管理仓库和分配中心的操作，提高仓库操作效率和准确性	库存管理、拣选和包装、接收和发运、作业和任务管理、报告和分析
质量管理系统(QMS)	管理和改进产品和服务的质量，确保满足客户需求和合规性要求	质量规划、质量控制、质量保证、质量改进

续表

术语	解释	内容
客户关系管理(CRM)系统	有助于企业管理与客户的沟通和互动，提高客户满意度和忠诚度	客户数据管理、销售管理、市场营销自动化、客户服务和支持
企业资产管理(EAM)系统	管理组织的物理资产和基础设施，最大化资产性能和价值，降低运营成本	资产维护、资产生命周期管理、设备维护和故障管理、性能监控

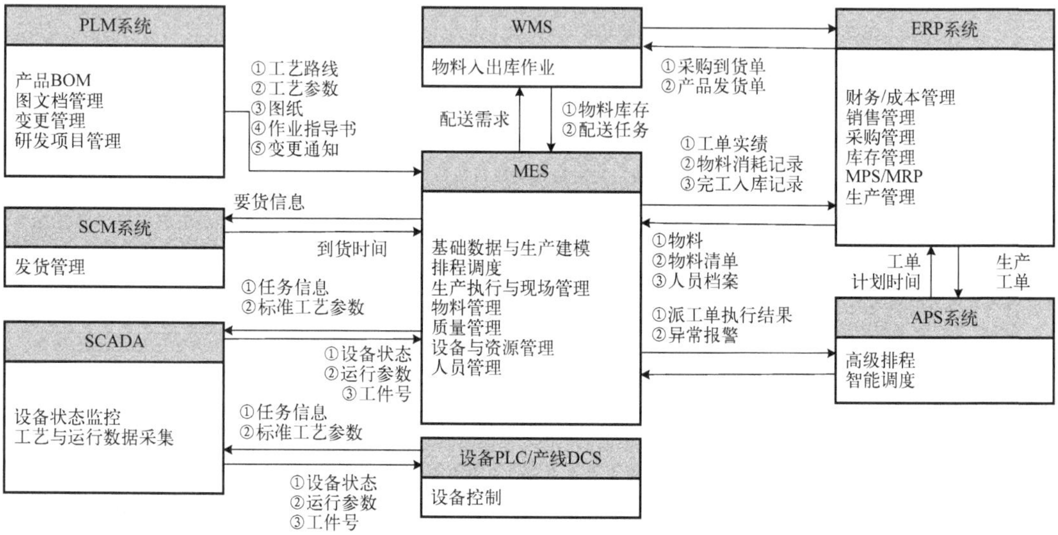

图 5-33　数字化生产系统间的集成关系

另外，MOM 从范围上涵盖了 MES，MES 从范围上也涵盖了 WMS、QMS、EAM 系统等。但由于 MOM、MES 中的仓储、质量、设备管理深度和广度并不一定满足特定需要，仍存在独立的 WMS、QMS、EAM 系统。考虑到本书关注内容，下面主要介绍 MES、APS 系统、WMS、QMS、EAM 系统等。

5.3.1　MES

MES 是面向制造车间生产管理的实时信息系统，其目的是对各种与车间生产相关的活动进行调度和监控，并尽可能详细地记录其生产过程履历，从而实现车间生产过程的透明可视、有序可控和优化决策。

1. MES 的标准功能

综合 MESA 和美国国家标准与技术研究院(National Institute of Standards and Technology，NIST)对 MES 的功能界定，可以列出 12 项 MES 标准功能，见表 5-8。表中备注列“M/N”表示该功能由 MESA 和 NIST 提出或同时认可，“M”表示该功能仅由 MESA 提出或认可，“N”则表示该功能仅由 NIST 提出或认可。

表 5-8　MES 标准功能

序号	功能项目	英文全称	功能简述	备注
1	资源分配与状态	resource allocation and status	即资源管理，管理车间资源分配及状态信息	M/N
2	操作与详细调度	operations/detail scheduling	即作业调度，生成操作计划，提供作业排序功能	M/N

续表

序号	功能项目	英文全称	功能简述	备注
3	分派生产单位	dispatching production units	即生产分派，管理和控制生产单位的流程	M/N
4	文档控制/规范管理	document control/specification management	管理、控制与生产单位相关的记录	M/N
5	数据采集与获取	data collection/acquisition	采集生产现场中各种必要数据	M/N
6	劳动力管理	labor management	提供最新的员工状态信息	M/N
7	质量管理	quality management	记录、跟踪和分析产品及过程特性	M/N
8	过程管理	process management	监视生产，纠偏或者提供决策支持	M
9	维护管理	maintenance management	跟踪和指导设备及工具的维护活动	M/N
10	产品跟踪与谱系	product tracking and genealogy	提供工件在任意时刻的位置及状态信息	M/N
11	性能分析	performance analysis	提供最新的实际制造过程及对比结果报告	M/N
12	物料管理	material management	管理物料的运动、缓冲与储存	N

MES 功能可以分为核心功能和辅助功能。核心功能指 MES 中与生产过程管理直接相关、提供生产管理的最基本功能，包括操作与详细调度、分派生产单位、资源分配与状态、物料管理、数据采集与获取等。这些功能相互关联，集成而不可分割，构成了车间生产过程的主线。辅助功能是指生产过程管理的外围或支持活动，包括维护管理、劳动力管理、质量管理、文档控制/规范管理、性能分析、产品跟踪与谱系等。

2. MES 涉及的生产管控活动及典型应用场景

MES 涉及的生产管控活动从车间接到生产订单开始，到制成品入库结束。归纳起来，生产车间的运行管理活动涉及四个范畴：生产运行管理、库存运行管理、质量运行管理、维护运行管理。

(1) 生产运行管理。制造车间的生产管理活动可以概括为解决以下四个方面的问题：一是“如何生产”；二是“可以生产什么”；三是“在什么时间生产什么”；四是“在什么时间已经生产了什么”。图 5-34 为制造车间生产运行管理活动模型。该模型描述了制造车间生产管控系统所具有的生产资源管理、产品定义管理、详细生产调度、生产分派、生产执行管理、生产数据采集、生产跟踪、生产绩效分析八大基本活动与管理功能，以及这些功能如何分别通过产品定义、生产能力、生产调度、生产绩效四个方面来回答上述车间生产活动的四个问题。

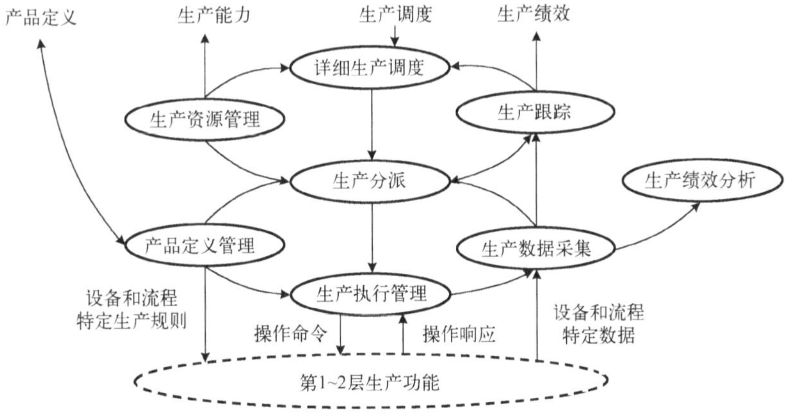

图 5-34　制造车间生产运行管理活动模型（ISA-SP95）

(2)库存运行管理。库存运行管理即物料管理，是企业对生产中使用的各种物料的采购、保管和领用发放环节进行计划和控制等管理活动的总称。物料管理主要实现收料管理、物料仓储管理和发料管理三个基本功能。物料管理的对象包括原材料或初始物料、中间产品或在制品、最终产品或制成品。库存运行管理包含以下八个活动：库存资源管理，库存定义管理，库存详细调度，库存分派，库存执行管理，库存数据收集，库存跟踪，库存分析。

(3)质量运行管理。MES 通过采集车间信息，跟踪、分析和控制加工过程的质量，实现从原材料入库到成品出车间的全制造过程的质量管理。质量管理活动涵盖检验、分析和控制三个环节。质量管理活动由质检前(质检资源管理、质检定义管理)、质检中(质检调度、质检分派、质检执行)和质检后(质检数据收集、统计分析、质检跟踪追溯)三部分，共八个活动组成。

(4)维护运行管理。维护运行管理包括维护准备(维护资源管理、维护定义管理)、维护中(维护调度、维护分派、维护执行管理)、维护后(维护跟踪、维护数据收集、统计分析)三部分，共 8 个基本活动。设备维护运行管理活动可以分为四种类型：基于设备故障响应的维护、基于时间或周期的循环维护、基于设备状态的预防性维护，以及资源运行绩效和效率的优化，即对生产设备进行优化以提高运行效率。

根据上述描述，可以形成针对离散制造业的 MES 典型应用场景，如图 5-35 所示。

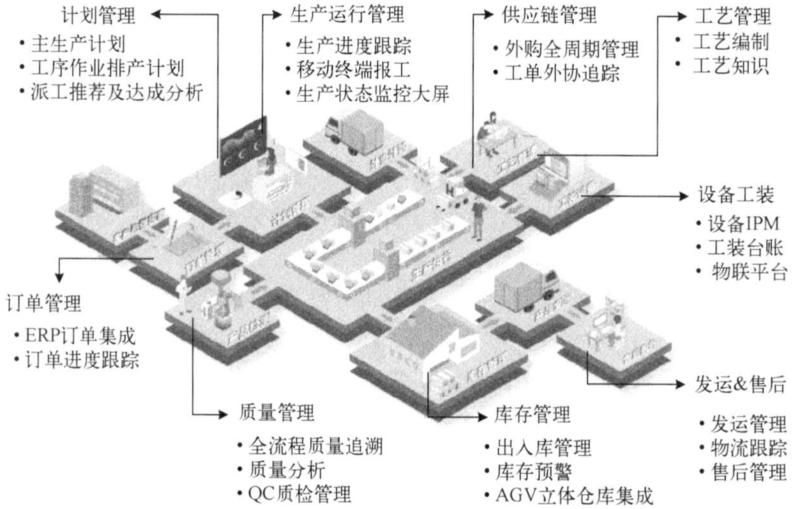

图 5-35　离散制造业 MES 典型应用场景

典型应用场景简述如下：MES 接收 ERP 系统下达的客户生产订单后，库存管理子系统根据订单产品的 BOM 信息查询库存缺料情况，进行物料准备。同时计划管理子系统对客户订单进行分解，生成工序作业排产计划，并将生产计划发送给相关部门的人员。物料部门根据生产计划将相关物料配送到物料待检区，质检人员对物料进行检验，若判断合格，则物料被转至相应的工位。同时设备维护部门在收到生产计划信息后，开始安排相关的设备维护与检修工作，以保证生产线上的设备状态正常。上述工作完成后，生产准备就绪。生产运行管理子系统将分解后的生产任务分派到相应的工位，各工位根据工艺规范进行相应工序的操作，在此过程中对生产过程进行跟踪监控，并通过质量管控确保产品合格。同时 MES 根据生产数据进行绩效分析，改进和优化生产。上述生产运行管控活动可通过一个全局平台进行指挥和协调。

3. MES 产品及典型架构

对应制造业中的两大主要工业类型，MES 产品主要分为离散型 MES 产品和流程型 MES 产品。表 5-9 列出了流程型 MES 与离散型 MES 的主要功能对比。流程型 MES 往往以安全、稳定、低耗、质量、收率等为生产管理与控制的重点优化目标，对过程自动化和管控信息化程度要求较高。离散型 MES 对生产计划调度与现场管控的要求较高，往往以生产效率、订单交付、制造柔性、生产成本与产品质量等为主要管控与优化目标。

表 5-9 流程型 MES 与离散型 MES 的主要功能对比

序号	功能	离散型 MES	流程型 MES
1	流程管理与控制	通过对流程的离散事件动态监控，自动纠正生产操作或提供决策支持，以满足生产调度要求；在出现意外或生产进程偏离调度太远时，及时报告相关人员，使其采取相应的措施。 功能举例：现场管理、例外管理、防错漏装管理、安灯系统	与数据采集、质量管理、底层控制系统进行实时通信：以控制层的基础控制能力为基础，提供各种控制算法，实时监控生产动态过程按调度要求安全、稳定地进行；提供对生产失控或出现故障的实时报警，并能采取相应的紧急措施。 功能举例：操作管理、物料平衡、巡检管理、能源管理
2	生产调度与任务分配	根据工厂设备实际加工、传输、存储能力的变化，制定并优化生产的具体流程及各设备的详细操作顺序；为了提高生产柔性，生产任务根据生产执行具体情况、设备状况，结合资源配置和管理进行现场动态分配，因而一般分为两个模块。 功能举例：作业排序、工序调度、动态调度	根据生产计划、综合流程实际能力、物料与能源供应、预防维护及切换代价等因素，制定生产的具体班次安排、生产进度安排等。由于产品的生产周期长、切换较少，以及流程设备冗余小，各任务的加工设备往往在调度时已确定。 功能举例：计划排产、操作调度、综合生产指标优化
3	资源配置与状态	提供各种资源的实时状态，与任务分配紧密协调，为各生产单元配置工具、设备、物料、文档等资源，保证各操作按调度要求准备和执行。 功能举例：机床管理、工装管理、刀具管理	由于生产存在波动变化特性，为了保证生产连续、顺利的进行，这一功能一般包含于流程管理与控制中。 功能举例：装置管理、储运系统管理、资产管理、检测仪器管理、燃料管理
4	物料管理	管理原材料、在制品、零部件、工具、辅料等物料的配送、缓冲与储存，建立每种物料完整的族系图。 功能举例：在制品管理、配送管理、齐套性管理	通过跟踪物料在工厂的流动和转化情况，识别并立即准确回答所有质量问题。 功能举例：物流跟踪、物料平衡、收率管理、化工辅料管理、配方管理
5	质量管理	跟踪产品原料、各加工部件的设备、操作人员、批次等，为产品的使用、改进设计及质量管理提供依据；根据检测结果确定产品问题，提供相应的决策支持。 功能举例：质量定义、缺陷管控、在制品跟踪与追测、统计过程控制(SPC)	将直接或间接质量检测及分析结果实时反馈到相应的模块，保证产品符合行业标准和客户要求，跟踪产品原料的相关信息、生产控制参数和配方、质量检测结果及相关的批次、编号和数量等。 功能举例：质量指标管理、制程检验、批次追踪、实验室信息管理系统(LIMS)
6	维护管理	管理和指导设备、工具的维护活动，确保其可用性。 功能举例：维修保养、备件管理、设备综合效率分析	管理和指导设备、工具的维护活动；根据采集的生产数据进行故障分析和诊断。 功能举例：故障诊断管理、日常维修管理、设备状态监测
7	文档管理	管理产品的设计、操作流程、工艺说明等；根据任务分配，为生产单元提供相应的程序和信息等。 功能举例：BOM 管理、数控文件管理、作业指导书	管理产品的配方、工艺流程、控制参数、相关行业标准、污染控制标准等。 功能举例：配方管理、规范管理、标准管理、安全管理
8	数据采集	获取各种操作、设备、物料、产品等数据，并汇总成其他模块/系统、管理者所需信息。 功能举例：射频识别(RFID)数据采集，条码扫描数据采集	及时为其他模块提供所需数据，从工厂层实时地获取数据，并进行数据校正及格式转换等处理。 功能举例：用于过程控制的 OLE 数据采集

续表

序号	功能	离散型 MES	流程型 MES
9	性能分析与模拟	通过资源利用率、资源可用性、产品生产周期等当前性能与参考性能的对比，做出相应的评估；通过模拟仿真为生产调度提供参考。 功能举例：生产绩效管理、统计分析	对产品的相关数据、能源耗费、设备的使用情况进行综合评估；依据获取的数据建立、修正生产模型，使其真实有效地反映实际生产过程，通过模拟分析改善控制效果。 功能举例：装置关键绩效指标、能耗分析、成本分析

国内外 MES 产品的形成途径主要有四种。

(1) 底层自动化设备厂商将其人机交互界面(human machine interface，HMI)/SCADA 系统向上层扩展，增加生产管理功能而形成，如 Siemens、GE Fanuc、Rockwell、Honeywell 等公司的 MES 产品。

(2) ERP 软件厂商将其应用软件向下层延伸，增加车间生产管控功能而形成，如 SAP、Oracle 等公司的 MES 产品。

(3) 信息技术类公司对其车间管理软件功能进行自我扩展和延伸，如开目、CAXA 等公司的 MES 产品。

(4) 高校、科研院所或大型企业承担的有关 MES 科研项目逐步发展成为较通用的 MES 产品，如西北工业大学 NO MES、华中科技大学艾普工华 MES、上海宝钢宝信 MES。

离散型 MES 典型体系结构如图 5-36 所示，制造执行管理由数据库层、数据集成层、基础平台层、现场管理层、核心业务层、计划管理层六层组成。离散型 MES 的主要业务功能有生产计划、物料管理、生产执行管理、质量管控、设备管理、资源管理等。当然，不同的离散工业所需要的 MES 业务功能的具体内容不尽相同，但一般不会超出 MESA/ISA-SP95 功能模型的范围。

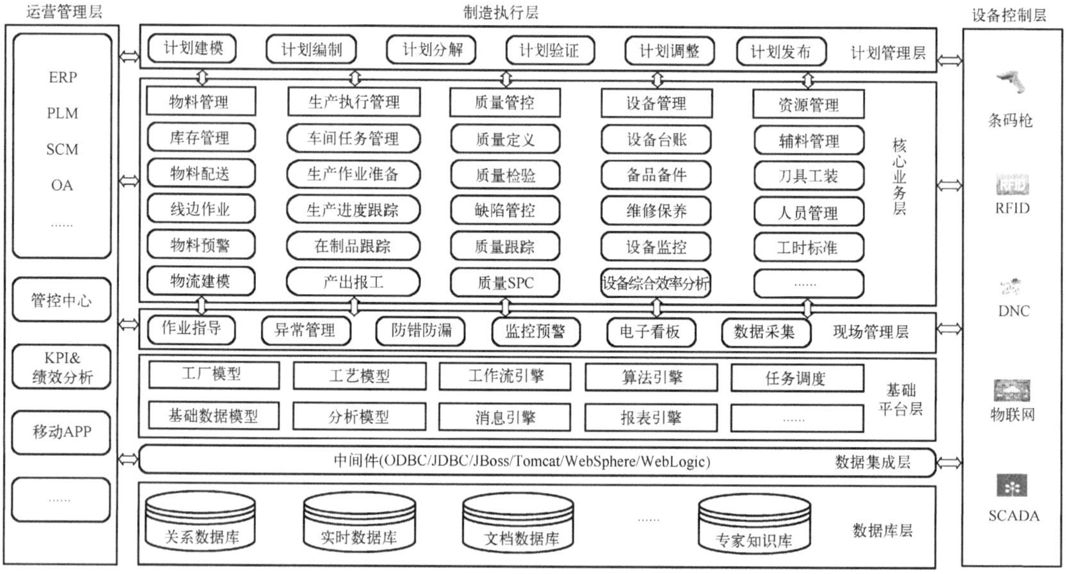

图 5-36　离散型 MES 典型体系结构

5.3.2　APS 系统

高级计划与排程(advanced planning and scheduling，APS)系统是指专门用于生产排程和生产调度的系统，可以根据生产的工艺路径、订单、能力等复杂情况自动生成一个优化的、符合实际的生产计划，并能检查、评估计划的表现。计划从更长的周期提前识别问题，保证物料和产能充足，避免在执行时出现问题，是排程的目标和保障；排程是如何按照工艺路线进行合理的生产，是计划的行动和实现。

APS 系统的高级是相对于传统的 ERP 系统、MES 等系统而言的，能够针对当前的生产状况(订单、能力数据、工艺路线等)，通过计算、仿真等方式，得出最合理的排产计划，并允许人机交互，包括选择各种排序规则。

1. APS 系统的典型功能

APS 系统的典型功能包括系统管理、基础数据管理、规则管理、约束管理、排产和计划分析等，如图 5-37 所示。

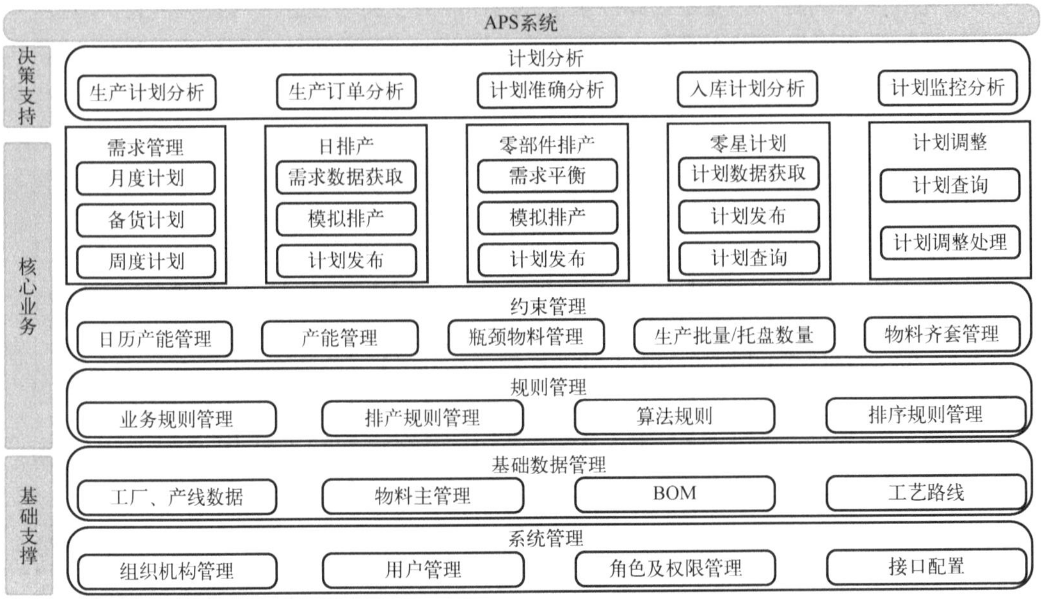

图 5-37　APS 系统典型功能

2. APS 系统的约束和主要理论

APS 系统通过综合考虑产能、工装、设备、人力、班次、工作日历、模具、委外资源、加工批次等约束，主要解决在有限产能条件下，交期产能精确预测、工序生产与物料供应最优详细计划的问题。APS 系统的四大基本约束要素是物料、设备、工具/工装和人员，它们相互关联、相互制约，共同决定了生产的效率和质量。

物料是生产过程中不可或缺的资源，物料的约束主要体现在以下方面：物料的需求量、物料的供应周期、物料的库存量等。通过对物料的精确控制，可以确保生产过程的顺利进行，避免因物料短缺或过剩而导致的生产停滞或浪费。

设备是生产过程中的核心资源，设备的约束主要体现在以下方面：设备的生产能力、设备的运行时间、设备的故障率等。通过对设备的合理调度和优化，可以提高生产效率，降低生产成本，提高产品质量。

工具/工装是生产过程中的重要辅助资源，工具/工装的约束主要体现在以下方面：工具/工装的使用频率、工具/工装的寿命、工具/工装的维护周期等。通过对工具/工装的有效管理，可以降低生产成本，提高生产效率，保证产品质量。

人员是生产过程中的关键资源，人员的约束主要体现在以下方面：人员的技术水平、人员的工作态度、人员的工作效率等。通过对人员的合理配置和培训，可以提高生产效率，提高产品质量，降低生产成本。

APS 系统需要应用许多先进的规划管理技术，包括限制理论、运筹学、遗传算法、限制条件满足技术等，以在有限资源下寻求供给与需求之间的平衡规划，并以最短的期限达到最有效的规划。

5.3.3 WMS

数字化仓储系统是一种通过计算机系统控制，能够全面掌握仓库和物料位置，通过小车和相关搬运设备实现自动出入库和仓储管理的一种系统，主要包括识别系统、搬运系统、储存系统、分拣系统及管理系统，如图 5-38 所示，对物品的进出库、存储、分拣、包装、配送及其信息进行有效的计划、执行和控制。

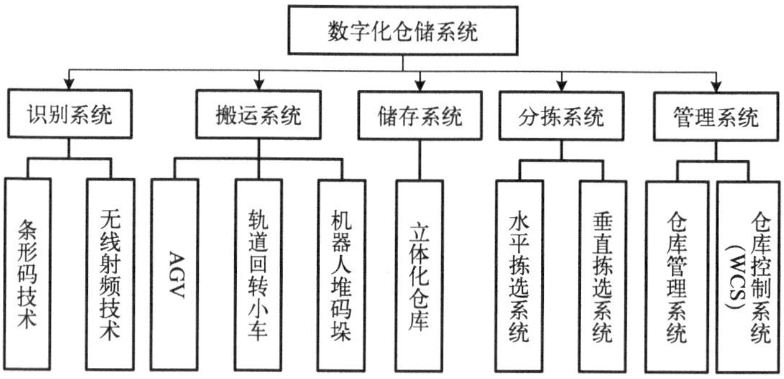

图 5-38　数字化仓储系统的组成

仓储管理系统(warehouse management system，WMS)是数字化仓储系统的关键物流管理系统，专门设计用来支持仓库或分配中心的日常运作。WMS 对仓库内的各类资源进行计划、组织、引导和控制，对货物的存储与移动(入库、出库、库内移动)进行管理。WMS 既可以独立执行库存操作，也可以实现物流仓储与企业运营、生产、采购、销售智能化集成。WMS 及其集成结构如图 5-39 所示。

WMS 的核心功能是入库管理、库存管理和出库管理。

(1) 入库管理。入库管理包括预期到货通知、收货、质量检验、上架。依据系统的策略规则，货物上架前，系统将确定订单中货物的推荐上架库位。上架库位根据货物的最小存货单位(stock keeping unit，SKU)、特征、尺寸等确定。

(2) 库存管理。库存管理是 WMS 中最重要的功能之一，它用于实时获取仓库中存储的库存的状态、数量和特征。库存管理还包括库存移动、盘点等。

(3) 出库管理。通常情况下，拣货是仓储作业中最为耗时的工作，WMS 应用算法，通过制定科学的周转策略和分拣策略来提高作业效率、降低差错率。

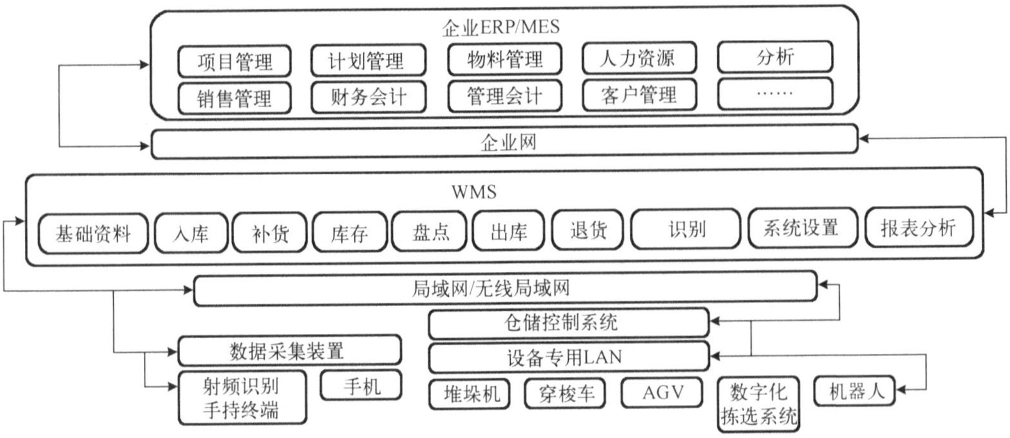

图 5-39　WMS 及其集成结构

WMS 的典型功能如图 5-40 所示。

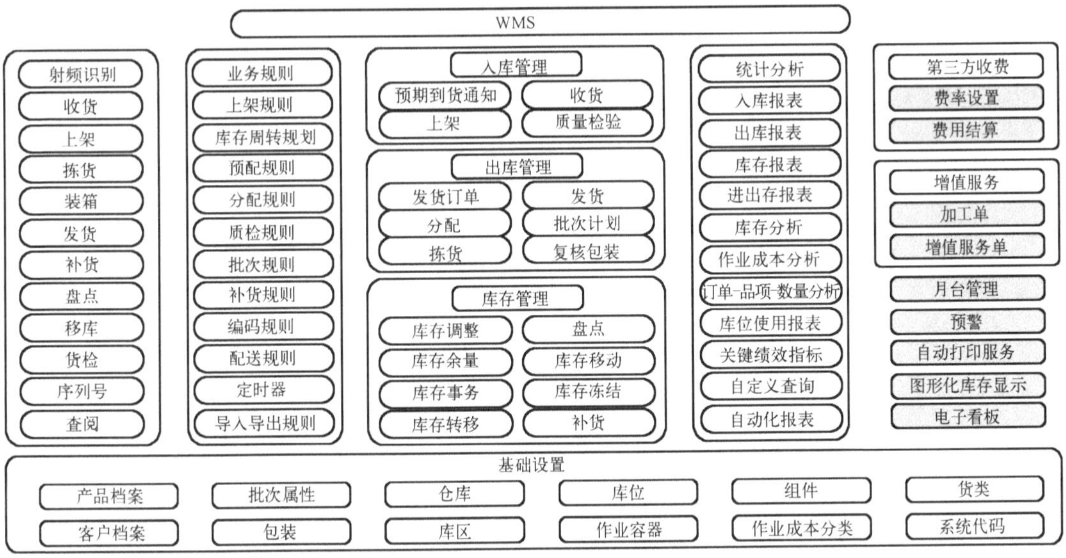

图 5-40　WMS 的典型功能

5.3.4　QMS

质量管理系统（quality management system，QMS）可以帮助企业制定和实施质量管理策略、管理和控制质量过程、收集和分析质量数据、提高质量管理效率和质量水平。ISO 等组织已经制定了大量的质量标准，大多数 QMS 是基于 ISO 9001 等质量体系的要求，利用数字化技术，对产品质量相关的业务进行管理的系统。

QMS 的主要功能如图 5-41 所示。其中，检验与放行、问题处理、数据分析是 QMS 的核心和基础模块。

（1）检验与放行。包含来料检验（incoming quality control，IQC）、制程检验（in-process quality control，PQC）、最终检验（final quality control，FQC）、出货检验（outgoing quality control，OQC）、新品检验等功能。

(2) 问题处理。通常包含零部件、过程、售后及其他问题处理。

(3) 数据分析。包含统计过程控制（SPC）、柏拉图、鱼骨图等。通常是分析检验数据，包含实时控制分析与报警、统计分析两个部分。

(4) 绩效。包含产品绩效、顾客满意度、供方画像、过程绩效等功能，应用最多的是供方画像。

(5) 资源管理。包含资质的过程管理，如量具计量。

(6) 风险管理。包含设计失效模式及后果分析（DFMEA）、过程失效模式及后果分析（PFMEA）、控制计划等，这是 QMS 特有的模块。

(7) 过程方法。包含产品质量先期策划（APQP）、生产件批准程序（PPAP）、定义-测量-分析-改进-控制（DMAIC）、工程变更通知/临时工程变更通知（ECN/TECN）等。

(8) 审核。包含分层审核、内/外审、供方审核等，也是 QMS 特有的模块。

(9) 文件管理。包含 ISO 体系相关的文件、外来文件、产品文件、标准作业程序（SOP）等。

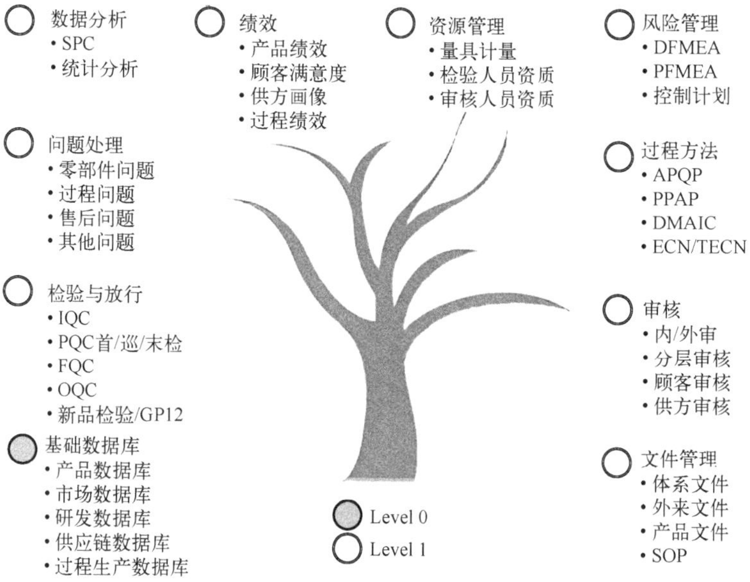

图 5-41　QMS 的主要功能

5.3.5　EAM 系统

企业资产管理（enterprise asset management，EAM）系统是资产比例较大的企业在资产建设、维护中减少维护成本，提高资产运营效率，通过现代信息技术缩短停机时间，增加产量的数字化系统。EAM 系统的核心在于设备管理，其相关系统称为设备管理系统（EMS）。设备的全生命周期管理如图 5-42 所示。

设备管理是指对设备从选择评价、正确使用、维护修理、更新改造和报废处理全过程开展管理工作的总称。其中，特种设备必须严格遵守《中华人民共和国特种设备安全法》的相关规定。设备维护管理是 EMS 系统的重要功能。一般来说，企业的生产性固定资产规模在 10 亿元以上或年均设备检修费用超过 500 万元，都可以广泛应用设备维护管理。设备管理系统的主要功能如图 5-43 所示。

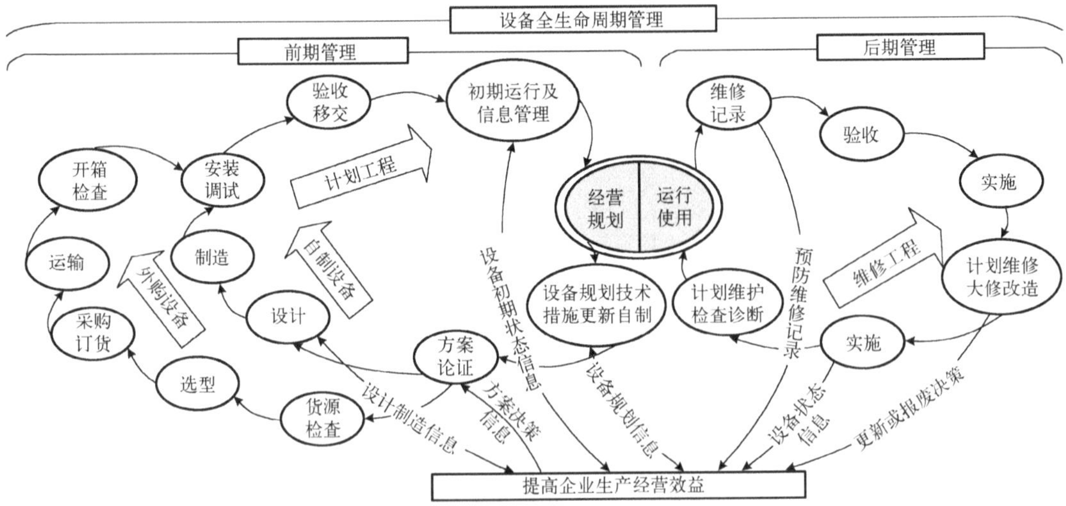

图 5-42　设备的全生命周期管理

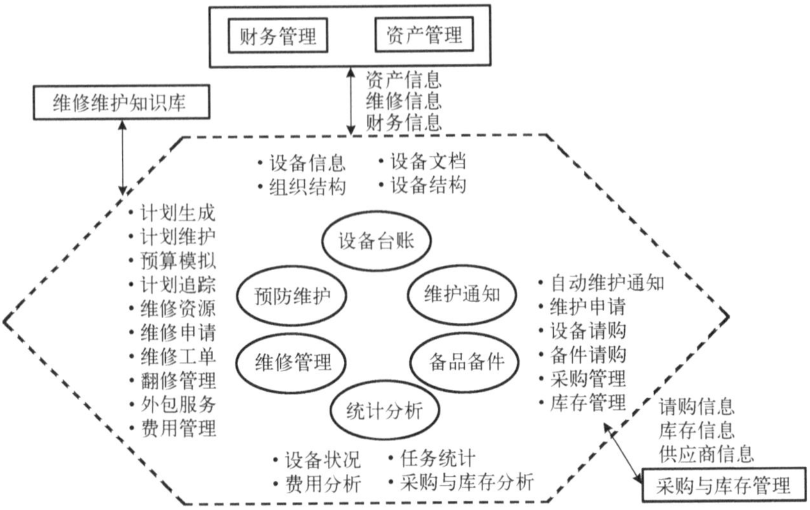

图 5-43　设备管理系统的主要功能

5.4　数字化车间

数字化车间是以生产对象所要求的工艺和设备为基础，以信息技术、自动化、测控技术等为手段，用数据连接车间不同单元，对生产运行过程进行规划、管理、诊断和优化的实施单元，是数字化生产设备、数字化生产系统的集成和综合应用环境。狭义上，数字化车间仅包括生产规划、生产执行、生产管理阶段，不包括产品设计、工艺设计、服务和支持等阶段，其体系结构如图 5-44 所示，分为基础层和执行层。

数字化车间的基础层包括数字化车间生产制造所必需的各种生产设备及生产资源，其中，生产设备承担执行加工、装配、检验、物料运送等任务，大量采用数字化设备；生产资源是生产用到的物料、托盘、工装辅具、人、传感器等，本身不具备数字化通信能力，但可借助条码、RFID 等技术进行标识，与系统进行自动或半自动交互。

数字化车间的执行层主要包括车间计划与调度、生产物流管理、工艺执行与管理、生产过程质量管理、车间设备管理等功能模块，对生产过程中的各类业务、活动或相关资产进行管理，实现车间制造过程的数字化、精益化及透明化。针对部分中小企业没有独立的产品和工艺设计情况，可在数字化车间中建设工艺设计系统，为制造运行管理提供数字化工艺信息。

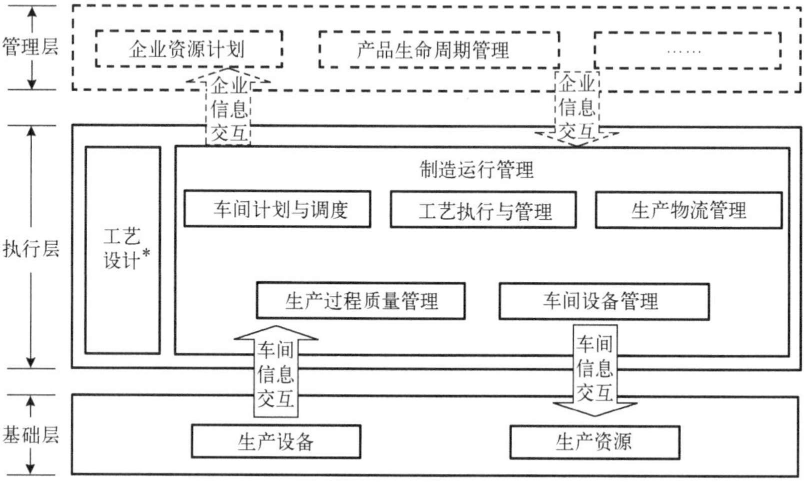

图 5-44　数字化车间的体系结构

——指数字化车间具备的功能；- -指数字化车间之外的功能；*指数字化车间可选功能

数字化车间各功能模块之间主要数据流如图 5-45 所示。

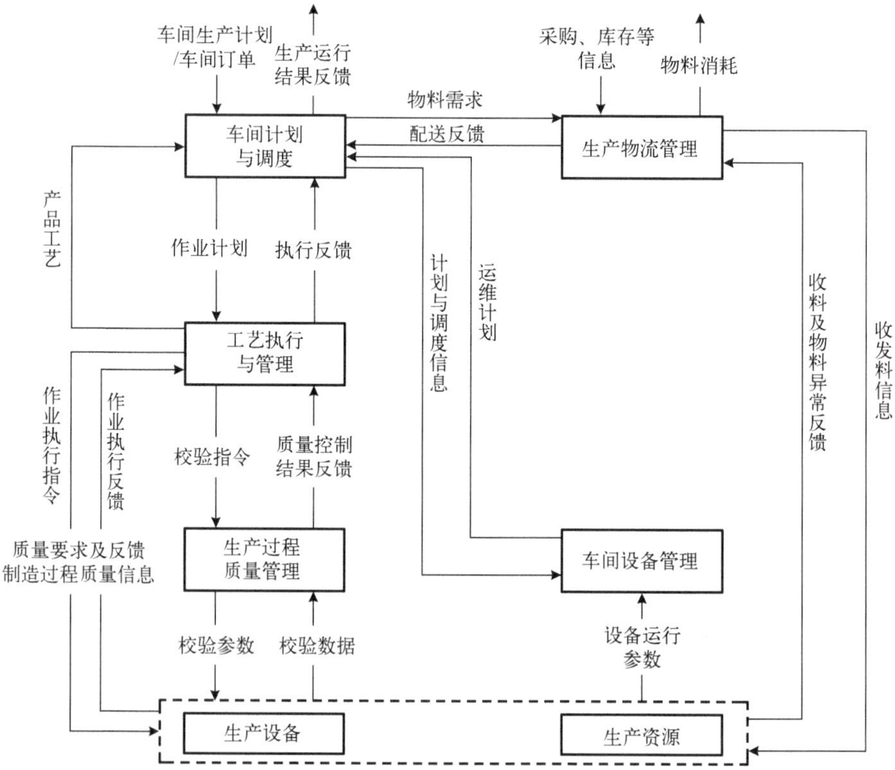

图 5-45　数字化车间的数据流

(1) 系统从企业资源计划模块承接分配到车间的生产订单，在车间计划与调度模块依据工艺路线分解为工序作业计划，排产后下发到现场。

(2) 工艺执行与管理模块指导现场作业人员或者设备按照数字化工艺要求进行生产，并采集执行反馈给车间计划与调度模块。

(3) 工艺执行过程中若需进行检验控制，由生产过程质量管理模块将检验要求发送给检验员或检验设备执行检验，并采集检验结果，进行质量监控和追溯。

(4) 根据详细计划排产与调度结果，发送相应物料需求给生产物流管理模块，由仓库及时出库并配送到指定位置；生产完成，将成品入库，实现生产物料的管理、追踪及防错。

(5) 生产执行过程的工艺执行、质量控制等结果反馈到车间计划与调度模块，进行实时监控及生产调度，并形成完工报告，反馈到更高一层企业资源计划模块。

(6) 数字化车间中大量的设备通过车间设备管理模块统一维护，提醒和指导设备人员定期保养。设备维保计划与工序作业计划需相互协调，以保证生产正常进行。

数字化车间应通过新一代信息技术与先进制造技术深度融合，实现具备特定功能和实际价值的应用，按照如下参考目标建设。

(1) 信息基础设施安全可靠。采用现场总线、以太网、物联网和分布式控制系统等技术和系统建立车间级工业通信网络；利用工业互联网平台，支撑自动化、数字化、智能化生产；建有工业信息安全技术防护体系，具备网络防护、应急响应等信息安全保障能力。

(2) 智能装备广泛应用。自动化、数字化、智能化生产和检测设备占车间设备台(套)数比例达到 50%以上。依据 GB/T 23021—2022《信息化和工业化融合管理体系 生产设备管理能力成熟度评价》要求，生产设备数字化管理能力成熟度达到感知交互级(L3)以上。

(3) 车间设备互联互通。车间内生产、检测设备联网数占自动化、数字化、智能化设备总数的比例达到行业先进水平。

(4) 生产线智能化运行。离散型行业应用自动化成套装备、自动化成套控制系统，优化工艺流程，建成柔性智能制造单元，提升设备运转效率和产品质量稳定性。

(5) 生产过程实时调度。应用生产过程数据采集和监控系统，实现现场操作、设备状态、生产进度、质量检验等生产现场数据的实时监控、自动报警和诊断分析；应用制造执行系统，实现车间作业计划、设备维修维护计划自动生成，并可根据产品生产计划实时调整；生产过程数据采集和监控(SCADA)系统、制造执行系统和企业资源计划系统实现集成，优化生产运营管理流程。

(6) 物料配送自动化。生产过程广泛采用条码、二维码、电子标签、移动扫描终端等自动识别技术设备设施，实现对物品流动的定位、跟踪、控制等功能；车间物流根据生产需要实现自动出库、实时配送和自动运输。

(7) 仓储库存优化。基于仓储管理系统与制造执行系统集成，依据实际生产作业计划实现半自动或自动出入库管理，建立仓储模型和配送模型，实现库存和运输路径优化。

(8) 产品质量信息可追溯。关键工序采用自动化、智能化质量检测设备，实现产品质量在线检测、自动报警和诊断分析；在原辅料供应、生产制造、仓储物流等环节采用智能化设备实时记录产品质量信息，每个批次产品均可通过产品档案进行生产过程和使用物料的追溯。

(9) 安全生产水平提升。采用先进的安全生产工艺、装备和防护装置，降低安全风险，消除事故隐患。用数字化、智能化手段提升企业安全生产水平及工控安全能力。

5.5　数字化运维技术

运维包括运行和维修两个层面的含义，是制造企业或用户对其设备进行运行监测和维修优化的总称。通过设备管理和运维，能够保障设备正常运转，提高设备的可用性，提高设备运行效率和生产效率，延长设备的使用寿命。

5.5.1　运维方式的发展变化

随着运维管理理念的不断进化及管理手段的不断提升，设备运维方式经历了多次发展变化。

(1) 事后维修方式。事后维修是在设备发生故障后再进行修理。该方式是无计划的，停工修理时间较长，容易影响产品质量和交货期。

(2) 预防维修方式。预防维修改变原有的事后维修模式，倡导提早检查、防患于未然。通过预防维修可减少故障发生次数，降低停机损失。

(3) 计划预修方式。按照预定计划进行一系列预防性修理。这种维修方式类似预防维修方式，随后逐步发展出标准修理制度、定期修理制度，以及定期与状态相结合的点检预修方式。

(4) 生产维护方式。生产维护站在生产的角度设计维修模式，包括四类具体的维护方式：维修预防、事后维修、改善维修、预防维修。

(5) 综合维护方式。综合多种方式进行设备维修，比较典型的有状态性维修、预测性维修、可靠性维修等。

目前数字化运维已经成为运维的主要方式。数字化运维是指基于先进的全过程管理理念，应用先进的信息技术、数据处理技术和通信技术对设备运行过程和维修维护进行管理。

目前，越来越多的产品附加值正从原来的产品制造环节向产品研发设计和运行维护阶段转移，使得企业的业务形态呈现出两头大、中间小的哑铃形特征，产品价值链曲线从原来的单峰曲线向现在的微笑曲线转变，如图 5-46 所示。

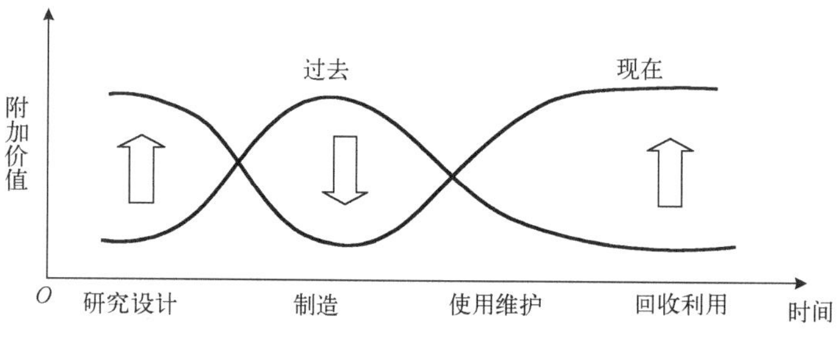

图 5-46　产品价值链的变化

全球三大航空发动机制造公司(通用电气公司、普惠公司、罗-罗公司)都改变了原有单一出售发动机的经营模式，致力于扩展发动机运行维护、租赁、数据管理分析及有偿数据推送等售后服务业务，通过服务合同绑定用户，延长产业链条，扩大利润空间。

5.5.2　数字化运维的策略

复杂设备一般由多个子系统或部件组成。如图 5-47 所示，设备在使用过程中会从开始的正常功能状态逐渐发生功能衰退，当功能衰退到一定程度时，设备运行的安全性和经济性将会显著下降，此时要对设备进行维护或维修，使其功能得到一定程度的恢复。当功能衰退达到失效标准后，设备必须退出服役，进入报废，从而走完其全部生命周期。

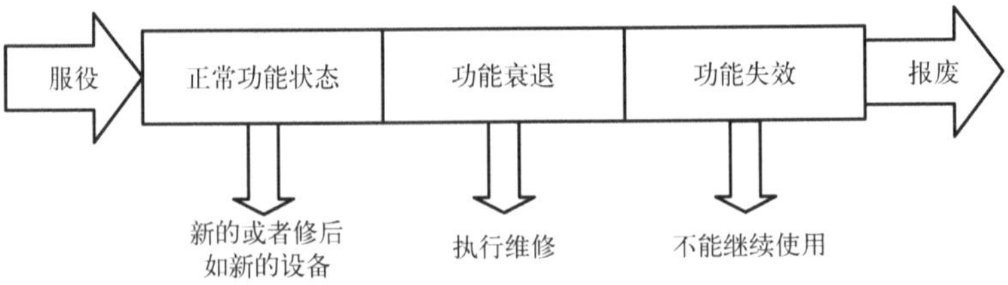

图 5-47　设备健康状态的发展变化

维修策略是指为保持、恢复或改善设备的规定技术状态所采用的维修方式或维修模式。一个维修决策一般包括设备维修时机优化、维修级别确定和维修资源规划等三个方面。维修时机优化是指根据设备的运行状态合理确定什么时候维修。维修级别确定是指根据设备的当前状态和维修目标确定设备修什么。维修资源规划是指根据设备的维修时机和维修级别确定备件需求计划和维修费用等资源。可将上述维修策略粗略地归纳为四大类。

1. 事后维修策略

事后维修策略是指设备出现故障后才进行维修的一种被动性维修策略，也称反应式维修策略。其最大优点是较好地避免了过度维修发生，但无法预测设备的维修时机，设备管理具有不可控性，当设备事故后果严重时往往会造成较大的经济损失。只有维修对象结构简单，发生故障后造成的损失较小，才适合采用事后维修策略。

2. 定时维修策略

定时维修策略是一种为降低设备故障率或防止设备的功能退化，按照事先规定的维修时间间隔或累计工作时间、日历时间、里程或次数等进行的预防性维修策略，又称周期性维修策略。应该根据设备性能的实际衰退情况合理确定维修时机。

根据设备的失效规律，可以将设备的使用生命周期分为如下三个阶段：早期失效期、偶然失效期(又称随机失效期)、耗损失效期。设备使用生命周期的失效率随时间变化的关系如图 5-48 所示。

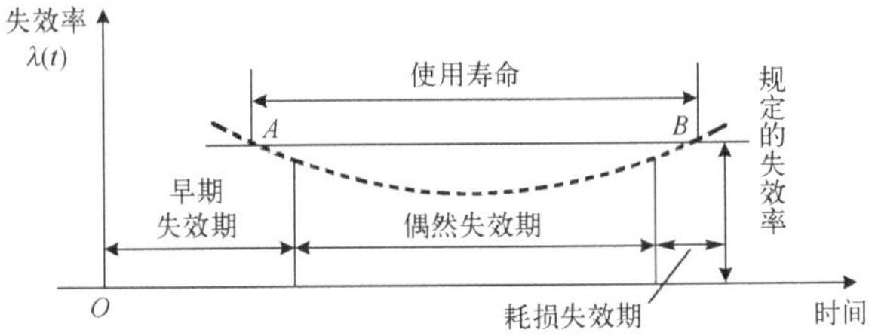

图 5-48　设备失效率与时间的关系曲线

3. 基于状态的维修策略

为了避免定时维修策略维修间隔不合理造成的维修不足或维修过度问题，人们提出基于状态的维修策略，又称视情维修策略，就是视设备的当前状态情况确定设备是否需要维修，也属于预防性维修策略。基于状态的维修策略的实施必须具备完善的状态监测手段，全面准确地掌握设备的健康状态，及时发现设备存在的问题并采取相应对策。

如图 5-49 所示的 *P-F* 曲线描述了设备在偶然失效期内健康状态的变化过程。*A* 点为故障开始发生点。*P* 点为故障征兆发展到能够用目前的检测手段检测到的潜在故障点。*F* 点为功能故障点。*T* 为由潜在故障点 *P* 发展到功能故障点 *F* 经历的时间，又称 *P-F* 间隔。为了能够尽可能地利用设备、部件(或零件)的有效使用寿命，应该通过设备状态检测和分析，在潜在故障点 *P* 和功能故障点 *F* 之间寻找一个合适的时间点进行设备的维护或维修，进而实现设备维修时机的最优化，这就是基于状态的维修策略的基本思想。

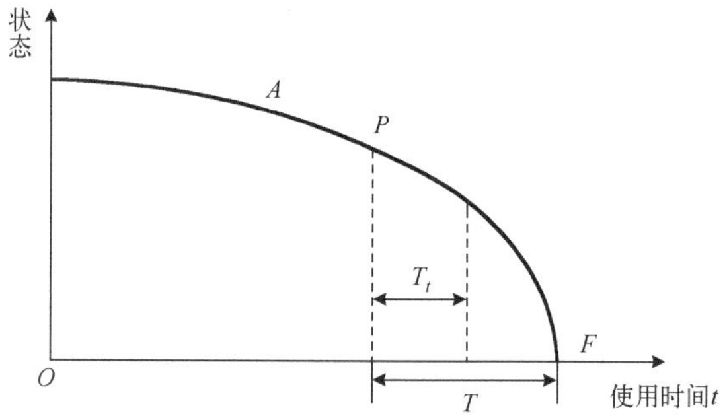

图 5-49　描述设备状态变化的 *P-F* 曲线

T_t 指维护维修与故障的时间间隔

4. 预测性维修策略

预测性维修策略是在对设备健康状态发展趋势进行分析预测基础上决定在当前时刻或者未来某一个时刻是否需要维修的一种维修策略，也属于预防性维修策略。当设备机理结构复杂、设备昂贵且使用可靠性要求高时，其发生故障后的影响十分恶劣，此时特别适合采用具有预测功能的预测性维修策略。因此，在航空发动机、高速列车、高端数控机床等复杂装备智能运维中，预测性维修策略是使用最多的一种维修策略。

上述维修策略的特点对比如表 5-10 所示。

表 5-10　四种维修策略的优缺点

维修策略	优点	缺点
事后维修	能够最大化地使用零部件寿命	非计划停机次数多；对安全、环境、生产、维修成本影响较大；设备事故多、经济损失大；设备管控具有不可控性
定时维修	在一定程度上考虑设备的状态，一定程度上避免事故的发生	可能会产生欠维护和过维护；提高维修成本或缩短设备运行周期
基于状态的维修	根据设备的实时状态情况进行维护决策	一些微弱故障未能及时检修；强调当前的设备状态，不强调未来设备状态
预测性维修	在状态维护的基础上，更具有前瞻性	预测结果可能不准确，导致维护结果不合理；软硬件成本比较高

5.5.3　MRO 和 PHM

实现数字化运维有多种模式和关键技术，其中，MRO 是实现运维数字化的主要模式，PHM 技术则是实现数字化运维最重要的关键技术。

1. MRO

维护、维修、大修和运营(maintenance, repair, overhaul and operation，MRO)是企业对自己拥有的或交付使用的设备进行维护、维修、大修和运行保障等制造服务活动的总称，是在产品全生命周期的中期阶段主要的制造服务业务内容之一。

maintenance 是例行维护保养，目的是使产品处于正常工作状态，技术要求较低，一般主要由产品用户实施。repair 是故障恢复，目的是产品受到损害后使之恢复原有状态，技术要求高，主要由产品用户或产品服务商实施。overhaul 是产品大修，是为保持产品性能和寿命所作的翻新与革新，技术要求较高，主要由产品制造商实施。operation 是产品运行保障相关流程、活动和资源的管理，重点是提供大量的运行监控数据和分析工具，为产品的健康状况评估、剩余寿命预测、故障统计分析，以及实现预测性的维护、维修、大修等提供数据支持。

2. PHM

预测与健康管理 (prognostics and health management，PHM)技术是一种基于数据分析的技术，可对机器设备的运行状态进行实时监控和预测，以实现对设备健康状况的有效管理。

PHM 技术在航空航天、国防军事及工业领域的应用形成了不同类型的 PHM 系统，如直升机健康与使用监测系统、航天器集成健康管理系统、飞机状态监测系统、发动机监测系统、海军综合状态评估系统等。其体系架构以视情维修开放体系(open system architecture for condition - based maintenance，OSA-CBM)最为典型，该体系反映了不同 PHM 系统的共同的设计思想和设计方法。

OSA-CBM 由美国波音公司牵头，由工业制造、军事商业制造、传感器技术等领域 10 多个组织机构联合制定。其综合了各类 PHM 系统的共同设计思想、应用技术和方法，可用于指导构建各种类型的 PHM 系统，已在美军舰船飞机车辆及工业领域得到初步的应用和验证。OSA-CBM 结构如图 5-50 所示。

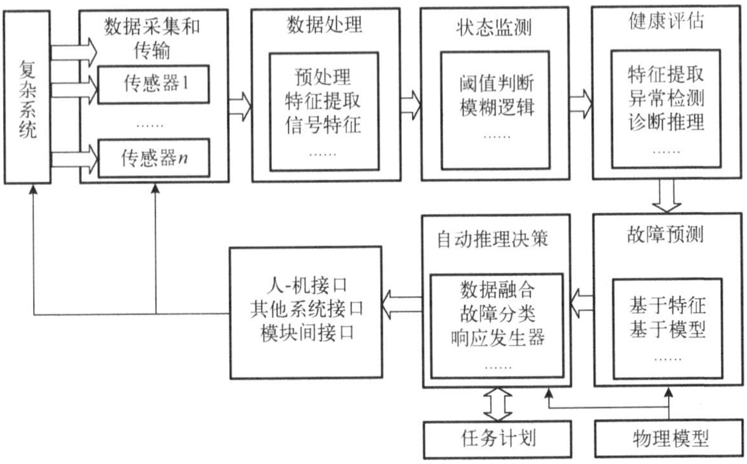

图 5-50　OSA-CBM 结构

5.6 数字化运维系统

数字化运维系统的主要实现方式是 MRO 系统，其经历多年发展，已经进入第四代，即面向全生命周期的综合 MRO 服务管理。PHM 系统既可以独立运行，也可以作为 MRO 系统中的维修预警和执行部分。

5.6.1 MRO 系统

进入 21 世纪，物联网和云计算技术风起云涌，传统的产品维修服务范围逐渐向产品运行管理、决策分析和优化产品设计等方向渗透，出现了面向产品全生命周期的状态监测与运维服务支持系统，进一步推动了服务制造业的发展。

MRO 系统的通用架构如图 5-51 所示，主要由维修需求管理、维修计划管理、维修监控与确认、维修执行管理、设备基础数据管理、物料管理，以及维修资料管理和运行管理等模块组成，其中较为核心的模块的功能描述如下。

维修需求管理功能支持用户为设备的特定类型的维修创建维修需求，并根据设备的生命特征参数指定维修频率。维修计划管理功能支持用户基于系统产生的维修活动和作业卡编制实际维修作业计划和各种要求时间。维修执行管理功能实现对维修过程中的工作分发与报工功能，还能在使用过程中根据其状态不断变化，产生预警，通知各个阶段相关人员进行必要的操作。设备基础数据管理功能用于维护设备的基本信息，支持对同种设备的共性特征管理，允许用户对单台设备的管理。

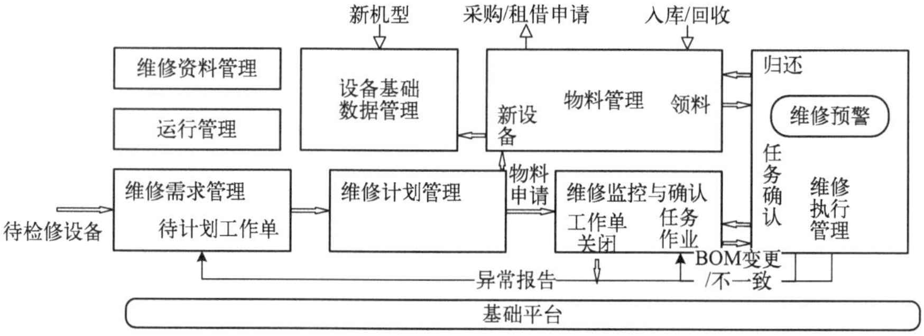

图 5-51　MRO 系统通用架构

5.6.2 PHM 系统

PHM 技术采用先进的传感器技术获取和采集与系统属性有关的特征参数，然后将这些特征参数和有用的信息关联，借助智能算法和模型进行检测、分析、预测，并管理系统或设备的工作状态。

一般来讲，PHM 系统主要由六个部分构成。

(1) 数据采集。利用各种传感器探测、采集被检系统的相关参数信息，将收集数据进行有效信息转换及信息传输。

(2) 信息归纳处理。接收来自传感器及其他数据处理模块的信号和数据信息，将数据信息处理成后续部件可以处理的有效形式或格式。

(3) 状态监测。将这些数据同预定的失效判据等进行比较来监测系统当前的状态，并且可根据预定的各种参数指标极限值/阈值来提供故障报警能力。

(4) 健康评估。接收来自不同状态监测模块及其他健康评估模块的数据，评估被监测系统(也可以是分系统、部件等)的健康状态(如是否有参数退化现象等)。

(5) 故障预测决策。故障预测能力是 PHM 系统的显著特征之一，综合利用前述各部分的数据信息，评估和预测被监测系统未来的健康状态，做出判断、建议、决策并采取相应的措施。

(6) 保障决策。主要包括人-机接口和机-机接口。人-机接口包括状态监测模块的警告信息显示及健康评估、预测和决策支持模块的数据信息表示等；机-机接口使得上述各模块之间及 PHM 系统同其他系统之间的数据信息可以进行传递交换。

上述体系结构中的各部件之间并没有明显界限，存在着数据信息的交叉反馈。

图 5-52 是 F35 战斗机的 PHM 系统工作流程。

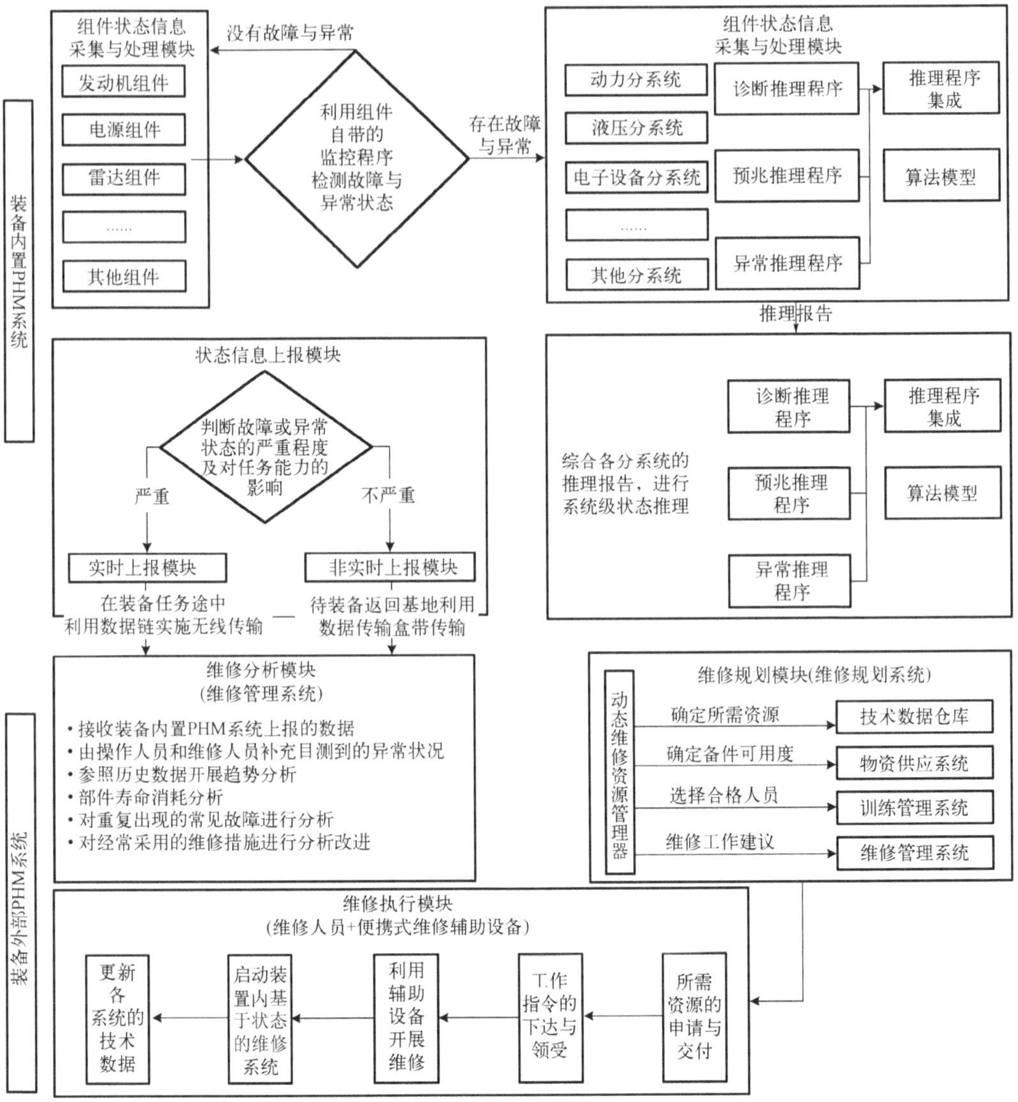

图 5-52　F35 战斗机的 PHM 系统工作流程

思考及练习题

1. 数字化生产管理和运维的含义分别是什么？
2. 数控机床和机器人的区别是什么？它们的使用场景分别是什么？
3. 解释 MOM 和 MES 的区别。
4. 狭义的数字化车间数据流程是什么？
5. 数字化运维的维修策略有几种？主要思想是什么？
6. MRO 和 PHM 的内容和特点是什么？

第 6 章　智能制造技术基础

智能制造技术体系包括基础设施、支撑技术和使能模式，其中，支撑技术是支撑智能制造发展的新一代信息技术和人工智能等关键技术，目前得到较多认可的有七种：智能传感器技术，工业物联网技术，工业大数据技术，云计算和边缘计算技术，人工智能技术，虚拟现实和增强现实技术，数字孪生技术。本章对这七项技术进行介绍。

6.1　智能传感器技术

传感器是一种检测装置。国家标准 GB/T 7665—2005《传感器通用术语》把传感器定义为能感受被测量并按照一定的规律转换成可用输出信号的器件或装置，通常由敏感元件和转换元件组成。传感器的发展主要经历了结构性传感器、物性传感器和智能传感器三代，图 6-1 是传感器的发展历程。21 世纪以来，智能传感器出现，其研究和应用越来越受到业界的重视。

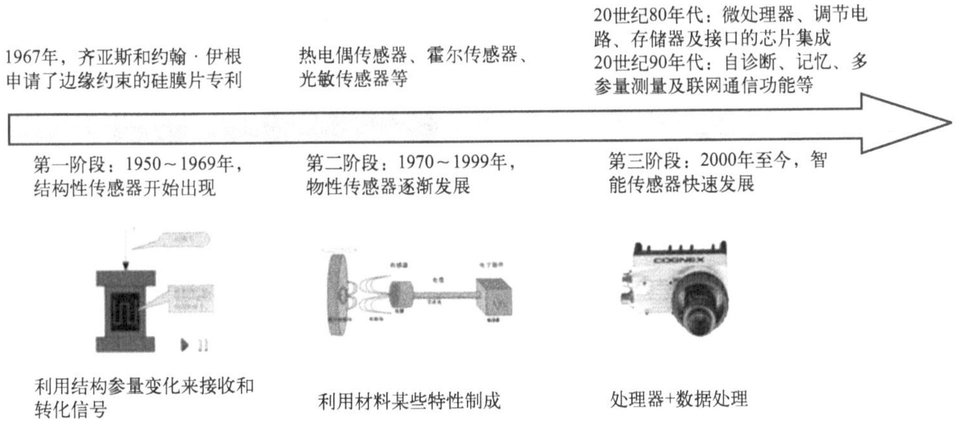

图 6-1　传感器发展历程

6.1.1　智能传感器的含义和结构

智能传感器指具有信息检测、信息处理、信息记忆、逻辑思维和判断功能的传感器，最主要的特征是输出数字信号，便于后续计算处理。一般包含传感单元、计算单元、存储单元和通信单元。信号采集由传感单元负责，根据设定对输入信号进行处理是计算单元的主要功能，对历史状态的数据存储由存储单元负责，通信单元负责通过网络与其他装置进行通信。传统传感器与智能传感器的结构及区别如图 6-2 所示。智能传感器相比传统传感器具有以下功能优势：自校准和自动补偿，多物理量复合敏感，自动诊断，数据存储，自调整和自适应，软件组态，算法判断和决策处理。

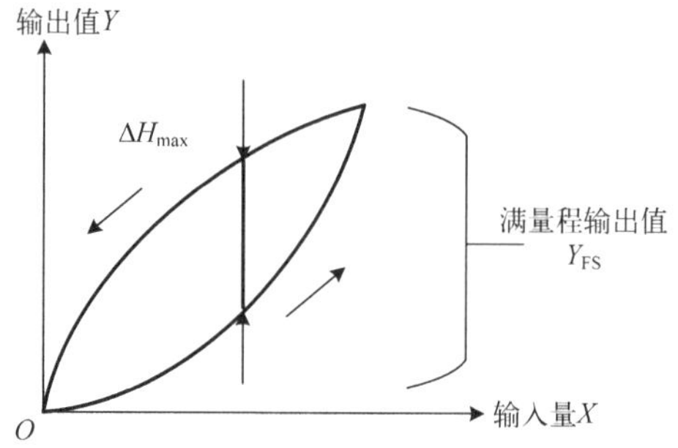

图 6-11　迟滞示意

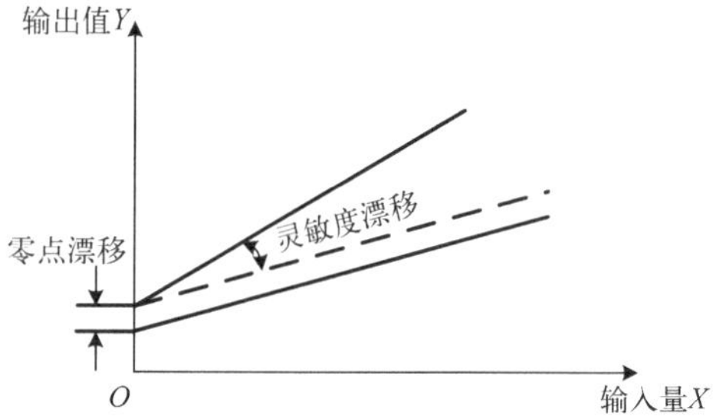

图 6-12　漂移示意

(10) 可靠性。可靠性是指传感器在规定的条件下和时间内完成规定功能的一种能力。衡量可靠性的指标有平均无故障时间、平均修复时间和故障率。故障率是平均无故障时间的倒数。

智能传感器种类繁多，可以从多个方面对其进行分类。

(1) 按可检测的自然现象，可分为生物、化学、电、电磁、热量/温度、磁性、机械运动等类型。

(2) 按常见测量指标，可分为声学、生化、电学、磁学、光学、热学、力学等类型。

(3) 按结构形式，可以分为模块式、集成式和混合式等类型。

6.1.3　制造领域常用传感器类型

微课

传感器类型很多，下面介绍在数字化制造领域常用的传感器。

1. 视觉/图像传感器

视觉传感器(也称图像传感器)是机器视觉的基础，是对图像进行采集的装置，是工业相机的核心部件。当前的主流技术包括电荷耦合器件(charge-coupled device，CCD)和互补金属氧化物半导体(complementary metal oxide semiconductor，CMOS)两大类。业界普遍认为 CMOS 技术最终会取代 CCD 技术，但目前在工业相机中，CCD 技术还是主流。图 6-13 为 640 像素×480 像素分辨率的 CMOS 传感器的功能框图和实例。

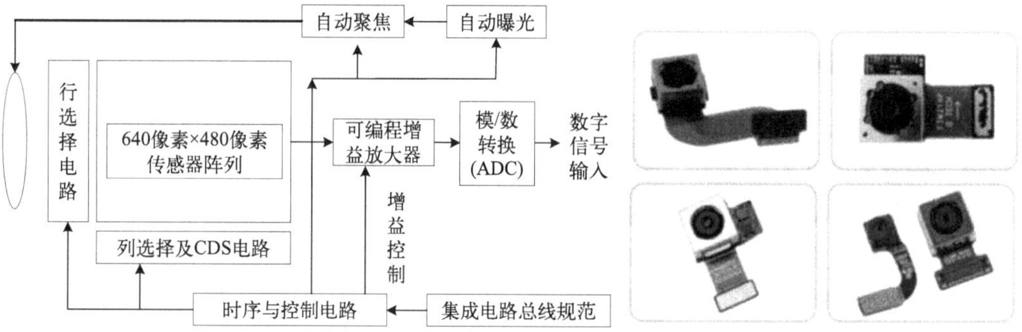

图 6-13　CMOS 传感器的功能框图和实例

2. 压力传感器

压力传感器是工业中常用的传感器，通常用于测量物体受力情况，并将其转化成能够传输和显示的电信号，也称变送器。根据结构与原理，压力传感器可分为应变式压力传感器、压阻式压力传感器、电容式压力传感器、压电式压力传感器、光电式压力传感器、光纤式压力传感器、超声式压力传感器等类型。应变式压力传感器是应用较为广泛的一种，其使用量约占压力传感器总使用量的 90%。这类传感器广泛用于机械制造工艺中的液压系统、动力系统等，以及机械装备的载荷监测系统。图 6-14 是应变式压力传感器原理结构图及其实例。

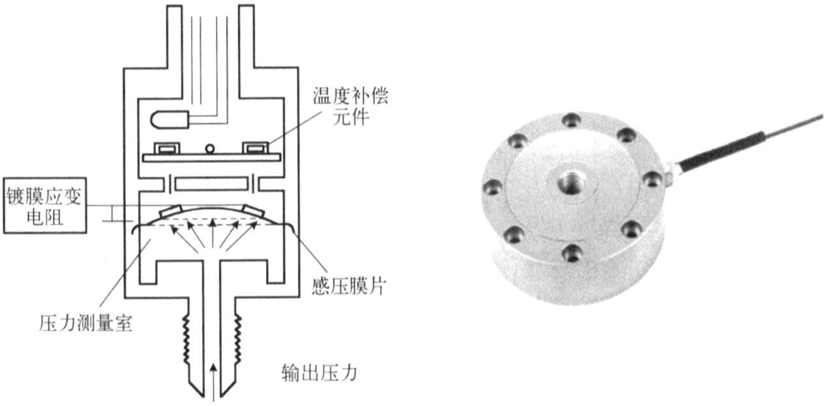

图 6-14　应变式压力传感器原理结构图和实例

3. 液位传感器

液位传感器能把容器内的液位高度转换为标准电信号。制造领域常用的液位传感器根据连续性可分为点式液位传感器、连续式液位传感器两类，根据是否与液体接触可分为接触式液位传感器和非接触式液位传感器两类。

点式液位传感器通常用于检测介质存在与否，或者判断液位高低。连续式液位传感器用于液位连续测量，如液氯储罐中危险品的实时液位监测。接触式液位传感器需与被测液体接触。非接触式液位传感器不会与被测液体发生接触，适用于有毒、高黏性液体的液位测量。图 6-15 为非接触式雷达液位传感器原理结构图及实例。

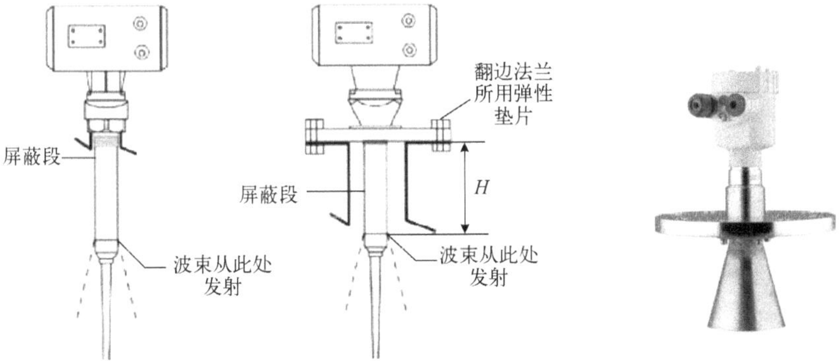

图 6-15　非接触式雷达液位传感器原理结构图和实例

4. 温度传感器

温度传感器是温度测量仪表的核心部分，可按照传感器材料及电子元件特性分为热电阻、热电偶、半导体热敏电阻及光学式温度传感器等，也可按测量方式可分为接触式温度传感器和非接触式温度传感器两大类。热电阻、热电偶、半导体热敏电阻等属于接触式温度传感器，非接触式温度传感器则主要包括红外测温传感器、光纤测温传感器等。非接触式温度传感器正在工业测温领域逐步普及。红外测温仪是常见的非接触式温度传感器，图6-16是某型红外热像仪结构图和温度传感器实例。

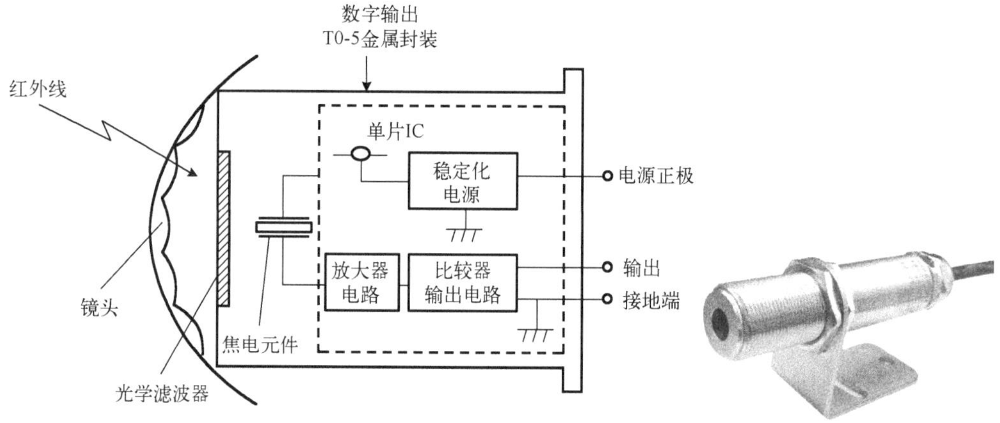

图 6-16　某型红外热像仪结构图和温度传感器实例

5. 编码器

编码器是一种运动控制传感器，主要用于机械运动中角度、速度、位置、距离等的测量，广泛应用于数控机床、机器人等需要检测位置和角度的装置中。

按结构形式，编码器可分为线性编码器和旋转编码器。其中，线性编码器用来测量直线位移，通常用在高端 CNC 铣床上；旋转编码器可以将旋转位置或旋转量转换成模拟或数字信号，多用于需要精确旋转位置及速度的场合，如机器人。按照测量类型，编码器可以分为增量式编码器和绝对式编码器。按照工作原理，编码器可分为光电式编码器、电磁式编码器、电感式编码器、电容式编码器、激光式编码器等。其中，光学编码器精度更高，应用范围更广。图 6-17 是光电增量式编码器原理图及实例。

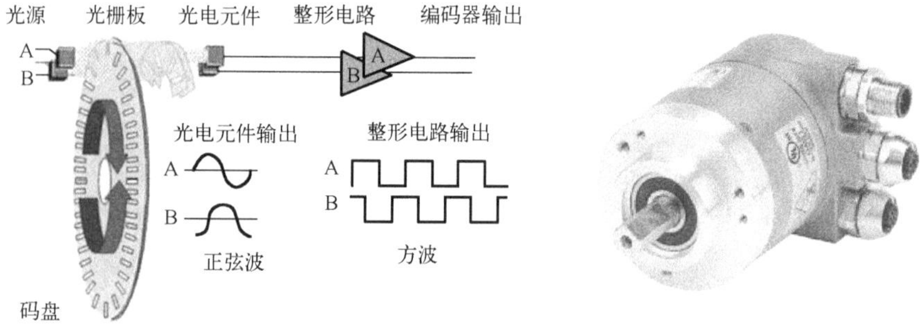

图 6-17　光电增量式编码器原理图和实例

6. 接近传感器

以无须接触的方式检测到物体的接近和检测对象有无的产品总称为接近传感器或者接近开关，它在各种自动控制系统中可具有限位、定位控制等功能，能保障生产安全。接近传感器根据感应原理分为电感式接近传感器、电容式接近传感器、光电式接近传感器、磁性接近传感器等。电感式接近传感器检测的物体是金属导体，不能测量非金属导体；电容式接近传感器可以检测绝缘的液体或粉状物体；光电式接近传感器抗电、磁干扰能力强，但使用环境要保证不能振动；磁性接近传感器利用磁效应，只对磁性物体做出响应。图 6-18 是电感式接近传感器原理图和实例。

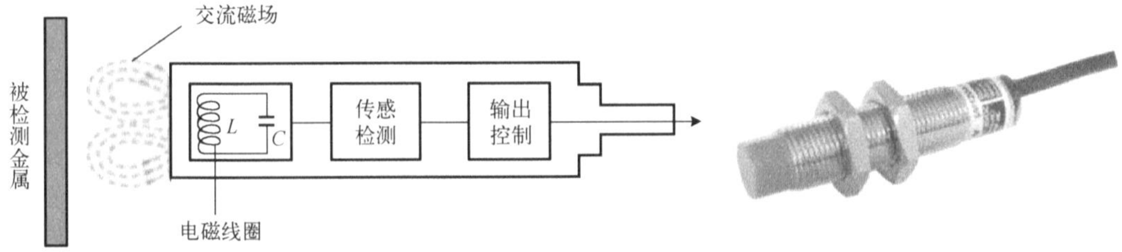

图 6-18 电感式接近传感器原理图和实例

L 指电感；*C* 指电容

7. 线位移传感器

线位移传感器是一种测量物体在直线方向上位移变化的传感器，用于实现精确的位置控制和监测。图 6-19～图 6-24 是一些常用的线位移传感器。

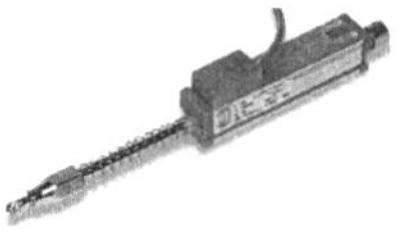

图 6-19 电位器式位移传感器

图 6-20 直线位移传感器

图 6-21 霍尔位移传感器

图 6-22 电容式位移传感器

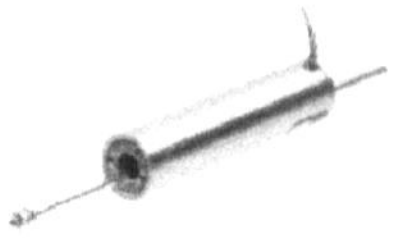

图 6-23 电感式位移传感器

图 6-24 光栅位移传感器

6.1.4 智能传感器工业应用及开发

智能传感器在数字化制造和智能制造过程中的典型应用如下：一是工艺监控，实时检测和分析温度、压力、流量等工艺参数；二是质量检测，检测产品的大小、形状、重量等特征；三是设备维护，感测设备的运行状态和参数，及时判断设备是否存在故障；四是物流/供应链管理，通过感测和记录物流运输中的温度、湿度、振动等数据对物资和产品进行精确追踪和管理；五是环境监测，通过感测空气质量、噪声、温度等参数，收集环境数据，进行分析和预警；六是自动识别和定位，结合 RFID、二维码等技术，实现产品、设备的自动识别和定位。

智能传感器能用于不同层级的智能制造设备，如工业机器人、数控机床、自动化产线等，支撑整个数字化、智能化制造过程的高效率、高质量运行。图 6-25 示意了机器人可能用到的各种传感器。

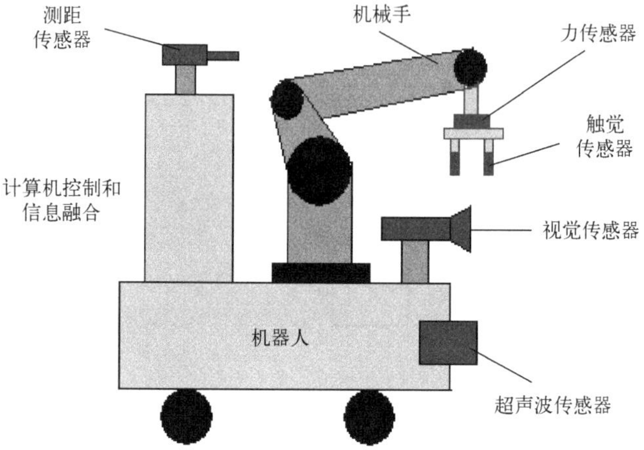

图 6-25 机器人可能用到的传感器

产线常用的传感器的主要作用在于物料或在制品的配送和检测，以及防错及安全控制。例如，安全光栅用来保护人身安全，磁性开关通过磁场的变化来检测物体的位置或状态，光电开关用来检测物体或人员的有无，色标传感器用于对各种标签进行检测。

传感器不仅用于制造过程的智能化，还用于智能化的产品。一辆高档汽车往往有上百个传感器(图 6-26)，一架飞机中则有 2000～4000 个传感器。

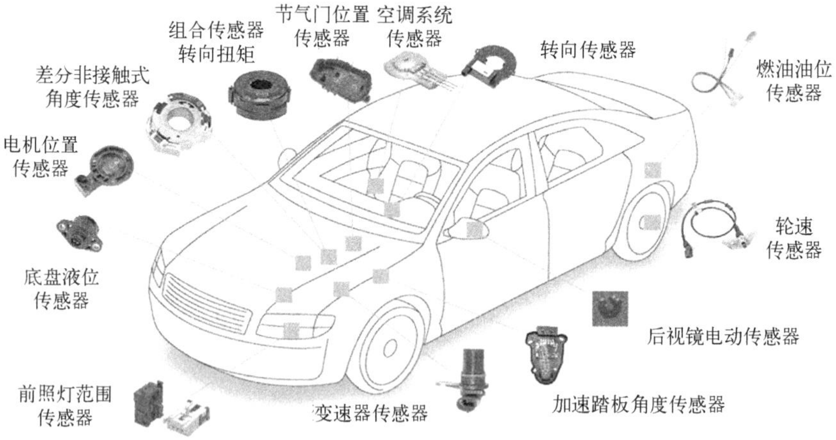

图 6-26 汽车用到的一些传感器

传感器是软硬件集成系统，其数字化开发和处理涉及软件、硬件两个方面，目前尚没有统一的开发平台。适用于传感器开发的软件或编程语言简介如下：一是 LabVIEW 软件，其是一个用于实现测量、测试、控制和自动化的图形化编程环境，可以采集传感器数据，并进行数据分析和可视化；二是 Arduino 开发平台，其作为一种电路板集成系统，可以连接各种传感器，采集传感器数据，并通过编写程序来控制传感器；三是 MATLAB 软件，作为一种技术计算语言和仿真分析工具，可以用来采集传感器数据，并使用函数对数据进行分析和处理。还有一些通用开发语言和平台，如高级编程语言 C、C++、C#、Python，开发平台 Visual Studio、Eclipse 等。

随着微机电系统(microelectromechanical system，MEMS)等技术的发展，智能传感器将向硬件集成化、多数据融合、微功耗及无源化、网络化等方向发展。同时，人工神经网络等技术的应用也将使智能传感器具有更高级的智能功能。智能传感器作为物联网的基础支撑，将拥有更加广阔的前景。

6.2　工业物联网技术

2005 年，国际电信联盟发布了 *ITU Internet Report 2005：Internet of Things*，正式提出了物联网概念，即“物物相连的互联网”。这有两层意思：第一，物联网的核心和基础仍然是互联网；第二，其用户端延伸和扩展到了任何物品与物品之间，进行信息交换和通信。工业物联网(industrial internet of things，IIoT)主要应用在制造、交通、运输、能源、矿山等行业领域。

6.2.1　工业物联网的特征

GB/T 38619—2020《工业物联网　数据采集结构化描述规范》指出，工业物联网是物联网在工业领域的应用，其通过工业资源的网络互联、数据互通和系统互操作，实现制造原料的灵活配置、制造过程的按需执行、制造工艺的合理优化和制造环境的快速适应。工业物联网在部署与实施中表现出六大特征，如图 6-27 所示。

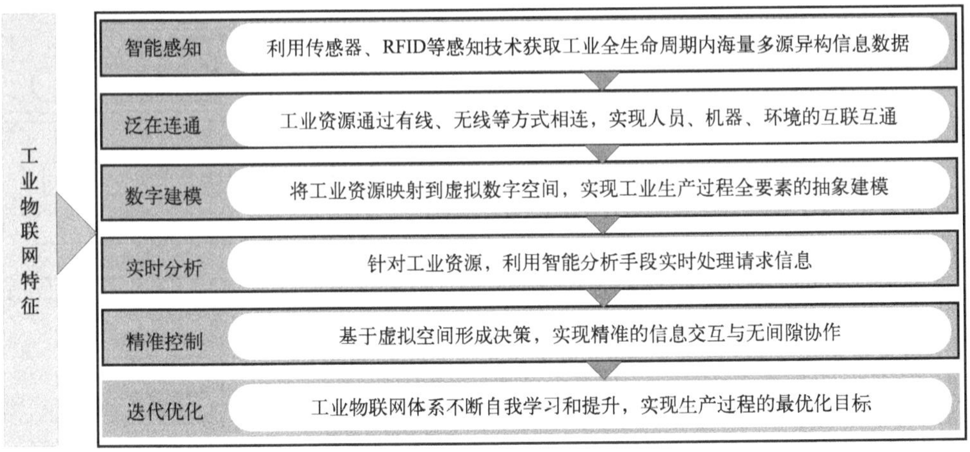

图 6-27　工业物联网特征

6.2.2　工业物联网架构和模式

在智能制造体系中，工业物联网处于系统层级和生命周期的所有环节，是功能架构中的互联互通层，其在智能制造体系中的位置如图 6-28 所示。

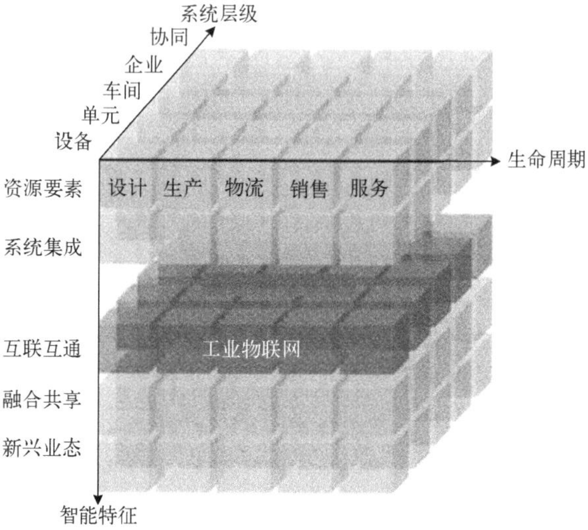

图 6-28　工业物联网在智能制造体系中的位置

工业物联网是 IoT 与工业制造技术衍生出的新技术，其技术架构如图 6-29 所示。感知层通过感知设备和网络实现多模态感知；网络层负责安全传输感知层获取的各类信息；应用层通过人工智能等技术处理接收的数据，与行业技术和需求深度融合，实现工业生产智能化。

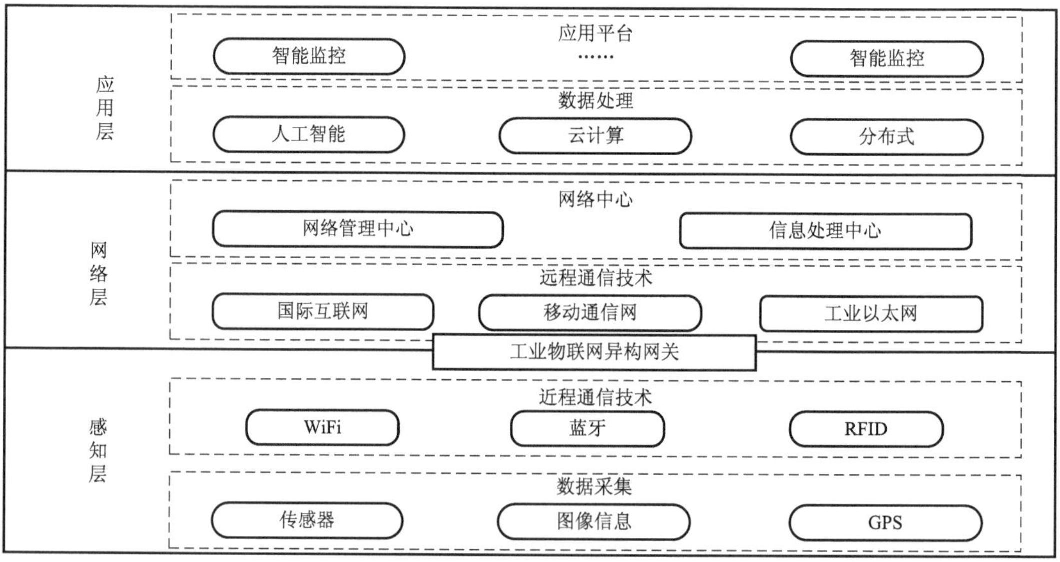

图 6-29　工业物联网技术架构

一个完整工业物联网系统的运行模式主要包括六个组成部分，分别为感知控制域、服务提供域、资源交换域、运维管控域、目标对象域及用户域，各部分协同工作，共同保证工业物联网系统的高效运行，如图 6-30 所示。

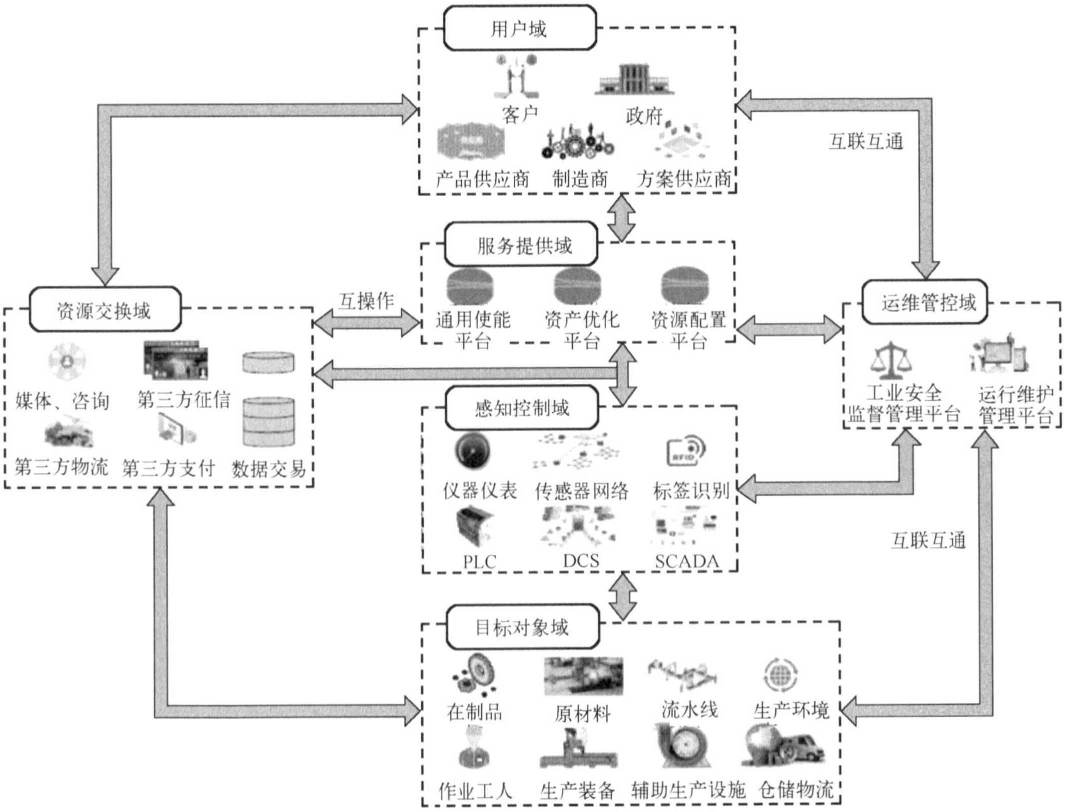

图 6-30　工业物联网系统运行模式

目标对象域主要包括在制品、生产装备、作业工人、生产环境等。感知控制域用来采集各实体对象数据，并通过工业物联网网关上传给上层服务提供域。运维管控域维护整个工业物联网系统的安全、高效、可靠运行。资源交换域作为系统间交互渠道，提供合适的信息交换与资源共享方案，实现系统间无缝隙交互。用户域可以将产品供应商、制造商、政府等上层用户接入工业物联网系统，享受工业物联网提供的各种服务。

6.2.3　工业物联网的关键技术

工业物联网的关键技术包括四个方面：感知控制、网络通信、信息处理和安全管理技术，工业物联网技术体系如图 6-31 所示。与信息处理相关的人工智能、大数据等技术将在后面介绍。安全管理技术不是本书关注内容，本书重点介绍感知控制和网络通信技术。

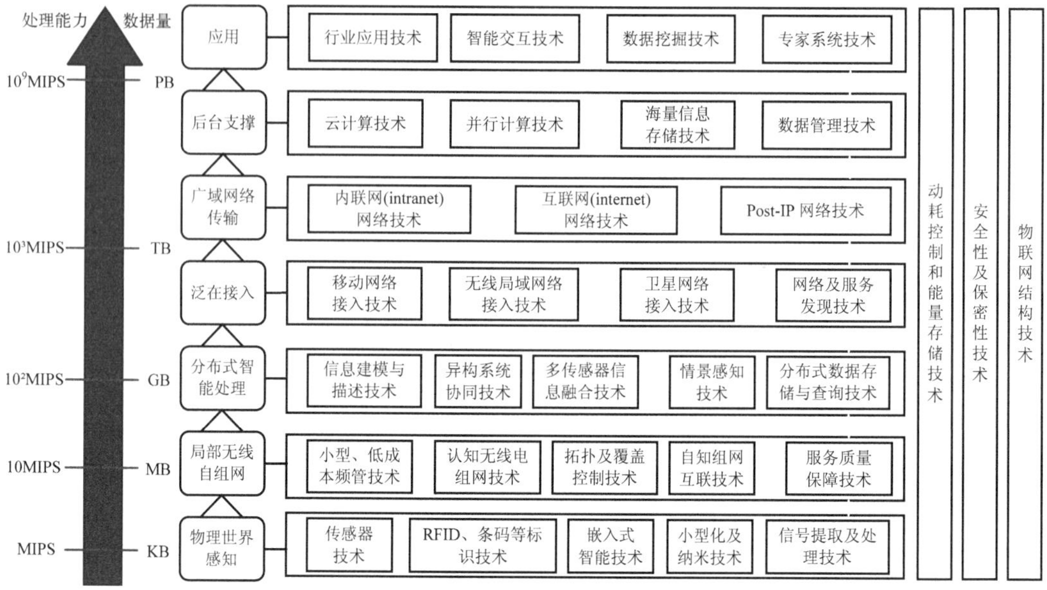

图 6-31　工业物联网技术体系

MIPS 指每秒百万条指令

1. 感知控制技术

感知控制层是物联网伸向物理世界的“触角”，包括数据采集、物体识别、计算机控制等环节。数据采集主要依赖各种传感器，不再赘述。计算机控制技术见 2.4 节。工业对象物体识别技术以射频识别技术、条码识别技术等为代表。

1) 射频识别技术

射频识别(radio frequency identification，RFID)技术是一种自动识别技术，通过无线射频方式进行非接触式双向数据通信，利用无线射频对记录媒介(如电子标签或射频卡)进行读写，从而达到目标识别和数据交换的目的。RFID 系统由三部分组成：阅读器、电子标签和天线，如图 6-32 所示。

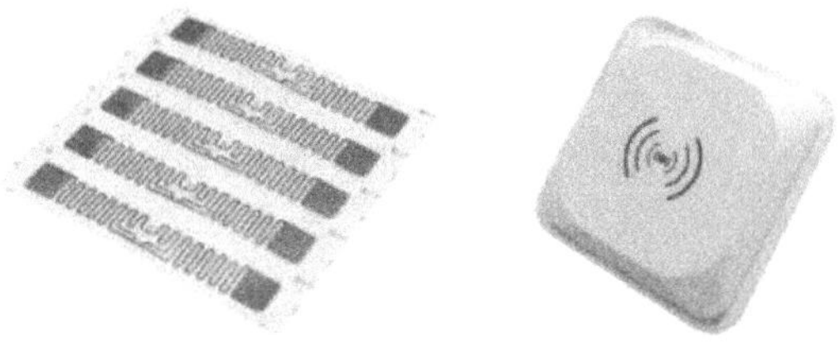

图 6-32　RFID 无源标签、RFID 阅读器

(1) 阅读器也称读写器，主要用于将电子标签中的信息读出，或将标签所需信息写入标签。其组成如图 6-33 所示。

(2) 电子标签由芯片和内置天线(又称标签天线)组成。芯片中存储着一定格式的电子数据，作为待识别物品的识别信息，是射频识别系统的数据载体。内置天线用于与阅读器天线通信，会接收来自阅读器的信号，并把所要求的数据送回阅读器。其组成如图 6-34 所示。

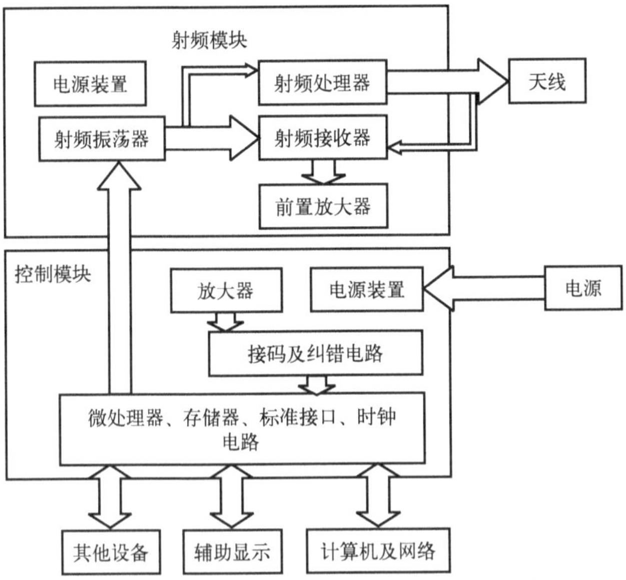

图 6-33　阅读器结构

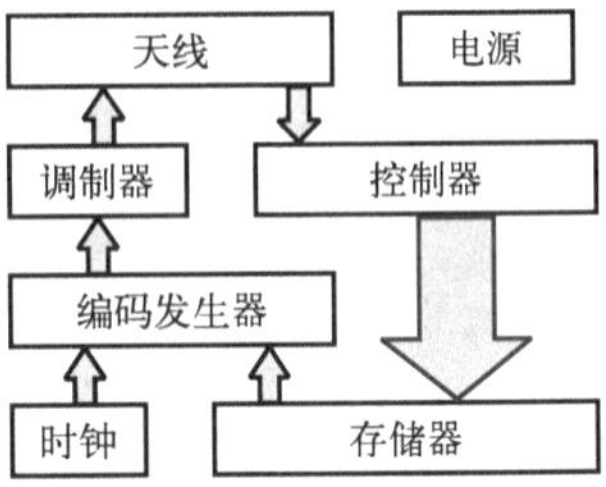

图 6-34　电子标签结构

(3) 天线是用于在电子标签和阅读器之间传输数据的发射和接收设备，在电子标签和阅读器间传递射频信号。天线分为阅读器天线和标签天线。

RFID 系统基本工作过程如图 6-35 所示，首先，阅读器通过天线发出射频激励信号(针对无源标签或被动标签)，电子标签进入阅读器覆盖范围，电子标签通过线圈感应电流并获得能量；然后，发送存储于芯片中的产品信息，也可由电子标签主动发送信号(针对有源标签或主动标签)，阅读器读取信息并解码；最后，将获得的产品信息发送至应用软件系统进行数据处理。

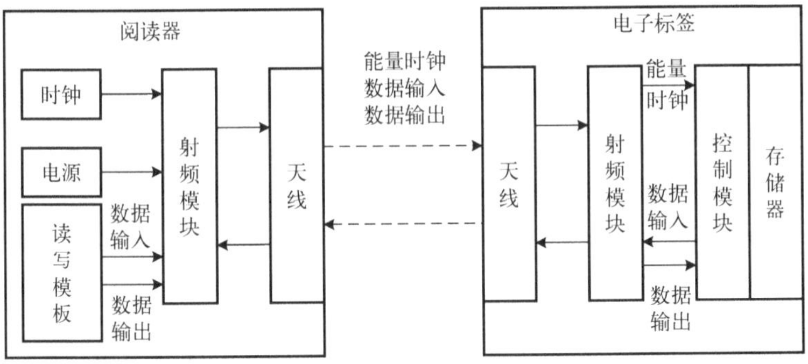

图 6-35　RFID 系统基本工作过程

将 RFID 组件部署于生产制造环境，可实时采集信息，用于制造过程管控和优化。例如，将 RFID 技术应用于产线生产统计、计件统计，以及产线设备部件运转监控，如图 6-36 所示。

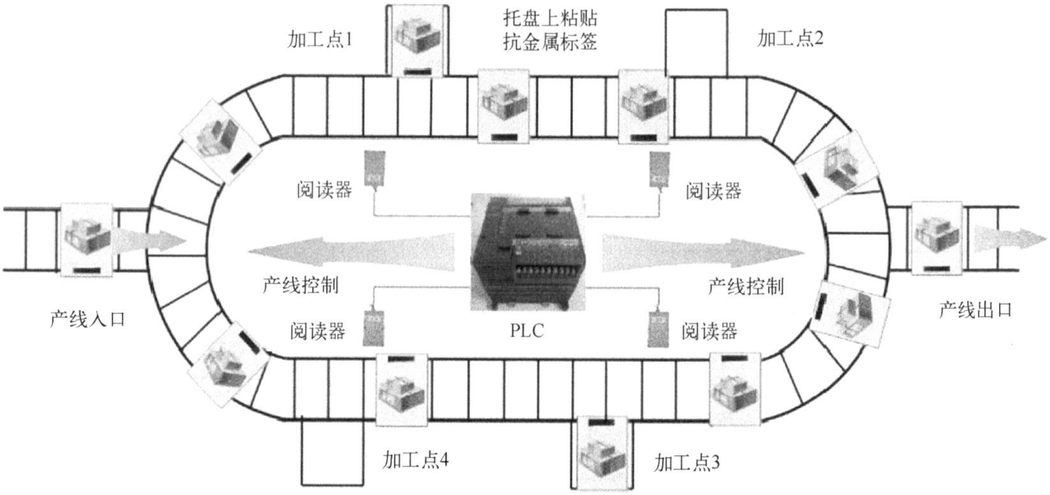

图 6-36　产线部署 RFID 组件示意

2) 条码识别技术

条码识别技术起源于 20 世纪 40 年代，是迄今为止最经济、最实用的一种自动识别技术。它通过条码符号保存相关数据并通过条码识读设备实现数据的自动采集，输入速度快、可靠性高、易于制作和使用、成本低廉。目前条码主要分为一维条码和二维条码(简称二维码)两种。下面对其进行详细介绍。

(1) 一维条码。

一维条码分为商品条码和物流条码。商品条码包括国际商品编码和通用产品代码，物流条码包括 128 码、39 码、库德巴码等。一维条码的码制及部分图例如表 6-1 所示。

表 6-1　一维条码的码制及部分图例

码制	基本描述	应用	图例
25 码	25 码是一种只有条表示信息的非连续型条码。每个条码字符由规则排列的 5 个条组成，其中 2 个条为宽单元，其余的条和空，以及字符间隔是窄单元	主要应用于运输、仓储、工业产线、图书情报等领域	起始字符 1 2 3 4 5 8 终止字符 左侧空白区 右侧空白区
交叉 25 码	交叉 25 码弥补了 25 码的许多不足之处，增大了信息容量，还提高了可靠性	主要应用于运输、仓储、工业产线、图书情报等领域	012345
39 码	39 码具有自检验功能，每一个条码字符由 9 个单元组成(5 个条单元和 4 个空单元)，其中 3 个单元是宽单元，其余是窄单元	广泛应用在汽车行业、材料管理、经济管理、医疗卫生和邮政、储运等领域	ABC-1234
库德巴码	每一个字符由 7 个单元组成，其中 2 个或 3 个是宽单元，其余是窄单元(用二进制“0”表示)	广泛应用于医疗卫生和图书馆行业，也用于邮政快件上	A 1 2 3 4 5 6 7 8 9

条码利用条和空构成二进制的“0”和“1”，并以它们的组合来表示某个数字或字符，

反映某种信息。不同码制的条码在编码方式上有所不同，一般有以下两种。

①宽度调节编码法。宽度调节编码法即条码符号中的条和空由宽、窄两种单元组成的条码编码方法，宽单元通常是窄单元的 2～3 倍，如图 6-37 所示。窄单元(条或空)表示逻辑值“0”，宽单元(条或空)表示逻辑值“1”。

②模块组配编码法。模块组配编码法即条码符号的字符由规定的若干模块组成的条码编码方法，如图 6-38 所示。条与空由模块组合而成。一个模块宽度的条模块表示二进制的“1”，一个模块宽度的空模块表示二进制的“0”。

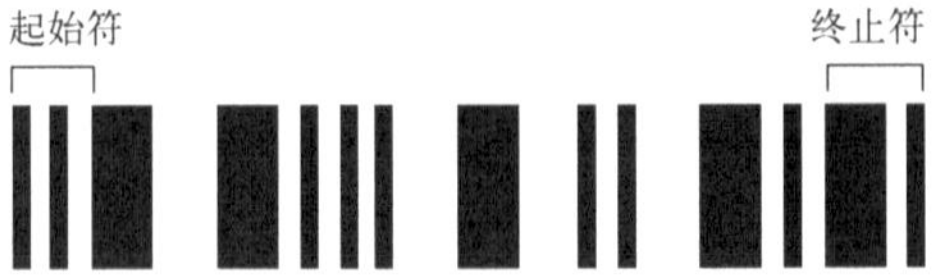

图 6-37　宽度调节编码法条码符号结构

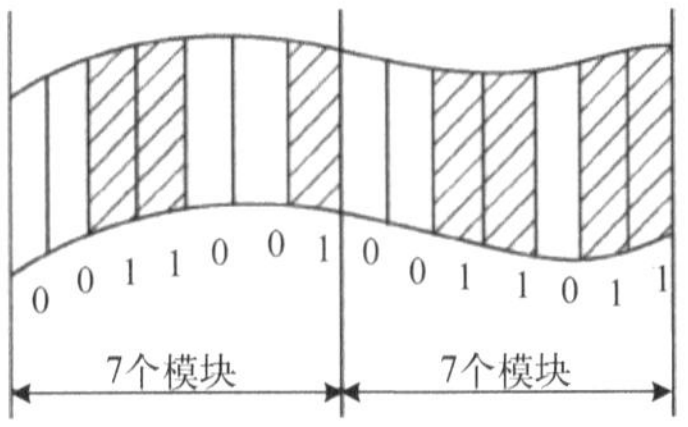

图 6-38　模块组配编码法条码符号结构

条码符号通常由如下部分构成：左右侧空白区、起始字符、数据字符、校验字符、终止字符，具体功能如表 6-2 所示，结构如图 6-39 所示。

表 6-2　条码符号功能

区域	功能
左侧空白区	位于条码左侧无任何符号的空白区域，主要用于提示扫描器准备开始扫描
起始字符	条码符号的第一位字符，用于标识一个条码符号的开始，扫描器确认此字符存在后开始处理扫描脉冲
数据字符	位于起始字符后的字符，用来标识一个条码字符的具体数值，允许双向扫描
校验字符	用来判定此次扫描是否为有效的字符，通常是一种算法运算的结果。扫描器读入条码进行解码时，先对读入的各字符进行运算，若运算结果与校验字符相同，则判定此次识读有效
终止字符	位于条码符号右侧，表示信息结束的特殊符号
右侧空白区	在终止字符之外的无印刷符号的空白区域

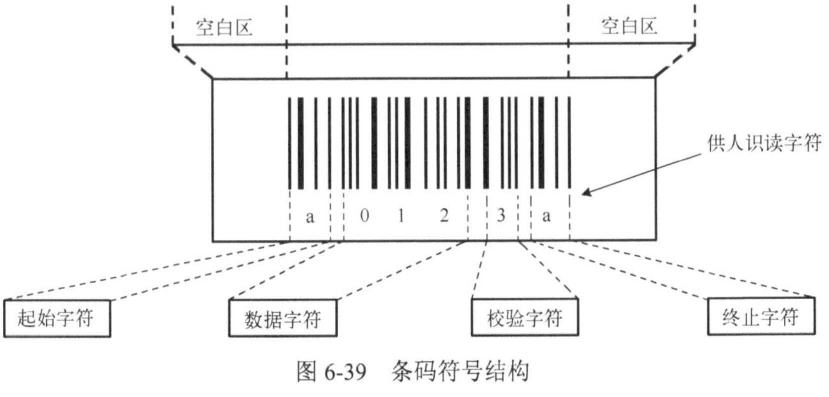

图 6-39　条码符号结构

(2) 二维条码。

受信息容量限制，一维条码通常用于商品标识而不是商品描述。二维条码用某种特定的几何图形[按一定规律在平面(二维方向上)分布的黑白相间的图形]记录数据符号信息。

在代码编制上，二维条码利用构成计算机内部逻辑基础的“0”“1”比特流的概念，使用若干与二进制相对应的几何形体来表示文字数值信息，通过图像输入设备或光电扫描设备自动识读以实现信息自动处理，二维条码除左右(条宽)的粗细及黑白线条有意义外，上下的条高也有意义，因此能在很小的面积内表达大量的信息。一维条码与二维条码的对比如图 6-40 所示。图 6-41 显示了一些典型的二维条码。

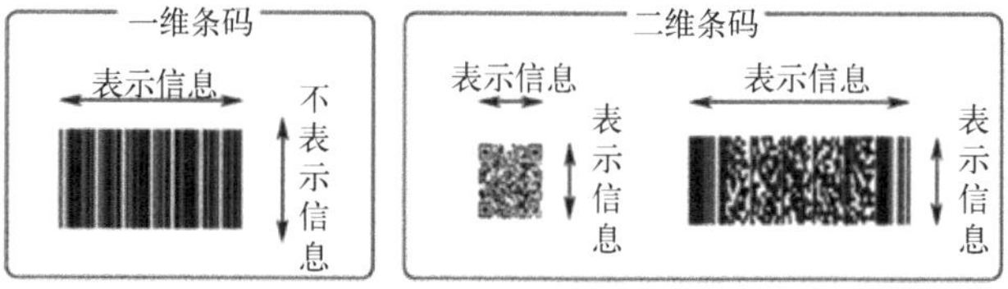

符号类型	二维条码	一维条码
数据类型	文字、数字、二进制	文字和数字
数据容量	大约2000个字符	大约20个字符
数据密度	20～100个/模块	1个/模块
数据修复能力	有	无

图 6-40　一维条码与二维条码的对比

图 6-41　一些典型的二维条码

根据原理和结构，二维条码可分为两大类型：行排式二维条码、矩阵式二维条码。

①行排式二维条码。行排式二维条码的编码原理建立在一维条码基础之上，按需要堆积成两行或多行。其识读设备和条码印刷与一维条码技术兼容，译码算法不相同。其典型代表有 PDF 417、Code 49、Code 16K、RSS-14 系列等，如图 6-42 所示。

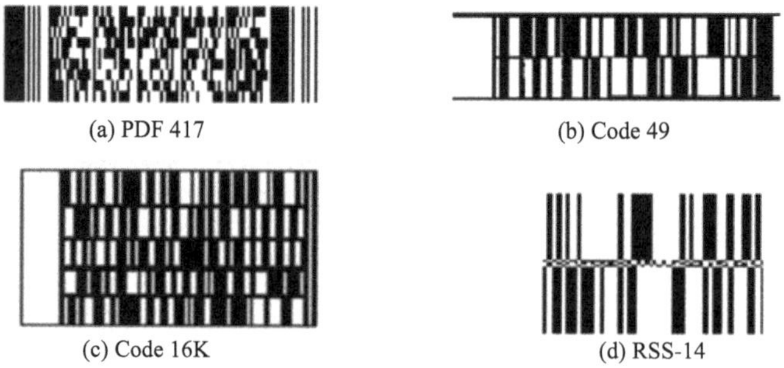

图 6-42　常见的行排式二维条码

②矩阵式二维条码。矩阵式二维条码又称棋盘式二维条码，它是在一个矩形空间通过黑、白像素在矩阵中的不同分布进行编码的。矩阵式二维条码是建立在计算机图像处理技术、组合编码原理等基础上的一种新型图形符号自动识读处理码制。具有代表性的矩阵式二维条码有 QR Code、Data Matrix、Maxi Code、汉信码等，如图 6-43 所示。

图 6-43　常见矩阵式二维条码

在矩阵相应元素位置上，用点(方点、圆点或其他形状的点)的出现表示二进制“1”，点的不出现表示二进制“0”，点的排列组合确定了矩阵式二维条码所代表的意义，通过图像输入设备或光电扫描设备自动识读实现信息自动处理。在条码图案中一般有定位、功能性、数据和纠错区域，不同区域中有不同的编码信息，从而形成完整的二维码。图 6-44 展示了被广泛使用的一种二维码——QR Code 的基本结构。

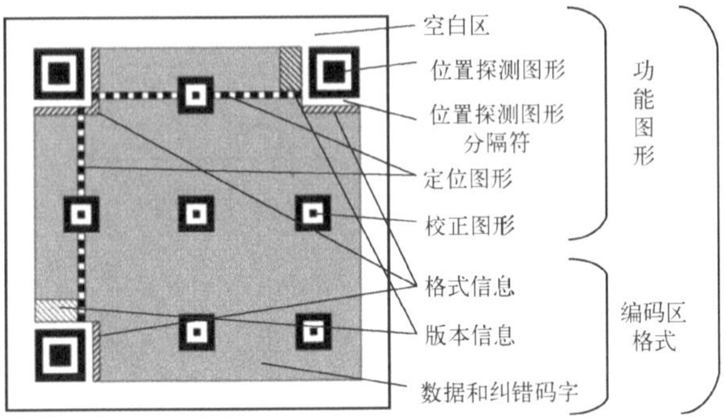

图 6-44　QR Code 的基本结构

2. 网络通信技术

通信技术指以信息传输和信号处理为目的，将数据信息从一个对象传输到另外一个对象中的技术。常见的工业网络通信技术可以分为有线网络通信技术和无线网络通信技术，如图 6-45 所示。

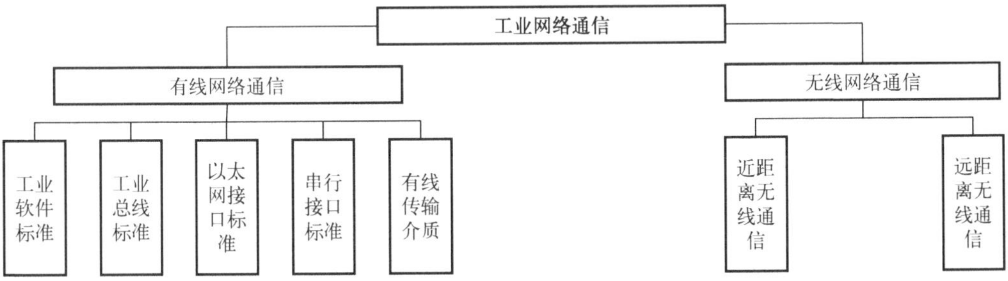

图 6-45　常见工业网络通信技术分类

有线网络通信是利用金属导线、光纤等有形介质传送信息的技术。无线网络通信是利用电磁波信号在空间中直接传播而进行信息交换的技术。无线网络通信已经成为物联网通信的主要发展趋势。

1)有线网络通信

有线网络通信需要通过传输介质进行数据传输，接口标准主要串行接口标准、以太网接口标准及工业总线标准。有线传输介质主要有三种：一是双绞线，通过将两根线缆“绞”在一起制成，可减少串扰和干扰；二是同轴电缆，同轴电缆的抗干扰性能好，信号可以传输得更远；三是光纤线缆，光纤线缆可以传输得更远，信号不受电磁信号干扰，抗干扰能力更强。

(1)串行接口标准。

串行接口使用串行方式进行通信，即串口按位发送和接收字节序列。其简单且能够实现较远距离通信，长度可达 1200m，主要适合低速率和小数据量的通信。常见串口有 RS-232、半双工 RS-485 与全双工 RS-422。图 6-46 为 RS-232 与 RS-485 的特点比较。

比较项	RS-232	RS-485
通信距离	不超过20m	理论1200m，实际300～500m
传输方式	不平衡传输方式，单端通信	平衡传输，差分传输方式
通信数量	一对一通信	总线上最多允许128个收发器
传输速率	38.4kbit/s	10Mbit/s

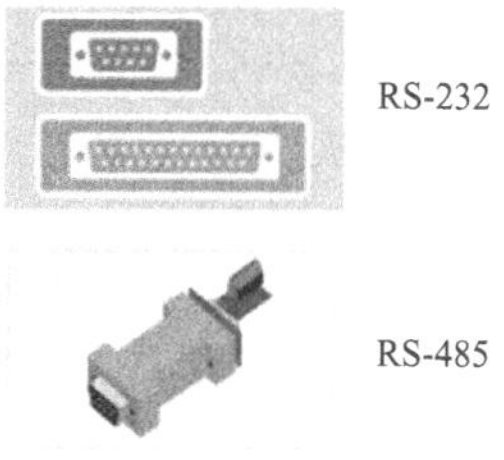

图 6-46　RS-232 与 RS-485 的特点比较

(2)以太网接口标准。

以太网接口标准是目前应用最广泛的局域网标准，包括标准以太网(10Mbit/s)、快速以太网(100Mbit/s)、千兆以太网、万兆以太网和 40Gbit/s/100Gbit/s 以太网等，相应标准如图 6-47 所示。

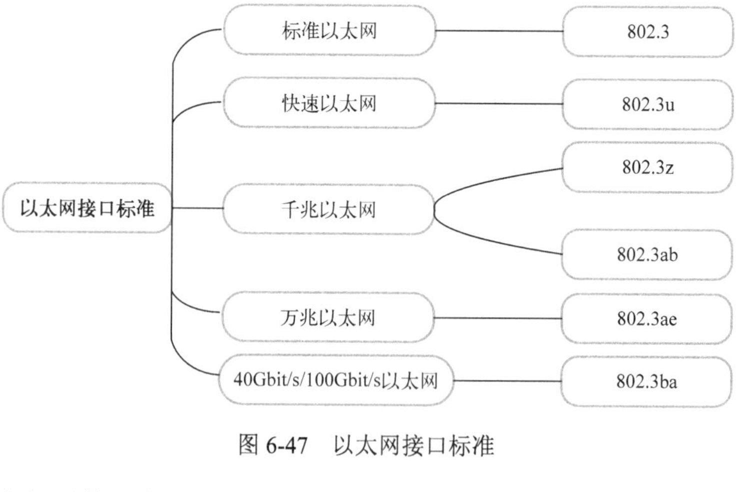

图 6-47　以太网接口标准

以太网设备组网的基本元素有交换机、路由器、集线器、传输介质及以太网协议和通信规则。主要传输介质有非屏蔽双绞线(UTP)、屏蔽双绞线(STP)、多模光纤(MMF)和单模光纤(SMF)等。以太网接口有 SC 光纤接口、RJ-45 接口(俗称“水晶头”)、光纤分布式数据接口(FDDI)、控制台(Console)接口等，如图 6-48 所示。

(a) SC 光纤接口　　(b) RJ-45 接口　　(c) FDDI　　(d) Console 接口

图 6-48　以太网主要接口类型

以太网最初针对办公自动化和企业管理 IT 信息化设计，不太符合工业领域对数据实时性、安全性和可靠性等方面的要求，因此后续出现了工业以太网。

(3) 工业总线标准。

工业(或现场)总线的主要标准包括 Modbus、过程现场总线(PROFIBUS)和工业以太网标准。用于工业控制系统的以太网统称工业以太网，是用于工业自动化环境、符合 IEEE 802.3 标准、按照 IEEE 802.1D“媒体访问控制(MAC)网桥”规范和 IEEE 802.1Q“局域网虚拟网桥”规范、对其没有进行任何实时扩展而实现的以太网。商用以太网和工业以太网比较如表 6-3 所示。

表 6-3　商用以太网与工业以太网的比较

项目	工业以太网	商用以太网
元器件	工业级	商用级
接插件	耐腐蚀、防尘、防水、如加固型 RJ-45、DB-9、航空插头等	一般 RJ-45
工作电压	直流(DC) 24V	交流(AC) 220V
电源冗余	双电源	一般没有
安装方式	DIN 导轨和其他固定安装	桌面、机架等
工作温度	–40～85℃或–20～70℃	5～40℃
电磁兼容性标准	EN 50081-2(工业级电磁兼容) EN 50082-2(工业级电磁兼容)	办公室用电磁兼容
平均故障间隔时间值	至少 10 年	3～5 年

对于响应时间短于 5ms 的应用，工业以太网已不能胜任，出现了实时以太网(realtime ethernet，RTE)。实时太网目前已经成为工业总线的主流。常见的实时以太网协议有 Modbus/TCP、Ethernet/IP、PROFInet、EtherCAT 等，其来源与应用领域如表 6-4 所示。

表 6-4　国际电工委员会(IEC)国际标准收录的实时工业以太网技术

技术名称	技术来源	应用领域
Ethernet/IP	美国 Rockwell 公司	过程控制
PROFInet	德国 Siemens 公司	过程控制、运动控制
P-NET	丹麦 Process-DataA/S 公司	过程控制
Vnet/IP	日本横河电机公司	过程控制
TC-net	日本东芝公司	过程控制

续表

技术名称	技术来源	应用领域
EtherCAT	德国 Beckhoff 公司	运动控制
Powerlink	奥地利 B&R 公司	运动控制
EPA	浙江大学、浙江中控技术股份有限公司等	过程控制、运动控制
Modbus/TCP	法国 Schneider Electric 公司	过程控制
SERCOS-Ⅲ	德国 Hilscher 公司	运动控制

实时工业以太网分为三类：第一类完全兼容标准以太网，如 Modbus/TCP、Ethernet/IP；第二类采用标准以太网控制器，数据传输使用专门协议，如 PROFInet RT；第三类使用专用以太网控制器，需要专门协议和硬件，如 PROFInet。其特点和性能对比如表 6-5 所示。

表 6-5　几种实时工业以太网的对比

项目	EtherCAT	SERCOS-Ⅲ	PROFInet	Powerlink	EPA	Ethernet/IP
管理组织	ETG	IGS	PNO	EPG	EPA 俱乐部	开放设备网络供应商协会
通信机构	主/从	主/从	主/从	主/从	主/从	主/从
传输模式	全双工	全双工	半双工	半双工	全双工	全双工
实时特性	100 轴，响应时间达 100μs	8 轴，响应时间达 32.5μs	100 轴，响应时间达 1ms	100 轴，响应时间达 1ms	同步精度为 μs 级，响应时间为 ms 级	响应时间为 1～5ms
拓扑结构	星形、线性、环形、树形、总线型	线形、环形	星形、线性	星形、树形、总线型	树形、星形	星形、树形
同步方法	时间片+IEEE 1588	主节点+循环周期	时间槽调度+IEEE 1588	时间片+ IEEE 1588	IEEE 1588	IEEE 1588
同步精度	100ns	100ns	<1μs	1μs	500ns	1μs

(4) 工业软件标准。

OPC (OLE for process control) 是一种针对现场控制系统的工业软件标准，用于过程控制和制造业自动化系统。OPC UA 在 OPC 基础上做了大幅改进，框架如图 6-49 所示。

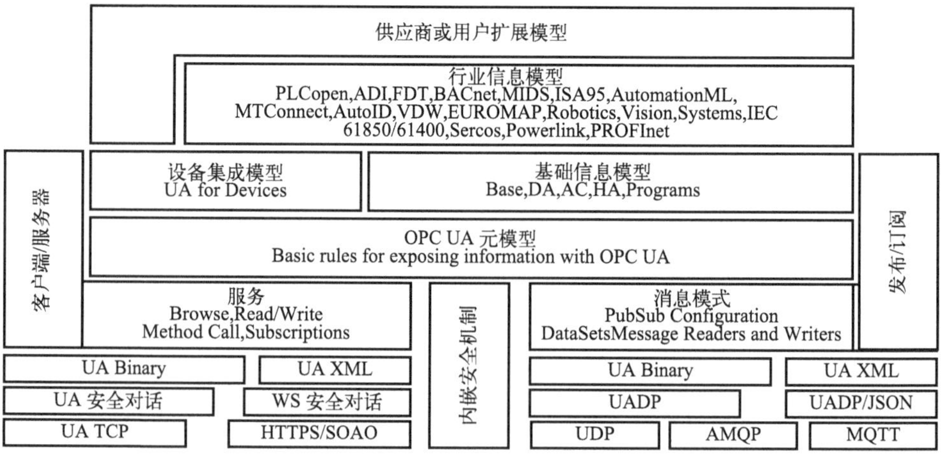

图 6-49　OPC UA 框架图

2015 年，凭借具备信息模型建模和通信加密的能力，OPC UA 正式作为工业 4.0 参考架构模型里唯一推荐的通信层规范。如图 6-50 所示，OPC UA 可以和工业以太网集成共用。

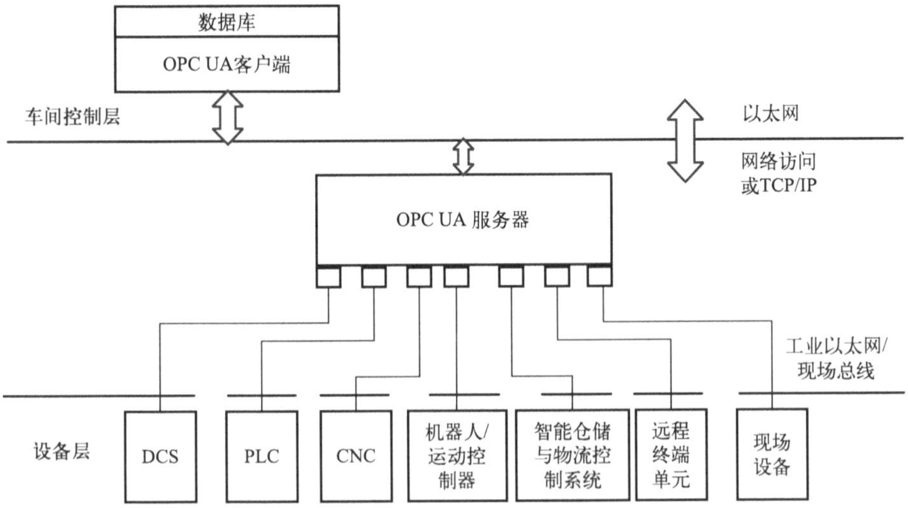

图 6-50　OPC UA 与工业以太网的集成示意

2) 无线网络通信

目前，工业现场数据采集以有线网络为主、无线网络为辅，工厂外智能产品/移动装备以无线网络为主。无线网络按通信距离可粗略分为短距离通信和长距离通信。2015 年，美国联邦通信委员会技术咨询委员会网络安全工作组在一份白皮书中将物联网通信技术分成了以下四类。

(1) 移动广域网络 (wide area network，Mobile/WAN)，覆盖范围大。

(2) 广域网 (wide area network，WAN)，覆盖范围大，非移动技术。

(3) 局域网 (local area network，LAN)，覆盖范围相对较小，如住宅、建筑或园区。

(4) 个域网 (personal area network，PAN)，覆盖范围从几厘米到几米不等。

无线网络通信技术从距离角度划分如图 6-51 所示。

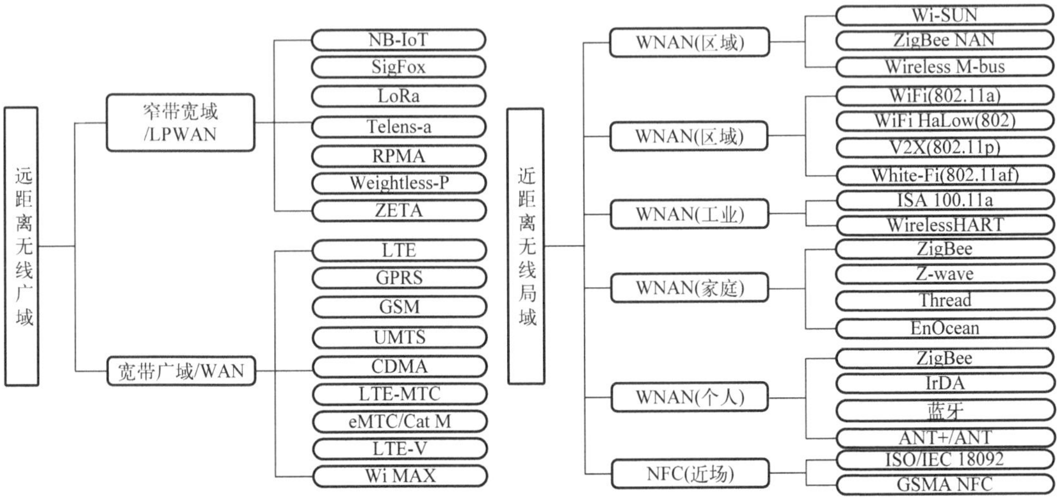

图 6-51　从距离角度划分的无线网络通信技术

无线网络通信技术种类很多，作用各不相同。例如，低功耗蓝牙用于车间现场手持终端与打印机的连接和即时单据打印，无线宽带用于手持终端、场内移动机器人与调度系统之间的网络通信。本节介绍几种在制造领域应用较为广泛的无线网络通信技术。

(1)常用的短距无线通信技术。

①WiFi 是一种基于 802.11 协议的无线局域网接入技术，传输距离为 100～300m，流行的 802.11n 速度可达 300Mbit/s，工作在 5GHz 工业、科学与医疗频段的 802.11ac 速度甚至可以超过 1.3Gbit/s。

②ZigBee 是基于 IEEE 802.15.4 标准而建立的低功耗、低成本、低数据速率、短距离自组织无线网络技术，具有最高 250kbit/s 的传输速率，传输距离为 10～75m。

③蓝牙(bluetooth)是一种大容量近距离无线数字通信技术标准，目标是实现最高数据传输速率 1Mbit/s、最大传输距离 10m 的数据传输，通过增加发射功率，传输距离可达 100m。

上述三种技术的组网框架分别如图 6-52～图 6-54 所示。

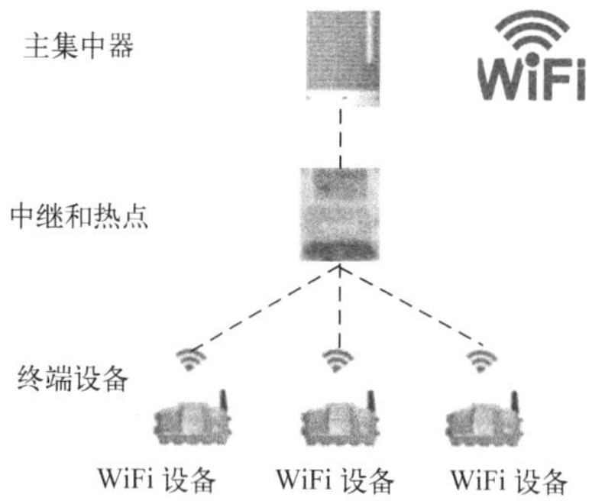

图 6-52　WiFi 组网框架

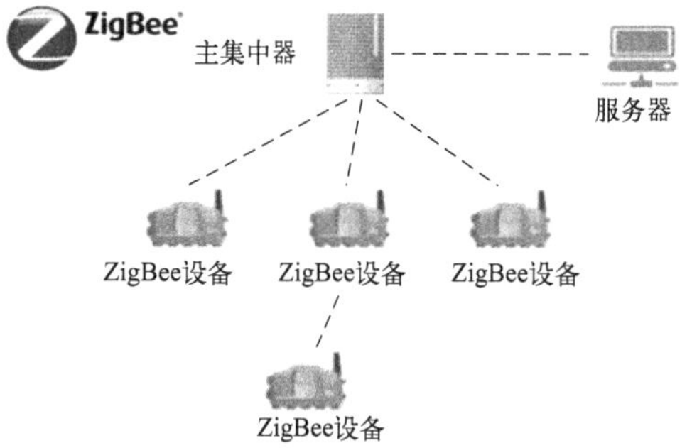

图 6-53　ZigBee 组网框架

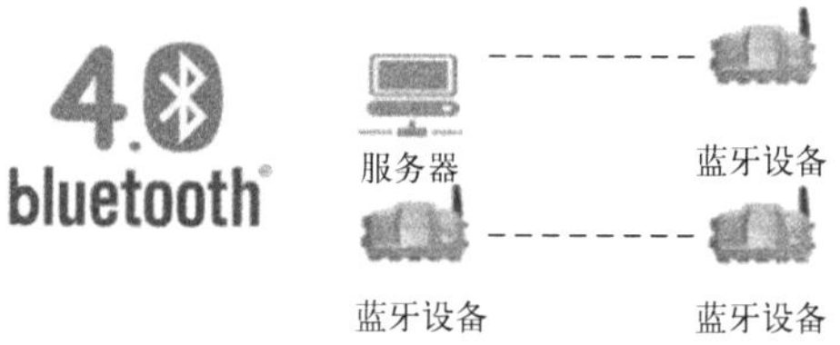

图 6-54　蓝牙组网框架

三者的特征对比如表 6-6 所示。

表 6-6　三种短距无线通信技术对比

项目	WiFi	蓝牙	ZigBee
工作频率	2.4GHz		
价格	贵	便宜	较便宜
通信距离	100～300m	1～10m	10～25m
传输速率	300Mbit/s	1Mbit/s	250kbit/s
功耗	高	低	低
设备连接能力	中	低	高
安全性	低	高	高
组网能力	较弱	节点多、稳定性稍逊于 ZigBee	节点多、稳定性强

(2)远距无线通信技术。

①蜂窝网络。蜂窝网络又称移动网络，按代际划分为第二代移动通信技术(2G)、第三代移动通信技术(3G)、第四代移动通信技术(4G)及第五代移动通信技术(5G)。5G 因为技术原理发生较大变化，可以单独作为一类。

②低功耗无线通信技术(LPWAN)。近年来，低功耗无线通信技术发展迅速，形成 NB-IoT、LTE eMTC、LoRa 和 SigFox 主要技术标准。

窄带物联网(narrow band internet of things，NB-IoT)用于支持可靠低功耗连接设备，可直接部署于 GSM 网络、UMTS 网络或 LTE 网络。LTE eMTC 是基于 LTE 演进的物联网接入技术，较 NB-IoT 在时延和吞吐量方面有较大优势。LoRa 是低功耗广域网无线通信技术，部分运营商选择部署 LoRa 作为蜂窝物联网的补充。SigFox 是基于超窄带(ultra narrow band，UNB)技术的物联网无线网络，相对封闭，生态系统构建相对缓慢。四者的对比如表 6-7 所示。

表 6-7　物联网四个主流无线通信技术对比

技术	频谱	带宽	吞吐量	容量	模组成本/美元	功耗/年	建网
NB-IoT	授权	180kHz	<250kbit/s	>100kB	<5	10	LTE 软件升级
LTE eMTC	授权	1.4MHz	<1Mbit/s	>100kB	5～10	10	LTE 软件升级
LoRa	非授权	125/500kHz	<50kbit/s	>250kB	<5	10	新建网络
SigFox	非授权	100Hz	<100bit/s	>1000kB	<5	10	新建网络

③5G。5G 是最新一代蜂窝移动通信技术，其性能目标体现在高数据传输速率、小延迟、节省能源、降低成本、提高系统容量和大规模设备连接。VR/AR、无人自动驾驶、4K/8K 超高清视频等应用需要 5G 技术来实现落地。表 6-8 展现了 5G 相对 4G 的性能指标提升情况。

表 6-8　5G 和 4G 性能指标对比

性能指标	描述	4G	5G
用户体验速率	真实网络环境下用户获得的传输速率	10Mbit/s	0.1～1Gbit/s
连接数密度	单位面积支持在线设备数总和	10 万个/km^2	100 万个/km^2
端到端时延	数据包从源终端节点到目的终端节点的传输时间	10ms	1ms
移动性	收发双方相对运动速度(数据可靠接收)	350km/h	500km/h
流量密度	单位面积内总流量	0.1Mbit/(s·km^2)	10Tbit/(s·km^2)
峰值速度	单用户可获得的最高速率	1Gbit/s	20Gbit/s

6.2.4　工业物联网应用和平台

工业物联网广泛应用于研发设计、生产制造、运营管理和服务运维环节。根据中国信息通信研究院对国内外 725 个案例的统计，工业物联网平台应用主要集中于生产过程管控、设备资产管理、资源配置协同及企业运营管理四部分，如图 6-55、图 6-56 所示。

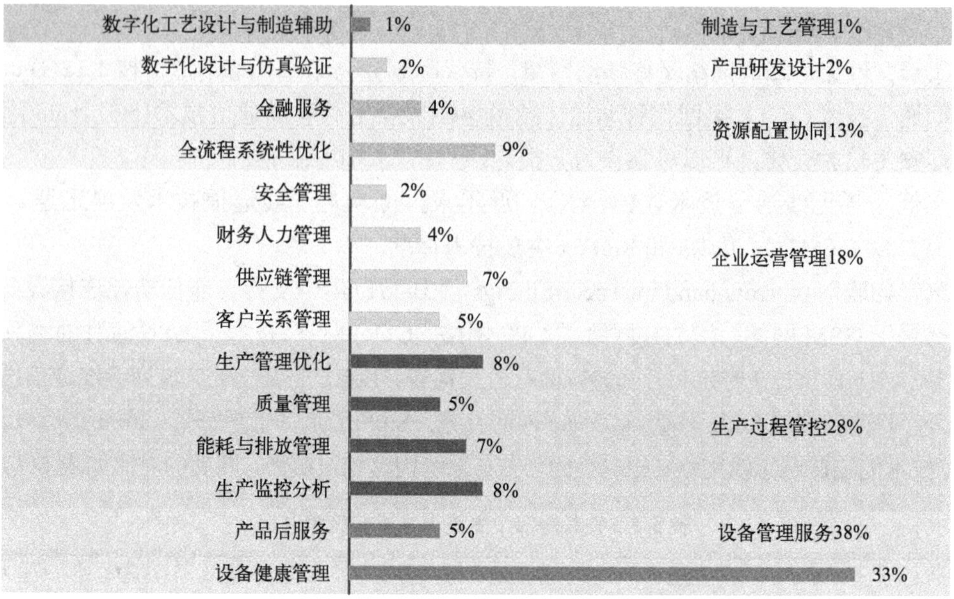

图 6-55　国内工业物联网平台应用分布统计

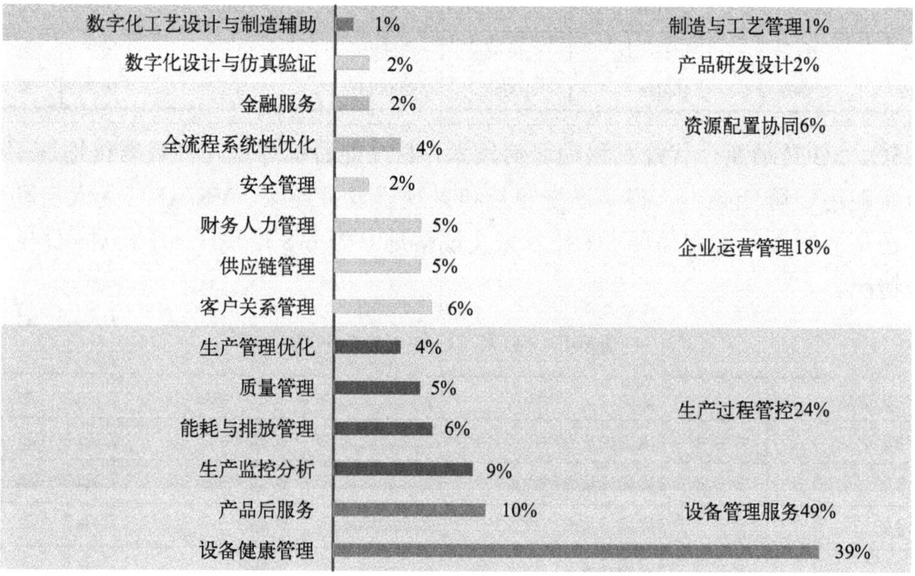

图 6-56　国外工业物联网平台应用分布统计

工业物联网在制造业中有着广泛的应用。例如，通过物联网传感器监测和追踪制造设备、机器和工具的使用情况，实现资产管理；通过收集产线各个环节的数据，实现产线优化；通过监测设备和机器的运行状况，实现预测性维护；通过实时监测生产过程中的关键参数，实现质量控制；通过追踪物流和供应链中的物料和货物，实现物流和供应链管理；通过监测工作环境中的温度、湿度、气体浓度等因素，确保工人安全和健康；通过监测环境因素，如空气质量、噪声和振动等，实现节能和减少环境影响。另外，通过物联网收集的大量数据可以深入分析和挖掘，实现生产决策支持和生产过程优化。

工业物联网平台是一种允许安全的管理工业物联网生态系统中所有互联的人员、系统和物体的工业软件系统。其核心由 IaaS 层、PaaS 层、SaaS 层三层组成，再加上端层、边缘层，共同组成工业互联网平台的基本架构，如图 6-57 所示。

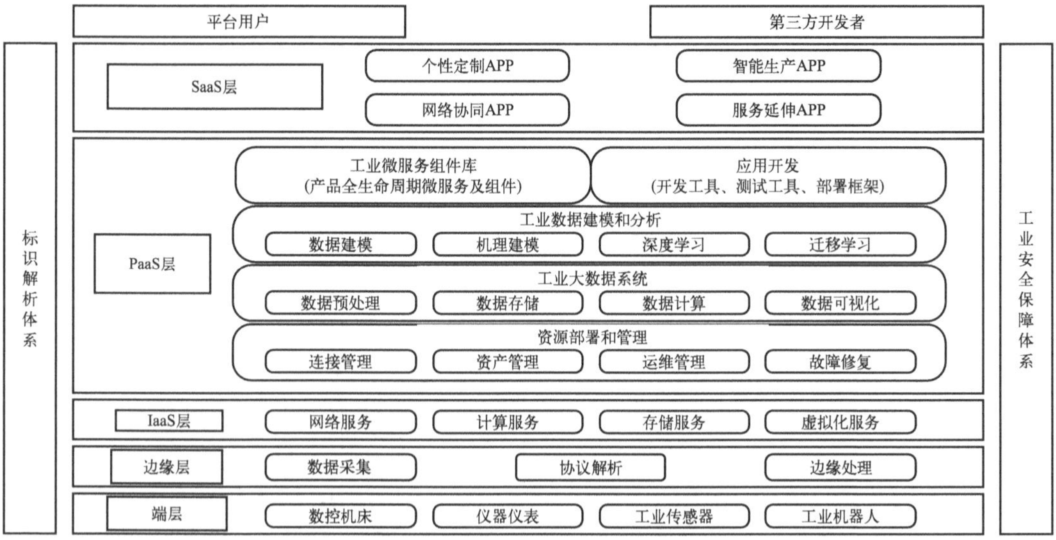

图 6-57　工业互联网平台的基本架构
APP 指应用

端层指生产现场的各种物联网型工业设备，产生并汇聚大量的工业数据。边缘层对端层产生的工业数据进行采集，再通过有线或无线方式远程传输到工业互联网平台数据库。IaaS 层主要提供云基础设施，支撑工业互联网平台的整体运行。PaaS 层不仅能接收存储数据，还能提供强大的计算环境，对工业数据进行云处理或云控制。SaaS 层与用户直接对接，体现了工业数据最终的应用价值。

6.3　工业大数据技术

随着信息化与工业化的深度融合，工业企业所拥有的数据日益丰富，形成了工业大数据。工业大数据的发展历程大致经历了四个阶段，如图 6-58 所示。

制造系统在运行和解决问题的过程中会产生大量数据。例如，某机床制造企业对车间机床运行过程进行数据采集，以应力、表面温度、传输压力、传输流量等数据为采集对象，单车间部署 1000 个采集传感器，每 20s 上报一次数据，数据包大小为 200KB，那么该企业 10 个车间每天产生的数据量是 8239.7GB。通过对这些数据的分析和挖掘，可以将其转化成知识，再利用知识去认识、解决和避免问题。管理和应用好这些数据以更好地制造产品和提供服务已经成为智能制造时代制造企业的迫切需求。由于这些数据量巨大且成分复杂，传统分析方法已经无法有效处理，须使用工业大数据(industrial big data，IBD)技术。

国外一般从狭义上认为工业大数据是由自动化设备及程序自动产生的数据，而国内往往将与工业企业所有相关的数据都视为大数据。例如，美国通用电气公司 2012 年发布的《工业大数据的兴起》给出其基本概念，工业大数据是指由工业设备高速产生的大量数据，对应不同时间下的设备状态，是物联网中的信息。我国《工业和信息化信部关于工业大数据发展的指导意见》中指出，工业大数据是工业领域产品和服务全生命周期数据的总称，包括工业企业在研发设计、生产制造、经营管理、运维服务等环节中生成和使用的数据，以及工业互联网平台中的数据等。工业大数据发展历程如图 6-58 所示。

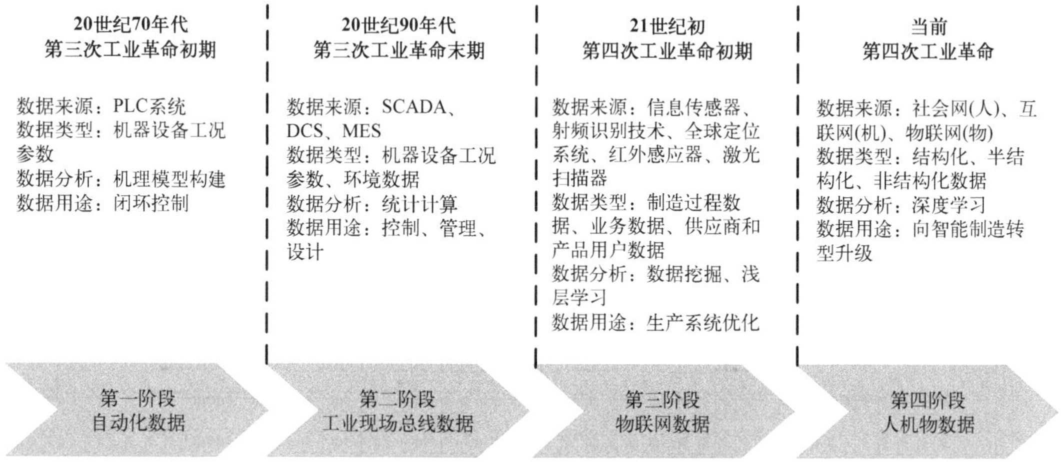

图 6-58　工业大数据的发展历程

6.3.1　工业大数据的特征

工业大数据仍具备一般大数据的五 V 特征：大量(volume)、高速(velocity)、多样(variety)、价值(value)、真实(veracity)。

(1) 数据规模大。工业大数据的主体是来自生产系统的设备数据，这些数据以高频率、全天候的特征被采集，其体量庞大，数据量可以达到 PB 或 TB 级别。

(2) 处理速度快。工业大数据的处理对象往往是高精尖的大型复杂装备，从数据采集到数据处理，直至完成数据分析，往往需要毫秒级的响应时间。

(3) 数据多样化。工业大数据的来源包括企业内部涉及多学科多专业的生产数据和业务数据，以及外部供应商和用户的互联网数据，数据来源丰富、类型多样。

(4) 价值密度低。企业往往需要采集非正常生产条件下的数据资源，而这类数据较难获得，在大数据资源中的占比较少。因此，总体上大数据的价值密度低。

(5) 数据真实。数据真实是工业大数据最基本的特征。工业大数据是通过传感器等采集手段从物理对象中获取的信息，表征了物理对象的真实特征和行为。

相比其他行业大数据资源，工业大数据还具有多模态、强关联、高通量的特点。

(1) 多模态。工业大数据应能反映工业系统在各种条件下的运行特征，涉及工业系统的光、机、电、液、气多学科、多专业的领域数据，具有多维度、多类型、多结构的复杂性。

(2) 强关联。工业数据的关系是在多个学科支撑下对物理实体及其所处环境的机理关联，具有强因果性，工业大数据更加注重挖掘隐藏在数据背后的物理意义和机理逻辑。

(3) 高通量。嵌入了传感器的智能互联产品使数据采集能力得到了质的飞跃，生产设备的时序数据全天候持续不断产生，采集频率高，数据吞吐量大。

6.3.2　工业大数据的处理架构

工业大数据来源多样，结构复杂。表 6-9 是一些常见的工业大数据数据源及其数据特性。

表 6-9　常见工业大数据数据源及其数据特性

分类	系统类型	典型系统	数据结构	数据特点	实时性
管理系统	设计资料	产品模型、图纸文档	半结构化/非结构化	类型各异、更新不频繁、核心数据	批量导入
	价值链管理	SCM、CRM	结构化/非结构化	没有严格时效性要求，需要定期同步	批量导入
	资源管理	ERP、MES、环境管理系统、仓库管理系统、能源管理系统	结构化	没有严格时效性要求，需要定期同步	批量导入
生产系统	工业控制系统	DCS、PLC	结构化	需要实时监控，实时反馈控制	实时采集
	生产监控数据	SCADA	结构化	包含实时数据和历史数据	实时采集/批量导入
	各类传感器	传感器、条码、射频识别	结构化	单个数据量小，并发度大	实时采集
	其他外部装置	视频摄像头	非结构化	数据量大、低时延，网络带宽要求高	实时采集
外部数据	外部数据	相关行业、法规、市场、竞品、环境数据	非结构化	数据相对静止，变化较小，定期更新	批量导入

工业大数据架构是指用于收集、处理和分析工业领域大规模数据的技术和系统。典型的工业大数据架构包括数据采集、存储、处理和分析的流程和组件。图 6-59 为《工业互联网体系架构(1.0)》中的数据体系参考架构。该架构反映了工业数据处理的一般框架。

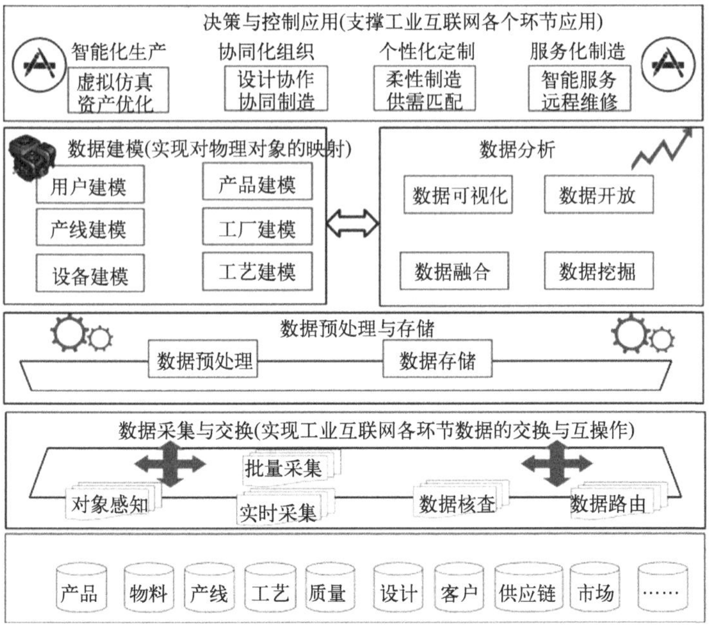

图 6-59　《工业互联网体系架构(1.0)》中的数据体系参考架构

1. 数据采集交换

采集交换主要指从传感器、SCADA、MES、ERP 等内部系统，以及企业外部数据源获取数据，并实现在不同系统之间数据的交互。工厂数据主要来自两方面：工业生产现场传感器数据采集、工业设备自身运行数据采集。

2. 数据预处理与存储

数据预处理是将集成的工业数据集合中大量的、杂乱无章的、难以理解的数据进行分析和加工，形成有价值、有意义的数据，包括数据抽取、清洗转换与加载。采集和处理后的数据会被存储到数据库中。可以使用关系型数据库或者非关系型数据库来存储数据。工业大数据还可以使用高容量和高可靠性的分布式文件系统（如 Hadoop HDFS）来存储海量的非结构化数据。各类存储方式适用的场景如表 6-10 所示。

表 6-10　各类存储方式适用的场景

类型	典型介质	适用场景
海量低成本存储	对象存储、云盘	海量历史数据的归档和备份
分布式文件系统	HDFS、Hive	海量数据的离线分析
数据仓库	MPP、Cassandra	报表综合分析、多维随机分析
NoSQL 数据库	HBase、MongoDB	各类报表文档，适用于简单对点查询及交互式查询
关系型数据库	MySQL、SQLServer、Oracle、PostgreSQL	交互式查询分析
时序数据库	InfluxDB、Kdb+、RRDtool	依据时间顺序分析历史趋势、周期规律、异常性等
内存数据库	Redis、Memcached、Ignite	数据量不大且要求快速实时查询的场景
图数据库	Neo4j	分析关联关系及具有明显点/边分析的场景
文本数据索引	Solr、ElasticSearch	文本/全文检索

3. 数据建模与分析

数据建模是根据工业实际元素与业务流程，在相关数据基础上构建供应商、用户、设备、产品、产线、工厂、工艺等数据模型，并结合数据分析为各类决策提供支持。工业大数据建模分析一般分为三个步骤：数据挖掘、机器学习和可视化分析。数据挖掘是指从大量的数据中发现潜在的信息和模式。机器学习是指让计算机通过学习算法从数据中自动发现规律和模式。可视化分析是指通过图表等方式对数据进行可视化展示和分析，从中发现有价值的信息。

各种数据计算分析引擎适合的应用场景如表 6-11 所示。

表 6-11　各种数据计算分析引擎适合的应用场景

类型	典型介质	适用场景
实时计算引擎	Storm、Spark Streaming、Flink	设备监控、实时诊断等对时效性要求较高的场景
离线计算引擎	MapReduce、Spark、Hive	大数据量的、周期性的数据分析，如阶段性的营销分析或生产能耗分析等
图计算引擎	GraphLab、GraphX	事件及人之间的关联分析，如建立用户画像，进行个性化营销

续表

类型	典型介质	适用场景
数据综合联机分析处理	MPP	产线或销售环节的综合报表分析
业务交互查询联机事务处理	MySQL、SQLServer、Oracle	交互式查询分析
分布式数据库中间件	Cobar、TTDL、MyCAT	海量数据高并发时的弹性扩容解决方案
数据挖掘引擎	Spark、TensorFlow	需要迭代优化的数据挖掘场景，如故障预测、用户需求挖掘等

4. 决策与控制应用

根据数据分析的结果产生决策，从而指导工业系统采取行动，是工业大数据应用的最终目的。工业大数据决策与控制应用可以分为如图 6-60 所示的五类。

(1) 描述类应用。利用报表、可视化等技术，使操作管理人员可以总揽全局。此类应用一般不给出明确的决策建议，依靠人来做出决策。

(2) 诊断类应用。通过采集数据评估运行状态并预测其未来健康状况，对工业系统中的故障给出告警并提示故障可能的原因，辅助人工决策。

(3) 预测类应用。通过对历史数据分析挖掘，预测系统未来行为和状态，给出建议。

(4) 决策类应用。通过对影响决策的数据进行分析与挖掘，发现决策相关的结构与规律，提出决策建议。

(5) 控制类应用。根据规则直接通过数据分析产生行动指令，控制生产系统行动。

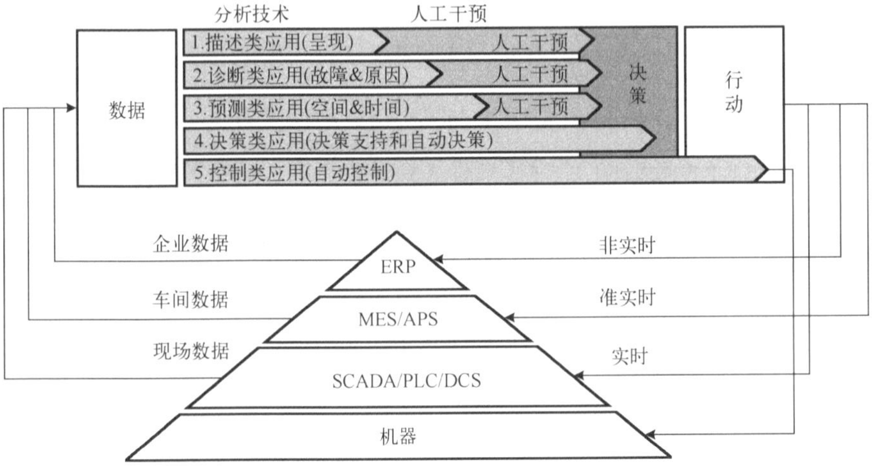

图 6-60　工业大数据决策与控制应用类型

6.3.3　工业大数据的关键技术

工业大数据的关键技术主要包括数据采集与集成、数据存储与处理、数据建模与分析、数据可视化与应用、数据安全与隐私保护等方面。本书主要介绍数据存储与处理、数据建模与分析这两部分，数据采集与集成等参考本书其他章节，数据安全与隐私保护等内容不在本书关注范围。

1. 数据存储与处理

大数据容量常以 TB、PB 为单位，远超传统数据系统承载能力。因此出现了专门针对大数据的分布式存储和并行处理技术。Hadoop 为用户提供了系统底层透明的分布式基础架构，目前已经成为事实上的大数据处理平台技术标准，其组成架构如图 6-61 所示。

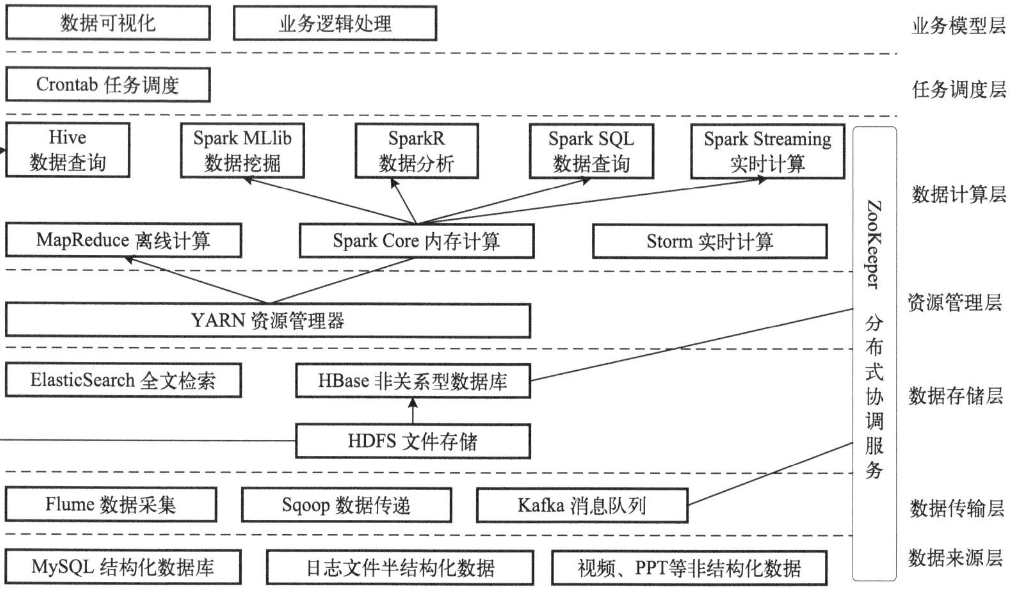

图 6-61　Hadoop 生态系统主要组成架构

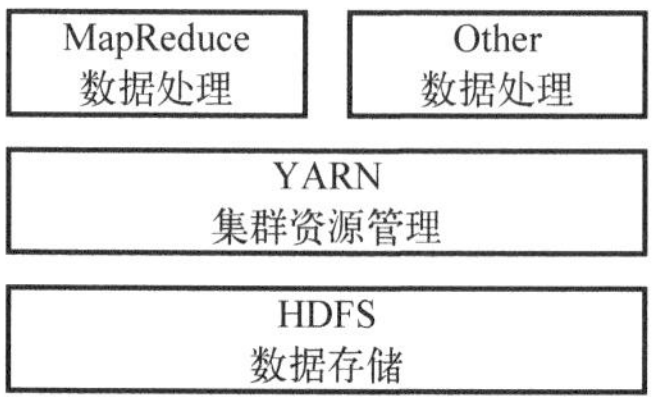

图 6-62　Hadoop 的核心模块

使用 Hadoop 可以将海量数据分布式地存储在集群中，并使用分布式并行程序来处理这些数据。Hadoop 核心模块如图 6-62 所示，包括可提供高吞吐量访问的分布式文件系统(Hadoop distributed file system，HDFS)，用于任务调度和集群资源管理的框架 YARN，基于 YARN 之上、用于大型数据集并行处理的系统 MapReduce。

1) HDFS

HDFS 把文件分布存储到多个计算机节点上，成千上万的计算机节点构成计算机集群，大大降低了硬件方面的成本。这些节点分两类：一类称为主节点(master node)或者名称节点(name node)；另一类称为从节点(slave node)或者数据节点(data node)。

HDFS 采用主从(master/slave)结构模型，一个 HDFS 集群包括一个名称节点和若干数据节点，如图 6-63 所示。名称节点作为中心服务器，负责管理文件系统的命名空间及客户端对文件的访问。数据节点负责处理文件系统客户端的读/写请求，在名称节点的统一调度下进行数据块的创建、删除和复制等操作。

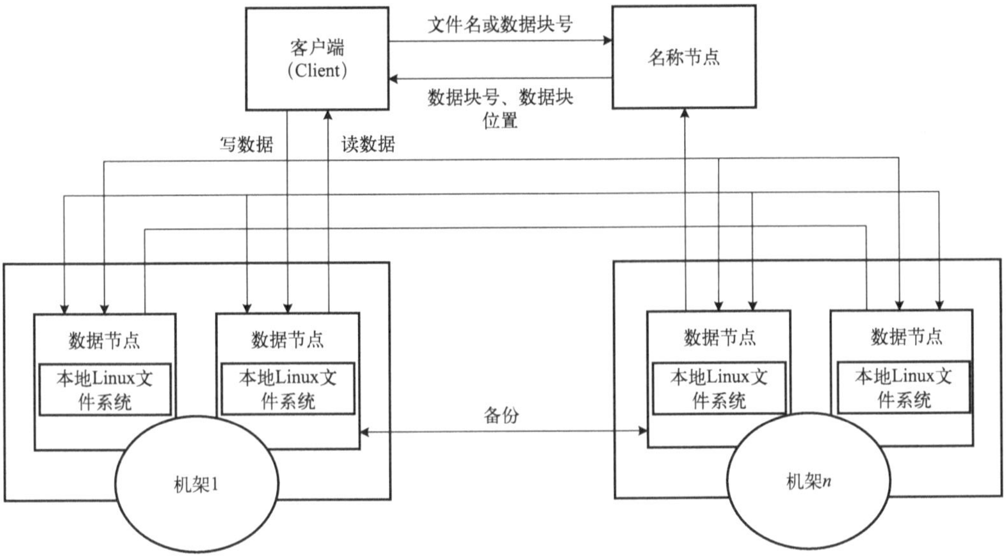

图 6-63　HDFS 的整体结构

名称节点记录了每个文件中各个块所在的数据节点的位置信息，负责管理分布式文件系统的命名空间，保存了两个核心的数据结构，即用于维护文件系统树及文件树中所有的文件和文件夹的元数据 FsImage，以及记录了所有针对文件的创建、删除、重命名等操作的操作日志文件 EditLog。其数据结构如图 6-64 所示。

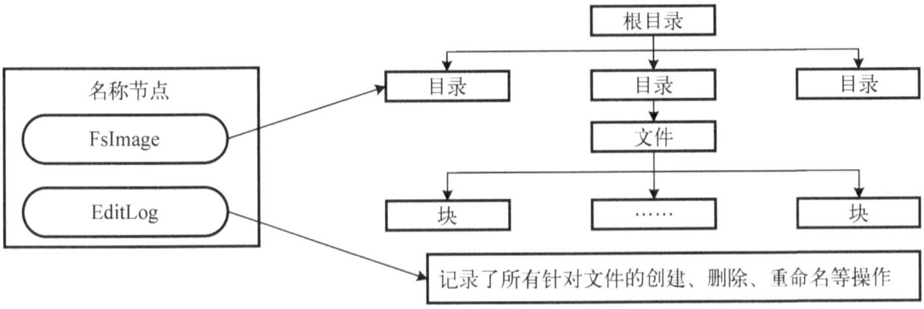

图 6-64　名称节点的数据结构

2）并行处理系统 MapReduce

人们借助分布式并行编程来提高程序性能。分布式程序运行在大规模计算机集群上，可以并行执行大规模数据处理任务、获得海量计算能力。MapReduce 采用“分而治之”策略，将一个存储在分布式文件系统中的大规模数据集切分成许多独立的分片，分片可被多个任务并行处理。MapReduce 将复杂的、运行于大规模集群上的并行计算过程高度地抽象到了两个函数：Map 和 Reduce，可以很容易把程序运行在分布式系统上，完成海量数据的计算。其计算策略如图 6-65 所示。

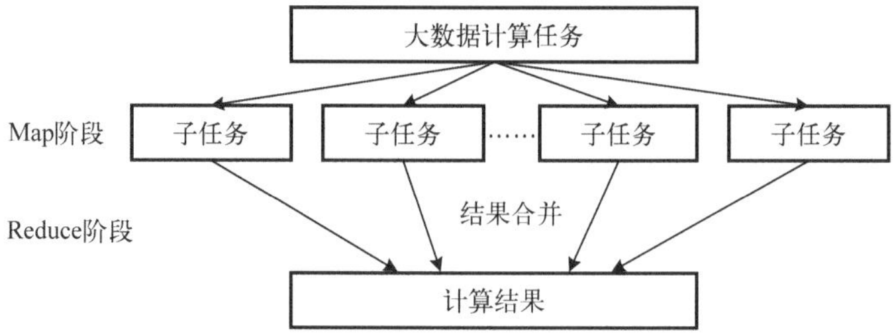

图 6-65　MapReduce 的计算策略

MapReduce 体系结构主要由四个部分组成，分别是客户端(Client)、作业跟踪器(JobTracker)、任务跟踪器(TaskTracker)及任务(Task)。主节点(Master)上运行 JobTracker，从节点(Slave)上运行 TaskTracker，如图 6-66 所示。

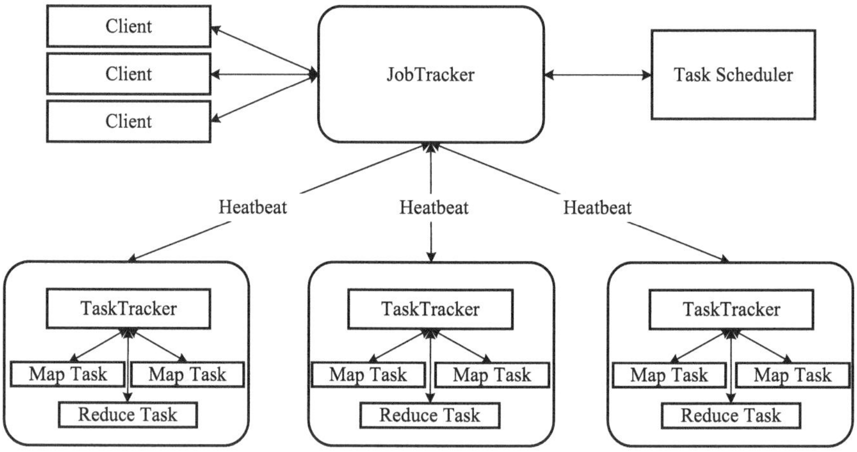

图 6-66　MapReduce 体系结构

(1) Client。用户编写的 MapReduce 程序通过 Client 提交到 JobTracker 端。用户可通过 Client 提供的一些接口查看作业运行状态。

(2) JobTracker。JobTracker 监控所有 TaskTracker 与作业(Job)的健康状况，一旦发现失败，就将相应的任务转移到其他节点。JobTracker 跟踪任务的执行进度等信息，并将其告诉任务调度器(TaskScheduler)，任务调度器会在资源出现空闲时选择合适的任务去使用这些资源。

(3) TaskTracker。TaskTracker 会周期性地将本节点上资源使用情况和任务进度汇报给 JobTracker，接收 JobTracker 发送过来的命令并执行相应的操作(如启动新任务、杀死任务等)。

(4) 任务(Task)。Task 分为 Map Task 和 Reduce Task 两种，均由 TaskTracker 启动。

一个 MapReduce 程序包含一个 Map 过程和一个 Reduce 过程。Map 主要进行过滤、转换、排序等数据操作；Reduce 对数据进行聚合、关联等操作，生成最后的数据结果。Map 和 Reduce 过程之间通过硬盘进行数据交换，如果出现错误，就会从上个阶段的磁盘数据重新开始执行相关任务，保证系统的容错性和鲁棒性。

MapReduce 只能用于离线的数据处理，不能用于对性能要求高的计算场景。由此诞生了 Spark 计算模型。Spark 计算模式也属于 MapReduce，但编程模型比 MapReduce 更灵活。Spark 提供了内存计算，可将中间结果放入内存，迭代运算效率更高。

3）资源管理系统 YARN

YARN（yet another resource negotiator）用于资源管理和作业调度，相当于一个分布式的操作系统平台，MapReduce、Spark 等运算程序则相当于运行在操作系统之上的应用程序。YARN 仍然是主/从结构，YARN 主要由资源管理器（ResourceManager）、节点管理器（NodeManager）、应用管理器（ApplicationMaster）和容器（Container）等组件构成。

ResourceManager（后面简称 RM）为 Master，NodeManager（后面简称 NM）为 Slave，RM 负责对各个 NM 上的资源进行统一管理和调度。当提交一个应用程序时，会创建一个用以跟踪和管理这个程序的 ApplicationMaster（后面简称 AppMaster），负责向 RM 申请资源，并要求 NM 启动需要占用一定资源的任务。由于不同的 AppMaster 被分布到不同的节点上，互相之间不会影响。

Container 是 YARN 中的资源抽象，封装了某个节点上的多维度资源，如内存、CPU、磁盘、网络等。当 AppMaster 向 RM 申请资源时，RM 为 AppMaster 返回的资源用 Container 表示。YARN 会为每个任务分配一个 Container，且该任务只能使用该 Container 中描述的资源。

当用户向 YARN 中提交一个应用程序后，YARN 将分两个阶段运行该应用程序：第一个阶段是启动 AppMaster；第二个阶段是由 AppMaster 创建应用程序，为它申请资源，并监控它的整个运行过程，直到运行完成。

大数据的存储与处理还涉及数据具体的数据存储技术。目前除关系型 DBMS 之外，NoSQL 数据库更适合大数据存储。NoSQL 数据库是不采用关系型模型的新型数据库。NoSQL 数据库支持超大规模数据存储，但大多不能实现事务强一致性，很难实现数据完整性，主要适用于互联网企业、传统企业的非关键业务（如数据分析）。其主要类型有键值数据库、列族数据库、文档数据库和图形数据库，其简略数据结构如图 6-67 所示，典型产品如 HBase、MongoDB、Redis 等。

Key_1	Value_1
Key_2	Value_2
Key_3	Value_1
Key_4	Value_3
Key_5	Value_2
Key_6	Value_1
Key_7	Value_4
Key_8	Value_3

(a) 键值数据库

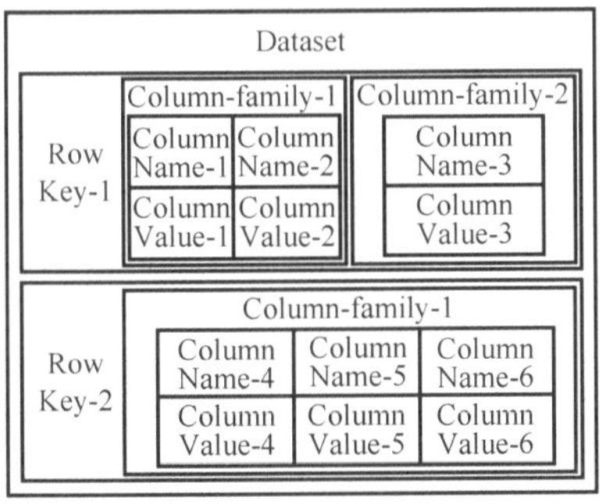

(b) 列族数据库

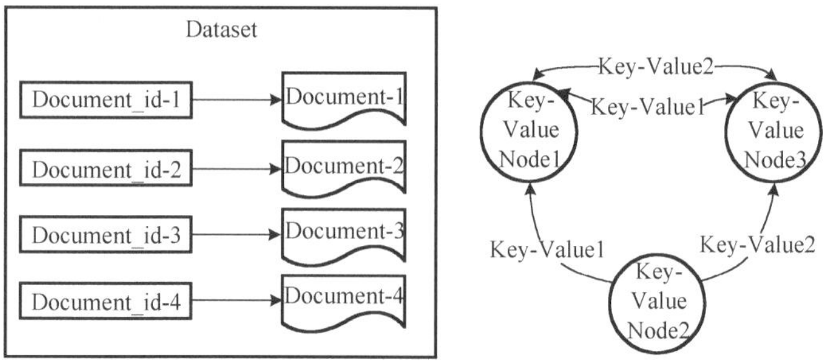

(c) 文档数据库　　(d) 图形数据库

图 6-67　四种 NoSQL 数据库的简略数据结构

2. 数据建模与分析

工业大数据分析建模技术已经形成了一些比较成熟稳定的模型算法，笼统地可以分为知识驱动的分析方法和数据驱动的分析方法。有时数据可视化技术也称一种数据分析方法。工业大数据建模分析技术体系如图 6-68 所示。

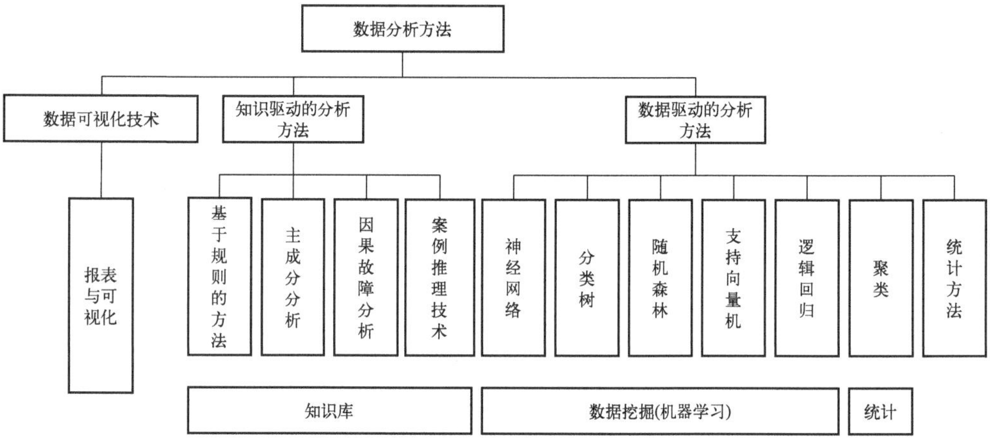

图 6-68　工业大数据建模分析技术体系

知识驱动的分析方法基于大量理论模型，以及工业系统的物理化学原理、工艺及管理经验等知识进行分析，包括基于规则的方法、主成分分析、因果故障分析和案例推理技术等。

数据驱动的分析方法利用算法在数据空间中寻找规律和知识，包括神经网络、分类树、随机森林、支持向量机、逻辑回归、聚类等机器学习方法，以及统计方法。

两类方法的对比如表 6-12 所示，分别适用于不同的场景。

表 6-12　工业大数据分析的两类主要方法对比

对比	知识驱动的分析方法	数据驱动的分析方法
优势	有理论基础和确定的因果关系 直观，容易理解 数据量和计算量需求小	可以动态调整 对先验知识的依赖程度低 建模周期短
劣势	是静态模型，离线无法动态调整 创新理论和模型建立周期比较长	数据量和计算量需求大 因果关系不明确，可解释性较差 置信度难以达到工业级要求

数据的分析处理是一个复杂过程，需要一个明确方法有序有效地组织这个过程。跨行业数据挖掘标准流程(CRISP-DM)框架是一种被广泛采用的数据挖掘分析方法框架，已经成为目前的事实标准。它认为数据挖掘是业务理解、数据理解、数据准备、模型建立、模型评估、模型部署六个阶段的迭代过程。CRISP-DM 对每个阶段的活动做了细化，使其成为一个具有指导性的方法论，如图 6-69 所示。

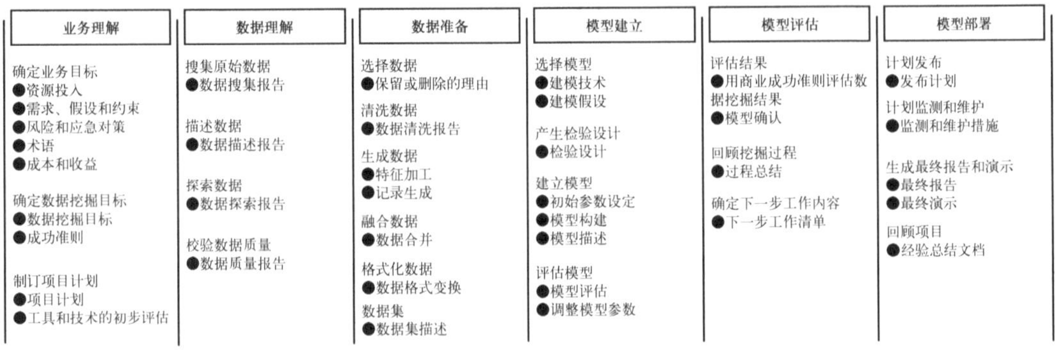

图 6-69　CRISP-DM 每个阶段的执行内容

本节讨论的数据分析工具软件是指可以进行统计分析或机器学习的软件。不同工具软件的侧重点不同，适合的场景也不同。2017 年的一个调查结果表明：在所有领域，开源软件 R 和 Python 的使用频度都很高；在企业和咨询行业，SQL 和 Tableau 等工具是常用的软件；在学术界，MATLAB 使用频度非常高。

工业大数据分析人员除了拥有坚实的数据分析算法/工具、软件开发基础、大数据平台基础、工程基础等技术层面的知识，还需要业务/工业系统分析能力和工业领域知识。

6.3.4　工业大数据应用

依据工业大数据支撑产品从订单到研发设计、采购、生产制造、交付、运维、报废、再制造的整个流程，工业大数据典型的应用场景包括智能化设计、智能化生产、网络化协同制造、智能化服务和个性化定制等五种模式，如图 6-70 所示。

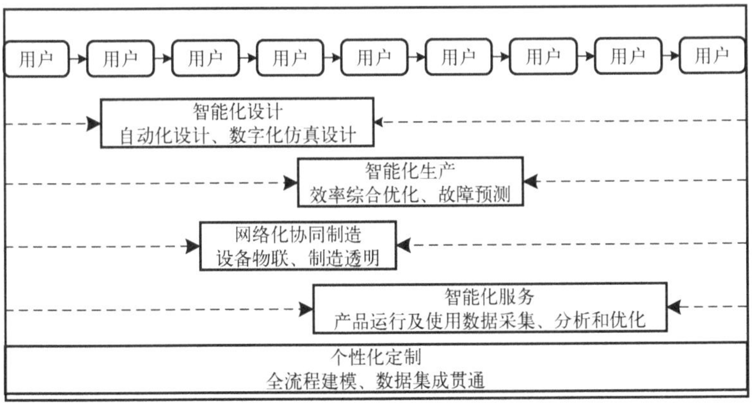

图 6-70　工业大数据典型应用场景

(1) 智能化设计。传统产品设计模式基于设计师的灵感和经验，揣摩用户的需求与喜好，从而设计产品，针对性不强。工业大数据可以精准量化用户需求，指导设计过程，改变产品设计模式。GE 公司使用 Predix 平台助力自身发动机的设计优化，实现了发动机的设计改进和性能提升。

(2) 智能化生产。工业大数据通过采集和汇聚设备运行数据、工艺参数、质检数据、物料配送数据和进度管理数据等生产现场数据实现生产过程的优化。例如，美国电力公司对变压器、断路器和蓄电池分别加装了 8600 多个、11500 多个和 400 多个传感器，实时监控其参数、进行故障诊断预警，将设备寿命延长了 3 年，维护成本降低了 2.7%，设备维护效率提高了 4%。

(3) 网络化协同制造。工业大数据在网络化协同制造方面的应用主要体现在协同研发与制造、供应链管理体系优化、制造能力资源优化等方面。例如，河南航天工业有限责任公司基于航天云网 INDICS 云平台，实现总体设计部与总装厂的协同研发设计与工艺设计，研发周期缩短了 35%、资源利用率提升了 30%，生产效率提高了 40%。沈阳机床基于工业大数据平台向陕西奥邦锻造有限公司提供了沈机 i5 机床租赁服务，按照制造能力付费，有效降低了用户资金门槛，释放了产能。

(4) 智能化服务。在市场营销环节，利用大数据挖掘市场趋势和用户深层次需求，形成满足用户预期的各品类生产方案。在售后服务环节，开展故障预警、远程监控、远程运维、质量诊断等大数据分析和预测服务，形成“制造+服务”的新模式。例如，三一重工打造的根云平台为行业企业提供基于物联网、大数据的云服务，已接入各类高价值设备 40 万台，采集近万个参数，为用户开拓超百亿元的新业务，实现了制造企业的服务化转型。

(5) 个性化定制。个性化定制也是工业大数据应用的热点模式之一。通过工业大数据技术构建千人千面的用户画像，将用户的动态需求准确地转化为订单，最终形成基于数据驱动的工业大规模个性化定制新模式。例如，联想构建了大规模个性化定制的先进计算与存储设备制造支撑平台，实现了个性化定制生产和生产能力分享。

6.4 云计算和边缘计算技术

美国 NIST 认为，云计算是一种按使用量付费的模式，这种模式提供可用的、便捷的、按需的网络访问，进入可配置的计算资源共享池(资源包括网络、服务器、存储、应用、服务)，这些资源能够被快速提供，且只需投入很少的管理工作或与服务供应商进行很少的交互。借助云计算，企业和个人无须采用磁盘和服务器等成本高昂的硬件，能够按需获取存储空间及计算和信息服务。提供资源的网络称为云。云中的资源在使用者看来可以无限扩展，可以随时获取。这种特性常被比喻为像水电一样按需购买和使用硬件资源。

6.4.1 云计算的原理和特征

云计算的基本原理是令计算分布在大量的分布式计算机上，而非本地计算机或远程服务器中。云计算具有基于互联网、按需服务、资源池化、安全可靠、资源可控五个特点。

云计算逻辑示意如图 6-71 所示。

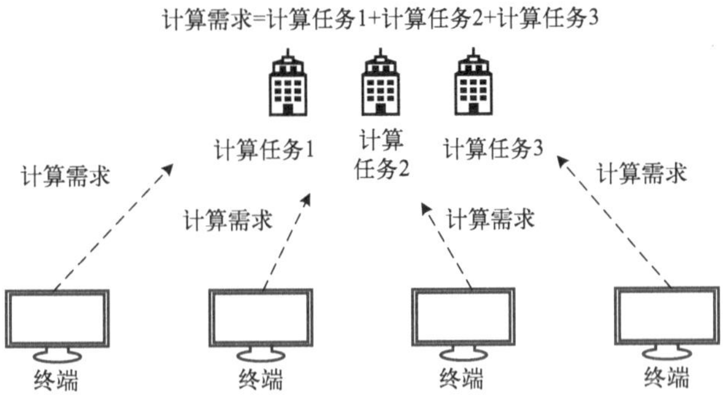

图 6-71　云计算逻辑示意

按照网络结构，云计算可以分为公有云、私有云和混合云。三种云服务各具特色，适合不同的用户，如图 6-72 所示。

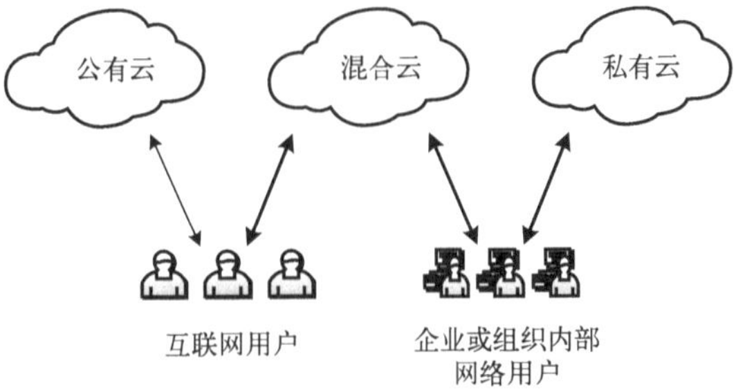

图 6-72　云计算类型及适合用户

(1) 公有云。公有云为大众而建，同时支持多个租户，一个租户离开后其资源可以马上释放给下一个租户，能够在大范围内实现资源优化。

(2) 私有云。私有云为一个用户或一个企业单独使用而构建，提供对数据、安全性和服务质量的有效控制。

(3) 混合云。混合云是公有云和私有云的混合。在公有云尚不完全成熟，私有云存在运维难、部署周期长、动态扩展难的现阶段，混合云是一种较为理想的平滑过渡方式。

云计算的服务类型有 IaaS、PaaS 和 SaaS 三种，如图 6-73 所示。

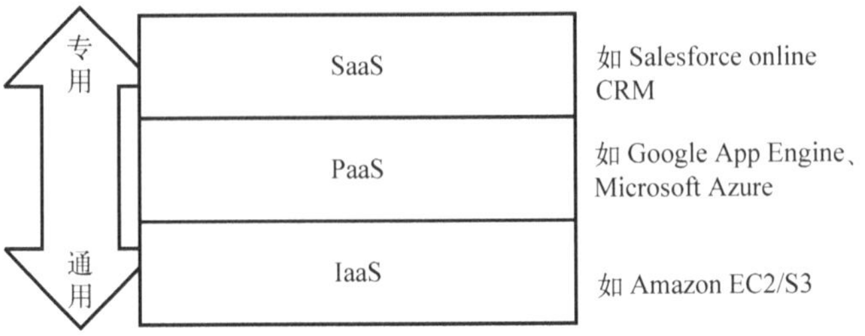

图 6-73　典型的云服务类型及对应情况

(1) 基础设施即服务 (infrastructure as a service，IaaS)。IaaS 是把计算资源和存储等基础设施作为服务出租的商业模式。用户相当于租用了裸机和磁盘，要自行安装软件系统。

(2) 平台即服务 (platform as a service，PaaS)。类似 IaaS，但除计算资源和存储之外，它还包括操作系统和围绕特定应用的必需的服务。

(3) 软件即服务(software as a service，SaaS)。它是一种通过网络提供软件的模式，除了 IaaS 和 PaaS 提供的内容，用户直接向供应商租用基于网络的应用软件。

因此，云计算实现了通过网络提供可伸缩的、经济可行的分布式计算能力，用户通过网络可以随时随地获得所需的各种 IT 资源。上述服务模式和类型如图 6-74 所示。

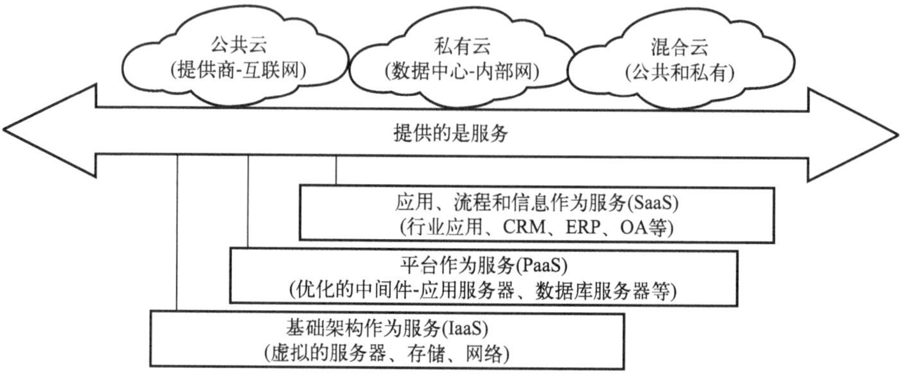

图 6-74　云计算的服务模式和类型

一般来说，公认的云计算技术架构可以分为基础架构层、中间层和应用层三个层次。这三层对应的服务分别为 IaaS、PaaS 和 SaaS，如图 6-75 所示。

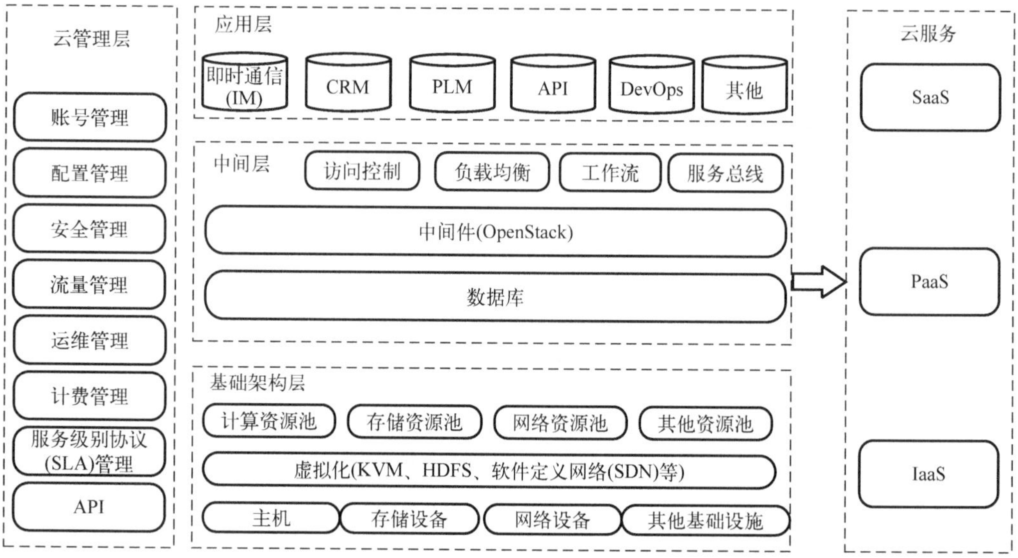

图 6-75　云计算技术架构

基础架构层中积累了大量主机、存储设备、网络设备及其他基础设施，通过虚拟化技术将其统一虚拟为资源池中的虚拟资源，可以按照用户需求向用户提供 IT 基础能力服务。在基础架构层的基础上，不同的厂商构建云计算平台，向用户提供类似操作系统和开发工具的功能。例如，用户可以申请一台装有 Linux 操作系统和 MySQL 数据库的服务器。云服务提供商在应用层中部署各种业务应用和开发工具，如办公自动化(OA)、ERP、Visual Studio 等软件。

在云计算技术架构的中间层中还能分离出一个纵向的、维护三个层次的云管理层，为三个横向层提供服务，如账号管理、计费管理、安全管理、流程管理、运维管理等。

6.4.2　云计算的关键技术

云计算关键技术主要有虚拟化、分布式存储、并行编程、资源管理、能耗管理和安全管理。分布式存储、并行编程、资源管理等典型技术即前面所述的 HDFS、MapReduce、YARN，不再赘述。能耗管理和安全管理不在本书范围，下面重点介绍虚拟化技术。

虚拟化技术是一种资源管理技术，是将计算机的各种实体资源(CPU、内存、磁盘空间、网络适配器等)予以抽象、转换后呈现出来并可供分割、组合为一个或多个计算机配置环境，进而发挥计算机硬件的最大利用率，不受实现、地理位置或底层资源的物理配置的限制。

虚拟化通常在操作系统和底层硬件资源之间加入一个虚拟化层来实现。通过时分复用、空分复用的技术把 CPU、内存等物理资源抽象成逻辑资源，为上层操作系统提供它所需要的虚拟硬件环境。虚拟化技术可以使运行不同操作系统的虚拟机之间相互隔离，互不影响，并且运行在同一台物理机上。有关虚拟化的概念包括物理机(Host Machine)、运行在物理机上的操作系统(Host OS)、虚拟机(Guest Machine，又称 Guest VM)、运行在虚拟机上的操作系统(Guest OS)、虚拟机监视器(virtual machine monitor，VMM，又称 Hypervisor)。

实现虚拟化层的软件称为 Hypervisor。Hypervisor 的常见架构有三种：Type-Ⅰ(裸金属虚拟化，全虚拟化)、Type-Ⅱ(寄居虚拟化，半虚拟化)、Type-Ⅲ(操作系统级虚拟化)，前两种(Type-Ⅰ、Type-Ⅱ)统称硬件级虚拟化。

1. 硬件级虚拟化

Type-Ⅱ也称主机式虚拟化，是指在一个已经安装操作系统(Host OS)的物理硬件上，运行一个虚拟机监视器(Hypervisor)，它作为一个应用程序管理多个虚拟机(Guest VM)，如图 6-76 所示。每个虚拟机有自己的操作系统和应用程序，但是它们需要通过 Hypervisor 和 Host OS 来访问硬件资源。这种虚拟化技术兼容性好，但性能差，有额外的中间层和转换成本。Type-Ⅱ主要用在日常的个人电脑和开发测试场景，提供方便、快速、多样的计算环境。常见的 Type-Ⅱ产品有 VirtualBox、VMware Workstation、Xvisor、Lguest 等。

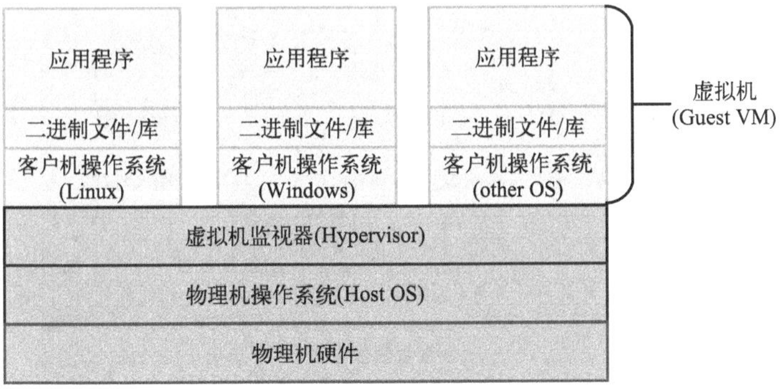

图 6-76　Type-Ⅱ

Type-Ⅰ也称裸机虚拟化，是指直接在物理硬件上运行一个 Hypervisor，能够直接操作控制硬件并管理多个虚拟机。每个虚拟机都有自己的操作系统和应用程序，可以完全独立运行，如图 6-77 所示。Type-Ⅰ通常使用半虚拟化、硬件辅助虚拟化或一些混合形式来实现，典型代表有 KVM(kernel virtual machine)、Xen、VMware ESX Server、Hyper-Ⅴ。

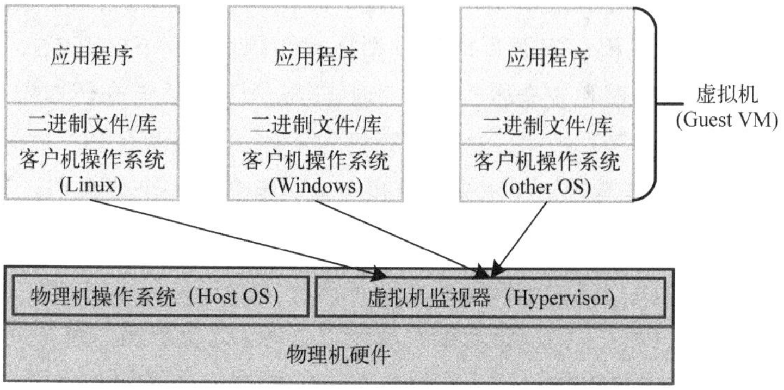

图 6-77　Type-Ⅰ

Type-Ⅰ与 Type-Ⅱ的主要差别是 Type-Ⅰ的 Hypervisor 能直接操作控制硬件。这种虚拟化技术的优点是性能高，缺点是兼容性差。当前云计算使用的主流虚拟化技术就是以 KVM 为代表的硬件辅助的完全虚拟化。

2. 操作系统级虚拟化

Type-Ⅰ实际上存在浪费的资源，每一个虚拟机都运行了一个属于自己的单独的操作系统。因此，出现了 Type-Ⅲ。Type-Ⅲ直接虚拟出多个物理机操作系统副本，它们之间共享底层物理机操作系统内核和底层的硬件资源，使程序“觉得”自己直接访问的就是原物理机操作系统。

2005 年，出现了一种新的虚拟化技术——容器技术。容器技术利用操作系统级虚拟化来实现操作系统内核提供的资源隔离和控制功能，创建出多个相互隔离但共享内核的用户空间实例。每个容器都可以运行一个或多个应用程序，且具有自己的文件系统、网络配置、进程空间等。其技术架构如图 6-78 所示。

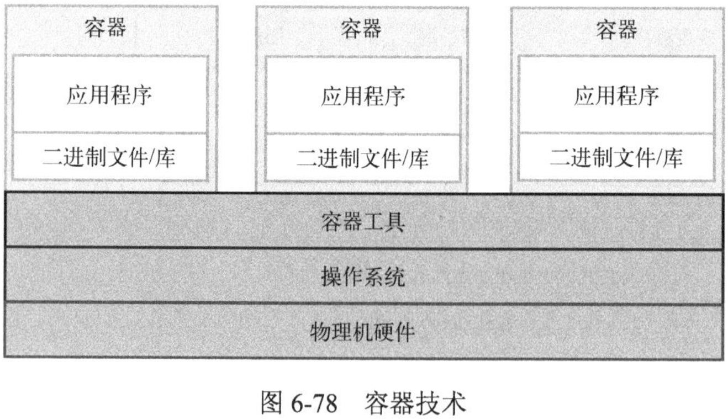

图 6-78　容器技术

容器技术的代表就是 Docker。Docker 的大规模应用使得系统资源的形态由虚拟机阶段进入容器阶段。Docker 主要用于微服务架构、持续集成部署等场景，具有高效、灵活、可靠的应用交付能力。表 6-13 展示了容器与虚拟机的对比。

表 6-13　容器与虚拟机的对比

特性	容器(Docker)	虚拟机
启动时间	秒级	分钟级
硬盘占用量	一般为 MB	一般为 GB
性能	接近原生	弱于原生
系统支持量	单机支持上千个容器	一般支持几十个
资源使用率	高	低
环境配置	自带配置	不带配置，需要全量配置

近年来，云原生(native cloud)技术蓬勃发展，逐渐有替代虚拟机技术的趋势。cloud 意味着应用程序在云环境中运行，而不是传统的数据中心环境；native 表示应用程序的设计初衷是考虑到云的特点，天生是为云而设计的。云原生应用程序通常具有容错性好、易于管理和观察的特性，并能通过自动化手段进行频繁和可预测的系统变更。

云原生技术体系的核心组件包括容器化、服务网格、微服务、无服务器计算和 DevOps 等，该体系使开发者可以在不关注底层技术细节的情况下，充分发挥云平台的功能，实现快速部署、按需伸缩及不停机交付等功能。这些核心组件的基本关系如图 6-79 所示。

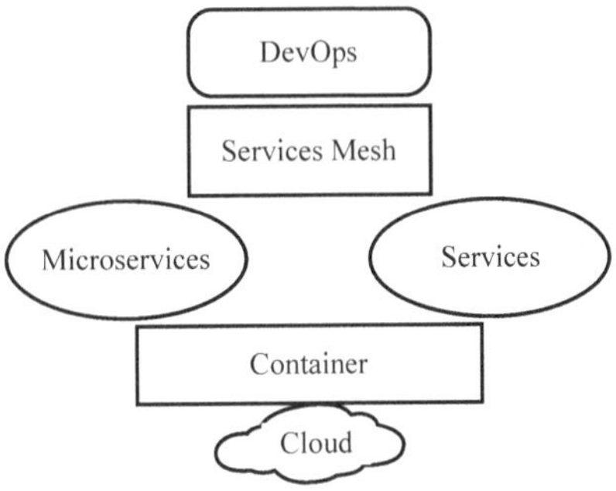

图 6-79　云原生技术体系的核心组件的基本关系

服务网格(Services Mesh)是一个基础设施层，通常由一系列轻量级的网络代理组成，用于处理服务间通信。

微服务(Microservices)是一种软件架构方式，可将一个大型应用程序按照功能模块拆分成多个仅实现一种功能、具有明确边界、独立自治的微服务。微服务相关开发平台和框架有 Spring Cloud、Service Fabric、Linkerd、Envoy、Istio 等。

无服务器运算(serverless computing，Serverless)是云计算的一种模型。无服务器运算提供一个微型架构，代码运行所需要的服务器服务皆由云平台提供。国内外比较出名的产品有 Tencent Serverless、AWS Lambda、Azure Functions 等。

开发和运维(development & operations，DevOps)是软件开发人员和 IT 人员之间的合作过程，开发和运维人员通过持续不断地沟通和协作，可以以一种标准化和自动化的方式快速、频繁且可靠地交付应用。

6.4.3　边缘计算及其特征

云计算无法满足机器人、无人驾驶、VR/AR、可穿戴设备、智能制造等场景对低延迟的高要求，边缘计算技术应运而生。边缘计算是一种分散式运算的架构，将应用程序、数据资料与服务的运算由网络中心节点移往网络逻辑上的边缘节点来处理，减少时延，提升效率，加强对安全隐私的保护。边缘计算能够大大减少云中心模式站点给应用程序带来的影响，工作逻辑框架如图 6-80 所示。

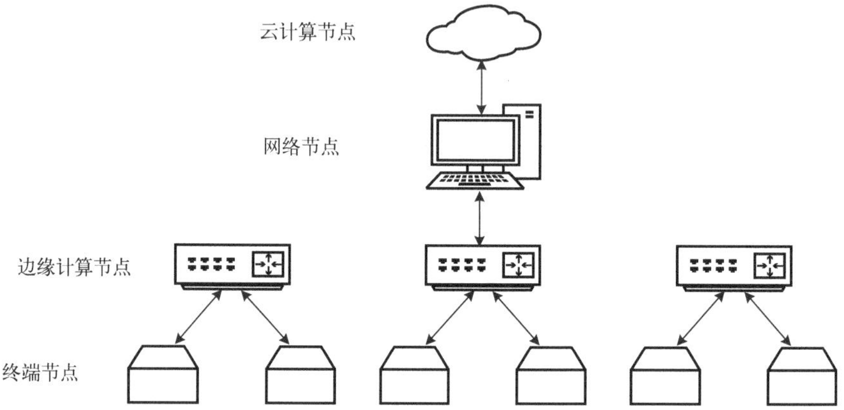

图 6-80　边缘计算工作逻辑框架

终端节点由各种物联网设备组成，收集原始数据并上报。边缘计算节点通过合理部署和调配网络边缘侧节点的计算和存储能力，实现基础服务响应。网络节点负责将边缘计算节点处理后的有用数据上传至云计算节点进行分析处理。云计算节点将上报数据进行永久性存储，但其无法处理的分析任务和综合全局信息的处理任务仍旧需要在云计算节点上完成。除此之外，云计算节点还可以根据网络资源分布动态调整边缘计算节点的部署策略和算法。

云计算和边缘计算的特点如表 6-14 所示。

表 6-14　云计算和边缘计算的特点

特点	云计算	边缘计算
数据处理地点	远程数据中心	数据产生地附近的边缘设备上
延迟	较高，受网络传输影响	较低，处理更靠近数据源
带宽需求	较高，需要将数据传输至远端	较低，大部分数据在本地处理
安全性	较高，但传输过程中需要加密	更高，数据较少离开本地网络
可靠性	高，但依赖网络连接	较高，可在网络不佳时独立工作
应用场景	大规模数据处理、长期存储	实时分析、低延迟应用
资源配置	集中式，规模经济	分布式，灵活部署

边缘计算、云计算、终端设备之间实际上是协作关系。云计算中心提供强大的计算资源和数据处理服务，边缘计算节点提供更靠近终端设备的计算和存储服务，终端设备产生和收集数据，同时也具备一定的计算能力。云边端协作关系如图 6-81 所示。

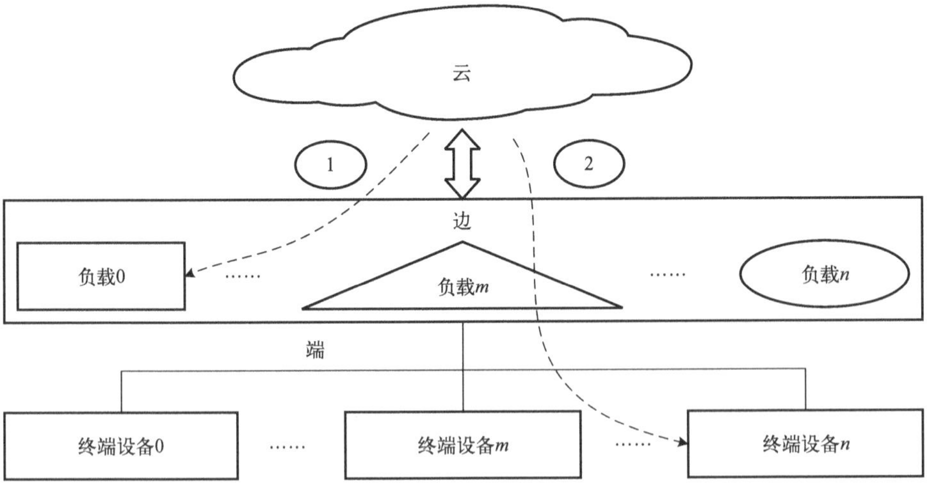

图 6-81　云边端协作关系

云边端的相互配合和协作可以提高系统的处理速度和效率，降低网络带宽需求和延迟。

6.4.4　边缘计算的部署

目前，边缘计算在离散制造业中的物理实现形式以边缘控制器、边缘网关及边缘云为主，如图 6-82 所示。企业根据自身需求部署其中一层或者多层架构，它们都基于云原生的云边端协同架构，采用轻量级容器、虚拟化等技术构建统一的现场异构数据集成平台，负责从各现场设备采集数据，实现边缘侧数据的统一接入、本地集中存储、边缘分析处理等。

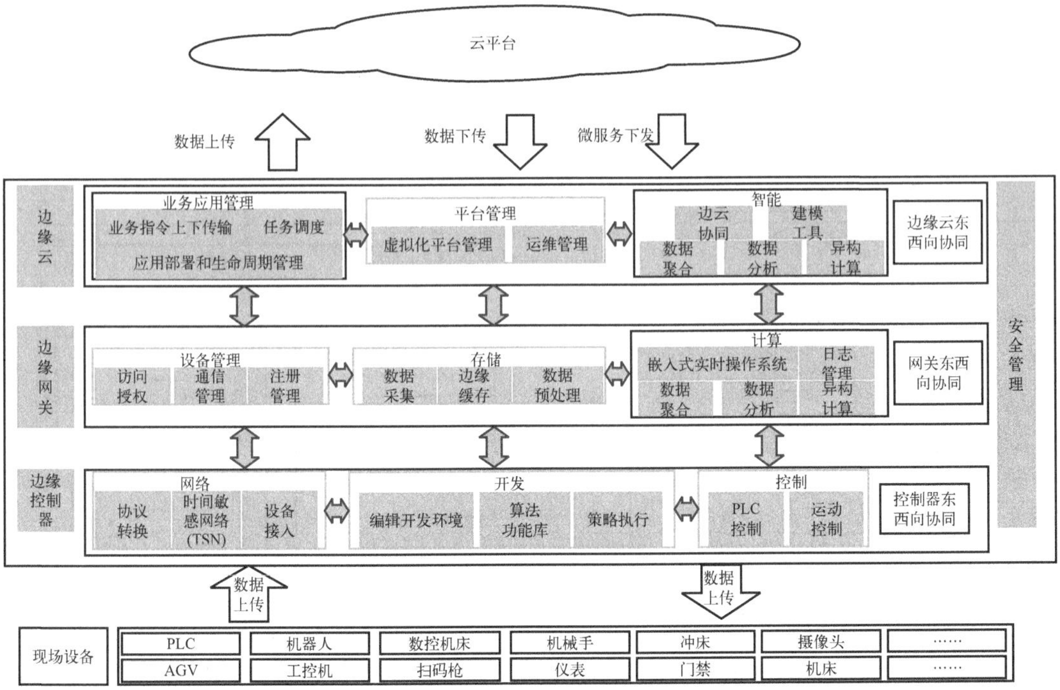

图 6-82　边缘计算在离散制造业中的物理实现形式

(1) 边缘控制器层。边缘控制器在工业互联网边缘侧连接各种现场设备，进行工业协议的转换和适配，统一接入边缘计算网络，并将设备能力以服务的形式进行封装，实现物理上和逻辑上生产设备之间通信连接。

(2) 边缘网关层。边缘网关是指具备边缘计算、过程控制、运动控制、机器视觉、现场数据采集、工业协议解析能力的边缘计算装置。边缘网关可以通过 OPC UA 等通信协议，使得上位系统及工业互联网平台与不同设备和系统互相通信，方便系统集成，实现远程管理等功能。

(3) 边缘云层。边缘云是指边缘侧单个或者多个分布式协同的服务器，通过本地部署的应用实现特定功能，提供弹性扩展的网络、计算、存储能力，满足可靠性、实时性、安全性等需求。

边缘计算的关键技术主要有边缘智能、异构计算、互联互通、微服务和计算迁移等。

6.4.5　云边协同在智能制造中的应用

在智能制造中，云计算可为制造企业提供高效的计算、存储和管理服务，主要作用包括数据存储与管理、数据分析与挖掘、资源调度与优化、服务支持与协同工作。边缘计算提供了设备之间的互联互通机制，以及部署于工业现场的实时数据采集、汇聚、存储、分析机制。因此，云边协同可以更好地为智能制造服务，其参考技术架构如图 6-83 所示。

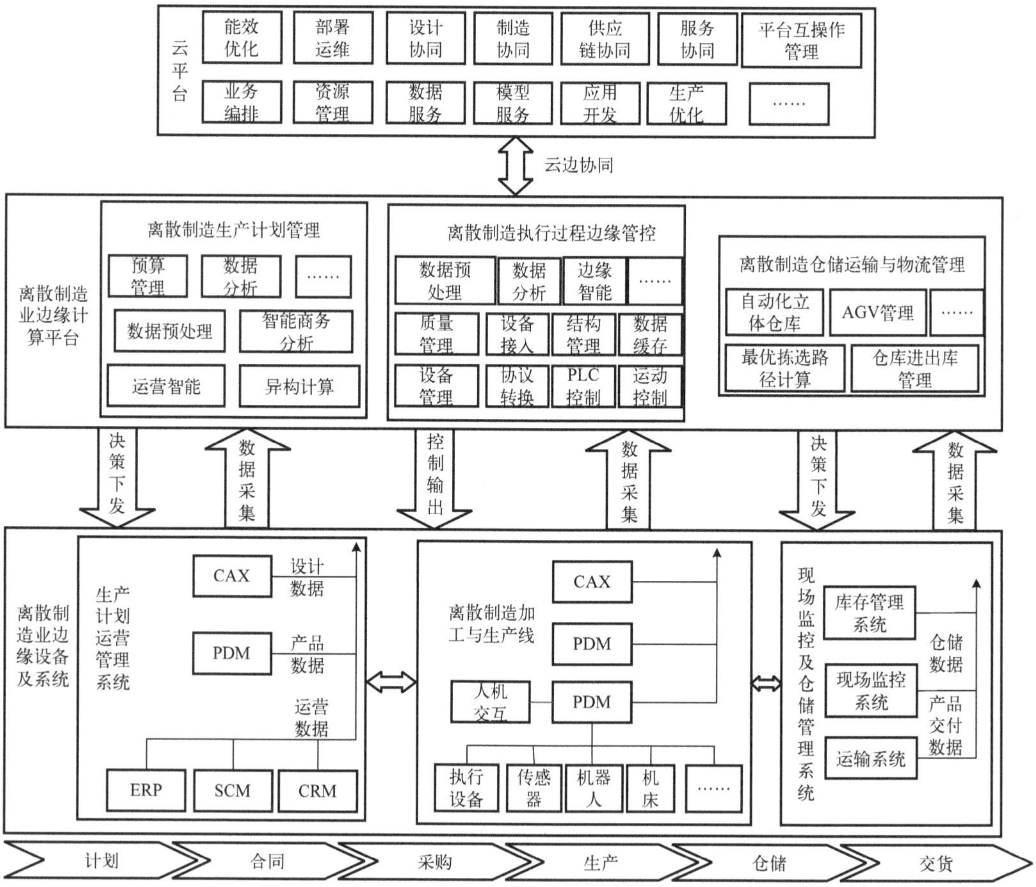

图 6-83　智能制造系统中的云边协同参考技术架构

例如，某船舶制造企业构建了面向船舶晒装件制造行业个性化定制和自组织生产系统解决方案，方案的系统框架如图 6-84 所示，包括现场设备层、边缘计算层和工业云层三个层次。

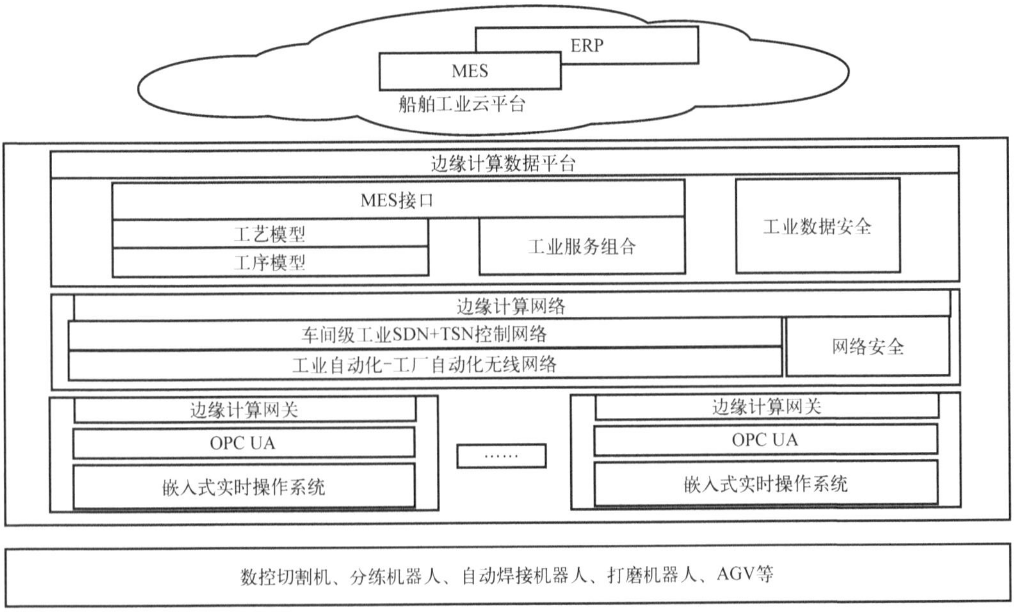

图 6-84　某船舶晒装件制造行业个性化定制和自组织生产系统解决方案系统框架

(1) 现场设备层，主要艇装件产线常见的数控切割机、分拣机器人、自动焊接机器人、打磨机器人、AGV 等制造相关设备。

(2) 边缘计算层，包括三个层次，最下层的边缘计算网关连接各种现场设备。边缘计算网络提供实时、可靠、安全的通信能力。边缘计算数据平台实现生产设备业务上的协同化操作，并与 MES 等云端系统对接。

(3) 工业云层，主要运行 MES、ERP 等信息系统。在整个体系中，云端负责艇装件订单和整体的排产等工作，边缘侧主要进行现场生产设备的对接和协同调度，实现生产设备之间、生产设备与被制品及生产设备与云管理平台的协同化。

6.5　人工智能技术

人工智能(artificial intelligence，AI)是指通过计算机模拟人类智能，以达到类似人类智能的表现和行为的技术和理论。通俗地说，人工智能是让计算机具有像人类一样的思考、判断、决策、学习、交流等能力。人工智能的研究范围极广，一种比较受认可的人工智能主要研究方向如图 6-85 所示，本节仅对其内容和在制造中的应用方向进行最基本的介绍。

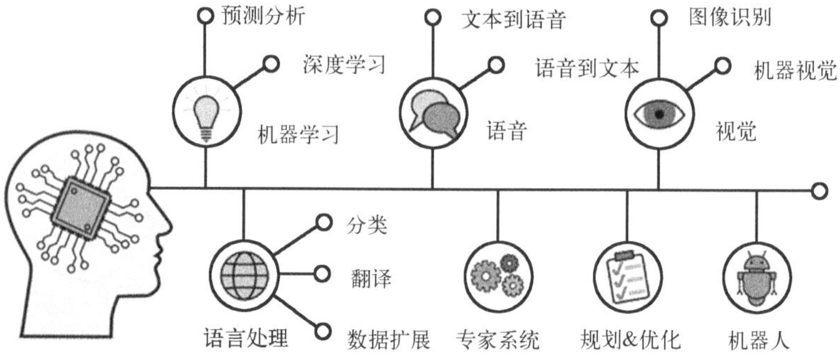

图 6-85　人工智能的主要研究方向

6.5.1　人工智能的发展与方向

1. 人工智能的发展历程

人工智能的发展历程可以分为三个大的阶段和五个时期，如图 6-86 所示。

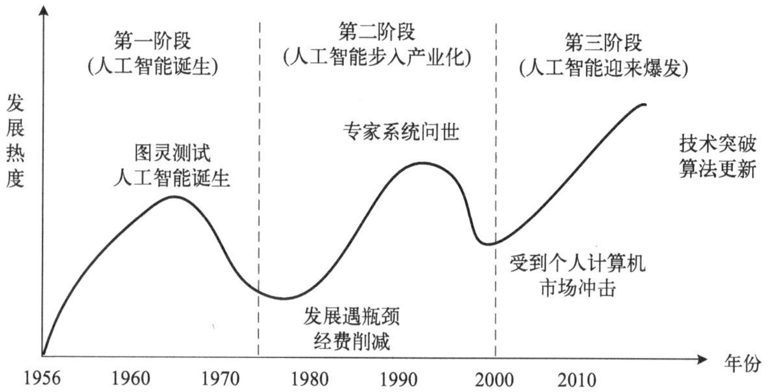

图 6-86　人工智能的发展历程

(1) 前人工智能时期(20 世纪 50～60 年代，起步发展期)。1950 年，“人工智能之父”艾伦·图灵提出著名的图灵测试：如果一台机器能够与人类展开对话而不被辨别出其机器身份，那么称这台机器具有智能。1956 年，达特茅斯学院人工智能夏季研讨会上第一次正式使用了人工智能这一术语，标志着人工智能学科的诞生。

(2) 符号主义时期(20 世纪 60～80 年代，反思发展期)。该阶段人工智能研究的主要方向是逻辑推理、知识表示和自然语言处理等。但是，符号处理需要大量的人工干预，处理复杂的现实问题时很难找到可靠的规则。同时，算力及理论等的匮乏也使得大量不切实际的目标落空，人工智能的发展陷入了长达 10 年的低潮时期。

(3) 联结主义时期(20 世纪 80～90 年代，应用发展期)。联结主义认为人工智能的核心在于神经网络。该阶段专家系统模拟人类专家解决特定领域的问题，实现了人工智能从理论研究走向实际应用的重大突破。机器学习(特别是神经网络)探索不同的学习策略和各种学习方法，在大量的实际应用中开始慢慢复苏。

(4)统计学习时期(20 世纪 90 年代～21 世纪初，平稳发展期)。统计学习是机器学习的一个分支，它认为人工智能的核心在于概率和统计模型。2006 年，杰夫·辛顿提出了深度置信网络，标志着深度学习的崛起。2024 年，杰夫·辛顿和约翰·霍普菲尔德通过人工神经网络实现机器学习的基础性发现和发明，共享诺贝尔物理学奖。

(5)深度学习时期(21 世纪初至今，蓬勃发展期)。该阶段人工智能的研究方向转向以深度学习为基础的人工智能技术，如自然语言处理、计算机视觉、语音识别等。2022 年生成式人工智能 ChatGPT、2024 年生成式人工智能 DeepSeek 等 AI 大模型的爆发性应用使得人工智能具备了走向通用人工智能的可能。

2. 人工智能三大学派

不同学科背景或应用领域的学者沿着不同路径对人工智能进行了探索，产生了三大技术流派，即符号主义、联结主义和行为主义。各学派特点如表 6-15 所示。

表 6-15　符号主义、联结主义和行为主义的特点

项目	符号主义	联结主义	行为主义
别名	逻辑主义、心理学派、计算机学派	仿生学派、生理学派	进化主义、控制论学派
思想起源	数理逻辑	仿生学	控制论
认知基源	符号	神经元	动作
主要原理	物理符号系统	人工神经网络	控制论、感知-控制系统
代表成果	1957 年纽威尔数学定理证明程序 LT	神经元数学模型	布鲁克斯六足行走机器人
研究领域	知识工程、专家系统	机器学习、深度学习	智能机器人、智能控制
发展阶段	1956 年提出人工智能概念，20 世纪 80 年代快速发展，90 年代后发展缓慢	1943 年开始，20 世纪 70～80 年代陷入低潮，90 年代快速发展至今	20 世纪末开始出现并快速发展
代表人物	纽威尔(Newell)、西蒙(Simon)和尼尔逊(Nilsson)	霍普菲尔德(Hopfield)、鲁梅尔哈特(Rumelhart)、罗森布拉特(Rosenblatt)	维纳(Wiener)、麦克洛克(McCulloch)和布鲁克斯(Brooks)

(1)符号学派，又称逻辑主义、心理学派、计算机学派，在人工智能早期发展中占据主导地位。该学派认为人工智能源于数理逻辑，认知就是通过对有意义的表示符号进行推导计算，并将学习视为逆向演绎，主张用显式公理和逻辑体系搭建人工智能系统。例如，用决策树模型输入业务特征从而预测天气，如图 6-87 所示。

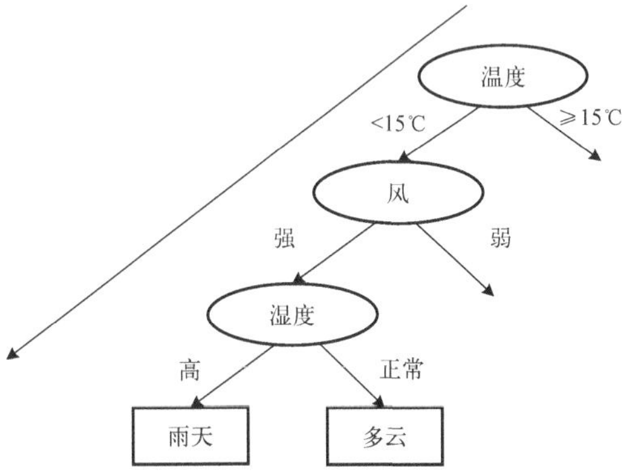

图 6-87　用决策树预测天气示例

符号学派的代表性成果有专家系统和知识工程等，目前最新成果是知识图谱。

(2)连接学派，又称仿生学派、生理学派，当前占据主导地位。该学派认为人工

智能源于仿生学，应以工程技术手段模拟人脑神经系统的结构和功能。例如，用神经网络模型输入雷达图像数据从而预测天气。

(3) 行为学派，又称控制论学派、进化主义，以机器人科学与技术为主要应用领域。该学派关注智能实体在复杂、不确定环境中的感知、决策与行为过程，强调从智能体与环境的交互过程中逐步构建智能行为。

3. 人工智能的分类

人工智能的概念很宽泛，根据人工智能的实力可以将其分为三类。

(1) 弱人工智能 (artificial narrow intelligence，ANI) 是擅长于单个方面的人工智能，只专注于完成某个特定任务，如语音识别、图像识别。目前几乎所有的人工智能产品均属此类，包括近年来出现的谷歌 AlphaGo，甚至 ChatGPT。

(2) 强人工智能 (artificial general intelligence，AGI) 属于达到人类智能级别的人工智能。由于已经可以比肩人类，同时具备具有“人格”的基本条件，其可以像人类一样独立思考和决策。目前尚无真正意义上的强人工智能产品。

(3) 超人工智能 (artificial super intelligence，ASI) 已经跨过奇点，其计算和思维能力远超人脑，已经不是人类可以理解和想象。人工智能将形成一个新的社会，但是其对人类的影响尚不可预测。

6.5.2　机器学习

机器学习及其相关概念 (深度学习、神经网络) 间的关系和发展脉络如图 6-88 所示。

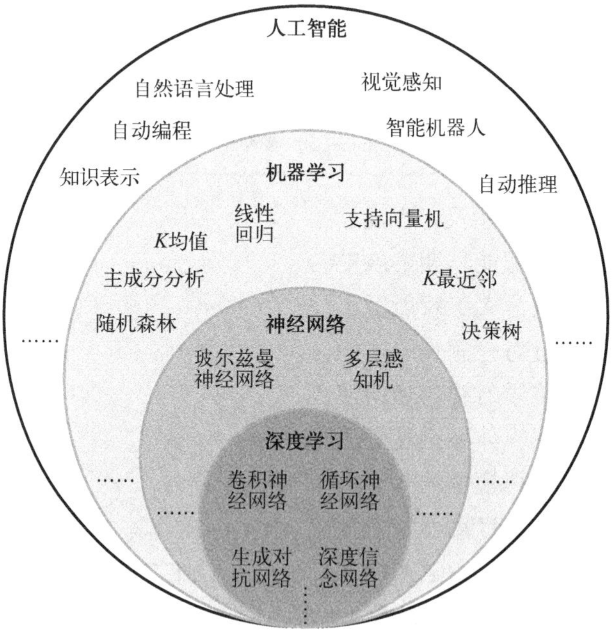

图 6-88　机器学习、深度学习与神经网络的关系

机器学习(machine learning，ML)是人工智能领域和计算机科学领域的一个重要分支。它的目标是通过研究利用数据和算法来模拟或实现人类的学习行为，以获取新的知识或技能。深度学习(deep learning，DL)是机器学习领域的最新研究方向，基于人工神经网络(artificial neural network，ANN)来模拟人类智能，具有解释数据、分类数据、发现潜在规律等的能力，目前已经广泛应用于自然语言处理、计算机视觉、自动驾驶等领域。

机器学习可以根据学习的方式划分为监督学习、无监督学习、半监督学习、增强(强化)学习等。

(1)监督学习。监督学习是最常见的机器学习类型之一。在监督学习中，计算机使用带有标签的数据集进行学习，从而识别新的数据，并对其进行分类或预测，如图 6-89 所示。监督学习需要大量的人工标记数据，模型只能预测已知类别，对于未知类别的数据无法进行有效预测。

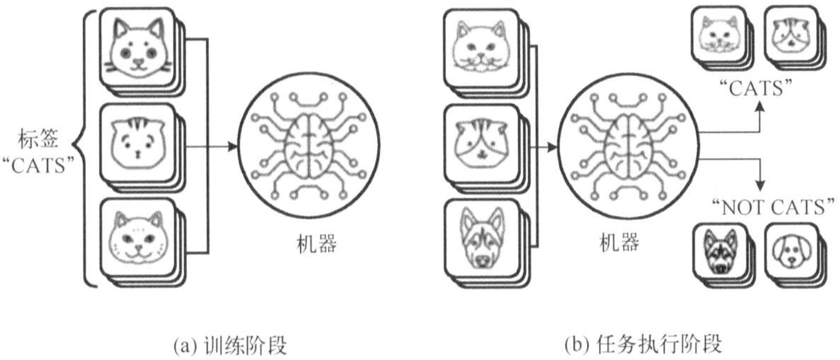

图 6-89　监督学习的简单示意图

(2)无监督学习。相比于监督学习，无监督学习不需要使用带有标签的数据进行学习，其会分析数据集中的模式和关系，从而找到数据的结构和规律，如图 6-90 所示。因此，无监督学习的预测结果可能不够准确，很难对生成的结果进行验证和解释，需要人工进行进一步分析。

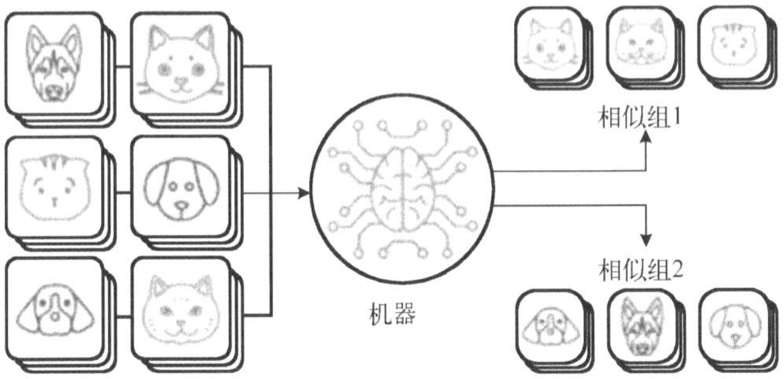

图 6-90　无监督学习的简单示意图

(3)半监督学习。在半监督学习中，一部分数据是带有标签的，另一部分数据是没有标签的。计算机会使用带有标签的数据进行学习，然后将这些知识应用于没有标签的数据，如图 6-91 所示。半监督学习需要大量未标记数据，模型可能会过度拟合未标记数据，导致预测结果不准确，无法处理未知类别的数据。

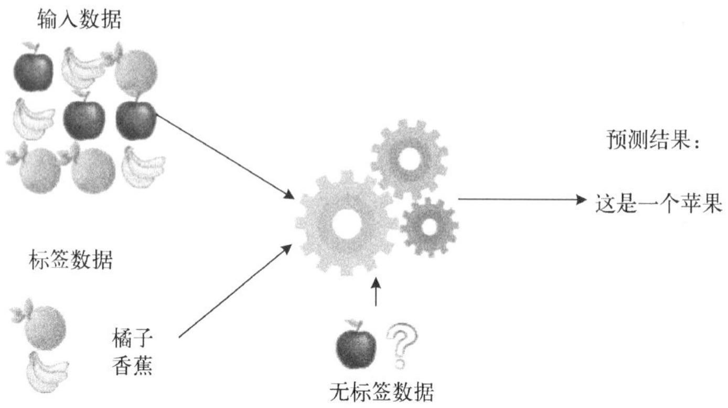

图 6-91　半监督学习的简单示意图

(4) 增强(强化)学习。在强化学习中，计算机会尝试不同的行动，并通过观察结果来判断行动的好坏，使智能体获得最大的累积奖励，从而学会在特定环境下做出最佳决策。强化学习训练时间较长，需要进行大量的试验和训练，需要精心设计奖励函数，使得智能体能够学习到最佳策略。

深度学习并不是一种学习的类型，而是一种基于新原理的学习方式，它也可以采用以上四种方式之一进行学习。

1. 传统机器学习

传统机器学习方法基于特征提取，使用分类、聚类、回归等算法进行模型构建和预测。其解决问题的一般思路为：数据获取→预处理→特征提取(表达)→特征选择→推理、预测、识别。特征提取(表达)部分直接影响最终结果的准确性，主要计算和测试工作都消耗在这一部分。

该方法的缺点在于需要专业知识，并且很难处理大规模复杂的数据，但是在小数据集上效果较好，仍然在一定领域得到广泛应用。下面介绍两种经典的机器学习算法：线性回归算法(监督学习)和 *K*-means 算法(无监督学习)。

1) 线性回归算法

线性回归是最基本的机器学习算法之一，是利用数理统计中的回归分析来确定两种或两种以上变量间相互依赖的定量关系的一种统计分析方法。

回归分析中，如果只包括一个自变量和一个因变量，且两者的关系可用一条直线近似表示，则称为一元线性回归分析；如果包括两个或两个以上的自变量，且因变量和自变量之间是线性关系，则称为多元线性回归分析。回归方程中的变量值通常可以通过最小二乘法进行估计。最小二乘法就是试图找到一条直线，使得所有样本到直线的欧氏距离之和最小。如图 6-92 所示，通过相应数据集训练可以得到相应的回归方程。

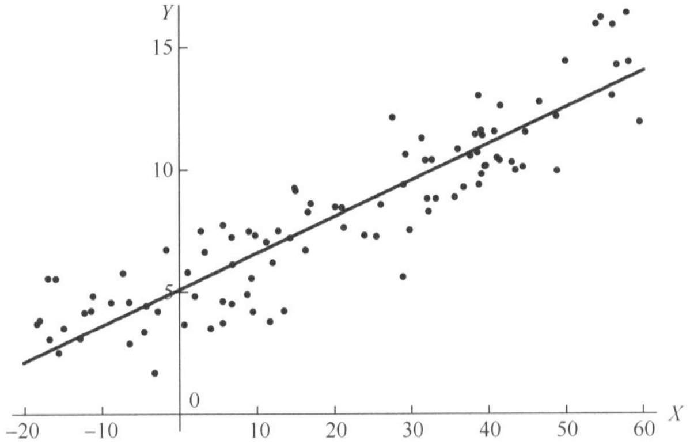

图 6-92　线性回归算法示例

2) *K*-means 算法

K-means 算法又称 *K* 均值算法，是应用最广泛的聚类算法之一，是无监督学习的杰出代表之一。聚类即根据相似性原则，将具有较高相似度的数据对象划分至同一类簇，将具有较高相异度的数据对象划分至不同类簇。

在聚类算法中，训练样本都是没有标记信息的。数据聚类的目标是通过对未知标签的样本的学习，将样本数据划分成若干类，使得属于同一类的样本点之间的相似度尽量高，不同类的样本点之间尽量不相似。其步骤如图 6-93 所示，随机选取 *K* 个对象作为初始的聚类中心，然后计算每个对象与各个初始聚类中心之间的距离，把每个对象分配给距离它最近的聚类中心，聚类中心及分配给它的对象就代表一个聚类(又称簇)；每分配一个样本，聚类中心会根据聚类中现有的对象被重新计算；这个过程将不断重复，直到满足某个终止条件。终止条件一般是没有对象被重新分配给不同的聚类，也可以是没有聚类中心再发生变化。

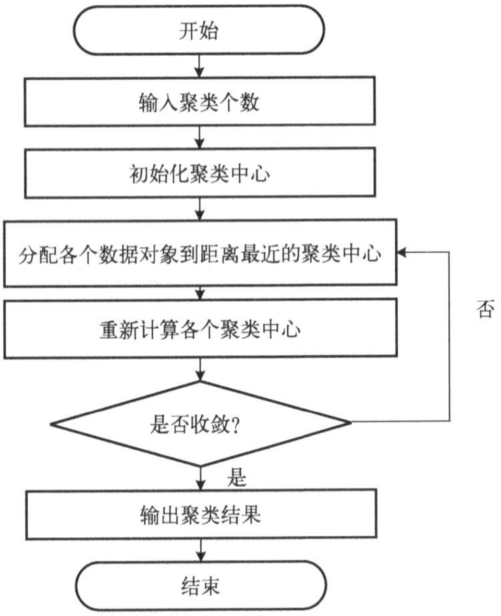

图 6-93　*K* 均值算法流程

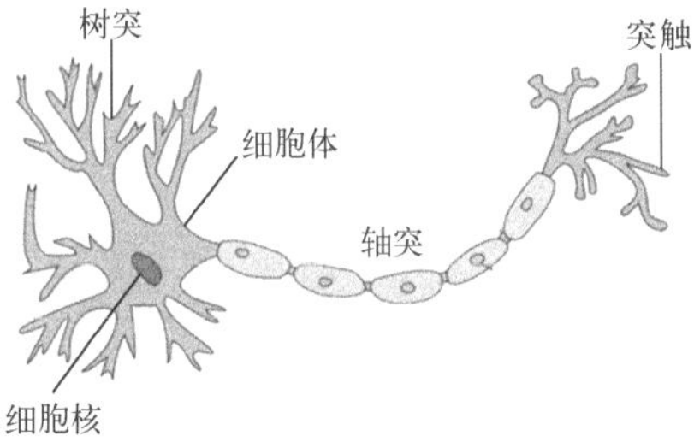

图 6-94　生物神经元

2. 人工神经网络

神经网络或称人工神经网络，是一种模仿人类大脑中神经网络结构和功能的计算模型。人工神经网络由大量的人工神经元组成，每个神经元都是对大脑中的神经元细胞的模仿，见图 6-94、图 6-95。生物神经元和人工神经元关系对照如表 6-16 所示。

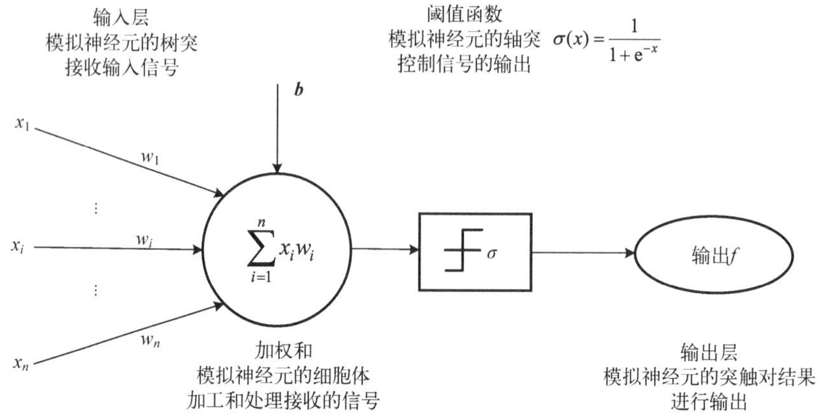

图 6-95　人工神经元

表 6-16　生物神经元和人工神经元关系

生物神经元	人工神经元	作用
树突	输入层	接收输入的信号(数据)
细胞体	加权和	加工和处理信号(数据)
轴突	阈值函数(激活函数)	控制输出
突触	输出层	输出结果

在神经元模型中，人工神经元接收 n 个输入信号(图 6-95 中 $x_1,\cdots, x_i,\cdots, x_n$，一般是前端 n 个神经元传输过来的信号)，这些输入信号经过与权重($w_1,\cdots, w_i,\cdots, w_n$)加权并求和，得到的结果再与偏差值 b 求和(b 即 bias，偏差值，或称偏置，可以理解为阈值，神经元内部运算靠这个阈值来决定是否把得到的数字往下继续传播，这是一个可以调整的参数)，然后经过激活函数 σ 处理，得到这个神经元的输出 f。

神经网络中每一层的输入/输出都是一个线性求和的过程，如果没有非线性的激活函数，就不能解决复杂问题。图 6-96 是主流的激活函数。

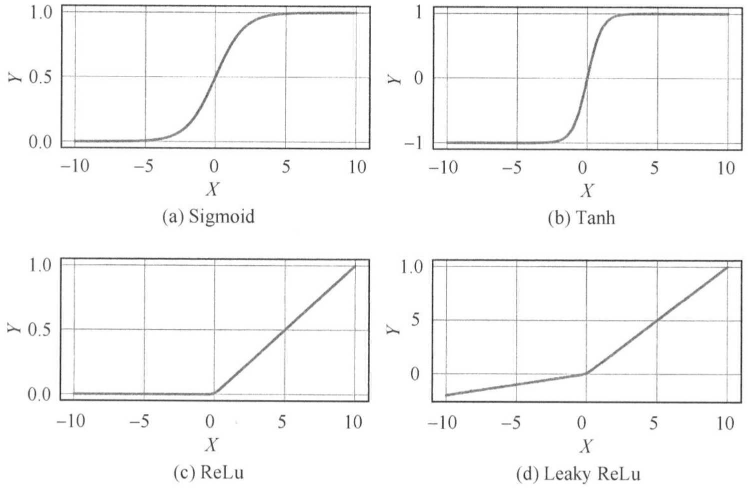

图 6-96　主流的激活函数

在实际运行中，单一人工神经元无法工作，它们必须组成一定的网络结构才可以执行复杂任务。人工神经元可以按不同连接方式构建出不同的神经网络。

由人工神经元组成的网络一般由若干层组成，包含一个输入层、一个或多个隐藏层和一个输出层。每层由若干神经元节点组成。每个节点连接下一个层中的一个或多个节点，并具有相关的信号传递权重与阈值。如果任何单个节点产生高于指定的阈值的数值，则激活该节点，将数据发送到网络的下一层中的节点，否则，将不会发送。

三层神经网络是最基本的神经网络，它包括一个输入层、一个输出层和两者之间的一个隐藏层，如图 6-97 所示。深度学习中的“深度”两个字就是指神经网络中的隐藏层的层数，隐藏层的层数越多，则越深。

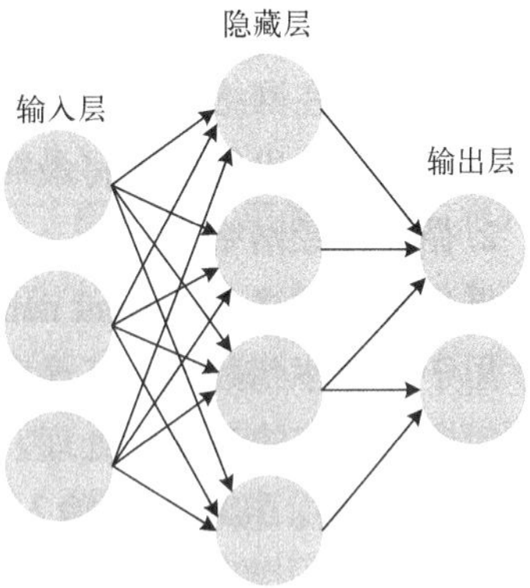

图 6-97　神经网络的基本结构

神经网络要有效应用，必须进行训练。训练就是通常所说的模型训练，通过大量样本数据和损失函数、反向传播等方式来迭代训练神经网络，改善各个节点权重和阈值(即参数)，最终提高神经网络对现实数据模拟的准确性。

3. 深度学习

深度学习是一种基于神经网络的机器学习方法。深度神经网络通常可以达到成百上千层。深度学习对其他方向的人工智能也有很大的推动作用，在图像识别、自然语言处理、语音识别等方面得到广泛的应用。

深度学习的优势在于可以自动提取特征，并且可以处理大规模复杂的数据，需要大量的计算资源和数据集支持，训练时间长、成本高。其常用的网络结构包括卷积神经网络、循环神经网络等。卷积神经网络主要用于图像分类、识别等任务；循环神经网络主要用于自然语言处理、语音识别等任务。

1) 卷积神经网络

卷积神经网络(convolutional neural network，CNN)是第一个被成功训练的多层神经网络结构，具有较强的容错、自学习及并行处理能力，在计算机视觉和自然语言处理等领域得到了成功的应用。经典的 LeNet-5 卷积神经网络结构如图 6-98 所示。

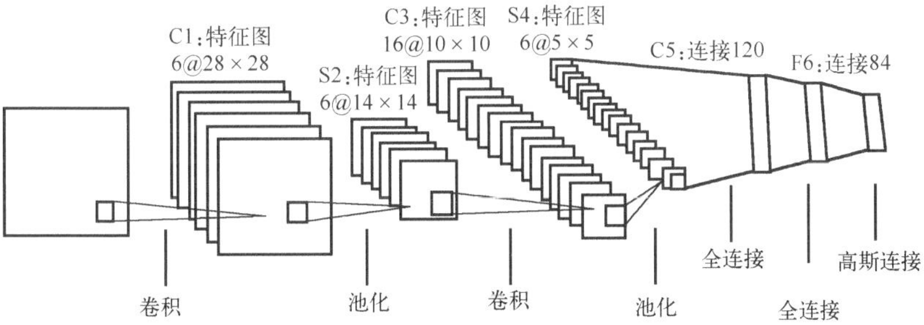

图 6-98　LeNet-5 卷积神经网络结构

实际上，图像具有波的特性，图像的颜色构成数值也呈现光的性质，可以用波的算法处理图像。图 6-103(b)所示的波形就是图 6-103(a)第一行像素的 RGB 值的变化情况。曲线波动较大的地方也是图像颜色或者视觉感受出现突变的地方。这说明波动与图像密切相关，图像本质上就是各种色彩波的叠加。

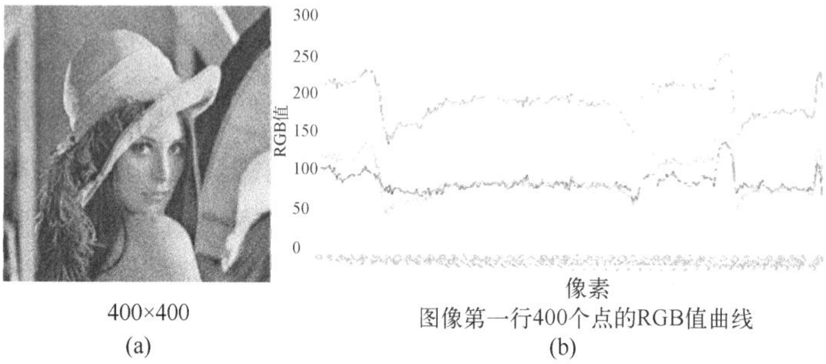

图 6-103　图像中第一行像素的 RGB 值波动情况

物理学提出了很多处理波的方法，滤波器是重要的一种，其目的是过滤掉某些波，保留另一些波。在计算机视觉中借用滤波的概念来对图像进行处理。可以通过滤波来提取图像特征以支持后续图像处理，也可通过滤波消除图像中一些特定信息，如图像噪声。

对图像进行滤波处理时，需要使用一个用于计算图像像素的参考矩阵，这个矩阵称为滤波核，也称卷积核、卷积模板、滤波器、滤波模板、扫描窗口等。该矩阵中的元素实际上是用于像素计算的权重，因此它是一个权矩阵。

对图像进行滤波处理实际上就是针对图像对应的矩阵使用一个参考矩阵(滤波核)在图像矩阵中从左到右、从上到下进行移动，移动到指定位置时，滤波核中心元素对应的图像矩阵元素取值等于滤波核所有元素值与图像矩阵和滤波核重合范围内的对应元素相乘后相加得到的值。滤波核的计算方式如图 6-104 所示。滤波核一般是奇数，只有这样，它才有一个中心。滤波核所有元素之和一般应该等于 1(归一化)，这是为了保证滤波前后图像的亮度不变。使用滤波核，可对图像中的特定信息进行处理，如去噪、平滑、边缘检测等。

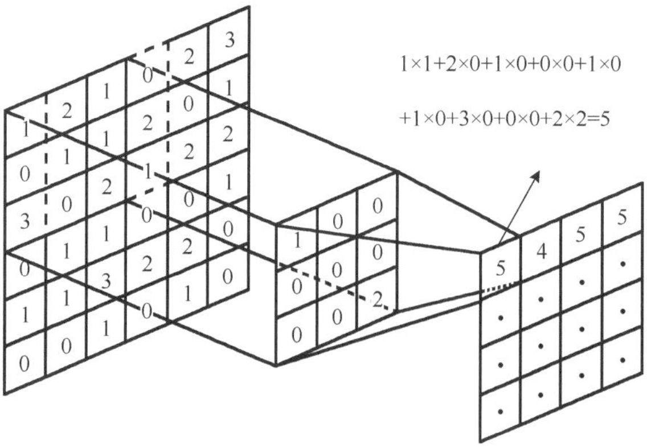

图 6-104　滤波核的计算方式

滤波可以分为线性滤波和非线性滤波两大类。线性滤波包括方框滤波、均值滤波和高斯滤波等，通过线性运算得到目标图像。非线性滤波包括中值滤波、双边滤波等，通过一定的非线性逻辑判断运算得到目标图像。

依据过滤波形频率，又可以将滤波分为低通滤波和高通滤波。低通滤波减弱或阻隔高频信号，保留低频信号，即色彩变化剧烈的区域变得平滑，出现模糊效果(平滑)，常用于降噪。高通滤波减弱或阻隔低频信号，保留那些变化快速剧烈的区域，出现强对比效果(锐化)，常用于特征提取、边缘识别。

例如，常见的线性滤波——高斯滤波主要用于降噪，对高斯噪声去除效果较好。高斯滤波核的系数随距离中心的增大而减小，服从二维高斯分布。图 6-105 为 σ=1.5，半径为 1，μ=0，滤波核为 3×3 情况下，高斯卷积核元素的计算和归一化计算过程。基于该高斯滤波核可进行高斯滤波操作。

1

(−1,1)	(0,1)	(1,1)
(−1,0)	(0,0)	(1,0)
(−1,1)	(0,−1)	(1,−1)

2

0.0453	0.0566	0.0453
0.0566	0.0707	0.0566
0.0453	0.0566	0.0453

3

0.0947	0.1183	0.0947
0.1183	0.1487	0.1183
0.0947	0.1183	0.0947

$$f(x)=\frac{1}{2\pi\sigma^2}\mathrm{e}^{-\frac{x^2+y^2}{2\sigma^2}}\quad(\sigma=1.5)$$

归一化

图 6-105　高斯卷积核元素的计算和归一化计算过程

假设图像中有 9 个像素点，其滤波前、后的值如图 6-106 中第一、三个矩阵所示。如果是彩色图像，可对 RGB 三个通道分别做高斯滤波。

高斯滤波对高斯噪声有一定降噪效果，如图 6-107 所示。

14	15	16
24	25	26
34	35	36

14×0.0947416	15×0.118316	16×0.0947416
24×0.118318	25×0.147761	26×0.118318
34×0.0947416	35×0.118318	36×0.0947416

1.32638	1.77477	1.51587
2.83963	3.69403	3.07627
3.22121	4.14113	3.4107

图 6-106　一个特定高斯卷积核元素的计算和归一化计算过程

(a) 降噪前　　(b) 降噪后

图 6-107　高斯滤波降噪前、降噪后对比

常见的非线性滤波——中值滤波在去除椒盐噪声和脉冲噪声时非常有效。中值滤波是用滤波器范围内所有像素值的中值来替代滤波器中心位置像素值的滤波方法，它能够有效抑制噪声的非线性信号，消除孤立的噪声点。其示例和应用效果(使用 3×3 滤波核)如图 6-108 所示。

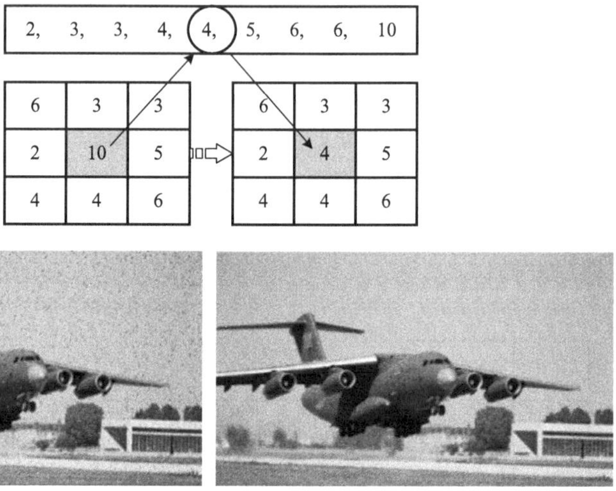

(a) 处理前　　(b) 处理后

图 6-108　中值滤波示例及应用效果

2) 边缘处理

数字图像中亮度变化明显的点连接起来构成的若干线条称为图像边缘。边缘反映了图像中的特定语义信息和形状信息，对理解图像有重要意义，如图 6-109 所示。由于图像的彩色信息在进行边缘检测时通常是多余的，一般会在边缘检测前先把彩色图像转换成灰度图像。

图 6-109　图像的边缘示例

边缘是图像强度(像素值)函数快速变化的地方，因此边缘具有导数性质。对边缘求导，则导数极值的位置就是边缘的位置。图 6-110 是图像边缘、图像的强度函数曲线及对该函数求一阶导数的示例，可见导数极值位置就是边缘的位置。

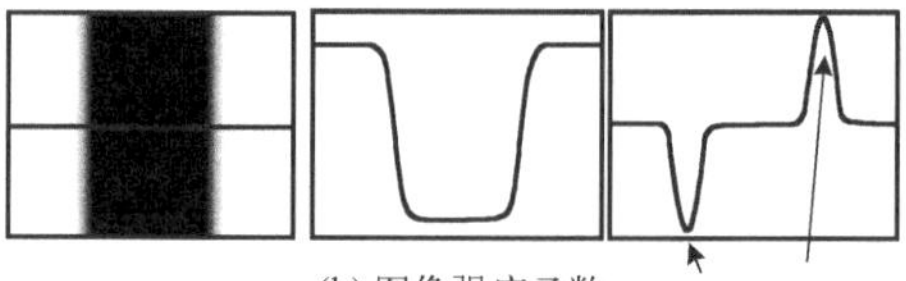

(a) 图像边缘　　(b) 图像强度函数(沿水平扫描线)　　(c) 一阶导数

图 6-110　图像边缘、图像强度函数曲线及对该函数求一阶导数示例

通过观察可以看出，偏导数就是像素值在 X、Y 方向上的差值，这可以通过简单的滤波核进行滤波实现。以不同偏导方式形成的卷积核得到不同方向上的滤波结果，X 方向偏导滤波得到竖直方向边缘，Y 方向偏导滤波得到水平方向边缘。最简单的边缘求导滤波核就是[0，−1，1]和[0，−1，1]^{T}，效果如图 6-111 所示。

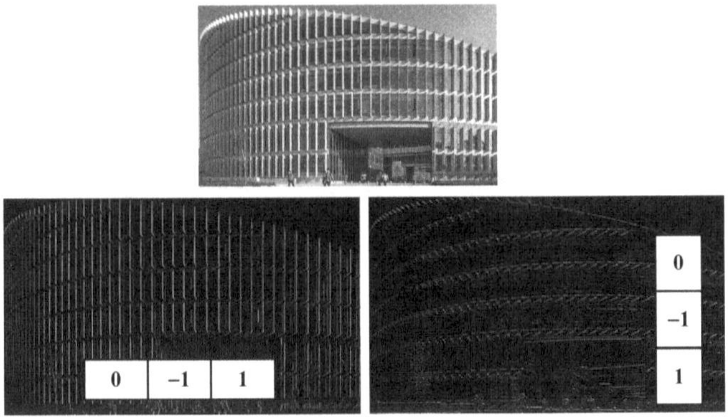

图 6-111　X、Y 方向最简单的边缘求导滤波核

然而，对边缘的检测不仅限于 X、Y 方向，还应该知道变化的趋势(变大或变小)。梯度可以达到此目的。梯度 ∇f 是偏导数组合成的向量，既能够针对任意方向，又可以表示变化趋势。通过梯度可以获得图像两个方向的变化程度，有效凸显边缘，如图 6-112 所示，其所用的滤波核可以检测竖直、水平及综合边缘，类似的还有普雷维特(Prewitt)、索贝尔(Sobel)等滤波核。

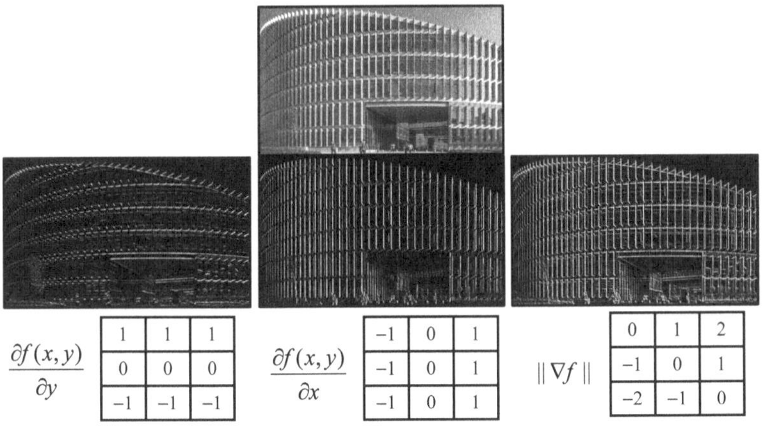

图 6-112　不同滤波核的效果

然而，一阶微分偏导检测具有方向性，需要分别求取 X 和 Y 方向的边缘，再进行综合处理得到整体边缘，不能有效地检测任意方向的边缘。在有些情况下，如灰度变化均匀的图像，只利用一阶导数可能找不到边界。此时，更进一步，可以使用二阶导数方式。二阶导数可以对任意方向求导，无方向差异性，但是对噪声非常敏感，须先进行去噪。常见的滤波核有拉普拉斯、高斯-拉普拉斯(LoG)等。对一阶偏导数求偏导，得到二阶偏导数，同理可得二阶导数梯度。

即使如此，边缘检测中仍然存在一些问题，如边缘过粗位置不清晰、边缘不连续、有虚假边缘等。约翰 · F. 坎尼(John F. Canny)于 1986 年开发出一个优秀的多级边缘检测算法——Canny 算法。该算法综合多种思想，其效果如图 6-113 所示。Canny 算法基本步骤如下。

图 6-113　Canny 算法效果

(1) 使用一个高斯滤波器平滑图像，将图像中的噪声部分过滤出来，避免后面进行边缘检测时将错误的噪声信息误识别为边缘。

(2) 计算梯度幅度图像和梯度角度图像(方向)。

(3) 对梯度幅度图像应用非极大值抑制，保留局部梯度最大的点，抑制非极大值梯度，以细化边缘。

(4) 使用双阈值处理和连通性来检测和连接边缘。

通过边缘检测可得到边缘相关像素信息(人眼可见的边缘)，将原本的图像变成只含有边缘的图像，从而为计算机后续进一步处理提供了支撑信息。

3) 特征处理

如果图像中不存在有效的边缘或者轮廓，或通过边缘、轮廓等信息无法有效理解或处理图像，就需要用到特征信息。特征就是有意义的图像区域，该区域具有独特性或易于识别性。图像特征分为局部特征和全局特征。全局特征如颜色分布、纹理、主要物体的形状等，主要用于对图像的理解。局部特征能反映图像具有的局部特殊性，适合对图像进行匹配、检索等应用。局部特征主要如下。

(1) 边缘，图像强度发生突变的区域，也称高强度梯度区域。

(2) 角点，两个边缘相交的地方，看起来像一个角或一个尖锐的点。

(3) 斑点，按特征划分的区域，可能是强度特别高、低的区域或具备独特纹理的区域。

角点一般用特征点来描述(也称兴趣点、关键点)。斑点应用相对较少。特征点在计算机视觉领域得到了广泛应用。

通过特定算法找到图像特征的技术称为特征检测技术。对特征周围的区域进行描述以便于在其他图像中找到相同的特征，称为特征描述。特征点检测与描述算法比较常见的是 Harris、SIFT、SURF、FAST、ORB 等。尺度不变特征变换(scale invariant feature transform，SIFT)算法应用广泛且是其他新型特征点检测算法的基础，对旋转、尺度、亮度、视角变化、仿射变换、噪声变化保持较好的不变性，能产生大量特征点，方便与其他形式的特征向量联合。SIFT 算法关键步骤和特征描述子(使用 $4\times4\times8=128$ 个梯度信息进行特征向量表示)示例如图 6-114 所示。

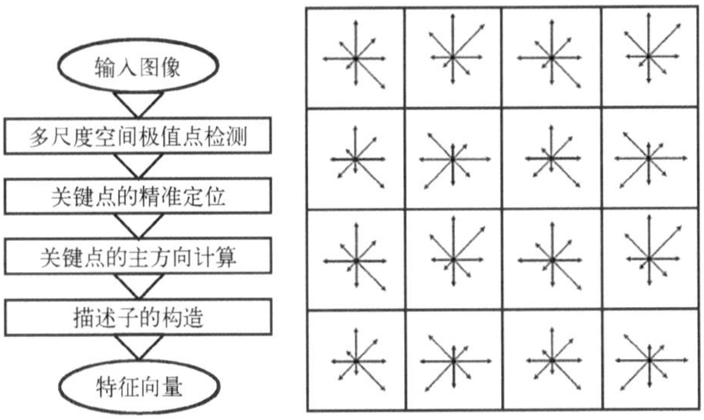

图 6-114　SIFT 算法关键步骤及其特征描述子示例

找到合适的特征点后，即可基于特征点进行后续的图像匹配、图像配准、运动跟踪、机器人导航等高级应用。

2. 三维计算机视觉

从处理图像的维度上，计算机视觉可以分为二维（2D）计算机视觉和三维（3D）计算机视觉两类。2D 计算机视觉处理的对象是平面图像或视频。3D 计算机视觉处理的对象是立体空间中的物体和场景。它不仅包含 X、Y 轴上的空间信息，还包括 Z 轴上的深度信息。3D 计算机视觉可以提供更精确和真实的场景感知，但处理复杂度较高，通常需要更强大的计算能力和复杂的算法来实现。

3D 计算机视觉一般包含两个方面：一方面，基于二维图像将其恢复为三维图像，然后进行处理；另一方面，直接基于三维图像进行视觉处理。目前 3D 图像已经基本可以直接获取。3D 图像比 2D 图像多一个维度，即深度。有两种广泛使用的 3D 格式：深度图（RGB-D）和点云（point cloud），目前的趋势是基于 RGB-D 将其生成为点云再进行后续处理。

点云数据以点的形式记录，每一个点包含三维坐标，携带该点其他属性信息，如颜色、反射率、强度等，可以认为是一个三维图像。点云数据通常由三个要素组成：点云坐标、法向量和颜色。点云坐标表示点在三维空间中的位置，通常用（x，y，z）三维向量表示。法向量表示每个点相对于其周围点的方向，通常用一个三维向量表示。颜色表示每个点在三维空间中的颜色，通常用（R，G，B）表示。点云示意及由不同量级点云进行表示的飞机和椅子模型如图 6-115 所示。

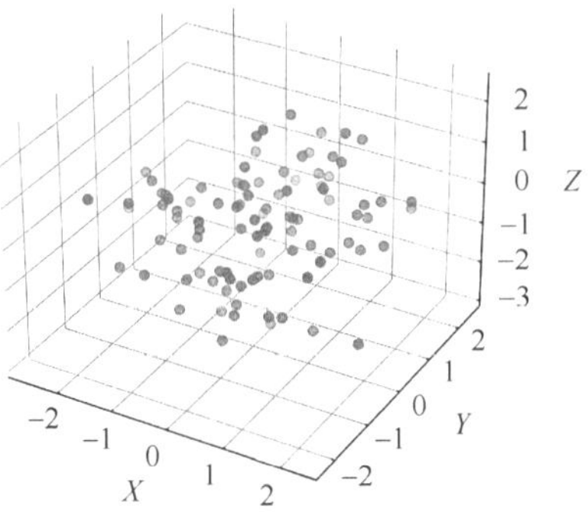

(a)点云示意图

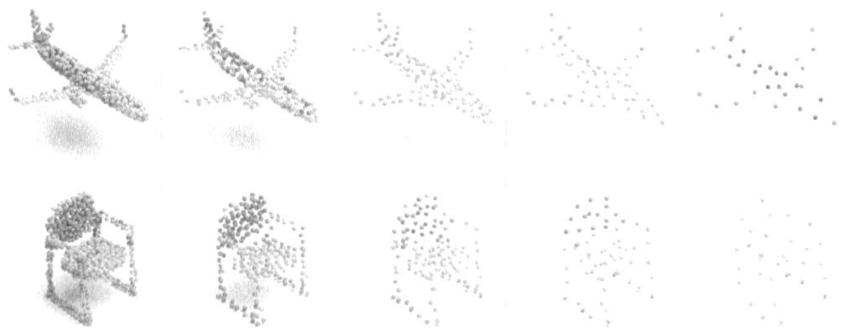

(b)飞机和椅子模型

图 6-115　点云示意及由不同量级点云进行表示的飞机和椅子模型

点云可以通过 CAD 等软件获取，也可以由结构光、立体摄像、激光雷达等传感器来获取。这些方法各有优缺点，特点对比如表 6-17 所示。

表 6-17　基于传感器的点云获取方式

项目	双目成像	3D 结构光	TOF	激光三角法
原理	双摄像头	摄影条纹斑点编码	红外光反射时间差	光学三角
弱光环境	弱	良好(受光源影响)	良好(不受光源影响)	良好(受光源影响)
强光环境	良好	弱	一般	弱
深度精确度	高	一般	低	一般
分辨率	良好	良好	一般	良好
响应速度	一般	慢	快	快
识别距离	与双摄像头距离有关	短(5m 以内)	一般(10m 以内)	短
软件要求	高	一般	一般	高
成本	高	高	一般	一般
功耗	低	一般	低	一般
缺点	低光环境差	易受光源影响	平面分辨率差	易受光源影响

3. 计算机视觉的基本任务

基于上述的预处理，计算机视觉的基本任务可以划分为三类：图像分类、对象检测(定位)、图像分割(有两种，语义分割和实例分割)，如图 6-116 所示。

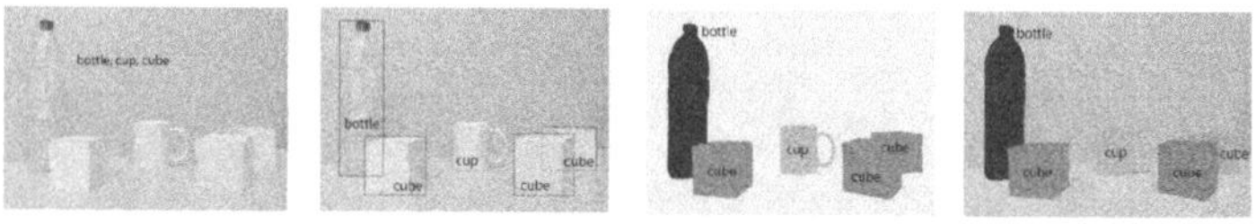

(a) 图像分类　　(b) 对象检测　　(c) 语义分割　　(d) 实例分割

图 6-116　计算机视觉的基本任务类型

(1) 图像分类是从固定的一组分类中给输入图像分配标签的任务。

(2) 对象检测(定位)是识别物体在图像中的位置，并判断、给出物体所属类别的任务。

(3) 图像分割是将图像细分为多个子区域，使得图像更容易理解和分析的任务。

传统计算机视觉的图像分类等应用大多需要特征处理，涉及较多人工操作。基于深度学习的方法则能有效避免该步骤，如图 6-117 所示。

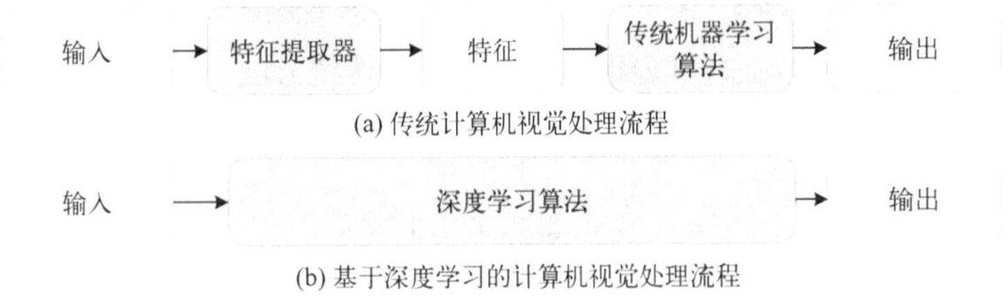

图 6-117　传统和基于深度学习的计算机视觉处理流程

下面以图像分类为例，介绍传统计算机视觉方法和深度学习计算机视觉方法的差异。

(1) 早期的图像分类方法。早期计算资源有限，往往采用人工方式通过特征工程进行图像分类，特征向量作为分类的重要标准。例如，要分类一只狗，需要去统计这张图片的颜色空间并获取特征向量，或提取边缘、获取其形状并转换成特征向量，或统计其纹理并转换为对应的特征向量，如图 6-118 所示。

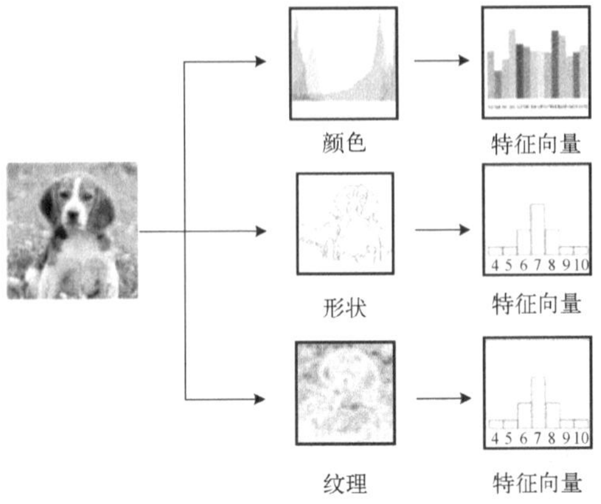

图 6-118　早期计算机视觉图像分类处理流程

(2) 中期的图像分类方法。中期图像分类方法逐步向使用尺度不变特征变换(SIFT)、加速稳健特征(SURF)等局部描述子进行特征匹配，以此取得图像分类的效果。此时，大多数特征提取过程是人工设计的，与图像高级主题间还存在很大的“语义鸿沟”。图 6-119 为基于 SIFT 特征的图像分类处理流程。

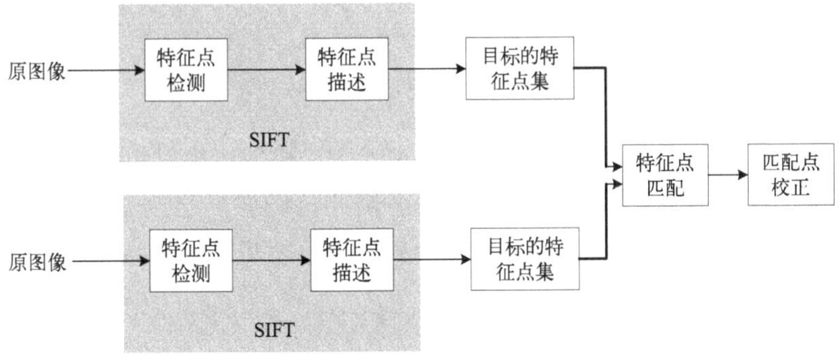

图 6-119　基于 SIET 特征的图像分类处理流程

(3)现在的图像分类方法。现在主要使用以 CNN 等为代表的深度学习方法进行图像分类。深度学习利用设定好的网络结构，完全从训练数据中学习图像的层级结构性特征，能够提取更加接近图像高级语义的抽象特征，其表现总体上超过了传统方法。其处理流程如图 6-120 所示。

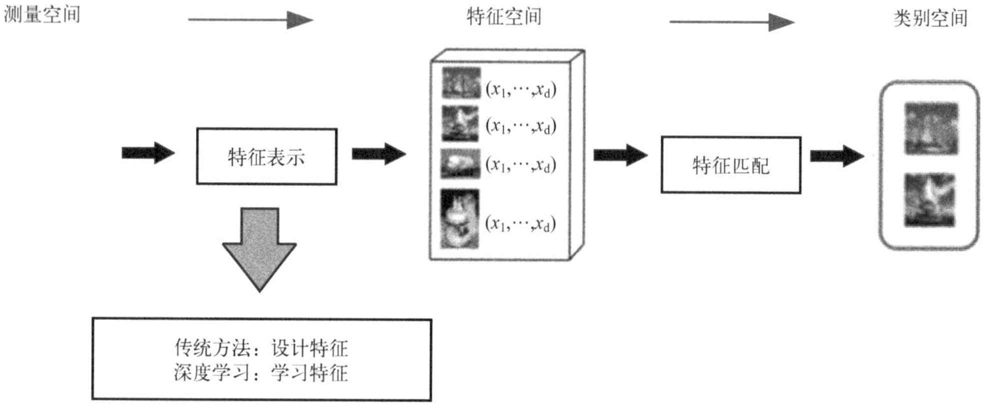

图 6-120　现在的计算机视觉图像分类处理流程

4. 机器视觉

计算机视觉技术在工业中的应用一般称为机器视觉。机器视觉系统包括成像和图像处理两大部分。前者通过光源、镜头、相机等硬件实现，后者由算法及软件构成，对成像进行处理分析，输出分析结果至执行机构。机器视觉系统的工作流程如图 6-121 所示。

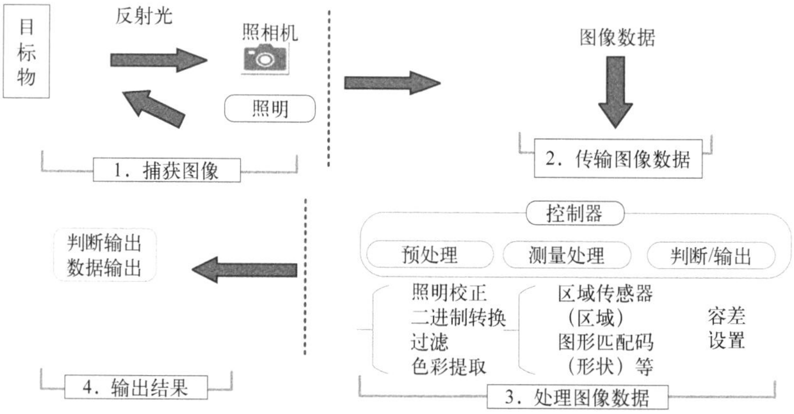

图 6-121　机器视觉系统工作流程

成像系统是机器视觉系统的“眼睛”，由光源、镜头、相机组成，如图 6-122 所示。光源形成有利于图像采集的条件；镜头采集图像并将图像发送至相机；相机将镜头传输的光信号转化为数字信号，便于后续处理分析。工业相机传输、抗干扰和稳定成像能力更强。

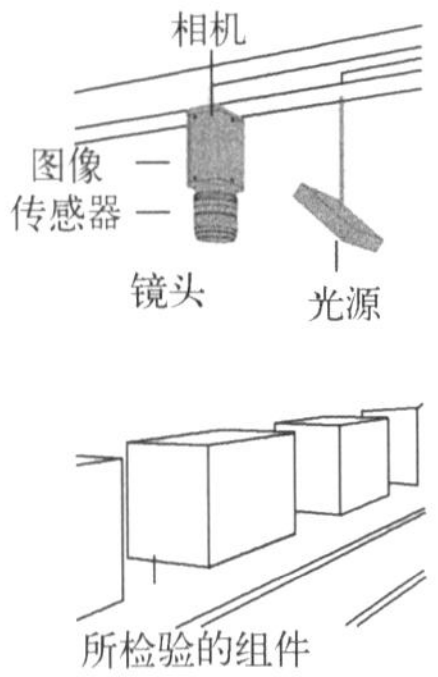

图 6-122　机器视觉系统中的成像系统

机器视觉系统的“大脑”是各种算法和开发包。不同工业应用场景往往需要专门设计对应的软件算法以满足特定视觉需求。常见的机器视觉系统算法和开发包如图 6-123 所示。

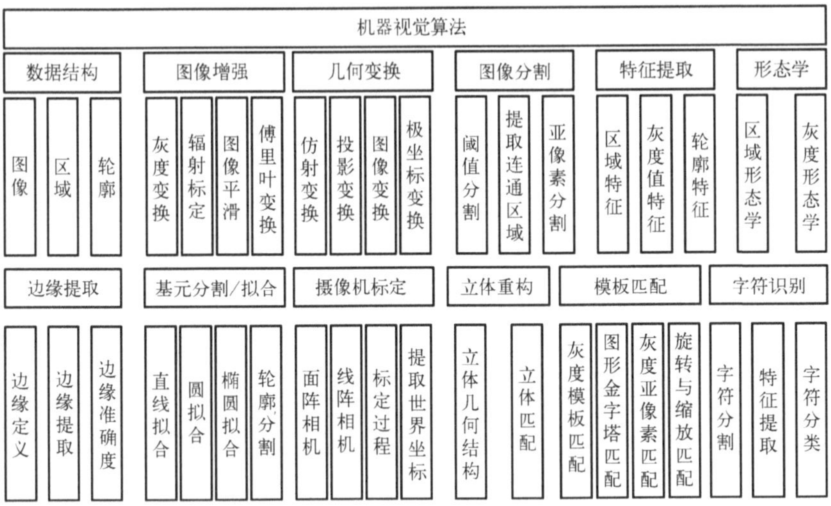

开发包	优/缺点	适用场景
Vision Pro	入门容易、授权费用低； 无法实现图形处理单元(GPU)加速、图像处理算法工具少	需要快速开发的通用视觉类项目
Halcon	支持视觉图像采集设备、环境及平台兼容性好； 开发周期长、费用高	较为复杂的、拥有较长开发周期的项目
OpenCV	开源且可商用、便于定制化算法开发；代码能力要求高、周期长	有算法基础且项目周期长、预算有限的项目
eVision	灰度相关性模板匹配效果好、图像对比质量检测效果好；几何形状的匹配能力较差	基于图像比对的图像质量检测项目
HexSight	定位和零件检测效果较好、恶劣环境适应性好； 软件开发费用高	恶劣工业环境的点位和检测项目
NI Vision	入门简单、开发速度快；算法效率并不高且准确性与稳定性依赖于图像质量	图像质量较好，且要求交货周期比较短的项目

图 6-123　常见的机器视觉系统算法和开发包

工业机器视觉应用场景大致可分为识别、测量、定位、检测等方向。识别和测量是基础功能，尤以视觉检测与视觉引导应用较多。机器视觉的应用情况如图 6-124 所示。

	主要应用场景	次要应用场景	辅助应用场景
3C电子	视觉检测（在线质检）	视觉引导（自动生成轨迹）	视觉识别
锂电池	视觉引导（3D缺陷检测）	视觉检测（在线质检）	视觉识别
纺织等轻工业	视觉检测（质检）	视觉引导（规划轨迹）	视觉测量
仓储物流	视觉引导（拆垛与搬运、货品拣选、快递供包与播种）	视觉识别	视觉测量
金属加工	视觉引导（工件上料）	视觉检测	视觉测量
汽车	3D视觉检测（在线质检）	视觉引导（工件上料）	视觉识别
半导体	视觉测量（尺寸测量）	视觉检测（视觉自检）	视觉识别
医疗	视觉引导（货品拣选）	视觉测量	视觉识别
机械工程	视觉引导（工件上料、钢板切割下料）	视觉识别	视觉测量

图 6-124　机器视觉的主要应用领域和场景

从技术实现难度上，识别验证、引导定位、尺寸测量、外观检测是递增的，基于四大基础功能延伸出的多种细分功能在实现难度上也有差异，差异如图 6-125 所示。

低　难度系数　高（横向）；低　难度系数　高（纵向）

识别	定位	测量	检测
有无	校正	点	形状/轮廓
颜色	引导	线	灰度/色彩
粗略位置	套准	弧/圆	装配质量
条码	对位	间距	统计信息
二维码	跟踪	几何组合	表面缺陷
文字识别	3D引导	3D尺寸	3D缺陷

图 6-125　机器视觉应用技术实现难度

目前机器视觉的发展趋势是从 2D 到 3D。3D 视觉应用场景包括高精度测量及缺陷识别、高速高精度在线检测、自动装配、机器人引导等。机器视觉高精度测量示例如图 6-126 所示。

视野	重复精度	间隔检测
60 mm	1 μm	0.6 s

图 6-126　机器视觉高精度测量示例

6.5.4 人工智能的工业应用

如果将应用于工业的人工智能称为工业智能，其发展经历了基于规则的专家系统时代、基于统计的传统机器学习时代和基于复杂计算的深度学习时代。目前，人工智能在工业领域的典型应用如图 6-127 所示，简介如下。

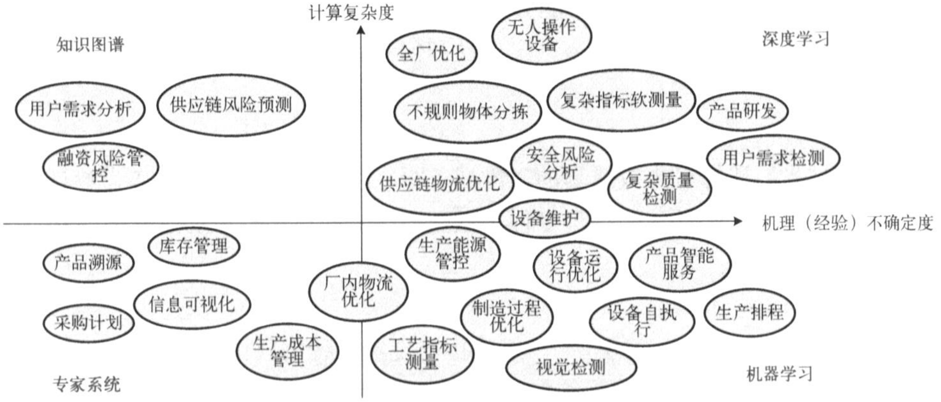

图 6-127 人工智能在工业领域的典型应用

(1) 专家系统沉淀已有知识经验，解决低不确定性、低计算复杂度问题。专家系统主要用来解决特定场景/领域内机理清晰、专家经验丰富、计算相对简单的工业问题，主要应用在车间调度、故障诊断、生产控制与参数优化等环节。例如，美国 Corus 公司采用专家系统诊断结晶器液面自动控制系统是否出现故障；芬兰 Rautaruukki 钢铁公司的 GO/STOP 专家系统有 600 多条规则，能监控炉热和异常炉况。

(2) 传统机器学习方法基于数据跨越机理障碍，解决高不确定性、低计算复杂度问题。传统机器学习方法以统计学为基础，广泛应用在产品质量检测、设备精准控制与预测性维护、生产工艺优化等场景。例如，德国 KONUX 结合智能传感器及机器学习算法构建设备运行模型，使机器维护成本平均降低 30%，实际故障率降低 70%。

(3) 深度学习和知识图谱是当前两大热点，依靠大样本进行复杂关系的分析或推理。深度学习在工业领域广泛应用在复杂产品质量检测、设备复杂控制、生产安全等环节。例如，康耐视公司开发了基于深度学习进行工业图像分析的软件，能以毫秒为单位识别缺陷，解决传统方法无法解决的复杂缺陷检测、定位等问题，检测效率提升 30%以上。

(4) 方法组合提升可解问题的性能并扩展其边界。AI 技术通过横纵组合提升解决问题的性能并扩展其边界，深度学习通常是技术组合的共性选择。

①横向组合，通过数据科学、知识工程组合，解决产品研发等机理不明、复杂度高、任务环节多、流程长等复杂问题。例如，UTC 依靠知识图谱和深度学习确定最佳设计方案，设计出的换热器重量减轻 20%，传热效率提高 80%，设计周期缩短为原来的 1/10。

②纵向组合，通过不同数据科学技术(深度学习、强化学习、迁移学习等)组合，强化已有应用的智能化能力。例如，发那科公司基于深度学习赋予机器人抓取混杂零件的功能，通过强化学习赋予机器人自学习能力，通过自主训练 8h，散件分拣的成功率达到 90%。

6.6　虚拟现实/增强现实技术

虚拟现实(virtual reality，VR)技术是一种可以创建和体验虚拟世界的计算机仿真技术。增强现实(augmented reality，AR)技术是在虚拟现实的基础上发展出来的一种主要以视觉增强方式强化人类认知、决策和行动能力的技术。VR/AR 技术通过提供沉浸式体验和增强信息叠加，能够提升工业生产的效率、安全性和创新能力。

6.6.1　虚拟现实

虚拟现实技术用计算机生成逼真的三维视、听、嗅觉等感觉，使人作为参与者，通过适当装置，利用视觉、听觉和触觉等多种感觉通道自然地对虚拟世界进行体验和交互。

1. 虚拟现实的特点

虚拟现实的原理如图 6-128 所示。一般的虚拟现实系统主要由(专业图形处理)计算机、输入/输出设备、应用软件和数据库等部分组成，如图 6-129 所示。

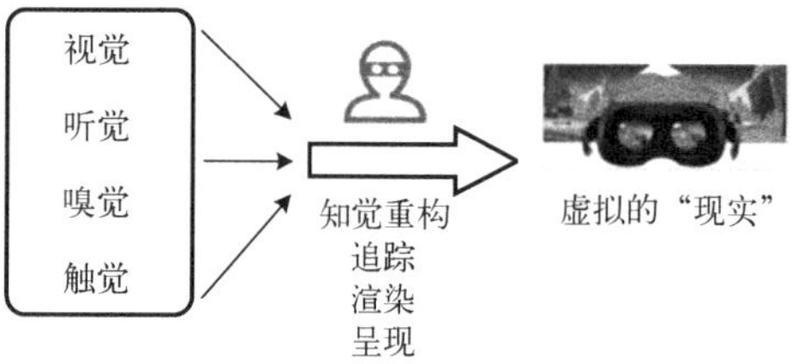

图 6-128　虚拟现实的原理

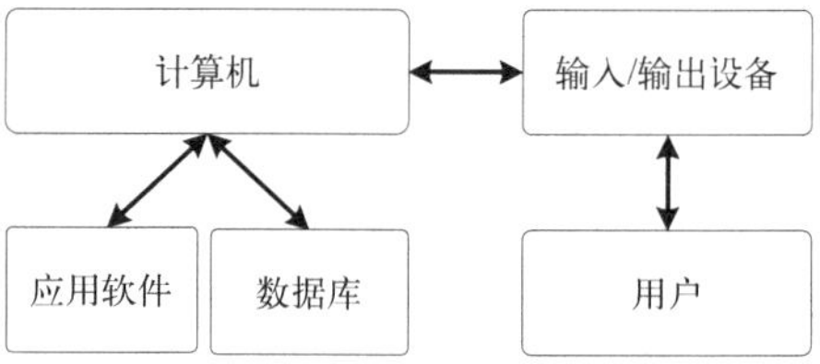

图 6-129　虚拟现实系统模型

(1)计算机。计算机负责整个虚拟世界的实时渲染计算、用户和虚拟世界的实时交互计算等功能。由于渲染虚拟世界所需的计算量巨大，虚拟现实系统对计算机配置的要求非常高。

(2)输入/输出设备。虚拟现实系统要求用户采用自然的方式与虚拟世界交互，传统的鼠标和键盘无法实现这个目标，需要采用特殊的交互设备识别用户各种形式的输入，实时生成反馈信息。常用的设备有用于手势输入的数据手套、用于立体视觉输出的头盔显示器等。

(3)应用软件。应用软件包括素材准备软件和虚拟现实引擎软件等。例如，使用 Photoshop、3D Studio Max、Audition 等软件进行图片整理、建模贴图、视音频素材生成。又如，使用 Unreal、Unity 等虚拟现实引擎软件将各种素材组织在一起，形成完整的具有交互功能的虚拟世界。

(4)数据库。在虚拟现实系统中，数据库的作用主要是存储系统需要的各种数据，如地形数据、场景模型、各种制作的建筑模型等方面的信息。

图 6-130 为基于头盔显示器的典型虚拟现实系统。它由计算机、头盔显示器、数据手套、话筒、耳机等设备组成。该系统首先用计算机生成一个虚拟世界，由头盔显示器输出一个立体显示景象；用户可以通过头的转动、手的移动、语音等与虚拟世界进行自然交互；计算机根据输入信息进行实时计算，对用户交互行为进行反馈，由头盔显示器更新场景显示，由耳机输出虚拟立体声音。

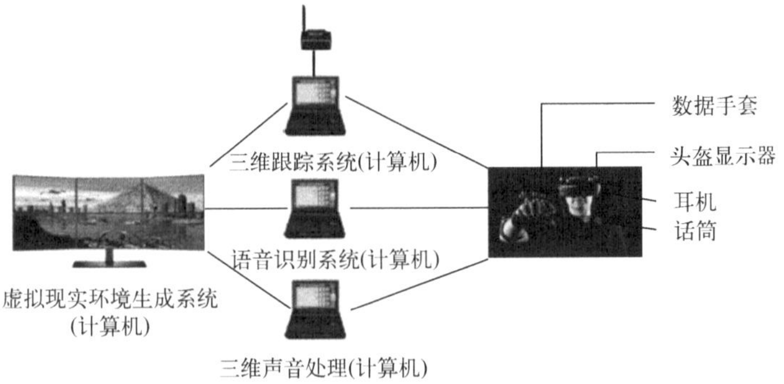

图 6-130　基于头盔显示器的典型虚拟现实系统

虚拟现实具有以下三个重要特征，常称虚拟现实的 3I 特征(图 6-131)。

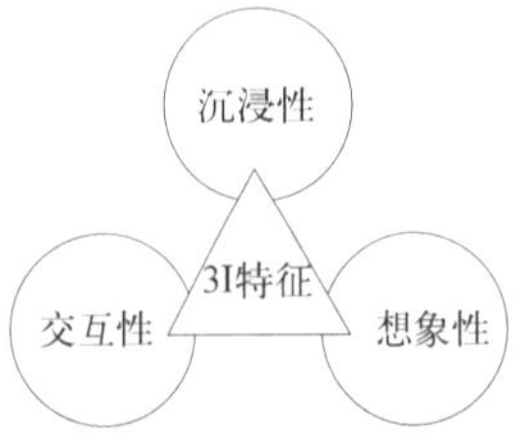

图 6-131　虚拟现实的 3I 特征

(1)沉浸性(immersion)。沉浸性又称临场感，指用户感到作为主角存在于模拟环境中的真实程度，是虚拟现实技术最主要的特征。相对成熟的是视觉、听觉和触觉沉浸技术。

(2)想象性(imagination)。虚拟现实技术可以使人跨越时间、空间去经历和体验世界上已发生或未发生的事件，可以使人突破生理限制，进入宏观或微观世界进行研究和探索。

(3)交互性(interactivity)。交互性指用户对模拟环境内物体的可操作程度和从环境得到反馈的自然程度，主要借助虚拟现实系统中的特殊硬件设备(如数据手套、力反馈装置等)。

2. 虚拟现实关键技术

虚拟现实技术的目的在于达到真实的体验和自然的交互，其技术体系主要由感知、建模、呈现和交互四大类技术组成(图 6-132)。

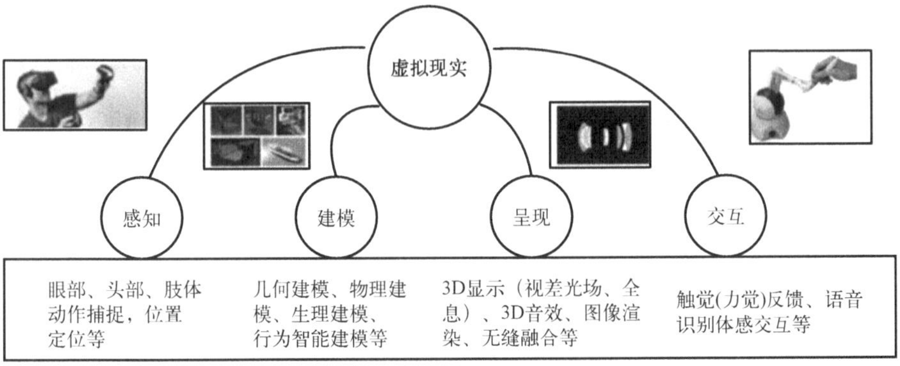

图 6-132　虚拟现实技术体系

1)感知技术

VR 使用各种特定的传感装置，通过各种物理现象(如声、光、热等)刺激人体的感觉器官，得出正确的人体感觉。表 6-18 列出了人体的各种感觉器官及相关的交互设备。

表 6-18　人体感觉器官及相关交互设备

人体的感觉器官	说明	显示设备
视觉	感受可见光	显示器、投影仪等
听觉	感受声波	耳机、喇叭等
嗅觉	感受空气中的化学成分	气味生成装置
味觉	感受液体中的化学成分	—
触觉	皮肤感受温度、压力、纹理等	触觉传感器
力觉	肌肉感受力度	力觉传感器
身体感觉	感知肢体或躯干的位置和角度	数据衣等
前庭感觉	平衡感觉	动平台等

2) 建模技术

虚拟场景的建模是 VR 的核心内容。除了三维建模，虚拟现实系统中的建模还包括物理建模和行为建模。

(1) 三维建模技术。

目前，三维建模技术主要有基于几何的建模技术和基于图像的建模技术两种。

①基于几何的建模技术。

虚拟现实系统中需要的几何模型与基于 CAD 技术建立的几何模型不同。在微观上，虚拟现实系统常用的几何模型方法包括面片表示法和体素表示法(图 6-133)。面片表示法用多边形面片表示模型的表面形状，一般采用三角面片。体素表示法将几何模型细分为三维空间中的微小颗粒，这些颗粒可以是球体、四面体、立方体等。体素模型能够描述模型内部信息，便于表达模型在外力作用下的特征(变形、分裂等)，但计算复杂度较高。

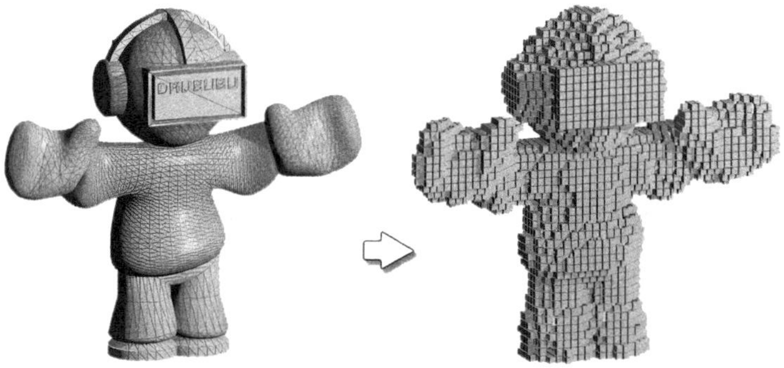

图 6-133　面片表示法和体素表示法几何建模

在宏观上，几何模型的表示方法包括层次表示法和属主表示法。层次表示法利用树形结构来表示物体的各个组成部分，例如，手臂可以分为上臂、下臂、手掌和手指等层次节点。属主表示法让同一种对象拥有同一个属主，属主包含该类对象的详细结构，例如，制作出一个车轮的属主模型后，后续需要车轮时只要创建指向该属主的指针即可。

可以通过 OpenGL、VRML 等专业建模语言或 3D Studio Max、Maya 等建模软件来手动建模，但成本高、时间长，对操作人员要求高。利用三维扫描仪等图形硬件可实现自动三维建模。

②基于图像的建模技术。

基于图像的建模技术是从图像中恢复出物体或场景的三维几何信息，并构建其几何模型的技术。

基于立体视觉的方法利用三维视觉技术从已经获得的2D图像中恢复形体的3D几何特征和光照、材料特性。基于全景函数的方法可以完整地表达周围环境的信息，相当于人们从一个固定点向四周转一圈所看到的景象，即全景图，如图 6-134 所示。基于拼图和分层的方法把采样的图像统一投影到某一个曲面上，按照特定的算法将它们拼接在一起。基于几何和图像的混合建模方法集两种建模方法的优点于一体，在实现上有待进一步完善，完善后的混合建模技术将是未来的虚拟现实建模技术的主导。

图 6-134　一个车间的全景图

(2) 物理建模技术。

虚拟现实系统中的模型有一定的运动方式，且当与用户发生交互时，模型有一定的响应方式。这些运动和响应方式必须遵循自然界中的物理规律，如碰撞反弹、自由落体、受力移动等。物理建模技术用来描述虚拟场景中的物理规律及几何模型的物理属性，其建模过程需要设计数学模型、创建物理效果并进行实时碰撞检测。目前较成熟的碰撞检测算法有层次包围盒法和空间分解法等。

(3) 行为建模技术。

虚拟环境中物体的行为一般可分为物理行为和智能行为。物理行为一般指物体运动的处理，通过运动学或动力学描述物体运动轨迹或姿态。智能行为一般指具有生命特征的物体所表现出来的反应、思考和决策等行为，这种物体也称虚拟角色。行为建模技术有基于有限状态机的建模方法、基于规则系统的建模方法、基于控制论的建模方法和基于智能体的建模方法。目前越来越多的系统采用基于智能体的建模方法。

3) 呈现技术

(1) 视觉呈现技术。

①真实感图形绘制技术。

虚拟现实系统要求虚拟场景具有一定的真实感，这样用户才能有身临其境的感觉，主要通过纹理映射、环境映射、反走样等方式实现。图 6-135 是将纹理图像贴在简单物体的几何表面

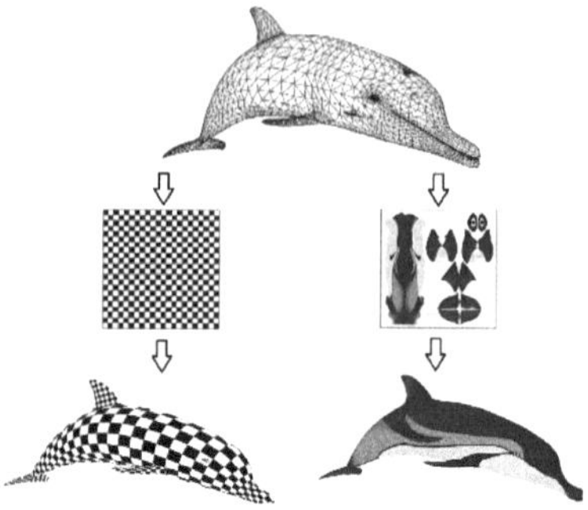
图 6-135　纹理映射效果

上，以近似描述物体表面的纹理细节的纹理映射效果。更复杂的技术还包括物体表面的各种光照建模、模拟光线实际传播过程的光线跟踪、模拟能量传播的辐射度等方法。

②实时动态绘制技术。

实时动态绘制技术是指利用计算机为用户提供一个能从任意视点及方向实时观察三维场景的手段。它要求当用户视点改变时，图形显示速度必须跟得上视点的改变速度。实时动态绘制技术可分为基于图形的实时动态绘制技术和基于图像的实时动态绘制技术两种。

基于图形的实时动态绘制技术除了在硬件方面采用高性能的计算机，还必须选择合适的算法来降低场景的复杂度(即降低图形系统处理的多边形数目)。目前，用于降低场景的复杂度以提高三维场景的动态显示速度的常用方法有场景分块、可见消隐、细节层次模型等。图 6-136 为细节层次(level of detail，LOD)模型示意图，一个物体比较远或者比较小时，采用较粗的 LOD 模型绘制；反之，采用较精细的 LOD 模型绘制。

图 6-136　不同细节层次的 LOD 模型

基于图像的实时动态绘制技术基于一些预先生成的图像(或环境映照)来生成不同视点的场景画面，主要包括全景技术、图像插值及视图变换技术。全景技术是指为一个场景中的某个观察点构造一幅全景图，用户可以任意旋转视角，观察全景图的各个部分。图像插值及视图变换技术是指针对事先准备好的同一场景中的多张图像，首先计算出图像之间的关联关系，然后根据这些信息并采用像素插值或三维变换方法，构造出未知视点的图像。

③立体显示技术。

立体视觉对虚拟现实系统至关重要。两只眼睛的视差是实现立体视觉的基础。

按照时间特点，目前的立体显示技术可以分为同时显示技术和分时显示技术两类。同时显示是指在屏幕上同时显示出对应左右双眼的两幅图像；分时显示是指以一定的频率交替显示两幅图像。

按照设备特点，立体显示技术可以分为眼镜式立体显示技术和裸眼式立体显示技术两类。其中，眼镜式立体显示技术又可细分为主动立体眼镜显示技术和被动立体眼镜显示技术两类。主动立体眼镜是指有源眼镜，它通过“快门”来控制镜片的透光性；被动立体眼镜是指无源眼镜，它通过滤波技术来控制镜片的透光性。

裸眼式立体显示技术不需要用户佩戴任何装置，直接观看显示设备就可感受到立体效果，可分为三类：光栅式自由立体显示技术、体显示技术、全息投影显示技术。光栅式自由立体显示技术中常见的光栅包括狭缝光栅和柱透镜光栅两类，狭缝光栅包括前置式狭缝光栅和后置式狭缝光栅两种，其原理分别如图 6-137(a)、(b)所示。柱透镜光栅自由立体显示原理如图 6-138 所示，它利用柱透镜阵列的折射作用，将左右眼视差图像分别提供给观看者的左右眼，从而产生立体视觉效果。

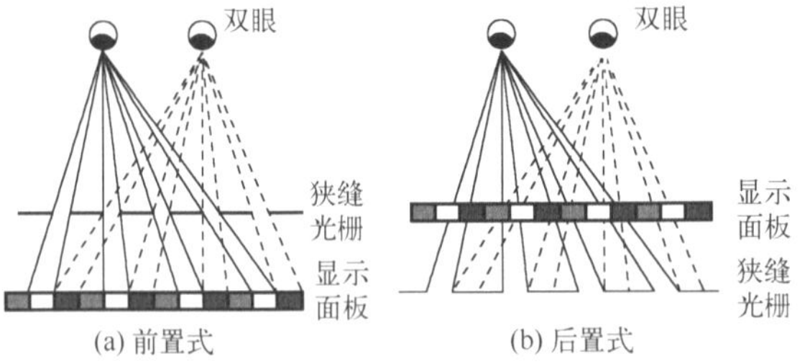

图 6-137　前置式狭缝光栅和后置式狭缝光栅原理

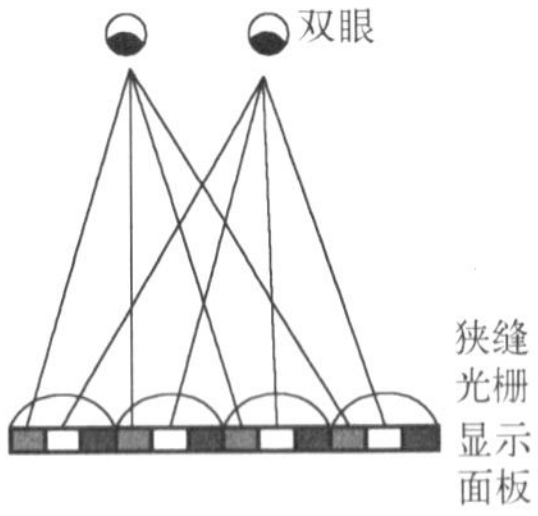

图 6-138　柱透镜光栅自由立体显示原理

体显示的基本原理是通过特殊显示设备将三维物体的各个侧面图像同时显示出来。图 6-139 展示了一种基于扫描的体显示。体显示方法可供多个观看者同时从不同角度观看同一立体场景，兼顾人眼的调节和会聚特性，不会引起视觉疲劳。

全息投影技术是利用光的干涉和衍射原理记录并再现真实物体三维图像的技术，其再现的三维图像立体感强，具有真实的视觉效应。观看者可以在其前后左右观看，是真正意义上的立体显示。图 6-140 为 HoloCube 公司开发的一款桌面全息显示器。

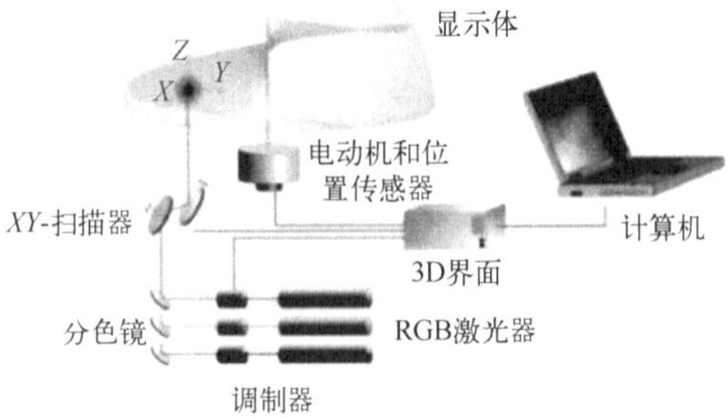

图 6-139　基于扫描的体显示

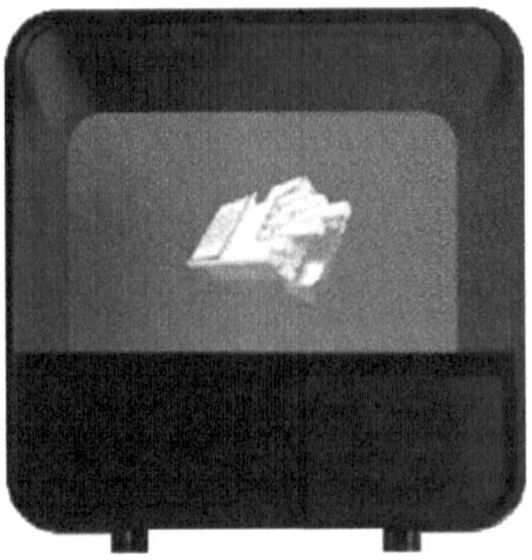

图 6-140　HoloCube 公司桌面全息显示器

(2)听觉呈现技术。

为使用户产生身临其境的感受，虚拟现实系统还应考虑听觉沉浸。三维虚拟声音的体验类似一个球形空间，听者可以感受到整个球形空间任何地方的声音，在这个立体声场中，能根据三维虚拟声音的类型、强度和方位做出相应判断。

构建一个完善的三维虚拟声音系统必须建立正确的人类听觉模型。常用的听觉模型包括头部相关传递函数、房间声学模型、声音增强现实系统等。

声波从自由场传到鼓膜处的变换函数称为头部相关传递函数，其原理如图 6-141 所示。除了最主要的耳郭因素，其还受到头部、耳道、肩膀、躯体等很多因素的影响。房间声学模型的目标是计算第二声源的空间图，也就是为初始声源计算一组离散的第二声源(回声)。将计算机合成的声音信号与采样的真实声音信号叠加在一起称为声音增强现实系统，典型应用是使沉浸在虚拟现实任务中的用户同时处理真实世界中的重要事件(如火警声音)。

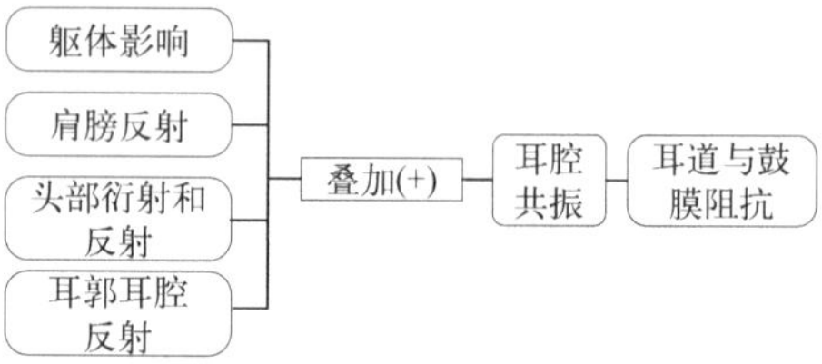

图 6-141　头部相关传递函数原理

4)交互技术

(1)语音交互。

虚拟现实系统中的语音技术包括语音识别和语音合成。语音识别是指将人说话的语音信号转换为可被计算机程序所识别的文字信息，进而分析出说话人的语音指令和语义内容。语音合成是指将文本信息转变为语音数据，并以语音方式播放。

在虚拟现实系统中，如果将语音合成和语音识别技术结合起来，可以使用户与计算机所创建的虚拟环境进行简单的语音交流，是真正的人机自然交互，有突出的应用价值。

(2)手势交互。

手势是一种较为简单、方便的交互方式。利用手势，参与者可以完成导航、拾取物体、释放物体等操作。手势识别系统主要分为基于数据手套的手势识别和基于视觉(图像)的手势识别两种。

基于数据手套的手势识别利用空间位置跟踪定位设备来捕捉手势的空间运动轨迹和时序信息。它能够对较为复杂的手部动作进行检测，识别率高，影响手部自由活动，价格昂贵。

基于视觉的手势识别是通过摄像机连续拍摄手部的运动图像，然后采用图像处理技术分析出手势形态。大致流程如图 6-142 所示。

手势交互的最大优势在于用户可以自始至终采用同一种输入设备(通常是数据手套)与虚拟世界进行交互。用户可以将注意力集中于虚拟世界，从而降低对输入设备的额外关注。

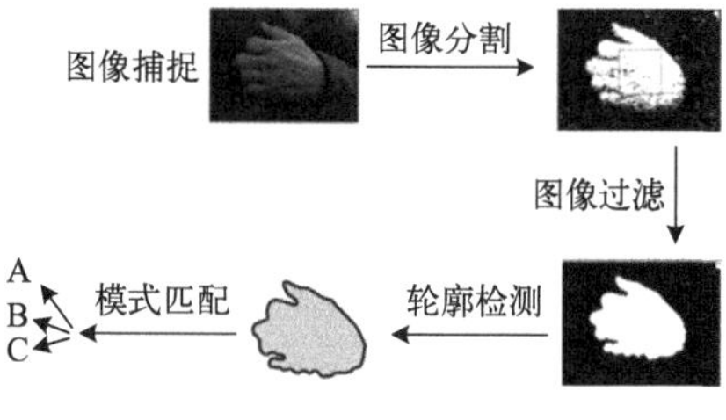

图 6-142　基于视觉的手势识别流程

(3)表情交互与人脸识别。

目前，计算机面部表情识别技术通常包括三个步骤：人脸图像的检测与定位、表情特征提取、表情分类。人脸图像的检测与定位是指在输入图像中找到人脸的确切位置。表情特征提取是指从人脸图像或图像序列中提取能够表征表情本质的信息，如五官的相对位置、嘴角形态、眼角形态等。表情分类是指分析表情特征，将其分类到某个相应的表情类别。图 6-143 显示了一种简单的人脸表情分类模板。

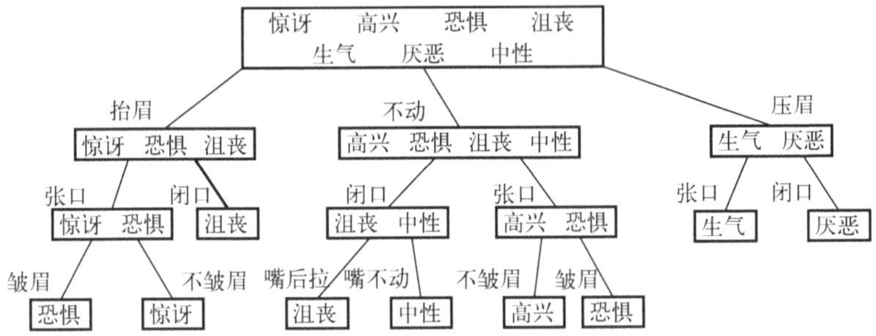

图 6-143　人脸表情分类模板

(4)眼动跟踪。

在虚拟现实系统中，将视线的移动作为人机交互方式不但可以弥补头部跟踪技术的不足，还可以简化传统交互过程中的步骤，使交互更为直接。例如，视线交互可以代替鼠标的点击操作，如果用户盯着感兴趣的目标，计算机便能“自动”将光标置于其上。

支持视线移动交互的相关技术称为视线跟踪技术，也称眼动跟踪技术。以硬件为基础的跟踪技术需要用户戴上特制头盔、特殊隐形眼镜，或者使用头部固定架、置于用户头顶的摄像机等。以软件为主、对用户无干扰的眼动跟踪的基本原理是首先利用摄像机获取人眼或脸部图像，然后用图像处理算法实现图像中人脸和人眼的检测、定位与跟踪，从而估算用户的注视位置。但是，目前的眼动跟踪技术存在精度不足、米达斯接触效应、抖动和眨眼中断等缺陷。

(5)其他感觉器官的反馈。

目前的反馈形式主要集中在视觉和听觉方面，对接触感、温度感、力量感等其他感觉器官的反馈技术还不成熟。在味觉、嗅觉和体感等方面，人们至今仍然对它们的理论知之甚少。

3. 虚拟现实软硬件及开发

1)硬件设备

根据功能，可以将虚拟现实系统的硬件设备分为输入、输出和配套设备三大类。下面介绍常见的输入、输出设备。

(1)常见输入设备。

①数据手套。数据手套是一种穿戴在用户手上，可以实时获取用户手掌、手指姿态的数字设备。通过软件编程，可进行虚拟场景中物体的抓取、移动、旋转等动作，也可以将它作为一种控制场景漫游的工具，如图 6-144 所示。

图 6-144　数据手套

②人体运动捕捉设备。运动捕捉设备是一种用于准确测量运动物体在三维空间运动状况的高技术设备。运动捕捉设备主要有表情捕捉和肢体捕捉两类，也可以分为实时捕捉和非实时捕捉两类。人体运动捕捉设备一般由传感器、信号捕捉设备、数据传输设备和数据处理设备四部分组成，根据传感器信号类型，可以将人体运动捕捉设备分为机械式人体运动捕捉设备、声学式人

体运动捕捉设备、电磁式人体运动捕捉设备和光学式人体运动捕捉设备四种类型。例如，光学式人体运动捕捉设备根据人体轮廓特征提取运动信息，如图 6-145 所示。

③数据衣。数据衣可以实现对全身运动的识别。同数据手套原理类似，该设备将大量传感器配置在紧身衣上，通过对四肢、腰部、各关节等人体部位进行检测，实现对用户运动轨迹的跟踪和记录，如图 6-146 所示。目前数据衣已大量应用于虚拟游戏、电影特效等商业领域。

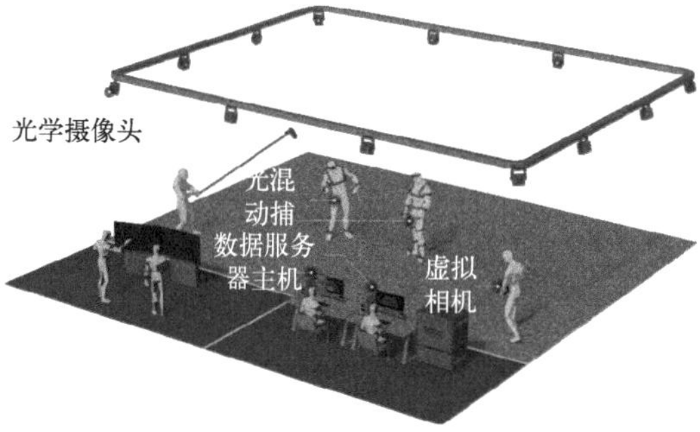

图 6-145　光学式人体运动捕捉设备

图 6-146　数据衣

④三维扫描仪。三维扫描仪是一种先进的三维模型建立设备，能快速方便地将真实物体的立体参数信息转换为计算机能直接处理的数字信号，为实物数字化提供有效手段，可以显著降低手动建模的成本和误差，特别适用于不规则的三维模型，已广泛应用于工业设计、文物保护等领域，如图 6-147 所示。

(a) 逆向工程　(b) 三维检测　(c) 快速建模

图 6-147　三维扫描仪及其典型应用场景

⑤眼动仪。眼动仪是记录眼球运动轨迹的新型跟踪设备，记录眼球运动轨迹，从中提取注视点、注视时间和次数、眼跳距离、瞳孔大小等数据，从而研究个体视觉的内在认知。

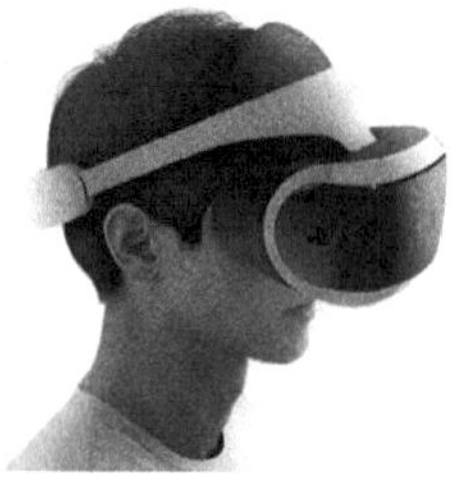

图 6-148　头盔显示器

⑥其他手控输入设备。为了对传统鼠标、键盘等交互设备进行改进，人们还设计出了一些其他手控输入设备，如三维鼠标、力矩球等。这些设备的交互方法与传统设备类似，但是在功能上有所增强。

(2) 输出设备。

①头盔显示器。头盔显示系统是最为典型、目前应用最为广泛的虚拟现实显示系统，它是佩戴在用户头部，可以随着用户移

动和转动，并且向眼睛显示图像的设备，如图 6-148 所示。计算机根据头盔上配备的三维定位跟踪设备实时探测头部的位置和朝向，实时生成反映当前视点位置和朝向的场景图像，并显示在头盔显示器的屏幕上。

②洞穴式自动虚拟环境系统。头盔显示系统存在单用户的局限性、显示屏幕分辨率不高、过于沉重而带给用户负担，以及屏幕过近带给眼睛的不适感等问题。后来出现了洞穴式自动虚拟环境(cave automatic virtual environment，CAVE)系统。CAVE 系统是一种基于多通道视景同步技术和立体显示技术的房间式投影可视协同环境，分为四投影面(三个墙壁和一个地板)、五投影面和全封闭六投影面三种效果。CAVE 系统原理示意如图 6-149 所示。

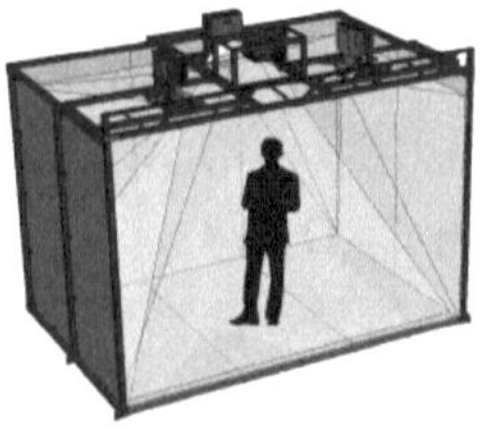

(a) 内部结构

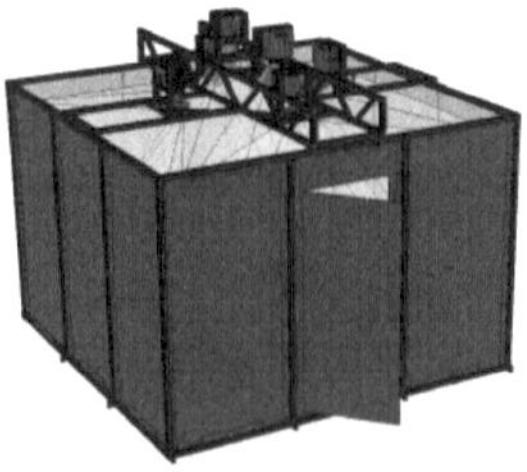

(b) 外部结构

(c) 应用示例

图 6-149　CAVE 系统原理示意

③墙式立体显示系统。除 CAVE 系统外，虚拟现实系统还大量使用多种墙面式投影，并进行立体显示。墙式立体显示系统(图 6-150)通常采用大屏幕投影设备，可供多个用户同时使用。该类设备可分为平面和曲面两种。墙式立体显示设备沉浸感较强，适用于博物馆、展览馆等多用户场合。

图 6-150　墙式立体显示系统示例

④全息投影系统。全息投影技术也称虚拟成像技术，是利用干涉和衍射原理记录并再现物体真实的三维图像的技术。全息投影可以分为空气投影和交互技术、激光束投射实体的 3D 影像、360°全息显示屏等方式。360°全息显示屏投影示例如图 6-151 所示。

图 6-151　360°全息显示屏投影示例

(3) 其他感官输出设备。

①听觉感知设备。耳机和音响是两种常见的听觉感知设备。

②触觉感知设备。触觉可以为人们提供接触反馈和力反馈两类感

知信息。现有接触反馈设备主要局限于手指的触觉感知反馈。目前常见的力反馈设备有力反馈手套、桌面力反馈系统、力反馈操纵杆、悬挂式机械手臂等。

2）软件系统

软件和内容是虚拟现实系统的灵魂。软件工具主要包括嵌入 VR 设备的信息处理软件和运行在 VR 设备上的系统平台软件。信息处理软件主要负责视频采集、三维重建、人体跟踪与动作捕捉、投影拼接边缘融合等，系统平台软件主要有三维建模、VR 引擎、开发工具等。

（1）信息处理软件。

视频采集软件是配备 VR 输入设备的专用软件，用于 VR 场景构建和三维模型的视音频数据采集，主要有 3D 立体拍摄设备的图像采集系统和 360°全景拍摄设备的图像采集系统。

三维重建通过三维扫描仪获取的距离影像数据（即点云）进行物体表面的三维重建，生成 3D 模型。它将三维扫描数据转化为高精度曲面、多边形和通用 CAD 模型。

人体跟踪与动作捕捉软件的主要功能是处理系统捕捉到的原始信号、计算传感器的运动轨迹、对数据进行修正处理并与三维角色模型相结合，包括数据手套、眼动仪等。

投影拼接边缘融合软件是多通道投影的核心软件，目的是消除多个投影图像拼接中形成的重叠，改善视觉效果。

（2）系统平台软件。

①三维建模。目前在市场上有许多优秀建模软件，其中通用的有比较知名的 3D Studio Max、Maya 等，还有虚拟现实等领域专用的建模软件，如 Multigen Creator 等。

②VR 引擎。包括图形渲染引擎和物理行为引擎。渲染是将三维模型绘制到屏幕上的过程。目前利用商业或开源的图形渲染引擎制作的影视特效和广告效果图已经很难被肉眼识别出与真实效果的差别。物理行为引擎简称物理引擎，简单地说就是计算 3D 场景中物体与场景之间、物体与角色之间、物体与物体之间的运动交互和动力学特性，能够极大地提高 VR 系统的真实感。

③开发工具。为了将建模软件获得的模型进行组织显示，并实现交互等功能，需要专门的虚拟现实系统开发工具软件，如 Virtools、Unity、Vega Prime、GL Studio 等。

Virtools 是一套具备丰富的互动行为模块的实时 3D 环境虚拟实境编辑软件，可以制作出许多用途的 3D 产品。Unity 是一个全面整合的专业游戏引擎，包含整合的编辑器、跨平台发布、地形编辑、着色器、脚本、网络、物理、版本控制等特性。Vega Prime 是用于创建及配置视景仿真、多领域仿真和通用可视化的视景平台。GL Studio 是一个独立平台的快速原型工具，用来创建实时的、照片级别的、可交互的仪表图形界面。

6.6.2 增强现实

增强现实的主要实现方式是将计算机生成的虚拟信息叠加、融合于可见的物理环境，从视觉上使用户感觉到虚拟空间的时空关联和融合，增强用户对现实环境的感知和认知。AR 技术可应用于工业、医疗、城市管理、文化娱乐、电子商务等多个领域，工业生产是 AR 技术最具潜力的应用领域，AR 技术在其研发、制造、运维、培训等多个方面得到应用。

1. 增强现实的起源及特点

1992 年，波音公司研究人员汤姆 · 考德尔(Tom Caudell)首次使用增强现实这个专有名词。1997 年，罗纳德 · 阿祖马(Ronald Azuma)提出了一个广泛接受的增强现实定义，该定义包含三个特征：将虚拟和现实结合，实时互动，基于三维的配准(又称注册)。

AR 涉及多种学科领域，如图 6-152 所示，与其他人工智能技术和智能硬件的结合是其未来发展的主要方向。

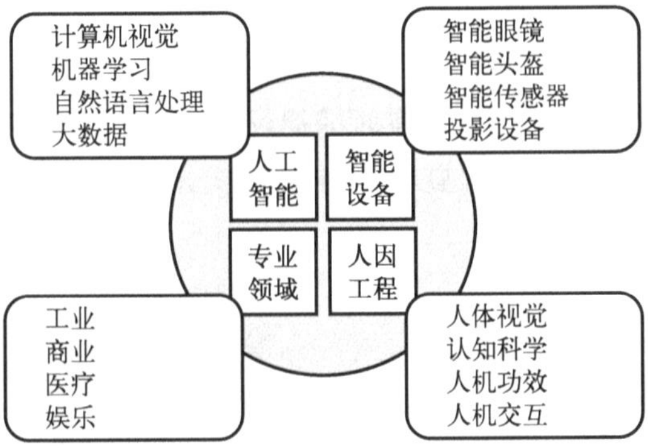

图 6-152　增强现实涉及的学科领域

增强现实的形式可从不同方面进行划分。依据显示距离，增强现实可划分为视网膜、近眼、手持、体外等形式；依据强化方式，增强现实可划分为虚拟增强、物理增强等方式，依据显示方式，增强现实可划分为视频穿透式、光学穿透式、裸眼式等方式，如图 6-153 所示。

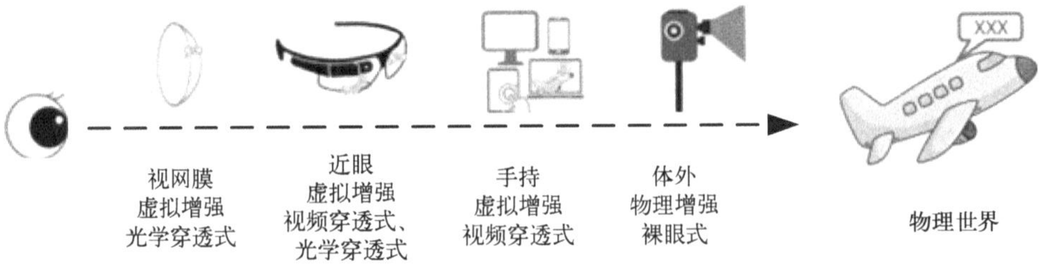

图 6-153　AR 的不同形式

2. 增强现实的强化方式

虚拟增强指将需要增强的信息融合于处理后物理世界影像中，在真实的物理世界中不出现增强信息，需要通过显示设备才能看到融合后的信息，典型方式如通过智能眼镜实现的增强现实。物理增强指将需要增强的信息直接融合于真实物理世界，裸眼即可看到融合后信息，典型方式如采用投影仪实现的空间增强现实(spatial AR)。增强现实的强化方式如图 6-154 所示。

（a）虚拟增强　（b）物理增强

图 6-154　增强现实的强化方式

3. 增强现实显示方式

（1）视频穿透式。通过前端摄像头实时捕捉场景影像，将虚拟信息叠加在视频画面，呈现在显示器中（可以是近眼或远端显示）。这种方式光学技术简单，但真实感不足，主要在手机端应用，如图 6-155 所示。

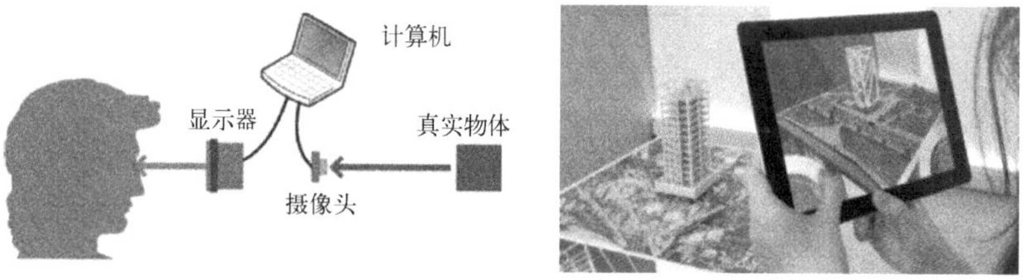

图 6-155　视频穿透式显示方式及其示例

（2）光学穿透式。在眼睛前端（近眼）配备透明镜片（或透明显示器），通过光学显示技术将虚拟信息显示于镜片，并与透过镜片的现实世界光线融合，形成虚实融合景象。这种方式光学技术复杂，但真实感较好，主要用在可穿戴设备，如图 6-156 所示。

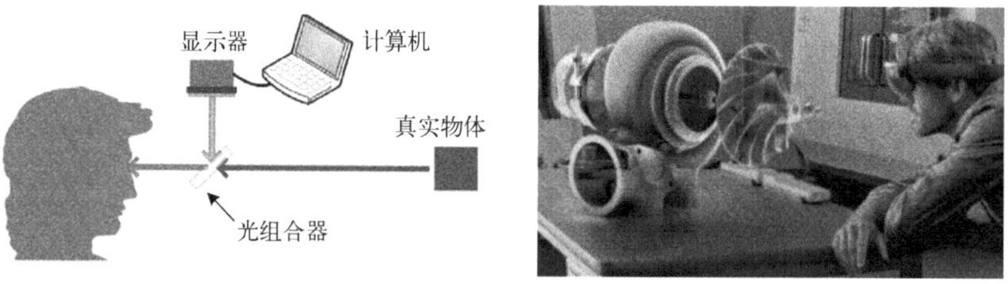

图 6-156　光学穿透式显示方式及其示例

（3）裸眼式。直接将虚拟信息通过激光投影仪等方式投射到物体表面，不用佩戴任何眼镜或者使用屏幕就可以观察增强的信息。

4. 增强现实显示距离

（1）虚拟视网膜显示（virtual retinal display，VRD）。这种方式的显示距离可以认为距瞳孔接近 0mm。该方式使用带有 MEMS 反射镜的 RGB 激光器，将光线引导到瞳孔中，然后投射到视网膜上，如图 6-157 所示。

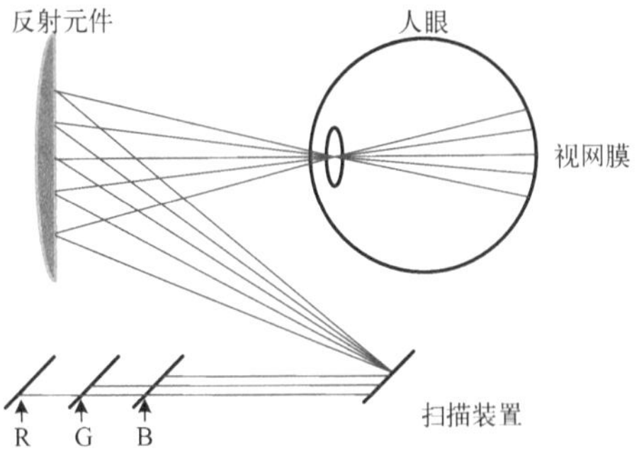

图 6-157　虚拟视网膜显示示意图

(2) 近眼显示。这种方式主要采用光学穿透式(光波导)镜片，其显示距离距瞳孔 10～20mm。通过全反射原理，光线在光波导内反射和传播，然后从另一边反射出来，反射到用户眼中，如图 6-158 所示。

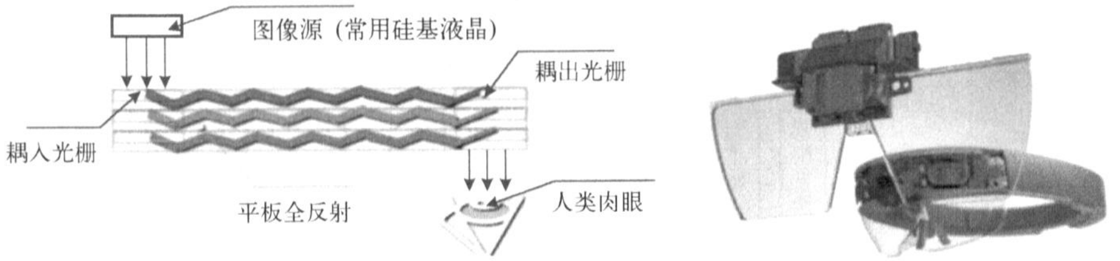

图 6-158　近眼显示原理及其硬件镜片

(3) 远距离显示。这种方式主要是体外显示，例如，手持式显示器(手机、平板电脑等)的显示距离距瞳孔一般为 20～500mm，电脑屏幕、投影等方式的显示距离距瞳孔一般 >500mm，如图 6-159 所示。

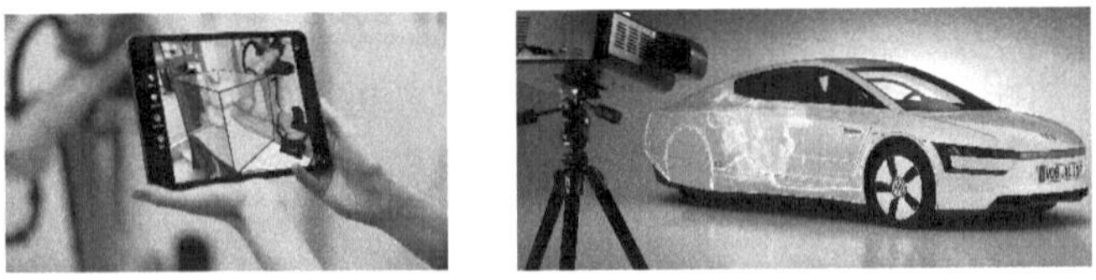

图 6-159　远距离显示

5. 增强现实关键技术概述

一个完整的增强现实系统通常由图像采集模块、虚拟场景模块、跟踪注册模块、虚实融合模块、显示模块和人机交互模块这六个模块组成，如图 6-160 所示。

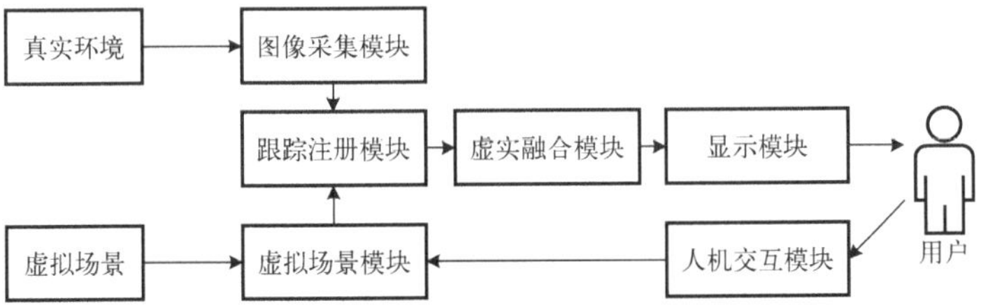

图 6-160　增强现实系统基本技术架构

增强现实系统的关键技术在于将虚拟对象信息实时注册到真实环境中，利用计算机图形学的相关知识进行虚实融合，经过图像的渲染，通过显示设备将画面显示出来。因此，其关键技术包括跟踪注册技术、虚实融合技术和人机交互技术。

6. 增强现实的跟踪注册技术

跟踪注册指系统在真实环境中根据目标位置的变化来实时获取传感器位姿，按照使用者的当前视角重新建立空间坐标系并将虚拟场景渲染到真实环境中准确位置的过程。目前三维跟踪注册技术是主流。三维跟踪注册技术主要分为基于计算机视觉的跟踪注册技术、基于硬件传感器的跟踪注册技术及混合跟踪注册技术，如图 6-161 所示。

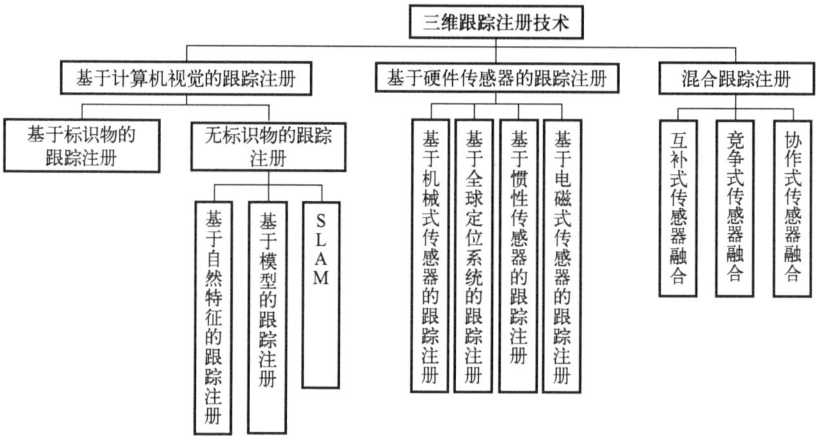

图 6-161　三维跟踪注册技术分类

1) 基于计算机视觉的跟踪注册技术

又称基于软件的跟踪注册技术。该技术通过计算机视觉等理论方法对相机采集的视频图像进行处理来进行虚拟空间坐标系与真实世界坐标系之间的转化，确定虚拟场景在真实环境中的叠加位置。又可以分为基于标识物和无标识物的跟踪注册方法。

(1) 基于标识物的跟踪注册技术。

基于标识物的跟踪注册技术是目前应用较为广泛的成熟技术。该注册技术预先在真实环境中放置标识物，利用摄像机对标识物进行识别并获得标识物顶点信息，随后根据图形的仿射不变性原理重建预定义标识物坐标到当前场景标识物坐标的位姿变化矩阵，来完成虚拟信息的跟踪注册，其工作流程如图 6-162 所示。

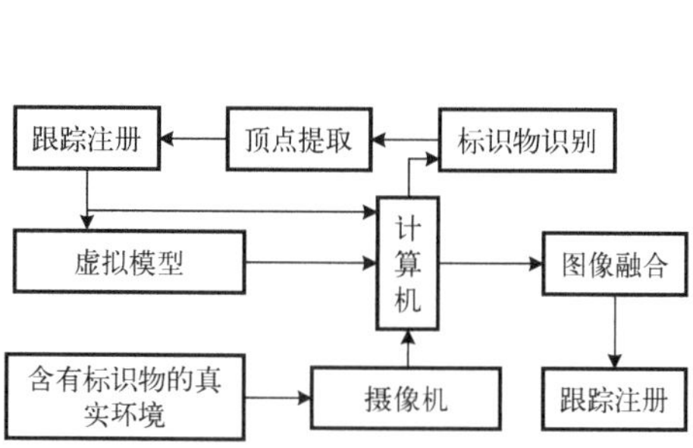

图 6-162　基于标识物的跟踪注册流程

对标识物的识别方法主要分为基于图像匹配的标识物识别和基于编码特征的标识物识别两种。标识物多为黑白两色的矩形方块，如 ARToolKit、ARTag、ARToolKit-Plus、ARStudio、VisualCode 等标识物。标识物形式如图 6-163 所示，注册示例如图 6-164 所示。

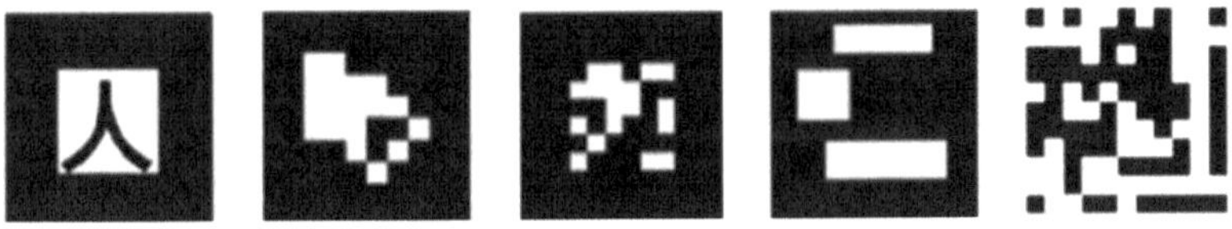

图 6-163 不同的标识物形式

图 6-164 基于标识物的注册示例

(2) 无标识物的跟踪注册技术。

①基于自然特征的跟踪注册技术。

基于自然特征的跟踪注册技术不需要预先在真实环境中放置标识物，而是利用场景中的一些自然特征来计算摄像机姿态信息，从而完成跟踪注册。其工作流程大致如下：首先，在模板图像中提取特征点集；然后，在摄像头获取的每一帧数据中提取相对应的特征点集；最后，通过特征点集相互之间的匹配关系来对摄像机的空间位姿进行跟踪，从而完成跟踪注册。特征点的提取与匹配是实现稳定跟踪注册的关键。主要的特征点检测与特征匹配算法对比如表 6-19 所示。

表 6-19 特征点检测与特征匹配算法对比

算法	实时性	鲁棒性	计算效率
SIFT	较差	较好	较差
FAST	较好	较好	较好
SURF	中等	较好	中等
BRIEF	较好	中等	中等
定向 FAST 与旋转 BRIEF	较好	较好	中等

②基于模型的跟踪注册技术。

基于模型的跟踪注册技术能解决基于自然特征的跟踪注册技术在缺少纹理甚至无纹理环境中跟踪注册失败的问题，它使用跟踪注册目标对应的虚拟模型信息作为先验知识来进行跟踪注册。其又可细分为基于边缘跟踪的跟踪注册技术与基于点云模型的跟踪注册技术。

基于边缘跟踪的跟踪注册技术常使用与跟踪注册对象的表面模型相关联的边缘特征来进行位姿评估。该方法根据输入的视频帧画面搜索模型外轮廓边缘信息或点特征，并与预先给定的模型边缘信息进行匹配，实现对目标位姿的跟踪注册。工作流程和示例如图 6-165、图 6-166 所示。

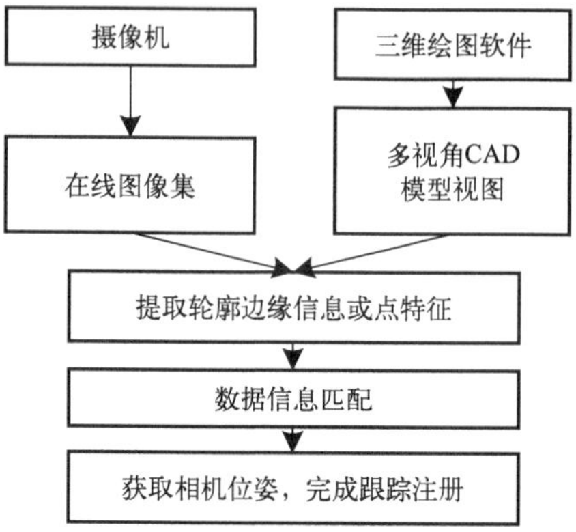

图 6-165　基于边缘跟踪的跟踪注册流程

图 6-166　基于边缘跟踪的跟踪注册示例

基于点云模型的跟踪注册技术使用三维点云来表示真实环境及要进行跟踪的对象，利用迭代最近点(ICP)算法对环境点云与模型点云进行配准，估计相机的实时位姿，从而完成跟踪注册，其工作流程和示例如图 6-167、图 6-168 所示。

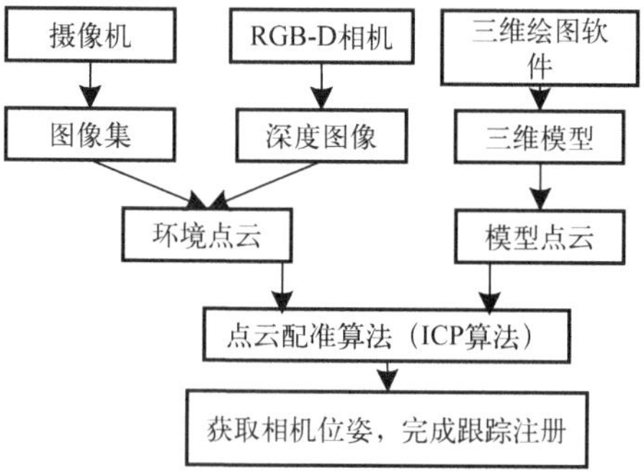

图 6-167　基于点云模型的跟踪注册流程

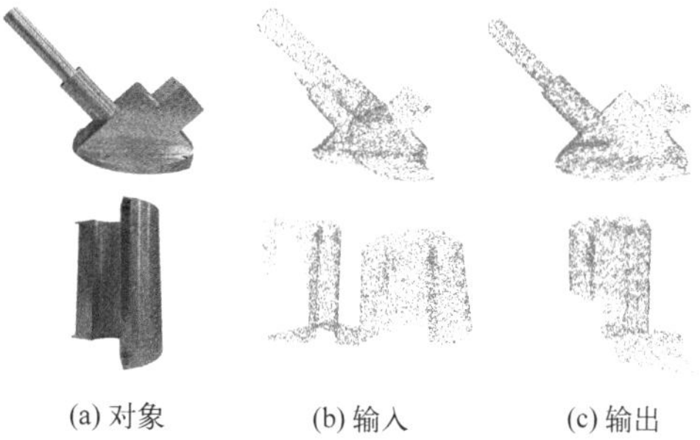

图 6-168　基于点云模型的跟踪注册示例

环境点云可以通过相机采集的图像建立图像集，并利用算法来恢复场景中的点云信息，或者利用 RGB-深度(D)相机获得的深度图像恢复出环境点云，或者通过将对象的三维模型转化为点云的方式获取点云信息。

③SLAM 技术。

同步定位与建图(simultaneous localization and mapping，SLAM)技术是一种同时实现设备自身定位和环境地图构建的技术，该技术能够确定设备在未知环境中的位置，并构建一张环境地图。根据传感器，可将 SLAM 技术分为激光 SLAM 技术和视觉 SLAM 技术两种，工业中主要应用视觉 SLAM 技术，其流程如图 6-169 所示，不需要场景先验知识。

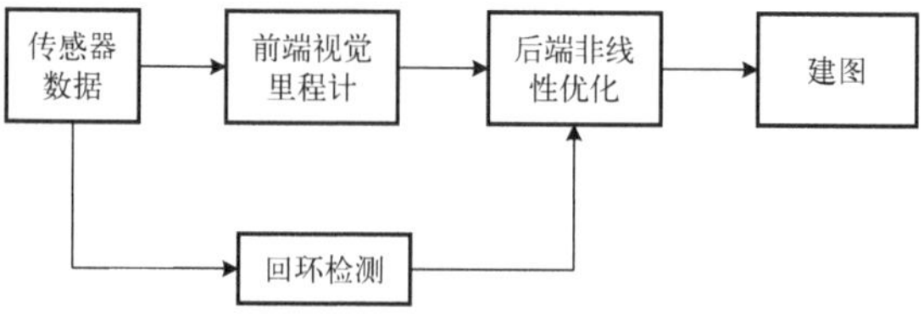

图 6-169　视觉 SLAM 基本流程

2)基于硬件传感器的跟踪注册技术

基于硬件传感器的跟踪注册技术通过传感器的信号发射器与感知器来获取相关位置数

据，进而计算出相机或智能设备相对真实世界的位姿，从而完成跟踪注册。其主要分为基于全球定位系统、基于惯性传感器、基于电磁式传感器和基于机械式传感器等的跟踪注册技术。

3) 混合跟踪注册技术

混合跟踪注册技术是结合不同类型跟踪注册技术来获取物体位姿的方法，能有效解决增强现实系统既要求高精度跟踪注册又需要强鲁棒性的技术难题，但增加了系统的复杂性。从多传感器融合分类的角度，可将混合跟踪注册技术分为互补式传感器融合、竞争式传感器融合和协作式传感器融合。

7. 增强现实的虚实融合技术

虚实融合的本质是显示技术，即在注册定位的基础上，如何把虚拟物体和真实环境以融合的方式展现出来，保持视觉一致性，也称实时渲染技术。视觉一致性分为几何一致性、光照一致性两个方面。

几何一致性是指虚拟对象在尺寸、高度、透视关系、遮挡关系等几何层面上能够和真实世界保持一致，其核心是遮挡关系的处理。

光照一致性是指让虚拟物体具有与真实环境相同的光照效果。光照一致性的目标是使虚拟物体的光照情况与真实环境中的光照情况一致，虚拟物体与真实物体有着一致的明暗、阴影效果，以增强虚拟物体的真实感，其核心是阴影生成技术。

1) 遮挡关系处理

遮挡关系处理的技术原理是比较虚拟物体和场景中的真实物体距离摄像机的远近，通过深度数据判断物体之间的遮挡关系。其基本逻辑如图 6-170 所示。目前遮挡关系处理技术主要分为基于三维重建的虚实遮挡技术、基于深度计算的虚实遮挡技术和基于图像分析的虚实遮挡技术三种。

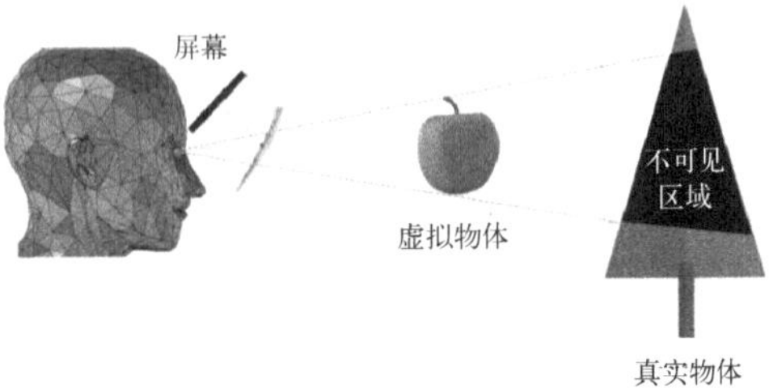

图 6-170　遮挡关系处理基本逻辑

(1) 基于三维重建的虚实遮挡技术。如果虚拟物体遮挡了真实物体，其在纵深层次上应处在真实物体的前面，反之亦然。该技术适用简单场景。其流程如图 6-171 所示。

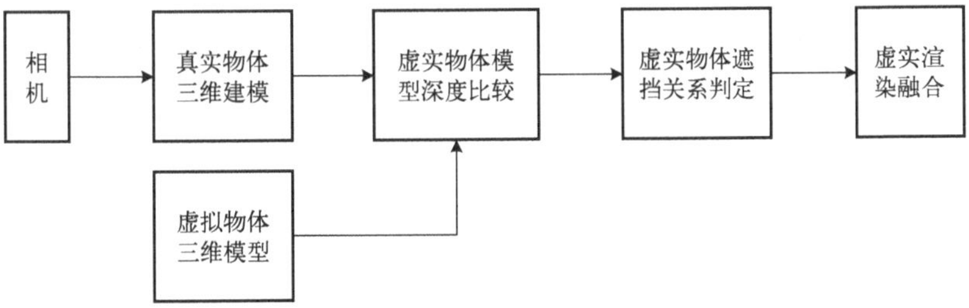

图 6-171　基于三维重建的虚实遮挡流程

(2)基于深度计算的虚实遮挡技术。该技术是目前的主流方法，主要核心是计算出真实环境中遮挡物体的深度，流程如图 6-172 所示。双目摄像头可以得到实际深度，单目摄像头只能得到相对深度。

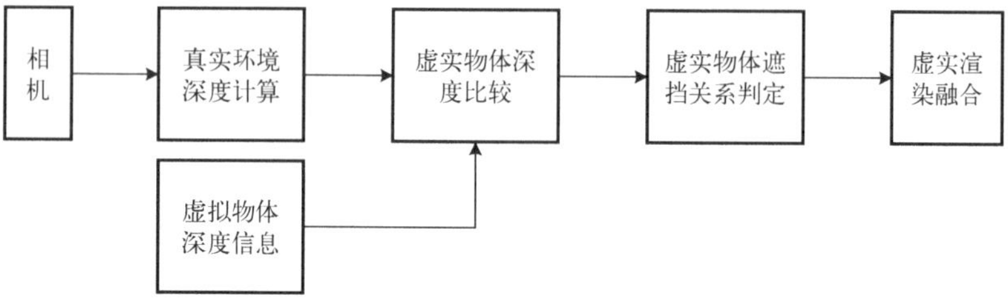

图 6-172　基于深度计算的虚实遮挡流程

(3)基于图像分析的虚实遮挡技术。该技术主要利用图像处理技术对遮挡物进行轮廓提取，通过提取发生遮挡关系区域的深度值来判断虚实物体的遮挡关系，流程如图 6-173 所示。该技术实时性不高。

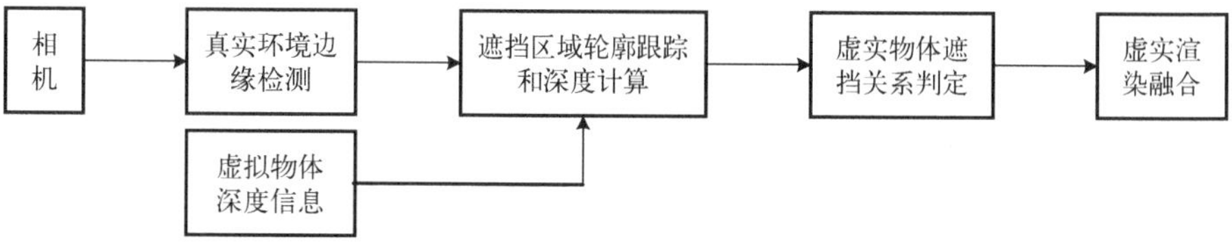

图 6-173　基于图像分析的虚实遮挡流程

2) 实时的阴影生成技术

实现光照一致需要首先复原现实世界的光照模型，然后在虚拟世界中构造一个相似的光照模型并计算虚拟物体由此所受的影响。阴影可以增强虚拟物体与真实环境的一致性和逼真感。图 6-174 为无阴影生成和有阴影生成 AR 图像对比。

(a) 无阴影生成

(b) 有阴影生成

图 6-174　无阴影生成和有阴影生成 AR 图像对比

增强现实系统中的光照一致算法基本流程如下：首先，根据视频帧中的光照分布估计出场景中光源分布；其次，依据场景中的光源分布简化场景的光照模型；再次，依据简化后的光照模型生成虚拟光源，对虚拟光源进行照射并绘制阴影；最后，根据现实世界中光源方向等信息的变化及时更新虚拟光源。阴影生成算法大致有三种：投影算法、阴影映射算法、阴影体算法。

阴影体算法目前是流行的阴影生成算法之一。它的原理是根据光源与场景中物体的位置等信息计算出物体的阴影体，通过对场景中的物体进行检测来判断它们是否在阴影中，其流程如图 6-175 所示。

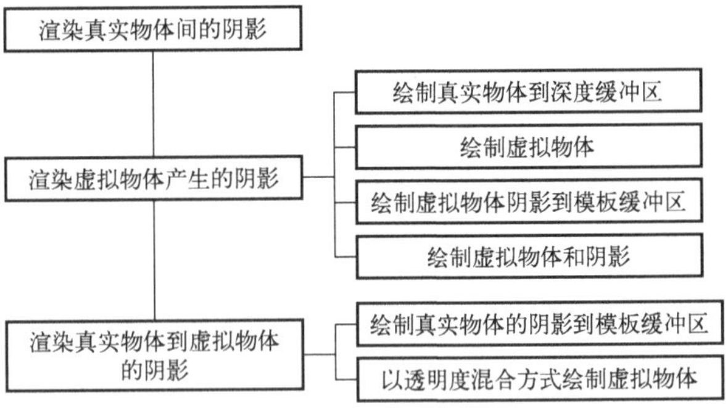

图 6-175　AR 中阴影体算法流程

8. 增强现实的人机交互技术

增强现实系统的目标是构建虚实融合的增强世界，使用户能够在现实世界中感受到近乎真实的虚拟物体，并能与之交互。AR 的人机交互方式与 VR 基本一致，此处不再赘述。

9. 增强现实软硬件及其开发

增强现实的硬件发展主要集中在显示设备方面，分为显示屏、头戴式显示器、手持式显示器、投影式显示器等，如表 6-20 所示。

表 6-20　AR 显示终端类型

项目	显示屏	头戴式显示器	手持式显示器	投影式显示器
示例	 电脑显示器	 Microsoft HoloLens、Google Glass	 智能手机、平板电脑	 投影仪
优点	分辨率高、刷新率高、尺寸大	可移动、释放双手	便携式、消费级产品	无须佩戴
缺点	观察视角固定、移动不便	佩戴不舒适、视角小、续航短、昂贵	占用双手	移动不便
适用场景	固定	移动	移动	固定

头戴式显示器包括 AR 眼镜和 AR 头盔。另一种常见的增强现实设备是移动设备，如智能手机和平板电脑。和平面显示设备把图像生成在固定的设备表面不同的是，投影式显示器能够将图像投影到大范围视场中，但是体积庞大，焦点不能随用户视角移动而改变，受光照等环境因素限制。

除了硬件设备，增强现实技术还需要相应的软件平台来支持，其软件开发技术体系如图 6-176 所示。下面介绍一些常见的 AR 开发平台。其中系统级平台相关的操作系统、数据库系统等是高级软件开发的基础，不再赘述。本书主要介绍一些与 AR 开发直接相关的软件。

Unity 既可用于 VR 开发，也可用于 AR 开发，可用于创作、运营任何实时互动的 2D 和 3D 内容，支持平台包括手机、平板电脑、PC、游戏主机、增强现实和虚拟现实设备。

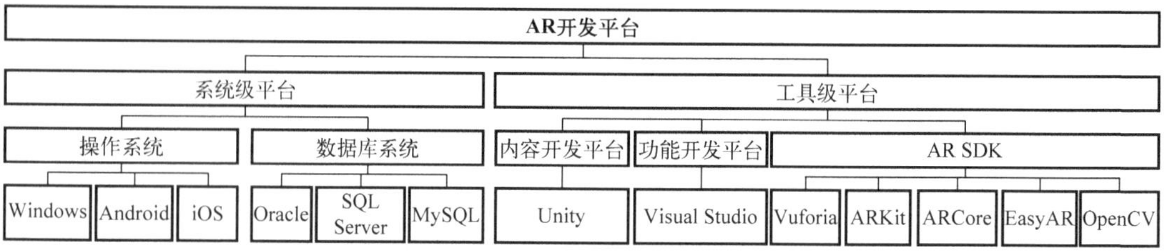

图 6-176　AR 软件开发技术体系

Visual Studio 是强大的开发工具套装，支持开发过程的完整生命周期和所有功能，支持 C++、C#、Python、Java 等所有主流开发语言，支持 AR/VR 及人工智能相关开发。

OpenCV 是一个基于伯克利软件分发(BSD)许可(开源)发行的跨平台计算机视觉和机器学习软件库。OpenCV 轻量而高效，提供了 C++、Python、Ruby、MATLAB 等语言的接口，实现了图像处理和计算机视觉的很多通用算法，是进行增强现实开发的计算机视觉底层算法基础库。

ARKit 是苹果公司开发的 AR 开发工具包，专门用于 iOS 设备。ARCore 是谷歌公司开发的 AR 开发工具包，专门用于 Android 设备。此外，还有一些跨平台的 AR 开发工具包，如 Vuforia、ARToolKit、EasyAR 等，它们可以在多种设备上运行，提供了多种 AR 功能。

6.6.3　虚拟现实/增强现实区别和应用

虚拟现实和增强现实虽然内涵和应用有所交叉，但是存在显著的技术差异和应用适用场景。

1. VR 和 AR 的区别与联系

除 AR、VR 之外，还出现了混合现实(mixed reality，MR)的概念。尽管 VR、AR、MR 都涉及虚拟成像，但是它们存在一些区别。

(1) 表现特征和侧重点不同。VR 创造与用户交互的虚拟世界场景，重在“以假乱真”；AR 以虚实结合为特征，重在“亦真亦假”；MR 以虚实交互为特征，重在“真假不分”。

(2) 与现实世界的关系不同。VR 将人眼与真实世界遮断；AR 与真实世界的联系并未切断；MR 使物理和数字对象共存于新的可视化环境并实时互动。

(3) 技术实现方式不同。VR 通过设备实时渲染的画面，营造出一个全新的世界；AR 在人眼与现实世界连接的情况下，加强其视觉呈现的方式；MR 在虚拟世界、现实世界和用户之间搭起一个交互反馈的信息回路，以增强用户体验的真实感。

图 6-177 大致显示了 VR、AR 和 MR 之间的区别与联系。本书认为 AR 的高级形式就是 MR。

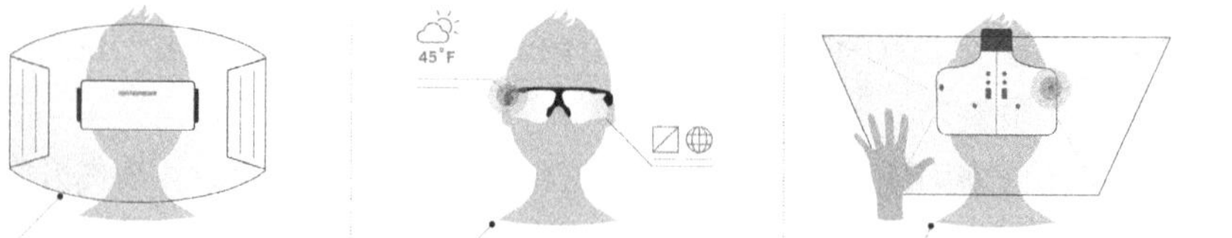

100%完全虚拟的数字环境
(a) VR

以现实世界为主，叠加数字环境，能明显区分出真实物体和虚拟物体
(b) AR

物理世界和虚拟环境互动与操作，理想状态下，无法区分真实物体和虚拟物体
(c) MR

图 6-177　VR、AR、MR 的区别与联系

2. VR 在工业中的应用

在工业领域(尤其是制造领域)，虚拟现实技术多用于研发、设计、装配、维修、工厂规划、人机工效和性能评价等(表 6-21)。

表 6-21　虚拟现实在制造领域的应用

应用环节	应用方	国别	应用内容
研发环节	中国铁路	中国	引入 VR/AR 技术研发智能车站信息管理平台，减少安全隐患、降低列车延误率
	大众	德国	研发 Cave 系统，可全面呈现汽车结构，为设计优化提供虚拟环境
	通用	美国	根据虚拟环境中汽车三维模型的改进与自身体验进行调节与改进，优化机械产品设计
装配环节	大众	德国	通过 VR 眼镜，达到“流体仿真可视化”，让测试人员看到车身缺陷，及时对车辆参数进行调整
维修环节	国家电网	中国	应用 MR 实时显示引导标记，后方运维人员同时对现场设备运行情况及巡视情况进行调阅，强化巡视到位率
	普惠	美国	使用 VR 训练其飞机发动机机修工
	宝马	德国	使用 VR/AR 技术检查生产工具，检查构建理念是否合理、部件安装位置是否正确
工厂规划	中国一拖	中国	利用虚拟现实技术实现多角度观察装配工位和工艺生产线
	宝马	德国	将产线规划方案在虚拟工厂进行模拟与优化，再下发到实际工厂，使生产效率提升了 30%

(1) 虚拟设计。虚拟设计主要体现在产品的外形设计和产品的布局设计上。采用虚拟现实系统可以进行全尺寸的产品设计，还可以进行虚拟工厂和虚拟生产线的设计，在实际生产线建设之前，对布局方案进行评估、修改，提高布局规划的效率，解决布局不合理问题。

(2) 虚拟装配。虚拟装配主要是在传统的 CAD 装配仿真基础之上，增加各种人机交互和沉浸式体验，提前发现装配时可能出现的问题，优化制造过程、提高加工效率。

(3) 虚拟维修。虚拟维修特别适用于煤矿、核电站、化工等对安全性要求较高的场所，并可应用于工业培训，以及设备快速抢修之前的维修预演和仿真。

3. AR 在工业中的应用

增强现实主要应用在与物理场景有交互的制造环节，如生产、运维、培训等，其典型应用如下。

(1) 远程协作。通过 AR 远程协作系统，异地同事共享一个虚拟空间，精准回传第一视角视频，展示 3D 数字资产等，具体应用场景包括远程维修、异地设计研发等。

(2) 设计与验证。增强现实技术可以使设计出的虚拟模型与真实环境相互融合，从而在设计定型前可以更好进行装配仿真、分析、评审产品模型等工作。

(3) 生产与制造。主要应用于装配操作引导、质量检查等。据统计，通过使用 AR 眼镜，工程师的装配速度能够提高 30%，准确率达到 96%。

(4) 运行与维护。可以指导运维人员高效、精准地完成运维作业。例如，巡检时有利于解放巡检人员的双手，根据巡检人员需求随时将信息推送到眼前，提高工作效率。

(5) 仓储物流。通过 AR 和物联网融合技术，实现基于仓储的智能盘点，提升物料盘点效率和准确性。例如，AR 可以协助作业人员提升找寻货品、拣货和包货的效率。

(6) 远程培训。AR 技术以培训的方式提供了一种身临其境、无风险的环境和场景，在保证学员生命健康的同时，有效提高了学员的学习效率和能力。

6.7　数字孪生技术

通常来讲，数字孪生(digital twin，DT)是指针对物理世界中的物体，通过数字化手段构建一个在数字世界中一模一样的实体，借此来实现对物理实体的了解、分析和优化。

6.7.1　数字孪生的特点

2002 年，迈克尔 · 格里夫斯(Michael Grieves)教授提出了如图 6-178 所示的镜像空间模型，具备了数字孪生的要素。

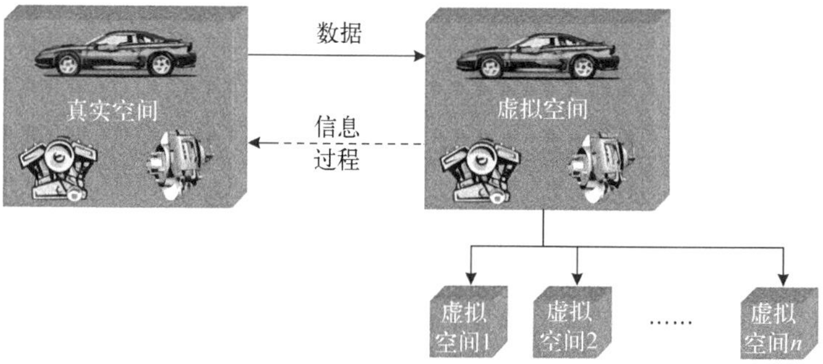

图 6-178　Michael Grieves 的镜像空间模型

2010 年，美国 NASA 首次引入了数字孪生的表述，如图 6-179 所示。NASA 在 Apollo 13 登月飞行发生意外事故时，利用地面模拟器演练返航方案，成功让宇航员安全回家。这次成功的应急让 NASA 意识到构建孪生系统的重要性。但是物理孪生系统成本过高，数据完整性、时效性不足，必须找到一种全新的模式，即数字孪生。

图 6-180 为数字孪生的基本概念框架，数字孪生应具备以下典型特点。

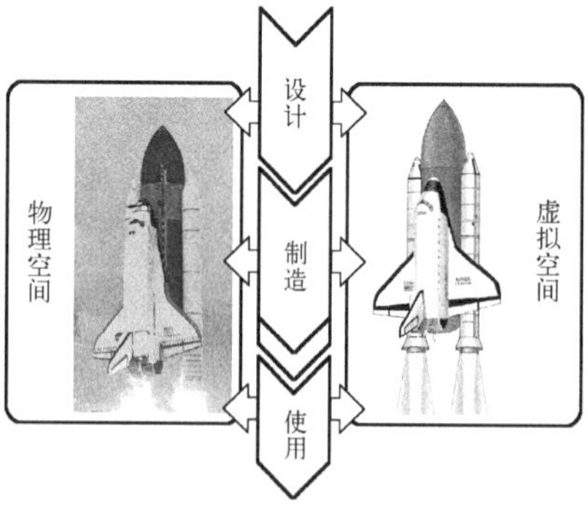

图 6-179　NASA 数字孪生概念

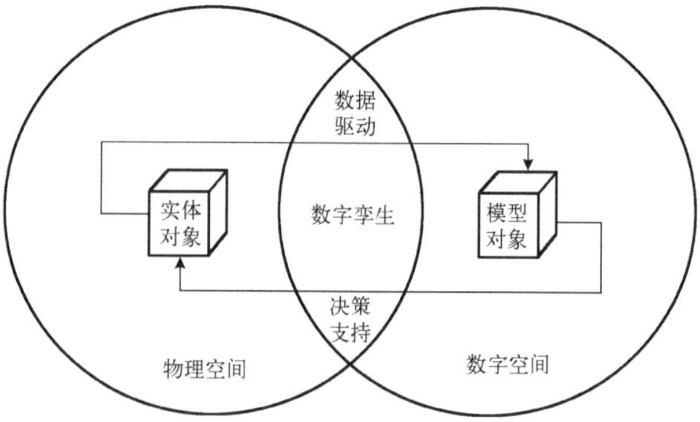

图 6-180　数字孪生的基本概念框架

(1) 互操作性。数字孪生中的物理空间和数字空间可以双向映射、动态交互和实时连接，具备在不同数字模型之间转换、合并和建立“表达”的等同性。

(2) 可扩展性。数字孪生具备集成、添加和替换数字模型的能力，可以对多尺度、多物理、多层级的模型内容进行拓展。

(3) 实时性。数字孪生要求以一种计算机可识别和处理的方式管理数据，从而对随时间轴变化的物理实体进行表征，形成物理实体实时状态的数字虚体映射。

(4) 保真性。保真性指描述数字模型和物理实体的接近性，模型和实体不仅要保持几何结构的高度仿真，在状态、相态和时态上也要仿真。

(5) 闭环性。数字孪生中的数字模型要能够对物理实体的状态数据进行监视、分析推理、优化参数，实现决策功能，即赋予数字模型和物理实体一个“大脑”。因此数字孪生具有闭环性。

一个数字孪生系统按照其应用水平，大致可分为六个层次，如图 6-181 所示。

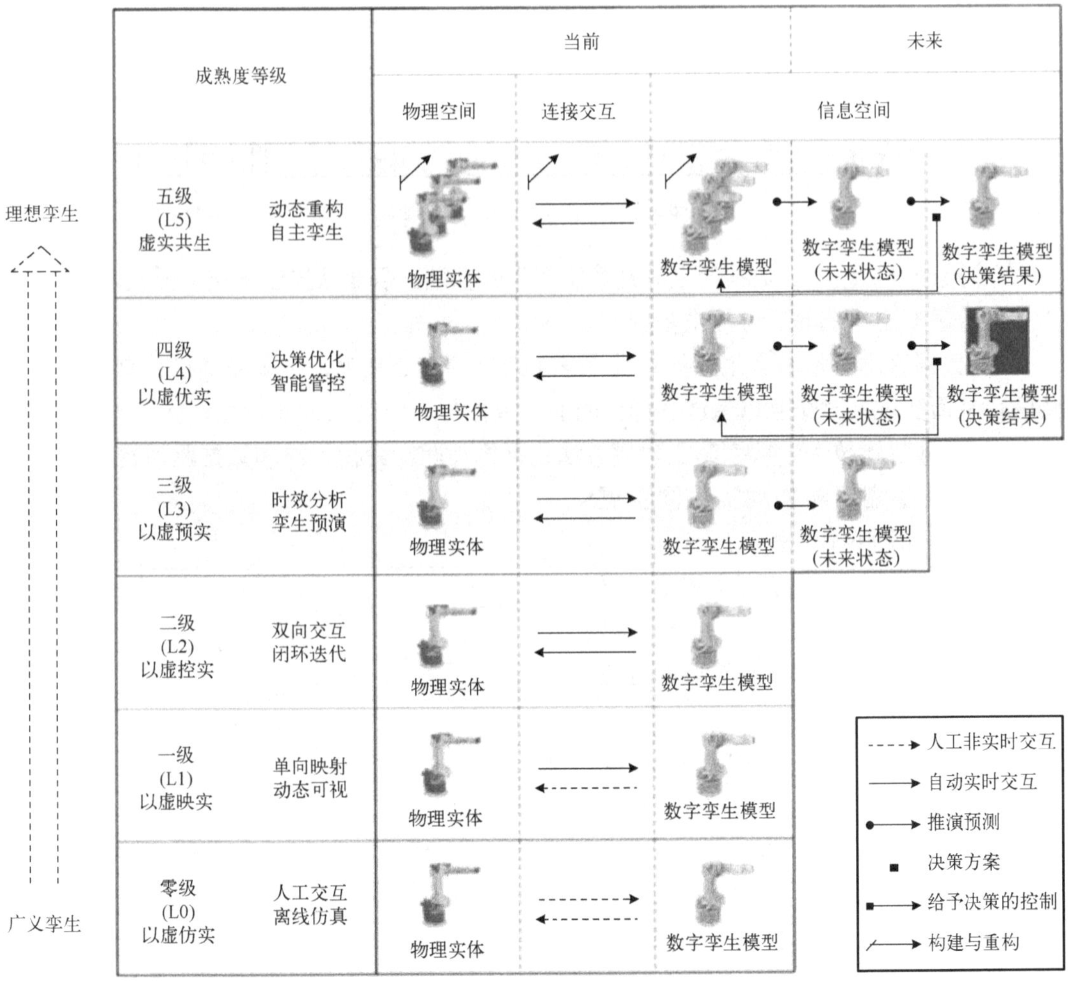

图 6-181　数字孪生应用的六个层次

6.7.2　数字孪生的实现技术

建立数字孪生系统，数据是基础，模型是核心，软件或平台是载体。图 6-182 是数字孪生的五层技术架构，分别为感知、数据、建模、可视化和应用，此外，还需要平台软件、机理分析的支撑。

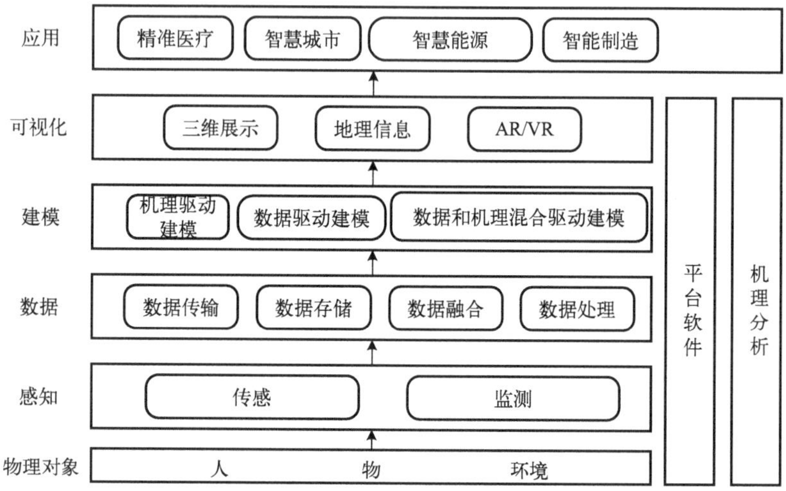

图 6-182　数字孪生的技术架构

(1) 数据采集技术。数据的采集是数字孪生的基础。需要从控制系统中读取设备数据，为后续数字孪生系统的运行提供基础。

(2) 数据管理技术。孪生数据是数字孪生运行的核心驱动，需要将其进行有效实时的传输，从而实现实时交互以保证各部分间的一致性与迭代优化。

(3) 数据建模技术。数字孪生建模方法包括机理驱动建模方法和数据驱动建模方法。数字孪生模型需要随物理实体同步更新、演化，如图 6-183 所示。

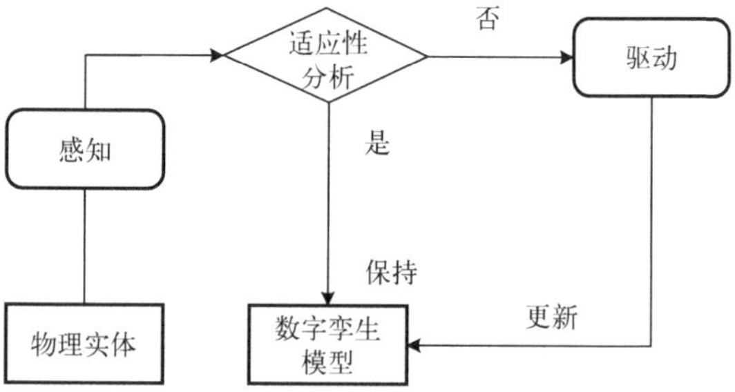

图 6-183　数字孪生模型随物理实体的更新逻辑

(4) 可视化技术。数字孪生需要很直观的可视化效果，三维展示、地理信息系统(GIS)、AR/VR 等都是重要的可视化技术。

(5) 应用技术。数字孪生应用领域很多，智慧城市、精准医疗、智能制造、智慧能源是重要的应用领域。

6.7.3　数字孪生的工业应用

数字孪生在工业中的应用场景正逐步延伸拓展到更多和更宽广的领域，具体功能、应用场景及作用如表 6-22 所示。

表 6-22　数字孪生功能、应用场景与作用

数字孪生功能	应用场景	作用
模拟仿真	虚拟测试(如风洞试验)，虚拟验证(如结构验证、可行性验证)，过程规划(如工艺规划)，操作预演(如虚拟调试、维修方案预演)，隐患排查(如飞机故障排查)	减少实物试验次数，缩短产品设计周期，提高可行性、成功率，降低试制与测试成本，减少危险和失误
监控	行为可视化(如虚拟现实展示)，运行监控(如装配监控)，故障诊断(如风机齿轮箱故障诊断)，状态监控(如空间站状态监测)，安防监控(如核电站监控)	识别缺陷，定位故障，信息可视化，保障生命安全
评估	状态评估(如汽轮机状态评估)，性能评估(如航空发动机性能评估)	提前预测，指导决策
预测	故障预测(如风机故障预测)，寿命预测(如航空器寿命预测)，质量预测(如产品质量控制)，行为预测(如机器人运动路径预测)，性能预测(如实体在不同环境下的表现)	缩短宕机时间，缓解风险，避免灾难性破坏，提高产品质量，验证产品适应性
优化	设计优化(如产品再设计)，配置优化(如制造资源优化)，性能优化(如设备参数调整)，能耗优化(如汽车流线性提升)，流程优化(如生产过程优化)，结构优化(如城市建设规划)	改进产品开发，提高系统效率，节约资源，降低能耗，提升用户体验，降低生产成本
控制	运行控制(如机械臂动作控制)，远程控制(如火电机组远程启停)，协同控制(如多机协同)	提高操作精度，适应环境变化，提高生产灵活性，实时响应扰动

在智能制造领域，数字孪生可以用于产品设计与仿真验证、工艺过程仿真与优化、车间/产线仿真与优化、调度与物流配送优化、故障预测与预测性维护、设备虚拟调试与检测、产品质量分析与追溯等。图 6-184 为数字孪生在多学科仿真领域的应用。

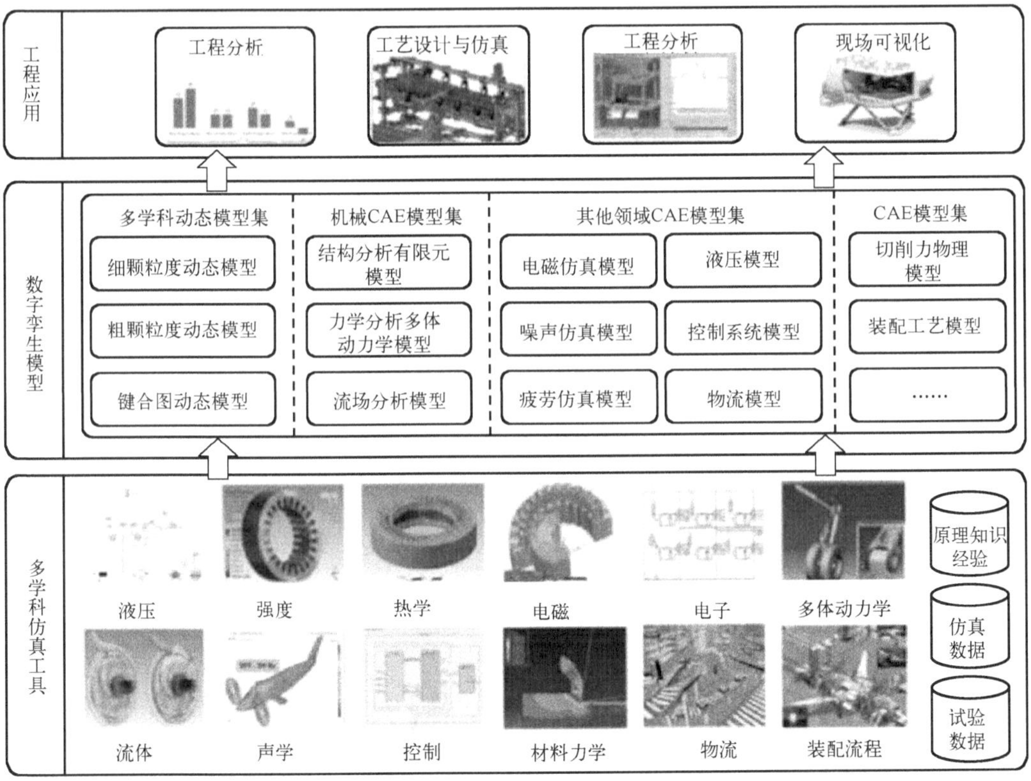

图 6-184　数字孪生在多学科仿真领域的应用

思考及练习题

1. 智能传感器的优势体现在哪些方面？尝试使用 Arduino 开发平台获取智能温度传感器的当前温度值，并给出相应代码。

2. 工业物联网主要的感知技术和通信技术有哪些？尝试使用在线二维码设计网站，设计一个典型的二维码，包含特定的零件名称、零件代号等信息。

3. 工业大数据具备的大数据基本特征和自身特有特征有哪些？如果使用 Hadoop 分析一个工业大数据数据集，其基本流程是什么？

4. 云计算和边缘计算的关系是什么？云边协同在制造业的典型应用有哪些？

5. 人工智能技术的主要方向有哪些？请使用 OpenCV 中的 Canny 算法，对一个零件的图片进行边缘提取，给出相应实现代码。

6. 虚拟现实、增强现实的含义是什么？它们有什么区别与联系？描述增强现实在制造场景中的典型应用。

7. 简述数字孪生应用的六个层次，查阅资料，了解数字孪生在机器人虚拟调试中的作用。

第 7 章 智能制造技术应用

智能制造技术通过将先进的自动化、数字化和智能化手段融入制造业务的各个环节，能够显著提升制造效率、灵活性和可持续性，推动制造业向高质量发展转型。应面向产品生命周期及各个行业的具体需求，对基础共性技术和关键技术进行不断的细化和开发，才能实现各环节、各行业对智能制造技术的个性化应用。

7.1 智能化产品设计

质量功能展开设计理论、发明问题解决理论、稳健性优化设计理论等现代设计方法虽然相比传统设计方法有巨大进步，但从智能制造的角度来看，大多不能归为智能设计范畴。产品智能化设计(或智能化产品设计)指将智能化方法应用到产品设计中，利用计算机模拟人的思维活动进行辅助决策，使计算机能够更多、更好地承担设计过程中各种复杂任务，成为设计人员的重要辅助工具。

制造领域常见的智能设计包括以下两类：智能 CAD 方法和非智能 CAD 方法。另外，AI 与 CAE 仿真也正在进行结合，本节将对其进行简要介绍。

7.1.1 智能 CAD 方法

智能 CAD 方法目前仍以理论研究为主：一类是面向方案形成过程的智能 CAD；另一类是基于设计对象表达的智能 CAD。本节仅对研究较多的智能 CAD 方法做简要介绍。

1. 面向方案形成过程的智能 CAD 方法

方案是设计的核心，表示设计结果或接近设计结果。因此，有一类智能 CAD 方法是面向方案形成过程的，但研究较少，大致有基于推理、基于搜索、基于约束满足等方式。

2. 基于设计对象表达的智能 CAD 方法

从信息加工角度来看，设计问题的求解是人们对某领域知识的创造、检索、整理、表示、传播及在客观世界的再现，是设计对象描述信息逐步增加的过程。从设计对象表达的角度出发，出现了相应的智能 CAD 方法，其关键在于知识推理。基于推理的设计主要有四种：基于实例推理、基于规则推理、基于模型推理、混合推理。

(1) 基于实例推理技术。基于实例推理(case-based reasoning，CBR)是以过去求解类似问题的成功经验为基础求解新问题的一种类比推理模式。CBR 首先存储现有实例，然后在需要时快速从实例库中检索到相似实例。通常，检索出的实例与设计目标之间存在差异，需要做相应的修正。基于实例推理过程如图 7-1 所示，其决策过程可总结为 4 R，即检索

(retrieve)、重用(reuse)、修正(revise)和保存(retain)。图 7-2 为 CBR 减速器设计示例。

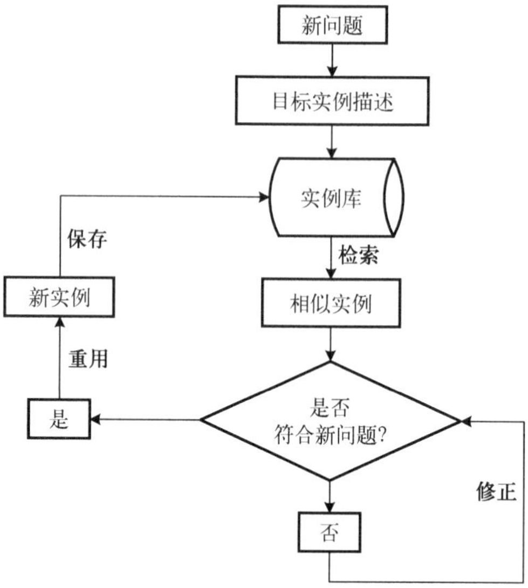

图 7-1　基于实例推理过程

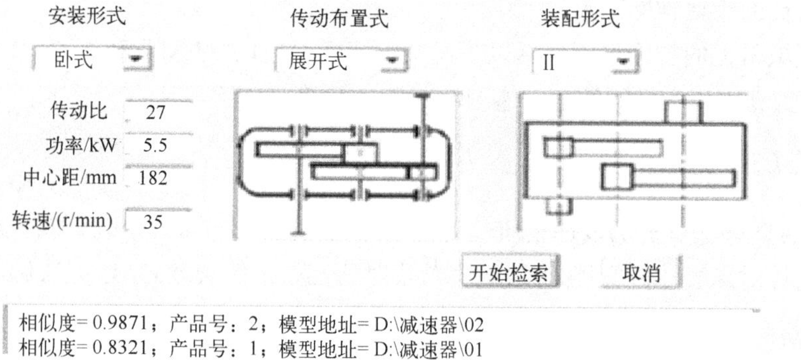

图 7-2　CBR 减速器设计示例

(2)基于规则推理技术。基于规则推理(rule-based reasoning，RBR)是基于规则式知识对问题进行匹配的一种推理模式，采用易于叙述的产生式规则 If-Then 来求解问题，适用于规范性强且理论严谨的知识领域，应用较为广泛。例如，CBR 可用于产品设计系统中参数的调整，并验证产品结构及参数的可行性，其过程如图 7-3 所示。

(3)基于模型推理技术。基于模型推理(model-based reasoning，MBR)根据能够反映事物内部规律的模型进行推理，将待解决的问题与模型进行比较，选择匹配程度最好的模型进行推理。将问题描述为功能—行为—结构信息是一种较为常用的方法。结构、功能静态地描述系统状态，行为描述控制系统行为的各种约束关系。

(4)混合推理技术。混合推理(hybrid reasoning，HR)结合 RBR、CBR 和 MBR 进行综合推理，发挥各自优势，将一个复杂问题划分为多个子问题再求解。图 7-4 是一个结合 CBR 和 RBR 的变型设计流程。

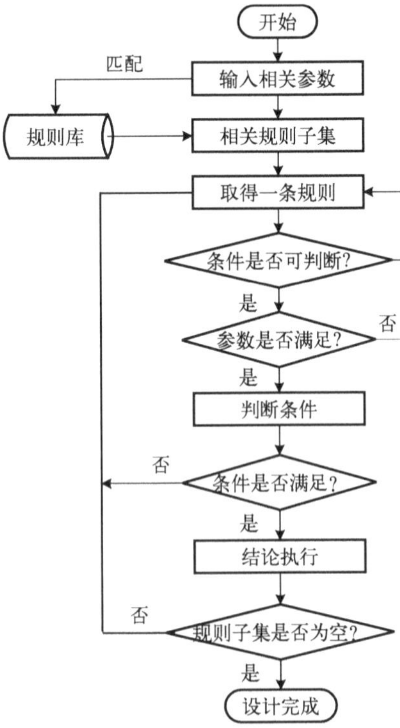

图 7-3　基于规则推理过程

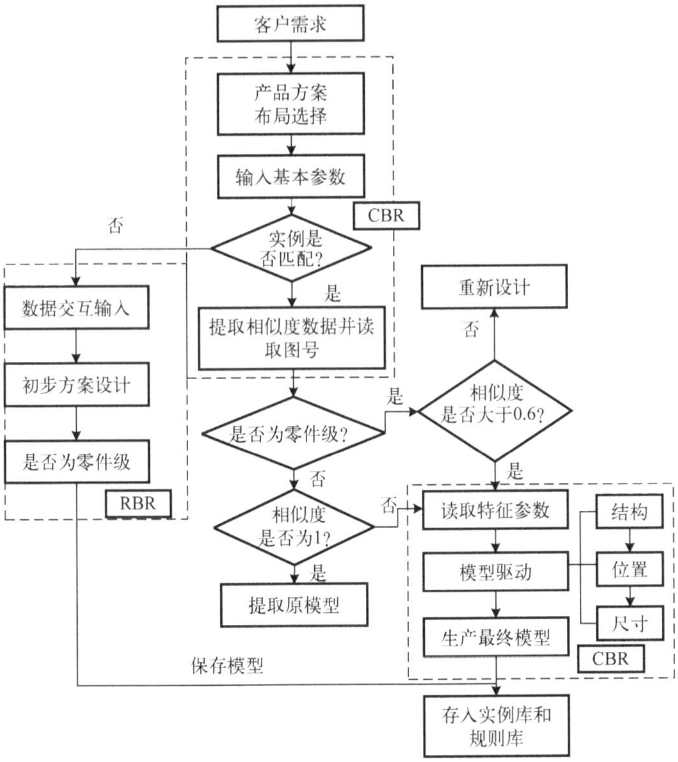

图 7-4　结合 CBR 和 RBR 的变型设计流程

7.1.2　非智能 CAD 方法

非智能 CAD 方法主要是在 CAD 环境之外，利用各种智能化方法对产品设计的不同部分进行智能化设计，辅助产品设计过程。大致分类如下。

1. 衍生式设计

衍生式设计方法是指在数字化条件下，基于协议与规则，用户深度参与产品生成过程的设计方法。设计者将设计目标输入衍生式设计软件中，同时输入性能或空间要求、材料、制造方法、成本约束等参数，计算机从每个迭代中探索所有可能的解决方案，快速生成设计备选方案和目标参数，供设计师选择和参考。图 7-5 为一个线束支架的衍生式设计示例。

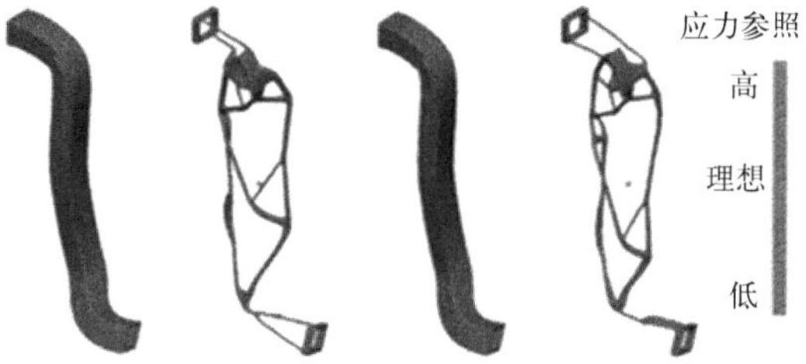

(a) 原版设计(PP)　(b) 衍生式设计(PP)　(c) 原版设计(PA12)　(d) 衍生式设计(PA12)

图 7-5　线束支架不同材料原版设计和衍生式设计后的应力云图

2. 拓扑优化设计

拓扑优化设计旨在通过重新设计物体的结构，尽可能地减少材料的使用量和重量，但需要保证其原有功能。其基本思想是利用有限元技术、数值计算和优化算法，在给定的设计空间内，寻求满足各种约束条件、使目标函数达到最优的孔洞连通形式或材料布局，即最优结构拓扑。图 7-6 为一个拓扑优化前和优化后的汽车麦弗逊式悬架下摆臂示例。

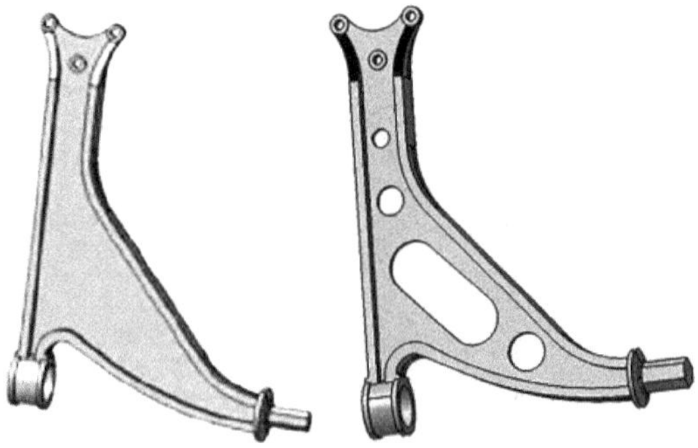

(a) 优化前　(b) 优化后

图 7-6　汽车麦弗逊式悬架下摆臂拓扑优化

3. 可靠性优化设计

该方法是在保证产品安全性能的前提下，借助优化技术实现结构造价或产品某些性能如刚度、强度等的最优设计。机械产品可靠性优化模型一般分为两种：可靠度约束下性能、费用、体积、重量等特性极小化；性能、费用等特性约束下可靠度极大化(失效概率极小化)。

4. 多学科优化设计

多学科优化设计方法是在解决大规模复杂工程系统设计过程中多个学科耦合和权衡问题的一种新的设计方法，考虑各学科及子系统之间的交互影响，从整个系统的角度来优化设计复杂工程系统和子系统。典型的多学科优化设计方法分为单级优化设计和多级优化设计两种。

5. 基于 AR/VR 的设计

基于 AR/VR 的设计是一种新兴的机械产品设计方法，它可以帮助设计师更加直观地感受和理解产品的形态和性能，提高产品设计效率和质量，主要在以下方面能够强化设计过程。

(1) 设计环境虚拟化。AR/VR 技术能将设计师带入虚拟的设计环境中，设计师可以直接在虚拟环境中进行产品设计、修改和验证，大大提高设计效率和质量，如图 7-7 所示。

图 7-7　基于 VR 的产品设计虚拟评审

(2) 交互设计功能增强。设计师可以通过手势、语音等多种方式与虚拟产品交互，如拉动零部件、调整参数、运行模拟等，帮助设计师更直观地感受和理解机械产品的运行状况和性能。

(3) 快速原型制作。设计师可以在虚拟环境中进行快速原型设计和模拟测试，通过虚拟化的方式，避免了传统制作过程中的时间和成本浪费，同时也可以提高原型的制作效率。

(4) 多用户协同设计。设计师可以在不同地点，通过虚拟环境实现协同工作，如多人共同修改产品参数、同时操作模拟的产品等，打破时间和空间限制，实现全球化的设计合作。

6. 基于数字孪生的设计

在产品的设计阶段，利用数字孪生可以提高设计的准确性，并验证产品在真实环境中的性能。

7. 基于知识图谱的设计

一旦将知识表示成知识图谱结构形式，便可以在图谱上进行推理，这为产品的智能化设计提供了一个新思路。图 7-8 为起重机产品设计中基于知识图谱的计算示例。

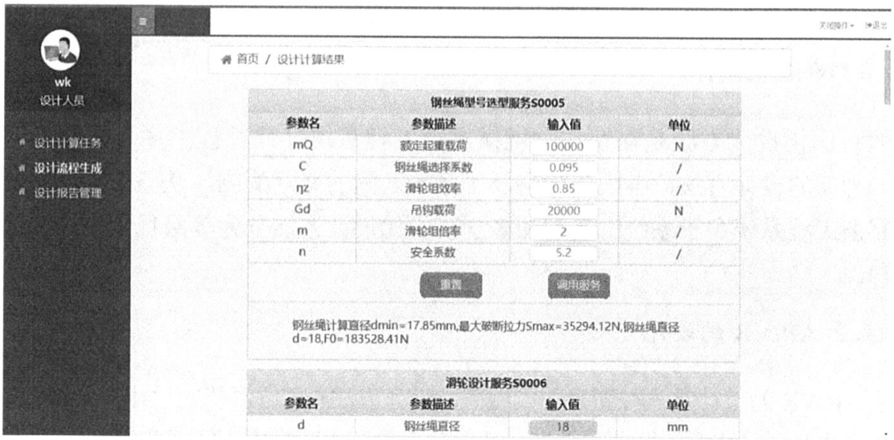

图 7-8　起重机产品设计中基于知识图谱的计算示例

7.1.3　智能 CAE 方法

AI 结合 CAE 仿真还处于发展初期。CAE 的本质是对复杂工程问题通过合理简化建立数学模型，并根据输入求得输出。人工智能中的机器学习等方法其实也是基于已有的大量输入和输出，通过训练得到一个预测模型，两者具有相似性。AI 可以通过学习和分析大量的数据，提取出其中的规律和特征，用于指导 CAE 仿真的过程，即用机器学习模型替代仿真过程。基于机器学习的 CAE 仿真分析基本框架如图 7-9 所示。

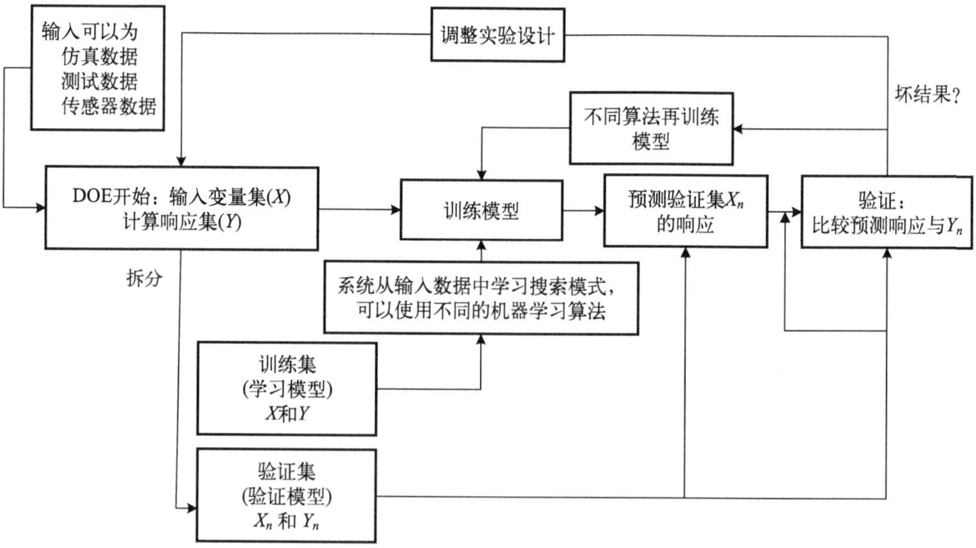

图 7-9　基于机器学习的 CAE 仿真分析基本框架

例如，图 7-10 为某车型开发时使用 AI 技术进行防撞梁弯曲变形分析。传统 CAE 分析一个防撞梁三点弯曲需要 15min(包括建模及计算)，而使用 AI 技术的 CAE 只需要 3s。从使用 AI 技术的 CAE 预测结果中可以看到，无论是应力分布还是应力值都具有较高的精度。

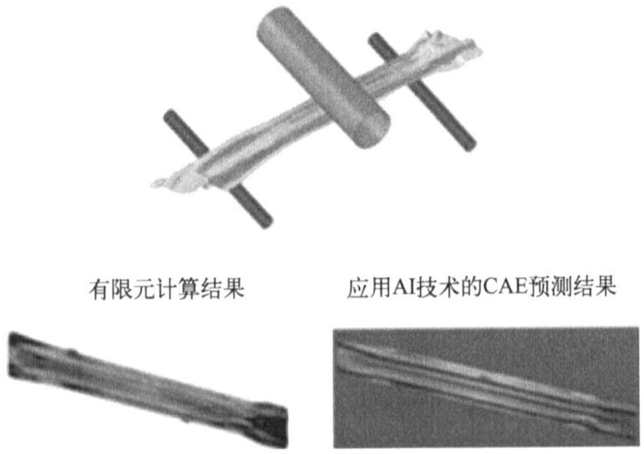

	S_{11}	S_{22}	S_{12}	等效应力
预测误差	1.3%	2.4%	1.5%	1.5%

彩图

图 7-10　传统 CAE 和应用 AI 技术的 CAE 在防撞梁分析中的应用对比

目前在人工智能和 CAE 结合方面，一些公司已经推出了实用型产品。例如，海克斯康公司的人工智能仿真工具 ODYSSEE 将 AI、机器学习结合到 CAE 仿真上，取得了有效成果。

7.2　智能化工艺设计

智能化工艺设计目前以研究为主，工程化、大规模应用尚未出现。本节仅对目前在工艺设计领域研究较多且有一定工程化应用潜力的智能化工艺设计方法进行简要介绍。

7.2.1　基于人工智能的智能化工艺设计

目前机器学习、知识图谱等新一代人工智能技术在智能工艺设计中得到探索性应用，应用方向主要有零件加工特征识别、工艺快速生成等，下面选择若干案例对其进行介绍。

1. 基于机器学习的智能化工艺设计

对于铸造、锻造、焊接材料及工艺设计的相关传统研究主要通过试错法实现，导致研发周期偏长、总体生产成本偏高。基于人工智能技术的设计模式能够收集大量材料的相关实验数据，通过人工智能算法解析材料“成分-工艺-组织-性能”的非线性联系，优选出能够达到目标要求的候选材料和工艺。例如，通过智能化方法可预测相应的焊接工艺参数，如图 7-11 所示。

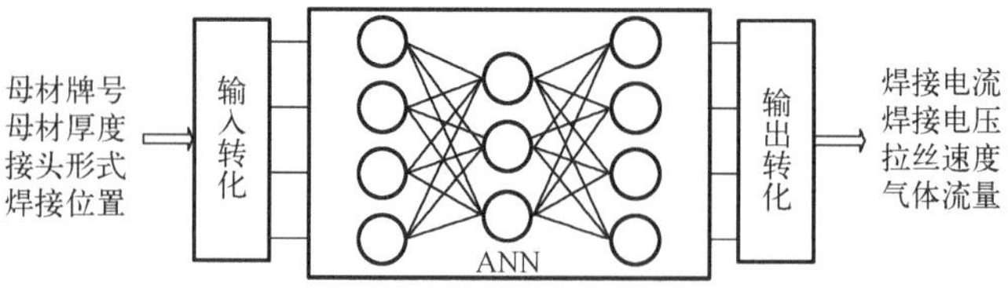

图 7-11　通过人工神经网络预测焊接工艺参数

人工智能还可用于对材料性能和结构的预测与优化，实现材料和工艺的正向与逆向设计。图 7-12 是基于深度学习的 Al-Si-Mg 合金“成分-工艺-性能”双向设计框架示意。

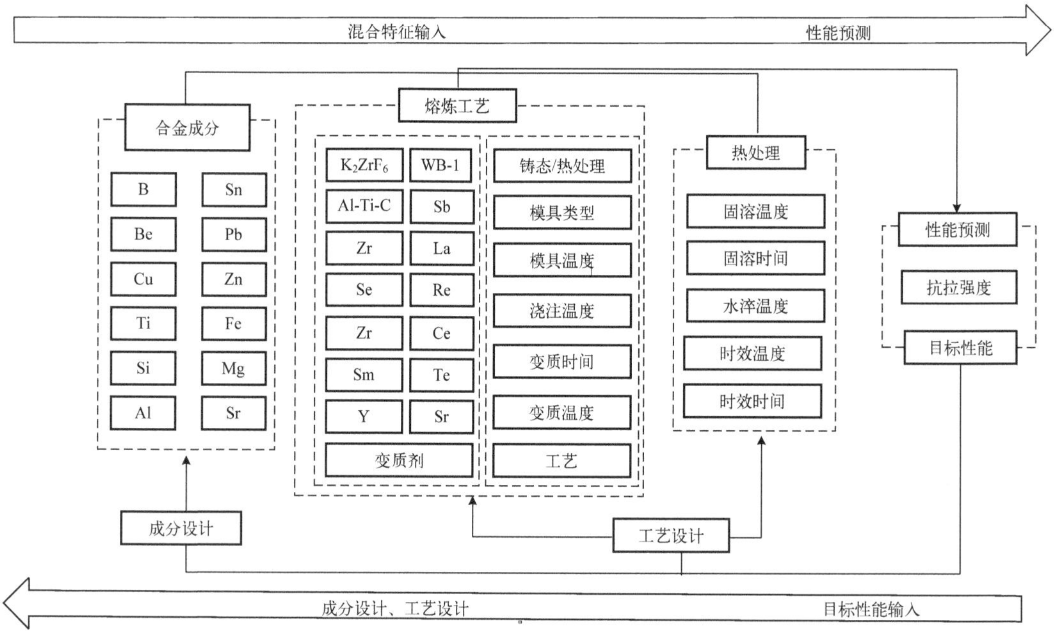

图 7-12　基于深度学习的 Al-Si-Mg 合金“成分-工艺-性能”双向设计框架示意

表 7-1 是某舱体结构浇铸工艺参数的预测结果。图 7-13 和图 7-14 表明，基于人工智能预测的工艺参数与实际仿真模拟得到的工艺参数效果基本一致。

表 7-1　某舱体结构浇铸工艺参数预测结果

缝隙宽度/mm		缝隙长度/mm		立筒直径/mm		立筒个数/个	
27		48		60		8	
时间-1/s	压力-1/(N/m^2)	时间-2/s	压力-2/(N/m^2)	时间-3/s	压力-3/(N/m^2)	时间-4/s	压力-4/(N/m^2)
2	50000	8	70000	15	150000	200	200000

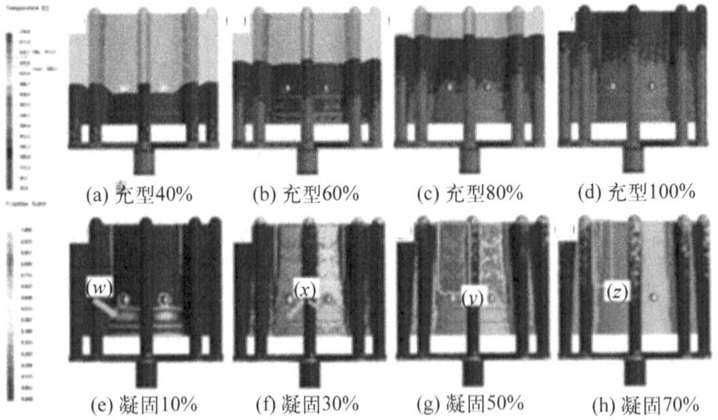

彩图

图 7-13　人工智能方法预测得到的工艺参数的铸件充型过程和凝固场

w 位置薄壁处先凝固；*x* 位置凝固速率明显快于其他位置；*y* 位置整个框选区域均匀凝固；*z* 位置凝固后，可能存在独立液相区

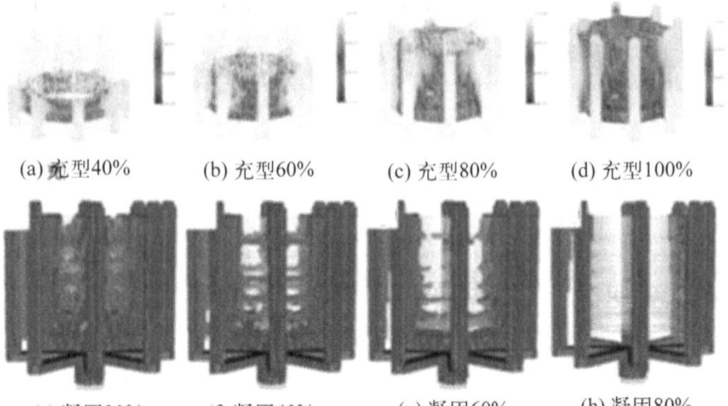

彩图

图 7-14　基于传统仿真软件得到的铸件充型过程和凝固场

2. 基于知识图谱的智能化加工工艺设计

为对已有工艺数据有效复用、学习和挖掘，可以将知识图谱与深度学习相结合。采用本体方式对机械加工工艺进行形式化描述，为基于知识图谱的工艺推理奠定基础。图 7-15 为一个零件工艺的本体结构框架。

该本体中实体类型主要由零件、特征、零件工艺、特征工步方案等模型组成。各本体之间具有多种关联关系，例如，零件与特征之间具有 has_feature 关系等。为了能够基于上述框架推理出特定零件的加工工艺，首先，构建以上述本体为基础的工艺知识图谱模型，实现工艺数据的结构化多层次表示。工艺知识图谱结构和内容示意如图 7-16 所示。

然后，通过深度学习模型实现零件工序序列的有效生成，通过基于特征工步方案与零件工序方案融合概率的决策方法实现零件工艺方案的有效生成。实现框架如图 7-17 所示。

例如，对于零件销轴 T1，可以通过基于知识图谱的方法推理出加工工艺过程。图 7-18 是该零件及其包含的特征图谱，表 7-2 是推理后得到销轴 T1 的加工工艺。

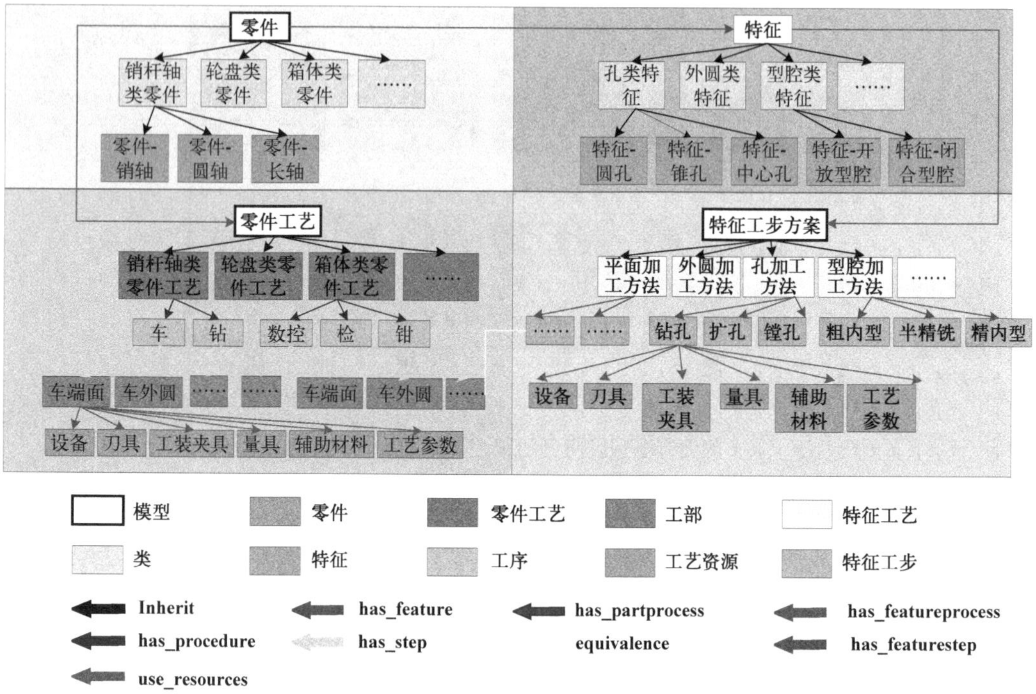

图 7-15　一个零件工艺的本体结构框架

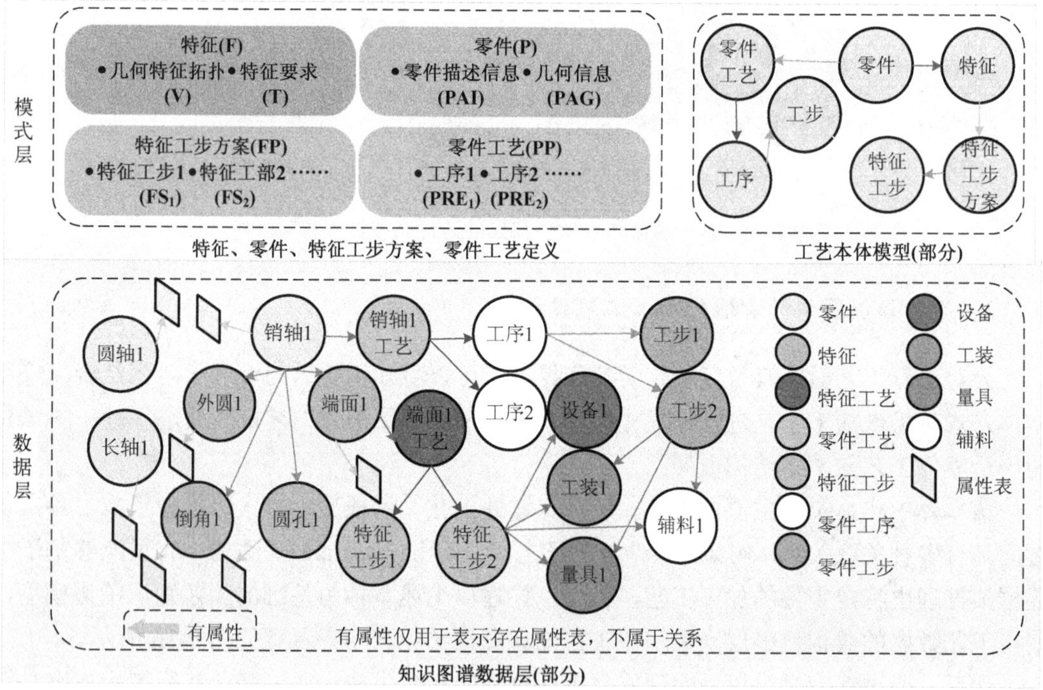

图 7-16　工艺知识图谱结构和内容示意

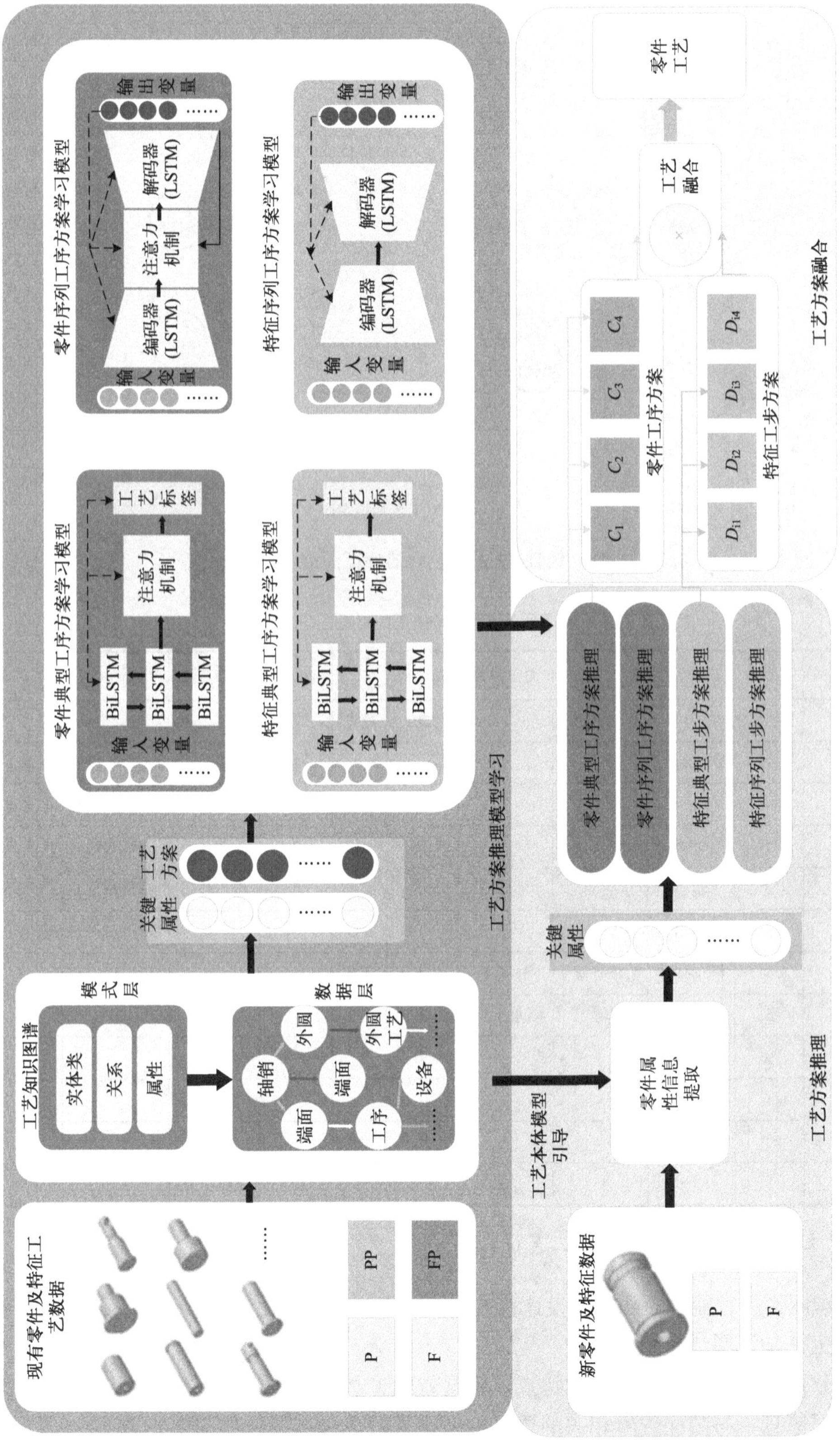

图 7-17　基于知识图谱与深度学习的零件工艺生成方法

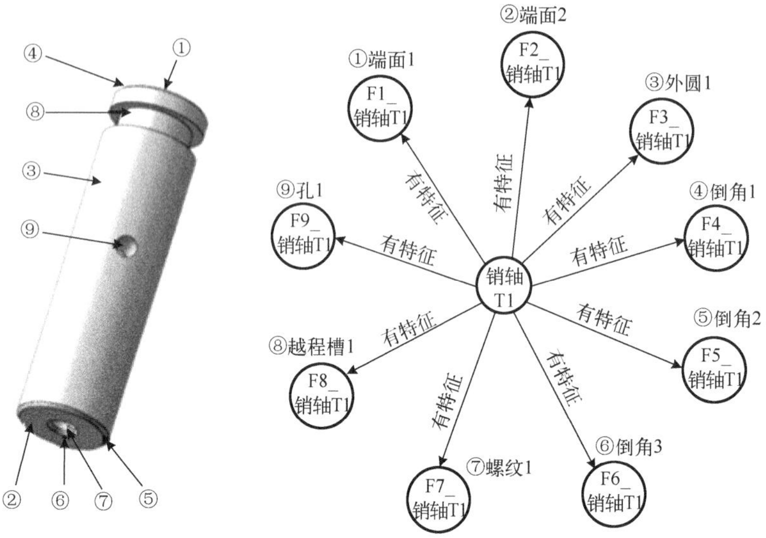

(a) 销轴T1三维图　　(b) 工艺知识图谱中销轴T1

图 7-18　销轴 T1 及其包含的特征图谱

表 7-2　推理后得到的销轴 T1 加工工艺

工序号	工序名称	工步号	工步名称	工步内容	加工对象	工序号	工序名称	工步号	工步名称	工步内容	加工对象
0	下料					20	精车				
		1	下料					1	精车外圆	精车外圆 1	外圆 1
5	粗车							2	刀检	刀检倒角 1	倒角 1
		1	粗车端面					3	调头		
		2	调头					4	精车外圆	精车外圆 1	外圆 1
		3	粗车端面					5	刀检	刀检倒角 1	倒角 1
		4	粗车外圆	粗车外圆 1	外圆 1	25	钳				
		5	车倒角	车倒角 2、1	倒角 1、2			1	打磨		
10	检					30	检				
		1	检验					1	完工检验		
15	淬火					35	钝化				
		1	淬火					1	镀锌钝化		

3. 基于知识图谱的智能化装配工艺设计

基于知识图谱的智能化装配工艺设计通过获取知识图谱知识而开展设计，其过程如下。

1)装配工艺知识图谱模式层构建

首先，分析装配工艺信息的组成特点，确定装配工艺信息主要由装配体的三维模型信息、装配过程信息、与装配逻辑相关的语义关系构成的逻辑框架，如图 7-19 所示。

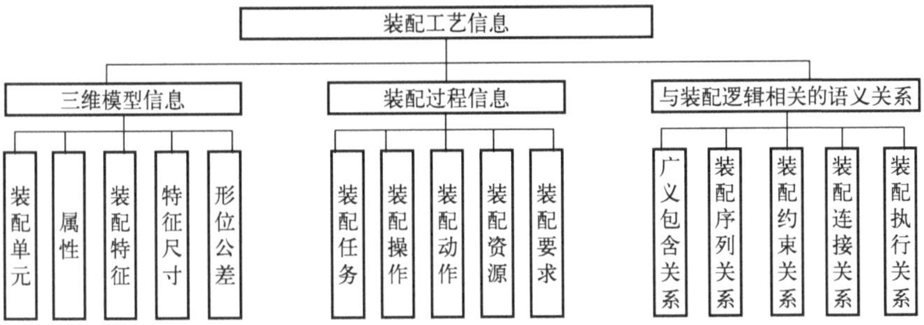

图 7-19　装配工艺信息的逻辑框架

为了实现上述装配工艺信息元素及元素间关系的形式化、规范化描述，需要基于语义三元组的形式对其进行定义，构建知识图谱的模式层。装配任务模式层主要描述完成装配作业所划分的多个任务单元，由装配任务类、装配资源类、装配操作类、组件单元类，以及相关装配序列、广义包含的语义关系构成，如图 7-20 所示。

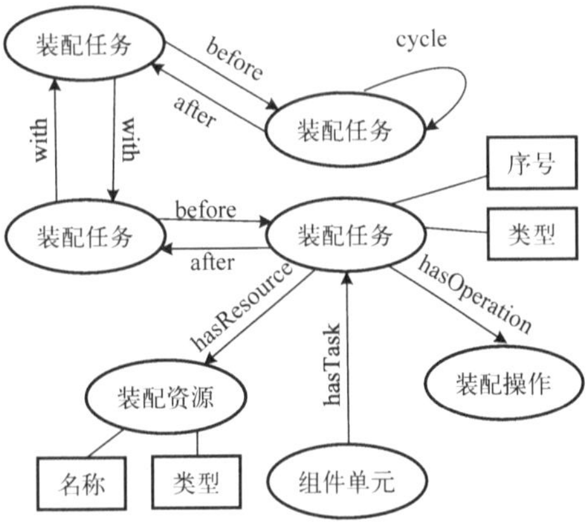

图 7-20　装配任务模式层

装配操作模式层主要描述完成装配任务的具体执行过程，由装配操作类、装配资源类、装配要求类、零件单元类、连接件单元类，以及装配序列、广义包含、装配执行、装配连接的语义关系构成，如图 7-21 所示。

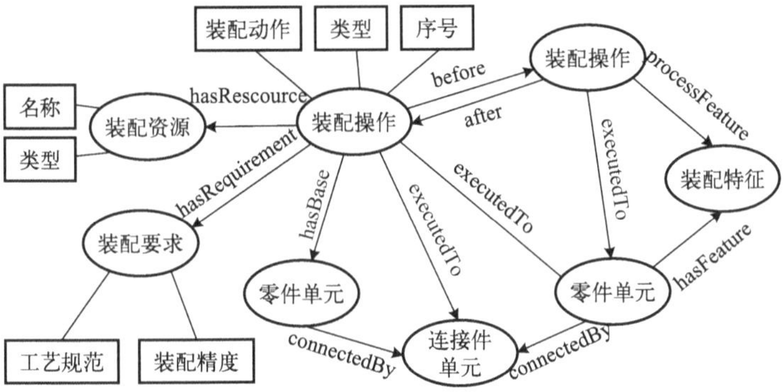

图 7-21　装配操作模式层

装配对象模式层主要描述装配体的装配单元以及装配体的结构划分，由组件单元类、零件单元类、连接件单元类的语义关系构成，如图 7-22 所示。

装配特征模式层主要描述参与装配的几何形状特征及其之间的配合约束，由零件单元类、装配特征类、几何元素类(面、边、顶点)与相关广义包含逻辑、装配约束逻辑的语义关系构成，如图 7-23 所示。

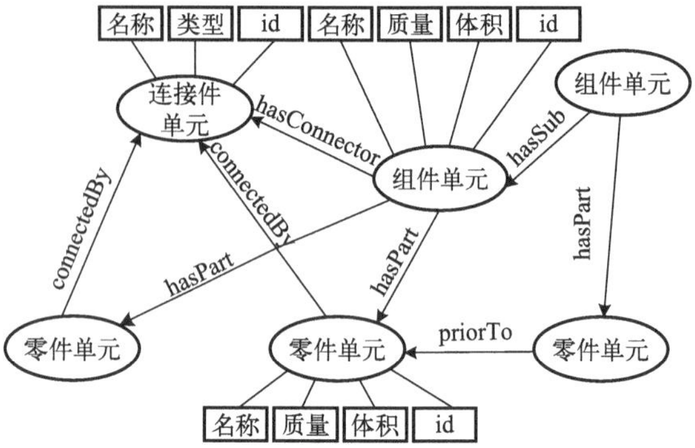

图 7-22　装配对象模式层

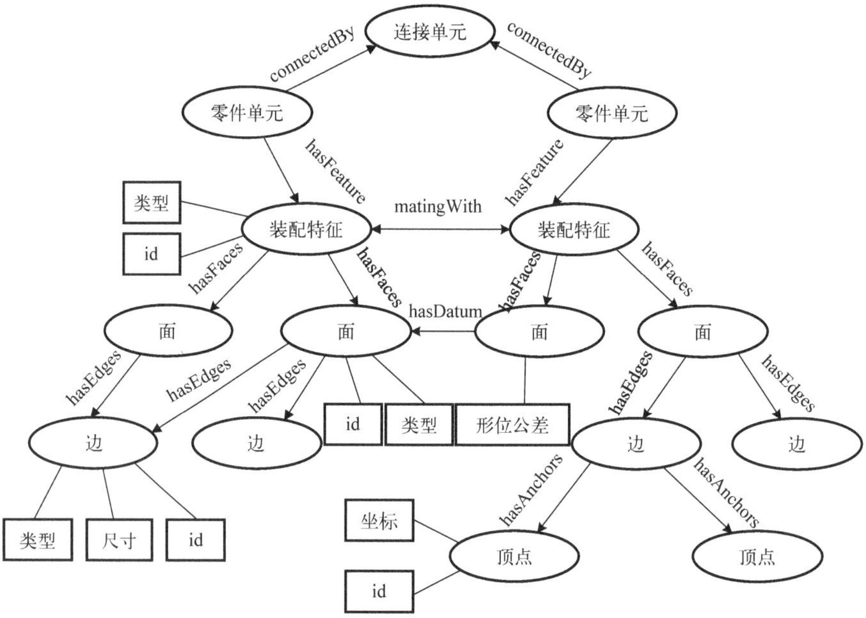

图 7-23　装配特征模式层

2）装配工艺知识图谱数据层构建

解析装配 CAD 文件，抽取装配对象实体与几何特征实体；分析装配工艺指令语句，设计命名实体识别模型，从工艺语句中抽取装配语义实体；解析 CAD 系统提供的配合信息与装配干涉信息，构建装配对象实体或几何特征实体间的装配约束关系；分析装配工艺指令语句的典型句式结构，设计依存句法规则，构建装配语义关系。通过上述过程，自动构建装配工艺知识图谱数据层。

3）基于知识图谱的装配工艺设计实现

基于知识图谱的装配工艺设计方法框架如图 7-24 所示。其基本过程如下：首先，构建图匹配神经网络，实现相似装配工艺项的检索；然后，基于语义网络规则语言，结合典型装配工艺的设计原则构建推理规则，进行装配工艺项的推理；最后，实现装配工艺的推理生成。图 7-25 为装配工艺的部分推理结果。

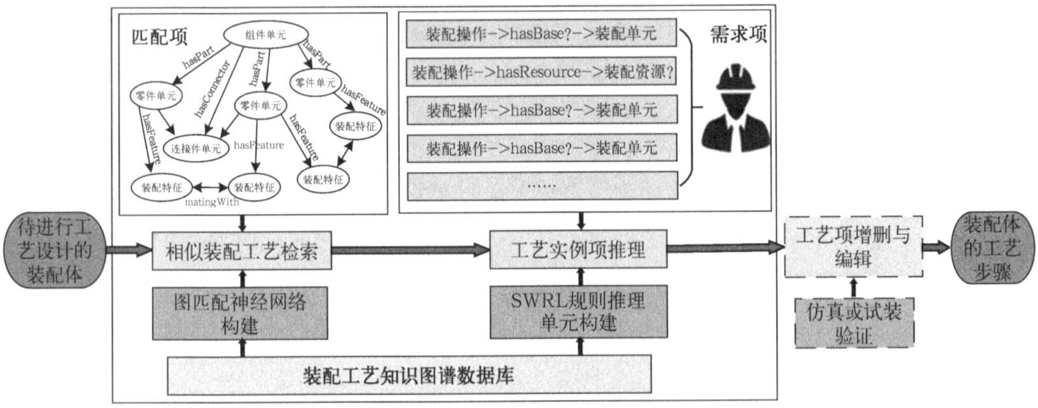

图 7-24　基于知识图谱的装配工艺设计方法框架

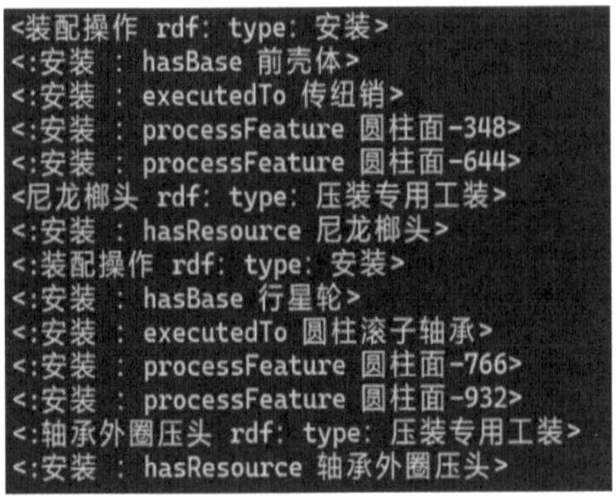

图 7-25　装配工艺的部分推理结果

7.2.2　基于 AR/VR 的智能化工艺设计

VR/MR/AR 在工艺设计层的应用如图 7-26 所示，主要应用于工艺设计、工艺评审、

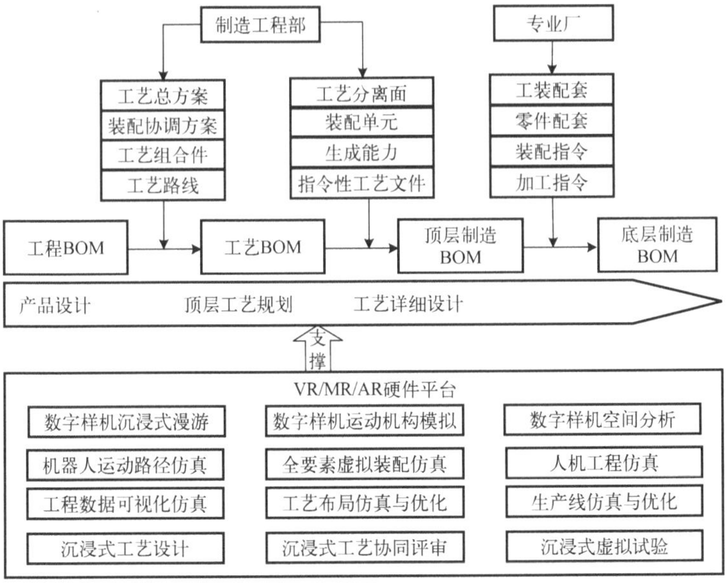

图 7-26　VR/MR/AR 在工艺设计层的应用

工艺仿真及特设试验等方面，即沉浸式工艺设计、沉浸式工艺协同评审、工艺布局仿真与优化、沉浸式虚拟试验。

1. 沉浸式工艺协同评审

引入虚拟现实技术进行工艺评审，工艺人员沉浸在虚拟环境中，与虚拟对象进行自然、直接的交互，能够对设计和制造过程进行仿真，可以改变传统的耗时费力的审查方式，提高工艺审查效率和准确性，缩短工艺准备周期。波音 787 飞机 VR 工艺评审应用场景如图 7-27 所示。

2. 工艺布局仿真与优化

通过 VR 技术与工艺仿真软件，构建具有沉浸性、交互性和构想性的仿真环境，使工艺设计人员完全沉浸到该虚拟环境中，进行工艺设计过程中的各种仿真分析活动。如图 7-28 所示，西北工业大学机电学院工业增强智能研究所采用 VR 和动捕设备，对飞机线缆的敷设路径和顺序进行规划与仿真、人机工效仿真。

图 7-27　波音 787 飞机 VR 工艺评审应用场景

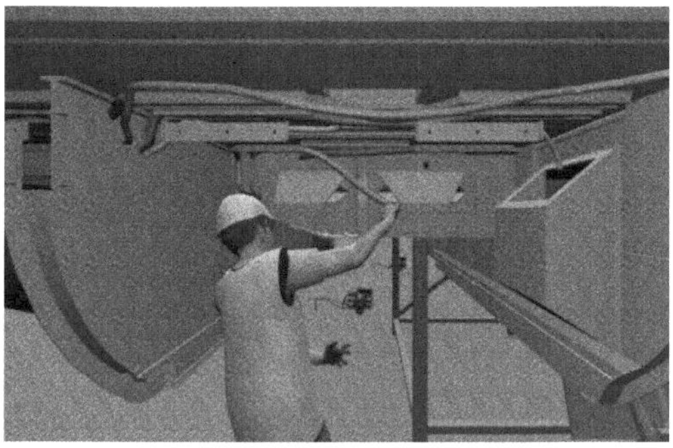

图 7-28　基于 VR 的装配仿真流程

7.2.3　基于数字孪生的智能化工艺设计

基于数字孪生的智能化工艺设计主要通过建立超高拟实度的虚拟仿真模型，以及全要素、全流程的虚实映射和交互融合，实时采集现场数据并反馈，实现面向生产现场的工艺设计与持续优化。考虑到该过程并非工艺设计主过程，本节仅对此进行简要介绍。

由于目前数字孪生对机械加工的仿真能力不足，数字孪生在装配领域应用较多。由于数字孪生模型具有跨学科、多尺度和多物理量的特点，装配数字孪生模型是由描述产品装配过程的多个学科的数字模型所组成的模型集，包含各种物理量，能满足不同学科仿真与技术需求，如图 7-29 所示。

装配数字孪生模型具有层次性，不同层级中可以关注不同细粒度的指标，用于满足不同层级的仿真需求。装配数字孪生模型各层级模型及用途见表 7-3。

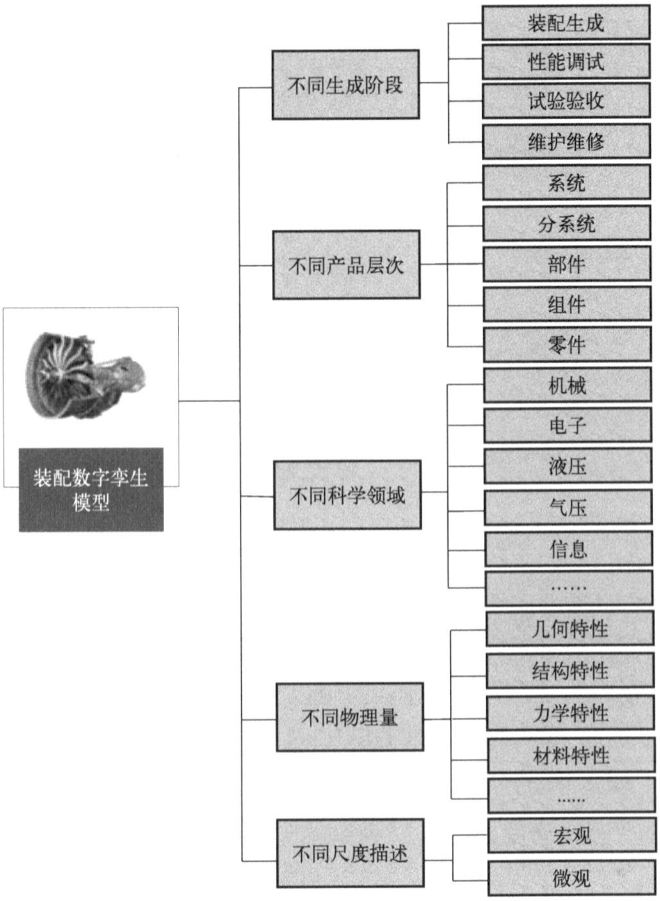

图 7-29　装配数字孪生模型构成

表 7-3　装配数字孪生模型各层级模型及用途

结构	层级	用途
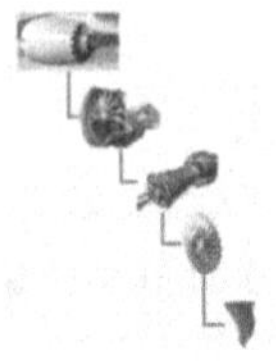	产品	用于产品级装配与试验的仿真与验证
	系统	用于系统级装配与试验的仿真与验证
	分系统	用于分系统级装配与试验的仿真与验证
	部件	用于部件级装配与试验的仿真与验证
	零件	用于零件加工多学科仿真与验证

数字孪生环境下的三维装配工艺设计过程如下：①装配数字孪生模型建模阶段；②工艺规划阶段；③开展多学科仿真与验证阶段；④工艺详细设计阶段；⑤装配现场使用和反馈修正阶段。

例如，可以运用数字孪生装配实现复杂产品装配过程“虚实融合、以虚控实”的效果，在虚拟环境中高保真地模拟物理环境中的装配流程，通过预测装配精度，实现对产品设计参数和装配工艺的优化与改进。其技术路线如图 7-30 所示。

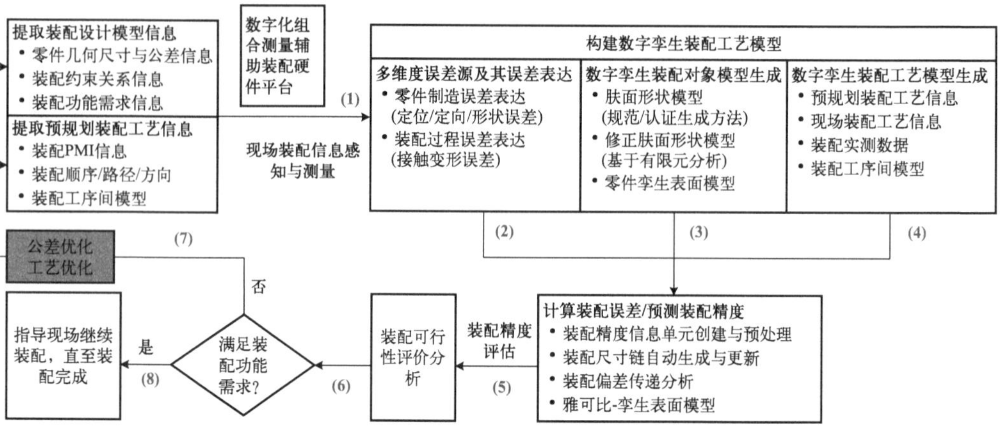

图 7-30　产品数字孪生装配精度预测技术路线

7.3　智能化生产和运维

相比设计环节，生产管理和运行维护环节涉及范围急剧扩大，运行方式从以虚拟场景为主过渡到以物理场景为主，智能技术应用也以多种技术综合应用方式为主，多样性高。本节以第 5 章框架为主，参考国家标准 GB/T 39116—2020《智能制造能力成熟度模型》进行简要描述。

7.3.1　智能化生产、运维范围和等级

GB/T 39116—2020 中，制造中的生产、服务范围和分类划分如图 7-31 所示，生产领域包括采购、计划与调度、生产作业、设备管理、安全环保、仓储配送、能源管理等七个方面。

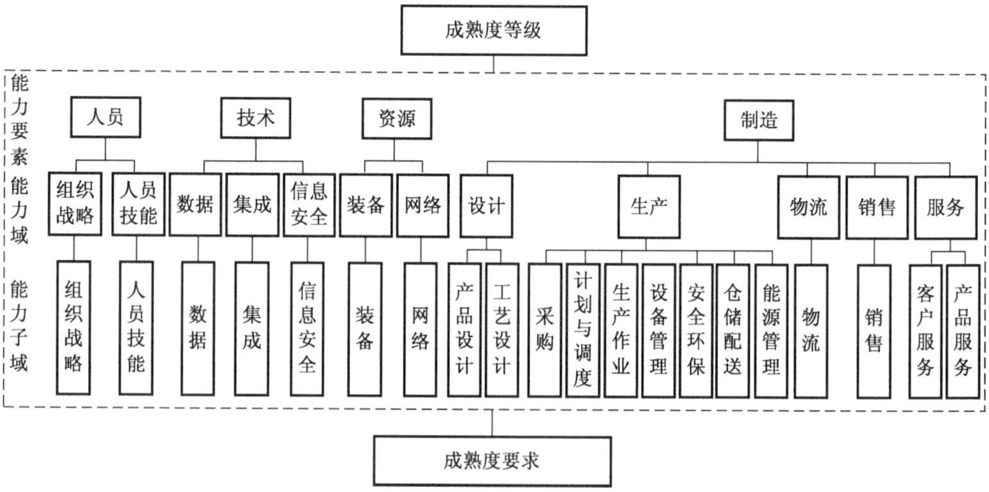

图 7-31　智能制造能力成熟度模型中的生产、服务范围和分类划分

为了区分智能制造技术应用的深度和广度，GB/T 39116—2020 还给出了成熟度等级划

分，规定了智能制造在不同阶段应达到的水平。其中，生产领域单项能力成熟度等级的划分和基本要求如图 7-32 所示。如果达到 5 级，则该项技术应用实现了智能化。

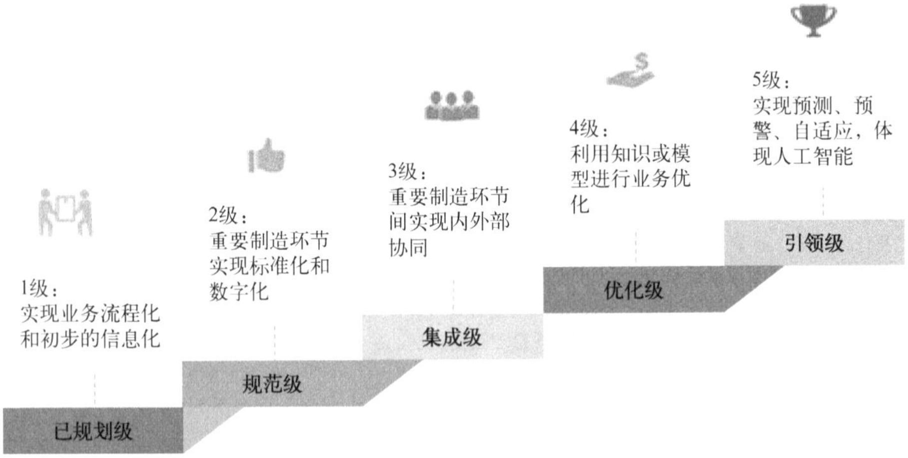

图 7-32　生产领域单项能力成熟度等级

生产领域和服务领域部分方面能力成熟度等级要求如表 7-4 和表 7-5 所示。

表 7-4　生产领域部分方面能力成熟度等级要求

能力子域	一级	二级	三级	四级	五级
采购	应根据产品、物料需求和库存等信息制订采购计划； 应实现对采购订单、采购合同和供应商等信息的管理； 应建立合格供应商机制，并有效执行	应通过信息系统制订物料需求计划，生成采购计划，并管理和追踪采购执行全过程； 应通过信息技术手段，实现供应商的寻源、评价和确认	应将采购、生产和仓储等信息系统集成，自动生成采购计划，并实现出入库、库存和单据的同步； 应通过信息系统开展供应商管理，对供应商的供货质量、技术、响应、交付、成本等要素进行量化评价	应通过与供应商的销售系统集成，实现协同供应链； 应基于采购执行、生产消耗和库存等数据，建立采购模型，实时监控采购风险并及时预警，自动提供优化方案； 应基于信息系统的数据，优化供应商评价模型	应实现企业与供应商在设计、生产、质量、库存、物流方面的协同，并实时监控采购变化及风险，自动做出反馈和调整； 应实现采购模型和供应商评价模型的自优化
计划与调度	应基于销售订单和销售预测等信息，编制主生产计划； 应基于主生产计划进行排产，形成详细生产作业计划并开展生产调度	应通过信息系统，依据生产数量、交期等约束条件自动生成主生产计划； 应基于企业的安全库存、采购提前期、生产提前期等制约要素，实现物料需求计划的运算； 应基于信息技术手段编制详细生产作业计划，基于人工经验开展生产调度	应基于安全库存、采购提前期、生产提前期、生产过程数据等要素开展生产能力运算，自动生成有限能力主生产计划； 应基于约束理论的有限产能算法开展排产，自动生成详细生产作业计划； 应实时监控各生产环节的投入和产出进度，系统实现异常情况自动预警，并支持人工对异常的调整(示例：生产延时、产能不足等)	应基于先进排产调度的算法模型，系统自动给出满足多种约束条件的优化排产方案，形成优化的详细生产作业计划； 应实时监控各生产要素，系统实现对异常情况的自动决策和优化调度	应通过工业大数据分析，构建生产运行实时模型，提前处理生产过程中的波动和风险，实现动态实时的生产排产和调度； 应通过统一平台，基于产能模型、供应商评价模型等，自动生成产业链上下游企业的生产作业计划，并支持企业间生产作业计划异常情况的统一调度

续表

生产作业	应制定生产作业相关规范，并有效执行； 应记录关键工序的生产过程信息	应通过信息技术手段，将工艺文件下发到生产单元； 应基于信息技术手段，实现生产过程关键物料、设备、人员等的数据采集，并上传到信息系统； 应在关键工序采用数字化质量检测设备，实现产品质量检测和分析； 应通过信息系统记录生产过程产品信息，每个批次实现生产过程追溯	应根据生产作业计划，自动将工艺文件下发到各生产单元； 应实现对生产作业计划、生产资源、质量信息等关键数的动态监测； 应通过数字化检验设备及系统的集成，实现关键工序质量在线检测和在线分析，自动对检验结果判断和报警，实现检测数据共享，并建立产品质量问题知识库； 应实现生产过程中原材料、半成品、产成品等质量信息可追溯	应根据生产作业计划，自动将生产程序、运行参数或生产指令下发到数字化设备； 应构建模型，实现生产作业数据的在线分析，优化生产工艺参数、设备参数、生产资源配置等； 应基于在线监测的质量数据，建立质量数据算法模型，预测生产过程异常，并实时预警； 应实时采集产品原料、生产过程、客户使用的质量信息，实现产品质量的精准追溯，并通过数据分析和知识库，进行产品的缺陷分析，提出改善方案	应实现生产资源自组织、自优化，满足柔性化、个性化生产的需求； 应基于人工智能、大数据等技术，实现生产过程非预见性异常的自动调整； 应基于模型实现质量知识库自优化
设备管理	应通过人工或手持仪器开展设备点巡检，并依据人工经验实现检修维护过程管理和故障处理	应通过信息技术手段制订设备维护计划，实现对设备设施维护保养的预警； 应通过设备状态检测结果，合理调整设备维护计划； 应采用设备管理系统实现设备点巡检、维护保养等状态和管理	应实现设备关键运行参数数据的实时采集、故障分析和远程诊断(示例：温度、电压、电流等)； 应依据设备关键运行参数等,实现设备综合效率(OEE)统计； 应建立设备故障知识库，并与设备管理系统集成； 应依据设备运行状态，自动生成检修工单，实现基于设备运行状态的检修维护闭环管理	应基于设备运行模型和设备故障知识库，自动给出预测性维护解决方案； 应基于设备综合效率的分析，自动驱动工艺优化和生产作业计划优化	应采用机器学习、神经网络等，实现设备运行模型的自学习、自优化
仓储配送	应制定仓储(罐区)管理规范，实现出入库、盘点和安全库存等管理； 应基于管理分类和规范要求，实现仓储合规管理； 应基于生产计划制订配送计划，实现原材料、半成品等定时定量配送	应基于条码、二维码、RFID 等，实现出入库管理； 应建立仓储管理系统，实现货物库位分配、出入库和移库等管理； 应基于生产单元物料消耗情况发起配送请求，并提示及时配送； 适用时，应建立罐区管理系统，实现储罐中介质相关数据的实时采集和分析	应基于仓储管理系统与制造执行系统集成，依据实际生产作业计划实现半自动或自动出入库管理； 应采用射频遥控数据终端、声控或按灯拣货等手段进行入库和拣货； 应通过配送设备和信息系统集成，实现关键件及时配送(示例：AGV、桁车、手持终端等)； 适用时，应基于工业无线网，通过无线传感器，将罐区相关信息自动采集至罐区管理系统，对储罐状态进行实时监测，储罐状态异常时可自动报警，避免冒罐事故发生	应通过数字化仓储设备、配送设备与信息系统集成，依据实际生产状态实时拉动物料配送； 应建立仓储模型和配送模型，实现库存和路径的优化； 适用时，应根据储罐状态实时数据进行趋势预测，结合知识库自动给出纠正和预防措施	应基于分拣和配送模型，满足个性化、柔性化生产实时配送需求； 通过企业与上游供应链的集成优化，实现最优库存或即时供货； 适用时，应通过智能仪表、互联网、云计算和大数据技术，实现罐区阀门自动控制，实现无人罐区

续表

安全环保	应制定企业安全管理机制和环保管理机制，具备安全和环保操作规程	应通过信息技术手段实现员工职业健康和安全作业管理； 应通过信息技术手段实现环保管理，环保数据可采集并记录	应建立安全培训、风险管理等知识库，在现场作业端应用定位跟踪等方法，强化现场安全管控； 应实现从清洁生产到末端治理的全过程环保数据的采集，实时监控及报警，并开展可视化分析； 应建立应急指挥中心，基于应急预案库自动给出管理建议，缩短突发事件应急响应时间	应基于安全作业、风险管控等数据的分析，实现危险源的动态识别、评审和治理； 应实现环保监测数据和生产作业数据的集成应用，建立数据分析模型，开展排放分析及预测预警	应综合应用知识库及大数据分析技术，实现生产安全一体化管理； 应实现环保、生产、设备等数据的全面实时监控，应用数据分析模型，预测生产排放，自动提供生产优化方案并执行
能源管理	应建立企业能源管理制度，开展主要能源的数据采集和计量	应通过信息技术手段，对主要能源的产生、消耗点开展数据采集和计量； 应建立水电气等重点能源消耗的动态监控和计量； 应实现重点高能耗设备、系统等的动态运行监控； 应对有节能优化需求的设备开展实时计量，并基于计量结果进行节能改造	应对高能耗设备能耗数据进行统计与分析，制定合理的能耗评价指标； 应建立能源管理信息系统，对能源输送、存储、转化、使用等各环节进行全面监控，进行能源使用和生产活动匹配，并实现能源调度； 应实现能源数据与其他系统数据共享，为业务管理系统和决策支持系统提供能源数据	应建立节能模型，实现能源流的精细化和可视化管理； 应根据能效评估结果及时对空气压缩机、锅炉、工业窑炉等高耗能设备进行技术改造和更新	应实现能源的动态预测和平衡，并指导生产

表 7-5 服务领域部分方面能力成熟度等级要求

能力子域	一级	二级	三级	四级	五级
产品服务	应制定产品服务规范，并有效开展现场运维及远程运维指导服务； 应对产品故障信息进行统计，并反馈给设计、生产、销售部门	应具有产品故障知识库和维护方法知识库，为服务人员提供现场运维和远程运维操作指导； 应通过信息技术手段对产品使用信息进行统计，并反馈给相关部门	产品应具有数据采集、存储、网络通信等功能； 产品服务系统应具有产品运行信息管理、维修计划和执行管理、维修物料及寿命管理等功能，并实现与设计、生产、销售等系统的集成	产品应具有数据传输、故障预警、预测性维护等功能； 应建立远程运维服务平台，提供远程监测、故障预警、预测性维护等服务； 远程运维平台应对装备/产品上传的运行参数、维保、用户使用等数据进行挖掘分析，并与产品全生命周期管理系统、产品研发管理系统集成，实现产品性能优化与创新	产品应具有自感知、自适应、自优化等功能； 应通过云平台，整合跨区域、跨界服务资源，构建服务生态

下面将简要介绍智能化的计划与调度、生产作业、产品服务等方面。对智能化设备及其产线应用进行单独的简要介绍。另外，由于生产过程的智能化实际上是多种智能制造支撑技术综合应用的结果，此处不按照智能制造技术分类，而是从业务分类的角度进行介绍。

7.3.2 智能制造装备

智能制造装备是具有感知、决策、执行功能的各类制造装备的统称，是机电系统与人工智能系统的高度融合。智能制造装备的产业链上游为零部件，中游为智能制造装备，下游为应用领域，如图 7-33 所示。

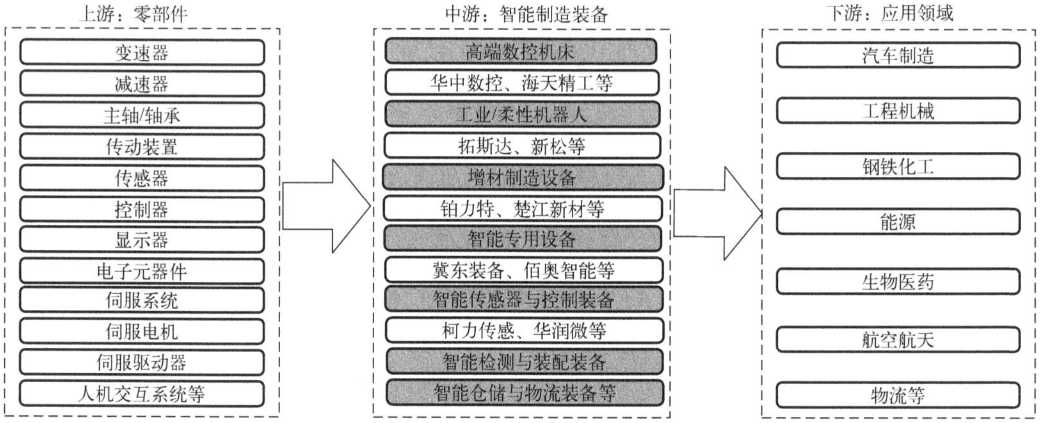

图 7-33　智能制造装备产业链全景图

与传统的制造装备相比，智能制造装备的主要特征如下。

(1) 自我感知能力，指智能制造装备通过传感器获取所需信息，并对自身状态与环境变化进行感知，自动识别与数据通信是实现自我感知的重要基础。

(2) 自适应和优化能力，指智能制造装备根据感知的信息对自身运行模式进行调节，使系统处于最优或较优的状态，实现对复杂任务不同工况的智能适应。

(3) 自我诊断和维护能力，指智能制造装备在运行过程中，对自身故障和失效问题能够做出自我诊断，并通过优化调整保证系统可以正常运行。

(4) 自主规划和决策能力，指智能制造装备在无人干预条件下，基于所感知的信息，进行自主规划计算，给出合理的决策指令，控制执行机构完成相应动作，实现复杂的智能行为。

此处主要基于第 5 章所述数字化生产设备分类，对智能制造装备进行简要介绍。

1. 智能机床

智能机床目前还没有一致认可的定义。美国 NIST 认为智能机床应能够感知其自身的状态和加工能力并能够进行自我标定，能够监视和优化自身的加工行为，能够对所加工工件的质量进行评估，具有自学习的能力。

2003 年，瑞士米克朗公司首次提出“智能机床”的概念。该公司认为智能机床是通过各种功能模块(软件和硬件)来实现的。这些智能机床模块包括高级工艺控制模块(APS)、操作者辅助模块(OSS)、主轴保护模块(SPS)、智能热控制模块(ITC)、移动通信模块(RNS)、工艺链管理模块(SIGMA)。

2006 年，日本 Mazak 公司以“智能机床”的名称，展出了声称具有四大智能的数控机床，包括主动振动控制(将振动减至最小)、智能热屏障(热位移控制)、智能安全屏障(防止部件碰撞)、Mazak 语音提示(语音信息系统)。

2021 年，华中数控成功推出了华中 9 型新一代人工智能数控系统，如图 7-34 所示。华中 9 型新一代人工智能数控系统能有效提升加工零件的轮廓精度，预测机床热变形规律，对热变形进行补偿，保持机床加工精度的稳定性，还能自主优化工艺参数，有效提高加工效率，汇聚机床装配、调试、补偿、健康保障及使用过程数据，实现机床全生命周期运维管理。

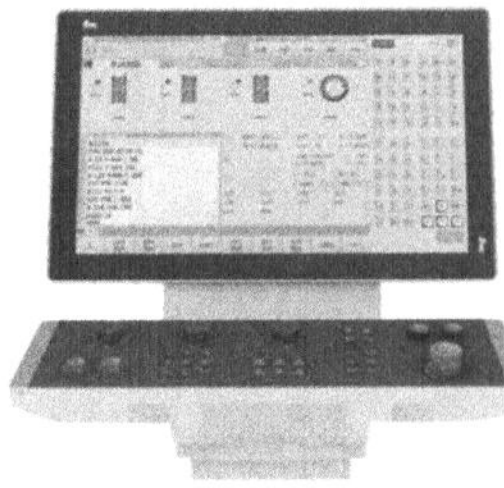

图 7-34　华中 9 型新一代人工智能数控系统

2. 智能机器人

目前智能机器人应用场景不断扩大，主要应用场景如图 7-35 所示，包括制造业、服务业、医疗、教育、家庭等各个方面，这也促使智能技术更快地与机器人融合。

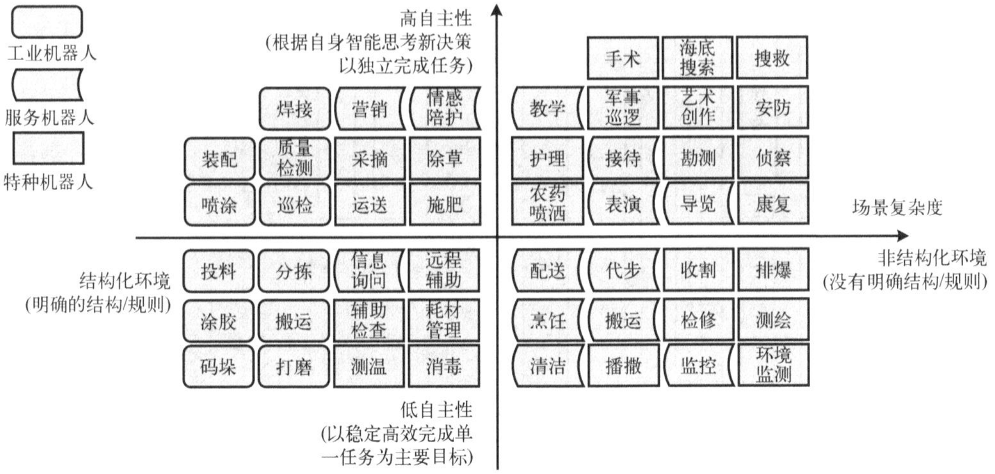

图 7-35　智能机器人的应用场景

智能机器人的定义尚未形成共识。一种观点认为智能机器人是在机器人概念的基础上，融合智能技术，具有深度感知、智能决策、泛化交互和灵巧执行等能力的智能化机器，如图 7-36 所示。

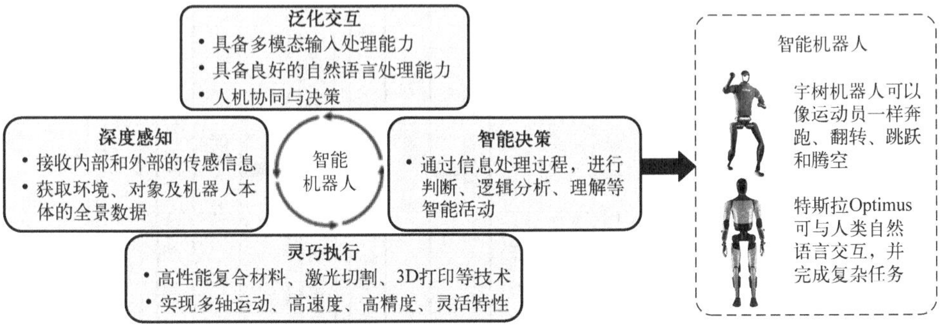

图 7-36　智能机器人的核心要素

随着人工智能、多模态传感和数字孪生等领域先进技术的快速引入和更新，与传统机器人相比，智能机器人的技术框架有了本质的扩展和变化，如图 7-37 所示。

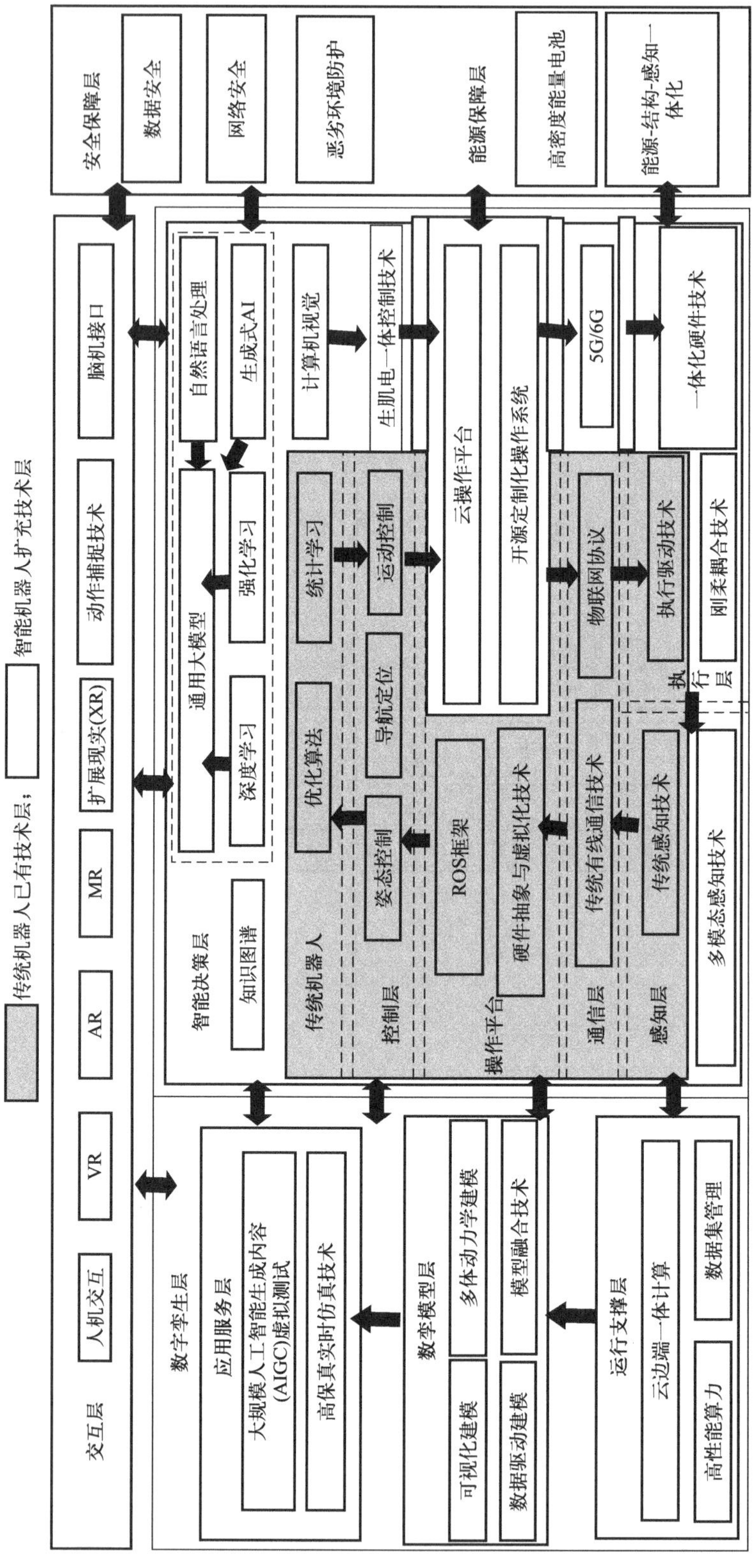

图 7-37　智能机器人技术框架

⑴感知层。传统机器人主要依赖基础的感知技术，智能机器人则深度融合了视觉感知与多模态感知技术，为机器人提供更丰富的环境信息。

⑵执行层。除了传统的执行驱动技术，智能机器人进一步引入了刚柔耦合技术和一体化硬件技术，增强了其执行和操作的灵活性。

⑶通信层。与仅使用光纤、蓝牙和物联网协议的传统机器人不同，智能机器人已经成功地应用了 5G/6G，为其提供了更快速和稳定的通信能力。

⑷操作平台。除了传统的 ROS 框架和硬件抽象与虚拟化技术，智能机器人还采用了云操作平台和开源定制化操作系统，增强了其软件基础设施的可扩展性和灵活性。

⑸控制层。除了基础的姿态控制、运动控制和导航定位，智能机器人引入了生肌电一体控制技术，为其提供了更为精确的控制手段。

⑹智能决策层。传统机器人多依赖优化算法和浅层机器学习，智能机器人则融合了自然语言处理、生成式 AI、深度学习、强化学习、知识图谱和计算机视觉技术，提升了其决策智能度。

⑺数字孪生层。该层包含运行支撑层、数孪模型层和应用服务层，涉及云边端一体计算、高性能算力、分布式存储、实时仿真和大数据分析等多种技术，为机器人提供了全面的数字化支持。

⑻交互层。通过人机交互、VR/AR 等技术，智能机器人实现了更为沉浸和自然的用户交互。

⑼能源保障层。在确保功能安全、数据安全和网络安全的基础上，智能机器人还采用了高密度能量电池和能源-结构-感知一体化技术，为其提供了持久而稳定的能源支持。

3. 智能生产线

GB/T 43209—2023《自动化系统与集成 智能生产线虚拟重构技术要求》中认为，智能生产线是将仪表及自动化技术、信息技术、仿真技术、监测技术、优化技术应用在设备、产品、资源及配套中，用数据、仿真模型和算法对生产线进行计划、实行、管理、监控与优化的实施单元。

智能生产线一般具备如下特征。

⑴智能设备互联。各种设备和工具互联互通，能够实现实时数据交互、协同运作，大大提高了生产效率。

⑵智能工艺控制。通过大数据分析和人工智能算法，可以实现对生产过程的实时监测和自动调控，使产品质量更加稳定可靠。

⑶物联网与智能仓储。智能仓储系统通过 RFID 技术、传感器技术等，实现对仓库内物料的全面监控和实时跟踪。

⑷智能化维护与保养。利用物联网技术，实现自动化的故障检测、提醒和预测性维护，缩短了因设备故障而导致的停机时间，减少了其生产损失，提高了设备的使用寿命和稳定性。

⑸智能化质量检测。利用机器视觉、传感器等技术，实现对产品的自动检测和分类，提高了检测的准确度和速度。

(6)智能生产力管理。通过大数据技术和人工智能算法，实现对生产线的实时监控和生产计划的优化调整，提高了生产效率和资源利用率。

在民用飞机领域，具有代表性的智能装配生产线有洛克希德 • 马丁公司 F-35 装配线、商飞公司 C919 装配线等，如图 7-38、图 7-39 所示。

图 7-38　F-35 脉动总装生产线

图 7-39　C919 总装生产线

洛克希德 • 马丁公司在 F-35 的研制和生产过程中采用智能化柔性自动化装配系统，可一次性完成制孔、锪窝、铆接等多项装配工作。C919 飞机部装车间的四条生产线(水平尾翼、中央翼、中机身及全机对接生产线)均采用了自动化设备及柔性工装，采用激光跟踪仪搭载空间分析仪测量软件组成数字化测量系统，实现自动测量，能够满足 100 架/年的产能要求。

7.3.3　智能化生产管理

智能制造不仅涉及先进制造技术和信息技术，而且需要生产管理创新。智能制造管理具有自身特征，同时需要与之相适应的智能化生产管理方法，如图 7-40 所示。

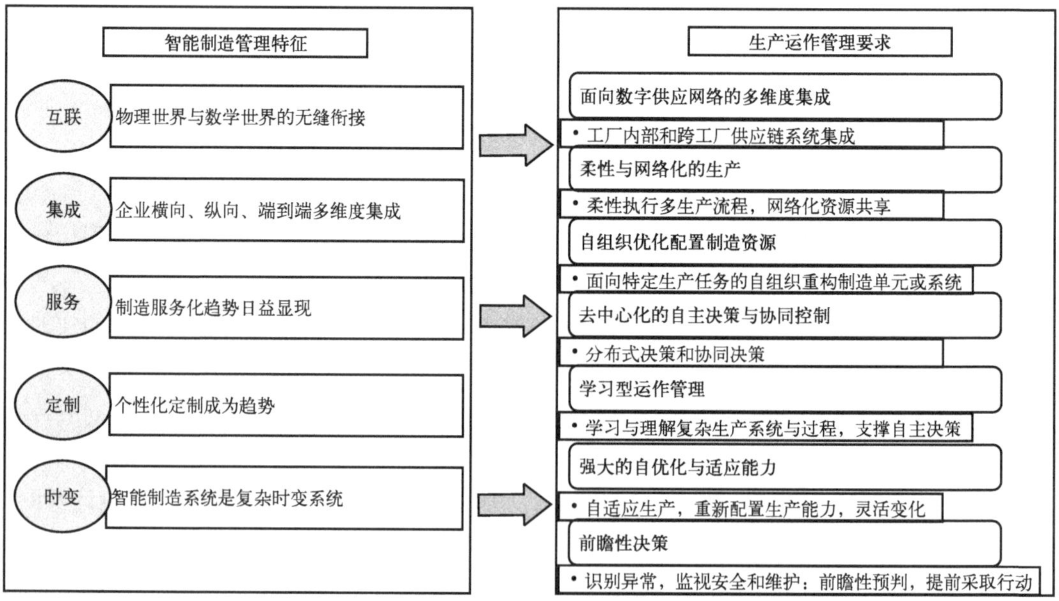

图 7-40　智能制造生产运作管理面临的挑战

生产排程与资源调度在智能化生产管理中扮演着至关重要的角色，通过合理的排程与调度，企业可以实现生产效率的最大化、资源利用的最优化，以及生产周期的缩短。

1. 智能排程

生产排程是指根据生产任务和资源情况，确定合理的生产顺序和时间安排，以实现生产计划的准时交付和生产效率的最大化。智能排程实际上是 APS 技术的智能化深化。当前第四代 APS 系统以智能算法进行静态排程，以多代理(agent)协商进行动态调整，正朝着分布式计算和自主认知计算发展，其特点是分布式智能决策和自主智能决策。在决策过程中，还需要通过 RFID、工业物联网等 IoT 技术收集和传输制造过程中的实时生产数据，从而分析相应的生产状态，实现对生产环节的全过程监控和实时排产优化。

2. 智能调度

调度是一个复杂的决策过程，它通过将一段时间内的特定资源分配给特定任务，以期实现一个或多个目标的优化。对于制造业，资源主要指设备、模具、刀具等生产资源。智能调度技术不仅要在错综复杂的约束条件中找到可行方案，还要在许多可行方案中找到满足优化目标的较优生产作业计划，从而提高企业生产效益。

生产调度技术正朝着自适应、自组织调度，大数据驱动调度，协同调度及数字孪生调度等智能化方向发展。

在自适应、自组织调度中，把整个分散式控制生产系统看作一个多智能体系统，每个资源就是其中的一个智能体，它可以根据部分信息和局部目标做出决策。在大数据驱动调度中，往往首先基于历史数据不断产生新的离线挖掘调度算法，然后用这些算法更新算法库，最后根据生产系统的实时数据为用户推荐最佳调度方法。协同调度主要分为供应链协同调度、云边协同调度、人机协同调度等。数字孪生调度通过物理车间与虚拟车间的双向映射与实时交互，可以立即锁定异常范围，并在短时间内提出合理高效的应对措施。

7.3.4 智能化运行维护

智能化运行维护(简称智能运维)是建立在 PHM 基础上的一种新的维护方式，具备完善的自检和自诊断能力，能对大型装备进行实时监督和故障报警，并能实施远程故障集中报警和维护信息的综合管理分析，在对安全性和可靠性要求较高的领域起着至关重要的作用。智能运维的最终目标是减少对人员因素的依赖，逐步信任机器，实现机器的自判、自断和自决。

1. 智能运维的关键技术

(1)状态数据监测。运维决策所需的状态数据越来越多，对状态数据的精确性和实时性要求越来越高。保证传感器数据采集和处理的可靠性和准确性是提高预测可靠性的关键。

(2)状态数据预处理。状态数据的优劣直接影响智能运维决策质量。应该在尽可能保持原始测试数据完整性的同时，去除原始数据中无用的误差信息，提高监测数据的质量。

(3)状态特征提取。需要对大量的原始状态信息进行特征提取，也就是用大大少于原始状态参数数目的特征来充分准确地描述设备的实际运行状态，同时使它们较好地保持原有状态的可分性，达到基于较少的特征进行故障诊断的目的。

(4)状态评价与预测。状态评价是根据设备的状态数据和评价准则综合评价设备的健康状态，据此决定目前设备是否需要维修。状态预测是根据设备状态分析其变化趋势并预测其未来的状态，据此决定设备未来某一时刻是否需要维修。

(5)故障诊断与溯源。利用传感器测量参数和信号处理获得的特征参数，分析设备发生故障的原因、部位、类型、程度、寿命及其变化趋势等，以制订科学的维护或维修计划，保证设备安全、高效、可靠的运行。

(6)基于状态的维修策略。维修策略是根据设备的健康状态及其变化趋势，确定设备什么时候维修(即维修时机)、做什么维修工作(即维修工作范围)及需要多少维修费用和备件(即维修资源)。

2. 智能运维案例

空客公司推出了基于云计算的航空数据平台 Skywise，包含 15PB 飞行操作数据点，涉及空客公司在役飞机的各个零部件、系统和发动机。Skywise 总共支持了 140 余家航空公司和全球 150 余家飞机维修、修理和大修供应商。Skywise 功能如下：通过预防性和保护性维护提升机队运营可靠性；快速分析运营问题根本原因；通过飞行运营数据分析改进每架飞机的性能；追踪并记录飞机维护效率，如图 7-41 所示。

通用电气(GE)公司推出了一个大数据与分析平台——Predix 平台，以管理发动机的诊断数据。每台发动机的参数大概有 480 个，约有 35000 台发动机将其起飞、巡航、降落等关键飞行阶段的数据包传输至 Predix 平台，如图 7-42 所示。2015 年，Predix 平台产生了约 35 万个警告信息和 9000 份客户通知记录单(CNR)，其中 86%的 CNR 是准确的。

图 7-41　空客公司航空数据平台 Skywise

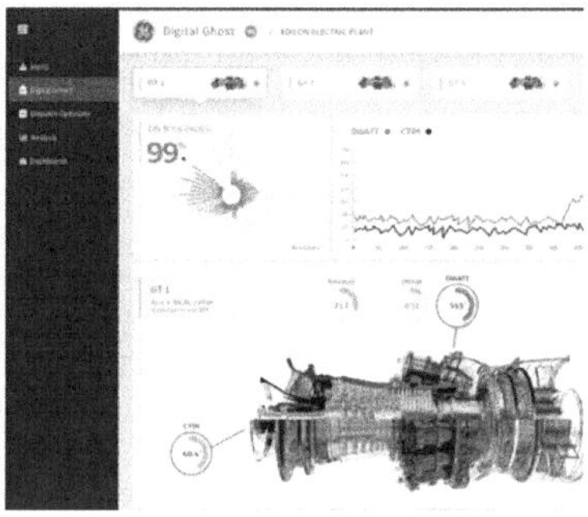

图 7-42　GE 公司 Predix 平台

7.3.5　智能化操作执行

虽然数控机床、工业机器人等设备替代人工完成了很多工作，但复杂装配和运维环节仍主要依靠人工，该环节的智能化目前主要依赖增强现实等人机融合技术来实现。

复杂产品由众多零部件组成，装配过程中，人工完成一个装配工序通常需要三个脑力处理阶段(感知、反应选择和执行)和两类装配任务活动(匹配和连接)(图 7-43)，这三个阶段、两类活动中涉及的四个因素共同形成了人工装配作业的复杂性，即产品因素(结构)、工艺因素(操作)、人力因素(脑力负荷、培训水平、知识能力)、环境因素(工效、时间)。

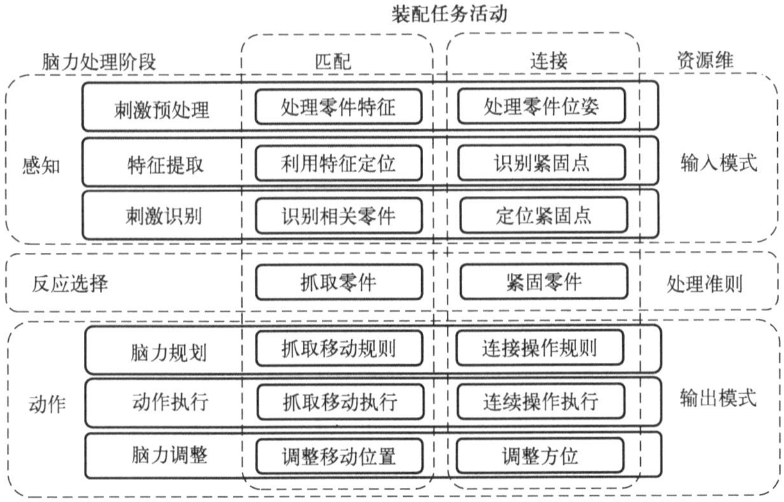

图 7-43　产品人工装配认知过程与任务活动

不同复杂度的装配过程形成了不同的认知负荷，从而要求装配信息指导的内容和结构必须适应产品的装配复杂性和操作者的装配能力。增强现实辅助装配利用增强现实三维注册、虚实结合、实时交互技术，将装配工艺指导信息(如操作步骤、待装零件、装配过程、质量要求、工具使用等)采用合适的呈现形式(如动画、模型、文字、图片、视频、标注等)叠加到真实装配场景中，形成一个虚实融合的装配环境，通过手持移动设备、固定位置的屏幕、头盔/眼镜、投影等方式显示，为不同操作者提供个性化、差异化、实时化的装配操作指导，提升作业人员认知效率，辅助作业人员高质量快速完成装配任务。

典型的 AR 装配系统架构如图 7-44 所示。AR 装配系统主循环主要由信息数据管理、视频采集、跟踪注册、渲染、终端显示、人机交互、智能辅助服务等模块组成。根据各模块涉及的技术内容，将相关技术划分为智能辅助功能、关键支撑技术和装配信息管理三个部分。

(1) 智能辅助功能。情景感知功能自动对零部件进行识别，识别操作动作和完成状态，自动推送相关指导信息；防错提醒功能在错装、漏装和装配欠位的情况下及时提醒；多人协同功能在多人协作的装配作业中对进程进行精准控制；远程协助功能在装配作业人员遇到困难需要协助时，实现通过专家指导指示问题所在。

(2) 关键支撑技术。跟踪注册模块负责跟踪相机位姿，然后将虚拟对象投影到相机成像平面上，为虚实融合做准备；虚实融合模块根据 Z 坐标大小处理虚实对象遮挡关系；人机交互模块通过语音、手势等交互方式进行流程控制和虚拟对象操纵。

(3) 装配信息管理。装配信息经提取并处理后，可分为实时引导信息、装配工艺信息、工艺检验信息和相关配套信息等，在过程引导阶段为用户进行推送，辅助用户完成作业；系统运行数据包括系统配置信息、功能模块运行数据、结构化装配工艺信息、专家知识库等，用户可以根据自身需求随时查看。

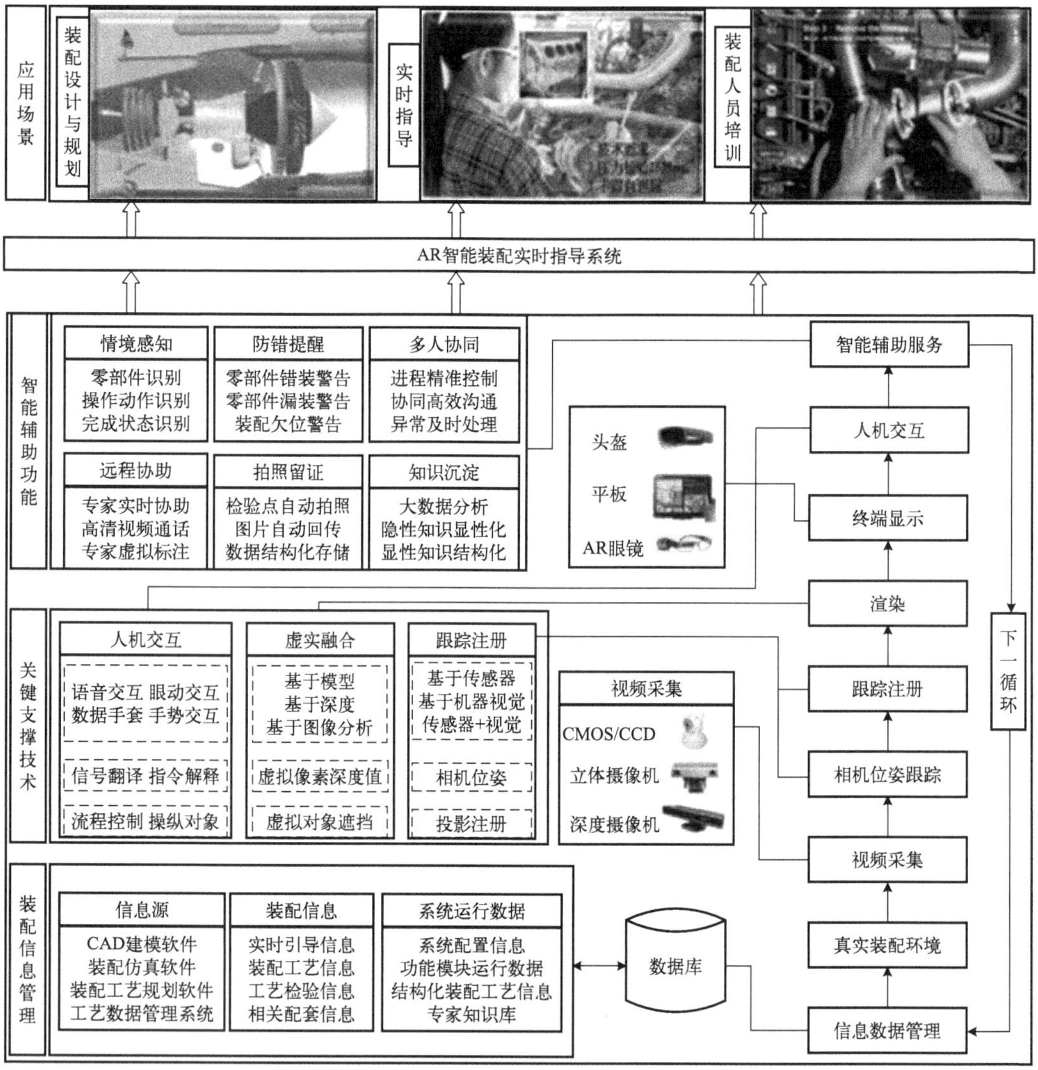

图 7-44　典型 AR 装配系统架构

对比传统由纸质手册或电子文档辅助的装配方法，增强现实装配系统利用摄像头获取装配现场图像，简化了用户对装配场景的理解；由集成传感设备实现对装配要素的高精度识别和跟踪定位；智能感知用户意图，实现人机交互；将信息渲染后推送给移动终端，在用户视界中直观展示各类信息，满足装配指导需求。

目前，增强现实装配、运维技术已在多个领域得到应用。飞机中的复杂管路和长度达数百千米的电线安装是 AR 技术应用的一个重要场景。空客 A400M 的机身布线采用了空客公司开发的面向装配的增强现实内容创作(assembly oriented authoring augmented reality, MOON)系统，使用三维数模生成装配指令，指导工人进行布线操作，大大提升了首次安装速度。波音公司在 738 客机 MRO 服务中使用增强现实系统引导维修人员进行维修工作，指导工人按步骤实施维修，精确定位不直接可见的零件并将其可视化。美国空军使用基于增强现实的维护操作与培训(maintenance operations and training in augmented reality, MOTAR)系统在电子设备及其相关管线中应用增强现实技术进行敏捷保障，引导作业人员完成检修工作；澳大利亚空军使用 HoloLens 实现远程支持，专家端查看装备并指出待维修部位，通过增强现实技术指导现场作业人员完成维修作业。

如图 7-45 所示，空客、波音、洛克希德·马丁等公司使用 AR 技术实现飞机装配智能作业。图 7-46 为波音、美国空军、澳大利亚空军使用 AR 技术辅助飞机运维。

(a)　(b)　(c)

图 7-45　AR 飞机装配辅助技术在空客(a)、波音(b)、洛克希德·马丁(c)等公司的应用

(a)　(b)　(c)

图 7-46　波音(a)、美国空军(b)、澳大利亚空军(c)使用 AR 技术辅助飞机运维

7.4　智能工厂

智能工厂是数字化工厂的进化和升级。此时，工厂已经不仅仅是指直接进行工业生产活动的单位(通常包括不同的车间)，而是将研发等活动也包含在内的制造企业。本节依据 GB/T 41255—2022《智能工厂　通用技术要求》，简要介绍智能工厂及其关键技术。

7.4.1　智能工厂框架

智能工厂实现了多个数字化车间的统一管理与协同生产，将车间的各类生产数据进行采集、分析与决策，并整合设计信息与物流信息，再次传送到数字化车间，实现车间精准、柔性、高效、节能的生产模式，其总体框架如图 7-47 所示。

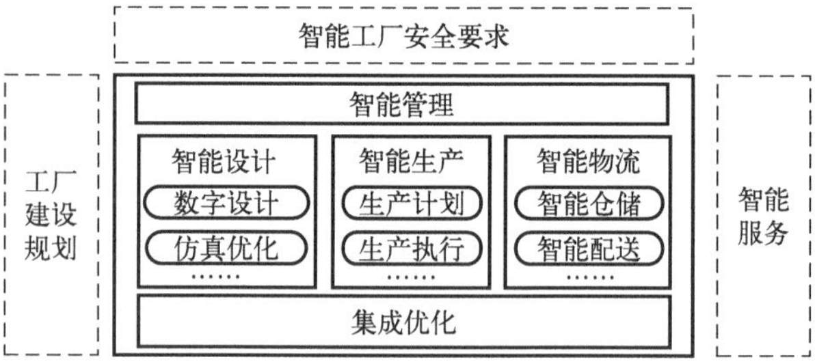

图 7-47　智能工厂总体框架

数据在智能工厂智能设计、生产、管理与物流环节中承载各个层次之间及同一层次的各个功能模块和系统之间的信息。数据的一致性和连贯性将产品的智能设计、生产管理、物流等环节组织成有机整体。智能工厂关键技术之间的数据流示意如图 7-48 所示。

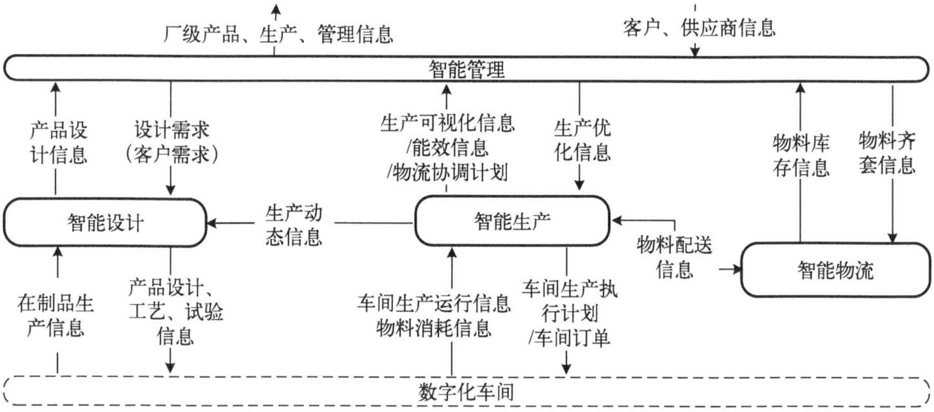

图 7-48　智能工厂关键技术之间的数据流示意

7.4.2　智能设计

智能设计基于数字技术和智能技术对产品和工艺进行设计，用数字模型与文档描述和传递设计输出。智能设计宜考虑与智能制造技术、智能制造装备、智能制造服务的协同，做到研发、设计、生产、服务协同一体化。智能设计的关键要素如下。

(1) 数字设计。应从概念设计阶段开始采用协同数字设计平台，利用参数化对象建模等工具，进行产品的造型设计、功能设计、结构设计、工艺设计等。

(2) 虚拟设计。设计平台应集成 VR/AR 等功能/工具，可实现沉浸式、交互式三维实体建模和装配建模，快速生成产品虚拟样机，为虚拟制造创造条件。

(3) 仿真优化。在协同数字设计平台上应针对不同目标开展计算机仿真优化，确保或提升产品对设计需求的符合性，以及产品的可靠性、可制造性、经济性、适应性、可扩充性。

(4) 面向产品生命周期的设计。在设计阶段，应充分考虑产品制造、使用、服务、维修、退役等后续各阶段需求，实现产品设计的全局最优。

(5) 大数据分析/知识工程。在大数据和知识支撑下，应实现需求快速智能分析、产品精准设计和仿真优化，提供功能、性能、质量、可靠性与成本方面全局最优产品。

智能设计示意图如图 7-49 所示。

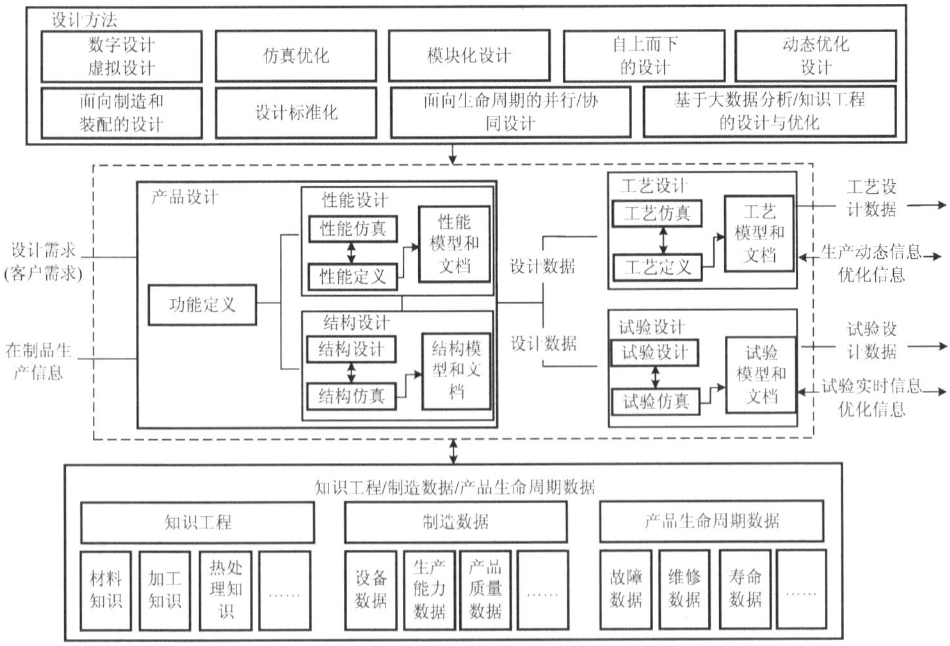

图 7-49　智能设计示意图

7.4.3　智能生产

智能生产是基于信息化、自动化、数据分析等技术和管理手段，实现柔性化、网络化、智能化、可预测、协同生产模式，对产品质量、成本、能效、交期等进行闭环、持续的优化提升。智能生产示意图如图 7-50 所示。智能生产关键要素如下。

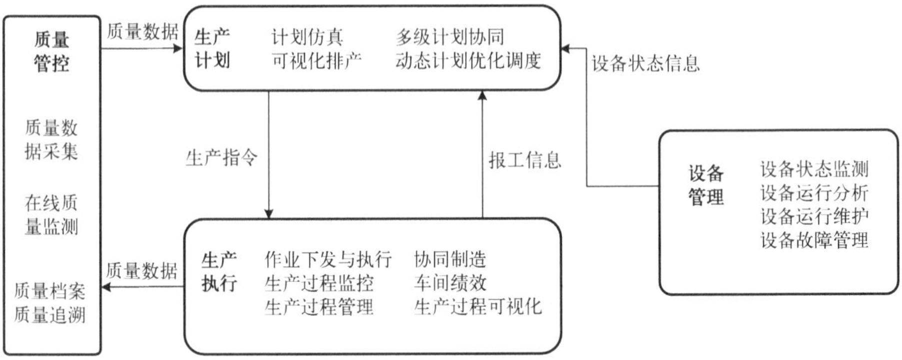

图 7-50　智能生产示意图

(1) 生产计划。应根据订单和项目要求制订生产计划，并监控计划完成状态以满足订单和项目的管理要求。应根据订单和项目要求，形成多级计划并完成多级计划协同，监控多级计划的过程反馈，形成数据闭环，根据生产反馈信息进行动态调整优化。应实现生产计划可视化，包括多级计划可视化、监控数据可视化、实时执行数据可视化、计划对比数据可视化、计划完成进度可视化等。

(2) 生产执行。单一数字化车间内的生产执行要求应符合 GB/T 37393—2019。生产车间应通过企业服务总线，以实时、动态的方式向工厂信息中心提供计划达成率、生产进度、工艺及质量、能耗、物料消耗、设备故障(预)诊断、设备利用率、人力资源等数据，供生产过程决策系统进行全工厂生产过程及状态的分析优化。工厂生产工单应根据产品设计平台所提供的物料、产品、成品目标、工艺特性等技术数据，结合 ERP 系统提供的客户订单，经过 ERP 系统的物料需求计划运算产生。应以实现柔性化的生产流程为目的，向各个车间自动分配生产任务及执行计划，并监控、管理、调整各个车间的生产进度，同时对各类生产资源进行实时、动态的调配。从产品设计到工艺分配、从客户订单到生产工单、从生产排产到生产执行、从分析反馈到设计改进，形成一个工厂级的闭环的优化流程。

(3) 质量管控。应对生产全过程中的质量进行管控，采集原材料检验、样品检验、产品检验、质量统计等质量数据。应建立数字化的质量档案，实现对产品全生命周期的质量记录，保证各环节的可追溯性。宜使用在线质量检测的方式，实时采集适量数据。宜构建质量管理信息系统，实现质量信息化和质量管理信息化，并实现分析数据自动采集、数据信息共享。应关注智能设计、服务数据对质量的影响，采集研发中的数据、生产中的数据、运维服务中的数据，建立质量模型，形成数据闭环。

(4) 设备管理。车间内部设备管理应满足 GB/T 37393—2019 中的规定。应建立设备管理系统，并与 ERP 系统、MES 等实现信息交互，配合其他系统实现排产和生产调度。应对关键生产设备、关系多个车间或整个工厂的设备进行实时状态监测，并对设备运行状态进行建模分析，给出设备运行趋势预测曲线。应根据设备类型制订相应的周期性维护计划，并按计划对设备进行维护。应将维护信息以数字化的方式进行归档。宜根据设备运行趋势曲线制订有针对性的预测性维护方案，及时发现设备运行的潜在异常情况并进行维护管理。宜建立基于知识库的故障诊断系统，及时准确地发现诊断故障，并给出故障解决方案。宜提供专家远程诊断功能，以有效解决偶发的、系统不能正确诊断的复杂故障。

7.4.4 智能物流

智能物流是智能工厂的重要组成部分。智能物流的关键要素如下。

(1) 智能仓储。应利用射频识别、二维码、标签等技术实现对原材料、半成品、成品的数字化标识，并在 WMS 中存储物料基础信息；与生产调度实时交互物料信息，及时响应智能生产的物料需求，并反馈物料配送信息；以物料为核心，采集物料的全生命周期信息，实现全过程信息可追溯；通过与智能管理与智能生产等业务的集成，分析与优化现有库存，实现库存低位、高位预警。

(2) 智能配送。在智能工厂内，应采用自动化配送设备实现物料配送自动化；通过与智能管理与智能生产等业务的集成优化，根据生产计划实现智能配送，降低工位库存；结合生产线布局和物料需求，对物流配送路径和运输模式进行精益化规划，实现物流配送路径与装载优化；实时监控物料和运输工具，利用传感器获取货物数据，实时定位和追踪原材料、半成品、成品、运输工具的位置与动向。

(3) 厂级物流协同。应建立智能化物料调配体系，ERP 系统采购的原材料、配件、外购零部件等物料在工厂的各级仓库里登记、检验、退货、入库、备料、发料、完工退库、销账、移库、包装、发货等。应建立智能工厂工作物流协同中心，遵从生产需求拉动原则，以精益化、零库存为目标，实现工厂、仓库、车间三者智能化的物流调配。车间内的数字化物流装备、生产物流管理、物流设备管理应满足 GB/T 37393—2019 中的规定。

7.4.5 系统集成与优化

1. 系统集成

智能工厂的系统集成是实现不同层级、不同设备、不同系统间的网络连接和数据传输，支撑智能工厂持续运营和优化的技术过程。车间层以下的系统集成具体见 GB/T 37393—2019。车间层到工厂层/企业层的网络架构可采用多种方式，如星形、环形、总线型、网状等。智能工厂网络架构示意图如图 7-51 所示。

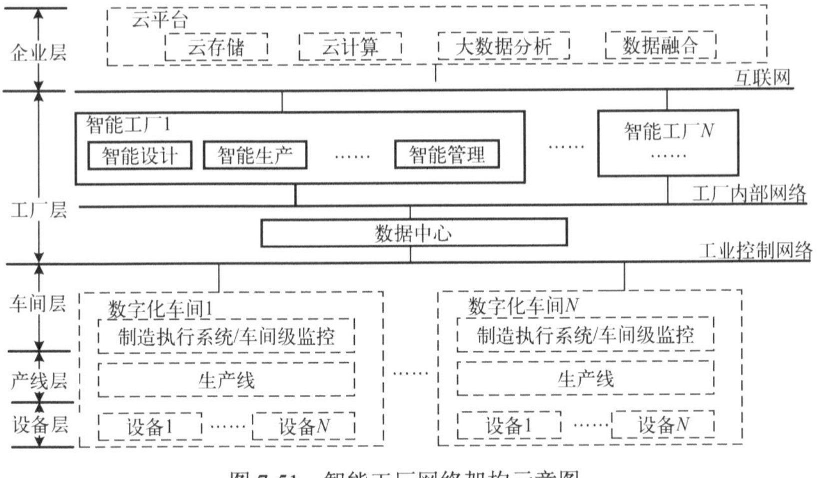

图 7-51　智能工厂网络架构示意图

智能工厂系统集成关键要素如下。

(1) 异构网络连接。不同类型的网络应通过网关进行互联，并提供必要的安全隔离。

(2) 数据采集和传输。车间与工厂数据传输的主干网宜采用光纤，现场设备的连接宜采用屏蔽双绞线，对于重要的网段宜采用冗余网络技术，也可通过 OPC UA 等其他技术实现。工厂与企业间的数据传输宜通过互联网方式。

(3) 数据中心。实时与历史数据库是智能工厂的数据中心。实时数据库应能够在线存储每个工艺过程点的多种数据，反映车间当前的生产工况，也可以通过数据分析做出实施决策。历史数据库存储与流程相关的数据与历史数据，相关数据应进行归档。

(4) 集成优化与闭环操作。智能工厂的集成优化应将企业层、工厂层形成的各类决策优化信息向下传递并实现操作。集成优化应形成信息闭环，最终实现智能工厂各个环节的高度柔性与高度集成。

2. 优化

智能工厂系统优化主要包括设计、生产优化，物流系统优化，以及管理优化。设计、生产优化主要是实现设计、生产、检验、运维服务一体化协同，优化产品/工艺设计、生产流程等环节。物流系统优化主要是构建物流系统的仿真模型，定期优化改进物流配送策略。管理优化主要是通过各种信息系统集成，以最低成本实现预测性库存，形成最少库存量、最低采购价的采购计划，形成趋近于市场或特定客户在未来某一时间段内实际需求量的销售计划，形成以销售预测方式拉动的生产、采购、物流计划，实现设备的预知管理。

7.4.6　智能工厂建设层次

智能工厂建设是一个循序渐进、持续改善的过程，企业推进智能工厂建设可以考虑五个层次，如图 7-52 所示。

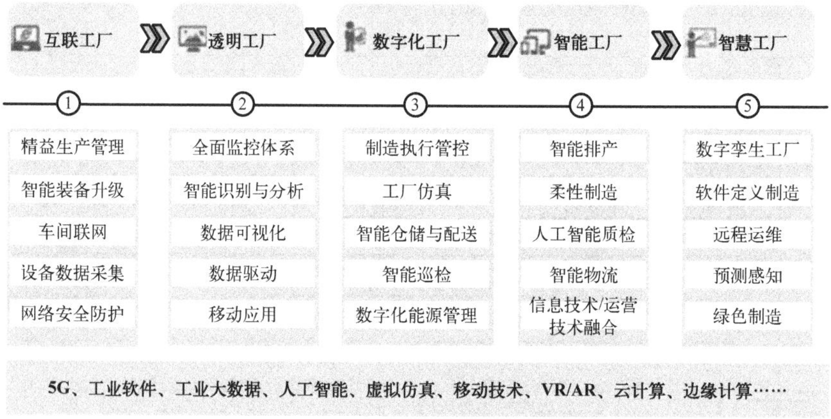

图 7-52　智能工厂建设的五个层次

(1)构建互联工厂。实现设备数据采集和车间联网。企业需要完善精益管理基础，对现有设备进行智能化改造，加装传感器、控制器等装置，实现设备数据的实时采集；利用 5G、工业 Wi-Fi、工业无源光网络(PON)等技术实现车间内设备、控制系统、信息系统等的联网。总体而言，构建互联工厂，强化数据连接基础，是智能工厂建设取得实效的关键。

(2)打造透明工厂。应用 SCADA 等系统对生产过程中的关键设备、生产参数、质量指标等进行实时监控；利用视频监控技术，对工厂现场进行实时巡查，进行视频监控与智能识别，确保生产安全、合规；借助人工智能技术，对监控数据进行智能识别和分析，发现异常情况及时报警，减少生产中断和故障损失；利用大数据技术，实时展现设备、生产、质量、能耗、环境、人员行为等数据，实现工厂运营可视化，建立数据采集、存储、处理、展示的平台，实现生产数据的实时传递、共享和挖掘；利用移动终端，实现现场管理与远程指挥的协同；通过移动办公系统，实现生产数据、审批流程、指令下达等信息的实时传递，提高工作效率。

(3)推进数字化工厂。实现生产过程的监控、调度、控制和优化；对工厂设备布局进行仿真，以评估现有布局的合理性，预测未来生产需求，并优化设备布局；通过对物流过程和人因工程进行分析与仿真，优化物流路径和人员操作，提高生产效率；对装配过程进行仿真，以提高装配质量、减少装配误差；实现仓库管理、物流配送和拣选的智能化，降低库存成本，提高物流效率；实现工厂智能巡检、设备状态监测和故障预警，提高设备运行可靠性，降低维修成本；通过对能源消耗数据的实时监测和分析，实现能源使用的优化调度，降低能源消耗。

(4) 建设智能工厂。应用 APS 系统，基于实际设备状态和产能自动排产；应用 FMS，实现多机器人协作和人机协同，缩短换型时间，提高生产线的产能；开展机器视觉应用，进行产品质量检测，提升产品质量；优化厂内物流体系，实现及时配送，降低库存成本，提升生产效率；引入 VR/AR 系统进行操作员培训，提升操作员技能水平，降低培训成本，同时辅助设备运维；实现信息技术/运营技术融合，打破数据孤岛，实现数据共享，为生产决策提供有力支持。

(5) 实现智慧工厂。通过构建数字孪生工厂，实现对生产现场的实时监控和仿真预测，了解生产过程中的瓶颈和优化空间，持续优化工厂运营；实现软件定义制造过程和工厂可重构；通过软件控制和优化生产流程，工厂具备高度灵活的可重构性，提高生产效率；采用先进的预测性维护技术，实现设备预测性维护和质量预测分析；利用大数据和人工智能技术，对产品质量进行实时监控和预测，及时调整生产参数，确保产品质量；采用先进的节能技术和绿色生产工艺，降低能源消耗，减少排放，提高资源利用率，为可持续发展奠定基础。

7.4.7　智能工厂案例

2023 (第九届) 国际智能制造 (武汉) 论坛发布了第二届中国标杆智能工厂百强榜，上榜的智能工厂展示了中国在智能制造领域的领先地位和创新能力。这些标杆工厂通过集成先进的信息技术和制造技术，不仅提升了生产效率和产品质量，还推动了绿色制造和可持续发展。图 7-53 为这些智能工厂对新兴技术的应用情况。

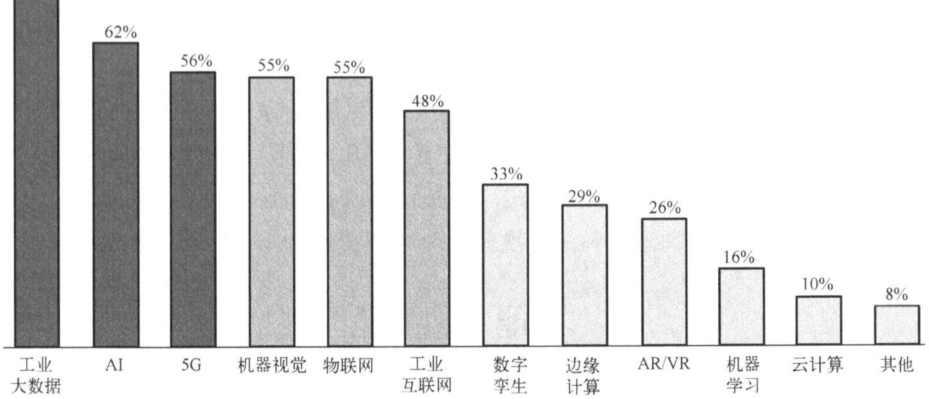

图 7-53　新兴技术应用情况

典型工业装备制造的智能工厂介绍如下。

(1)东方电气集团东方汽轮机有限公司作为国内三大汽轮机制造基地之一，按照“数字东汽”的总体建设思路，打造高端能源装备行业数字化新标杆。公司依托 5G、数字孪生、RFID、柔性夹具和工业机器人等技术，建成国内首个叶片加工无人车间及首条黑灯产线；通过三维设计工艺一体化平台，实现基于数据驱动的设计工艺协同；应用 APS 系统自动生成生产计划，实现排产效率提升；基于 SCADA 平台进行设备状态监控，提升设备综合效率；基于数字孪生技术，实现车间实时动态调度和异常闭环；基于 WMS+立体智能仓库、运输管理系统(transportation management system，TMS)，打造全方位智能化仓储与物流体系；建设机组远程运维平台，实现机组健康状态监控、故障自主预警、远程诊断服务。

(2)北京动力机械研究所空天动力关键零部件智能工厂以生产线连续高效运行及设备负荷均衡为目标，开展工艺流程数字化、生产线设备资源配置优化，在此基础上，采用基于模型的系统工程理念，实现仿真驱动设计、设计工艺协同一体化，并搭建“桁架机械手/多轴机器人+AGV+缓存储料系统”的自动化物流系统，同时引进 SCADA、仓库控制系统(warehouse control system，WCS)、分布式数控(distributed numerical control，DNC)、MES 等车间级信息化系统，打通与厂所级的 ERP、PLM 系统及工业控制设备之间的集成，实现信息流与物资流的互联互通及智能化、自动化，并通过数字孪生工厂实时监控制造过程，形成基于柔性制造生产线的智能工厂。

“灯塔工厂”项目由达沃斯世界经济论坛与管理咨询公司麦肯锡合作开展遴选，被誉为“世界上最先进的工厂”、具有榜样意义的“数字化制造”和“全球化 4.0”示范者，代表当今全球制造业领域智能制造和数字化最高水平。截至 2023 年 12 月，全球“灯塔工厂”共有 153 座，其中中国有 62 座，占据了近半数份额。

(1)三一重工(中国，长沙)为应对重工行业市场的周期性波动、多品种小批量(263 个品类)及重型部件生产的挑战，充分利用柔性自动化生产、人工智能和规模化的工业 IOT(IIoT)，建立了一个数字化柔性的重型设备制造系统，最终实现工厂产能扩大 123%，生产率提高 98%，单位制造成本降低 29%。

(2)海尔(中国，青岛)面对日益增长的定制化设计、快速交付和高品质的需求，借助大数据、数字孪生和先进视觉检测技术，加快研发、升级制造流程和物流调度模式，实现订单响应周期缩短 35%，生产效率提高 35%，质量性能提高 36%。

(3)广汽埃安(中国，广州)为满足客户对可靠定制化电动汽车不断增长的需求，共部署了 40 多个第四次工业革命用例，为客户提供超过 10 万种配置选项，并确保及时交付合格产品。全自动生产线支持混合生产模式，可按订单或备货要求生产不同车型，实现生产效率提高 50%，交付时间缩短 33%，一次验收合格率提高 8%，以及制造成本降低 58%。

7.5　智能制造行业应用

目前智能制造技术在制造业得到了较为广泛的探索研究和初步应用。航空、航天是典型的高端复杂装备制造行业，其智能制造应用具有代表性，本节对其进行简要介绍。

7.5.1　航空行业智能制造应用

航空智能制造是新一代信息技术与先进航空制造技术的深度融合，贯穿航空装备全生命周期和组织的不同业务层级(包括企业联盟层、企业管理层、生产管理层、控制执行层和智能设备层)，其总体架构如图 7-54 所示。

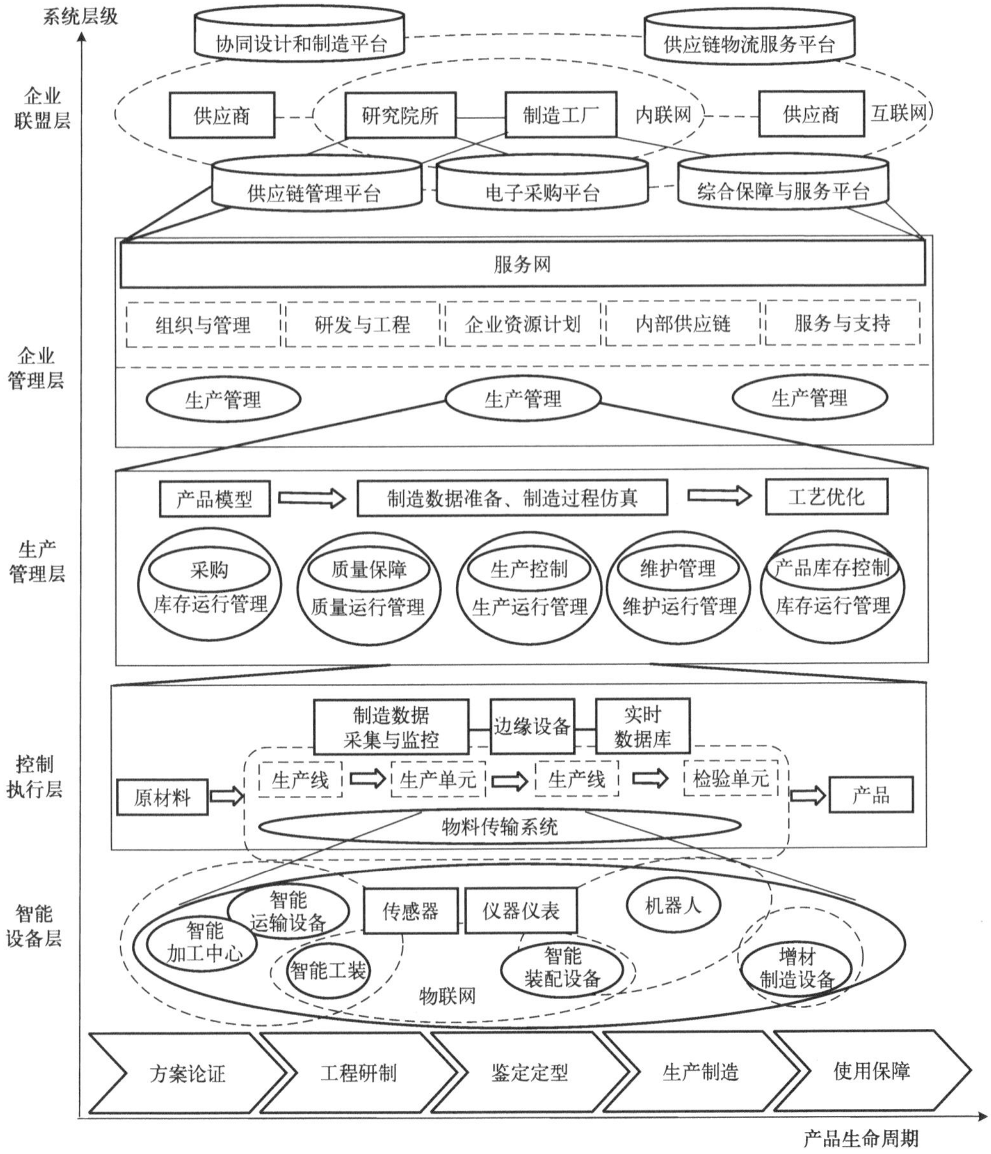

图 7-54　航空智能制造总体架构

该架构将新一代信息技术、先进制造技术和智能工艺装备深度融合应用于各业务层级，实现各层级“动态感知、实时分析、自主决策、精准执行”智能特征特定内涵。下面对航空智能制造的重点发展方向和应用作简要介绍。

1. 模型驱动的设计制造一体化

航空工业已具备基于模型的全三维定义、设计制造一体化、成熟度控制的并行设计、设计工艺工装一体化关联、全三维装配工艺仿真、跨地域多厂所协同研制等能力，初步形成了数字化的航空装备设计制造协同体系。如图 7-55 所示，基于 MBD 数字样机，形成基于数字样机的飞机设计协调体系，解决传统基于物理样机实施设计协调不够精确等问题。

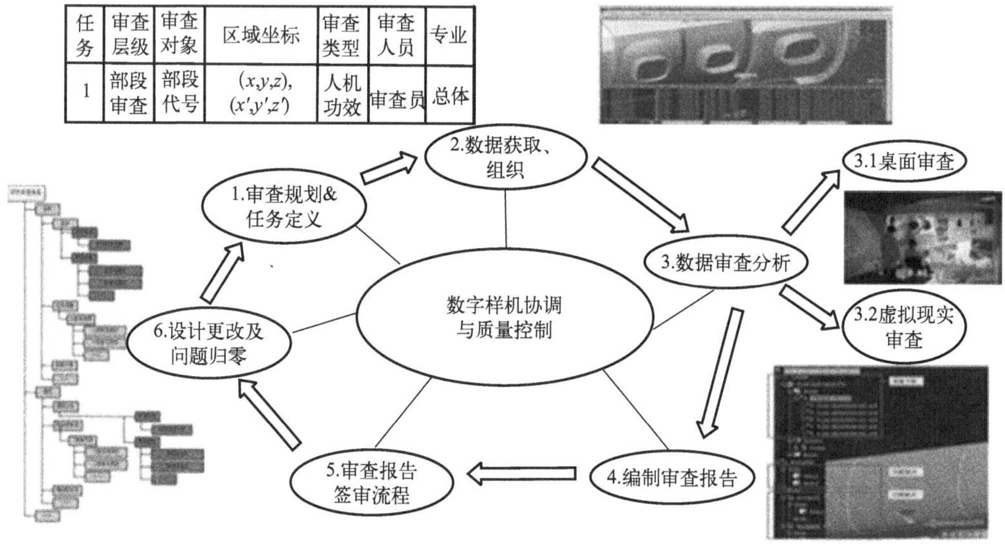

图 7-55　基于数字样机的设计制造协调流程

建立基于模型和数据驱动的需求、功能、架构、产品一体化设计与制造技术，快速完成航空装备的设计、制造和优化过程，实现设计即制造。例如，利用 MBSE 工具和方法，在飞行控制系统研发时支持复杂系统的规范、设计、分析、验证和确认。

融入知识工程、数字孪生、增强现实等先进技术，建设基于知识的工艺智能化设计环境，形成复杂产品的工艺智能规划与辅助决策能力。如图 7-56 所示，针对飞机装配机器人制孔路径的规划问题，通过人工智能方法寻找机器人制孔的最佳路径。

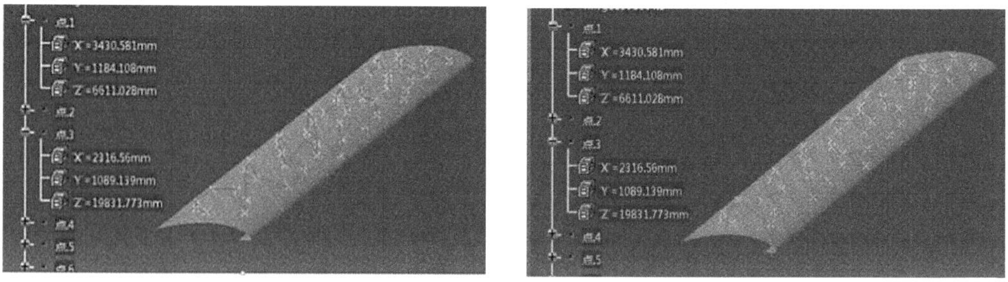

(a) 制孔路径自动生成　　(b) 制孔路径优化

图 7-56　基于人工智能的飞机装配机器人制孔路径自动生成与优化

2. 敏捷互联的智能化柔性生产

基于精益生产制造模式，建设智能柔性生产线。生产线具备即插即用的智能化装备、柔性可重构快速对接工装、统一的异构控制系统通信接口与协议、智能化网络控制系统及 24h 无人值守能力等特征，实现制造资源动态速配的柔性高效制造。如图 7-57 所示，从飞机总装生产线从物理到“物理-信息”融合的演变过程出发，应用各种传感器、数据驱动模型等技术，构建飞机总装数字孪生系统，实现对飞机总装生产线的智能管控。

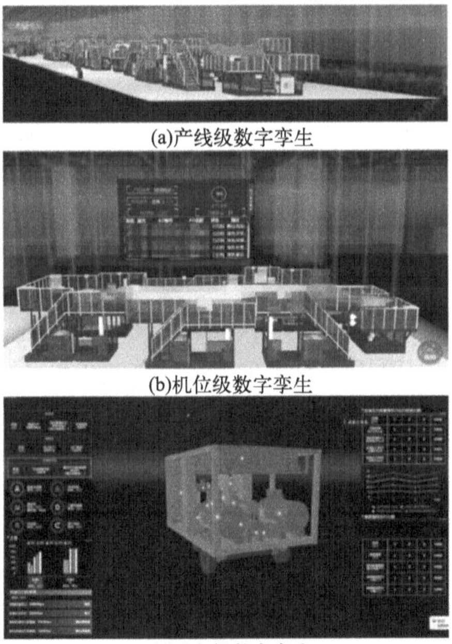

(a)产线级数字孪生

(b)机位级数字孪生

(c)设备级数字孪生

图 7-57　飞机总装产线数字孪生系统

3. 虚实融合的数字化运营管控

搭建“采、储、配”综合协同的智能仓储设备与配送线、信息化系统及配送管理新模式一体化的智能化仓储物流环境，实现配送体系由人工、自动化向智能化的突破。例如，某型号直升机脉动总装生产线建立智能仓储物流系统，通过智能感知节点采集数据优化路径，使线边仓库面积从 1950m^2 缩减为 680m^2，AGV 代替人工配送，物料配送效率提升 89.3%。

运用三维模型建模技术构建三维可视化的作业指导书以指导现场作业，应用 AR 等技术构建可人机交互的虚拟环境，借助设备和虚拟信息展现三维作业指导，指导操作员工进行结构件及线缆精准高效装配。图 7-58 为基于 AR 的线缆辅助装配。

开发在位形性状态快速检测系统、产品自动化视觉检测分析系统，降低质检工作强度，提高检测质量和精度。机器学习、计算机视觉等得到普遍的探索性应用，如图 7-59 所示。

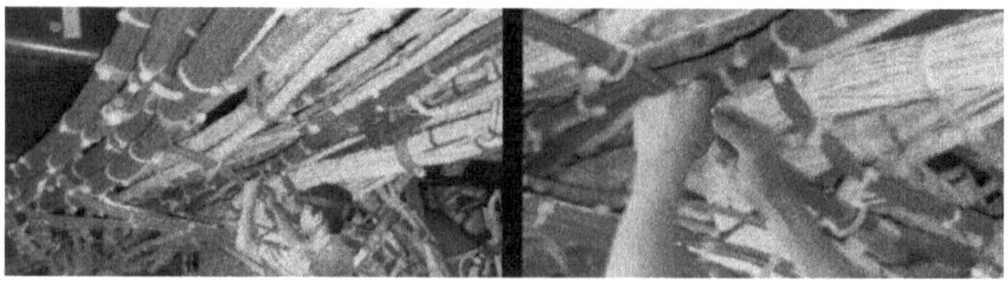

图 7-58　基于 AR 的线缆辅助装配

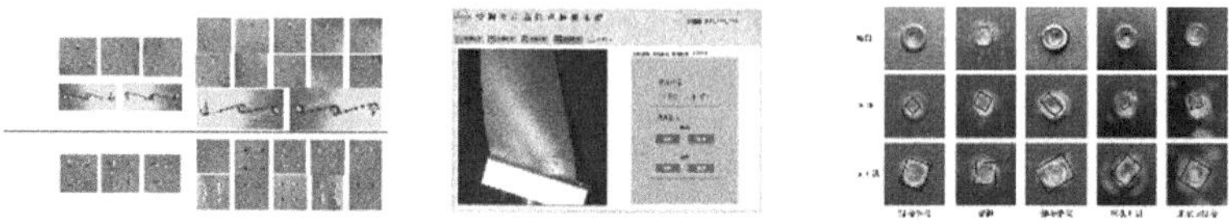

(a) 航空发动机错漏装检测　(b) 受损叶片腐蚀点检测　(c) 铆接质量检测

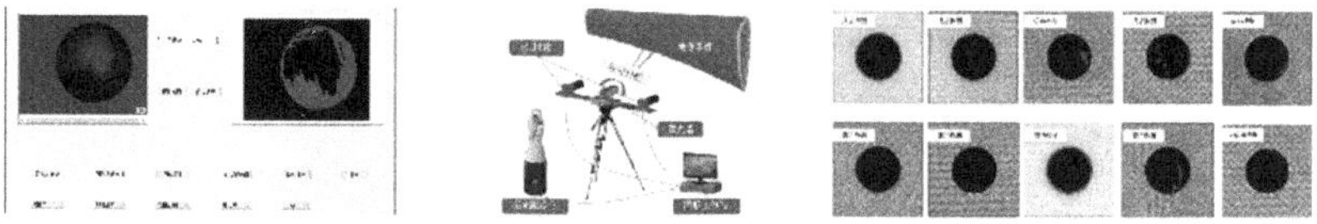

(d) 自动制孔实时检测　(e) 部件双目视觉测量　(f) 装配孔质量检测

图 7-59　基于人工智能的智能检测

建立高效集成的物联感知网络，实现在线运行监测、失效预测。如图 7-60 所示，基于 PHM 应用系统“云+端”架构，在机加中心设备上布置振动传感器和电流传感器，对生产现场数据进行实时采集，当机加中心发生故障或停机时间过长时，会及时告警推送提醒。

(a) 现场数据采集管理

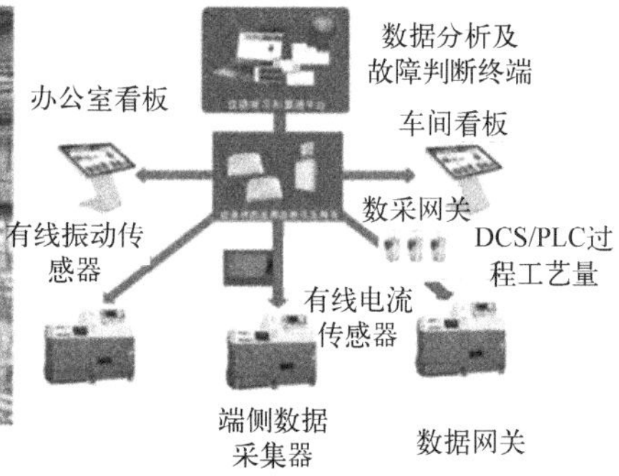

(b) 管理流程

图 7-60　机加中心 PHM 应用系统数据采集管理及管理流程

7.5.2　航天行业智能制造应用

在航天制造领域数字化建设基础上，充分利用智能技术，实现型号研制与批产过程的信息深度自感知、智能优化自决策与精准管控自执行，实现工艺设计、柔性制造、生产排产、质量管控等模式和流程的优化，航天智能制造总体架构如图 7-61 所示，分为基础层、技术层和应用层。

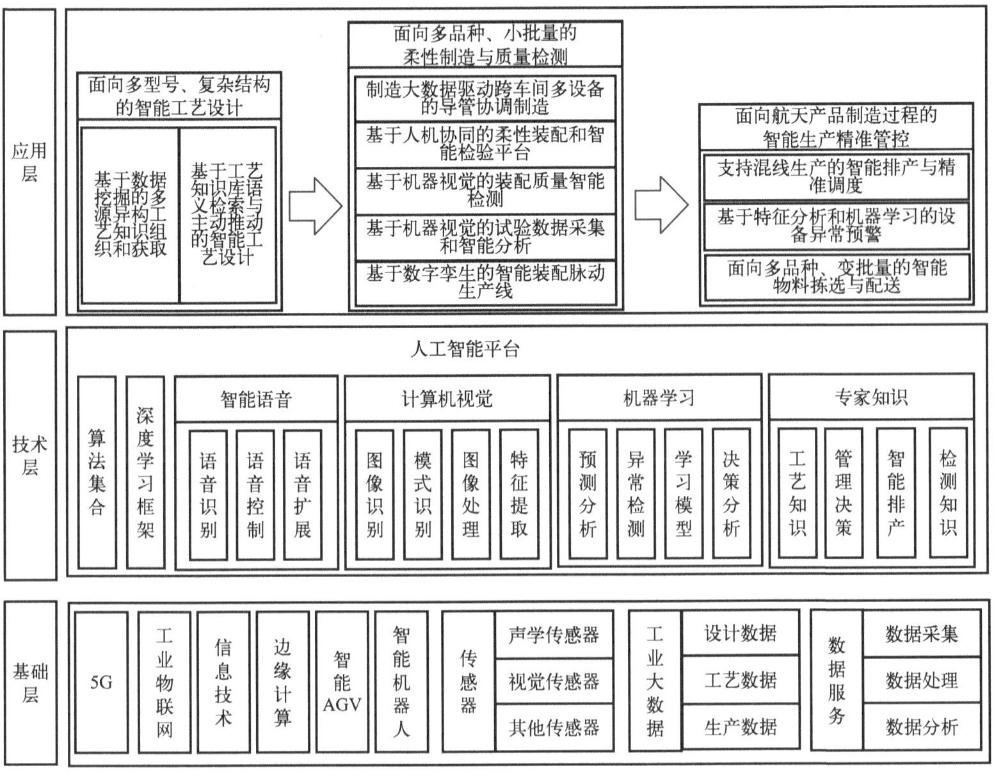

图 7-61　航天智能制造总体架构

基础层是人工智能技术的通信和数据支撑，形成航天制造的工业物联网，将计算能力下沉到边缘侧、装备侧，驱动人工智能向云边端协同应用发展。技术层作为人工智能技术的核心，机器学习为各类底层框架算法提供了支撑，形成了基于航天制造领域的各类算法集。应用层作为人工智能技术在航天制造领域的重点应用方向，主要包括面向多型号/复杂结构的智能工艺设计、面向多品种/小批量的柔性制造与质量检测、面向航天产品制造过程的智能生产精准管控。下面从工艺、制造、生产管理三个方面进行简要介绍。

1. 面向多型号、复杂结构的智能工艺设计

通过工艺知识的自学习、自积累，形成知识的沉淀与累积，建立工艺设计自主数据分析与知识推送系统，实现基于设计语义与模型特征的自动工艺设计与知识完善，打通设计向工艺的传递链路，提升航天产品工艺设计水平与效率。

(1) 基于数据挖掘的多源异构工艺知识组织和获取。将产品涉及的各类加工、装配工艺进行分类，形成航天产品工艺知识分类体系和编码，实现对工艺知识的有效组织、管理和存储。在工艺设计阶段，通过智能化分词、语义分析、加工特征等方法，实现对工艺知识的智能化获取，包括加工方法选择、加工参数决策、装配路径规划和部段装配方案设计等，形成典型零件加工和产品装配工艺知识库。

(2) 基于工艺知识库语义检索与主动推动的智能工艺设计。通过基于工艺知识图谱的多类型工艺知识语义检索方法，提高知识检索的查准率和查全率。将工艺设计与产品特征

动态感知、知识需求解析相结合，实现工艺知识的智能推送和在线校验，为产品自动工艺设计奠定数据基础和技术支撑，如图 7-62 所示。

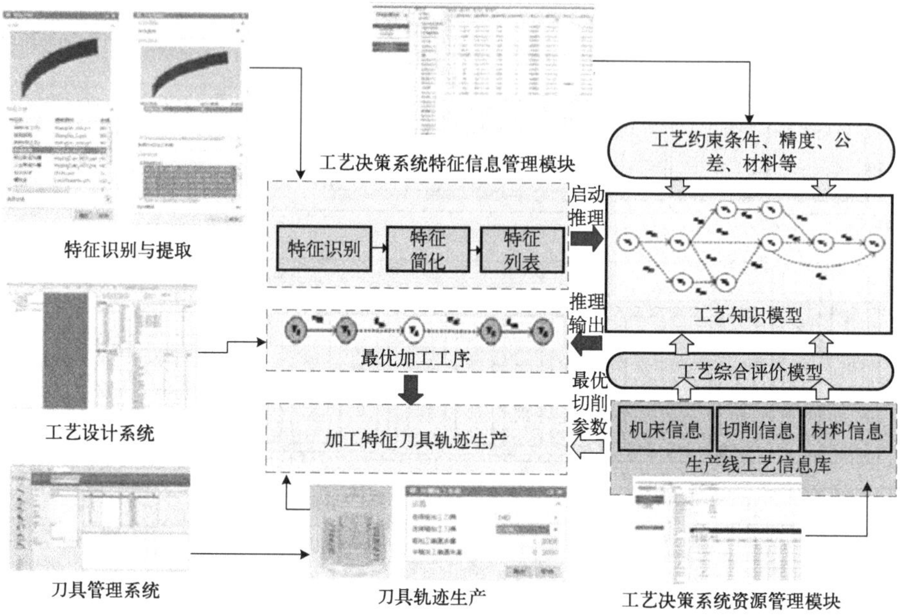

图 7-62　基于工艺知识库语义检索与主动推动的智能工艺设计

2. 面向多品种、小批量的柔性制造与质量检测

充分应用协同制造、人机协同、视觉检测、智能机器人等先进技术，建设智能化生产线/单元，实现小批量、多品种航天产品柔性化制造和智能化检测。

(1) 制造大数据驱动跨车间多设备的导管协同制造。充分利用大数据技术，构建跨车间多设备的协同制造模式。总装车间操作人员通过三坐标扫描仪扫描导管的火箭上安装边界，获得其点云模型，通过 5G 安全专网将点云模型推送给导管加工车间。导管加工车间以点云模型为基础，利用逆向软件开展导管建模、虚拟模装，使用加工参数和数据模型驱动导管生产线进行自动弯管、修端、测量等加工，完成中大直径导管协同作业，有效缩短型号产品制造的等待时间，如图 7-63 所示。

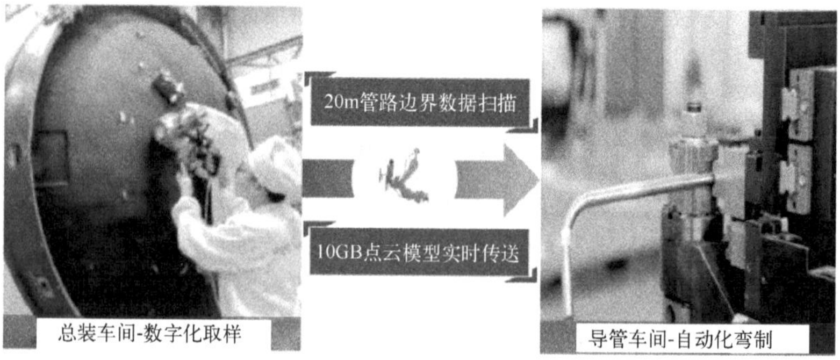

图 7-63　跨车间多设备的导管协同制造

(2) 基于人机协同的柔性装配和智能检验平台。柔性装配平台根据产品高度、实物装配高度和操作人员高度，自动计算需要抬举的产品的高度，实现人机协同作业。操作人员通过 AR 眼镜获取装配工艺流程、质量要求等信息，逐步进行标准化装配操作，保证装配的准确性。工位装配完成后，柔性装配平台进行 360°全景拍照，自动计算并合成产品全景照片，完成工位装配质量自动检验。

(3) 基于机器视觉的装配质量智能检测。对电连接器、仪器等刚性组件，采用基于图像对比的质量检测方法，实现基于机器视觉的特征提取、在线智能检测。对电缆、导管等柔性组件，采用虚实结合技术，对柔性组件走向进行分析，判断其是否存在走向错误。操作人员佩戴 AR 眼镜，通过手势或者语义与系统交互，快速定位需要检测的柔性组件，智能判断柔性组件走向是否正确，提高质量检测效率和准确性。

(4) 基于机器视觉的试验数据采集和智能分析。使用基于机器视觉的空间位置测量系统，对产品关键测量位置进行实时动态捕捉，实现对地面试验中关键参数的非接触自动化测量，提高测量的效率和准确性，避免人为参与产生的误差。同时，通过对批产型号产品试验数据的智能化分析，获取批次产品的质量包络，结合产品的装配质量数据，实现航天器产品装配和试验环节的质量管控闭环。

(5) 基于数字孪生的智能装配脉动生产线。构建壳段装配脉动生产线的虚拟模型。通过装配过程实时测量数据，对工艺参数、装备状态参数等制造数据建立数据关联，驱动数字孪生模型的动态规划和调整，实现基于状态参数调控的生产线运行优化，如图 7-64 所示，从而将“推式生产+ 固定工位”的生产方式转变为“总装拉式生产+ 脉动式装配”。

(a) 数字化建模　　(b) 数字孪生模型　　(c) 动态重构与仿真

图 7-64　生产线数字孪生示意图

3. 面向航天产品制造过程的智能生产精准管控

以生产流程为驱动，采用推拉结合的生产计划管控、智能排产与精准调度、全面质量管理、设备异常预警、精益物流配送等技术，形成面向精益制造的生产运行管控体系。

(1) 支持混线生产的智能排产与精准调度。根据重点工艺装备排产结果，系统自动判断瓶颈短线环节。利用生产突发事件驱动的车间作业动态调度技术，实现精准排产，使生产计划能够及时反映现场实际状况，保证生产计划对生产现场的指导性、准确性、可执行性，如图 7-65 所示。

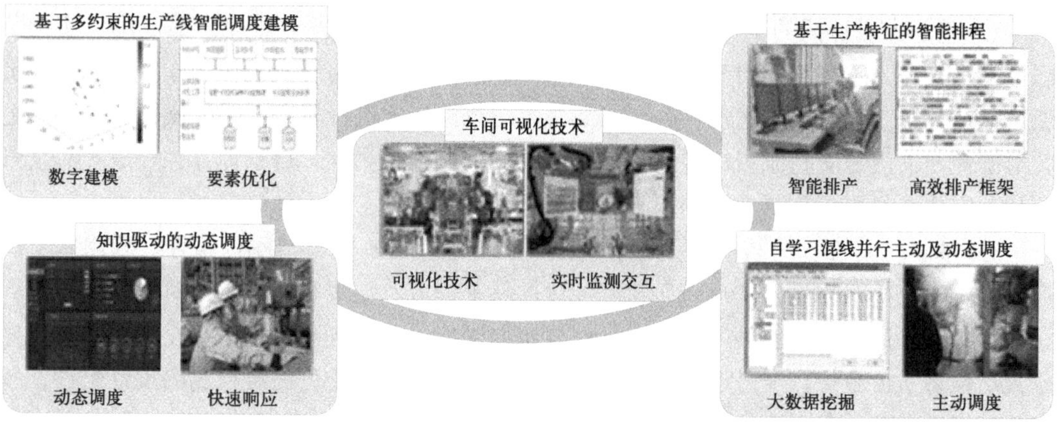

图 7-65　智能排产与精准调度示意图

(2)基于特征分析和机器学习的设备异常预警。通过采集、整合设备参数、运行状态等多类型数据，构建基于大数据分析、算法开发、预警模型、监测展示等预警机制的设备异常预警分析平台，实现从预警模型构建到预警信息处理反馈的全流程闭环管理，全面降低故障发生概率，支撑设备精益化管理及高质量运行。

(3)面向多品种、变批量的智能物料拣选与配送。智能仓储实时感知生产线生产任务、产品类型、发次、设备状态和生产响应状态等因素，通过物流调度最优模型实时计算分析物料需求，驱动 AGV 在智能货架上拿取物料(实现自动拣选)，呼唤 AGV 将物料配送至生产线工位(实现产品转运)，提高物料配送及时性、准确性和安全性，如图 7-66 所示。

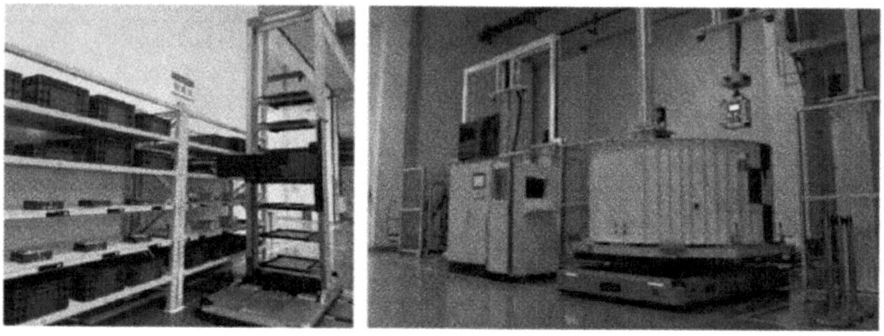

(a)自动拣选　　(b)产品转运

图 7-66　AGV 用于自动拣选和产品转运

思考及练习题

1. 智能化产品设计中的智能 CAD 和非智能 CAD 方法有哪些类型？
2. 目前正在探索应用的智能化工艺设计方法有哪些？
3. 智能生产线的含义和特征是什么？
4. 智能机床和智能机器人的基本含义是什么？
5. 简要描述智能工厂的含义，了解并简介黑灯工厂。